U0268563

电 子 技 术

主　编　杨现德
副主编　潘莹月　王　锋　张新廷

北京理工大学出版社
BEIJING INSTITUTE OF TECHNOLOGY PRESS

内容简介

本书是编者结合多年从事电子技术课程的教学与实践经验，根据应用型本科教学要求而编写的，内容包括模拟电子技术和数字电子技术两部分。其中，模拟电子技术部分包含半导体器件、放大电路、集成运算放大器、波形产生电路与变换电路及直流稳压电源共5章。数字电子技术部分包含逻辑代数与逻辑门电路、组合逻辑电路、触发器、时序逻辑电路、脉冲产生电路及存储器与数模转换共6章。

本书可作为高等院校电气信息类及非电类专业电子技术课程教材，也可作为相关科技人员的参考用书。

图书在版编目（CIP）数据

电子技术/杨现德主编．—北京：北京理工大学出版社，2018.6

ISBN 978-7-5682-5853-1

Ⅰ.①电…　Ⅱ.①杨…　Ⅲ.①电子技术-高等学校-教材　Ⅳ.①TN

中国版本图书馆CIP数据核字（2018）第149746号

出版发行／北京理工大学出版社有限责任公司
社　　址／北京市海淀区中关村南大街5号
邮　　编／100081
电　　话／（010）68914775（总编室）
　　　　　（010）82562903（教材售后服务热线）
　　　　　（010）68948351（其他图书服务热线）
网　　址／http：//www.bitpress.com.cn
经　　销／全国各地新华书店
印　　刷／北京国马印刷厂
开　　本／787毫米×1092毫米　1/16
印　　张／21
字　　数／493千字
版　　次／2018年6月第1版　2018年6月第1次印刷
定　　价／79.50元

责任编辑／张鑫星
文案编辑／张鑫星
责任校对／周瑞红
责任印制／李志强

图书出现印装质量问题，请拨打售后服务热线，本社负责调换

前　言

电子技术是高等院校理工科专业的一门专业基础课程。本书是针对应用型本科院校电气信息类及非电类理工科专业而编写的，强调基础性、系统性和实用性，力求理论与实践紧密结合，突出应用性和针对性，加强学生实践能力的培养，注重培养学生的应用能力和解决现场实际问题的能力。在内容编排上充分考虑应用型人才的特点，从工程应用的角度出发，介绍电子技术的基础知识和理论，注重工程应用能力的培养。大部分章节设有本章要点、实验、本章小结和习题，更能配合应用型本科教学的使用。

本书内容包括模拟电子技术和数字电子技术两部分。其中，模拟电子技术以信号放大为主脉络，减少理论与推导，突出集成运算放大器的应用。内容包括：放大所需的元件（第 1 章半导体器件）、分立元件放大电路（第 2 章放大电路）、集成放大（第 3 章集成运算放大器）、波形产生电路与变换电路及直流稳压电源。数字电子技术部分以数字逻辑应用为主脉络，减少逻辑门、触发器内部复杂电路的相关内容，突出组合、时序逻辑电路的应用。内容包括：组合逻辑的分析与设计（第 6 章逻辑代数与逻辑门电路、第 7 章组合逻辑电路），时序逻辑的分析与设计（第 8 章触发器、第 9 章时序逻辑电路），脉冲产生电路及存储器与数模转换。

编者在编写本书时，尽可能保持每章内容的独立性和完整性，书中标有※的内容为选学内容，便于不同学校依据不同学时的课程进行内容调节和删减。

本书共 11 章。其中，模拟电子技术部分（除习题外）由杨现德、潘莹月编写，数字电子技术部分（除习题外）由杨现德、王锋编写，全书习题由张新廷编写。全书由杨现德统稿、修改和定稿。

由于编者水平有限，书中难免存在错误和疏漏，恳请广大读者批评指正。

编　者

前言

[illegible]

[illegible]

[illegible]

[illegible]

[illegible]

编 者

目　　录

第一部分　模拟电子技术

第二部分 数字电子技术

第一部分

模拟电子技术

第 1 章

半导体器件

本章要点

本章先介绍半导体的导电特性及导电规律；再讨论 PN 结的形成和特点；然后介绍半导体二极管和半导体三极管的结构、原理、特性曲线及分析方法；最后介绍场效应管的结构、原理、特性曲线及放大作用。其中，重点介绍半导体二极管和半导体三极管的外特性和参数。

1.1　半导体的基础知识

半导体器件具有体积小、质量小、寿命长、效率高等优点，在电子技术中应用广泛。常用的半导体器件有半导体二极管、半导体三极管和场效应管等。

1.1.1　半导体及其导电特性

1. 半导体的定义

在生产实践和日常生活中，有些金属（如银、铜、铝、铁等）易导电，称为导体；有些物质（如陶瓷、有机玻璃、橡胶等）不易导电，称为绝缘体；而导电能力介于导体和绝缘体之间的物质，称为半导体。常用的半导体材料主要有硅、锗、硒等元素及其合成物、各种金属的氧化物及硫化物等。

2. 本征半导体

本征半导体是指纯净的、具有单晶体结构（原子按一定规律整齐排列）的半导体。以硅原子为例：硅原子是由原子核和 14 个外层电子组成的中性粒子，最里面两层电子受原子核的束缚力大，无法脱离轨道而自由活动，很稳定；而硅原子的最外层有 4 个价电子，如图 1.1 所示。

硅原子的每一个价电子分别与相邻硅原子的 1 个价电子组成 1 个价电子对，为相邻 2 个原子共同所有，形成共价键结构，如图 1.2 所示。

在绝对零度（约－273 ℃）和无外界激发的情况下，价电子不会挣脱共价键的束缚而参与导电。此时本征半导体中没有可以自由运动的带电粒子，而不呈现导电性，如同绝缘体一样。

当温度升高或受到光照时，少数价电子从外界获得足够的能量而挣脱共价键的束缚，成为自由电子；同时，在原来的共价键中留下一个空位，称为空穴，如图 1.2 所示。自由电子带负电，空穴因为失去电子而带正电。由于正负电的吸引，空穴附近共价键中的电子就比较容易进

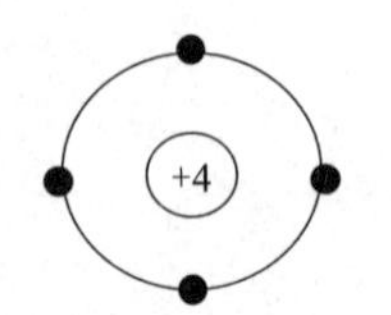

图 1.1　硅原子结构

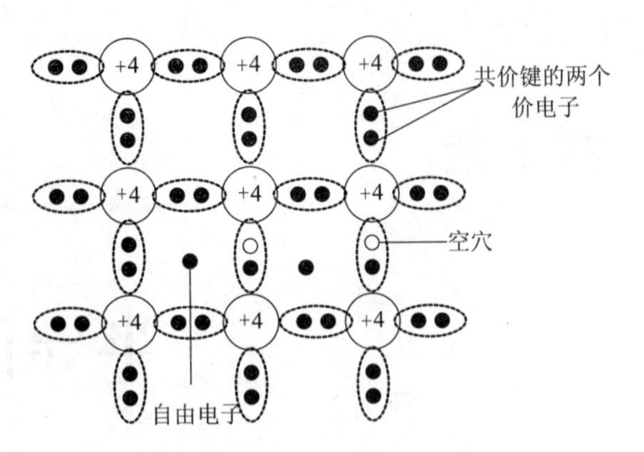

图 1.2　本征半导体的结构

来填补，而在附近的共价键中留下一个新的空位，又会有相邻的电子来填补。从效果上看，这种共有电子的填补运动相当于带正电荷的空穴在运动。自由电子和空穴这两种带电粒子都可以参与导电，称为载流子。

在本征半导体中，受激发产生的自由电子和空穴是成对出现的，这种现象称为本征激发。自由电子在运动中与空穴相遇，使电子-空穴对消失的现象称为复合。在一定温度下，尽管本征激发和复合在不断地进行，但自由电子（或空穴）的浓度不变，保持一种动态平衡状态。当温度升高或受到光照时，本征激发将加强，复合也随着增加，最后达到一种新的动态平衡。

3. 杂质半导体

在室温下，本征半导体的导电能力很差，而且也不好控制。为提高本征半导体的导电能力，在其中掺入微量杂质元素，称为杂质半导体。按掺入杂质元素的不同分为 N 型半导体和 P 型半导体。

在四价硅（或锗）中掺入五价元素（磷、砷、锑等）后，将增加自由电子的浓度，半导体以电子导电为主，此时自由电子称为多数载流子，简称“多子”；空穴称为少数载流子，简称“少子”。这种以电子导电为主的半导体称为 N 型（或电子型）半导体，其结构如图 1.3 所示。

在 N 型半导体中，也同样存在着本征激发的现象，有电子-空穴对的产生。由于电子的增多，空穴遇到电子而被复合的概率增大，N 型半导体中空穴的浓度远小于同温度下本征半导体中空穴的浓度。在 N 型半导体中自由电子的浓度由掺入杂质的浓度决定，整个晶体呈电中性。

在四价硅（或锗）中掺入三价元素（硼、铝、铟等）后，将增加空穴的浓度，半导体以空穴导电为主，此时空穴称为多数载流子，而自由电子为少数载流子，这种以空穴导电为主的半导体称为 P 型（或空穴型）半导体，其结构如图 1.4 所示。

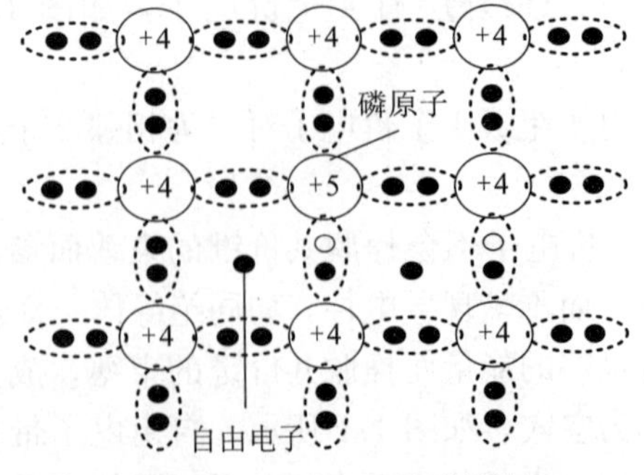

图 1.3　N 型半导体的结构

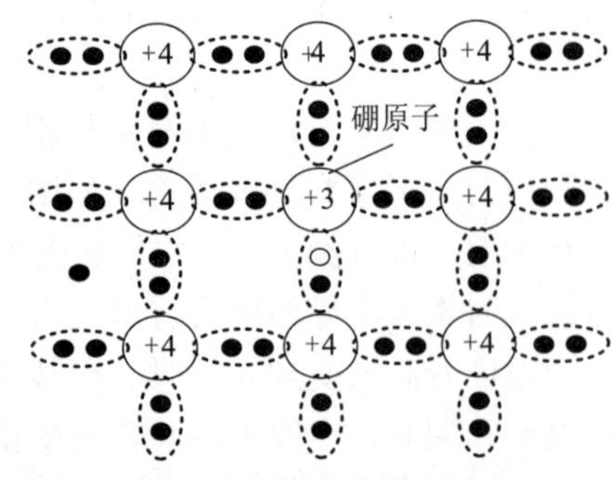

图 1.4　P 型半导体的结构

在P型半导体中，也同样存在着本征激发的现象，有电子-空穴对的产生，由于空穴的增多，电子遇到空穴而被复合的概率增大，P型半导体中电子浓度远小于同温度下本征半导体中电子的浓度。在P型半导体中多子空穴的浓度由掺入杂质的浓度决定，整个晶体呈电中性。

1.1.2　PN结的形成及单向导电特性

1. PN结的形成

采用特殊制造工艺，在同一块半导体基片的两端分别形成N型和P型半导体，在两者的交界处形成具有特殊物理性能的带电薄层，称为PN结。

由于两种半导体界面两侧载流子浓度的不同，载流子会从高浓度区向低浓度区做扩散运动，即P区的空穴向N区扩散，N区的电子向P区扩散。扩散后P区失去空穴留下带负电的杂质离子，N区失去电子留下带正电的杂质离子，这些不能移动的带电杂质离子在P区和N区交界面附近形成一个很薄的空间电荷区（又称为耗尽层），形成了方向由N区指向P区的电场（简称内电场），如图1.5所示。在内电场的作用下，多子的扩散运动得到抑制并促进少子的漂移运动。当外部条件一定时，扩散运动和漂移运动达到动态平衡，扩散电流与漂移电流相等，通过PN结的总电流为零，内电场为定值。PN结内电场的电位称为内建电位差，其数值一般为零点几伏。室温时，硅材料PN结的内建电位差为0.5～0.7 V，锗材料PN结的内建电位差为0.2～0.3 V。

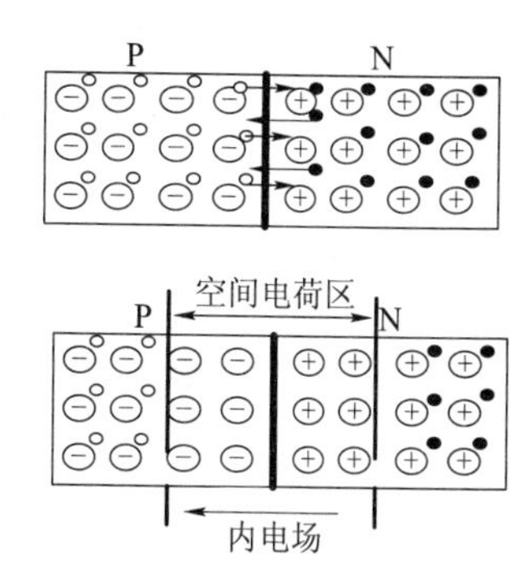

图1.5　PN结的形成

综上所述，PN结的形成过程可总结为三个阶段：

（1）扩散运动和空间电荷区的形成；

（2）内建电场的形成和漂移运动；

（3）扩散运动与漂移运动达到动态平衡。

2. PN结的单向导电特性

加在PN结上的电压称为偏置电压。P区接电源正极，N区接电源负极，称PN结外接正电压或PN结正向偏置（简称正偏）。此时在电场作用下，PN结变薄，当正偏电压增加到一定值后，PN结呈现很小的电阻，多子的扩散运动形成较大的正向电流，此时PN结呈现低阻导通状态，如图1.6所示。

N区接电源正极、P区接电源负极，称PN结外接反向电压或PN结反向偏置（简称反偏）。此时在电场作用下，PN结变厚，当反偏电压增加到一定值后，PN结呈现很大的电阻，少子的漂移运动形成的反向电流近似为零，此时PN结呈现高阻截止状态，如图1.7所示。

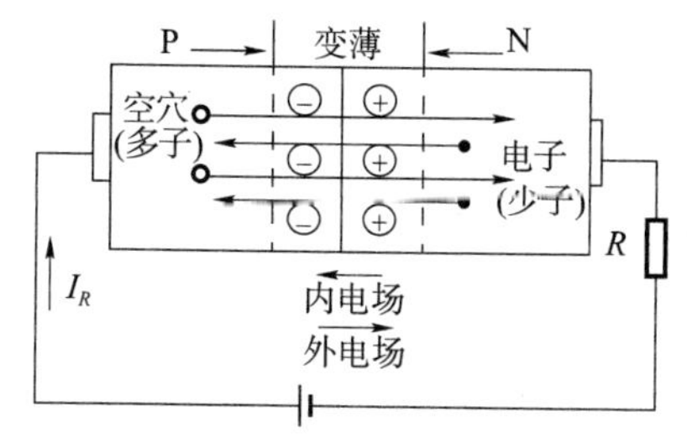

图1.6　PN结的正偏导通特性

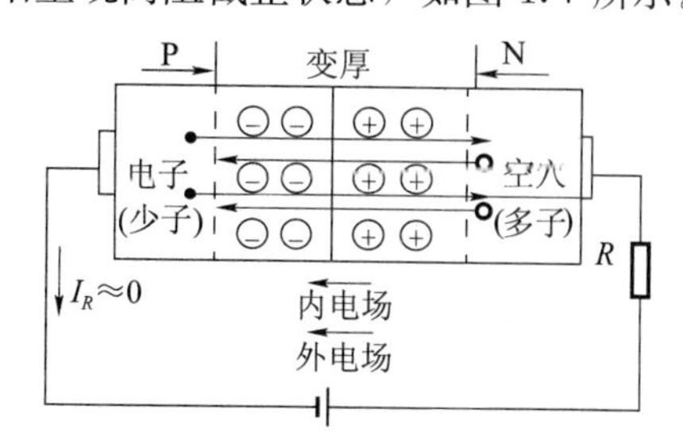

图1.7　PN结的反偏截止特性

综上所述，PN 结正偏导通、反偏截止的现象称为 PN 结的单向导电特性。

1.2 半导体二极管

1.2.1 二极管的结构及类型

在 PN 结的两端各引出一根电极引线，用外壳封装起来就构成了半导体二极管，简称二极管，其结构及实物外形和符号如图 1.8 所示。P 区引出的电极称为正极（或阳极），N 区引出的电极称为负极（或阴极），电路符号中的箭头方向表示正向电流的流通方向。符号用 D 表示，如图 1.8（c）所示。二极管由 PN 结构成，所以同样具有单向导电特性。

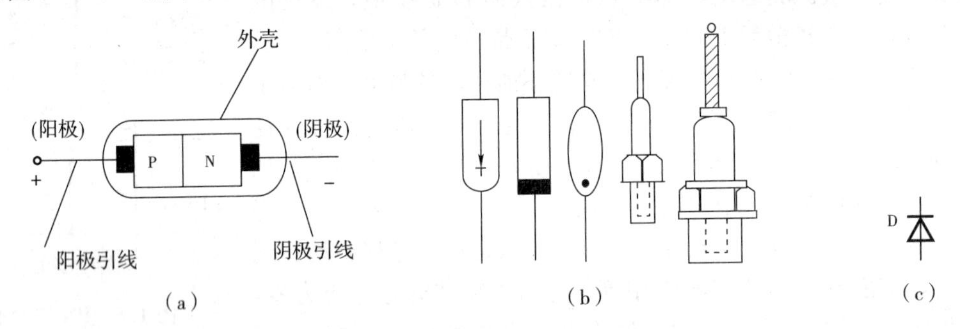

图 1.8 二极管结构及实物外形和符号

（a）结构；（b）实物外形；（c）符号

半导体二极管按 PN 结面积的大小分为点接触型和面接触型，如图 1.9 所示。点接触型二极管的 PN 结面积很小，极间电容也很小，不能承受大的电流和高的反向电压，适用于高频电路。面接触型二极管的 PN 结面积大，极间电容也大，可承受较大的电流，适用于低频电路，主要用于整流电路。

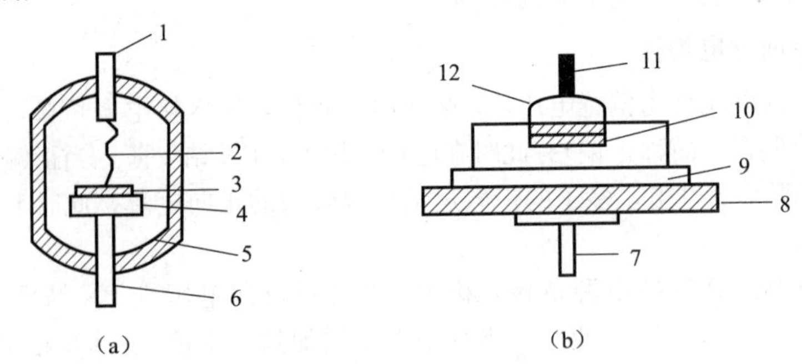

图 1.9 半导体二极管的结构和符号

（a）点接触型；（b）面接触型

1，11—阳极引线；2—触丝；3—N 型锗；4—支架；5—外壳；6，7—阴极引线；

8—底座；9—金锑合金；10—PN 结；12—铝合金小球

1.2.2 二极管的伏安特性

二极管两端的外加电压不同，产生的电流也不同，外加电压 u_D 和产生的电流 i_D 的关系称为二极管的伏安特性，即 $i_D = f(u_D)$，其函数图形称为伏安特性曲线，如图 1.10 所示，这些曲线可用实验方法测出，也可从产品说明书或有关手册中查到。

由图1.10可知，二极管的伏安特性具有如下特点：

1. 正向特性

正向电压大于某值时，二极管的电流随外加电压增加而显著增大，二极管导通，通常将该电压称为导通电压（或死区电压）。室温下硅管约为0.7 V，锗管约为0.3 V。二极管正偏导通后，外加电压 u_D 和产生的电流 i_D 的关系式为

$$i_D = I_S(e^{u_D/U_T} - 1) \tag{1.1}$$

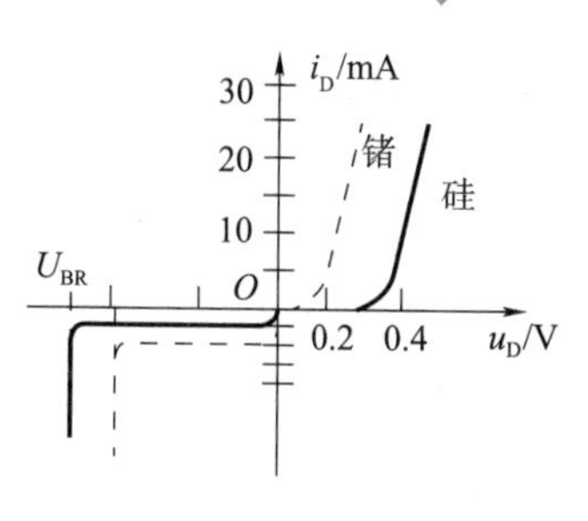

图1.10　二极管的伏安特性曲线

式中，I_S 为二极管反偏时的反向饱和电流；U_T 为温度电压当量，常温下 U_T 的值为26 mV。

二极管导通且电流不大时，硅管的压降为0.5～0.7 V，锗管的压降为0.1～0.3 V。

2. 反向特性

二极管反向偏置时，因表面漏电流的存在反向电流增大，且随反向电压的增高而增加。小功率硅管的反向电流一般小于0.1 μA，而锗管通常为几十微安。

3. 击穿特性

当外加反向电压超过某一定值时，反向电流随反向电压的增加而急剧增大，二极管的单向导电性被破坏，这种现象称为反向击穿，对应的反向电压值称为二极管的反向击穿电压 U_{BR}。反向击穿电压下降到击穿电压以下后，二极管可恢复到原有情况，则称为电击穿；若反向击穿电流过高，导致PN结烧坏，二极管不可恢复到原有情况，则称为热击穿。反向击穿电压一般在几十伏以上（高反压管可达几千伏）。

4. 非线性

二极管的伏安特性不是直线，所以二极管是非线性器件。

二极管的特性对温度很敏感，随温度升高正向特性曲线向左移，反向特性曲线向下移。在室温附近的变化的规律：温度每升高1 ℃，正向压降减小2～2.5 mV；温度每升高10 ℃，反向电流约增大一倍。

1.2.3　二极管的主要参数

半导体器件的参数是其特性的定量描述。表示二极管特性和适用范围的物理量称为二极管的参数，一般查器件手册或产品手册可得到，二极管的主要参数如下：

1. 最大整流电流 I_F

最大整流电流指二极管长期运行允许通过的最大正向平均电流。使用时如超过此值，可能烧坏二极管。

2. 最高反向工作电压 U_{RM}

最高反向工作电压指允许施加在二极管两端的最大反向电压，通常规定为击穿电压的一半。

3. 最大反向电流 I_R

最大反向电流指二极管在一定的环境温度下，加最高反向工作电压 U_{RM} 时所测得的反向电流值（又称为反向饱和电流）。I_R 越小，说明二极管的单向导电性能越好。

4. 最高工作频率 f_M

最高工作频率指保证二极管单向导电作用的最高工作频率。

由于制造工艺的限制，即使同一型号的管子，参数的分散性也较大，所以手册上给出的往往是参数范围，这一点需要注意，另外手册上的参数是在一定条件下测得的，使用时若条件改变，相应的参数值也会发生变化。

1.2.4 特殊二极管

二极管种类很多，除普通二极管外，常用的还有稳压二极管、发光二极管、光电二极管等。

1. 稳压二极管

稳压二极管是一种特殊的硅二极管，又称齐纳二极管，简称稳压管，其图形符号和伏安特性曲线如图 1.11 所示。正常情况下稳压二极管工作在反向击穿区，反向电流在很大范围内变化时，两端电压变化很小，所以具有稳压作用。

稳压二极管的主要参数如下：

1）稳定电压 U_Z

稳定电压指流过规定电流时稳压二极管两端的反向电压值，其值取决于稳压二极管的反向击穿电压值。

2）稳定电流 I_Z

稳定电流指稳压二极管稳压工作时的参考电流值，通常为工作电压等于 U_Z 时所对应的电流值。

3）最大耗散功率 P_{ZM} 和最大工作电流 I_{ZM}

最大耗散功率和最大工作电流指为了保证二极管不被热击穿而规定的极限参数，由二极管允许的最高结温决定。

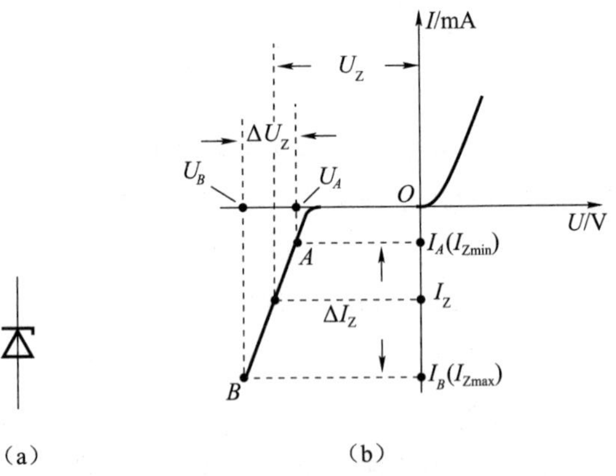

图 1.11 稳压二极管的图形符号和伏安特性曲线

(a) 图形符号；(b) 伏安特性曲线

4）动态电阻 r_Z

动态电阻指稳压范围内电压变化量与对应的电流变化量之比，即 $r_Z=\Delta U_Z/\Delta I_Z$。

5）电压温度系数

电压温度系数指温度每增加 1 ℃时，稳定电压的相对变化量。

2. 发光二极管

发光二极管（Light-Emitting Diode，LED）是一种能把电能转换成光能的特殊器件。它不但具有普通二极管的伏安特性，而且当管子施加正向偏置时，管子还会发出可见光和不可见光。目前应用的有红、黄、绿、蓝、紫等颜色的发光二极管。此外，还有变色发光二极管，即当通过二极管的电流改变时，发光颜色也随之改变。图 1.12（a）所示为发光二极管的图形符号。

发光二极管通常有两方面用途：一是作为显示器件，除单个使用外，还常做成七段数字显示器或矩阵式器件；二是用于光纤通信的信号发射，将电信号变为光信号，如图 1.12（b）所示。

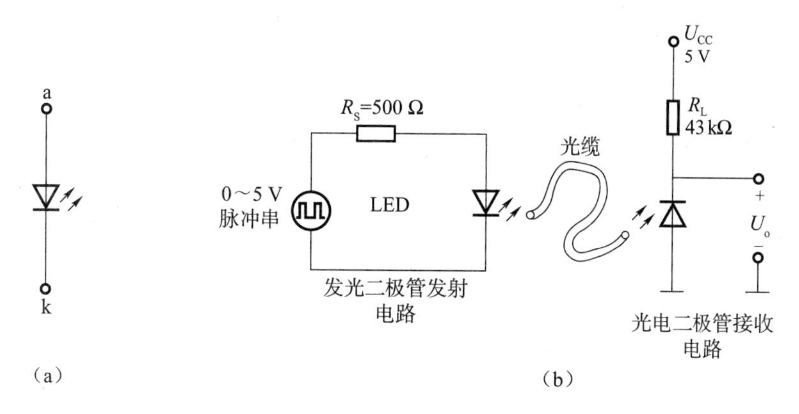

图 1.12　发光二极管

(a) 图形符号；(b) 光电传输系统

3. 光电二极管

光电二极管又称光敏二极管，它的结构与普通二极管的结构基本相同，只是在它的 PN 结处，通过管壳上的一个玻璃窗口能接收外部的光照。光电二极管的 PN 结工作在反向偏置状态，在光的照射下，其反向电流随光照强度的增加而上升（这时的反向电流称为光电流）。图 1.13 所示为光电二极管的图形符号、等效电路及特性曲线。光电二极管的主要特点是其反向电流与光照度成正比。

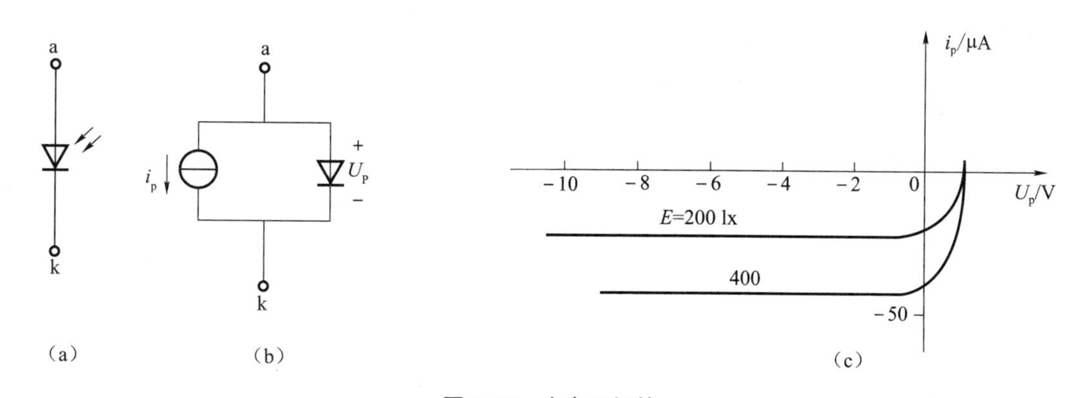

图 1.13　光电二极管

(a) 图形符号；(b) 等效电路；(c) 特性曲线

4. 变容二极管

二极管结电容的大小除了与本身的结构和工艺有关外，还与外加电压有关。结电容随反向电压的增加而减小，这种效应显著的二极管称为变容二极管，其图形符号及特性曲线如图 1.14 所示。变容二极管常用于高频电路直接调频等应用。

1.2.5　二极管的应用

1. 半导体二极管型号命名方法（摘自国家标准 GB/T 249—2017）

国家标准国产二极管的型号命名分为五个部分，各部分的含义见表 1.1。

第一部分：用数字“2”表示主称，为二极管。

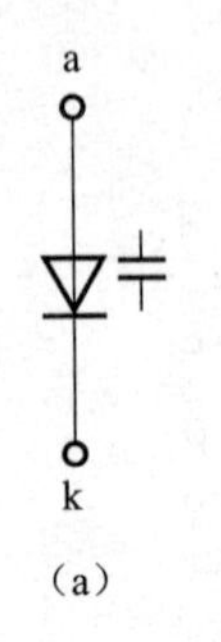

(a)

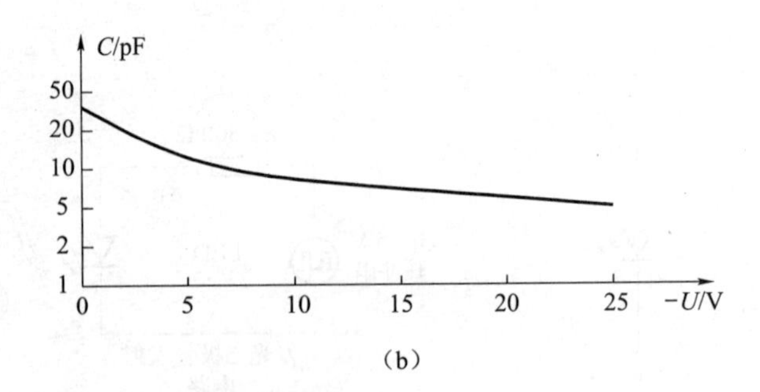

(b)

图 1.14 变容二极管

(a) 图形符号；(b) 特性曲线（纵坐标为对数刻度）

第二部分：用字母表示二极管的材料与极性。

第三部分：用字母表示二极管的类别。

第四部分：用数字表示序号。

第五部分：用字母表示二极管的规格号。

表 1.1 半导体二极管的型号各部分含义

第一部分：主称		第二部分：材料与极性		第三部分：类别		第四部分：序号	第五部分：规格号
数字	含义	字母	含义	字母	含义		
2	二极管	A	N 型锗材料	P	小信号管（普通二极管）	用数字表示同一类别产品序号	用字母表示产品规格、档次
				W	电压调整管和电压基准管（稳压二极管）		
				L	整流堆		
		B	P 型锗材料	N	阻尼管		
				Z	整流管		
				U	光电管		
		C	N 型硅材料	K	开关管		
				B 或 C	变容管		
				V	混频检波管		
		D	P 型硅材料	JD	激光管		
				S	隧道管		
				CM	磁敏管		
		E	化合物材料	H	恒流管		
				Y	体效应管		
				EF	发光二极管		

例如：

2AP9（N型锗材料普通二极管）	2CW56（N型硅材料稳压二极管）
2——二极管	2——二极管
A——N型锗材料	C——N型硅材料
P——普通二极管	W——稳压二极管
9——序号	56——序号

2. 二极管的判别与简易测试

1）极性识别方法

常用二极管的外壳上均印有型号和标记，标记箭头所指的方向为阴极。有的二极管只有个色点，有色的一端为阴极，有的带定位标志。判别时，观察者面对管底，由定位标志起，按顺时针方向，引出线依次为正极和负极。

2）检测方法

（1）二极管的极性判断。当二极管外壳标志不清楚时，可用万用表来判断，先将万用表置于 $R\times100$ 或 $R\times1\text{k}$ 挡；（当大功率二极管时，将量程置于 $R\times1$ 或 $R\times10$ 挡）。将两只表笔分别接触二极管的两个电极，若测出的电阻为几十、几百欧或几千欧，则黑表笔所接触的电极为二极管的正极，红表笔所接触的电极是二极管的负极。若测出来的电阻为几十千欧至几百千欧，则黑表笔所接触的电极为二极管的负极，红表笔所接触的电极为二极管的正极。

（2）二极管的性能检测。用万用表欧姆挡测量二极管的正反向电阻，有以下几种情况：

① 测得的反向电阻（几百千欧以上）和正向电阻（几千欧以下）之比值在100以上，表明二极管性能良好；

② 反、正向电阻之比为几十、甚至几百，表明二极管单向导电性不佳；

③ 正、反向电阻为无穷大，表明二极管断路；

④ 正、反向电阻为零，表明二极管短路。

3. 二极管的选用

选择二极管可按照如下的原则：

（1）导通电压低的选锗管，反向电流小时选硅管；

（2）导通电流大时选面接触型二极管，工作频段高时选点接触型二极管；

（3）反向击穿电压高时选硅管；

（4）耐高温时选硅管。

1.3　二极管电路的分析方法

二极管的伏安特性是非线性的。为了方便分析计算，在特定条件下，可以进行分段线性化处理，对二极管的特性用折线近似。下面介绍常用的近似方法和二极管的等效模型。

1.3.1　理想模型分析法

1. 模型

二极管的理想模型，如图1.15所示。由图1.15可看出，理想二极管正偏导通，管压降为

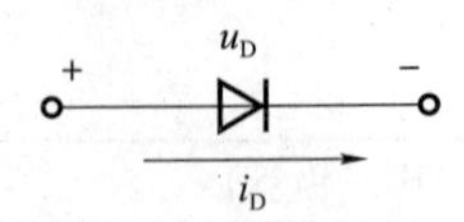

图 1.15　二极管的理想模型

零；反偏截止，电流为零。虽然理想二极管和实际二极管的特性有一定的差别，但是在电路中如果二极管的正向压降远小于和它串联的电压，反向电流远小于和它并联的电流时，利用理想二极管的特性来近似表示实际二极管进行电路的分析和计算仍能得出比较满意的结果。此外，理想二极管也可作为一个元件构成其他形式的等效电路。

2. 适用范围

理想二极管适用于偏置电压远大于二极管的导通电压，即 $U_D>5U_{th}$。二极管的导通电压：硅管为 0.7 V，锗管为 0.3 V。

3. 应用举例

理想模型分析法经常用于整流电路的分析。

【例 1.1】 如图 1.16 所示，试用理想二极管模型判断电路中的各二极管是导通还是截止，并求出 A、O 两端间的电压 U_{AO} 值。

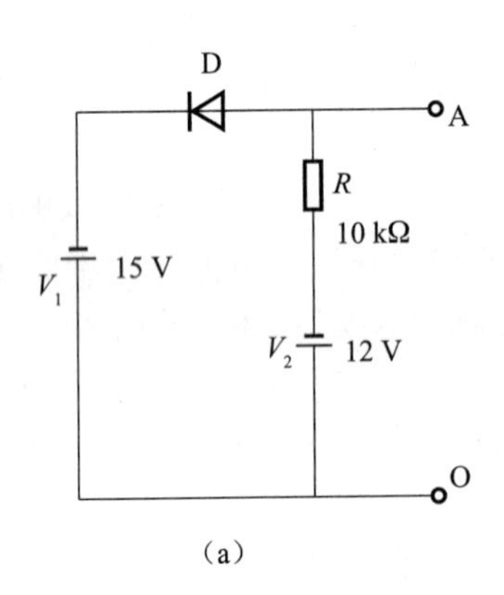

(a)

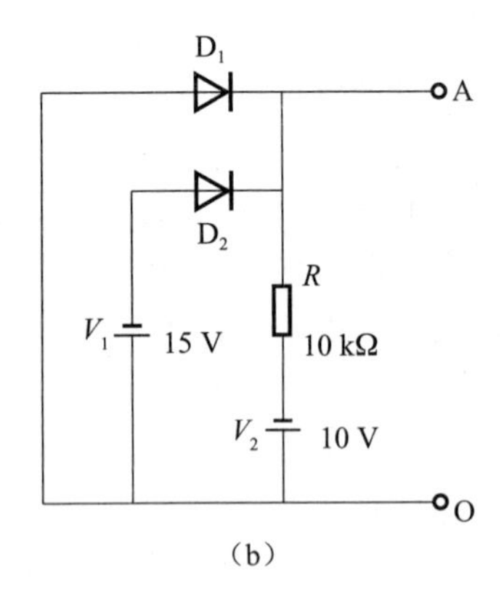

(b)

图 1.16　例 1.1 图

解：图 1.16（a）：断开二极管 D，且以 O 端作为参考端，此时，二极管阴极处电位为 −15 V，阳极处的电位为 −12 V。接入二极管 D，其阳极电位高于阴极电位，二极管正偏导通；又因 D 应用理想二极管模型，导通时的电压降为 0，故 $U_{AO}=V_1=-15$ V。

图 1.16（b）：以 O 端作为参考端，断开二极管 D_1，D_1 的正、负极电位分别为 0 V 和 −10 V，其电位差 $U_{D_1}=10$ V；断开二极管 D_2，D_2 的正、负极电位分别为 −15 V 和 −10 V，其电位差 $U_{D_2}=-5$ V。故 D_2 截止，D_1 导通，$U_{AO}=0$ V。

1.3.2　恒压降模型分析法

1. 模型

为了反映二极管的导通电压，将二极管用理想二极管串联电压源来代替，如图 1.17 所示。只有当正向电压超过导通电压时二极管才导通，其端电压为常量（通常硅管取 0.7 V，锗管取 0.3 V），记作 U_{th}；否则二极管不导通，电流为零。这种等效电路比前一种更接近实际二极管的特性。

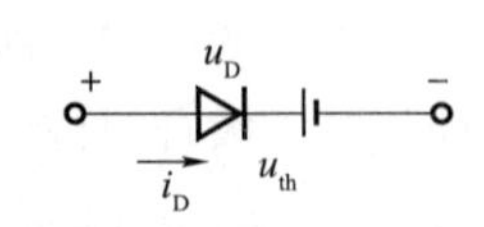

图 1.17　恒压降模型

2. 适用范围

恒压降模型分析法用于二极管偏置电压较小的情况，一般 $U_D<$

$5U_{th}$时采用。

3. 应用举例

恒压降模型分析法经常用于二极管限幅电路、二极管门电路的分析。

【例 1.2】 在图 1.18 中，D_1、D_2 都是二极管，$U_{c1}=5.3\ V=(-U_{c2})$。它们导通时，两端压降为 0.7 V（用恒压源等效电路），试画出 u_i 为幅值 10 V 的正弦波时，输出电压 u_o 的波形。

解：分析二极管电路，首先要判断二极管在电路中的工作状态，是导通还是截止。常用方法：首先断开二极管，然后求得二极管阳极与阴极之间承受的电压，如果该电压大于导通电压，则说明该二极管处于正向偏置而导通，两端的实际电压为二极管的导通压降；如果该电压值小于导通电压，则说明该二极管处于反向偏置而截止。

例 1.2 中，在 u_i 的正半周，当 u_i 小于 6 V 时，D_1 截止；当 u_i 大于 6 V 时，D_1导通，$u_o=6$ V（被限制在 6 V 的幅度）。在 u_i 的负半周，D_1 始终截止。当 u_i 的幅值小于 6 V 时，D_2 截止；u_i 大于 6 V 时，D_2 导通，$u_o=6$ V。这样，可画出 u_o 的波形，如图 1.19 所示。

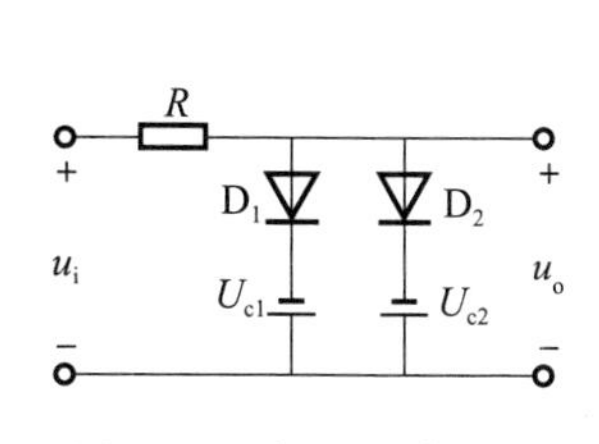

图 1.18　例 1.2 电路图

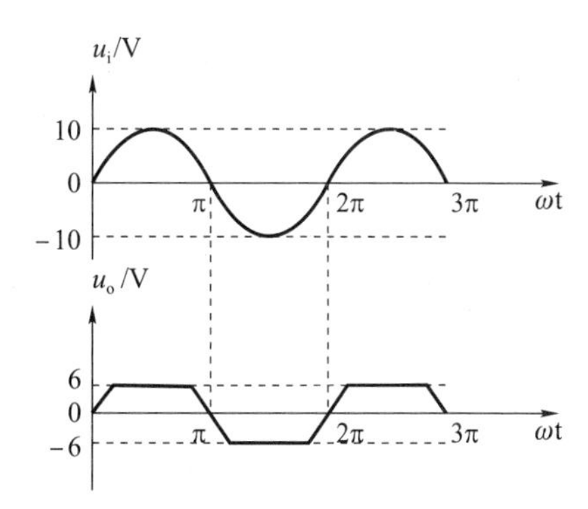

图 1.19　u_o 的波形

由图 1.19 可见，u_o 被限制在 6 V 和−6 V 之间，这种电路称为限幅电路。

【例 1.3】 试分析图 1.20 所示二极管门电路，当 U_A 和 U_B 分别为 0 和 3 V 的不同组合时，二极管 D_1 和 D_2 的状态，并求出此时 U_o 的值。二极管均为硅管。

解：这里把二极管看成理想二极管，U_{th}取 0.7 V。

当判断二极管在电路中的工作状态的过程中，如果电路中出现两个以上二极管承受大小不相等的正向电压，则应判定承受正向电压较大者优先导通，其两端电压为导通电压降，然后再用例 1.1 中的方法判断其余二极管的工作状态。

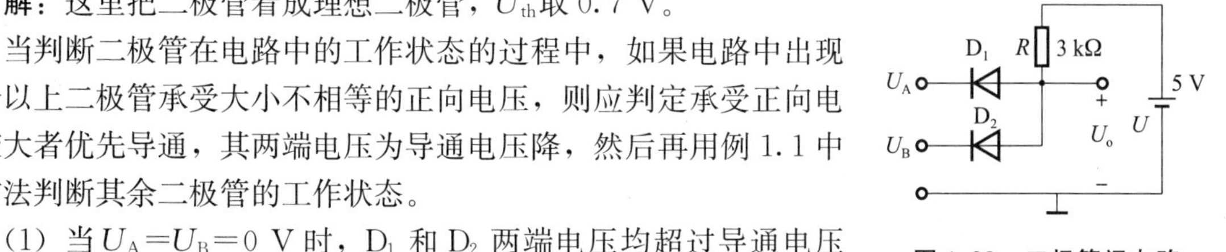

图 1.20　二极管门电路

（1）当 $U_A=U_B=0$ V 时，D_1 和 D_2 两端电压均超过导通电压值，故都导通，则 $U_o=U_{th}=0.7$ V。

（2）当 $U_A=U_B=3$ V 时，D_1 和 D_2 两端电压仍超过导通电压值，故都导通，则 $U_o=U_A+U_{th}=3.7$ V。

（3）当 $U_A=0$ V，$U_B=3$ V 时，似乎 D_1 和 D_2 均处于导通状态，而实际上 D_1 承受正向电压较大，D_1 优先导通。D_1 优先导通后，U_o 被限制在 0.7 V，这就使 D_2 处于反向偏置状态，D_2 是不导通的，故 $U_o=0.7$ V。

（4）当 $U_A=3$ V，$U_B=0$ V 时，情况与（3）类似，只是 D_2 优先导通。D_2 导通后，D_1 截止，故 $U_o=0.7$ V。

1.3.3 注意问题

综合上面的分析，我们发现分析二极管电路时要注意以下问题：

(1) 分析二极管电路，首先要判断二极管在电路中的工作状态，是导通还是截止。

(2) 由于二极管的伏安特性的非线性，一般不通过列方程求解电流、电压来判断二极管是否导通，而是通过比较二极管两个电极的电位高低确定它的工作状态。

(3) 判断二极管是否导通，不能单纯看加于阴极、阳极的电压是正还是负，还要看阳极与阴极间的电位差。判断时先断开各个二极管，求出阴极、阳极电位，进而求出电位差。二极管正偏且大于死区电压时导通，正偏但小于死区电压及反偏时二极管截止。

(4) 二极管电路中出现多个二极管时，如果它们并联，那么正向偏压较大者先导通，导通后二极管的电压降（管压降）恒定，其他的二极管被短路而截止。

(5) 根据偏压大小采用合适的模型分析。偏压远大于死区电压时用理想模型，否则用恒压降模型。

1.4 半导体三极管

半导体三极管既可用作放大元件，也可用作开关元件，使用非常广泛。根据其结构和工作原理的不同分为双极型和单极型半导体三极管。双极型半导体三极管又称为双极型晶体三极管或三极管、晶体管等，之所以称为双极型管，是因为它由空穴和自由电子两种载流子参与导电。而单极型半导体三极管是一种利用电场效应控制输出电流的半导体三极管，又称场效应管，只有一种载流子（多数载流子）导电。图 1.21 所示为几种常见的晶体管外形。

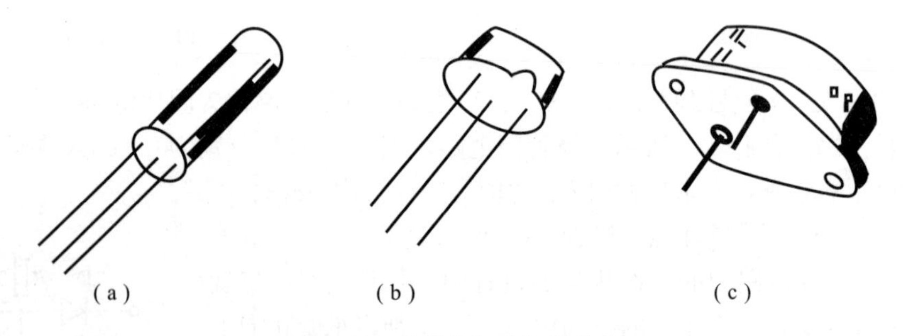

图 1.21 几种常见晶体管外形

1.4.1 晶体管的结构及制造工艺上的特点

1. 晶体管的结构

通过一定的工艺，在一块半导体上掺入不同的杂质制成靠在一起的两个 PN 结，形成三个杂质区，从每个区各引出一个电极就构成了晶体管。晶体管的三个区分别为发射区（发射载流子的区域）、基区（传输载流子的区域）和集电区（收集载流子的区域）。各区引出的电极依次为发射极（E 极）、基极（B 极）和集电极（C 极）。发射区与基区的交界处形成发射结，基区与集电区的交界处形成集电结。根据半导体各区的类型不同，晶体管可分为 NPN 型和 PNP 型两大类，如图 1.22 所示，发射极箭头方向表示发射结正向偏置时发射极电流的方向。

晶体管按制造材料分为硅管和锗管，目前 NPN 型管多数为硅管，PNP 型管多数为锗管。

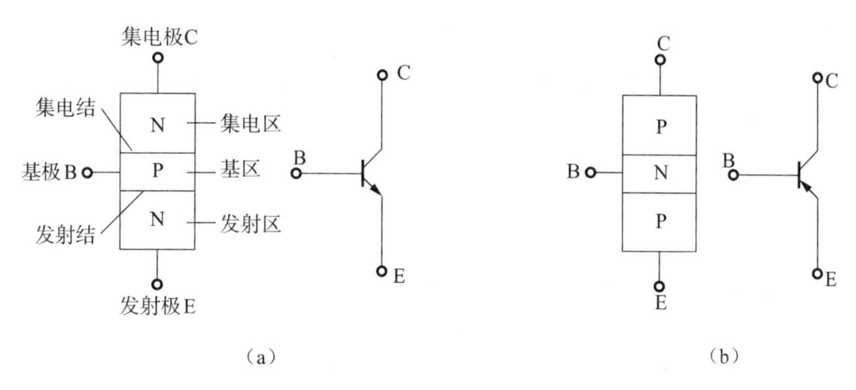

图 1.22　晶体管的组成与符号

(a) NPN 型；(b) PNP 型

在实际工作中，硅 NPN 型晶体管应用最为广泛，所以本书主要讨论硅 NPN 型晶体管，但分析的方法和讨论的结果同样适用于 PNP 型晶体管。

2. 晶体管制造工艺上的特点

为了保证上述两种晶体管具有电流放大作用，它们在制造工艺上有以下特点：

(1) 基区做得很薄（几微米至几十微米），掺杂浓度很低，故基区多数载流子浓度很低；

(2) 发射区掺杂浓度非常高，一般比基区的掺杂浓度高几百倍；

(3) 集电区掺杂浓度较低，其多数载流子浓度比发射区低；

(4) 在几何尺寸上，晶体管集电区的面积比发射区的大，它们是不对称的。

晶体管作为放大元件使用时，晶体管集电极和发射极不能互换使用。

1.4.2　晶体管的放大作用

1. 晶体管放大的外部条件

晶体管具有电流放大作用，要实现放大作用应满足晶体管放大的外部条件：发射结正向偏置（正向偏压一般不大于 1 V），集电结反向偏置（反向偏压一般在几伏到几十伏）。如图 1.23 所示，其中 V 为晶体管，U_{CC}为集电极直流偏置电源，U_{BB}为基极直流偏置电源。可以看出若以发射极电压为参考电压，则晶体管发射结正偏，集电结反偏，该条件还可用电压关系来表示，对于 NPN 型：$U_C>U_B>U_E$；对于 PNP 型：$U_E>U_B>U_C$。

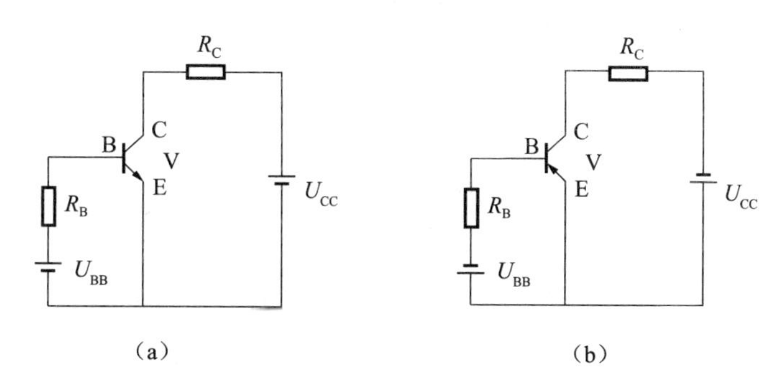

图 1.23　晶体管放大工作时的接法

(a) NPN 型；(b) PNP 型

2. 晶体管放大时内部载流子的运动和电流分布情况

下面以 NPN 型晶体管的共射极接法为例，分析晶体管内部载流子的运动和电流分布情况。

图 1.23（a）中，在正向电压的作用下，发射区的多子（电子）不断向基区扩散发射，并不断地从电源那里得到补充，形成发射极电流 I_E。基区多子（空穴）虽然也向发射区扩散，但其数量很小，空穴电流可忽略。I_E 主要由发射区发射的电子电流产生。到达基区的电子继续向集电结方向扩散，在扩散过程中，少部分电子与基区的空穴复合，形成基极电流 I_B，基区被复合掉的空穴由基极偏压 U_{BB}不断进行补充。由于基区很薄且掺杂浓度低，所以绝大多数电子都能扩散到靠近集电结的一侧。由于集电结反偏，这些电子全部漂移过集电结，从而形成集电极电流 I_C，如图 1.24 所示。集电极偏压 U_{CC}的正端接集电极，因此对基区中集电结附近的电子有吸引作用。另外，由于集电结反偏，集电区中的少子空穴和基区中的少子电子在外电场的作用下还将进行漂移运动而形成反向电流，该电流称为反向饱和电流，用 I_{CBO}表示。这个反向饱和电流虽然很小，但是受温度影响很明显。

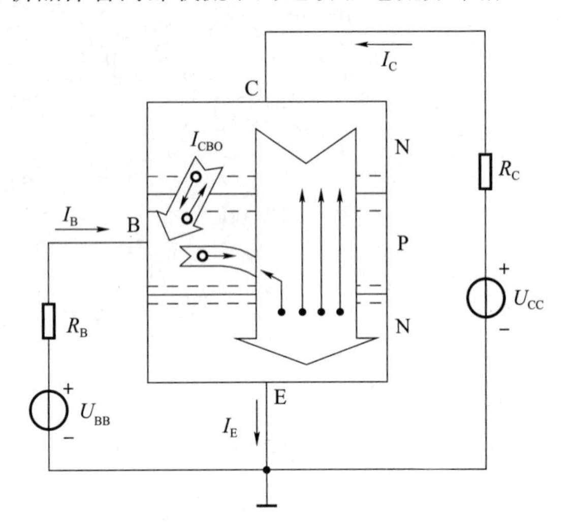

图 1.24 NPN 型晶体管中载流子的运动

综上所述，晶体管放大时内部载流子的运动分为三个过程：

1）发射

发射区的多数载流子浓度很高（制作工艺的特点），在发射结正偏作用下发射出大量自由电子，这些自由电子越过发射结到达基区形成发射极电流 I_E。

2）复合与扩散

自由电子到达基区后，与基区多子空穴复合形成基极电流 I_B。因为基区很薄，未复合的发射区过来的自由电子在基区中继续扩散到集电结附近。

3）收集

在集电结反偏的作用下，集电区的自由电子不能向基区运动，基区中未复合的发射区过来的自由电子被收集到集电极形成集电极电流 I_C。集电区中的少子空穴和基区中的少子自由电子在外电场的作用下将进行漂移运动而形成反向饱和电流 I_{CBO}。

由此可见，集电极电流 I_C 由发射区发射的电子被集电极收集后形成的电流和反向饱和电流 I_{CBO}组成。常用共射直流放大系数 $\bar{\beta}$ 来表征晶体管的放大作用，即

$$\bar{\beta}=\frac{I_C-I_{CBO}}{I_B+I_{CBO}} \tag{1.2}$$

变换后可得 I_C 与 I_B 之间的关系：

$$I_C=\bar{\beta}I_B+(1+\bar{\beta})I_{CBO} \tag{1.3}$$

式中，后一项常用符号 I_{CEO}表示，即

$$I_{CEO}=(1+\bar{\beta})I_{CBO}$$

I_{CEO}称为穿透电流，则 I_C 又可表示为

$$I_C=\bar{\beta}I_B+I_{CEO}$$

当 $I_{CEO} \ll I_C$ 时，忽略 I_{CEO}，有

$$\bar{\beta}=\frac{I_C}{I_B} \tag{1.4}$$

即 $\bar{\beta}$ 近似等于 I_C 与 I_B 的比值，是表征晶体管放大作用的重要参数。

通常将集电极电流与基极电流的变化量之比定义为共射直流放大系数 β，即 $\beta \approx \frac{\Delta I_C}{\Delta I_B}$，也是晶体管的一个重要参数。

注意：直流放大倍数 $\bar{\beta}$ 与交流放大倍数 β 含义不同，但对于大多数晶体管来说数值差别不大，因此在今后的计算中，不再严格区分它们。

无论晶体管电流如何变化，三个外部电流间始终符合基尔霍夫电流定律，即

$$I_E = I_B + I_C$$

且 I_E 和 I_C 均比 I_B 大得多，因而 $I_E \approx I_C$。

1.4.3　晶体管的特性曲线

晶体管的特性曲线是指晶体管外部各极电压与电流之间的关系曲线，它们是晶体管内部载流子运动规律的外部表现，是分析和计算晶体管电路的依据之一。特性曲线可用晶体管特性图示仪测得，也可从手册上查出某一条件下测试的典型曲线。下面以 NPN 管共射接法为例来分析晶体管的特性曲线。

由于晶体管有三个电极，它的伏安特性曲线比二极管更复杂一些，工程上常用到的是它的输入特性和输出特性。

1. 输入特性曲线

当 U_{CE} 不变时，输入回路中的电流 I_B 与电压 U_{BE} 之间的关系曲线被称为输入特性，用函数表示为

$$I_B = f(U_{BE})\big|_{U_{CE}=\text{常数}}$$

实测的 NPN 型硅晶体管的输入特性曲线如图 1.25 所示，由图可见曲线形状与二极管的伏安特性类似，不过它与 U_{CE} 有关。输入特性曲线有下列两个主要特点：

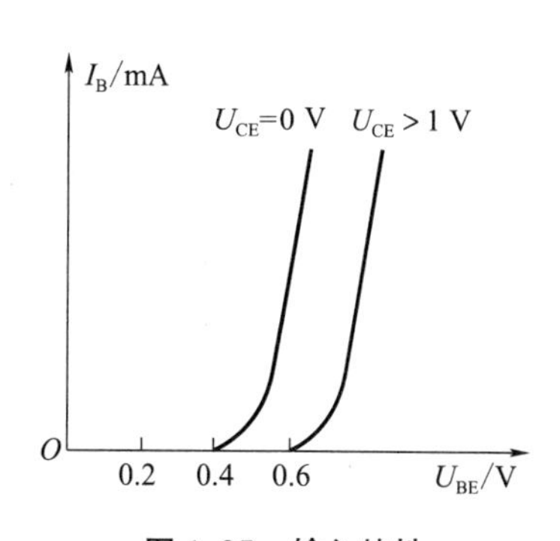

图 1.25　输入特性

（1）当 $U_{CE}=0$ V 时，输入特性曲线相当于两个二极管的正向特性曲线并联。晶体管的输入特性是两个正向二极管的伏安特性。

（2）随着 U_{CE} 的增大，输入特性曲线向右移动；当 $U_{CE}>1$ V 时，特性曲线基本上重合。在一定的 U_{BE} 条件之下，集电结的反向偏压足以将注入基区的电子全部拉到集电极，此时 U_{CE} 再继续增大，I_B 也变化不大，因此 $U_{CE}>1$ V 以后，不同 U_{CE} 值的各条输入特性曲线几乎重叠在一起。所以常用 $U_{CE}>1$ V 的某条输入特性曲线来代表 U_{CE} 更高的情况。在实际应用中，晶体管的 U_{CE} 一般大于 1 V，因而 $U_{CE}>1$ V 时的曲线更具有实际意义。

由晶体管的输入特性曲线可看出：晶体管的输入特性曲线是非线性的，输入电压小于某一开启值时，晶体管不导通，基极电流为零，这个开启电压又称阈值电压或死区电压。对于硅管，其阈值电压约为 0.5 V，锗管为 0.1～0.2 V。当管子正常工作时，发射结压降变化不大，对于硅管为 0.6～0.7 V，对于锗管为 0.2～0.3 V。

2. 输出特性曲线

当 I_B 不变时，输出回路中的电流 I_C 与电压 U_{CE} 之间的关系曲线称为输出特性曲线，函数表示式为

$$I_C=f(U_{CE})\big|_{I_B=\text{常数}}$$

固定一个 I_B 值，可得到一条输出特性曲线；改变 I_B 值，可得到一族输出特性曲线。

以硅 NPN 型晶体管为例，其共发射极输出特性曲线族如图 1.26 所示。晶体管的输出特性曲线可分为三个区：放大区、截止区和饱和区。

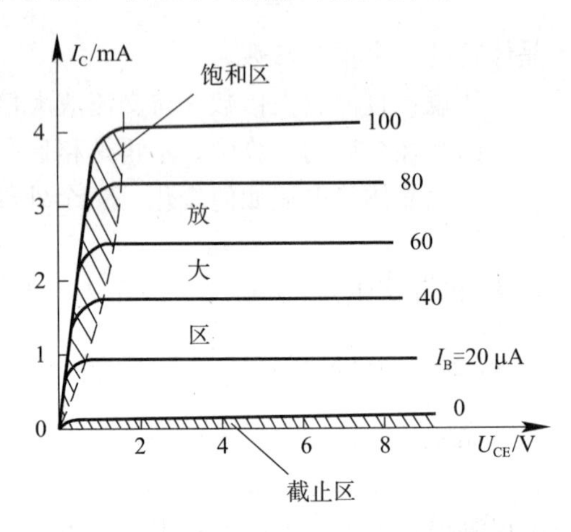

图 1.26 NPN 管共发射极输出特性曲线

1）放大区

当 $U_{CE}>1$ V 以后，晶体管的集电极电流 $I_C=\beta I_B+I_{CEO}$，I_C 与 I_B 成正比而与 U_{CE} 关系不大。所以输出特性曲线几乎与横轴平行，当 I_B 一定时，I_C 的值基本不随 U_{CE} 变化，具有恒流特性。I_B 等量增加时，输出特性曲线等间隔地平行上移。这个区域的工作特点是发射结正向偏置，集电结反向偏置，$I_C=\beta I_B$。当 I_B 有一个微小的变化时，就能引起 I_C 一个较大的变化，反映出了晶体管工作在这一区域对电流的线性放大作用，所以把该区域称为放大区。

2）截止区

当 $I_B=0$ 时，$I_C=I_{CEO}$，由于穿透电流 I_{CEO} 很小，输出特性曲线是一条几乎与横轴重合的直线，晶体管在此区域没有放大能力，发射结和集电结均处于反向偏置。

3）饱和区

当 U_{CE} 减小到一定程度，$U_{CE}<U_{BE}$ 时，I_C 与 I_B 不成比例，它随 U_{CE} 的增加而迅速上升，即使再增大 I_B，I_C 增加也很少或不再增加，这一区域称为饱和区，$U_{CE}=U_{BE}$ 称为临界饱和。在饱和区，集电结和发射结均处于正向偏置状态，晶体管失去放大能力。

综上所述，对于 NPN 型晶体管，工作于放大区时，$U_C>U_B>U_E$；工作于截止区时，$U_C>U_E>U_B$；工作于饱和区时，$U_B>U_C>U_E$。

1.4.4 晶体管的主要参数

晶体管的性能常用有关参数表示，晶体管的参数是表征管子性能和安全运用范围的物理量，是工程上正确选用晶体管的依据。其主要参数有电流放大系数、极间反向电流及极限参数等。

1. 电流放大系数

电流放大系数的大小反映了晶体管放大能力的强弱。

1）共发射极交流电流放大系数 β

β 指集电极电流变化量与基极电流变化量之比，其大小体现了共射接法时晶体管的放大能力，即

$$\beta=\frac{\Delta I_C}{\Delta I_B}\bigg|_{U_{CE}=\text{常数}}$$

2）共发射极直流电流放大系数 $\bar{\beta}$

$\bar{\beta}$ 定义为晶体管集电极电流与基极电流之比，即

$$\bar{\beta}=\frac{I_C}{I_B}$$

$\bar{\beta}$ 因与 β 的值几乎相等，故在应用中不再区分，均用 β 表示。

2. 极间反向电流

晶体管的极间反向电流有 I_{CBO} 和 I_{CEO}，它们是衡量晶体管质量的重要参数。

1）集电极-基极间的反向电流 I_{CBO}

I_{CBO} 是指发射极开路时，集电极-基极间的反向电流，也称集电结反向饱和电流。温度升高时，I_{CBO} 急剧增大，温度每升高 10 ℃，I_{CBO} 增大一倍。选管时应选 I_{CBO} 小且受温度影响小的晶体管。室温下，小功率硅管的 $I_{CBO}<1$ μA；小功率锗管的 $I_{CBO}<10$ μA。

2）集电极-发射极间的反向电流 I_{CEO}

I_{CEO} 是指基极开路时，集电极-发射极间的反向电流，也称集电结穿透电流。它反映了晶体管的稳定性，其值越小，受温度影响也越小，晶体管的工作就越稳定。I_{CEO} 为几十微安到几百微安之间。

3. 极限参数

晶体管的极限参数是指在使用时不得超过的安全工作极限值，若超过这些极限值，将会使晶体管性能变差，甚至损坏。有如下极限参数：

1）集电极最大允许电流 I_{CM}

集电极电流 I_C 过大时，β 将明显下降，I_{CM} 为 β 下降到规定允许值（一般为额定值的 1/2～2/3）时的集电极电流。使用中若 $I_C>I_{CM}$，晶体管不一定会损坏，但 β 明显下降。

2）集电极最大允许功率损耗 P_{CM}

晶体管工作时，U_{CE} 的大部分降在集电结上，因此集电极功率损耗（简称功耗）$P_C=U_{CE}I_C$，近似为集电结功耗，它将使集电结温度升高而使晶体管发热致使管子损坏。工作时的 P_C 必须小于 P_{CM}。

3）反向击穿电压 $U_{(BR)CEO}$、$U_{(BR)CBO}$、$U_{(BR)EBO}$

$U_{(BR)CEO}$ 为基极开路时集电结不致击穿，允许施加在集电极-发射极之间的最高反向电压。$U_{(BR)CBO}$ 为发射极开路时集电结不致击穿，允许施加在集电极-基极之间的最高反向电压。$U_{(BR)EBO}$ 为集电极开路时发射结不致击穿，允许施加在发射极-基极之间的最高反向电压。它们之间的关系为 $U_{(BR)CEO}>U_{(BR)CBO}>U_{(BR)EBO}$。通常 $U_{(BR)CEO}$ 为几十伏，$U_{(BR)EBO}$ 为几伏到几十伏。

根据三个极限参数 I_{CM}、P_{CM}、$U_{(BR)CEO}$ 可以确定晶体管的安全工作区，如图 1.27 所示。晶体管工作时必须保证工作在安全区内，并留有一定的余量。

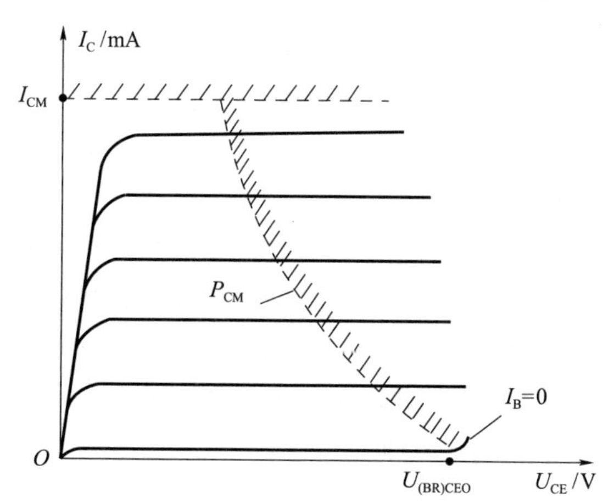

图 1.27　晶体管的安全工作区

※1.5 场效应晶体管

场效应晶体管简称场效应管（Field Effect Transistor，FET），是利用输入电压产生的电场效应来控制输出电流的，又为电压控制型器件。它工作时只有一种载流子（多子）参与导电，所以也称单极型晶体管。

场效应管之所以得到了广泛的应用，是因为具有如下特点：

（1）输入电阻非常高，能满足高内阻信号源对放大电路的要求，是较理想的前置输入级器件；

（2）热稳定性好、功耗小、噪声低、制造工艺简单、便于集成等。

场效应管分为结型场效应管（Junction Field Effect Transistor，JFET）和绝缘栅型场效应管（Insulated-Gate Field Effect Transistor，IGFET，又称 MOS 型场效应管）两大类。本节分别介绍结型场效应管和绝缘栅型场效应管的结构、工作原理、特性曲线及主要参数。

1.5.1 结型场效应管

根据场效应管制造工艺和材料的不同，结型场效应管又分为 N 沟道结型场效应管和 P 沟道结型场效应管。下面以 N 沟道结型场效应管为主进行介绍。

1. 结构和符号

N 沟道结型场效应管如图 1.28 所示，两个 P 区连在一起所引出的电极称为栅极（G），两端 N 区引出的电极分别称为源极（S）和漏极（D）。当 D、S 加电压时，将有电流通过中间的 N 型区在 D、S 间流通，因此导电沟道是 N 型的，称为 N 沟道结型场效应管。

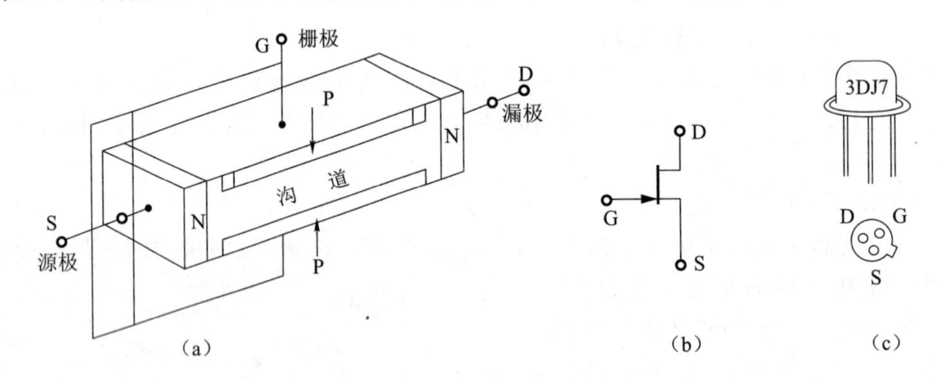

图 1.28 N 沟道结型场效应管

(a) 结构示意图；(b) 图形符号；(c) 外形

另一种结型场效应管的导电沟道是 P 型的，即在 P 型硅片的两侧做成高掺杂的 N 型区（用符号 N^+ 表示），并且连在一起引出栅极，然后从 P 型硅片的两端分别引出源极和漏极，如图 1.29（a）所示。这是 P 沟道结型场效应管，其图形符号如图 1.29（b）所示。此处栅极上的箭头指向外侧，即由 P 区指向 N^+ 区。

2. 工作原理

结型场效应管工作时，它的两个 PN 结始终要加反向电压。对于 N 沟道，栅源极之间加反向电压，即 $U_{GS} \leqslant 0$ V；漏源极之间加正向电压，即 $U_{DS} > 0$ V。当 G、S 两极间电压 U_{GS} 改变时，沟道两侧耗尽层的宽度也随着改变，沟道宽度的变化导致沟道电阻值的改变，从而实现了利用电压 U_{GS} 控制电流 I_D 的目的，如图 1.30 所示。

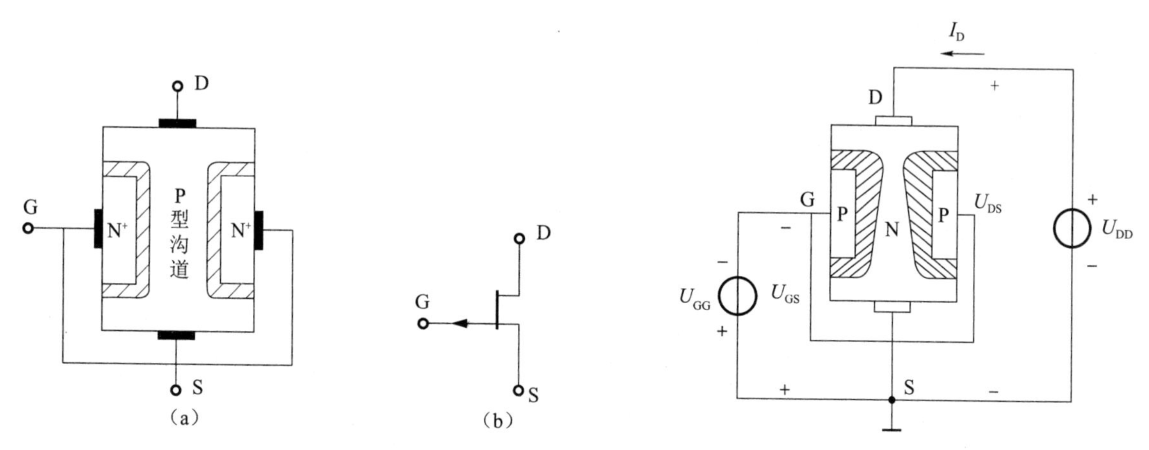

图 1.29 P 沟道结型场效应管

(a) 结构示意图；(b) 图形符号

图 1.30 N 沟道结型场效应管的工作原理

1) U_{GS} 对导电沟道的影响

当 $U_{GS}=0$ V 时，场效应管两侧的 PN 结均处于零偏置，形成两个耗尽层，如图 1.31 (a) 所示，此时耗尽层最薄，导电沟道最宽，沟道电阻最小。

当 $|U_{GS}|$ 值增大时，栅源之间的反偏电压增大，PN 结的耗尽层增宽，如图 1.31 (b) 所示，导致导电沟道变窄，沟道电阻增大。

当 $|U_{GS}|$ 值增大到使两侧耗尽层相遇时，导电沟道全部夹断，如图 1.31 (c) 所示，沟道电阻趋于无穷大，对应的栅源电压 U_{GS} 称为场效应管的夹断电压，用 $U_{GS(off)}$ 表示。

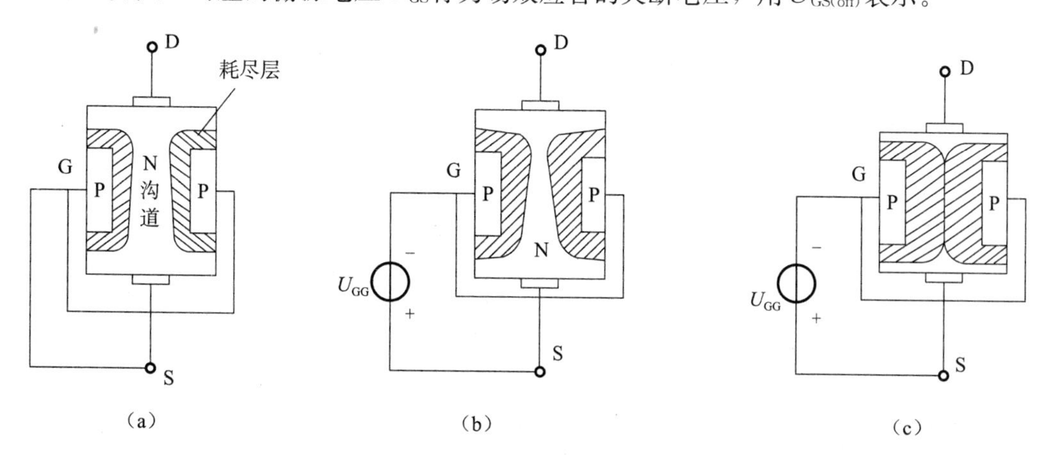

图 1.31 U_{GS} 对导电沟道的影响

(a) 导电沟道最宽；(b) 导电沟道变窄；(c) 导电沟道夹断

2) U_{DS} 对导电沟道的影响

设栅源电压 $U_{GS}=0$ V。当 $U_{DS}=0$ V 时，$I_D=0$，沟道均匀，如图 1.31 (a) 所示。当 U_{DS} 增加时，漏极电流 I_D 从零开始增加，I_D 流过导电沟道时，沿着沟道产生电压降，使沟道各点电位不再相等，沟道不再均匀。靠近源极端的耗尽层最窄，沟道最宽；靠近漏极端的电位最高，且与栅极电位差最大，因而耗尽层最宽，沟道最窄。U_{DS} 的主要作用是形成漏极电流 I_D。

3）U_{DS}和U_{GS}对沟道电阻和漏极电流的影响

设在漏源间加有电压U_{DS}。当U_{GS}变化时，沟道中的电流I_D将随沟道电阻的变化而变化。

当$U_{GS}=0$ V时，沟道电阻最小，电流I_D最大。当$|U_{GS}|$值增大时，耗尽层变宽，沟道变窄，沟道电阻变大，电流I_D减小，直至沟道被耗尽层夹断，$I_D=0$。

当$0<U_{GS}<U_{GS(off)}$时，沟道电流I_D在零和最大值之间变化。

改变栅源电压U_{GS}的大小，能引起管内耗尽层宽度的变化，从而控制了漏极电流I_D的大小。

场效应管和普通晶体管一样，可以看作受控的电流源，但它是一种电压控制的电流源。值得注意的是，结型场效应管中两个电源U_{GG}和U_{DD}极性不能接反。

3. 特性曲线

像晶体管一样，结型场效应管通常也用转移特性和输出特性来描述电压和电流的关系。

1）转移特性曲线

转移特性曲线是指在一定漏源电压U_{DS}作用下，栅源电压U_{GS}对漏极电流I_D的控制关系曲线，函数表达式为

$$I_D=f(U_{GS})\big|_{U_{DS}=\text{常数}}$$

图1.32所示为结型场效应管的转移特性曲线。从转移特性曲线可知，U_{GS}对I_D的控制作用如下：

当$U_{GS}=0$ V时，导电沟道最宽、沟道电阻最小。所以当U_{DS}为某一定值时，漏极电流I_D最大，称为饱和漏极电流，用I_{DSS}表示。

当$|U_{GS}|$值逐渐增大时，PN结上的反向电压也逐渐增大，耗尽层不断加宽，沟道电阻逐渐增大，漏极电流I_D逐渐减小。

当$U_{GS}=U_{GS(off)}$时，沟道全部夹断，$I_D=0$。

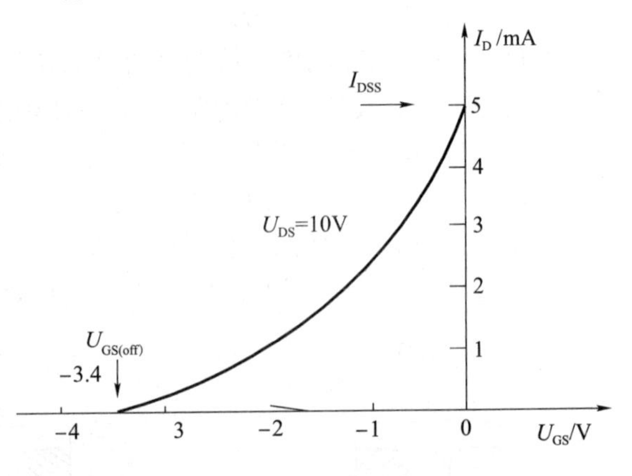

图1.32 结型场效应管的转移特性曲线

2）输出特性曲线（或漏极特性曲线）

输出特性曲线是指在一定栅源电压U_{GS}作用下，I_D与U_{DS}之间的关系曲线，即

$$I_D=f(U_{DS})\big|_{U_{GS}=\text{常数}}$$

图1.33所示为结型场效应管的输出特性曲线，分为以下四个工作区：

（1）可变电阻区。当U_{GS}不变，U_{DS}由零逐渐增加且较小时，I_D随U_{DS}的增加而线性上升，场效应管导电沟道畅通。漏源之间可视为一个线性电阻R_{DS}，这个电阻在U_{DS}较小时，主要由U_{GS}决定，所以此时沟道电阻值近似不变。而对于不同的栅源电压U_{GS}，则有不同的电阻值R_{DS}，所以称为可变电阻区。

（2）恒流区（或线性放大区）。图1.33中间部分是恒流区，在此区域I_D不随U_{DS}的增加而增加，而是随着U_{GS}的增大而增大，输出特性曲线近似平行于U_{DS}轴。I_D受U_{GS}的控制表现出场效应管电压控制电流的放大作用，场效应管组成的放大电路就工作在这个区域。

（3）夹断区。当$U_{GS}<U_{GS(off)}$时，场效应管的导电沟道被耗尽层全部夹断，由于耗尽层电

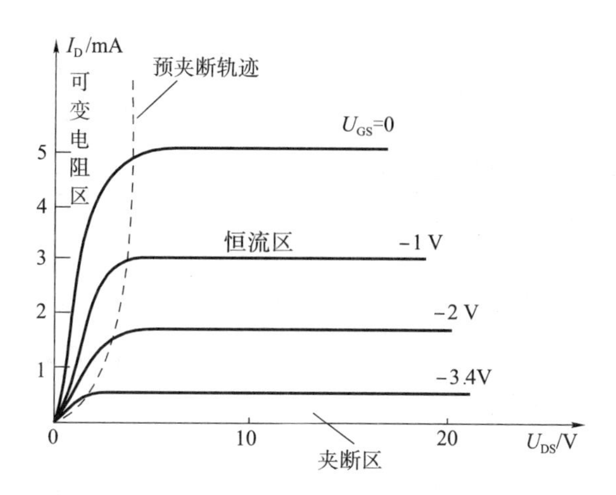

图 1.33　结型场效应管的输出特性曲线

阻极大，因而漏极电流 I_D 几乎为零。此区域类似于晶体管输出特性曲线的截止区，在数字电路中常用作通断的开关。

（4）击穿区。当 U_{DS}增加到一定值时，漏极电流 I_D急剧上升，靠近漏极的 PN 结被击穿，管子不能正常工作，甚至很快被烧坏，故该区域称为击穿区。

在结型场效应管中，由于栅极与导电沟道之间的 PN 结被反向偏置，所以栅极基本上不取电流，其输入电阻很高。但是，在某些情况下希望得到更高的输入电阻，此时一般采用绝缘栅型场效应管。

1.5.2　绝缘栅型场效应管

绝缘栅型场效应管是由金属（Metal）-氧化物（Oxide）-半导体（Semiconductor）组成的，故称 MOS 管。像结型场效应管一样，绝缘栅型场效应管也分为 N 沟道和 P 沟道两类。无论 N 沟道还是 P 沟道，按照工作方式不同，又都可以分为增强型和耗尽型两种。下面简单介绍一下 N 沟道绝缘栅型场效应管。

1. N 沟道增强型 MOS 管

1）结构符号

MOS 管以一块掺杂浓度较低的 P 型硅片做衬底，在衬底上通过扩散工艺形成两个高掺杂的 N 型区，并引出两个极作为源极 S 和漏极 D；在 P 型硅表面制作一层很薄的二氧化硅（SiO_2）绝缘层，在二氧化硅表面再喷上一层金属铝，引出栅极 G。这种场效应管栅极、源极、漏极之间都是绝缘的，所以称为绝缘栅型场效应管，如图 1.34（a）所示。

增强型 MOS 管的图形符号如图 1.34（b）、（c）所示，箭头方向表示沟道类型，箭头指向管内表示为 N 沟道 MOS 管［图 1.34（b）］，箭头指向管外为 P 沟道 MOS 管［图 1.34（c）］。

2）工作原理

图 1.35（a）所示为 N 沟道增强型 MOS 管的工作原理示意图，图 1.35（b）所示为相应的电路图。工作时栅源之间加正向电源电压 U_{GS}，漏源之间加正向电源电压 U_{DS}，并且源极与衬底连接，衬底是电路中最低的电位点。

当 $U_{GS}=0$ V 时，漏极与源极之间没有原始的导电沟道，漏极电流 $I_D=0$。这是因为当 $U_{GS}=0$ V 时，漏极和衬底以及源极之间形成了两个反向串联的 PN 结，当 U_{DS}加正向电压时，

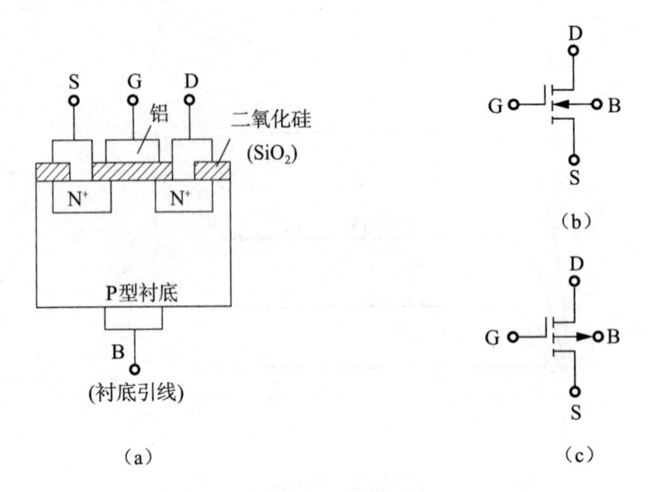

图 1.34　增强型 MOS 管

（a）N 沟道增强型 MOS 管的结构示意图；（b）N 沟道增强型 MOS 管的图形符号；（c）P 沟道增强型 MOS 管的图形符号

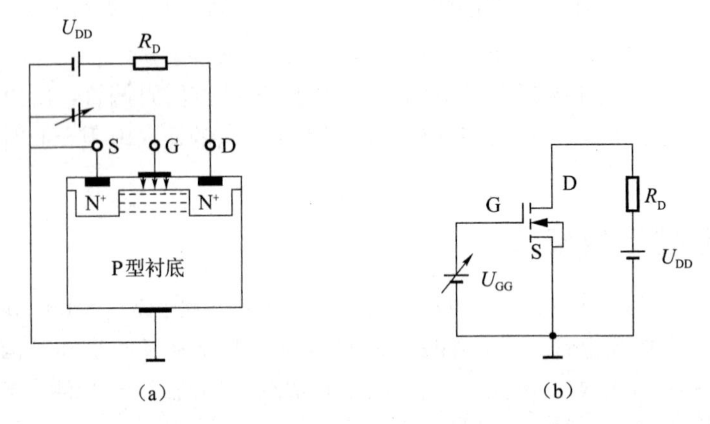

图 1.35　N 沟道增强型 MOS 管的工作原理

（a）示意图；（b）电路图

漏极与衬底之间的 PN 结反向偏置。

当 $U_{GS}>0V$ 时，栅极与衬底之间产生了一个垂直于半导体表面、由栅极 G 指向衬底的电场。这个电场的作用是排斥 P 型衬底中的空穴而吸引电子到表面层，当 U_{GS}增大到一定程度时，绝缘体和 P 型衬底的交界面附近积累了较多的电子，形成了 N 型薄层，称为 N 型反型层。反型层使漏极与源极之间成为一条由电子构成的导电沟道，当加上漏源电压 U_{DS}之后，就会有电流 I_D 流过沟道。通常将刚刚出现漏极电流 I_D时所对应的栅源电压称为开启电压，用 $U_{GS(th)}$表示。

当 $U_{GS}>U_{GS(th)}$时，U_{GS}增大，电场增强，沟道变宽，沟道电阻减小，I_D 增大；反之，U_{GS}减小，沟道变窄，沟道电阻增大，I_D减小。所以改变 U_{GS}的大小，就可以控制沟道电阻的大小，从而达到控制电流 I_D的大小的目的。随着 U_{GS}的增强，导电性能也跟着增强，故称为增强型。

注意：N 沟道增强型 MOS 管，当 $U_{GS}<U_{GS(th)}$时，反型层（导电沟道）消失，$I_D=0$。只有当 $U_{GS}\geqslant U_{GS(th)}$时，才能形成导电沟道，并有电流 I_D。

3）特性曲线

（1）转移特性曲线函数表达式为

$$I_D = f(U_{GS})\big|_{U_{DS}=常数}$$

图1.36所示为N沟道增强型MOS管的转移特性曲线，由图可见，当$U_{GS}<U_{GS(th)}$时，导电沟道没有形成，$I_D=0$。当$U_{GS}\geqslant U_{GS(th)}$时，开始形成导电沟道，并随着$U_{GS}$的增大，导电沟道变宽，沟道电阻变小，电流$I_D$增大。

（2）输出特性曲线函数表达式为

$$I_D = f(U_{DS})\big|_{U_{GS}=常数}$$

图1.37所示为N沟道增强型MOS管的输出特性曲线，与结型场效应管类似，也分为可变电阻区、恒流区（放大区）、夹断区和击穿区，其含义与结型场效应管输出特性曲线的几个区相同。

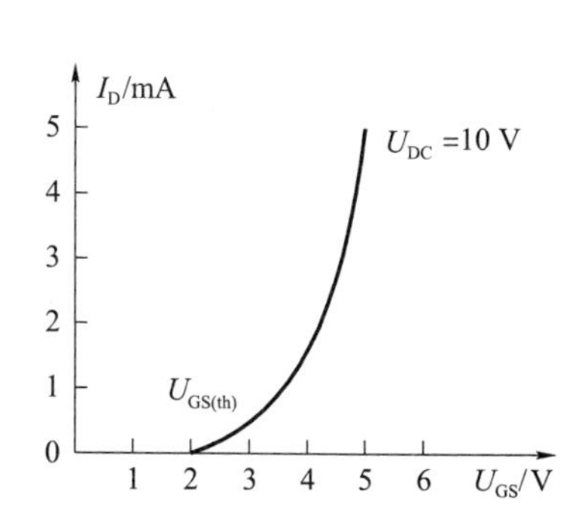

图1.36　N沟道增强型MOS管的转移特性曲线

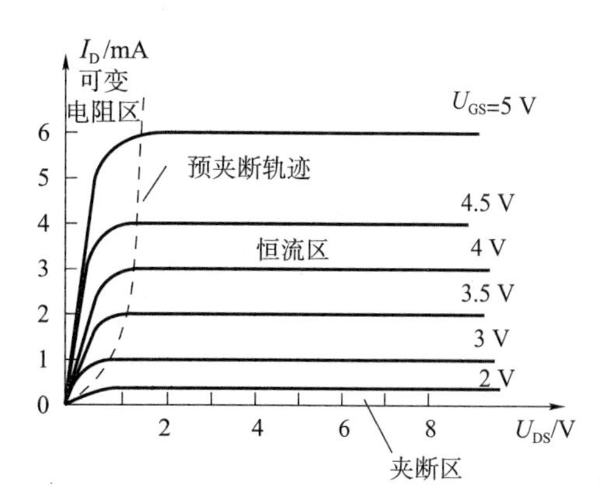

图1.37　N沟道增强型MOS管的输出特性曲线

2. N沟道耗尽型MOS管

1）结构、符号和工作原理

N沟道耗尽型MOS管的结构如图1.38（a）所示，图形符号如图1.38（b）所示。N沟道耗尽型MOS管在制造时，在二氧化硅绝缘层中掺入了大量的正离子，这些正离子的存在，使得$U_{GS}=0$ V时，就有垂直电场进入半导体，并吸引自由电子到半导体的表层而形成N型导电

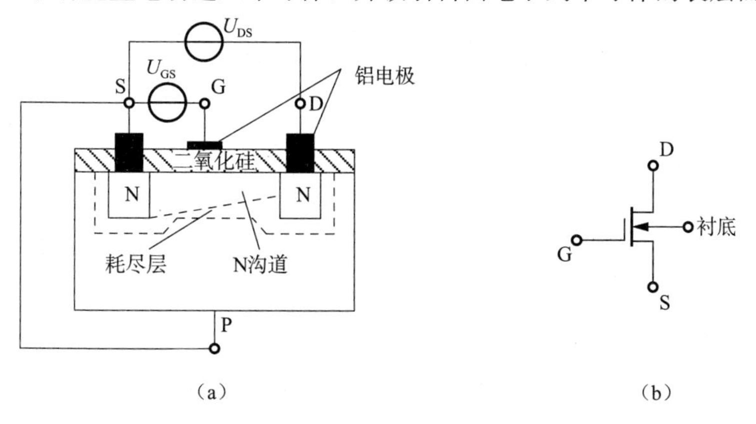

图1.38　N沟道耗尽型MOS管

（a）结构示意图；（b）图形符号

沟道。

如果在栅源之间加负电压，U_{GS}所产生的外电场就会削弱正离子所产生的电场，使得沟道变窄，电流 I_D减小；反之，电流 I_D增加。故这种管子的栅源电压 U_{GS}可以是正的，也可以是负的。改变 U_{GS}就可以改变沟道的宽窄，从而控制漏极电流 I_D。

2）特性曲线

（1）输出特性曲线。N 沟道耗尽型 MOS 管的输出特性曲线如图 1.39（a）所示，曲线可分为可变电阻区、恒流区（放大区）、夹断区和击穿区。

（2）转移特性曲线。N 沟道耗尽型 MOS 管的转移特性曲线如图 1.39（b）所示，从图中可以看出，这种 MOS 管可正可负，且栅源电压 U_{GS}为零时，灵活性较大。

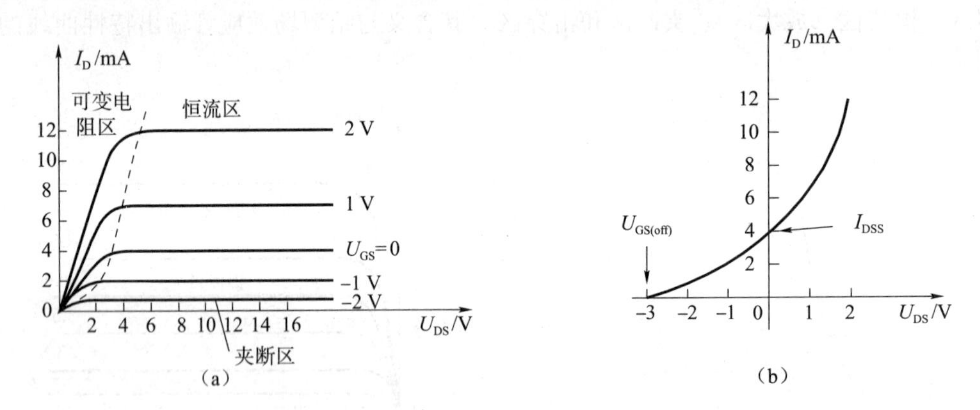

图 1.39　N 沟道耗尽型 MOS 管的特性曲线

（a）输出特性曲线；（b）转移特性曲线

当 U_{GS}＝0 V 时，靠绝缘层中正离子在 P 型衬底中感应出足够的电子，而形成 N 型导电沟道，获得一定的 I_{DSS}。

当 U_{GS}＞0 V 时，垂直电场增强，导电沟道变宽，电流 I_D 增大。

当 U_{GS}＜0 V 时，垂直电场减弱，导电沟道变窄，电流 I_D 减小。

当 U_{GS}＝$U_{GS(th)}$时，导电沟道全夹断，I_D＝0。

综上所述，场效应管的漏极电流 I_D 受栅源电压的控制，即 I_D 随 U_{GS}的变化而变化，故场效应管是一种电压控制电流的器件。

1.5.3　场效应管的主要参数及使用注意事项

1. 主要参数

1）开启电压 $U_{GS(th)}$和夹断电压 $U_{GS(off)}$

U_{DS}等于某一定值，使漏极电流 I_D等于某一微小电流时栅源之间所加的电压 U_{GS}，对于增强型 MOS 管称为开启电压 $U_{GS(th)}$，对于耗尽型 MOS 管和结型场效应管称为夹断电压 $U_{GS(off)}$。

2）饱和漏极电流 I_{DSS}

饱和漏极电流指工作于饱和区的耗尽型 MOS 管在 U_{GS}＝0 V 时的漏极电流，是耗尽型 MOS 管的参数。

3）直流输入电阻 R_{GS}

直流输入电阻是指漏源间短路时，栅源间的直流电阻值，一般大于 10^8 Ω。

4）低频跨导 g_m（又称低频互导）

低频跨导是指U_{DS}为某一定值时，漏极电流的微变量和引起这个变化的栅源电压的微变量之比，即

$$g_m=\left.\frac{\Delta I_D}{\Delta U_{GS}}\right|_{U_{DS}=常数}$$

式中，ΔI_D为漏极电流的微变量；ΔU_{GS}为栅源电压的微变量。g_m反映了U_{GS}对I_D的控制能力，是表征场效应管放大能力的重要参数，单位为西〔门子〕，符号为S，一般为几毫西（mS）。g_m的值与管子的工作点有关。

5）漏源击穿电压$U_{(BR)DS}$

漏源击穿电压是指漏源间能承受的最大电压，当U_{DS}值超过$U_{(BR)DS}$时，漏源间发生击穿，I_D开始急剧增加。

6）栅源击穿电压$U_{(BR)GS}$

栅源击穿电压是指栅源间所能承受的最大反向电压，U_{GS}值超过此值时，栅源间发生击穿。

7）最大耗散功率P_{DM}

最大耗散功率$P_{DM}=U_{DS}I_D$，指允许耗散在管子上的最大功率，其大小受管子最高工作温度的限制。

2. 使用注意事项

（1）在使用场效应管时，要注意漏源电压U_{DS}、漏极电流I_D、栅源电压U_{GS}及耗散功率等值不能超过最大允许值。

（2）有些场效应管将衬底引出，故有4个管脚，这种管子漏极与源极可互换使用。但有些场效应管在内部已将衬底与源极接在一起，只引出3个电极，这种管子的漏极与源极不能互换。

（3）使用场效应管时各极必须加正确的工作电压，结型场效应管的栅源电压U_{GS}不能加正向电压，因为它工作在反偏状态。通常各极在开路状态下保存。

（4）绝缘栅MOS管的栅源两极绝不允许悬空，因为栅源两极如果有感应电荷，就很难泄放，电荷积累会使电压升高，而使栅极绝缘层击穿，造成管子损坏。因此要在栅源间绝对保持直流通路，保存时务必用金属导线将三个电极短接起来。在焊接时，烙铁外壳必须良好接地，并在烙铁断开电源后再焊接栅极，以避免交流感应将栅极击穿，并按S、D、G极的顺序焊好之后，再去掉各极的金属短接线。

（5）注意各极电压的极性不能接错。

实验　二极管基本应用电路的仿真实验

一、实验目的

（1）了解二极管和稳压二极管的特性。

（2）掌握二极管的基本应用。

（3）用EWB 5.0组建二极管的测试应用电路，进一步了解二极管的各种应用。

二、实验内容和步骤

（1）当输入电压$u_i=10\sin 2\pi\times 50t$（V）时，要求输出电压波形如实验图1.1所示，请在

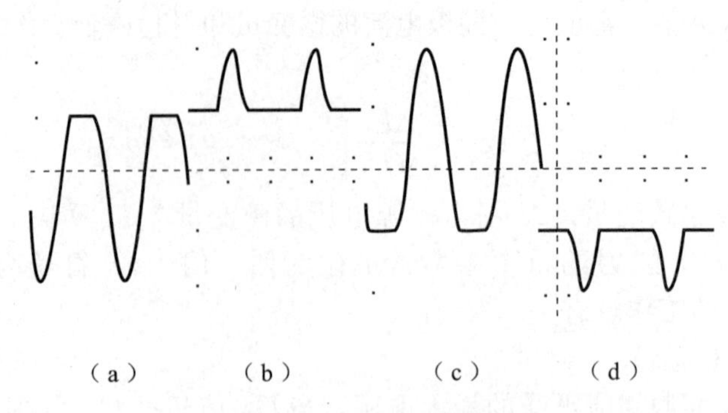

实验图 1.1　实际输出电压波形

EWB 上设计出满足输出要求的电路，并描绘出实际输出波形。

(2) 用稳压二极管设计一简单稳压电路，当输入直流电压为 10×(1±20%) V，负载从 2 kΩ 变化到∞时，输出电压基本维持在 6 V。(假定此稳压二极管的最小稳定电流为 3 mA。)

(3) 当输入电压 $u_i = 20\sin 2\pi \times 50t$ (V) 时，要求输出波形如实验图 1.2 所示，请在 EWB 上设计出满足要求的电路（假设这里忽略二极管的正向导通压降），并描绘出实际输出波形。

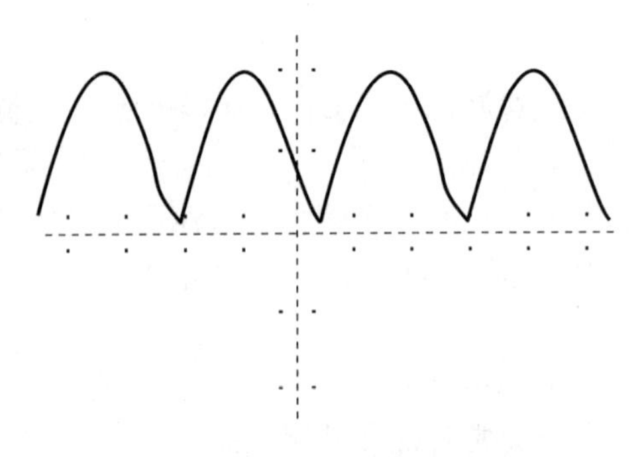

实验图 1.2　实际输出波形

三、实验要求

(1) 了解二极管和稳压二极管的特性。

(2) 会用 EWB 5.0 组建二极管的测试应用电路，通过输入信号得出二极管的输出信号波形。

本章小结

1. 纯净的本征半导体中掺入少量的三价或五价元素形成 P 型半导体和 N 型半导体。两种掺杂半导体结合在一起，交界面附近的多数载流子向对面扩散，形成空间电荷区，建立内电场，促进少数载流子的漂移。当扩散运动和漂移运动达到动态平衡时，形成 PN 结。PN 结具有单向导电性，即正偏时，PN 结导通；反偏时，PN 结截止。

2. 稳压二极管和普通二极管不同，它可以长期工作在反向击穿状态下，只要反向电流不超过管子的最大稳定电流就不会烧坏。

3. 晶体管是一种电流控制元件，它通过基极电流控制集电极电流和发射极电流。要使晶体管具有放大作用，发射结必须正偏，集电结必须反偏。晶体管的特性曲线是非线性的，因此晶体管也是非线性元件。

4. 场效应管是一种电压控制元件，按其导电沟道分为N沟道和P沟道两种。

习　题

1.1　什么是PN结的单向导电性？

1.2　二极管的伏安特性曲线有何特点？

1.3　假设二极管导通电压为0.7 V，试确定习题图1.1所示电路的输出电压U_o。

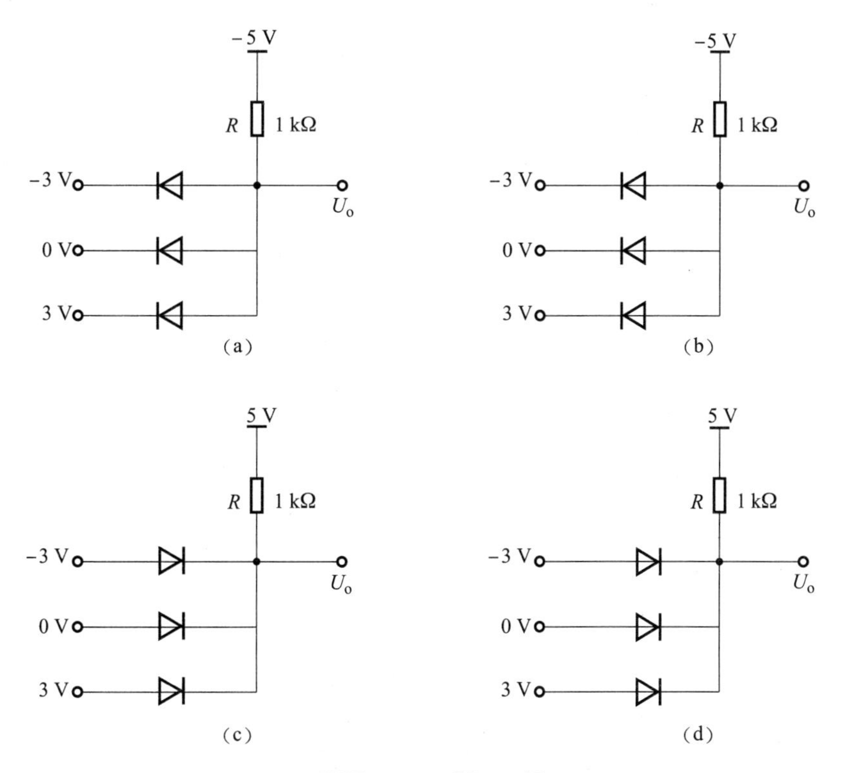

习题图1.1　习题1.3图

1.4　二极管电路如习题图1.2所示，试判断图中的二极管是导通还是截止，并求出AO两端的电压U_{AO}。假设二极管是理想的。

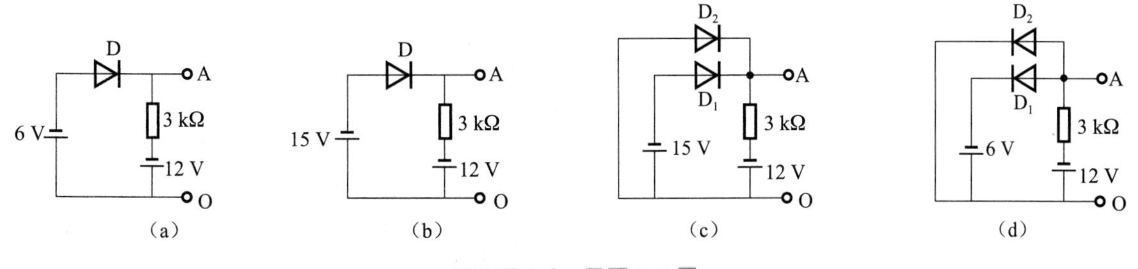

习题图1.2　习题1.4图

1.5　电路如习题图1.3所示，D_1、D_2为硅二极管，当$u_i=6\sin\omega t$（V）时，试分析输出电压u_o的波形。

1.6　简述晶体管的电流放大原理。

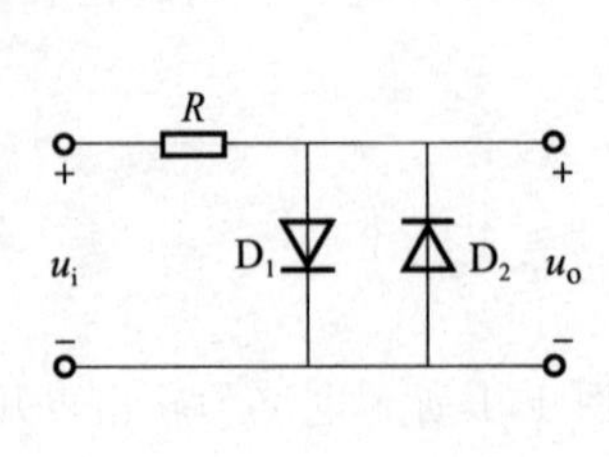

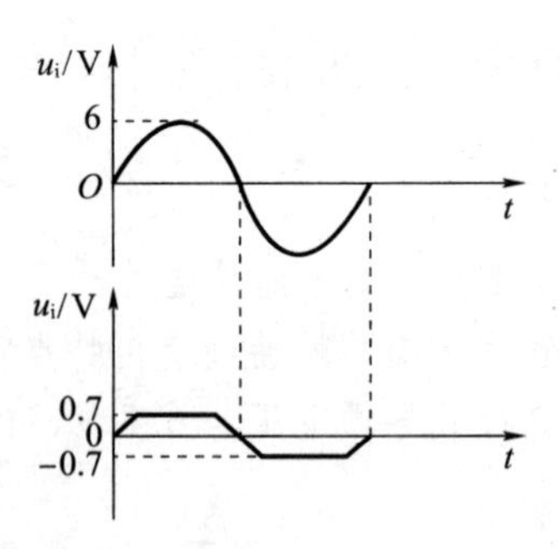

习题图 1.3　习题 1.5 图

1.7　测得电路中几个晶体管各极的电位如习题图 1.4 所示，试判断各晶体管分别工作在截止区、放大区还是饱和区。

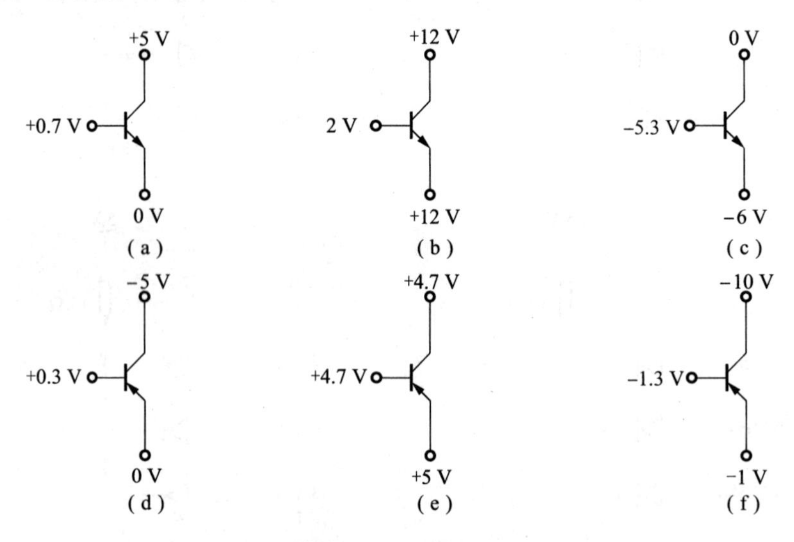

习题图 1.4　习题 1.7 图

1.8　判断习题图 1.5 所示电路中晶体管的工作状态。

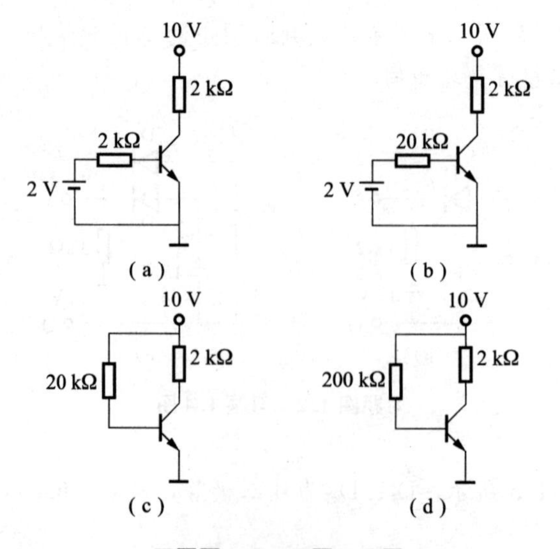

习题图 1.5　习题 1.8 图

1.9 测得放大电路中晶体管各管脚的电位如习题图1.6所示，试判断晶体管的管脚（E、B、C），是NPN型还是PNP型，是硅管还是锗管。

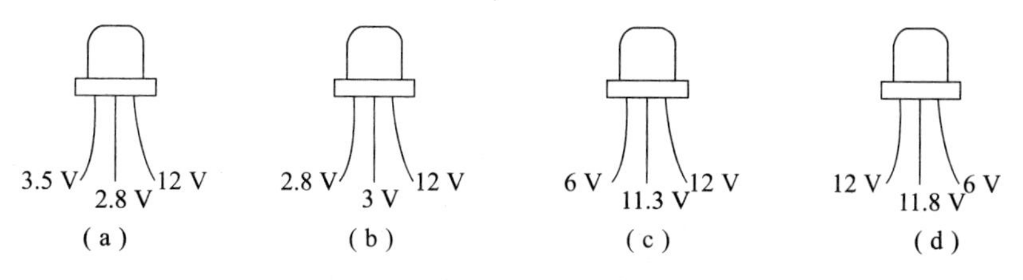

习题图1.6 习题1.9图

1.10 简述稳压二极管的工作区域和工作原理。

第 2 章

放 大 电 路

本章要点

放大元件种类很多：晶体管放大器、场效应管放大器、功率放大器和集成运算放大器。按放大的级数不同分为单级放大器和多级放大器。本章主要介绍几种分立元件构成的基本放大电路的组成、工作状态和分析方法，以及放大电路的特点和具体应用。

2.1　基本放大电路

2.1.1　放大电路的组成

放大电路组成的基本原则是电路中的晶体管处于放大工作状态，即发射结正向偏置、集电结反向偏置，同时放大器要有不失真的放大输出信号，这也是放大电路工作的外部条件。

1. 基本放大电路的结构

图 2.1 所示为一个最基本的单管放大电路，由信号源 u_S、晶体管 V、输出负载 R_L 及电源偏置电路（U_{BB}、R_B、U_{CC}、R_C）组成。其习惯画法如图 2.2 所示。

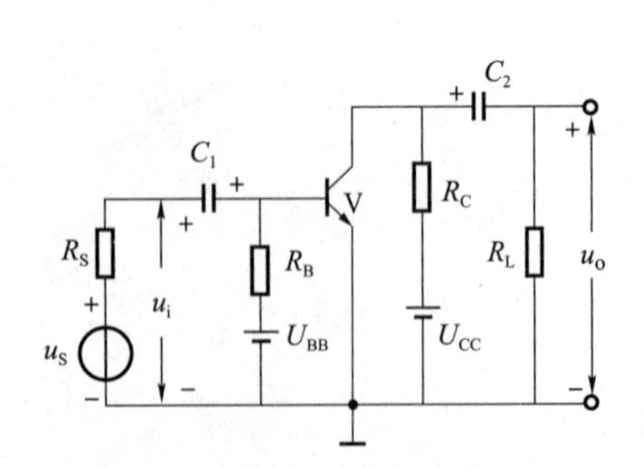

图 2.1　基本的单管放大电路

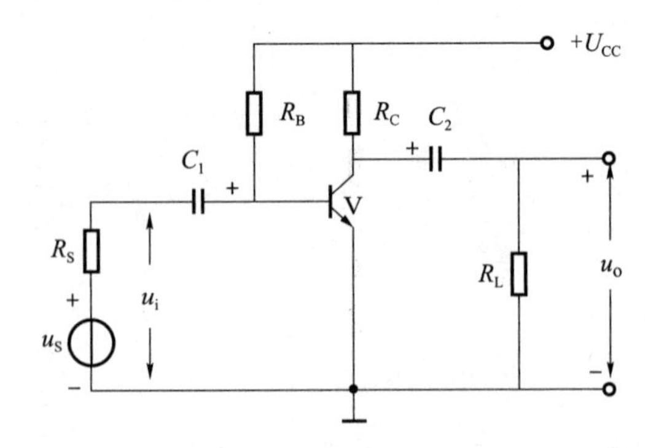

图 2.2　放大电路的习惯画法

放大电路中各元件的作用：

1）晶体管 V

放大电路的放大元件具有电流放大作用，可在集电极电路中获得放大了的电流，图 2.1 采用 NPN 型硅管。

2）基极偏置电阻 R_B

基极偏置电阻简称基极电阻，它使发射结正向偏置，并向晶体管提供一个合适的基极电流 I_B，以使晶体管能工作在特性曲线的线性部分。R_B 的阻值为几十千欧到几百千欧。

3）集电极负载电阻 R_C

集电极负载电阻简称集电极电阻，当晶体管的集电极电流受基极电流控制发生变化时，流过负载电阻的电流会在集电极电阻 R_C 上产生电压变化，从而引起 U_{CE} 的变化，这个变化的电压就是输出电压 u_o，如此便实现了电压的放大。

4）集电极电源 U_{CC}

集电极电源有两个作用：一是使发射结正向偏置、集电结反向偏置，以使晶体管处于放大区；二是给放大电路提供能源。前面指出，放大电路实质是将直流电源提供的能量转换为与输入信号成比例的信号输出，这个直流电源就是 U_{CC}。U_{CC} 的值一般为几伏到几十伏。

5）输入耦合电容和输出耦合电容

C_1 和 C_2 分别称为输入耦合电容和输出耦合电容。对于直流电，它们的容抗无穷大，直流不能通过电容。耦合电容 C_1、C_2 隔断直流、传输交流，把信号源与放大电路之间、放大电路与负载之间的直流隔开，交流信号能正常通过，所以也称隔直电容。图 2.1 中，C_1 左边、C_2 右边只有交流而无直流，中间部分为交直流共存。耦合电容一般多采用电解电容器。在使用时，应注意它的极性与加在它两端的工作电压极性相一致，正极接高电位，负极接低电位，不能接错，耦合电容 C_1、C_2 的值一般为几微法到几十微法。

2. 基本放大电路的接线方式

按电路连接共用电极不同，基本放大电路有共发射极（简称共射极）、共基极、共集电极三种组态的放大电路。其中共集电极电路又称射极输出器，是一种常用的放大电路，图 2.1 所示为最基本的共射极放大电路。

3. 放大电路的组成原则

放大电路的组成原则如下：

（1）有直流电源且极性与晶体管类型配合使晶体管处于放大状态，即发射结正向偏置，集电结反向偏置。

（2）偏置电阻要与直流电源配合，以进一步确保晶体管工作在放大区。

（3）保证已放大的信号从电路输出。

（4）避免输出信号产生非线性失真。

2.1.2　放大电路的工作状态

1. 直流状态

放大电路无输入信号，相当于信号源被短接，电路中只有直流电压和电流，电路的这种工作状态称为直流状态，也称静态。只研究直流电源作用下放大器中各直流量的大小的分析称为直流分析（也称静态分析），所确定的各工作点上的直流电压和电流称为直流工作点（也称静态工作点）。直流分析时，放大电路中没有交流成分，这时直流电流流通的路径称为直流通路。直流通路画法遵循以下原则：

（1）电容开路，电感短路。对于电容来说，不允许直流信号通过；理想的电感对直流信号相当于短路。图 2.2 中耦合电容 C_1、C_2 可看作开路。

（2）输入信号为零，电压源保留。图 2.2 中 $u_i=0$ V，直流电源保留。

图 2.2 所示的直流通路如图 2.3（a）所示，其中基极电流 I_B、集电极电流 I_C 及集电极、发射极间电压 U_{CE} 只有直流成分，无交流输出，用 I_{BQ}、I_{CQ}、U_{CEQ} 表示。静态工作点可在晶体管特性曲线上确定，用 Q 表示，如图 2.3（b）所示。

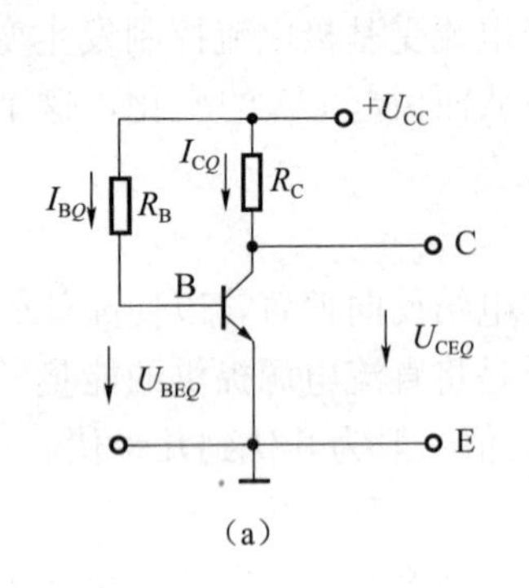

（a）

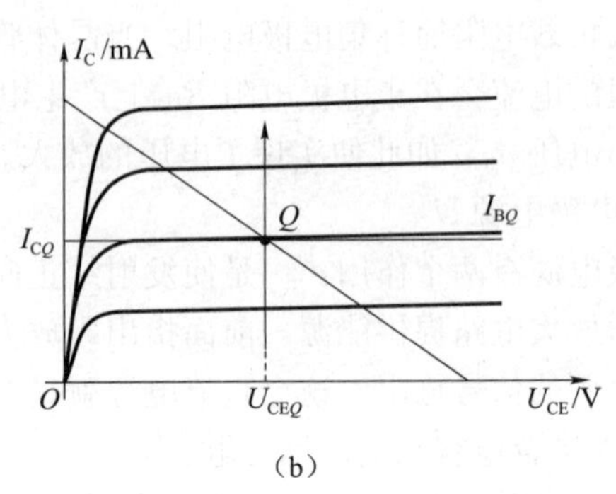

（b）

图 2.3　直流分析

（a）直流通路；（b）静态工作点

2. 交流状态

当放大器接入交流信号后，电路中除有直流电压和电流外，还将产生叠加在静态工作点上的交流信号电压和电流，电路这时的状态称为交流状态，也称动态。当放大器接入交流信号后，为确定叠加在静态工作点上的各交流量而进行的分析称为交流分析（也称动态分析）。交流信号流通的途径称为交流通路。分析电路时，一般用电路的交流通路来研究交流量及放大电路的动态性能。

由于放大电路中存在着电抗性元件，所以交流通路和直流通路是不同的。例如，电容只能通过交流，在直流通路中相当于开路。而电感对直流相当于短路，对交流相当于开路。所以交流通路的画法遵循如下原则：

（1）电容短路，电感开路。电容对交流信号呈现一个容抗 $X_C=\dfrac{1}{\omega C}$，当电容足够大时，交流信号在电容上的压降可以忽略，可将电容看作短路；而对于内阻为无穷大的理想电流源，因为其电流变化量等于零，所以在交流通路中视为开路。图 2.2 中的耦合电容 C_1、C_2 视为短路。

（2）直流电压源短路，电流源开路。图 2.2 中电源的内阻很小，对交流信号视为短路。图 2.2 所示的交流通路如图 2.4 所示。输入端加上正弦交流信号电压 u_i 时，放大电路的工作状态称为动态。此时电路中既有直流成分，也有交流成分，各极的电流和电压都是在静态值的基础上再叠加交流分量，如图 2.5 所示。

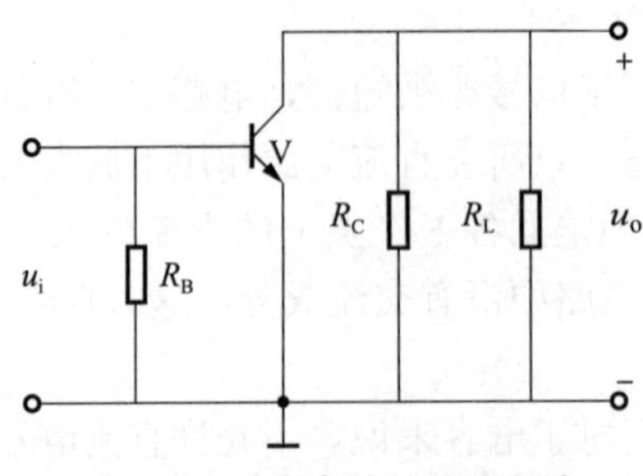

图 2.4　放大电路的交流通路

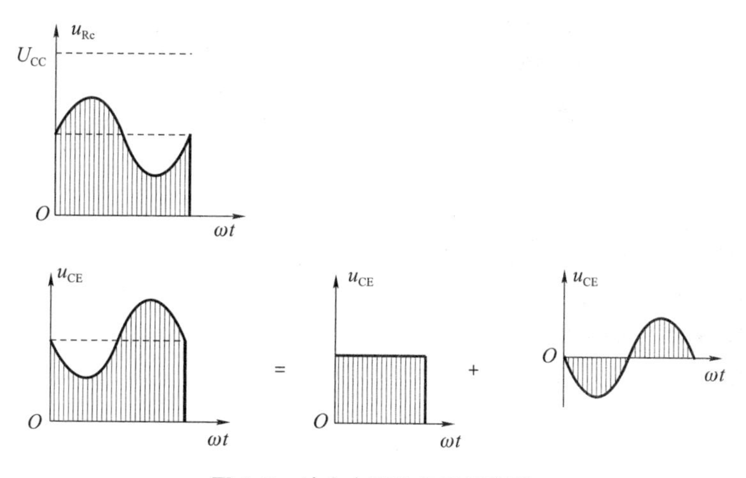

图 2.5　放大电路的各极间波形

【例 2.1】　试分析图 2.6 所示各电路对正弦交流信号有无放大作用，并简述理由。设各电容的容抗可忽略。

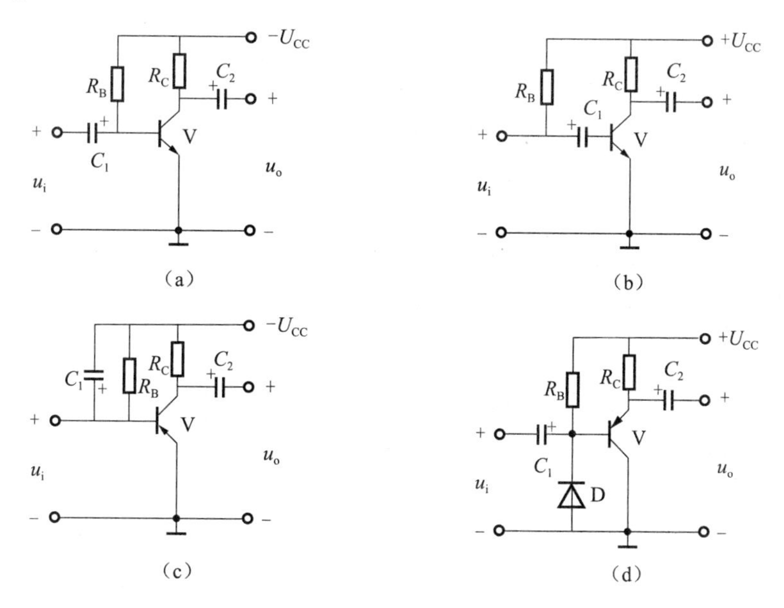

图 2.6　例 2.1 图

解：图 2.6（a）无交流放大作用。因电源 U_{CC} 的极性接反，发射结反偏，集电结正偏，不符合放大电路的外部条件。

图 2.6（b）无交流放大作用，电路偏置不正常，电容 C_1 隔断了基极的直流通路，发射结零偏置。

图 2.6（c）无交流放大作用，因电容 C_1 交流对地短路。

图 2.6（d）有交流放大作用，符合放大电路的外部条件。

2.1.3　放大电路的主要性能指标

一个放大电路性能的优劣可用性能指标来衡量，放大电路的主要性能是放大性和保真性。性能指标是在规定的条件下，按照规定的程序和测试方法所获得的有关参数，常用的主要性能指标有放大倍数、输入电阻、输出电阻、失真系数等。图 2.7 所示为放大电路性能测试图，其中 u_S 是正弦波信号源，R_S 是信号源内阻，R_L 是负载电阻。

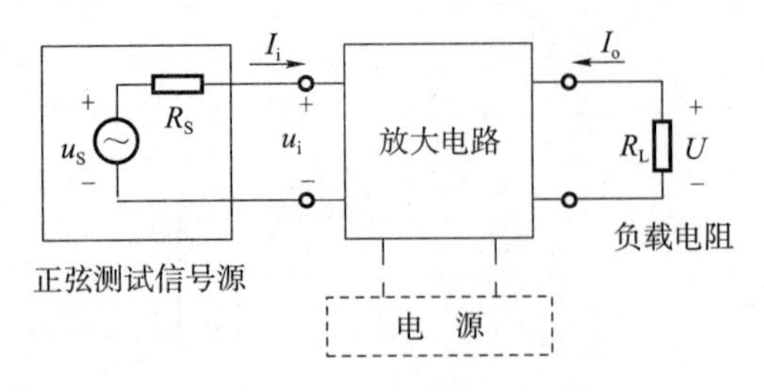

图 2.7 放大电路性能测试图

1. 放大倍数

放大倍数是衡量放大电路放大能力的指标。在输出波形不失真的情况下，它定义为输出量与输入量之比。放大倍数有电压放大倍数和电流放大倍数两种。

电压放大倍数 A_u 定义为

$$A_u=\frac{U_o}{U_i} \tag{2.1}$$

电流放大倍数 A_i 定义为

$$A_i=\frac{I_o}{I_i} \tag{2.2}$$

2. 输入电阻

放大电路输入端接信号源时，相当于一个负载从信号源索取电流。索取电流的大小，表明了放大电路对信号源的影响程度。输入电阻 R_i 定义为输入电压与输入电流的比，即

$$R_i=\frac{U_i}{I_i} \tag{2.3}$$

从图 2.7 可见，R_i 就是从放大电路输入端看进去的等效电阻，R_i 越大，表明它从信号源索取的电流越小，而放大电路输入端得到的输入电压就越高。

3. 输出电阻

当放大电路将信号放大后输出给负载时，放大器可视为具有内阻的信号源，这个信号源的内阻称为放大电路的输出电阻 R_o，它相当于从放大电路输出端看进去的交流等效电阻。输出电阻 R_o 的定义为

$$R_o=\left.\frac{U_o}{I_o}\right|_{\substack{U_S=0\\R_L=\infty}} \tag{2.4}$$

输出电阻越大，接上负载后，输出电压下降得也越多。因此，R_o 反映了放大电路带负载能力的大小。

4. 失真系数

失真系数是衡量一个放大电路的输出波形相对于其输入波形的保真能力。

由于电路中放大元件（双极型晶体管、场效应管等）特性曲线的非线性，即使工作在放大区内，输出波形仍然难免出现或多或少的失真，这种失真称为非线性失真。当放大电路工作在大信号状态时，如当输出信号接近或达到放大电路的最大输出幅度时，输出波形的非线性失真现象将更加明显。

因为放大电路存在着非线性失真，所以当输入一定频率的正弦波信号时，放大电路的输出波形中，除了由输入信号频率决定的基波成分外，还可能出现二次谐波、三次谐波甚至更高次谐波成分。失真系数 D 的定义是各次谐波总量与基波分量之比，即

$$D=\frac{\sqrt{B_2^2+B_3^2+\cdots}}{B_1} \tag{2.5}$$

式中，B_1、B_2、B_3 分别表示输出信号的基波、二次谐波、三次谐波的幅值。

5. 最大输出幅值

最大输出幅值是指输出波形的非线性失真在允许的范围内，放大器可能输出的最大信号的峰值。当输入信号再增大就会使输出波形的非线性失真系数超过额定数值。最大输出幅值又称为动态范围。

6. 通频带

由于放大电路中往往有电抗性元件，加之晶体管本身也有极间电容，因此放大电路的放大倍数将随着信号频率的高低而改变。一般情况，当频率太低或太高时，放大倍数都要下降，而在中间一段频率范围内，放大倍数基本不变。通常把放大倍数在高频段和低频段分别下降到中频段放大倍数的 0.707 倍的这一频率范围称为放大电路的通频带，记为 f_{bw}。显然，频带越宽，表明放大器对信号的频率变化有更强的适应能力。

2.2　偏置电路

前面介绍过，只研究在直流电源作用下（无输入交流信号）晶体管各极的直流电流和电压的分析称为直流分析，由此确定的 I_B、U_{BE}、I_C、U_{CE}的数值反映了静态时放大电路的工作情况，这些数值在输入特性曲线和输出特性曲线上对应为点 Q，所以也称静态工作点为 Q 点，静态工作点的数值常用 I_{BQ}、U_{BEQ}、I_{CQ}、U_{CEQ}表示。

那么放大电路为什么要设置静态工作点呢？放大电路的放大作用实质上是一种能量控制作用。放大电路通过晶体管（能量控制器件）把电源的直流能量转换为放大器的交流能量输出，实现对输入信号的放大。所以为了放大输入信号并使输出信号不失真，必须加直流，而且所加直流必须合适，使放大电路工作时晶体管工作在放大区，输出信号不失真。

静态工作点可以按下列步骤求出：

第一步，画放大器的直流通路；

第二步，根据基尔霍夫电压，电流定律（即 KVL、KCL）列输入、输出回路的电路方程；

第三步，求出 I_B、U_{BE}、I_C、U_{CE}的值。

为此必须在放大器中设置合理的直流偏置电路，在设置偏置电路时应考虑以下两个方面：一是偏置电路能给放大器提供合适的静态工作点，以便放大器有较高的性能指标；二是温度及其他因素改变时，能使静态工作点稳定，因为晶体管是一个温度敏感器件。

常用的偏置电路有固定偏置电路和分压式偏置电路。

2.2.1　固定偏置电路

图 2.8 所示为固定偏置电路，当 U_{CC}和 R_B 一定时，U_B 基本固定不变，晶体管的静态工作点也就固定了，故称为固定偏置电路。下面求出所设置的静态工作点参数：

第一步，画放大器的直流通路，如图 2.8 所示。

第二步，根据 KVL、KCL 列输入电路方程：

$$U_{CC}=I_{BQ}R_B+U_{BE} \tag{2.6}$$

$$I_{BQ}=\frac{U_{CC}-U_{BE}}{R_B}\approx\frac{U_{CC}}{R_B} \quad (2.7)$$

$$I_{CQ}=\beta I_{BQ} \quad (2.8)$$

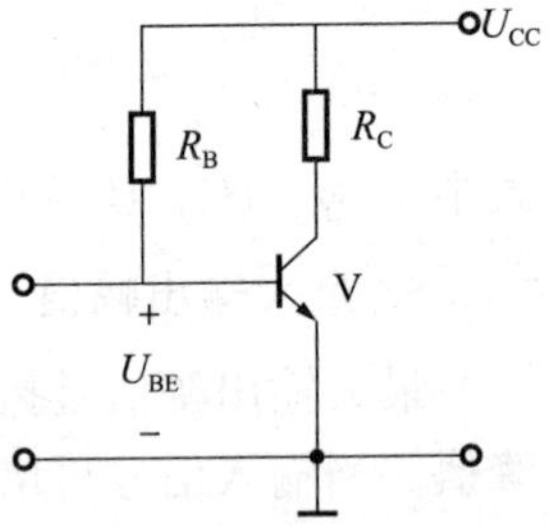

输出电路方程：

$$U_{CC}=I_{CQ}R_C+U_{CEQ} \quad (2.9)$$

$$U_{CEQ}=U_{CC}-I_{CQ}R_C \quad (2.10)$$

第三步，求出 I_{BQ}、U_{BEQ}、I_{CQ}、U_{CEQ}的值。

图 2.8 固定偏置电路

【例 2.2】 图 2.2 所示为基本放大器电路，晶体管是 3DG6，$U_{BE}\approx0.7$ V，$R_B=300$ kΩ，$R_C=4$ kΩ，$U_{CC}=12$ V，$\beta=50$，求 I_B、I_C、U_{CE}的数值。

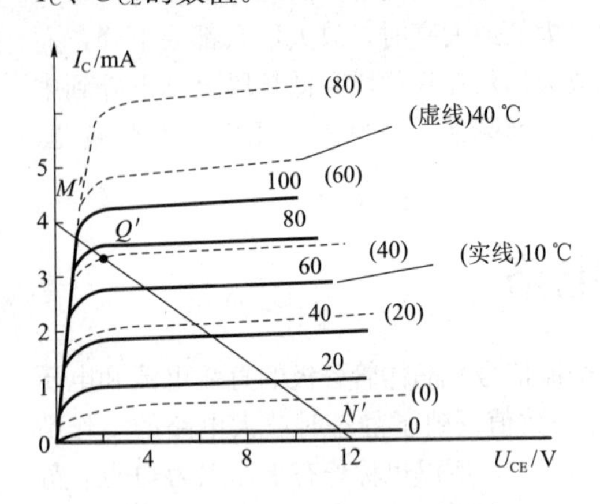

图 2.9 温度对静态工作点的影响

解：画基本放大器的直流通路，如图 2.8 所示。

$$I_B=\frac{U_{CC}-U_{BE}}{R_B}\approx\frac{U_{CC}}{R_B}=40\ \mu\text{A}$$

$$I_C\approx\beta I_B=2\ \text{mA}$$

$$U_{CE}=U_{CC}-I_CR_C=12\ \text{V}-2\ \text{mA}\times4\ \text{k}\Omega=4\ \text{V}$$

该电路静态工作点是 $I_{BQ}=40$ μA，$I_{CQ}=2$ mA，$U_{CEQ}=4$ V。

固定偏置电路中，由于晶体管的参数 β、I_{CBO}等随温度而变，而 I_{CQ}又与这些参数有关，因此当温度发生变化时，导致 I_{CQ}变化，使静态工作点不稳定，也就是说固定偏置电路的静态工作点受温度影响较大，如图 2.9 所示。

2.2.2 分压式偏置电路

前面分析的固定偏置电路在温度升高时，晶体管特性曲线膨胀上移，Q 点升高，使静态工作点不稳定。为了稳定静态工作点，下面采用了分压偏置电路，如图 2.10 所示，其中 R_{B1} 和 R_{B2}称为上偏置电阻和下偏置电阻，R_E 称为发射极电阻，该电路受温度的影响较小，同时能适应晶体管 β 的分散性，在工程中得到广泛的应用。

1. 静态工作点稳定的条件

为稳定静态工作点，设计电路时必须满足以下两个条件：

(1) $I_{R_{B_1}}\gg I_{BQ}$，以使 $U_B=\frac{R_{B_2}}{R_{B_1}+R_{B_2}}U_{CC}$基本不变。一般取

$$I_{R_{B_1}}=(5\sim10)I_{BQ}\ (\text{硅管}) \quad (2.11)$$

$$I_{R_{B_1}}=(10\sim20)I_{BQ}\ (\text{锗管}) \quad (2.12)$$

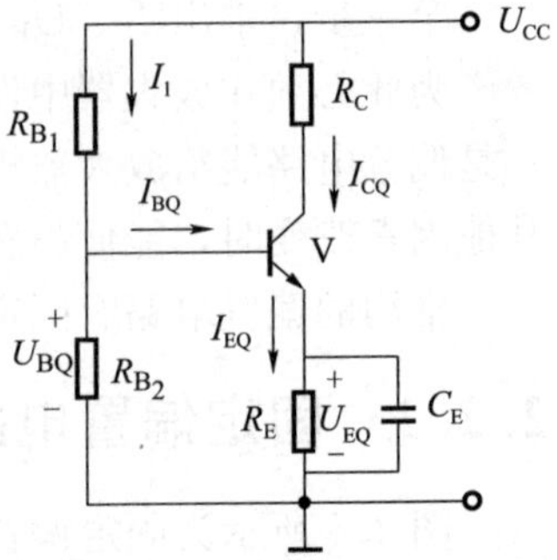

(2) $U_B\gg U_{BEQ}$，但当U_B 太大时必然导致U_E 太大，使U_{CE}减小，从而减小了放大电路的动态工作范围。所以 U_B 也不能选取太大。一般取 $U_B=3\sim5$ V（硅管），$U_B=1\sim3$ V（锗管）。

图 2.10 分压式偏置电路

2. 稳定静态工作点的原理

利用发射极电阻 R_E 产生反映 I_C 变化的电位 U_E，U_E 能自动

调节 I_B，使 I_C 保持不变。保持稳定的过程如下：

$$温度\uparrow\to I_C\uparrow\to I_E\uparrow\to U_E\uparrow\to U_{BE}\downarrow\to I_B\downarrow\to I_C\downarrow$$

$$温度\downarrow\to I_C\downarrow\to I_E\downarrow\to U_E\downarrow\to U_{BE}\uparrow\to I_B\uparrow\to I_C\uparrow$$

从以上可以看出，R_E 越大，稳定性越好，但不能太大，一般 R_E 为几百欧到几千欧，与 R_E 并联的电容 C_E 称为旁路电容，可为交流信号提供低阻通路，使电压放大倍数不至于降低，C_E 一般为几十微法到几百微法。

由上述分析可知，分压式偏置电路稳定静态工作点的实质是固定 U_B 不变，通过 $I_{CQ}(I_{EQ})$ 变化，引起 U_E 的改变，使 U_{BE}改变，U_{BE}使 I_B 改变，从而抑制 I_{CQ}改变。

3. 分压式偏置电路静态工作点的求法

分压式偏置电路静态工作点可用下列估算法求出：

由 $I_{R_{B_1}}\gg I_{BQ}$得

$$U_B=\frac{R_{B_2}}{R_{B_1}+R_{B_2}}U_{CC} \tag{2.13}$$

$$U_E=U_B-U_{BE} \tag{2.14}$$

$$I_E=\frac{U_E}{R_E}=\frac{U_B-U_{BE}}{R_E}\approx\frac{U_B}{R_E} \tag{2.15}$$

$$I_B=\frac{I_E}{1+\beta} \tag{2.16}$$

$$I_C=\beta I_B \tag{2.17}$$

$$U_{CE}=U_{CC}-I_ER_E-I_CR_C \tag{2.18}$$

【例 2.3】 在图 2.11 所示电路中，晶体管是 3DG6，已知 $U_{CC}=12$ V，$R_C=R_E=2$ kΩ，$R_{B_1}=20$ kΩ，$R_{B_2}=10$ kΩ，$\beta=37.5$，求静态工作点 I_{BQ}、I_{CQ}、U_{CEQ}的数值。

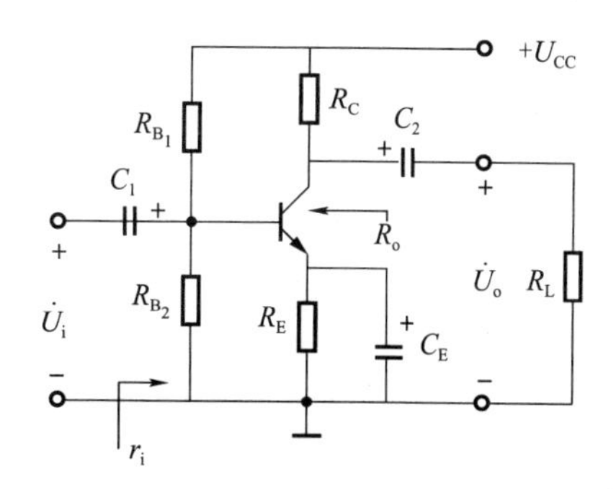

图 2.11　例 2.3 电路

解：（1）画直流通路，如图 2.10 所示。

（2）列输入、出电路方程。

因为 $I_{R_{B_1}}\gg I_{BQ}$，所以

$$U_B=\frac{R_{B_2}}{R_{B_1}+R_{B_2}}U_{CC}=\frac{10}{20+10}\times 12\ \text{V}=4\ \text{V}$$

$$U_E=U_B-U_{BE}=4\ \text{V}-0.7\ \text{V}=3.3\ \text{V}$$

$$I_E=\frac{U_E}{R_E}=\frac{3.3}{2}\ \text{mA}=1.65\ \text{mA}$$

$$I_B=\frac{I_E}{1+\beta}=\frac{1.65}{38.5}\ \text{mA}\approx 0.043\ \text{mA}$$

$$I_C=\beta I_B=37.5\times 0.043\ \text{mA}\approx 1.61\ \text{mA}$$

$$U_{CE}=U_{CC}-I_ER_E-I_CR_C=12\ \text{V}-1.65\times 2\ \text{V}-1.61\times 2\ \text{V}=5.48\ \text{V}$$

※2.3　放大电路的图解分析法

对一个放大电路进行分析，主要是确定静态工作点和计算放大电路在有信号输入时的放大

倍数，以及输入阻抗、输出阻抗等性能指标值。由于晶体管为非线性器件，对这些放大电路分析时，往往根据电路功能及外部条件，采用适当的近似方法，以获得工程上理想的结果。常用的分析方法有两种：图解分析法和微变等效电路分析法。直流分析和交流分析均可采用图解分析法，但在工程应用中做直流分析时，一般采用工程近似分析方法。做交流分析时，若输入信号较小，采用小信号微变等效电路分析法；若输入信号较大，采用图解分析法。下面介绍图解分析法，微变等效电路分析法在 2.4 节中予以介绍。

2.3.1 图解分析法的含义

图解分析法是根据晶体管的输入和输出特性曲线以及电路参数，在特性曲线上确定静态工作点 Q 的位置，并根据输入信号的波形，画出晶体管各点的电流、电压波形以及输出信号的波形，它能直观地反映放大器的工作原理。

用图解分析法分析放大电路的过程，一般仍然先静态后动态，因此图解分析法分析放大电路可按静态分析和动态分析两步来做。下面就用图解分析法来分析放大电路的工作情况。

2.3.2 静态情况分析

进行静态情况分析，应根据放大电路的直流通路确定静态工作点，求出 I_{BQ}、I_{CQ} 和 U_{CEQ} 的值。图 2.12（a）所示为放大电路，其直流通路如图 2.12（b）所示。用图解分析法进行电路静态分析的步骤如下：

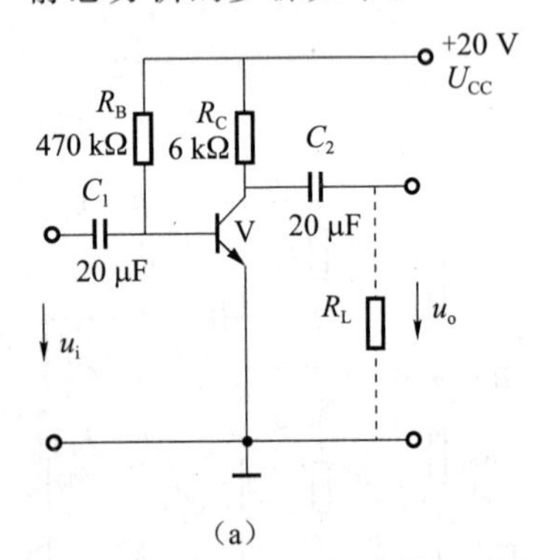

（a）

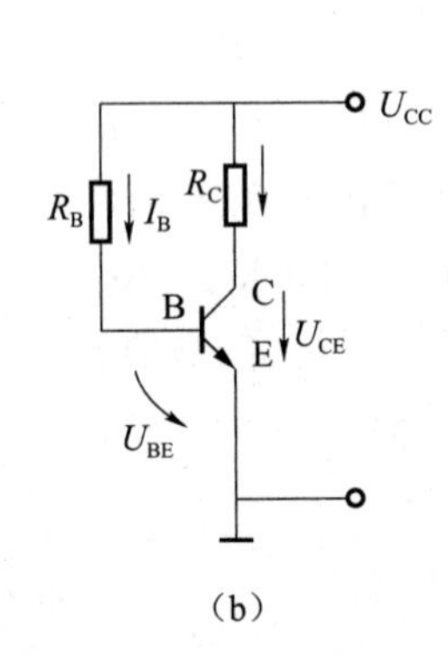

（b）

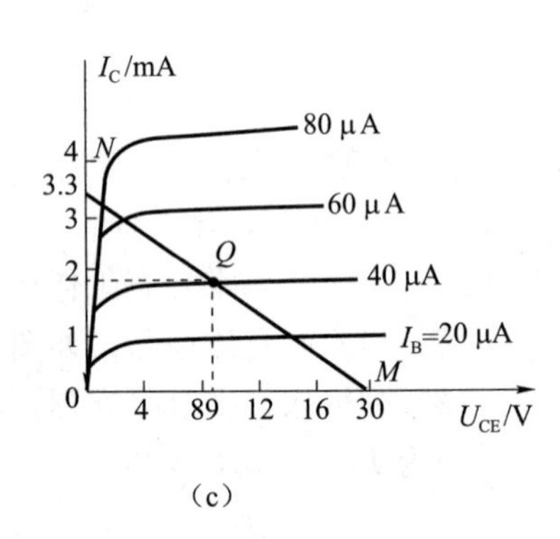

（c）

图 2.12 放大电路图解分析法

（a）放大电路；（b）直流通路；（c）静态工作点

1. 作直流负载线

因为

$$U_{CE}=U_{CC}-I_C R_C \tag{2.19}$$

所以

$$I_C=\frac{U_{CC}-U_{CE}}{R_C}=\frac{U_{CC}}{R_C}-\frac{U_{CE}}{R_C} \tag{2.20}$$

由于式（2.20）是一条直线型方程，当 U_{CC} 选定后，这条直线就完全由直流负载电阻 R_C 确定，所以把这条直线称为直流负载线。直流负载线的作法：找出两个特殊点 $M(U_{CC},\ 0)$ 和 $N(0,\ U_{CC}/R_C)$，将 M、N 连接，如图 2.12（c）所示。其直流负载线的斜率为

$$k=\tan\alpha=-\frac{1}{R_C} \tag{2.21}$$

2. 确定静态工作点

利用 $I_{BQ}=(U_{CC}-U_{BE})/R_B$，求得 I_{BQ}的近似值（对于 U_{BEQ}，硅管一般取 0.7 V，锗管取 0.3 V）。在输出特性曲线上，确定 $I_B=I_{BQ}$的一条曲线。该曲线与直线 MN 的交点 Q 就是静态工作点，如图 2.12（c）所示。Q 点所对应的静态值 I_{CQ}、I_{BQ}和 U_{CEQ}也就求出来了，在此基础上就可进行动态分析了。

【例 2.4】 求图 2.12（a）所示电路的静态工作点。

解：（1）作直流负载线。

当 $I_C=0$ 时，$U_{CE}=U_{CC}=20$ V，即 $M(20, 0)$；

当 $U_{CE}=0$ V 时，$I_C=\frac{U_{CC}}{R_C}=\frac{20\ \text{V}}{6\ \text{k}\Omega}\approx 3.3$ mA，即 $N(0, 3.3)$；

将 M、N 连接，此即直流负载线。

（2）求静态偏流。

$$I_{BQ}=\frac{U_{CC}-U_{BEQ}}{R_B}=\frac{(20-0.7)\text{V}}{470\ \text{k}\Omega}\approx 0.04\ \text{mA}=40\ \mu\text{A}$$

如图 2.12（c）所示，$I_{BQ}=40\ \mu$A 的输出特性曲线与直流负载线 MN 交于 Q（9，1.8），即静态值为 $I_{BQ}=40\ \mu$A，$I_{CQ}=1.8$ mA。

2.3.3 动态图解分析法

对放大电路进行动态分析，应根据放大电路的交流通路来进行，首先来介绍交流负载线。

1. 交流负载线

交流通路中晶体管的发射极 E 和集电极 C 右边电路的电压和电流的关系称为交流负载线，交流负载线的斜率与直流负载线不同，通常交流负载线比直流负载线更陡。

可以证明交流负载线一定通过静态工作点，其斜率为 $k'=\tan\alpha'=-\frac{1}{R'_L}$，其中等效的交流负载电阻 $R'_L=R_C//R_L$。

2. 空载分析

放大电路的输入端有输入信号，输出端开路，这种电路称为空载放大电路，虽然电压和电流增加了交流成分，但输出回路仍与静态的直流通路完全一样。

$$u_{CE}=U_{CC}-i_C R_C \tag{2.22}$$

所以可用直流负载线来分析空载时的电压放大倍数。

设图 2.13（a）中输入信号电压为 $u_i=0.02\sin\omega t$（V），则

$$u_{BE}=U_{BEQ}+u_i \tag{2.23}$$

由图 2.13（a）所示，基极电流 i_B 为 $i_B=I_{BQ}+i_b=40+20\sin\omega t$（μA）。

根据 i_B 的变化情况，在图 2.13（b）中进行分析，可知工作点是在以 Q 为中心的 Q_1、Q_2 两点之间变化，u_i 的正半周在 QQ_1 段，负半周在 QQ_2 段。因此我们画出 i_C 和 u_{CE}的变化曲线如图 2.13（b）所示，它们的表达式为

$$i_C=1.8+0.7\sin\omega t\ (\text{mA}) \tag{2.24}$$

$$u_{CE}=9-4.3\sin\omega t\ (\text{V}) \tag{2.25}$$

输出电压为

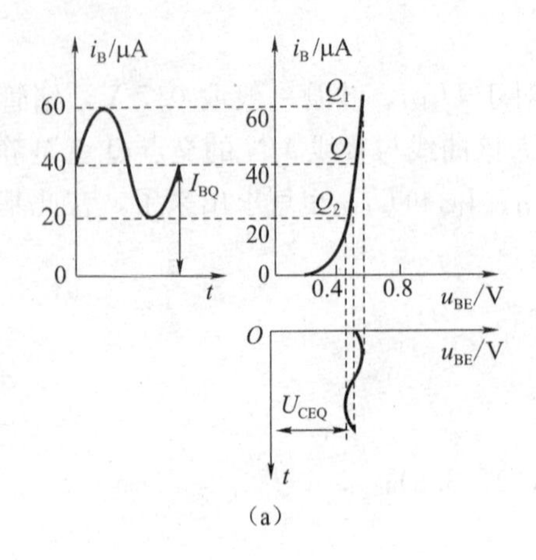

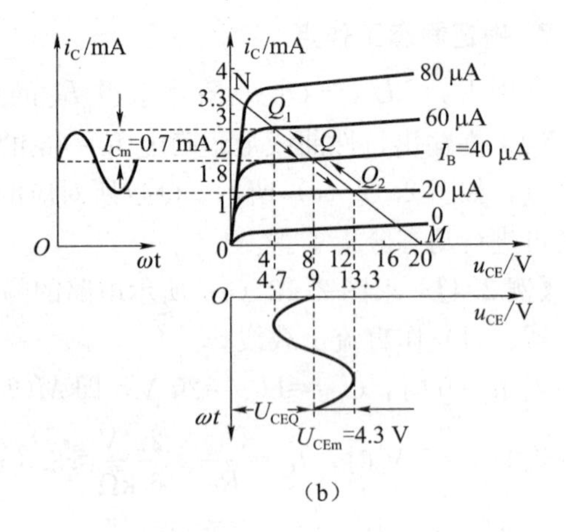

图 2.13 空载图解分析法

$$u_o = -4.3\sin\omega t = 4.3\sin(\omega t + \pi)\text{V} \tag{2.26}$$

所以电压放大倍数为

$$A = \frac{U_o}{U_i} = \frac{U_{om}}{U_{im}} = \frac{-4.3}{0.02} = -215 \tag{2.27}$$

3. 带负载的动态分析

在图 2.12（a）所示电路中接上负载 R_L，其交流通路如图 2.4 所示。从输入端看 R_B 与发射极并联，从集电极看 R_C 和 R_L 并联。此时的交流负载为 $R_L' = R_C // R_L$，显然 $R_L' < R_C$，且在交流信号过零点时，其值在 Q 点，所以交流负载线是一条通过 Q 点的直线，其斜率为

$$k' = \tan\alpha' = -\frac{1}{R_L'} \tag{2.28}$$

2.3.4 图解分析法分析放大电路的步骤

综上所述，用图解分析法分析放大电路，要先静态分析后动态分析。

1. 静态分析

（1）画出放大器的直流通路。

（2）求静态偏流 I_{BQ}。

（3）列输出回路电压方程，作直流负载线。

根据输出回路电压方程在输出特性曲线上标出两个特殊点 $M(U_{CC}, 0)$ 和 $N(0, U_{CC}/R_C)$，将 M、N 连接即为直流负载线。

（4）确定静态工作点。静态偏流 I_{BQ}时的输出特性曲线与直流负载线 MN 交于 Q 点，Q 点在输出特性上对应的值 U_{CEQ}、I_{CQ}即为静态工作点数值。

2. 动态分析

（1）画交流通路；

（2）在输出特性曲线上作交流负载线（计算等效交流负载电阻 $R_L' = R_C // R_L$，过 Q 点斜率为$-\dfrac{1}{R_L'}$直线）；

（3）输入端加入输入信号，交流负载线图解动态工作情况。

直流负载线：直流通路中输出回路的伏安特性斜率为$-\dfrac{1}{R_C}$。

交流负载线：交流通路中输出回路的伏安特性斜率为$-\dfrac{1}{R'_L}$。

2.3.5　用图解分析法分析静态工作点对输出波形非线性失真的影响

作为对放大电路的要求，应使输出电压尽可能的大，但它受到晶体管非线性的限制，当信号过大或工作点选择不合适时，输出电压波形将产生失真。这些失真是由于晶体管的非线性（特性曲线的非线性）引起的失真，所以称为非线性失真。

对于放大电路，如果静态工作点位置不合适，将出现严重的非线性失真。在图 2.14 中，设正常情况下静态工作点位于 Q 点，可以得到失真很小的 i_C 和 u_{CE}波形。当调节 R_B，使静态工作点设置在 Q_1 点或 Q_2 点时，输出波形将产生严重失真。

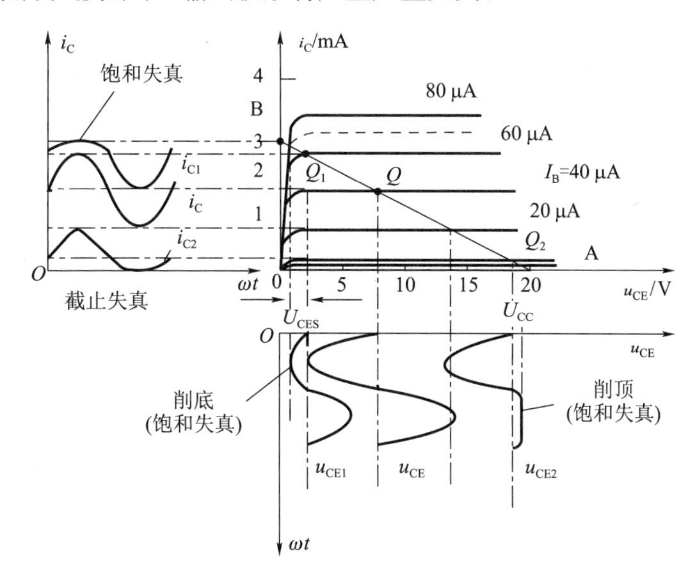

图 2.14　静态工作点对输出波形失真的影响

1. 饱和失真

当工作点设置过高（I_B 过大）时，在输入信号的正半周，晶体管的工作状态进入饱和区，从而引起 i_C 和 u_{CE}的波形失真，这种失真称为饱和失真。

对于 NPN 型共发射极放大电路，饱和失真时，输出电压 u_{CE}的波形出现底部失真。对于 PNP 型共发射极放大电路，饱和失真时，输出电压 u_{CE}的波形出现顶部失真。

避免产生饱和失真的方法是将 Q 点下移，即减小 I_{BQ}。

2. 截止失真

当工作点设置过低（I_B 过小）时，在输入信号的负半周，晶体管的工作状态进入截止区，从而引起 i_B、i_C、u_{CE}的波形失真，这种失真称为截止失真。

对于 NPN 型共发射极放大电路，截止失真时，输出电压 u_{CE}的波形出现顶部失真。对于 PNP 型共发射极放大电路，截止失真时，输出电压 u_{CE}的波形出现底部失真。

避免产生截止失真的方法是将 Q 点上移，即增大 I_{BQ}。

饱和失真和截止失真都是由于晶体管工作在特性曲线的非线性区所引起的，因而称为非线性失真。适当调整电路参数使 Q 点合适，可降低非线性失真程度。

若放大电路的输出信号既产生饱和失真又产生截止失真，则改变 Q 点的位置不能避免失真。若输入信号不能减小，则避免失真的方法只能提高集电极电源 U_{CC} 的数值，并重新调整工作点，使 Q 点处于交流负载线的中点附近，从而使输出电压有最大幅值。

2.4 放大电路的微变等效电路分析法

图解分析法分析放大电路比较直观，但不易进行定量分析，在计算交流参数指标时较困难，因此现在讨论微变等效电路分析法。微变指信号变化范围很小，即输入、输出的电流和电压的变化只在工作点附近变化且变化范围很小，等效是对晶体管外部的交流电流、电压而言的。微变等效电路分析法就是在小信号条件下，在给定的工作范围内，将晶体管看成一个线性元件，把晶体管放大电路等效成一个线性电路来进行分析、计算。

在放大电路输入信号电压很小时，就可以把晶体管小范围内特性曲线近似用直线来代替，从而把晶体管这个非线性元件用一个等效的线性电路来近似代替，这个线性电路就称为晶体管的微变等效电路，然后利用分析线性电路的一些方法来分析晶体管的放大电路。由于微变等效电路是在微变量的基础上推变而得的，因此只适用于小信号输入时电路的动态工作情况分析，另外微变等效电路分析法不能计算直流静态工作点，也不能计算包括直流量和交变量在内的总的瞬时值。

2.4.1 晶体管微变等效电路

图 2.15（a）所示为晶体管的输入特性曲线，是非线性的。如果输入信号很小，在静态工作点 Q 附近的工作段可近似地认为是直线。在图 2.16（a）中，当 U_{CE} 为常数时，从 B、E 看进去可认为 ΔU_{BE} 与 ΔI_B 成正比，因而晶体管可用一个线性电阻 r_{BE} 代表输入电压和输入电流间的关系，即

$$r_{BE}=\frac{\Delta u_{BE}}{\Delta i_B} \tag{2.29}$$

从输入端看，晶体管微变等效电路等效为晶体管输入电阻 r_{BE}，即

$$r_{BE}=r_{BB'}+(1+\beta)\frac{U_T}{I_{EQ}} \tag{2.30}$$

$r_{BB'}$ 为基区体电阻，对于低频小功率晶体管，$r_{BB'}$ 为 100～300 Ω，U_T 为温度的电压当量，在室温（300 K）时，其值为 26 mV，I_{EQ} 为静态工作点值。

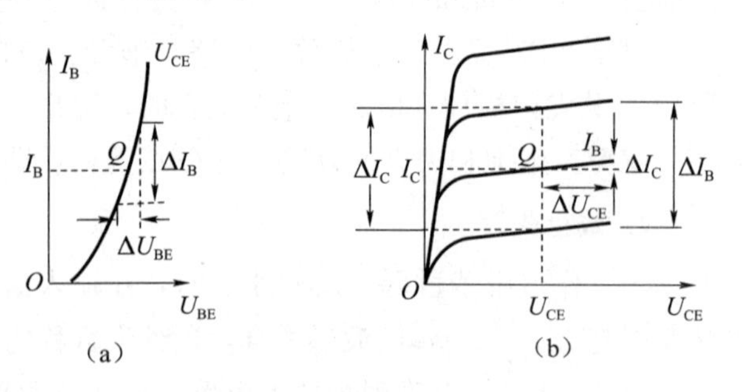

图 2.15 晶体管特性曲线

（a）输入特性曲线；（b）输出特性曲线

图 2.15（b）所示为晶体管的输出特性曲线族，若动态是在小范围内，特性曲线不但互相平行、间隔均匀，且与 u_{CE} 轴线平行。当 u_{CE} 为常数时，从晶体管输出端 C、E 极看，晶体管可以用一个大小为 $\beta\dot{I}_B$ 的受控电

流源来代替，受控源 $\beta\dot{I}_{\mathrm{B}}$ 实际上体现了基极电流 $\dot{I}_{\mathrm{B}}$ 对集电极电流 $\dot{I}_{\mathrm{C}}$ 的控制作用，如此就得到如图 2.16（b）所示的晶体管的微变等效电路，在这个等效电路中，忽略了 u_{CE}对 $\dot{I}_{\mathrm{C}}$ 的影响，也没有考虑 u_{CE}对输入特性的影响，但大多数情况下对于工程计算来说已经足够了。

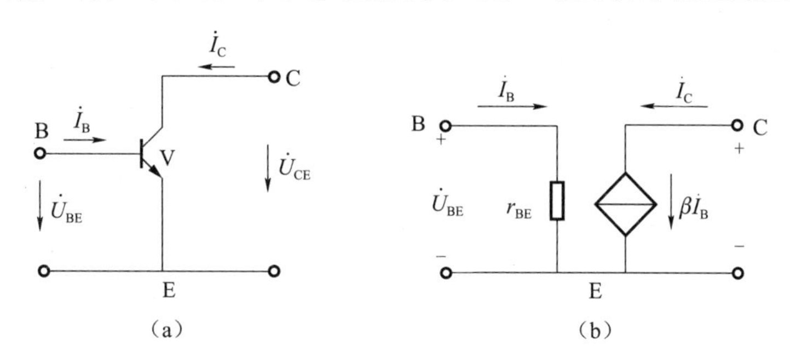

图 2.16　晶体管及其微变等效电路

（a）晶体管；（b）晶体管的微变等效电路

综上所述，从输出端看，晶体管微变等效电路等效为电流控电流源 $i_{\mathrm{C}}=\beta i_{\mathrm{B}}(r_{\mathrm{CE}}\approx\infty)$。

应用晶体管的微变等效电路分析电路时要注意以下问题：

（1）电流源方向由 $\dot{I}_{\mathrm{B}}$ 决定，即 $\dot{I}_{\mathrm{B}}$ 的正方向由基极流向发射极时，$\beta\dot{I}_{\mathrm{B}}$ 的正方向也是从集电极流向发射极的；

（2）r_{BE}和 R_{i} 的区别，r_{BE}为晶体管输入电阻，R_{i} 为放大器输入电阻；

（3）等效电路对晶体管外等效，晶体管内不等效，r_{BE}、$\beta\dot{I}_{\mathrm{B}}$ 电流源实际并不存在；

（4）在进行放大电路分析时，注意晶体管的三个电极 B、E、C 与晶体管外电路的对应关系（晶体管外电路不变）。

2.4.2　放大电路的微变等效电路

通过放大电路的交流通路和晶体管的微变等效电路，可得出放大电路的微变等效电路。做放大电路的微变等效电路的步骤可总结如下：

（1）画出放大电路的交流通路（电容和直流电源都短路），如图 2.17（a）所示；

（2）晶体管用微变等效电路代替，管外电路不变；

（3）因输入信号为交流信号，所以在小信号等效电路中要注意电压和电流的参考方向。

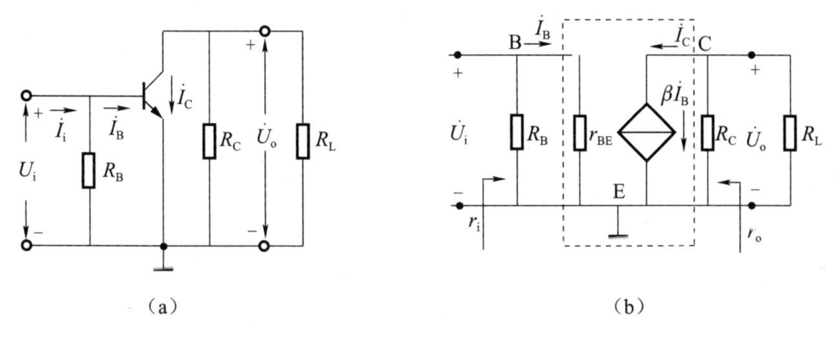

图 2.17　基本放大电路的交流通路及微变等效电路

（a）交流通路；（b）微变等效电路

通过上述方法可得基本放大电路的微变等效电路，如图 2.17（b）所示。

2.4.3 用微变等效电路求动态指标

静态值仍由直流通路确定，而动态指标可用微变等效电路求得。

1. 电压放大倍数

设在图 2.17（b）中输入为正弦信号，因为

$$u_i = i_B r_{BE} \tag{2.31}$$

$$u_o = -i_C R_L' = -\beta i_B R_L' \tag{2.32}$$

所以

$$A_u = \frac{u_o}{u_i} = -\beta R_L' / r_{BE} \tag{2.33}$$

当负载开路时

$$A_u = \frac{-\beta R_C}{r_{BE}} \tag{2.34}$$

式中，$R_L' = R_L // R_C$，负号表示输出电压与输入电压反相。

2. 输入电阻 R_i

R_i 是指电路的动态输入电阻，是输入电压和输入电流的比，由图 2.17（b）中可看出

$$R_i = \frac{u_i}{i_i} = R_B // r_{BE} \approx r_{BE} \tag{2.35}$$

3. 输出电阻 R_o

R_o 是由输出端向放大电路内部看到的动态电阻，相当于从放大电路输出端看进去的交流等效电阻，因 r_{CE} 远大于 R_C，所以

$$R_o = r_{CE} // R_C \approx R_C \tag{2.36}$$

2.4.4 微变等效电路分析法举例

用微变等效电路分析法分析电路，只是分析放大电路的动态情况，首先应画出整个放大电路的微变等效电路。然后根据微变等效电路，分别对输入回路和输出回路用线性电路进行分析和计算，同时要用到输入对输出的控制关系。

1. 无负载和有负载时的电路计算

【例 2.5】 在图 2.18（a）所示电路中，$\beta = 50$，$U_{BE} = 0.7$ V，试求：

（1）静态工作点参数 I_{BQ}、I_{CQ}、U_{CEQ} 的值；

（2）计算动态指标 A_u、R_i、R_o 的值；

（3）求不接负载时的电压放大倍数 A_u。

解：（1）求静态工作点参数。

$$I_{BQ} = \frac{U_{CC} - U_{BE}}{R_B} = \frac{12 - 0.7}{280 \times 10^3}\ \text{A} \approx 0.04\ \text{mA} = 40\ \mu\text{A}$$

$$I_{CQ} = \beta I_{BQ} = 50 \times 0.04 \times 10^{-3}\ \text{A} = 2\ \text{mA}$$

$$U_{CEQ} = U_{CC} - I_{CQ} R_C = 12\ \text{V} - 2 \times 10^{-3} \times 3 \times 10^3\ \text{V} = 6\ \text{V}$$

（2）计算动态指标。画出微变等效电路如图 2.18（b）所示。

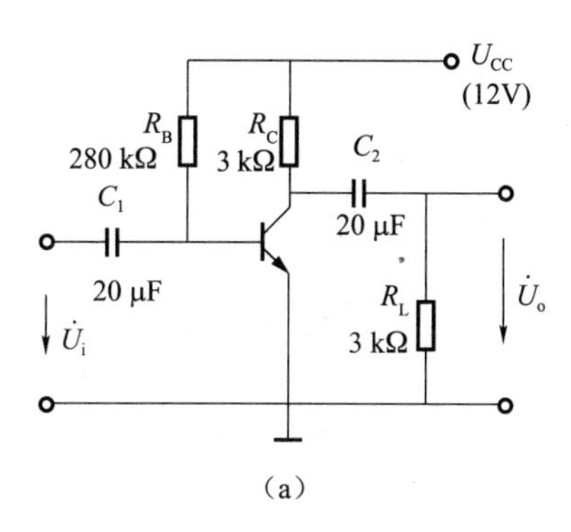

(a)

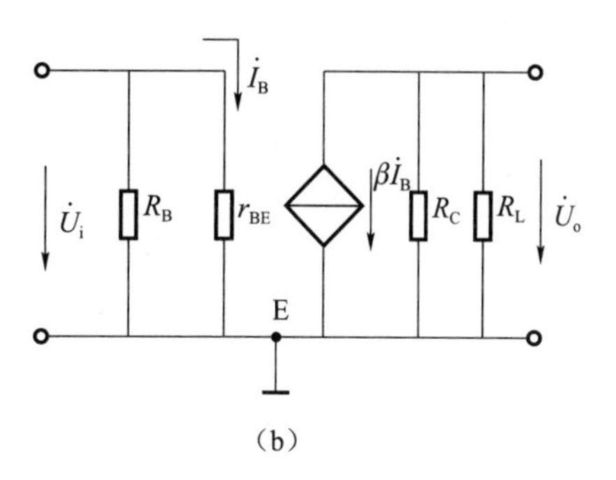

(b)

图 2.18　例 2.5 图

(a) 原理图；(b) 微变等效电路

$$r_{BE}=300+\frac{(1+\beta)\times 26\ \text{mV}}{I_E}\approx 0.96\ \text{k}\Omega$$

$$\dot{U}_o=-\beta\dot{I}_B(R_C/\!/R_L)$$

$$\dot{U}_i=I_B r_{BE}$$

$$A_u=\frac{\dot{U}_o}{\dot{U}_i}=\frac{-\beta(R_C/\!/R_L)}{r_{BE}}\approx -78.1$$

$$R_i=\frac{U_i}{I_i}=R_B/\!/r_{BE}\approx 0.96\ \Omega$$

$$R_o\approx R_C=3\ \text{k}\Omega$$

(3) 不接负载时

$$\dot{U}_o=-\beta\dot{I}_B\cdot R_C$$

$$\dot{U}_i=\dot{I}_B r_{BE}$$

$$A_u=\frac{\dot{U}_o}{\dot{U}_i}=\frac{-\beta R_C}{r_{BE}}=-156.25$$

2. 考虑信号源内阻时放大倍数的计算

【例 2.6】 如图 2.19 (a) 所示电路，若 BJT 为 3DG6，已知 Q 点的 $\beta=50$，$U_{BE}=0.7$ V，$R_B=300$ kΩ，$R_S=R_C=3$ kΩ，$R_L=3$ kΩ，$U_{CC}=12$ V。(假设信号源内阻 $R_S=0$。)

求：(1) 静态工作点参数 I_{BQ}、I_{CQ}、U_{CEQ}的值；

(2) 计算动态指标 A_u、R_i、R_o 的值；

(3) 考虑信号源内阻 R_S 时，若 $R_S=3$ kΩ，计算动态指标 A_{us}。

解：(1) 确定 Q 点。因已知 β，故可用简单计算法确定 Q 点。

$$I_{BQ}=\frac{U_{CC}}{R_B}=\frac{12\ \text{V}}{300\times 10^3}=40\ \mu\text{A}$$

$$I_{CQ}=\beta I_{BQ}=50\times 0.04\times 10^{-3}=2\ \text{mA}\approx I_E$$

$$U_{CEQ}=U_{CC}-I_{CQ}R_C=12\ \text{V}-2\times 10^{-3}\times 3\ \text{V}\times 10^3=6\ \text{V}$$

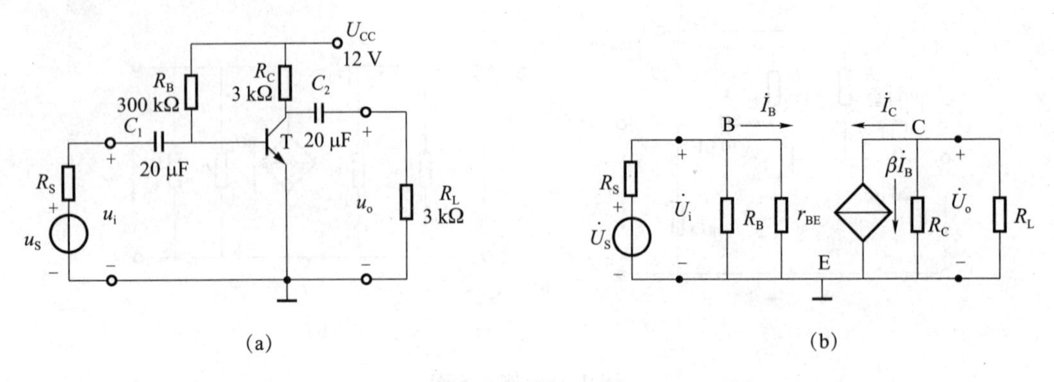

图 2.19　例 2.6 图

(a) 电路图；(b) 微变等效电路

(2) 画出微变等效电路如图 2.19 (b) 所示。

$$r_{BE}=200\ \Omega+\frac{(1+\beta)26\ \text{mV}}{I_E}\approx 0.863\ \text{k}\Omega$$

性能指标为

$$\dot{U}_o=-\beta\dot{I}_B(R_C/\!/R_L)$$

$$\dot{U}_i=\dot{I}_B r_{BE}$$

$$A_u=\frac{\dot{U}_o}{\dot{U}_i}=\frac{-\beta(R_C/\!/R_L)}{r_{BE}}=-87$$

$$R_i=\frac{U_i}{I_i}=R_B/\!/r_{BE}\approx 0.86\ \Omega$$

$$R_o\approx R_C=3\ \text{k}\Omega$$

(3) 考虑信号源内阻 R_S 时，有

$$A_{uS}=\frac{\dot{U}_o}{\dot{U}_S}=\frac{\dot{U}_o}{\dot{U}_i}\frac{\dot{U}_i}{\dot{U}_S}=A_u\cdot\frac{R_i}{R_S+R_i}\approx -19.38$$

可见，R_S 越大，A_{uS}越小，R_i 越大，A_{uS}也越小，因此，一般希望高输入电阻，多级放大时，前一级的输出就是下一级的信号源内阻，为增大下一级的放大，也希望有低输出电阻。

2.5　典型放大电路分析

常见的放大电路种类很多，但基本形式主要有工作点稳定的共发射极放大器、共集电极放大器和共基极放大器。下面分别对这三种组态的放大器进行分析。

2.5.1　工作点稳定的共发射极放大器的分析

工作点稳定的共发射极放大器即分压式偏置共发射极放大器，电路的组成前面已经介绍，如图 2.20 所示。下面对它的静态和动态情况进行分析。

1. 静态分析

直流通路如图 2.21 (a) 所示。

因为 $I_{R_{B1}} \gg I_B$，所以

$$U_B = \frac{R_{B2}}{R_{B1}+R_{B2}} U_{CC} \tag{2.37}$$

$$U_E = U_B - U_{BE} \tag{2.38}$$

$$I_E = \frac{U_E}{R_E} = \frac{U_B - U_{BE}}{R_E} \approx \frac{U_B}{R_E} \tag{2.39}$$

$$I_B = \frac{I_E}{1+\beta} \tag{2.40}$$

$$I_C = \beta I_B \tag{2.41}$$

$$U_{CE} = U_{CC} - I_E R_E - I_C R_C \tag{2.42}$$

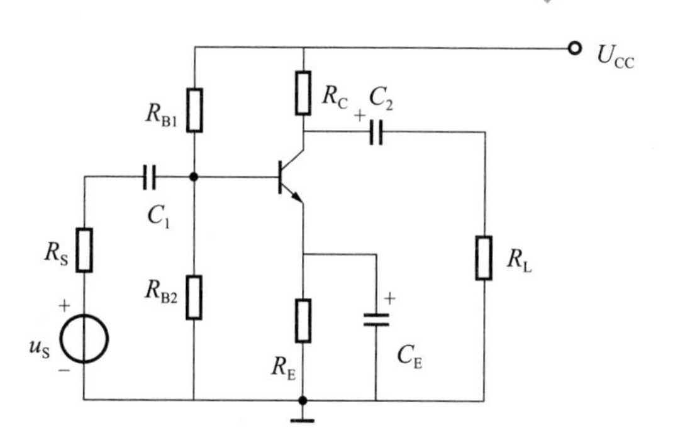

图 2.20　分压偏置共发射极放大器

2. 动态分析

作交流通路（电容、直流电源短路）如图 2.21（b）所示。

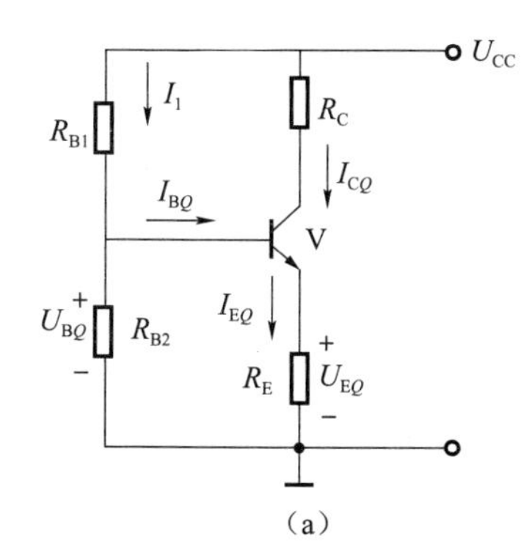

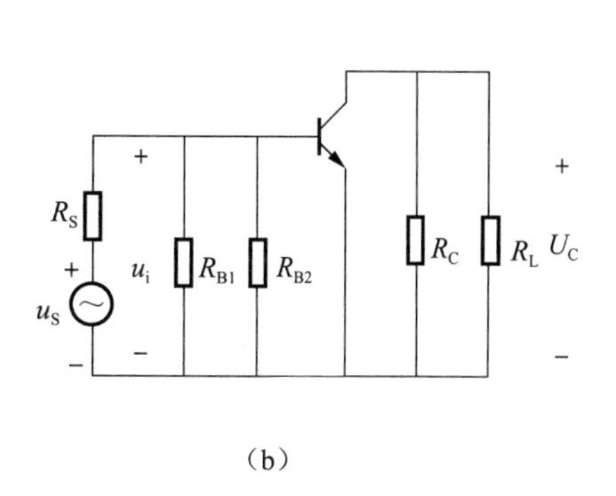

图 2.21　分压共发射极放大器

（a）直流通路；（b）交流通路

将晶体管用微变等效电路代替，得出微变等效电路如图 2.22 所示。

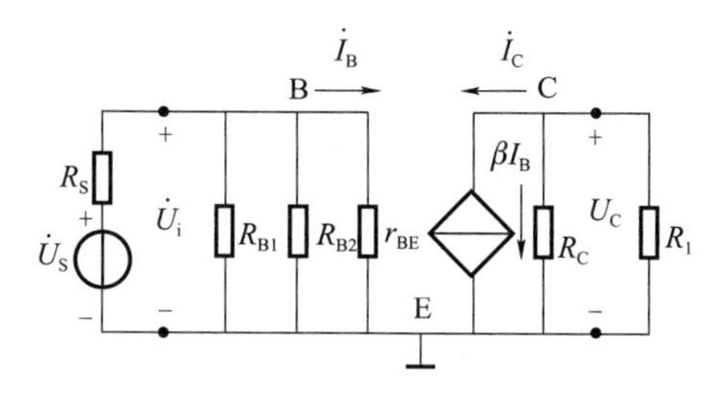

图 2.22　分压共发射极放大器的微变等效电路

$$r_{BE} = 200\ \Omega + (1+\beta)\frac{U_T}{I_{EQ}} \tag{2.43}$$

$$\dot{U}_o = -\beta \dot{I}_B R_C // R_L \tag{2.44}$$

$$\dot{U}_i = \dot{I}_B r_{BE} \tag{2.45}$$

$$A_u = \frac{\dot{U}_o}{\dot{U}_i} = -\beta \frac{R_C // R_L}{r_{BE}} \tag{2.46}$$

$$R_i = R_{B1} // R_{B2} // r_{BE} \tag{2.47}$$

$$R_o \approx R_C \tag{2.48}$$

【例 2.7】　如图 2.23 所示的放大电路中，晶体管 $\beta=40$，$r_{BE}=1\ \text{k}\Omega$，$R_S=1\ \text{k}\Omega$，$R_C=2\ \text{k}\Omega$，$R_{B1}=20\ \text{k}\Omega$，$R_{B2}-0.2\ \text{k}\Omega$，$R_{E1}-0.2\ \text{k}\Omega$，$R_{E2}=1.8\ \text{k}\Omega$，$R_L=6\ \text{k}\Omega$，$U_{CC}=12\ \text{V}$。求：

（1）静态工作点；

（2）性能指标 A_u、R_i、R_o 及考虑信号源内阻 R_S 时的电压放大倍数 A_{uS} 值。

解：（1）静态工作点。

$$U_B=\frac{R_{B2}}{R_{B1}+R_{B2}}U_{CC}=\frac{10}{20+10}\times 12\ \text{V}=4\ \text{V}$$

$$I_E=\frac{U_E}{R_E}=\frac{U_E-U_{BE}}{R_E}=\frac{4-0.7}{(2+1.8)\times 10^3}=1.65\ \text{mA}$$

$$I_B=\frac{I_E}{1+\beta}=\frac{1.65}{1+40}\ \text{mA}\approx 0.04\ \text{mA}$$

$$I_C=\beta I_B=40\times 0.04\ \text{mA}=1.6\ \text{mA}$$

$$\begin{aligned}U_{CE}&=U_{CC}-I_E R_E-I_C R_C\\&=12-1.6\times(1.8+0.2)\text{V}-1.6\times 2\ \text{V}\\&=5.5\ \text{V}\end{aligned}$$

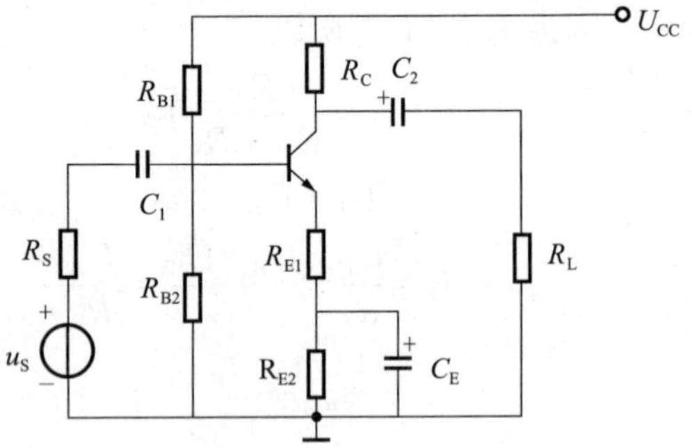

图 2.23 例 2.7 图

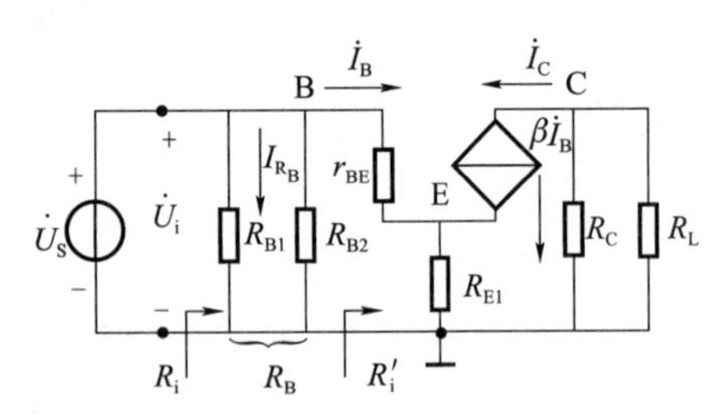

图 2.24 例 2.7 微变等效电路

(2) 性能指标。画出微变等效电路，如图 2.24 所示。

$$\dot{U}_o=-\beta\dot{I}_B(R_C/\!/R_L)$$

$$\dot{U}_i=\dot{I}_B r_{BE}+\dot{I}_E R_{E1}=\dot{I}_B[r_{BE}+(1+\beta)R_{E1}]$$

所以
$$A_u=\frac{\dot{U}_o}{\dot{U}_i}=\frac{-\beta(R_C/\!/R_L)}{r_{BE}+(1+\beta)R_{E1}}\approx -6.5$$

$$R'_i=\frac{U_i}{I_B}=r_{BE}+(1+\beta)R_{E1}=9.2\ \text{k}\Omega$$

$$R_i=R_{B1}/\!/R_{B2}/\!/R'_i=3.86\ \text{k}\Omega$$

求输出电阻 R_o，根据定义 $U_i=0$，由输入回路得

$$\dot{I}_B r_{BE}+\dot{I}_E R_E=0,\ \dot{I}_B[r_{BE}+(1+\beta)R]=0,\ \dot{I}_B=0$$

所以 $\beta\dot{I}_B=0$，即受控电流源支路 $\beta\dot{I}_B=0$ 相当于开路。所以

$$R_o\approx R_C=2\ \text{k}\Omega$$

$$A_{uS}=\frac{\dot{U}_o}{\dot{U}_S}=\frac{\dot{U}_o\dot{U}_i}{\dot{U}_i\dot{U}_S}=A_u\frac{R_i}{R_S+R_i}\approx -5.16$$

2.5.2 共集电极放大器的组成及分析

共集电极放大器的原理电路如图 2.25（a）所示，图 2.25（b）所示为其直流通路，图 2.25（c）所示为其交流通路，它是从基极输入信号，从发射极输出信号，晶体管的负载电阻接在发射极上。它的输入、输出共用集电极，所以称为共集电极放大器。因为信号从发射极输出，故又称为射极输出器。

1. 静态分析

由图 2.25（b）所示的直流通路可得出：

$$U_{CC}=I_{BQ}R_B+U_{BEQ}+I_{EQ}R_E=I_{BQ}R_B+U_{BEQ}+(1+\beta)I_{BQ}R_E \tag{2.49}$$

$$I_{BQ}=\frac{U_{CC}-U_{BEQ}}{R_B+(1+\beta)R_E} \tag{2.50}$$

$$I_{CQ}=\beta I_{BQ} \tag{2.51}$$

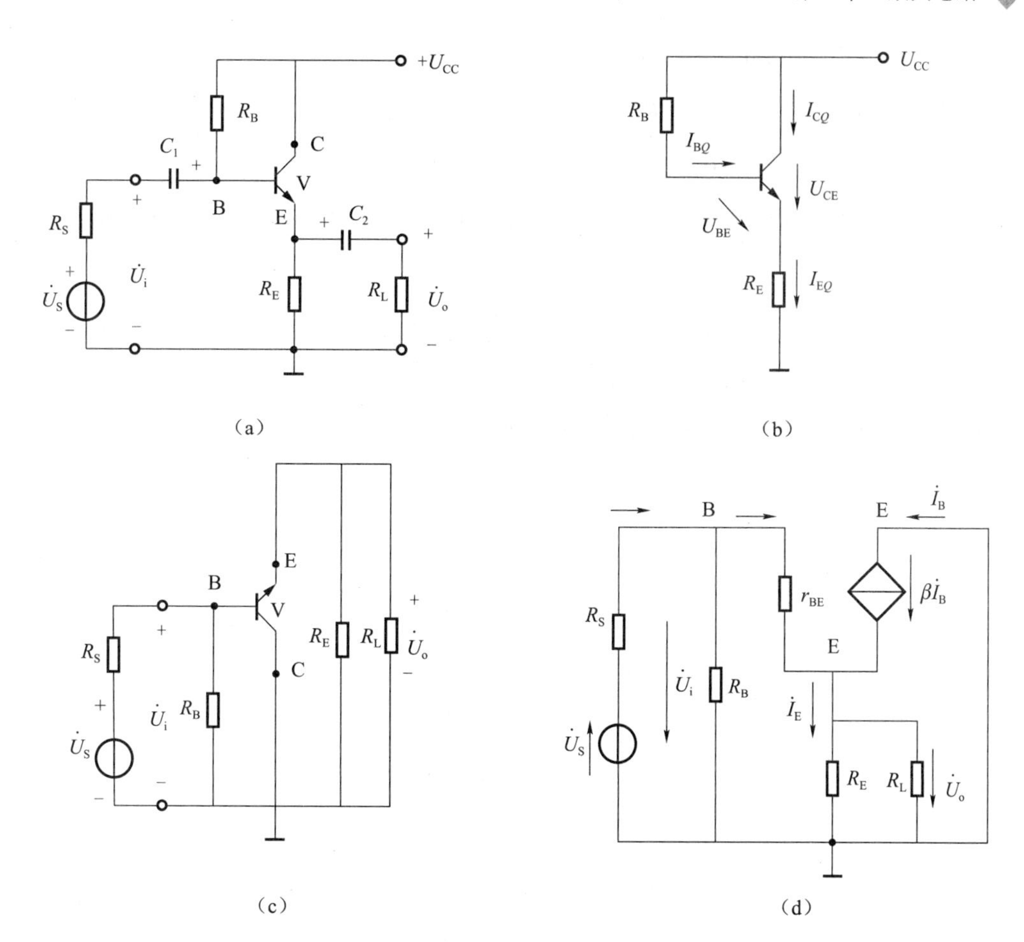

图 2.25　共集电极放大器的原理电路

(a) 基本电路；(b) 直流通路；(c) 交流通路；(d) 微变等效电路

$$I_{EQ}=(1+\beta)I_{BQ} \tag{2.52}$$

即得

$$U_{CEQ}=U_{CC}-I_{EQ}R_E \tag{2.53}$$

2. 动态分析

1) 电压放大倍数

由图 2.25 (d) 所示的微变等效电路可求出电压放大倍数（电压增益）。

因为

$$\dot{U}_o=\dot{I}_E R_L'=(1+\beta)\dot{I}_B R_L' \tag{2.54}$$

$$R_L'=R_E /\!/ R_L \tag{2.55}$$

$$\dot{U}_i=\dot{I}_B r_{BE}+\dot{I}_E R_L'=\dot{I}_{BE}+(1+\beta)\dot{I}_B R_L' \tag{2.56}$$

所以电压放大倍数

$$A_u=\frac{\dot{U}_o}{\dot{U}_i}=\frac{(1+\beta)\dot{I}_B R_L'}{\dot{I}_{BE}+(1+\beta)\dot{I}_B R_L'}-\frac{(1+\beta)R_l'}{r_{BE}+(1+\beta)R_L'}\leqslant 1 \tag{2.57}$$

由于式 (2.57) 中的 $(1+\beta)R_L'\gg r_{BE}$，因而射极输出器的电压增益略小于 1，又由于输出、输入同相位，输出跟随输入，且从发射极输出，故又称射极跟随器，简称射随器。

2) 输入电阻

输入电阻 R_i 可由微变等效电路求出。

$$R'_i = \frac{U_i}{I_B} = r_{BE} + (1+\beta)R'_L$$

$$R_i = R_B /\!/ R'_i = R_B /\!/ [r_{BE} + (1+\beta)R'_L] \tag{2.58}$$

由此可见，共集电极放大器的输入电阻很高，比共射基本放大器高许多倍，可达几十千欧到几百千欧。

3）输出电阻

由输出电阻的定义（信号源短路，负载开路）得图 2.26 所示的等效电路来求输出电阻 R_o。

将信号源短路，保留其内阻，在输出端去掉 R_L，加一交流电压 U_o，产生电流 I_o，则

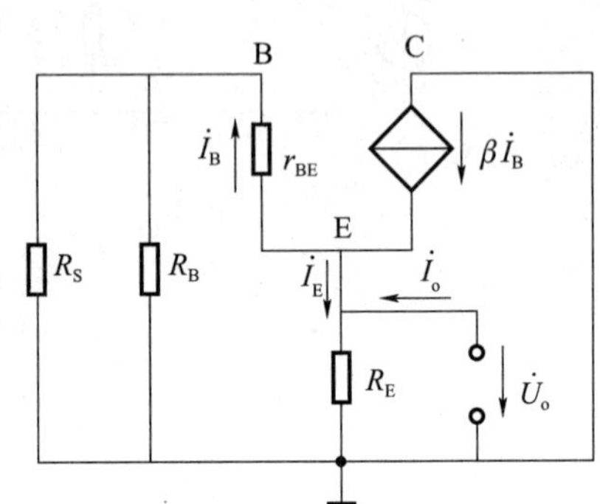

图 2.26 计算 R_o 的等效电路

$$\dot{I}_o + \dot{I}_E = \dot{I}_{R_E}$$

所以 $$\dot{I}_o = \dot{I}_{R_E} - \dot{I}_E = \frac{\dot{U}_o}{R_E} - (1+\beta)\dot{I}_B$$

由 $\dot{U}_o = -(\dot{I}_B R_S /\!/ R_B + \dot{I}_B r_{BE})$ 得

$$\dot{I}_B = -\frac{\dot{U}_o}{R_S /\!/ R_B + r_{BE}}$$

$$\dot{I}_o = \frac{\dot{U}_o}{R_E} + (1+\beta)\frac{\dot{U}_o}{R_S /\!/ R_B + r_{BE}}$$

故 $$R_o = \frac{\dot{U}_o}{\dot{I}_o} = \frac{1}{\dfrac{1}{R_E} + \dfrac{(1+\beta)}{r_{BE} + R_S /\!/ R_B}} = \frac{R_E[r_{BE} + (R_S /\!/ R_B)]}{(1+\beta)R_E + [r_{BE} + (R_S /\!/ R_B)]}$$

通常 $(1+\beta)R_E \gg r_{BE} + (R_S /\!/ R_B)$，因此

$$R_o \approx \frac{r_{BE} + R_S /\!/ R_B}{\beta} \tag{2.59}$$

由式（2.59）可见，射极输出器的输出电阻很小，一般在几十欧到几百欧的范围内，若把它等效成一个电压源，则具有恒压输出特性。

3. 射极输出器的特点及应用

1）射极输出器的特点

（1）电压增益小于 1 而接近 1；

（2）输出电流是基极电流的（$1+\beta$）倍，具有电流放大和功率放大的作用；

（3）输入电阻高、输出电阻低；

（4）输出电压与输入电压同相。

2）射极输出器的应用

（1）用作输入级。因为它输入电阻高，向信号源汲取的电流小，对信号源影响也小。

（2）作为中间隔离级。因为它的输入电阻大、输出电阻小，可与输入电阻小的共射极电路配合，将其接入两级共射极放大电路之间，在隔离前后级的同时，起到阻抗匹配的作用。

（3）适用于多级放大电路。由于它的输出电阻小，负载能力强，当放大器接入的负载变化

时，可保持输出电压稳定。

【例 2.8】 在图 2.25（a）中，已知 $U_{CC}=15\ V$，$R_B=210\ \Omega$，$R_E=3\ k\Omega$，$R_L=6\ k\Omega$，$\beta=50$，试求静态工作点、电压放大倍数、输入电阻和输出电阻。

解：(1) 求静态工作点。

$$I_B \doteq \frac{U_{CC}-U_{BE}}{R_B+(1+\beta)R_E}=40\ \mu A$$

$$I_C=\beta I_B=2\ mA$$

(2) 求电压放大倍数、输入电阻和输出电阻。

微变等效电路如图 2.25（d）所示。

$$r_{BE}=200+\frac{(1+\beta)26\ mV}{I_{EQ}}\approx 0.85\ k\Omega$$

$$A_u=\frac{\dot{U}_o}{\dot{U}_i}=\frac{(1+\beta)\dot{I}_B R_L'}{\dot{I}_b r_{BE}+(1+\beta)\dot{I}_B R_L'}=\frac{(1+\beta)R_L'}{r_{BE}+(1+\beta)R_L'}\approx -0.99$$

$$R_i=R_B /\!/ [r_{BE}+(1+\beta)R_L']\approx 88\ k\Omega$$

$$R_o=\frac{r_{BE}}{\beta}=17\ \Omega$$

2.5.3　共基极放大器的组成及分析

图 2.27（a）所示为共基极放大器的原理电路，R_C 为集电极电阻，R_{B1} 和 R_{B2} 为基极偏置电阻，用来保证晶体管有合适的静态工作点。图 2.27（c）所示为其交流通路，从中可看出它是从基极和发射极输入信号，从集电极和基极输出信号。它的输入、输出共用基极，所以称为共基极放大器。

1. 静态分析

共基极放大器的直流通路如图 2.27（b）所示。按分压式偏置电路设计要求忽略 I_{BQ} 对 R_{B1}、R_{B2} 分压电路中电流的分流作用，则

$$U_B \approx \frac{U_{CC}R_{B2}}{R_{B1}+R_{B2}} \tag{2.60}$$

$$I_{CQ}\approx I_{EQ}=\frac{U_E}{R_E}=\frac{U_B-U_{BEQ}}{R_E}\approx \frac{U_{CC}R_{B2}}{(R_{B1}+R_{B2})R_E} \tag{2.61}$$

$$I_{BQ}=\frac{I_{EQ}}{1+\beta} \tag{2.62}$$

$$U_{CEQ}\approx U_{CC}-I_{CQ}(R_E+R_C) \tag{2.63}$$

2. 动态分析

共基极放大器的交流通路如图 2.27（c）所示，微变等效电路如图 2.27（d）所示。

1）放大倍数

因为

$$u_o=-i_C R_L'=-\beta i_B R_L'$$

$$u_i=-i_B r_{BE}$$

式中，$R_L'=R_C /\!/ R_L$。因此

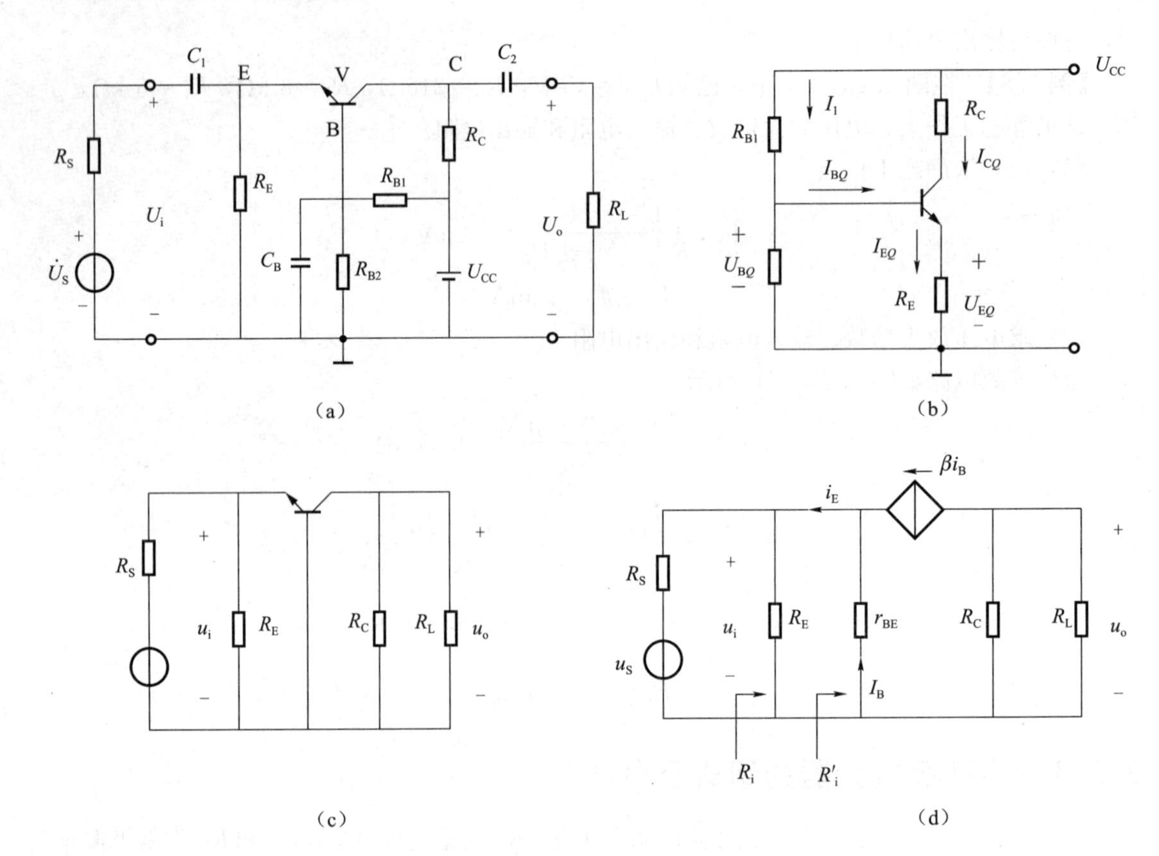

图 2.27 共基极放大器的原理电路

(a) 基本电路；(b) 直流通路；(c) 交流通路；(d) 微变等效电路

$$A_u=\frac{u_o}{u_i}=\beta\frac{R'_L}{r_{BE}} \tag{2.64}$$

共基极放大器的电压放大倍数在数值上与共射极放大器相同，但共基极放大器的输入与输出是同相位的。

2）输入电阻

当不考虑 R_E 的并联支路时，有

$$R'_i=\frac{u_i}{-i_E}=\frac{-r_{BE}i_B}{-(1+\beta)i_B}=\frac{r_{BE}}{1+\beta} \tag{2.65}$$

当考虑 R_E 时，放大器的输入电阻为

$$R_i=R'_i\,/\!/\,R_E \tag{2.66}$$

3）输出电阻

在图 2.27（d）所示的微变等效电路中，电流源开路，$R_o\approx R_C$。

3. 共基极放大器的特点及应用

（1）共基极放大器的特点：输入电阻很小，电压放大倍数较高。

（2）共基极放大器的应用：主要用于高频电压放大电路。

2.5.4 三种基本放大器的比较

晶体管放大器三种基本组态的比较见表 2.1。

表 2.1　晶体管放大器三种基本组态的比较

组态	共发射极放大器	共集电极放大器	共基极放大器
电路形式	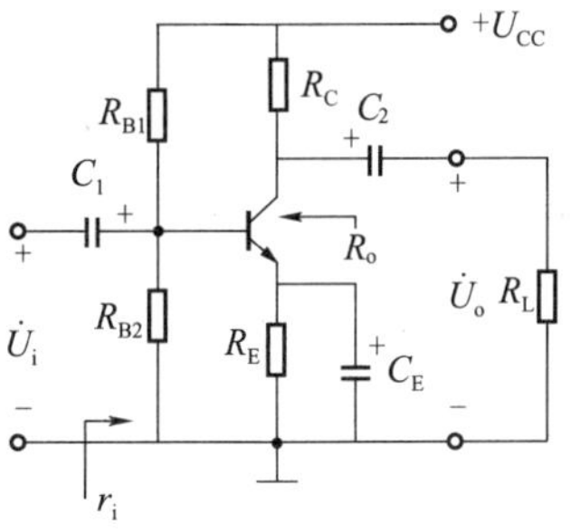	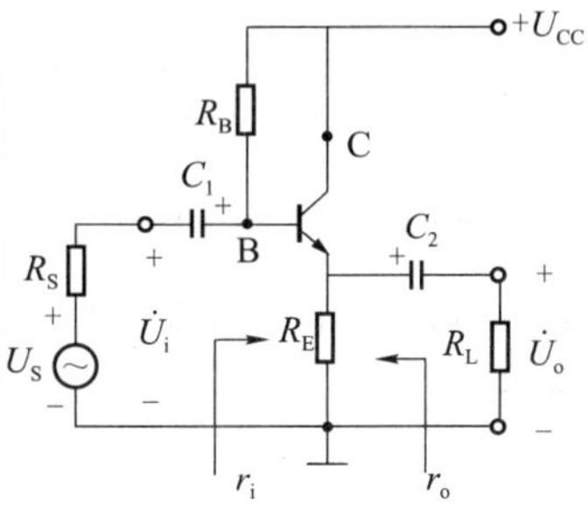	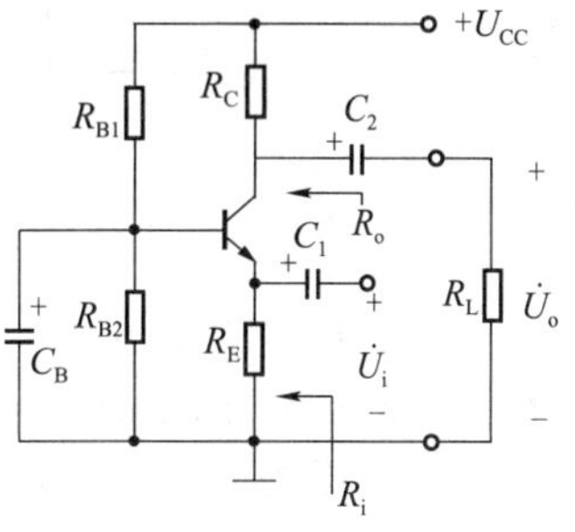
A_u	$-\dfrac{\beta R_L'}{r_{BE}}$	$\dfrac{(1+\beta)R_L'}{r_{BE}+(1+\beta)R_L'}\approx 1$	$\dfrac{\beta R_L'}{r_{BE}}$
R_i	$R_{B1}//R_{B2}//r_{BE}$	$R_B//[r_{BE}+(1+\beta)R_L']$（大）	$R_E//\left(\dfrac{r_{BE}}{1+\beta}\right)$（小）
R_o	R_C	$R_E//\left(\dfrac{r_{BE}+R_B//R_S}{1+\beta}\right)$（小）	R_C
应用	一般放大，多级放大器的中间级	输入级、输出级或阻抗变换、缓冲（隔离）级	高频放大、宽频带放大振荡及恒流电源

(1) 共发射极放大器同时具有较大的电压放大倍数和电流放大倍数，输入电阻和输出电阻值比较适中，所以，一般只要对输入电阻、输出电阻和频率响应没有特殊要求的地方均采用此电路。因此，共发射极放大器被广泛地用作低频电压放大电路的输入级、中间级和输出级。

(2) 共集电极放大器（又称射极输出器）的特点是电压跟随，即电压放大倍数小于而接近于1，而且输入电阻很高、输出电阻很低。由于其具有这些特点，常被用作多级放大电路的输入级、输出级或作为隔离用的中间级。首先，可以利用它作为测量放大器的输入级，以减小对被测电路的影响，提高测量的精度。其次，如果放大电路输出端是一个变化的负载，那么为了在负载变化时保证放大电路的输出电压比较稳定，要求放大电路具有很低的输出电阻。此时，可以采用射极输出器作为放大电路的输出级。

(3) 共基极放大器的突出特点在于它具有很低的输入电阻，使晶体管结电容的影响不显著，因而频率响应得到很大改善，所以这种接法常用于宽频带放大器中。另外，由于输出电阻高，共基极放大器还可以作为恒流源。

2.6　多级放大电路

2.6.1　多级放大电路的组成

前面介绍的都是单级放大电路，放大倍数只有几十倍。在实际的应用中，为了得到足够大的放大倍数或者使输入电阻和输出电阻达到指标要求，一个放大电路往往由多级组成。多级放大电路由输入级、中间级及输出级组成，如图 2.28 所示。这样应该考虑的是输入级与信号源

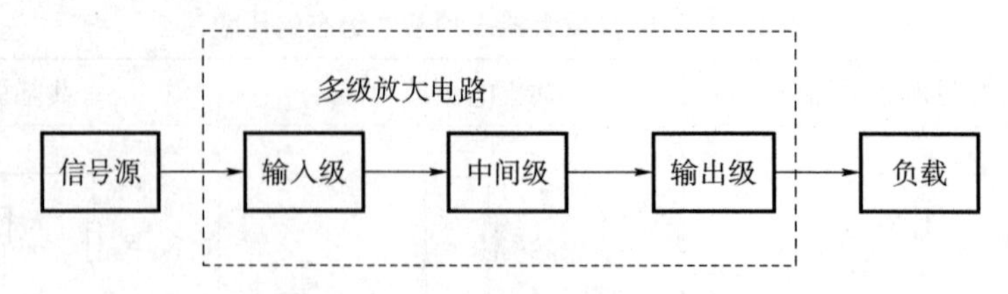

图 2.28 多级放大电路的组成框图

如何配合，输出级如何满足负载的要求，中间级如何保证放大倍数足够大。各级放大电路可以针对自己的任务来满足技术指标的要求。

对输入级的要求与信号源的性质有关。例如，当输入信号源为高阻电压源时，则要求输入级也必须有高的输入电阻（如用共集电极放大器），以减少信号在内阻上的损失。如果输入信号为电流源，为了充分利用信号电流，则要求输入级有较低的输入电阻（如用共基极放大器）。

中间级的主要任务是电压放大，多级放大电路的放大倍数主要取决于中间级，它本身就可能由几级放大电路组成。

输出级主要是推动负载。当负载仅需较大的电压时，则要求输出具有大的电压动态范围。更多场合下，输出级推动扬声器、电机等执行部件，需要输出足够大的功率，常称为功率放大电路。

2.6.2 级间耦合方式

多级放大电路是由各单级放大电路连接起来的，这种级间连接方式称为耦合方式。多级放大电路有三种耦合方式：阻容耦合、直接耦合及变压器耦合。

1. 阻容耦合

阻容耦合是利用电容和电阻作为耦合元件将前级和后级连接起来的耦合方式，这个电容称为耦合电容。阻容耦合两级放大电路如图 2.29 所示，第一级的输出信号通过耦合电容 C_2 和电阻 R_{b2} 与第二级的输入端相连接。

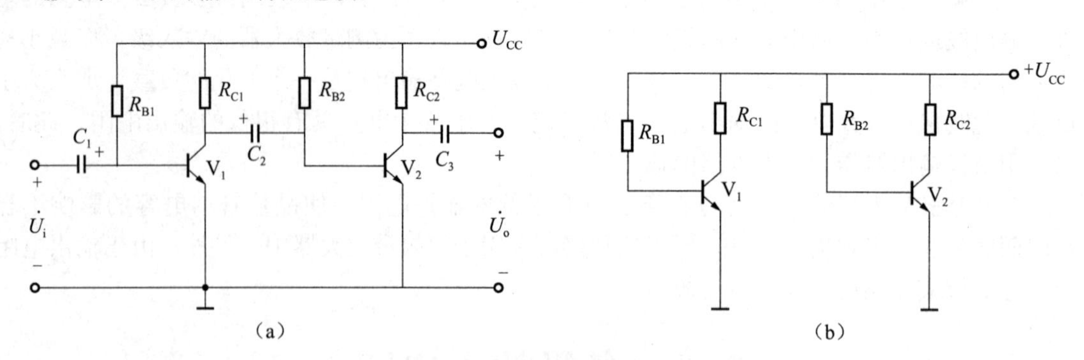

图 2.29 阻容耦合两级放大电路

（a）电路；（b）直流通路

阻容耦合的优点：前级和后级直流通路彼此隔开，每一级的静态工件点相互独立，互不影响，便于分析、设计和调试，而且只要耦合电容选得足够大，那么前一级的输出信号在一定频率范围内几乎不衰减地加到后一级的输入端上，从而使信号得到充分利用。因此，阻容耦合在多级交流放大电路中得到了广泛应用。

阻容耦合的缺点：具有很大的局限性。如果耦合电容不是足够大，信号在通过耦合电容加到下一级时会大幅衰减，直流成分不能通过电容，对直流信号（或变化缓慢的信号）很难传输。在集成电路里制造大电容很困难，所以阻容耦合只适用于分立元件组成的电路，在线性集成电路中无法采用。

2. 直接耦合

直接耦合是将前级放大电路和后级放大电路直接相连的耦合方式，如图2.30所示。

直接耦合的优点：能放大直流信号和交流信号，所用元件少，体积小，低频特性好，便于集成化。实际的集成运算放大器一般都采用直接耦合方式。

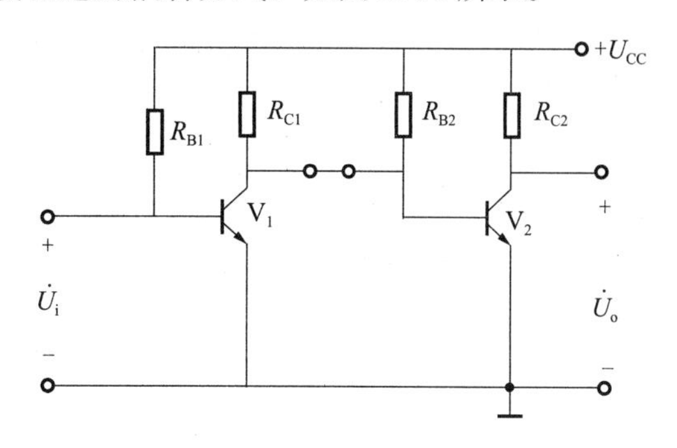

图 2.30　直接耦合放大电路

直接耦合的缺点之一是静态电位相互牵制，由于失去隔离作用，使前级和后级的直流通路相通，不论 V_1 集电极电位在耦合前有多高，接入第二级后，被 V_2 的基极钳制在 0.7 V 左右，致使 V_2 处于临界饱和状态，导致整个电路无法正常工作。直接耦合的另一个缺点是各级静态工作点相互影响，存在着零点漂移现象。温度变化等原因使放大电路在输入信号为零时输出信号不为零的现象称为零点漂移现象。因此零点漂移的大小主要由温度所决定。一般来说，直接耦合放大电路的级数越多，放大倍数越高，零点漂移问题越严重。

要使用直接耦合的多级放大电路，必须解决静态工作点相互影响和零点漂移问题，2.7节介绍的差分式放大电路就很好地解决了这一问题。

3. 变压器耦合

变压器耦合是利用变压器将前级的输出端与后级的输入端连接起来的耦合方式，如图2.31所示。将 V_1 的输出信号经过变压器 T_1 送到 V_2 的基极和发射极之间。V_2 的输出信号经 T_2 耦合到负载 R_L 上。R_{B11}、R_{B12} 和 R_{B21}、R_{B22} 分别为 V_1 和 V_2 的偏置电阻，C_{B2} 是 R_{B21} 和 R_{B22} 的旁路电容，用于防止信号被偏置电阻所衰减。

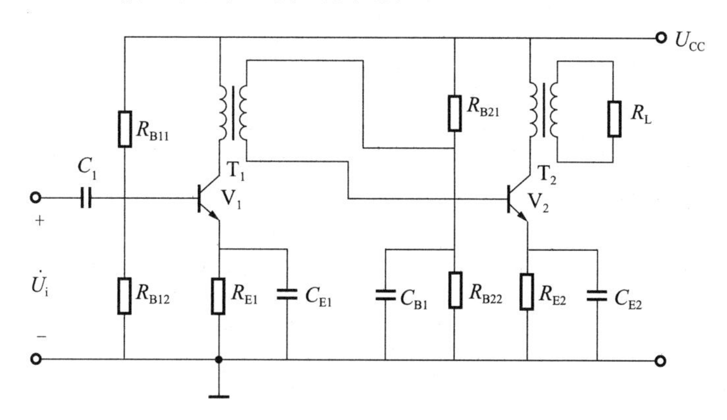

图 2.31　变压器耦合两级放大电路

变压器耦合的优点：由于变压器不能传输直流信号，且有隔直作用，因此各级静态工作点相互独立，互不影响。变压器在传输信号的同时还能够进行阻抗、电压、电流变换。

变压器耦合的缺点：体积大、笨重，不能实现集成化应用，而且缓慢变化信号和直流信号也不能通过变压器。目前实际应用中即使功率放大器也较少采用变压器耦合方式。

2.6.3 多级放大电路的分析计算

1. 信号源和输入级之间的关系

信号源接放大电路的输入级，输入级的输入电阻就是它的负载，因此信号源和输入级之间的关系可归结为信号源与负载的关系，如图 2.32 所示。

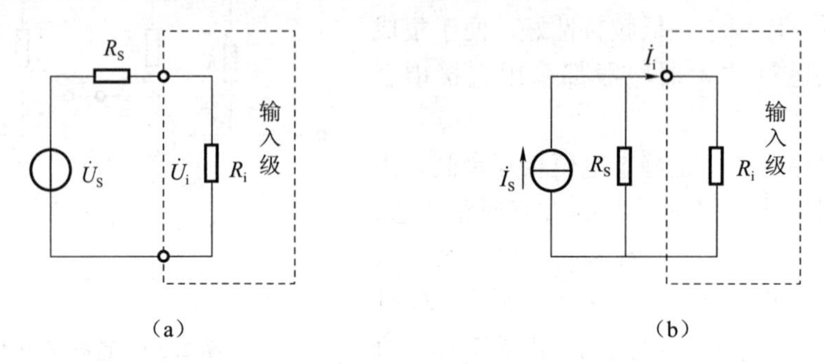

图 2.32 信号源内阻、放大电路输入电阻对输入信号的影响

(a) 信号源内阻降低输入电压；(b) 信号源内阻降低输入电流

2. 各级间关系

中间级各级间的相互关系可按如下原则处理：前级的输出信号为后级的信号源，其输出电阻为信号源内阻，后级的输入电阻为前级的负载电阻。第二级的输入电阻为第一级的负载，第三级的输入电阻为第二级的负载，依此类推。

1）多级放大电路的电压放大倍数

因为
$$A_{u1}=\frac{u_{o1}}{u_{i1}},\ A_{u2}=\frac{u_{o2}}{u_{i2}},\ \cdots,\ A_{un}=\frac{u_{on}}{u_{in}} \tag{2.67}$$

$$u_{o1}=u_{i2},\ u_{o2}=u_{i3},\ \cdots,\ u_{on}=u_{i(n+1)} \tag{2.68}$$

所以总的电压放大倍数为

$$A_u=\frac{u_{on}}{u_{i1}}=A_{u1}A_{u2}\cdots A_{un} \tag{2.69}$$

即总的电压放大倍数为各级放大倍数的连乘积。

2）多级放大电路的输入电阻和输出电阻

多级放大电路的输入电阻就是第一级的输入电阻，其输出电阻就是最后一级的输出电阻。

【例 2.9】 电路如图 2.29 所示，已知 $U_{CC}=6$ V，$R_{B1}=430\ \Omega$，$R_{C1}=2$ kΩ，$R_{B2}=270$ kΩ，$R_{C2}=1.5$ kΩ，$r_{BE2}=1.2$ kΩ，$\beta_1=\beta_2=50$，$C_1=C_2=C_3=10\ \mu$F，$r_{BE1}=1.6$ kΩ，求：

（1）电压放大倍数；

（2）输入电阻、输出电阻。

解：（1）电压放大倍数。

$$R_{i2}=R_{B2}\,/\!/\,r_{BE2}\approx 1.2\ \text{k}\Omega$$

$$R'_{L1}=R_{C1}\,/\!/\,R_{i2}=0.75\ \text{k}\Omega$$

$$A_{u1}=-\frac{\beta R'_{L1}}{r_{BE1}}=-\frac{50\times 0.75\ \text{k}\Omega}{1.6\ \text{k}\Omega}\approx -23.4$$

$$A_{u2}=-\frac{\beta_2 R_{C2}}{r_{BE2}}=-\frac{50\times1.5\ \text{k}\Omega}{1.2\ \text{k}\Omega}=-62.5$$

$$A_u=A_{u1}\times A_{u2}=1\ 462.5$$

在工程上电压放大倍数常用分贝（dB）表示，折算公式为

$$A_u(\text{dB})=20\lg A_u$$

上面计算的电压放大倍数用分贝可表示为

$$A_u(\text{dB})=20\lg A_u=20\lg(A_{u1}\cdot A_{u2})=A_{u1}(\text{dB})+A_{u2}(\text{dB})$$

$$A_{u1}(\text{dB})=20\lg 23.4=27.4\ (\text{dB})$$

$$A_{u2}(\text{dB})=20\lg 62.5=35.9\ (\text{dB})$$

$$A_u(\text{dB})=27.4+35.9=63.3\ (\text{dB})$$

（2）输入电阻、输出电阻。

$$R_i=R_{i1}=R_{B1}\mathbin{/\!/}r_{BE1}$$

$$R_o=R_{C2}$$

2.7 差分式放大电路

2.7.1 差分式放大电路的功能

差分式放大电路就其功能来说是放大两个输入信号之差。图 2.33 所示为理想差分式放大电路，它有两个输入端，分别接有信号电压 u_{i1} 和 u_{i2}；输出端的信号电压为 u_o。在电路完全对称的理想情况下，输出信号电压为

$$u_o=A_{ud}(u_{i1}-u_{i2}) \tag{2.70}$$

式中，A_{ud}为差分式放大电路的差模电压增益。

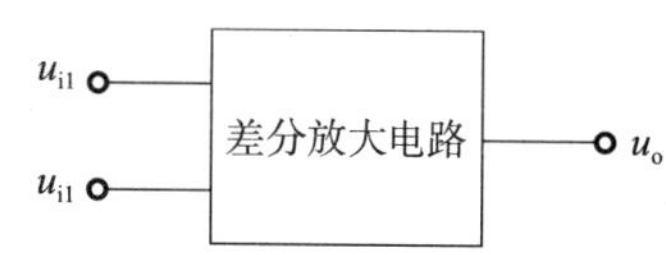

图 2.33 理想差分式放大电路输出与输入关系

一般情况下，输出电压不仅取决于两个输入信号的差模信号 u_{id}，而且还与两个输入信号的共模信号 u_{ic}有关，分别表示为

$$u_{id}=u_{i1}-u_{i2} \tag{2.71}$$

$$u_{ic}=\frac{1}{2}(u_{i1}+u_{i2}) \tag{2.72}$$

也就是说，差模信号是两个输入信号之差，而共模信号则是二者的算术平均值。在差模信号和共模信号同时存在的情况下，对线性放大电路来说，可利用叠加原理求出总的输出电压，即

$$u_o=A_{ud}u_{id}+A_{uc}u_{ic} \tag{2.73}$$

式中，$A_{ud}=\frac{u_{od}}{u_{id}}$为差模电压增益；$A_{uc}=\frac{u_{oc}}{u_{ic}}$为共模电压增益。

2.7.2 基本差分式放大电路的组成

图 2.34 所示为基本差分式放大电路，它是由两个完全相同的共射单管放大电路组成的。晶体管 V_1 和 V_2 的特性相同，R_{B1}、R_{B2}是输入回路电阻，R_{C1}、R_{C2}是集电极负载电阻。差分式放大电路有两个输入端、两个输出端，要求电路对称，即外接电阻对称相等，各元件的温度特性相同，$R_{C1}=R_{C2}$，$R_{B1}=R_{B2}$。

如图 2.34 所示，差分式放大电路有两个输入端，称为双端输入；信号也可以从一个端输

入，而另一端接地，这样的称为单端输入；图 2.34 中输出信号 u_o 取自两管集电极之间，称为双端输出；如取自一个晶体管集电极与地之间，则称为单端输出。

2.7.3 基本差分式放大电路的工作原理

下面以图 2.34 所示的双端输入、双端输出基本差分式放大电路为例介绍其工作原理。首先分析电路的静态工作点和交流情况，然后介绍其抑制零点漂移的作用。

1. 静态分析

静态时 $U_{i1}=U_{i2}=0$。由于电路左右对称，输入信号为零时，$I_{C1}=I_{C2}$，$U_{C1}=U_{C2}$，则输出电压 $U_o=\Delta U_{C1}-\Delta U_{C2}=0$。

当电源电压波动或温度变化时，两管集电极电流和集电极电位同时发生变化，输出电压仍然为零。可见，尽管各管的零点漂移存在，但输出电压为零，从而使得零点漂移得到抑制。

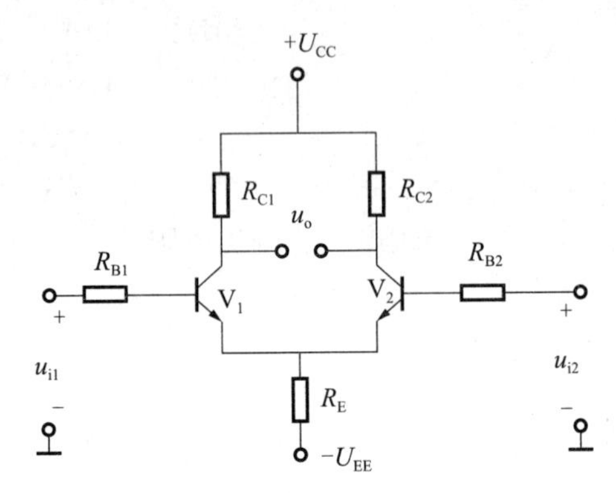

图 2.34 基本差分式放大电路

Q 点求法如下：

由 $U_{i1}=U_{i2}=0$，知

$U_B=0$，$U_E=-0.7$ V，所以

$$I_{Re}=\frac{U_E-(-U_{EE})}{R_E},\qquad I_{R_{E1}}=I_{R_{E2}}=\frac{1}{2}I_{R_E}$$

$$I_{B1}=I_{B2}=\frac{I_{E1}}{1+\beta},\qquad I_{C1}=I_{C2}=\beta I_{B1}$$

$$U_{CE1}=U_{CE2}=U_{CC}-I_{C1}R_C-U_E$$

注意：发射极公共电阻 R_E 和负电源 U_{EE} 的作用。

R_E 起到稳定两个晶体管的静态工作点的作用，它限制了每个晶体管的漂移范围，减小了零点漂移。当温度上升时，由于 I_{C1} 和 I_{C2} 同时增大，其抑制漂移的过程如下：

$$T(℃)\uparrow\rightarrow\frac{I_{C1}\uparrow}{I_{C2}\uparrow}\rightarrow I_E\uparrow\rightarrow U_{R_E}\uparrow\rightarrow U_E\uparrow\rightarrow\frac{U_{BE1}\downarrow}{U_{BE2}\downarrow}\rightarrow\frac{I_{B1}\downarrow}{I_{B2}\downarrow}\rightarrow\frac{I_{C1}\downarrow}{I_{C2}\downarrow}$$

可见，由于 R_E 起的作用，在温度变化和加有共模信号时，仍能保持两个晶体管工作点的稳定，使共模抑制能力大大加强。R_E 起的阻值一般不超过几十千欧。

R_E 起作用越大工作点越稳定，其抑制零点漂移的作用就越强，但对于单电源差动电路（只有 U_{CC}，无 U_{EE}），R_E 起增大作用，晶体管发射极电压 U_E 增大，当电源 U_{CC} 一定时，会导致过静态电流 I_C 减小，晶体管工作点降低，从而影响放大电路的正常工作。图 2.34 中接入的独立的负电源 U_{EE} 就解决了这一问题，它补偿了 R_E 起上的电压降，使 I_C 基本上和未接 R_E 时一样，从而保持放大电路有合适的静态工作点。

实际应用中，U_{EE} 一般等于或稍小于 U_{CC}，为十几伏。

2. 动态分析（交流性能分析）

1）差模输入

所谓差模信号是指两个输入端的输入信号电压大小相等、极性相反（即 $u_{i1}=-u_{i2}$），这种输入方式称为差模输入。电路对差模信号电压的放大倍数称为差模电压放大倍数（差模电压增益），用 A_{ud}表示。

由图 2.34 可知，该电路为双端输入双端输出。差模输入时，一管的电流增加，另一管的电流减小，在电路完全对称的条件下，i_{E1} 的增加量等于 i_{E2} 的减小量，故二者之和不变，即流过 R_E 的电流不变，则 R_E 两端的电压也不变，因此在交流通路中 R_E 等于短路（$u_E=0$），故交流通路如图 2.35 所示，具体分析如下：

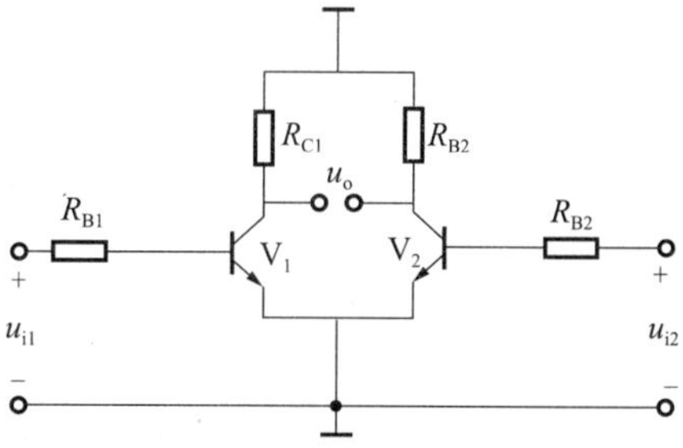

图 2.35　基本差分式放大电路的交流通路

差模输入信号：

$$u_{id}=u_{i1}-u_{i2}=2u_{i1}=-2u_{i2} \tag{2.74}$$

$$u_{i1}=\frac{1}{2}u_{id}; \qquad u_{i2}=-\frac{1}{2}u_{id} \tag{2.75}$$

差模输出电压：

$$u_{od}=u_{o1}-u_{o2}=2u_{o1} \tag{2.76}$$

差模电压放大倍数：

$$A_{od}=\frac{u_{od}}{u_{id}}=\frac{2u_{o1}}{2u_{i1}}=-\frac{\beta R_C}{R_{B1}+r_{BE}} \tag{2.77}$$

即双端输入双端输出差分式放大电路的差模电压放大倍数等于单管共射极电路的电压放大倍数。

$$A_{ud}=A_{u1}=-\beta\frac{R_{C1}}{R_{B1}+r_{BE}} \tag{2.78}$$

由此可知：差分式放大电路对差模信号具有放大作用。

从差分式放大电路两个输入端看进去所呈现的等效电阻，称为差分式放大电路的差模输入电阻 R_{id}，可得输入电阻为

$$R_{id}=2(R_{B1}+r_{BE}) \tag{2.79}$$

差分式放大电路两个晶体管集电极之间对差模信号所呈现的电阻称为差模输出电阻，可得输出电阻为

$$R_{od}=2R_{C1} \tag{2.80}$$

2）共模输入

所谓共模信号是指两个输入端的输入信号电压大小相等、极性相同，具有相同的模式（即 $u_{i1}=u_{i2}$）。这种输入方式称为共模输入，共模输入信号用 u_{ic}表示。电路对共模信号电压的放大倍数称为共模电压放大倍数（共模电压增益），用 A_{uc}表示。

对于完全对称的差分放大电路，输入信号相同，两个晶体管各极电流、电压的变化也必然相同，差分放大电路输出端电压 $u_{oc}=u_{C1}-u_{C2}=0$，故 $A_{uc}=0$，即输出电压为零，共模电压放大倍数为零，这种情况称为理想电路。也就是说，在完全对称的情况下，电路对共模信号没有放大能力。

实际上，要达到电路完全对称是不容易的，但即使这样，这种电路抑制共模信号的能力还是很强。前面介绍过，共模信号是漂移信号或者是伴随输入信号一起加入的干扰信号（对两边输入相同的干扰信号），因此，共模电压增益越小，说明放大电路的性能越好。

3）抑制零点漂移的原理

在差分式放大电路中，无论是电源电压波动或温度变化都会使两管的集电极电流和集电极

电位发生相同的变化，相当于在两输入端加入共模信号。电路的完全对称性使得共模输出电压为零，共模电压放大倍数 $A_{uc}=0$，从而抑制了零点漂移，这时电路只放大差模信号。

【例 2.10】 基本差分式放大电路如图 2.36 所示。已知 $+U_{CC}=+6\ V$，$-U_{EE}=-6\ V$，$R_B=2\ k\Omega$，$R_C=6\ k\Omega$，$R_E=5.1\ k\Omega$，$U_{BE}=0.7\ V$，$\beta=100$，$r_{BB'}=200\ \Omega$，试计算：

(1) 电路的静态工作点 I_C、I_B、U_{CE}；

(2) 差模电压增益 A_{ud}；

(3) 差模输入电阻 R_{id} 与输出电阻 R_{od}。

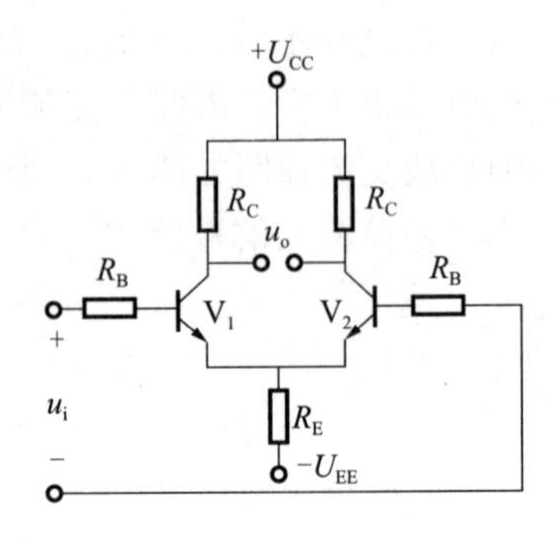

图 2.36 基本差分式放大电路

解：(1) 在计算差分放大电路的静态工作点时，可设定两个对称晶体管的基极电位 $U_B=0\ V$，于是晶体管发射极电位 $U_E=-0.7\ V$。

射极电阻 R_E 上的电流为

$$I_{R_E}=\frac{U_E-(-U_{EE})}{R_E}=\frac{=0.7+6}{5.1}\ mA\approx1.04\ mA$$

晶体管集电极电流为

$$I_{C1}=I_{C2}\approx\frac{I_{R_E}}{2}=0.52\ mA$$

晶体管基极电流为

$$I_{B1}=I_{B2}\approx\frac{I_{C1}}{\beta}=5.2\ \mu A$$

晶体管 C、E 间电压为

$$U_{CE1}=U_{CE2}=U_{CC}-I_CR_C-U_E=3.58\ V$$

由 I_B 值可计算出在输入信号 $u_i=0$ 时的基极电位：

$$U_B=-I_BR_B\approx-0.01\ V$$

由此可见，静态时基极电位 U_B 设计为 0，和实际相差并不大。

(2) 差模电压增益 A_{ud}。由于射极电阻 R_E 对差模信号无反馈作用，即 U_E 点对地相当于短路，因此差模电压增益 $A_{ud}=\frac{u_o}{u_i}=-\frac{\beta R_C}{R_B+r_{BE}}$，其中

$$r_{BE}=r_{BB'}+(1+\beta)\times\frac{26}{I_{E1}}\approx200\ \Omega+(1+100)\times\frac{26}{0.52}=5.25\ k\Omega$$

于是得

$$A_{ud}=-\frac{100\times6}{2+5.25}\approx-82.76$$

(3) 差模输入电阻 R_{id} 与输出电阻 R_{od}。由电路可直接得到 R_{id}，即

$$R_{id}=2(R_B+r_{BE})=14.5\ k\Omega$$

输出电阻为

$$R_{od}=2R_C=12\ k\Omega$$

2.7.4 共模抑制比

在理想状态下，即电路完全对称时，差分式放大电路对共模信号有完全的抑制作用。实际电路中，差分式放大电路不可能做到绝对对称，这时 $u_o\neq0$，即共模输出电压不等于零。共模

电压放大倍数不等于零$A_{uc}\neq 0$。为了衡量差分式电路对共模信号的抑制能力，引入差分式放大电路的性能指标，称为共模抑制比，用K_{CMR}表示。

$$K_{CMR}=\left|\frac{A_{ud}}{A_{uc}}\right| \tag{2.81}$$

共模抑制比的大小反映了差分式放大电路差模电压放大倍数是共模电压放大倍数的K_{CMR}倍，是差分式放大电路的重要指标，共模抑制比有时也用分贝（dB）数来表示，即

$$K_{CMR}=20\ln\left|\frac{A_{ud}}{A_{uc}}\right| \tag{2.82}$$

由式（2.82）可以看出，K_{CMR}越大，差分式放大电路放大差模信号（有用信号）的能力越强，抑制共模信号（无用信号）的能力越强，即K_{CMR}越大越好。理想差分式电路的共模抑制比K_{CMR}趋于无穷大。

上述基本差分式放大电路对共模信号的抑制是靠电路两侧的对称性来实现的。其缺点是它对于各管自身的工作点漂移没有抑制作用，若采用单端输出，则差模放大倍数和共模放大倍数相等，这时$K_{CMR}=1$，失去了差分式放大电路的作用，也就无法抑制零点漂移。即使是双端输出，由于实际电路的不完全对称性，仍然有共模电压输出。改进方法是在不降低A_{ud}的情况下降低A_{uc}，从而提高共模抑制比。所以还应从电路结构上加以改进。

2.7.5 具有恒流源的差分式放大电路

通过对带R_E的差分式放大电路的分析可知，R_E越大工作点越稳定，但增大R_E，相应的U_{EE}也要增大。显然，使用过高的U_{EE}是不合适的。此外，R_E直流能耗也相应增大。所以，一味增大R_E是不现实的。为解决这个问题，用恒流源电路来代替R_E，恒流源对动态信号呈现出高达几兆欧的电阻，而直流压降不大，可以不增大U_{EE}，实现了在不增加U_{EE}的同时稳定工作点，抑制零点漂移的目的，电路如图2.37所示。V_3管采用分压式偏置电路，无论V_1和V_2管有无信号输入，I_{B3}恒定，I_{C3}恒定，所以V_3称为恒流管。

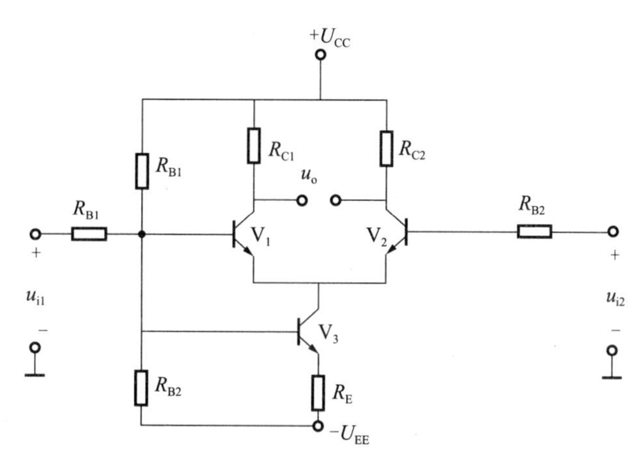

图 2.37 具有恒流源的差分式放大电路

2.7.6 差分式放大电路的其他接法

由于差分式放大电路有两个输入端、两个输出端。根据不同需要，差分式放大电路输入信号时，可以双端输入也可以一端对地输入（即单端输入）；输出信号时，可以双端输出也可以

一端对地输出（即单端输出）。所以差分式放大电路有四种接线方式，分别是双端输入双端输出、双端输入单端输出、单端输入双端输出、单端输入单端输出。根据不同需要可选择不同的输入、输出方式。下面简要介绍这几种方式。

1. 双端输入双端输出

双端输入双端输出差分式放大电路的接法如图 2.34 所示。此电路适用于输入、输出不需要接地，对称输入、对称输出的场合。

2. 单端输入双端输出

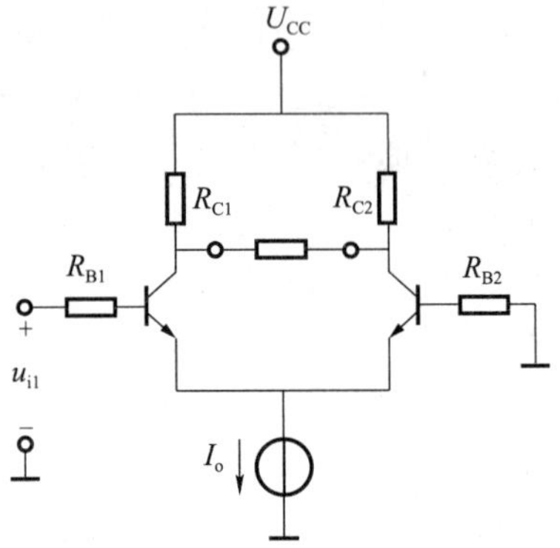

如图 2.38 所示，信号从一个晶体管（指 V_1）的基极与地之间输入，另一个晶体管的基极接地，表面上似乎两管不是工作在差分状态，但是，若将发射极公共电阻 R_E 换成恒流源，那么，I_{C1} 的任何增加将等于 I_{C2} 的减小，也就是说，输出端电压的变化情况将和差分输入（即双端输入）时一样。此时，V_1、V_2 管的发射极电位 U_E 将随着输入电压 u_i 而变化，变化量为 $u_i/2$，于是，V_1 管的 $u_{BE1}=u_i-\frac{u_i}{2}=\frac{u_i}{2}$，$V_2$ 管的 $u_{BE2}=0-\frac{u_i}{2}=-\frac{u_i}{2}$。这样来看，单端输入的实质还是双端输入，可以将它归结为双端输入的问题。所以，它的 A_{ud}、R_i、R_o 的估算与双端输入双端输出的情况相同。即使 R_E 不是由恒流源代替，只要 R_E 足够大，上述结论仍然成立。电压放大倍数，输入、输出电阻的计算也与双端输入相同。实际上，V_2 的输入信号是原输入信号 u_i 通过发射极电阻 R_E 耦合过来的，R_E 在这里起到了把 u_i 的一半传递给 V_2 的作用。

U_{CC} R_{C1} R_{C2} R_{B1} R_{B2} + u_{i1} − I_o

图 2.38 单端输入双端输出差分式放大电路

单端输入双端输出的接法可把单端输入信号转换成双端输出信号，作为下一级的差动输入，以便更好地利用差动放大的特点。这种接法还常用于负载是两端悬浮（任何一端都不能接地）且要求输出正、负对称性好的情况。例如，电子示波器就是将单端信号放大后，双端输出送到示波管的偏转板上的。

3. 单端输入单端输出

图 2.39 所示为单端输入单端输出差分式放大电路的接法。信号只从一个晶体管的基极与地之间接入，输出信号从一个晶体管的集电极与地之间输出，输出电压只有双端输出的一半，电压放大倍数 A_{ud} 也只有双端输出时的一半。

$$A_{ud}=-\beta\frac{R_L'}{2(R_C+r_{BE})} \tag{2.83}$$

式中，$R_L'=R_C/\!/R_L$

输入电阻 $$R_{id}=2r_{BE} \tag{2.84}$$

输出电阻 $$R_{od}\approx R_C \tag{2.85}$$

4. 双端输入单端输出

如图 2.40 所示电路，其输入方式和双端输入相同，输出方式和单端输出相同，它的 A_{ud}、R_i、R_o 的计算和单端输入单端输出相同。

从几种电路的接法来看，只有输出方式对差模放大倍数和输入、输出电阻有影响，不论哪

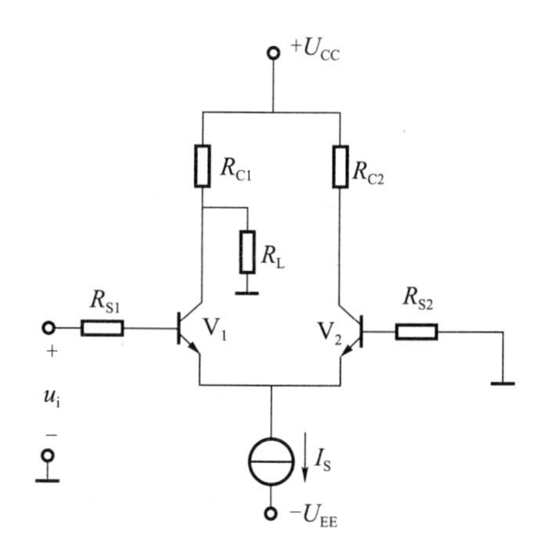

图 2.39　单端输入单端输出差分式放大电路

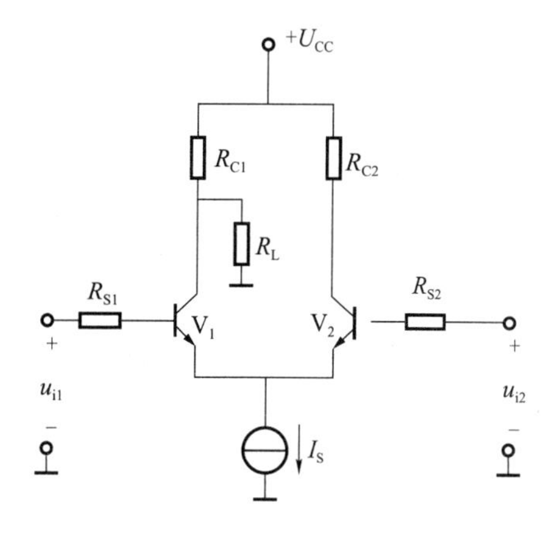

图 2.40　双端输入单端输出差分式放大电路

一种输入方式，只要是双端输出，其差模放大倍数就等于单管放大倍数，单端输出差模电压放大倍数为双端输出的一半。另外，输入方式对输入电阻也无影响。

2.7.7　由复合管构成差分电路

由于复合管电流放大系数大，输入电阻高，并且集成也不难，故在运算放大器的输入级可以用复合管来代替单个晶体管。

图 2.41 所示为 NPN-NPN 组成的复合管构成的差分电路。图 2.42 所示为 PNP-PNP 组成的复合管构成的差分电路。

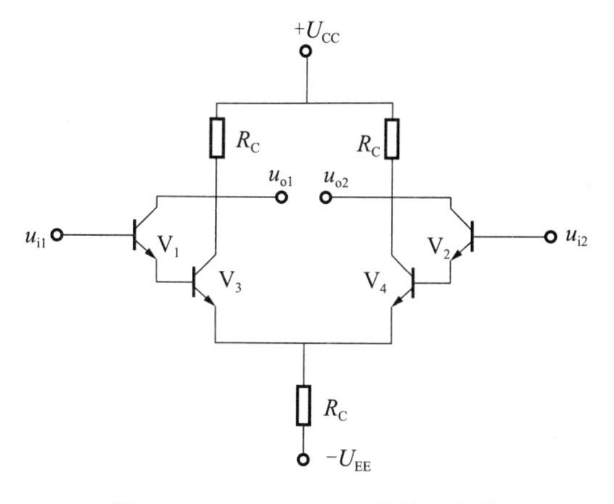

图 2.41　NPN-NPN 组成的复合管构成的差分电路

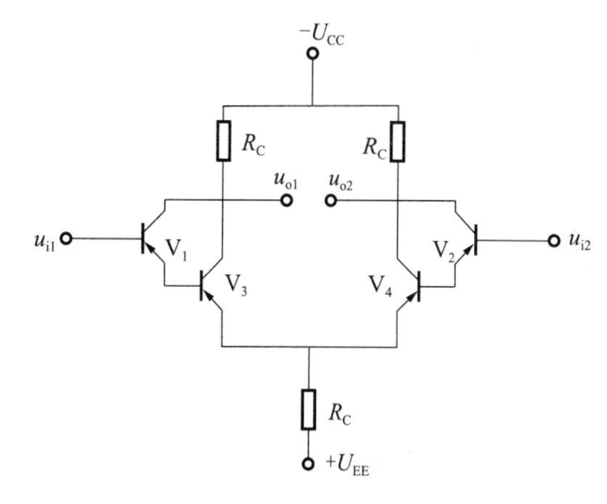

图 2.42　PNP-PNP 组成的复合管构成的差分电路

※2.8　场效应管放大电路

利用场效应管栅源电压对漏极电流的控制作用，可构成场效应管放大电路。由于场效应管具有输入电阻高的特点，它适宜作为多级放大电路的输入级，尤其对高内阻的信号源，采用场效应管才能进行有效地放大。场效应管与晶体管相比，栅极、源极、漏极相当于基极、发射极、集电极，即 G→B，S→E，D→C。晶体管放大电路有三种组态，同样的道理，场效应管放大电路也有三种组态。

2.8.1 场效应管放大电路的静态分析

场效应管是电压控制器件，它没有偏流，关键是建立适当的栅源偏压 U_{GS}。

1. 自偏压电路分析

结型场效应管常用的自偏压电路如图 2.43 所示。在漏极电源作用下，有

$$U_{GS}=U_G-u_S=0-I_DR_S=-I_DR_S \tag{2.86}$$

$$U_{DS}=U_{DD}-I_D(R_D+R_S) \tag{2.87}$$

这种电路不宜用增强型 MOS 管，因为静态时该电路不能使管子开启（即 $I_D=0$）。

2. 分压式自偏压电路

分压式偏置电路如图 2.44 所示，其中 R_{G1} 和 R_{G2} 为分压电阻，有

$$U_{GS}=U_G-I_DR_S=\frac{U_{DD}R_{G2}}{R_{G1}+R_{G2}}-I_DR_S \tag{2.88}$$

式中，U_G 为栅极电位，对于 N 沟道耗尽型管，$U_{GS}<0$，所以，$I_{DRS}>U_G$；对于 N 沟道增强型管，$U_{GS}>0$，所以，$I_{DRS}<U_G$。

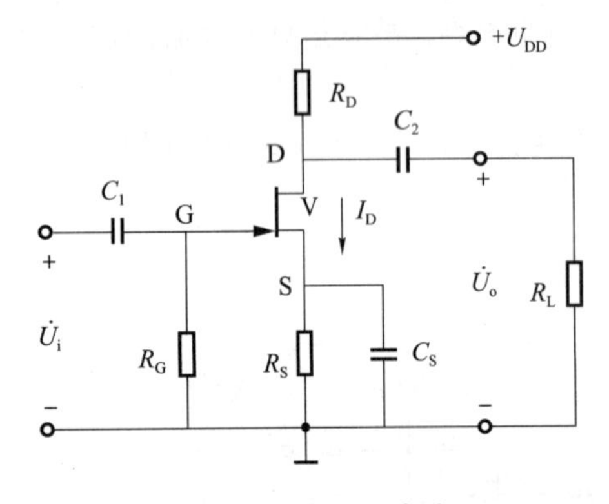

图 2.43 自偏压电路

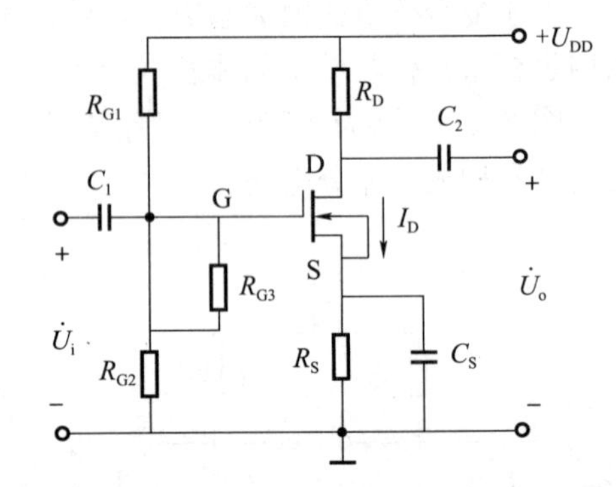

图 2.44 分压式偏置电路

2.8.2 场效应管放大电路的等效电路及动态分析

1. 场效应管等效电路

场效应管与晶体管等效电路对照如图 2.45 所示。由于场效应管输入电阻 r_{GS} 很大，故输入端可看成开路。

2. 动态分析

场效应管放大电路的动态分析可采用图解分析法和微变等效电路分析法，其分析方法和步骤与晶体管放大电路相同，下面以图 2.44 电路为例，连接负载 R_L 用微变等效电路来进行分析。

1）接有电容 C_S 的情况

图 2.44 所示电路的微变等效电路如图 2.46（a）所示，由图可知：

$$\dot{U}_o=-g_m\dot{U}_{GS}R_L' \tag{2.89}$$

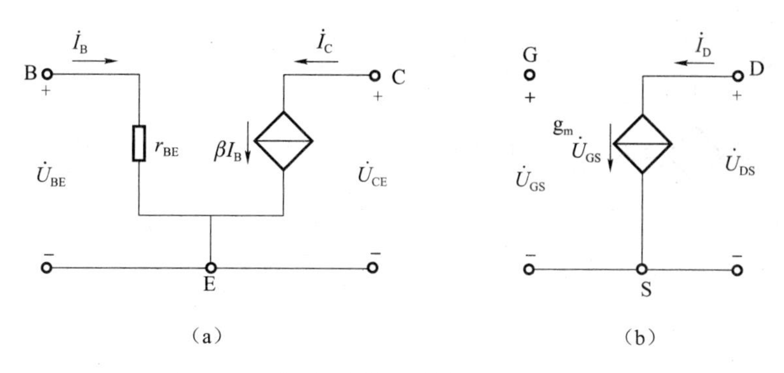

图 2.45　场效应管与晶体管等效电路对照

(a) 晶体管等效电路；(b) 场效应管等效电路

$$R_L' = R_D // R_L \tag{2.90}$$

$$\dot{U}_i = \dot{U}_{GS} \tag{2.91}$$

电压放大倍数为

$$A_u = \frac{\dot{U}_o}{U_i} = g_m R_L' \tag{2.92}$$

输入电阻为

$$r = \frac{U_i}{I_i} = R_{G3} + (R_{G1} // R_{G2}) \approx R_{G3} \tag{2.93}$$

当$\dot{U}_{GS}=0$时，恒流源 $g_m \dot{U}_{GS}=0$（开路），所以

输出电阻

$$r_o = R_D \tag{2.94}$$

$$\dot{U}_i = 0$$

2）电容 C_S 开路情况

电容 C_S 开路时的等效电路如图 2.46（b）所示，由图可知：

$$\dot{U}_o = -g_m \dot{U}_{GS} R_L' \tag{2.95}$$

$$\dot{U}_i = \dot{U}_{GS} + g_m \dot{U}_{GS} R_S = \dot{U}_{GS}(1 + g_m R_S) \tag{2.96}$$

电压放大倍数

$$A_u = \frac{\dot{U}_o}{\dot{U}_i} = -\frac{g_m R_L'}{1 + g_m R_S} \tag{2.97}$$

输入电阻

$$r_i = \frac{U_i}{I_i} = R_{G3} + (R_{G1} // R_{G2}) \approx R_{G3} \tag{2.98}$$

输出电阻

$$r_o = R_D \tag{2.99}$$

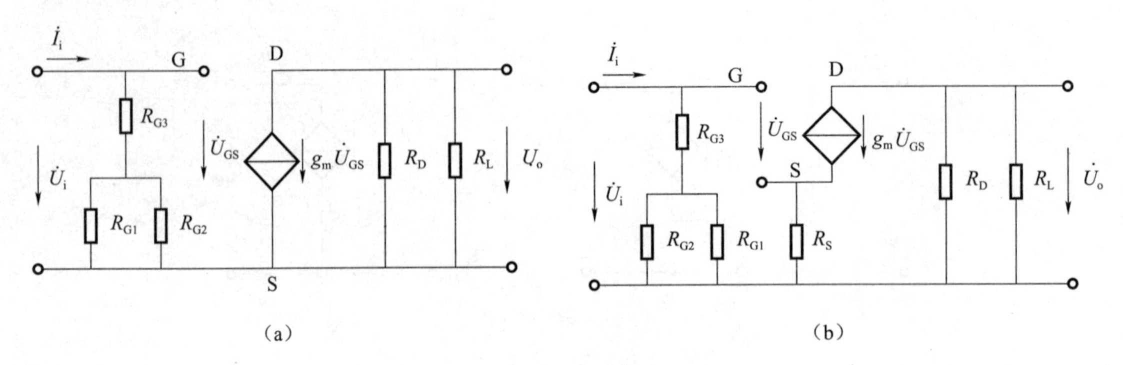

图 2.46　场效应管等效电路

(a) 接有 C_S 时的等效电路；(b) C_S 开路时的等效电路

2.9　功率放大电路

多级放大电路一般由电压放大电路和功率放大电路两部分组成。电压放大电路是多级放大电路的前级，它主要对小信号进行电压放大，主要技术指标为电压放大倍数、输入阻抗及输出阻抗等，常采用共发射极放大电路。功率放大电路则是多级放大电路的最后一级，既要输出较大的信号电压，又要有电流放大作用，以保证所需的输出信号功率去带动一定负载，如扬声器、电动机、仪表、继电器等，这种以输出功率为主要目的的放大电路称为功率放大电路，简称功放。

2.9.1　功率放大电路的特点

从能量转换的角度看，功率放大电路和电压放大电路并无本质的区别，都是利用晶体管的控制作用把直流电源的能量转换为按输入信号的规律变化的交流信号的能量输出。但由于用途不同，它们的电路结构、工作方式、分析方法等方面都各有其特点，存在诸多差异。功率放大电路的主要任务是使负载得到尽可能大的输出功率，具有与一般放大器所不同的特点，功率放大电路中的晶体管工作在大信号状态下，这就使功率放大电路具有如下特点：

1. 输出功率大

为获得足够大的输出功率，功放管的电压和电流要有足够大的输出幅度，它们常常工作在大信号状态，接近极限工作状态。

2. 功率转换效率高

功率放大电路的输出功率是通过晶体管将直流电源的直流功率转换而来的，转换时功放管和电路中的耗能元件都要消耗功率。功率放大电路的效率是指负载上得到的信号功率与电源供给的直流功率之比。

3. 非线性失真小

功率放大电路在大信号状态下工作，极易超出晶体管特性曲线的线性范围而进入非线性区造成输出波形的非线性失真。同一功放管的输出功率越大，其非线性失真越严重。在实际应用中，有些设备对失真问题要求很严，因此，要采取措施减小失真，使之满足负载的要求。

4. 功放管的散热及保护

功放管承受高电压、大电流，有相当大的功率消耗在晶体管的集电极上，使结温和管壳温度升高，因此功放管的散热及保护是非常重要的。

由于晶体管工作在大信号状态下，放大电路的微变等效电路分析法已不再适用，所以通常使用图解分析法进行分析。

2.9.2 功率放大电路的类型

功率放大电路一般是根据功放管工作点选择的不同进行分类的，有甲类、乙类及甲乙类功率放大电路。

1. 甲类功率放大电路

当静态工作点 Q 设在负载线性段的中点，整个信号周期内晶体管都处于导通状态，都有电流 i_C 通过，如图 2.47（a）所示，这种放大电路称为甲类功率放大电路。甲类功率放大电路在没有输入信号时仍有相当大的静态电流 I_C 流过功率管，电源始终不断地输送功率，这些功率全部消耗在管子和电阻上，并转化为热量的形式耗散出去。当有信号输入时，其中一部分转化为有用的输出功率，信号越大，输送给负载的功率越多，所以甲类功率放大器的失真小，但静态功耗非常高，效率很低。

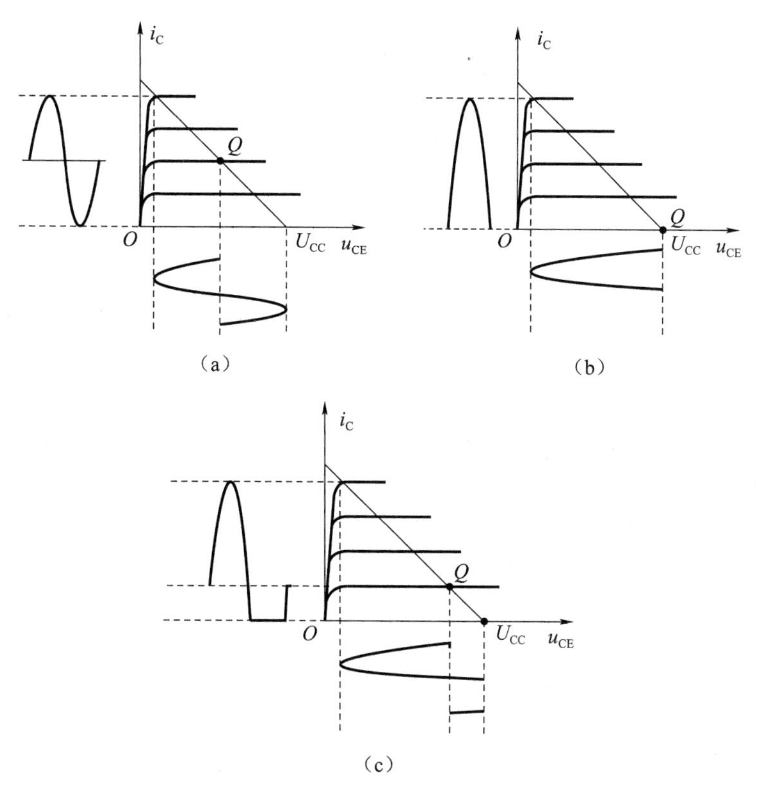

图 2.47 功率放大电路的分类

（a）甲类功放；（b）乙类功放；（c）甲乙类功放

2. 乙类功率放大电路

从甲类功率放大电路中可知，静态电流是造成管耗的主要因素。如果把静态工作点 Q 向下移动，使信号等于零时电源输出的功率等于零（或很小），信号增大时电源供给的功率也随之增大，这样电源供给功率及管耗都随着输出功率的大小而变。这就改变了甲类放大电路效率低的状况。若将静态工作点 Q 设在横轴上，整个信号周期内晶体管半个周期内处于导通状态，i_C 仅在半个信号周期内通过，其输出波形被削掉一半，如图 2.47（b）所示，称为乙类功率放大电路。可以看出，乙类功率放大电路的失真很严重，但静态功耗很低，效率高。

3. 甲乙类功率放大电路

若将静态工作点设在线性区的下部靠近截止区，在输入信号变化的一个周期内，晶体管在多半个周期内导通，则其 i_C 的流通时间为多半个信号周期，输出波形被削掉一部分，如图 2.47（c）所示，这类电路称为甲乙类功率放大电路。甲乙类功率放大电路静态时流过晶体管的电流很小，所以甲乙类功率放大电路的失真较严重、静态功耗较低、效率高。

从上面的分析可以看出，甲类功率放大电路的效率最低，甲乙类功率放大电路和乙类功率放大电路虽然减小了静态损耗，提高了效率，但却出现了严重的波形失真。那么若想既保持高的效率，又使失真不很严重，就需要在电路结构上采取措施。

综上所述，三种功率放大电路的比较见表 2.2。

表 2.2　三种功率放大电路的比较

情况 类型	Q 点位置情况	晶体管导通情况	静态功耗	效率	失真
甲类功放	交流负载线放大区中点	输入信号整周期	大	低	无
乙类功放	交流负载线放大区与截止区交界处	输入信号半周期	很小、接近零	高	严重
甲乙类功放	交流负载线放大区下端	多于半个周期	较小	较高	较严重

2.9.3　功率放大电路的性能指标

功率放大电路的主要性能指标有输出功率、直流电源提供的功率、效率及管耗。

1. 输出功率

功放电路的输出功率是指在输入正弦信号的情况下，失真不超过额定要求时，电路输出的信号功率，用放大电路的输出电压有效值和输出电流有效值的乘积来表示，即

$$P_o=\frac{U_{CE}}{\sqrt{2}}\cdot\frac{I_C}{\sqrt{2}}=\frac{U_{CE}^2}{2R_L} \tag{2.100}$$

当输入信号足够大，功率放大电路所能达到的最大不失真输出电压与最大输出电流有效值的乘积称为功放电路的最大不失真输出功率，即

$$P_{om}=\frac{U_{CEm}}{\sqrt{2}}\cdot\frac{I_{Cm}}{\sqrt{2}}=\frac{U_{CEm}^2}{2R_L} \tag{2.101}$$

2. 直流电源提供的功率 P_U

直流电源提供的功率是它的端电压乘以通过电流的平均值，即

$$P_U=U_{CC}I_{CU} \tag{2.102}$$

式中，I_{CU}为通过直流电源的电流平均值。

$$I_{CU}=\frac{1}{2\pi}\int_0^{2\pi}I_{Cm}\sin\omega t\,d(\omega t) \tag{2.103}$$

在甲类工作状态下，通过直流电源的电流平均值即为静态电流 I_{CQ}，而乙类、甲乙类工作状态时只有半个周期提供电流，平均电流为

$$I_{CU}=\frac{1}{2\pi}\int_0^{\pi}I_{Cm}\sin\omega t\,d(\omega t)=\frac{1}{\pi}I_{Cm}=\frac{U_{CEm}}{\pi R_L} \tag{2.104}$$

3. 效率

功率放大电路的效率是指负载得到的信号功率和电源供给的功率之比。在最大输出功率时，功率放大电路的效率为 η_m，即

$$\eta_m=\frac{P_{om}}{P_U} \tag{2.105}$$

4. 管耗

管耗即功放管消耗的功率，它主要发生在集电结上，也称为集电极耗散功率，用 P_T 表示。在不计其他耗能元件消耗的功率时，管耗为直流电源提供的功率与输出功率之差，即

$$P_T=P_U-P_o \tag{2.106}$$

2.9.4　OCL 互补对称功率放大电路

乙类互补对称功率放大电路由于没有设置静态直流偏置，即 $I_{CQ}=0$，$U_{BEQ}=0$。当输入电压 u_i 小于晶体管的门限电压时，晶体管截止。因此在一个周期内，V_1和 V_2管轮流导通所形成的基极电流必然在两管交替工作时产生失真，这种失真称为“交越失真”。由于基极电流出现失真，经放大后的输出电流也出现同样的失真。

如果在电路基极回路加上适当的偏置，使 V_1和 V_2管都加上一定的稍大于门限电压的正向偏置电压，即采用如图 2.48 所示的甲乙类互补对称电路，可以克服交越失真问题。其原理是静态时，在 D_1、D_2 管上产生的压降为 V_1、V_2管提供了一个适当的正偏电压，使之处于微导通状态。由于电路对称，静态时 $I_{C1}=I_{C2}$，$i_o=0$，$u_o=0$。有信号时，由于电路工作在甲乙类，即使 u_i 很小，也基本上可线性放大。

但上述偏置方法的偏置电压不易调整，而在图 2.49 所示电路中，设流入 V_4 管的基极电流远

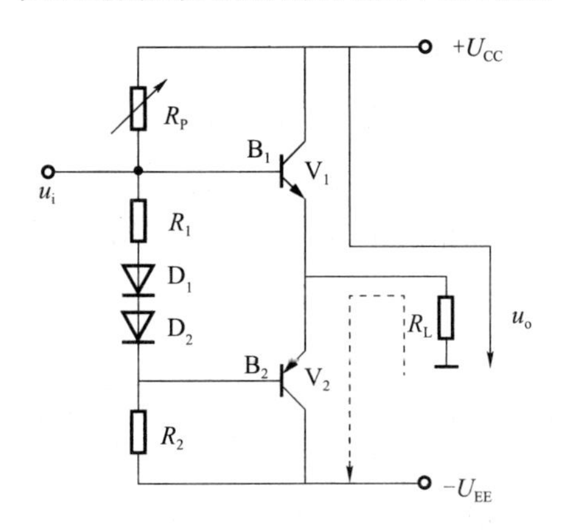

图 2.48　二极管偏置互补对称电路

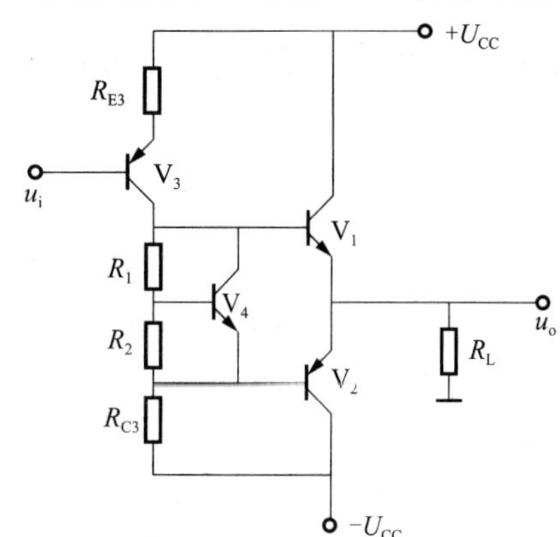

图 2.49　U_{BE}扩大电路

小于流过 R_1、R_2 的电流，则可求出 $U_{CE4}=U_{BE4}(R_1+R_2)/R_2$。因此，利用 V_4 管的 U_{BE4} 基本为一固定值（0.6～0.7 V），只要适当调节 R_1、R_2 的比值，就可改变 V_1、V_2 管的偏压值，在使用上比用两个二极管构成的偏置电压方便。这种方法常称为 U_{BE} 扩大电路，在集成电路中经常用到。

由于电路的静态电流虽不为零但仍很小，故对它的性能指标的计算仍可用乙类互补对称电路的公式进行计算。

2.9.5 OTL 互补对称功率放大电路

1. 电路结构

如图 2.50 所示，电路由两个异型晶体管组成，两管特性参数完全对称，两管发射极相连接负载电阻 R_L，U_{BE1} 和 U_{BE2} 是为了克服交越失真而接入的正向偏置电源，在实际电路中可用两个二极管代替。

由于静态时两发射极电位不为零，所以负载与电路相连时需采用耦合电容，但不需采用输出变压器，因此该电路又称为无输出变压器的功率放大器，简称 OTL 电路。

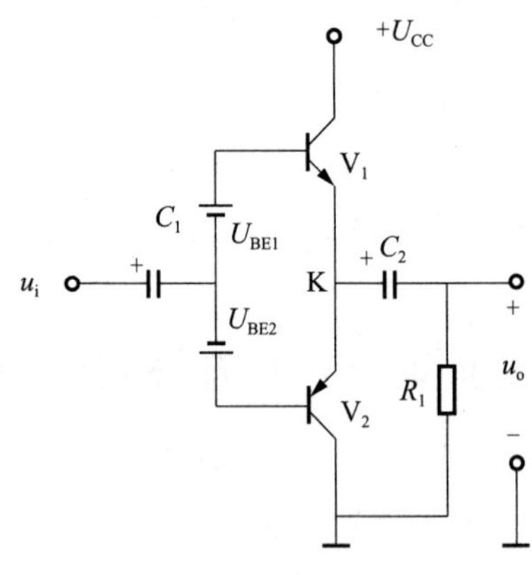

图 2.50 OTL 电路

2. 工作原理

静态时，只要两管特性相同，两发射极相连处电位 $U_E=\frac{1}{2}U_{CC}$，所以电容 C_2 上的电压也就等于 $\frac{1}{2}U_{CC}$。这样用单电源和 C_2 就可代替 OCL 电路的双电源，也就是说该单电源 OTL 功率放大电路可等效为双电源 $\pm\frac{1}{2}U_{CC}$ 的 OCL 功率放大电路来进行分析。

在输入信号作用下，正半周时，V_1 导通，V_2 截止，于是 V_1 以射极输出的形式将正向信号传给负载，$U_{om}=\frac{1}{2}U_{CC}-U_{CES}$，$U_{om}=\frac{1}{2}U_{CC}$。负半周时，$V_2$ 导通，V_1 截止，电容 C_2 等效代替 OCL 电路中的负电源，V_2 也以射极输出的形式将负向信号传给负载，$U_{om}=\left|\frac{1}{2}U_{CC}-U_{CES}\right|$，$U_{om}=\frac{1}{2}U_{CC}$，负载上得到完整的正弦信号。

2.9.6 复合管互补对称功率放大电路

在功率放大电路中，当输出功率要求较大时，输出功率管要采用中功率管或大功率管。一般大功率管都要求大的基极电流，另外如果负载电阻较小，并要求得到较大的功率，则电路也必须为负载提供很大的电流。一般很难从前级获得符合要求的大电流，因此需设法进行电流放大。通常在电路中采用复合管来获得所需的信号电流。

1. 复合管的定义

所谓复合管就是把两个或两个以上的晶体管适当地连接起来等效成一个晶体管。图 2.51 所示为复合管电路的四种连接形式。

复合管一般有两种连接方式：一是由两个导电特性一致的（都是 NPN 或都是 PNP）晶体管组成，如图 2.51（a）、（b）所示；二是由两个导电特性不一致的（NPN 和 PNP）晶体管组成，如图 2.51（c）、（d）所示。

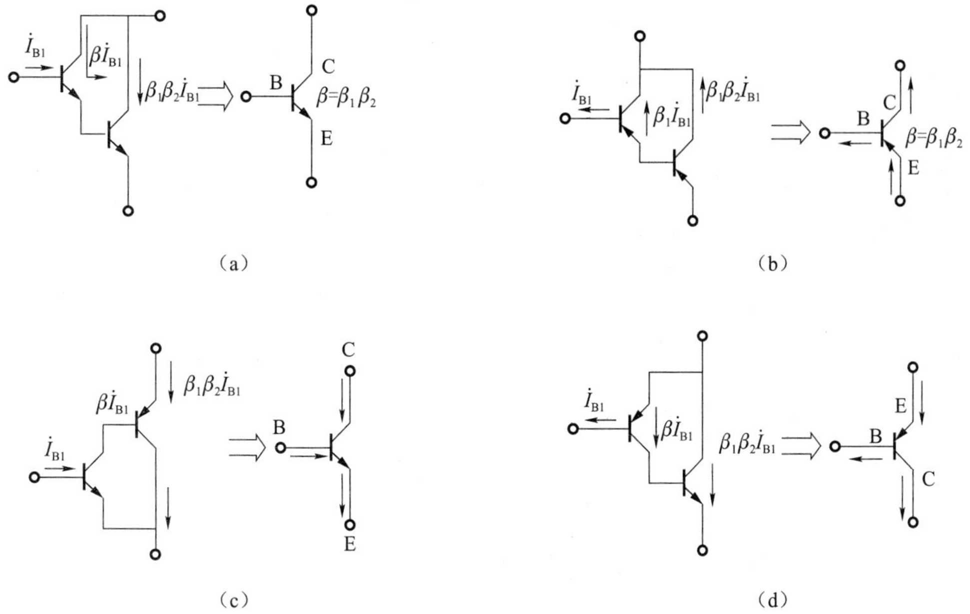

（a）　（b）

（c）　（d）

图 2.51　复合管的四种连接形式

2. 复合管的类型判断方法

（1）复合管的极性取决于推动级。由两个同类型晶体管构成的复合管的导电类型同原晶体管，由两个异型晶体管构成的复合管的导电类型同第一个晶体管。

（2）输出功率的大小取决于输出管 V_2。

3. 复合管的组成原则

组成复合管时，应遵守如下原则：

（1）在串联点，必须保证电流的连续性，即第一管的输出电流成为第二管的基极电流。

（2）在并接点，必须保证总电流为两个管子电流的代数和。

（3）第一管的 C－E 结只能和第二管的 C－B 结连接，不能和第二管的 B－E 结连接，否则第一管 U_{CE}受第二管的 U_{BE}的限制，不能处于放大状态。

4. 复合管的参数

1）电流放大系数 β

若 V_1 和 V_2 管的电流放大系数为 β_1、β_2，则复合管的电流放大系数 $\beta \approx \beta_1\beta_2$。

2）输入电阻 r_{BE}

输入电阻为

$$r_{BE}=r_{BE1}+(1+\beta_1)r_{BE2}$$

5. 复合管互补对称功率放大电路

利用图 2.51（a）、（b）形式的复合管代替图 2.50 中的 V_1 和 V_2 管，就构成了采用复合管的互补对称输出级，如图 2.52 所示。它可以降低对前级推动电流的要求，不过直接为负载 R_L 提供电流的两个末级对管 V_3、V_4 的类型截然不同。在大功率情况下，两者很难选配到完全对称。图 2.53 则与之不同，其两个末级对管是同一类型，因此比较容易配对。这种电路被称为

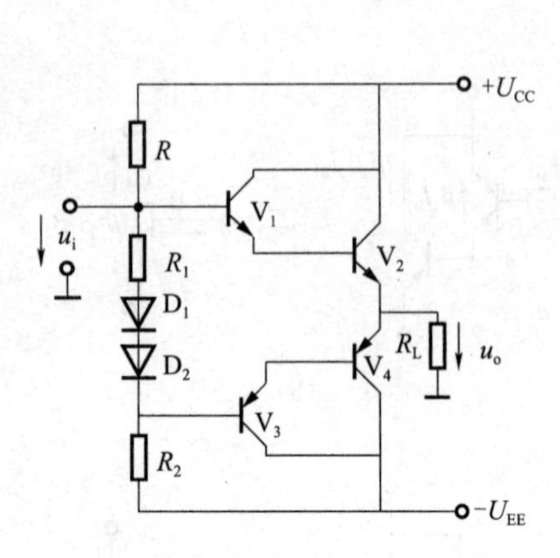

图 2.52　复合管互补对称电路

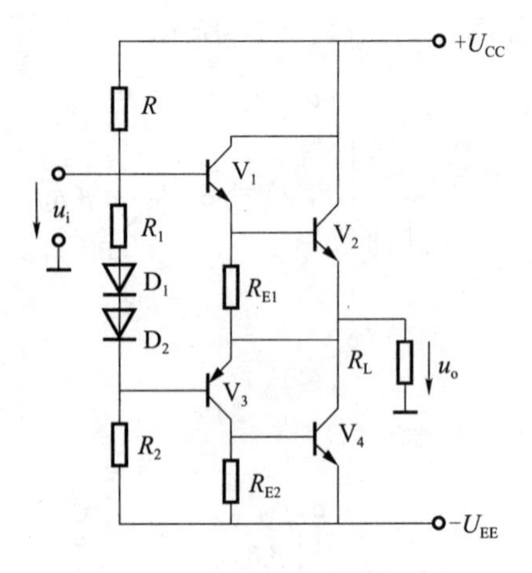

图 2.53　准互补对称电路

准互补对称电路。电路中 R_{E1}、R_{E2} 的作用是使 V_3 和 V_2 管能有一个合适的静态工作点。

实验　晶体管放大器的仿真实验

一、实验目的

(1) 进一步熟练地应用 EWB 5.0 创建与测试电路。
(2) 熟悉晶体管放大电路的调试方法。
(3) 掌握放大电路静态工作点的测量和调整方法。
(4) 掌握放大电路电压放大倍数、输入电阻、输出电阻及最大不失真输出电压的测试方法。

二、实验内容和步骤

1. 共射极放大电路

在 EWB 5.0 的电路工作区组建如实验图 2.1 所示的共射极放大电路。

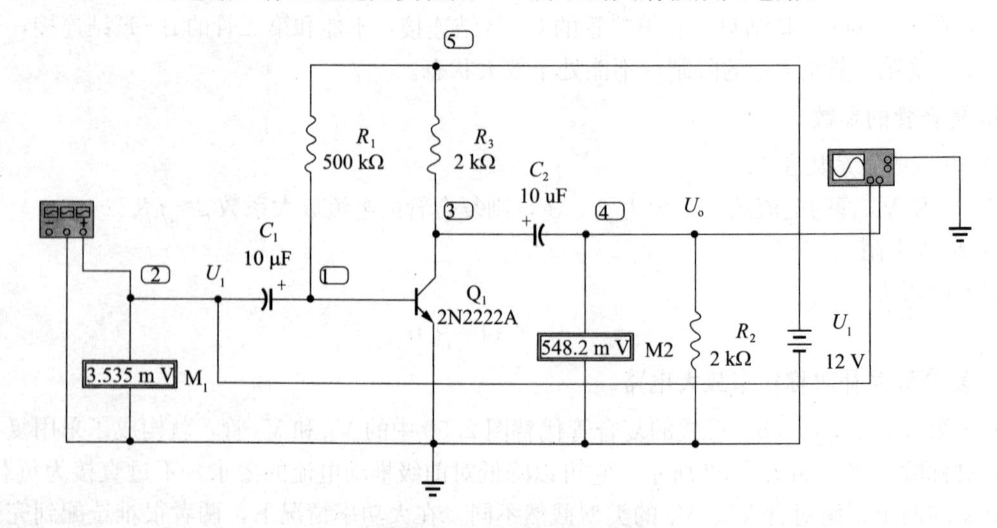

实验图 2.1　共射极放大电路

1）静态工作点分析

选择分析菜单中的直流工作点分析选项（Analysis/DC Operating Point），也可用电压表或数字万用表直接测量，电路静态分析结果如实验图 2.2 所示，分析结果表明晶体管 Q_1 工作在放大状态。

Node/Branch	Voltage/Current
1	0.69214
2	0
3	2.9175
4	0
5	12
OPEN_NODE@FunctionGen...	0
Q1#base	0.6921
Q1#collector	2.9167
Q1#emitter	0.0019305
V1#branch	-0.0045639
V_FunctionGenerator_m...	0
V_FunctionGenerator_p...	0

实验图 2.2　电路静态分析结果

2）动态分析（估算电压放大倍数）

用仪器库的函数发生器为电路提供正弦输入信号 u_i（幅值为 5 mV，频率为 10 kHz），用示波器观察输入、输出波形，如实验图 2.3 所示。

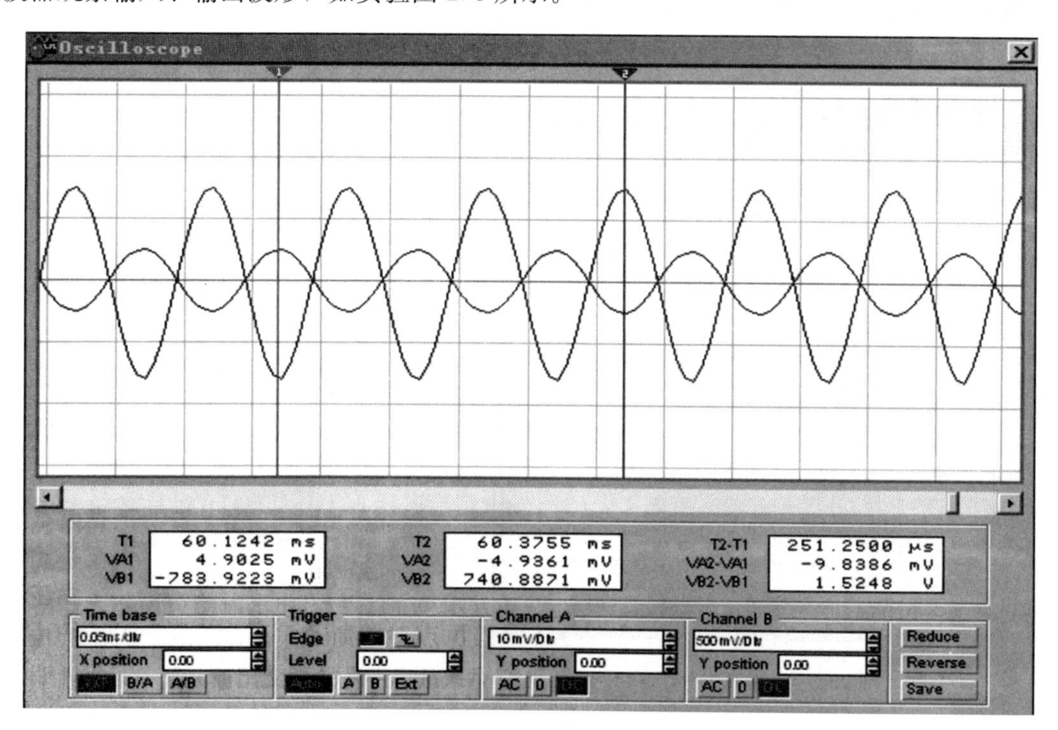

实验图 2.3　电路动态分析结果

由两个测试指针分别读得输入 VA1、输出电压峰值 VB2，估算电压的放大倍数为

$$|A_u| = \frac{740.89\ \text{mV}}{4.90\ \text{mV}} \approx 151$$

再一种直接测量电压放大倍数的简便方法：可用电压表（交流挡）直接测得输出电压的有效值与输入电压的有效值，相比较得

$$|A_u| = \frac{548.2\ \text{mV}}{3.535\ \text{mV}} \approx 155$$

晶体管 Q_1（2N2222A）电流放大系数 β 的典型值为 200，可利用共射极放大器电压放大倍数理论计算公式：

$$|A_u| = \left| \frac{-\beta R_L'}{r_{BE}} \right| \approx 137$$

式中，R_L' 为 R_L 与 R_C 的并联值。实验结果与理论值基本相符。

3）频率响应分析

选择分析菜单中的交流频率分析选项（Analysis/AC Frequency Analysis），在交流频率分析参数设置对话框中设定：扫描起始频率为 1 Hz，终止频率为 1 GHz，扫描形式（sweep type）为十进制（decade），纵向刻度（vertical scale）为线性（linear），节点 4 作为输出节点。分析结果如实验图 2.4 和实验图 2.5 所示。实验图 2.4 所示为共射极基本放大电路的幅频响应和相频响应，单击 Toggle Grid 按钮，在幅频特性平面内产生栅格，便于读数；单击 Toggle Cursors 按钮，在幅频特性平面内出现两个可移动的数据指针，将指针 1 移至下限频率处、将指针 2 移至上限频率处（移动指针时，观察实验图 2.5 的数据 y_1 和 y_2，使其约为电路输出中频电压幅值的 70%，当共射极基本放大电路输入信号电压 U_i 为幅值 5 mV 的变频电压时，电路中频电压约为 0.8 V，中频电压放大倍数约为 −147，下限频率为 18.40 Hz，上限频率为 23.21 MHz）。放大器通频带约为 23.21 MHz，频率响应图理论与结果基本相符。

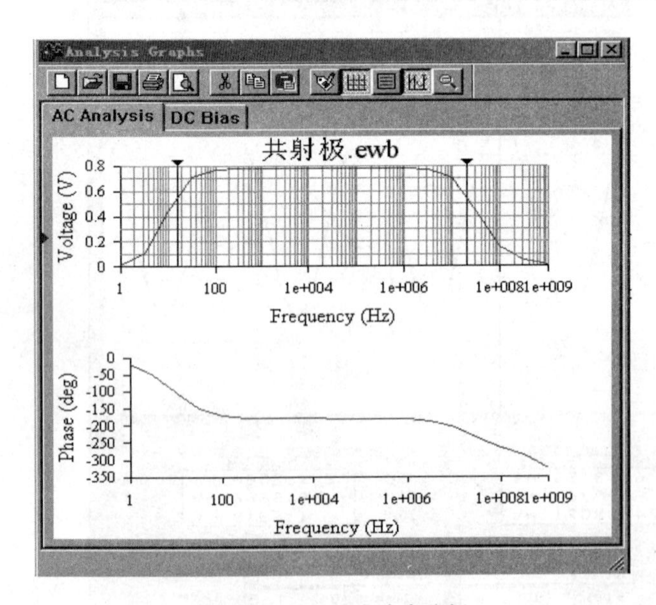

实验图 2.4　频率响应分析

x1	18.4089
y1	546.5813 m
x2	23.2139 M
y2	538.2541 m
dx	23.2139 M
dy	-8.3272 m
1/dx	43.0776 n
1/dy	-120.0882
min x	1.0000
max x	1.0000 G
min y	12.3053 m
max y	778.8564 m

实验图 2.5　频率特性相关数据

2. 共集电极放大电路

在 EWB5.0 的电路工作区组建如实验图 2.6 所示的共集电极放大电路。

用仪器库的函数发生器为电路提供正弦输入信号 U_i（幅值为 1 V，频率为 10 kHz），请采用与共射极基本放大电路相同的分析方法获得电路的静态工作点和示波器波形，并说明其

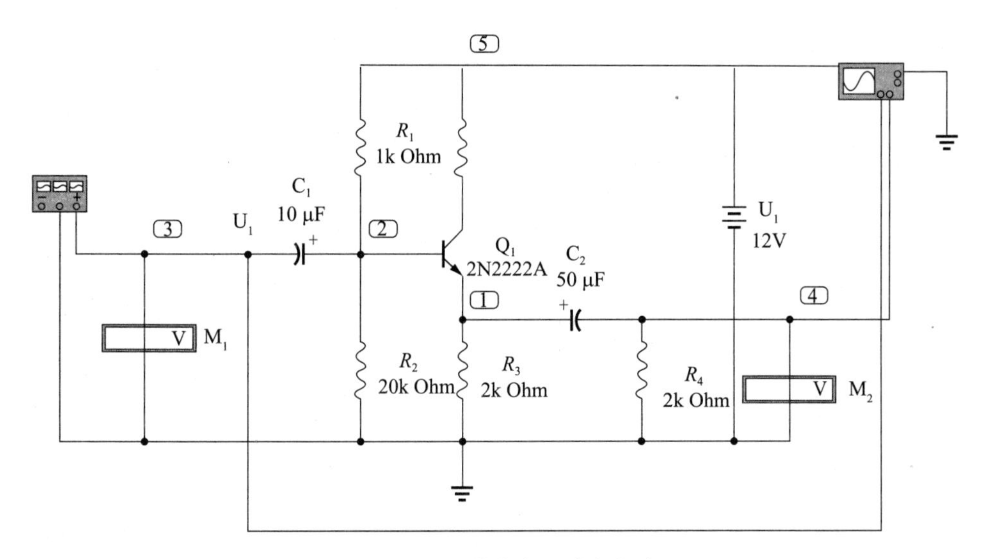

实验图 2.6　共集电极放大电路

特点。

3. 共基极放大电路

在 EWB 5.0 的电路工作区组建如实验图 2.7 所示的共基极放大电路。

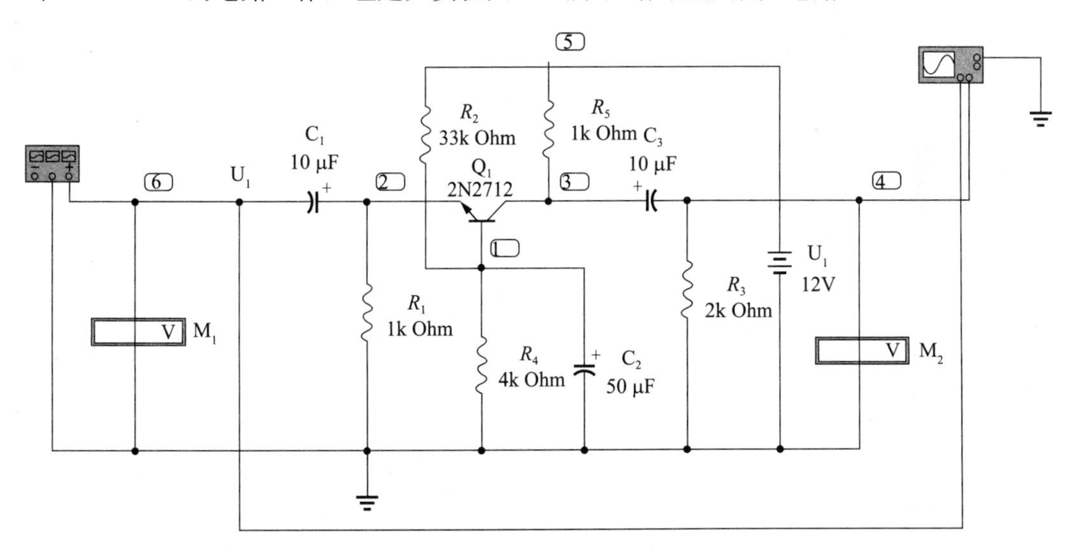

实验图 2.7　共基极放大电路

用仪器库的函数发生器为电路提供正弦输入信号 U_i（幅值为 5 mV，频率为 10 kHz），请采用与共射极基本放大电路相同的分析方法获得电路的静态工作点和示波器波形，并说明其特点。

三、实验要求

（1）熟练应用 EWB 5.0 创建与测试电路，熟悉晶体管放大电路的调试方法。

（2）熟悉放大电路静态工作点的测量和调整方法。

（3）掌握放大器电压放大倍数、输入电阻、输出电阻及最大不失真输出电压的测试方法。

本章小结

1. 放大电路的分析包括静态分析和动态分析。静态分析的目的是确定放大电路的静态工作点，保证放大电路在放大信号时不会失真。动态分析的目的是确定放大电路的输入、输出电阻及电压放大倍数。

2. 静态分析常采用图解分析法和估算法，动态分析采用图解分析法和微变等效电路分析法。图解分析法可以直观、形象地反映放大电路的各种工作关系，但作图比较复杂。因此，要求重点掌握静态分析的估算法和动态分析的微变等效电路分析法。

3. 共发射极放大电路是一种最常见的基本电路。为了克服温度对放大电路静态工作点的影响，通常采用分压式偏置电路。

4. 场效应管放大电路常用分压式偏置电路和自给偏压偏置电路，结构上与晶体管放大电路基本相同。区别在于，晶体管是电流控制器件，场效应管是电压控制器件。

5. 多级放大电路是由单级基本放大电路级联而成的，级间有多种耦合方式。多级放大电路第一级通常采用差分放大电路，末级采用功率放大电路。

6. 差分放大电路可以有效地抑制直接耦合而产生的零点漂移现象。其抑制零点漂移的措施是电路对称，双端输出时，两边的漂移相互抵消。差分放大电路可以放大差模信号，抑制共模信号。共模抑制比K_{CMR}越大，抑制共模信号的能力越强。

7. 功率放大电路的主要要求是获得最大不失真的输出功率和具有较高的工作效率。实际中常用的功率放大电路是互补对称电路。

习　题

2.1　选择题。

(1) 放大电路产生零点漂移的主要原因是（　　）。

A. 电压增益太大　　B. 环境温度变化

C. 采用直接耦合方式　　D. 采用阻容耦合方式

(2) 共模抑制比K_{CMR}越大，表明电路（　　）。

A. 放大倍数越稳定　　B. 交流放大倍数越大

C. 抑制零漂能力越强　　D. 输入信号中的差模成分越大

(3) 差分放大电路中，当$U_{i1}=200$ mV，$U_{i2}=100$ mV 时，分解为共模输入信号为（　　）。

A. 300 mV　　B. 100 mV　　C. 150 mV　　D. 50 mV

(4) 差动放大电路是为了（　　）而设置的。

A. 稳定放大倍数　　B. 提高输入电阻　　C. 克服零漂　　D. 扩展频带

(5) 与甲类功率放大器相比较，乙类互补对称功放的主要优点是（　　）。

A. 无输出变压器　　B. 能量效率高　　C. 无交越失真　　D. 以上都不正确

(6) 所谓效率是指（　　）。

A. 输出功率与晶体管上消耗的功率之比

B. 最大不失真输出功率与电源提供的功率之比

C. 输出功率与电源提供的功率之比

D. 最大不失真输出功率与晶体管上消耗的功率之比

(7) 为了消除交越失真，应当使功率放大电路工作在（　　）状态。

A. 甲类　　B. 甲乙类　　C. 乙类　　D. 任意

2.2　画出习题图2.1所示各电路的直流通路和交流通路，设各电路中的电容均足够大。

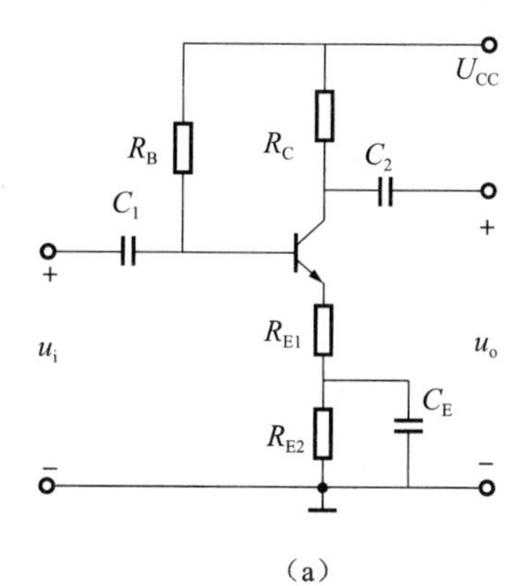

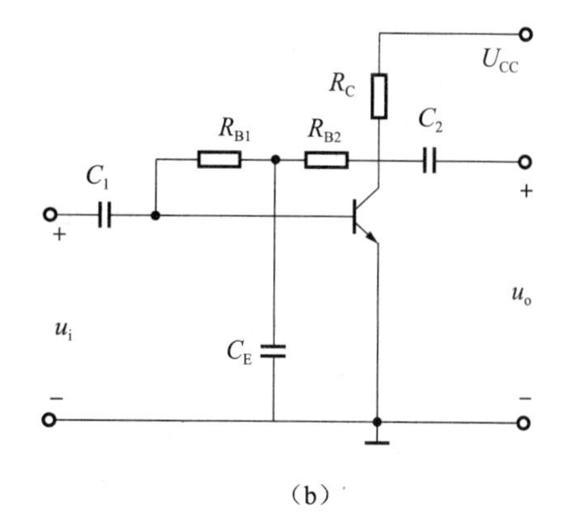

习题图2.1　习题2.2图

2.3　分别判断习题图2.2所示各电路中晶体管是否有可能工作在放大状态。

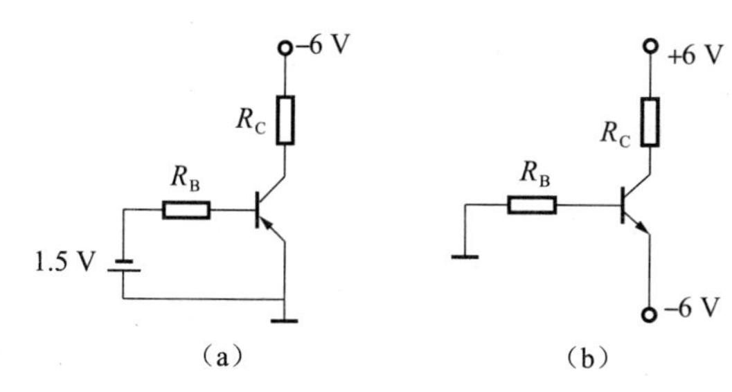

习题图2.2　习题2.3图

2.4　电路如习题图2.3所示，已知晶体管$\beta=80$，在下列情况下，用直流电压表测晶体管的集电极电位，应分别为多少？设$U_{CC}=12$ V，晶体管饱和管压降$U_{CES}=0.3$ V。

(1) 正常情况；(2) R_{B1}短路；(3) R_{B1}开路；(4) R_{B2}开路；(5) R_C短路。

2.5　测得工作在放大状态的晶体管三个电极的电压如习题图2.4所示。试判断晶体管的类型，并标出E、B、C极。

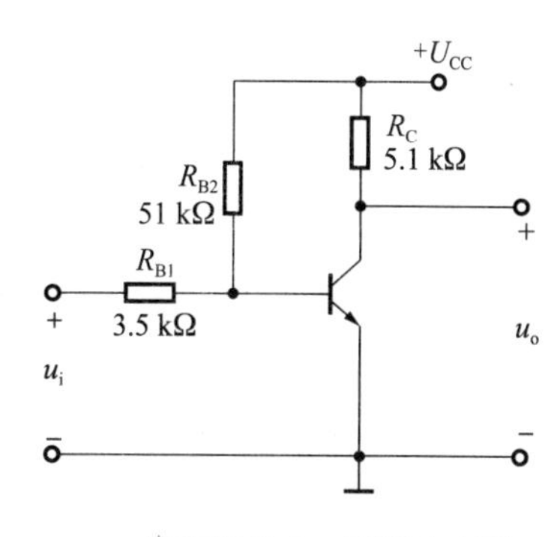

习题图2.3　习题2.4图

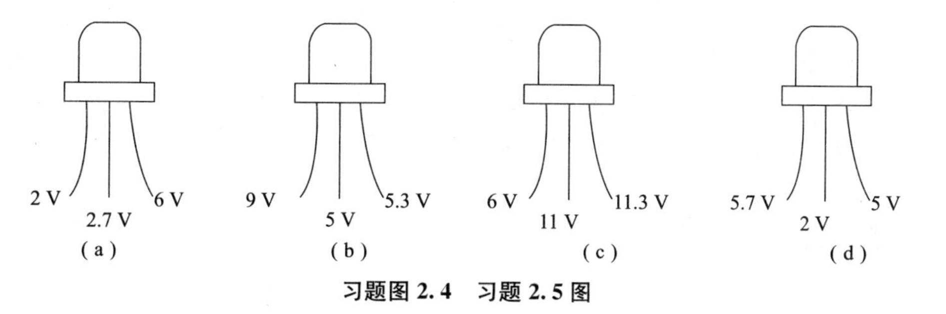

习题图2.4　习题2.5图

2.6 电路如习题图 2.5 所示，若晶体管的 $\beta=60$。

(1) 试求电路的静态工作点；

(2) 画出对应的简化小信号微变等效电路；

(3) 试求放大电路的 A_u、R_i、R_o。

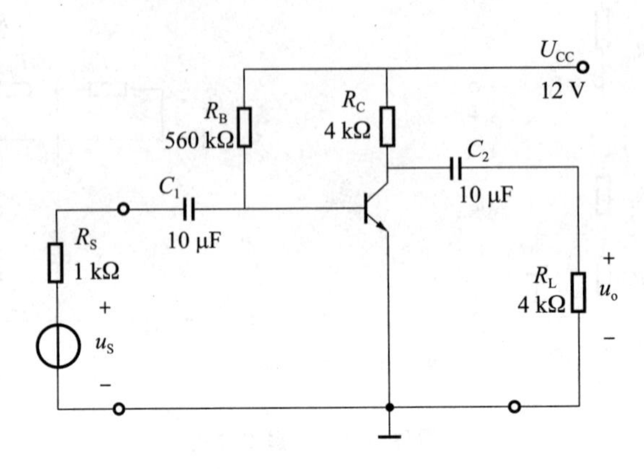

习题图 2.5　习题 2.6 图

2.7 在习题图 2.6 所示电路中，已知 $U_{BB}=5.5$ V，$U_{CC}=24$ V，$R_C=5$ kΩ，$R_B=100$ kΩ，$\beta=60$，$U_{BE}=0.7$ V，穿透电流 $I_{CEO}=0$。

(1) 试估算静态工作点；

(2) 若电源电压 U_{CC} 改为 12 V，其他参数不变，试估算这时的静态工作点；

(3) 在调整放大器的工作点时，仅改变 R_B，要求放大器 $U_{CEQ}=4.8$ V，试估算 R_B 的值；

(4) 仅改变 R_B，要求放大器 $I_{CQ}=2.4$ mA，试估算 R_B 的值。

2.8 电路如习题图 2.7 所示，若 $R_{B1}=36$ kΩ，$R_{B2}=24$ kΩ，$R_C=3$ kΩ，$R_E=2$ kΩ，$U_{CC}=12$ V，晶体管的 $\beta=80$，求静态工作点。

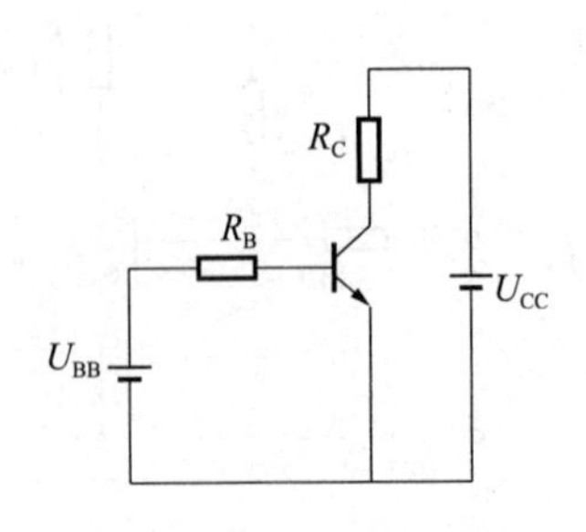

习题图 2.6　习题 2.7 图

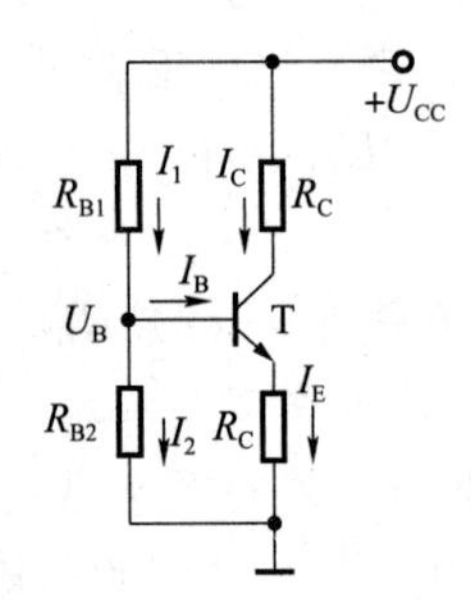

习题图 2.7　习题 2.8 图

2.9 如习题图 2.8 所示电路，试求静态工作点、输入电阻、输出电阻和电压放大倍数。

2.10 在习题图 2.9 所示电路中，晶体管 $\beta=30$，$U_{CC}=12$ V，$R_S=2$ kΩ，$R_{B1}=2.5$ kΩ，$R_{B2}=7.5$ kΩ，$R_C=2$ kΩ，$R_E=1$ kΩ，$R_L=1$ kΩ。试求：

(1) 静态工作点；

(2) 输入电阻、输出电阻；

(3) 电压放大倍数。

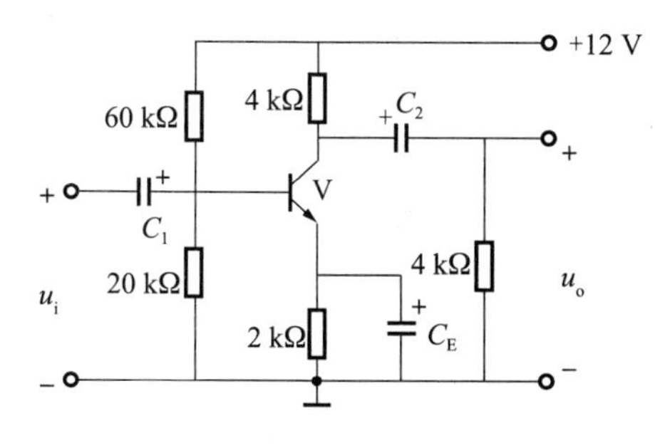

习题图 2.8　习题 2.9 图

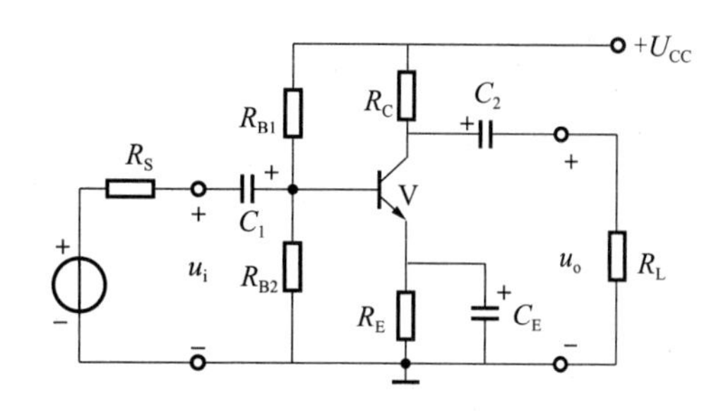

习题图 2.9　习题 2.10 图

2.11　共集电极放大电路如习题图 2.10 所示，其中硅晶体管的 $\beta=120$，电阻 $R_B=300\ \text{k}\Omega$，$U_{BE}=0.7\ \text{V}$，$R_E=R_L=R_s=1\ \text{k}\Omega$，电源 $U_{CC}=12\ \text{V}$。试求：

(1) 静态工作点值；

(2) 放大器的性能指标 A_u、R_i、R_o 及 A_{us} 的值。

2.12　如习题图 2.11 所示的双端输入双端输出的恒流源差动放大器中，$U_{CC}=12\ \text{V}$，$R_C=10\ \text{k}\Omega$，$\beta_1=\beta_2=50$，$I_o=1\ \text{mA}$，试求：

(1) 静态工作点 Q；(2) 差模电压放大倍数 A_{ud}；(3) 差模输入电阻 R_{ud}；(4) 差模输出电阻 R_{od}。

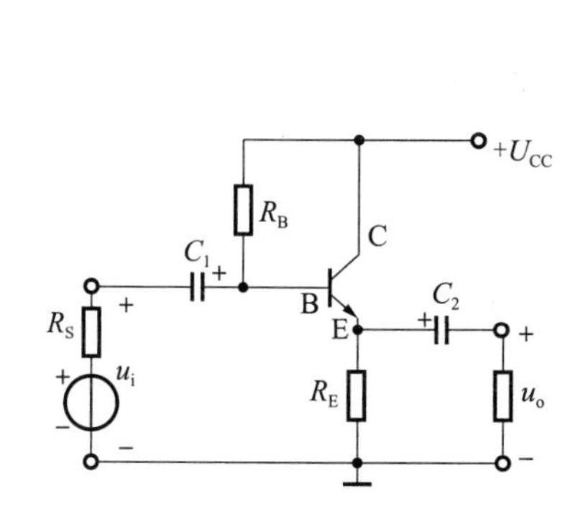

习题图 2.10　习题 2.11 图

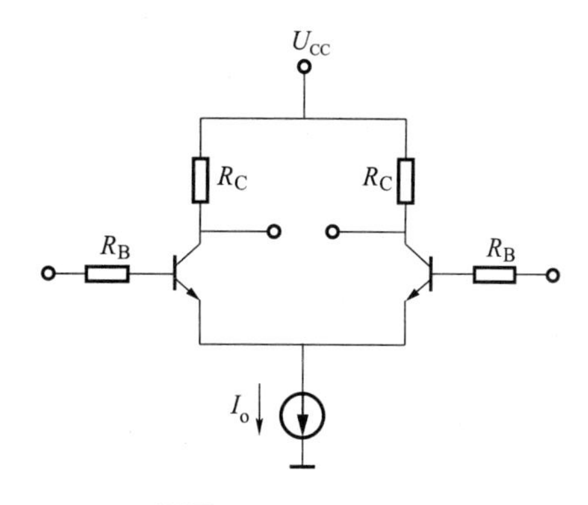

习题图 2.11　习题 2.12 图

2.13　差动放大器有几种接法？它们的性能指标有哪些共同点和不同点？

2.14　交越失真是怎样产生的？如何消除交越失真？

2.15　按晶体管在信号整个周期内的导通角的大小，功放电路常分为甲类、乙类、甲乙类、丙类等方式，习题图 2.12 所示为几种电路中晶体管工作电流的波形，试说明按分类各应为何种方式。

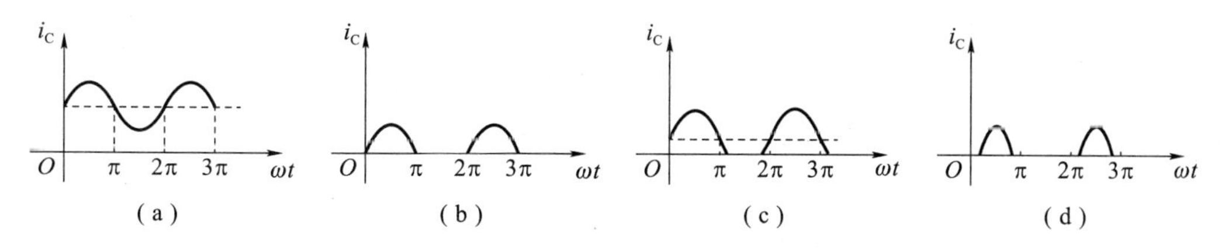

习题图 2.12　习题 2.15 图

2.16 某OCL功放电路如习题图2.13所示，晶体管 V_1、V_2 均为硅管，负载电流 $i_o = \cos\omega t$（A）。试求：

（1）输出功率 P_o 和最大输出功率 P_{om}；

（2）电源供给的功率 P_U；

（3）效率 η 和最大效率 η_{max}；

（4）分析二极管 D_1 和 D_2 有何作用。

2.17 某OTL功放电路如习题图2.14所示，晶体管 V_1、V_2 均为硅管，负载电流 $i_o = 0.9\cos\omega t$（A），试求：

（1）输出功率 P_o 和最大输出功率 P_{om}；

（2）电源供给的功率 P_U；

（3）效率 η 和最大效率 η_{max}。

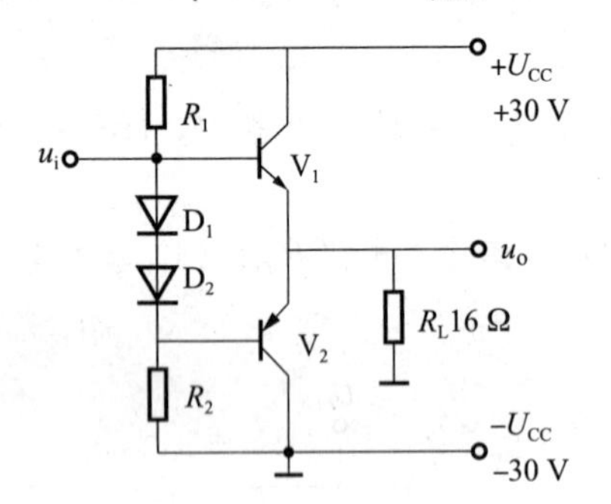

习题图2.13 习题2.16图

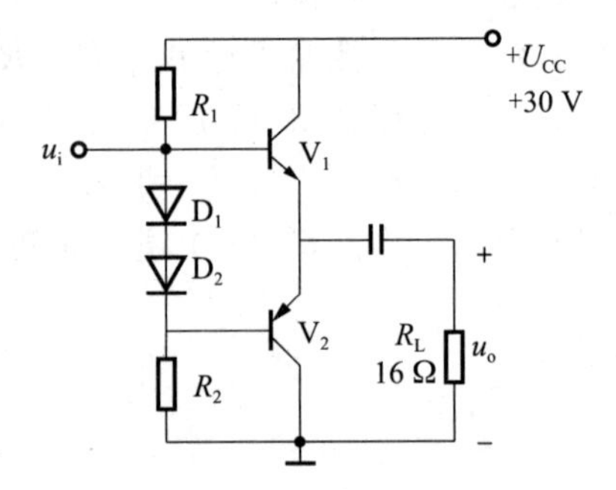

习题图2.14 习题2.17图

第 3 章

集成运算放大器

● 本章要点

前面两章讨论的是由各种单个元件连接而成的电子电路，称为分立电路。集成电路则是将各单个元件相互连接而制造在同一块半导体基片上，构成具有各种特定功能的电子电路。本章主要讨论集成运算放大器的组成、工作原理及应用。

3.1　集成运算放大器简介

3.1.1　集成运算放大器的组成

集成运算放大器（简称集成运放）自 20 世纪 60 年代开始研制以来，至今已经历四代。集成运放的类型很多，电路也不一样，但结构具有共同之处。它的内部电路一般包括输入级、中间级、输出级和偏置电路四个基本组成部分，如图 3.1 所示。

输入级一般由差分放大电路构成，有两个输入端，其输入电阻高，能有效地放大有用信号，抑制干扰信号，减小零点漂移，是集成运放质量的关键部分。

中间级一般由共射电路构成，用于电压放大，能提供较高的电压增益。

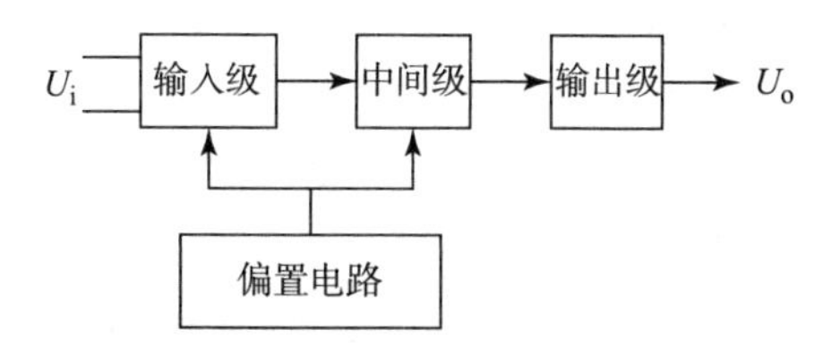

图 3.1　集成运放的组成框图

输出级一般由互补对称射极输出器构成，外接负载，其输出电阻低，带负载能力强。

偏置电路一般由各种恒流源构成，它的作用是为以上各级电路提供稳定的、合适的、几乎不随温度变化的偏置电流，以稳定工作点，有时还作为放大器的有源负载。

现以国产 F007 型号为例，对各部分电路的功能及引线端做介绍。F007 内部电路如图 3.2 所示。F007 共有九个引线端。②、③端为输入端，⑥端为输出端。由于②端和③端相位相反，因而②端称为反相输入端，③端和⑥端相位相同，称为同相输入端。⑦端和④端为正、负电源端，①端和⑤端为调零端，⑧端和⑨端为补偿端。

1. 输入级

图 3.2 中，F007 的输入级由 V_1～V_7 管及 R_1、R_2、R_3 组成。其中 V_1～V_4 管构成复合差动式放大电路，V_5、V_6、V_7 管构成 V_3、V_4 管的有源负载。

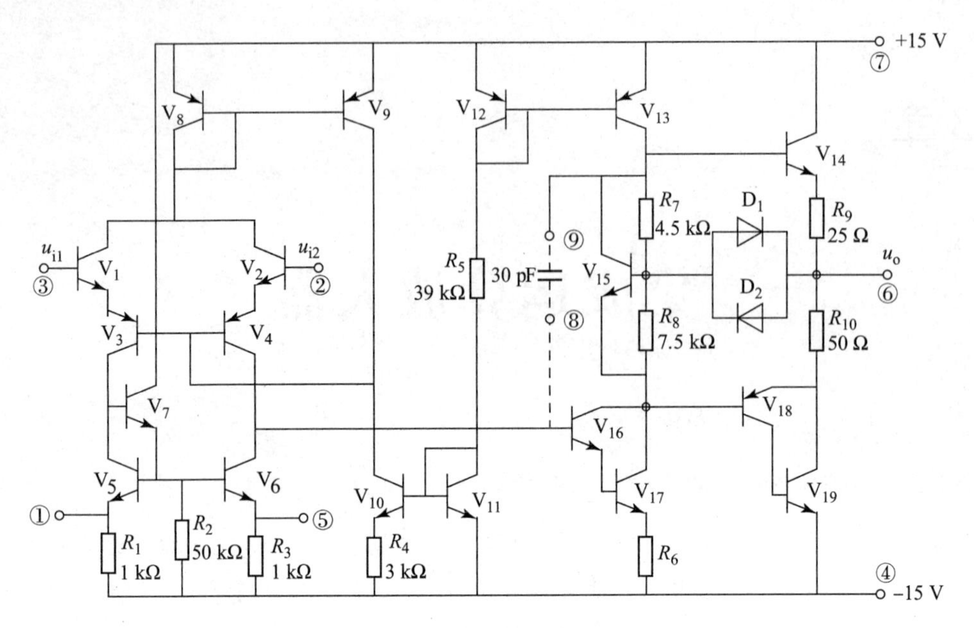

图 3.2　F007 内部电路

2. 偏置电路

在集成运放中，为减小功耗，限制温度升高，应降低各管的静态电流。因此，集成运放多数采用恒流源电路作为偏置电路。F007 的偏置电路由 V_8～V_{13}管及 R_4、R_5组成，如图 3.3 所示。V_8、V_9、V_{12}和 V_{13}管构成的电路称为镜像电流源。V_{10}和 V_{11}管构成微电流源。由于流过 R_5的电流 I_R是 V_{12}和 V_{13}、V_{10}和 V_{11}的基准电流，所以 I_R是一个基本恒定的基准电流。

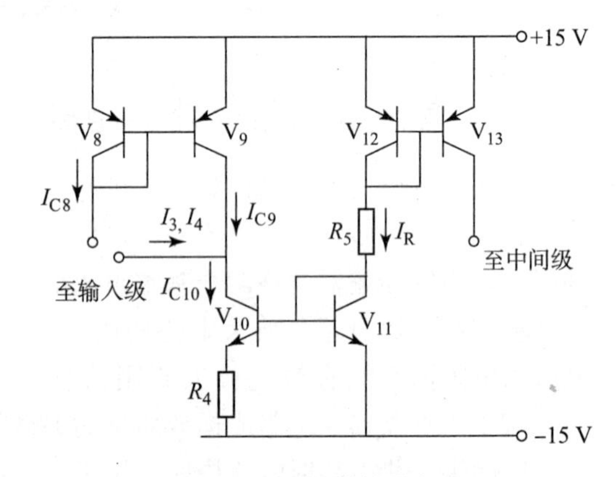

图 3.3　F007 的偏置电路

I_R 在 V_{13}中的镜像电流 I_{C13}给中间级的 V_{16}、V_{17}管提供静态电流，I_R 在 V_{10}中的镜像电流 I_{C10}为 V_9 管提供集电极电流，同时为 V_3、V_4 提供基极电流 I_3、I_4。在 V_8 和 V_9 构成的镜像电流源中，I_{C8}给输入级的 V_1、V_2 提供集电极静态电流。

3. 中间级

根据前面所述中间级的作用。F007 的中间级是由 V_{16}、V_{17}组成的复合管共射极放大电路构成的。由于集电极为有源负载（由恒流源 V_{13}构成），而 V_{13}的动态电阻很大，加之放大管的 β也大，所以放大倍数很高。

4. 输出级

F007 的输出级是由 V_{14}、V_{18}、V_{19}、V_{15}、R_7、R_8 及 D_1、D_2、R_{10}共同组成的。其中 V_{14}、V_{18}、V_{19}构成互补对称式功率放大电路，V_{15}、R_7、R_8 组成 U_{BE}扩大电路，D_1、D_2、R_9、R_{10}构成过载保护电路。

3.1.2　集成运算放大器的符号与引脚构成

集成运放内部电路随型号的不同而不同，但基本框图相同。集成运放的符号如图 3.4（a）所示。集成运放有两个输入端：一个是同相输入端，用“+”表示；另一个是反相输入端，用“−”表示。输出端用“+”表示。若将反相输入端接地，信号由同相输入端输入，则输出信号和输入信号的相位相同；若将同相输入端接地，信号从反相输入端输入，则输出信号和输入信号相位相反。集成运放的引脚除输入、输出端外，还有正、负电源端及调零端等。集成运放的外引线排列因型号而异，图 3.4（b）所示为集成运放的符号及 F007 的引脚排列。

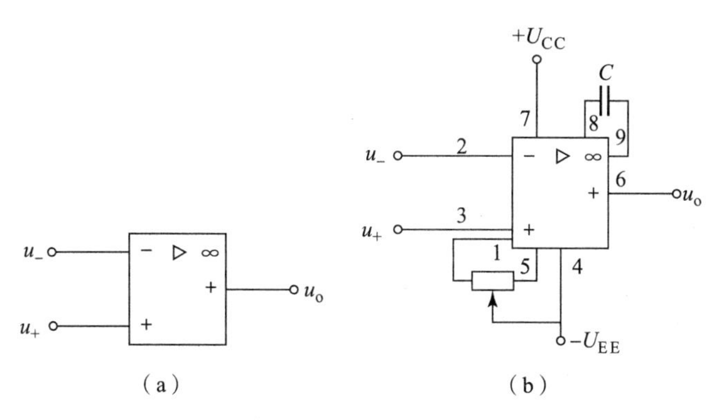

图 3.4　集成运放的符号及 F007 的引脚排列

（a）符号；（b）F007 的引脚排列

其他各种不同型号的集成运放，其引脚用途可查阅厂家产品手册或半导体器件手册。

3.1.3　集成运算放大器的主要参数

集成运放的参数是评价其性能优劣的主要指标，也是正确选择和合理使用的依据。所以必须熟悉这些参数的含义和数值范围。集成运放的主要参数如下：

1. 开环差模电压放大倍数 A_{ud}

集成运放开环时输出电压与输入差模信号电压之比称为开环差模电压放大倍数 A_{ud}，常用分贝（dB）表示。A_{ud} 越高，运放组成电路的精度越高，性能越稳定。F007 的 A_{ud} 约为 100 dB。

2. 差模输入电阻 r_{id}

r_{id}是开环时输入电压变化量与它引起的输入电流的变化量之比，即从输入端看进去的动态电阻。其值越大，表明集成运放从输入信号源所吸取的电流越小，运算的精度就越高，r_{id}一般为 MΩ 级。F007 的 r_{id}约为 1 MΩ。

3. 开环输出电阻 R_o

集成运放开环时输出级的输出电阻称为开环输出电阻 R_o。R_o 越小，运放的带负载能力越强。集成运放的 R_o 较小，一般为几十到几百欧。F007 的 R_o 为 200 Ω。

4. 最大输出电压 U_{om}

在标称电源电压和额定负载电阻的情况下，能使集成运放输出电压和输入电压保持不失真关系的最大输出电压，称为集成运放的最大输出电压。F007 的 U_{om}约为±12 V。

5. 静态功耗 P_c

在输入信号为零和输出端空载的情况下，集成运放本身所消耗的直流电源功率，称为静态功耗。该值越小越好，F007 的 P_c 约为 50 MW。

6. 输入失调电压 U_{os}

在集成运放电路中，将调零电位器短接，在理想情况下输入电压为零时直流输出电压也为零。但实际上，集成运放难以做到差动输入级完全对称。当输入电压为零时，为了使输出电压也为零，需在集成运放两输入端额外附加补偿电压，该补偿电压称为输入失调电压 U_{os}。U_{os} 越小越好，一般为 0～5 mV。F007 的 U_{os} 约为 2 mV。

7. 最大差模输入电压 U_{idmax}

U_{idmax} 是运放同相端和反相端之间所能承受的最大电压值。输入差模电压超过 U_{idmax} 时，可能会使输入级的管子反向击穿。

8. 最大共模输入电压 U_{icmax}

U_{icmax} 是在线性工作范围内集成运放所能承受的最大共模输入电压。超过此值，集成运放的共模抑制比、差模放大倍数等会显著下降。

9. 输入失调电流 I_{os}

I_{os} 是当运放输出电压为零时，两个输入端的偏置电流之差，即 $I_{os}=|I_{B1}-I_{B2}|$，它是由内部元件参数不一致等原因造成的。I_{B1} 越小越好，一般为 1～10 μA。

10. 输入偏置电流 I_B

I_B 是输出电压为零时，流入运放两输入端静态基极电流的平均值，即 $I_B=(I_{B1}-I_{B2})/2$。I_B 越小越好，一般为 1～100 μA。

11. 共模抑制比 K_{CMR}

K_{CMR} 是差模电压放大倍数和共模电压放大倍数之比，即 $K_{CMR}=|A_{ud}/A_{uc}|$，K_{CMR} 越大越好。

12. 电源电压

能够施加于运放电源端子的最大直流电压值称为电源电压。一般有两种表示方法：用正、负两种电压 U_{CC}、U_{EE} 表示或用它们的差值表示。集成运放一般用对称的正、负电源同时供电。例如，F007 的电源电压为 9～18 V，标称值为±15 V。

除了以上指标外，集成运放还有其他一些参数，如开环带宽、转换速度等。近年来，各种专用集成运放不断问世，可以满足特殊要求。实用中，考虑到便宜与采购方便，一般应选择通用型集成运放；特殊需要时，则应选择专用型，有关具体资料，可参看产品说明。

3.1.4 理想运算放大器的特点

分析集成运放应用电路时，把集成运放看成理想运放，可以使分析、计算简化。理想集成运放具有如下特点：

（1）开环差模电压放大倍数 $A_{ud}=\infty$；

（2）差模输入电阻 $r_{id}=\infty$；

（3）输出电阻 $R_o=0$；

（4）共模抑制比 $K_{CMR}=\infty$。

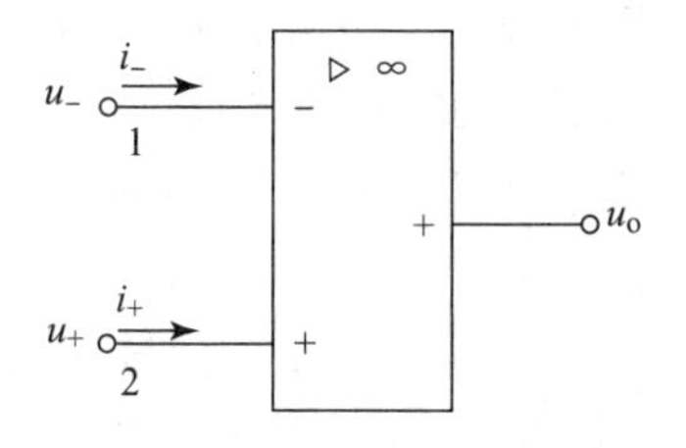

图 3.5　理想运放的符号

理想运放的符号如图 3.5 所示。它有两个输入端（一个反相输入端和一个同相输入端，分别用“－”和“＋”表示）和一个对地的输出端。如果从 1 端输入信号，则输出信号与输入信号反相；如果从 2 端输入信号，则输出信号与输入信号同相。通常只画三个端子，即两个输入端和一个输出端，其他接线端对分析运算关系没有影响，因此可不画出。

真正的理想运放并不存在，但是实际集成运放的各项技术指标与理想集成运放的指标差别不大，随着集成电路制造技术的提高，两者之间差距已很小。所以实际工作中将集成运放按理想集成运放进行分析、计算十分符合实际情况，这样可大大简化电路的分析过程。本书所涉及的运放都按理想器件来考虑。

3.2　反馈放大电路

反馈在电子电路中应用非常广泛，几乎所有的实用放大电路都是带反馈的电路。负反馈不仅是改善放大电路性能的重要措施，而且还是电子技术和自动调节原理中的一个基本概念。

3.2.1　反馈的定义及组成

将放大电路输出量（电压或电流）的一部分或全部，通过某些元件或网络（称为反馈网络）送回到输入端，来影响原输入量（电压或电流）的过程称为反馈。

有反馈的放大电路称为反馈放大电路，其组成框图如图 3.6（a）所示。

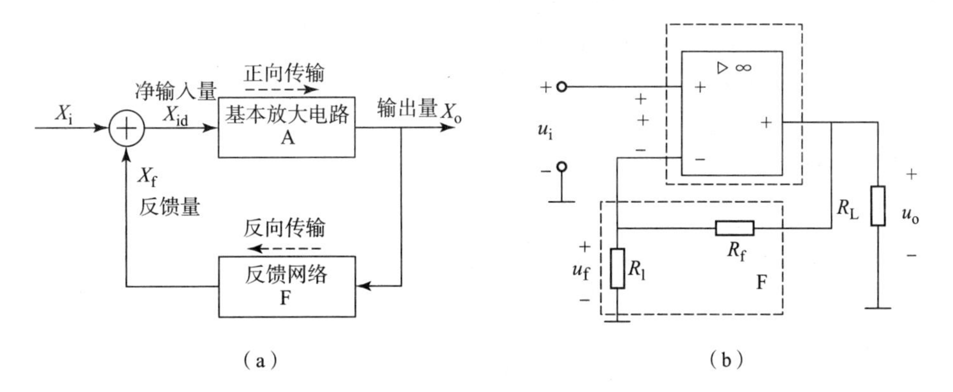

图 3.6　反馈放大电路的组成

（a）反馈放大电路的组成框图；（b）反馈放大电路

图 3.6（b）所示为一个具体的反馈放大电路，图中由 R_f 和 R_1 组成的电路接在输入端和输出端之间，称为反馈元件，或称反馈网络。u_i、u_f、u_{id}、u_o分别表示电路的输入电压、反馈电压、净输入电压和输出电压。

图 3.7 所示为射极偏置电路，射极电阻 R_E 将输出量 I_C 以电压 $U_E \approx I_C R_E$ 的形式送回到输入回路，使输入量 $U_{BE}=U_B-U_E \approx U_B-I_C R_E$ 受到影响，进而影响输入量 I_B 和输出量 I_C。

从上面的分析可看出，R_E 在电路中引入了反馈。R_E 是联系放大电路的输出电路和输入电路的环节，称为反馈网络，这样放大电路可分为基本放大电路和反馈网络两部分。基本放大电路和反馈网络组成了一个闭合环路，通常称为反馈环。而把引入了反馈的放大电路称为闭环放大器，如图 3.8（a）所示。去掉 R_E，即去掉反馈网络，此时，$U_E=0$，不存在输出量 I_C 对输入电压 U_{BE} 的影响，即放大电路不存在反馈。无反馈的放大电路又称开环放大器，如图 3.8（b）所示。可见，有无反馈网络是区别反馈与无反馈放大电路的标志。在闭环放大器［图 3.8（a）］中，信号从放大电路的输入到输出（称为放大）又经反馈网络从输出到输入（称为反馈）形成双向传输。而在开环放大器［图 3.8（b）］中，信号从输入经放大器放大从输出端输出，是单向传输的。

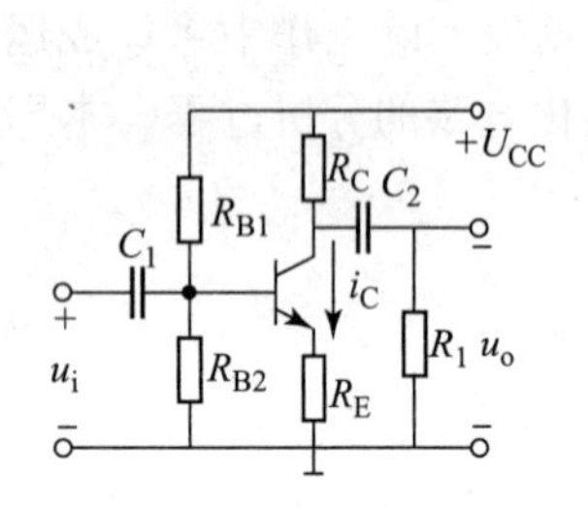

图 3.7 射极偏置电路

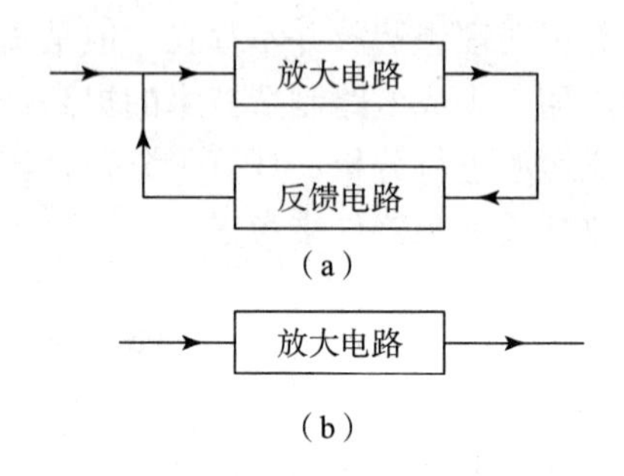

图 3.8 放大电路框图

（a）闭环放大器；（b）开环放大器

例如，在图 3.9 所示的电路中，图 3.9（a）中无反馈元件，信号只有一个流向（图中虚线箭头所示），这种情况为开环。图 3.9（b）和图 3.9（c）中 R_2 接在输出和输入之间，输入信号除了沿放大电路传输外，还可通过 R_2 传到输出端，输出信号也能通过 R_2 传到输入端（电阻网络具有双向传递作用）。但由于输出信号通常比输入信号要大很多，所以通过 R_2 的主要成分是从输出反馈到输入端的信号，即形成反馈通路。信号流通方向如图 3.9 中虚线箭头所示，即对于基本放大电路而言，是正向（即由输入到输出）传递，对反馈网络而言忽略信号的正向传递，只有反馈信号的反向传递（在以后各节的讨论中，近似认为基本放大器和反馈网络都是单向传输）。图 3.9（b）、（c）所示为闭环放大器，放大电路 A 和反馈元件 R_2 构成一个反馈环。这种由一个反馈环组成的放大电路称为单环反馈放大电路。图 3.9（d）的每一级都有一个反

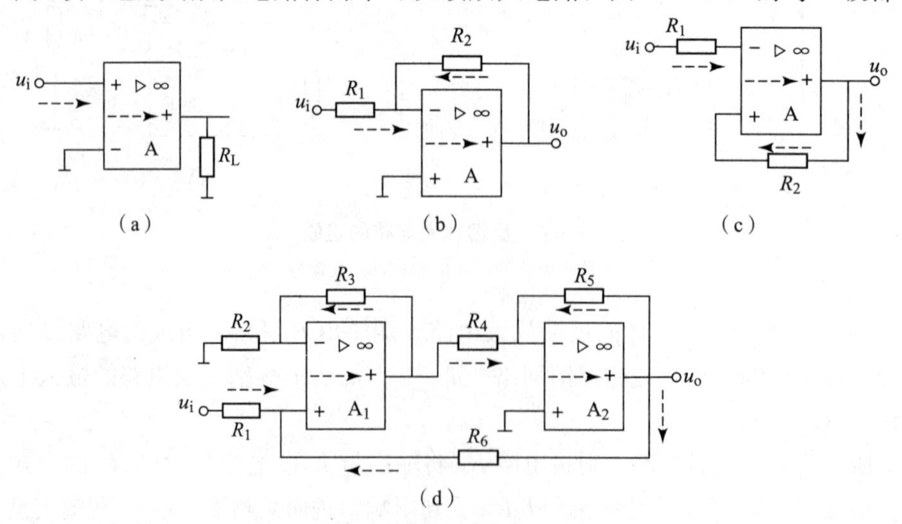

图 3.9 判断有无反馈的例子

（a）开环无反馈；（b）本级反馈放大（一）；（c）本级反馈放大（二）；（d）级间反馈放大

馈通路，构成一个反馈环，称为本级（或局部）反馈，从电路的输出端 U_o 到 A_1 的同相输入端还有一条反馈通路 R_6，又形成一个反馈环，在这个反馈环内，信号传输途径如图 3.9（d）中虚线箭头所示，这种跨级反馈称为级间反馈。

3.2.2　反馈的基本关系式

不管什么类型的反馈放大电路都包含基本放大电路和反馈网络两部分，如图 3.6（a）所示。尽管各种组态的信号及传输系数选取不同，但是都具有相同的基本规律，即

净输入量＝输入量＋反馈量

开环增益＝输出量/输入量

闭环增益＝输出量/输入量

反馈系数＝反馈量/输出量

如果用广义变量 x_i、x_f、x_{id}、x_o 分别表示输入、反馈、净输入及输出信号，用广义放大倍数 A、A_F、F 分别表示开环增益、闭环增益及反馈系数，那么四种组态的负反馈放大电路都具有相同的表达式，即

$$x_{id}=x_i+x_f$$

$$A=\frac{x_o}{x_{id}}$$

$$A_F=\frac{x_o}{x_i}$$

$$F=\frac{x_f}{x_o}$$

$$A_F=\frac{x_o}{x_i}=\frac{x_o}{x_{id}+x_f}=\frac{x_o}{x_{id}+AFx_{id}}=\frac{A}{1+AF}$$

式中，$1+AF$ 称为反馈深度，它的大小反映了反馈的强弱；乘积 AF 常称为环路增益。

3.2.3　反馈的极性

反馈放大电路中，由于将输出量送回到输入回路影响输入量，则输出量也必然受到影响。这种影响的结果有两种可能：一种是引回的反馈信号增强了净输入信号，使输出量变大，放大倍数提高，这种反馈称为正反馈；另一种是反馈信号削弱了净输入信号，使输出量变小，放大倍数降低，这种反馈称为负反馈。负反馈虽然降低了放大倍数，但可以改善放大器的性能。正反馈虽然提高了放大倍数，但很容易引起振荡，故在放大电路中很少引入正反馈。

通常用中频瞬时极性法判断反馈极性。所谓中频，指的是不考虑电路中所有电容的影响。先假设输入信号的瞬时极性（在图中用⊕、⊖号表示瞬时极性的正、负，分别代表该点瞬时信号的变化为升高或降低），推出基本放大器输出信号的极性；然后沿着反馈环推出反馈信号的极性（即各点瞬时信号的变化情况）；最后判断出反馈信号对净输入信号的影响。如果反馈信号削弱了净输入信号，为负反馈，反之为正反馈。

现在以图 3.10（a）所示电路为例。R_2 引入本级反馈，设想在放大电路的输入端接入一变化的信号电压 u_i，其瞬时极性为⊕，由它所引起的电路各节点的电位极性如图 3.10（a）所示。由于输入电压 u_i 接在运放 A 的同相输入端，因此 u_o与 u_i 同极性。u_o经反馈元件 R_2 在反相输入端产生的反馈电压 u_f 与 u_o亦同极性，也就是与 u_i 同极性，由于运放 A 两输入端加入的

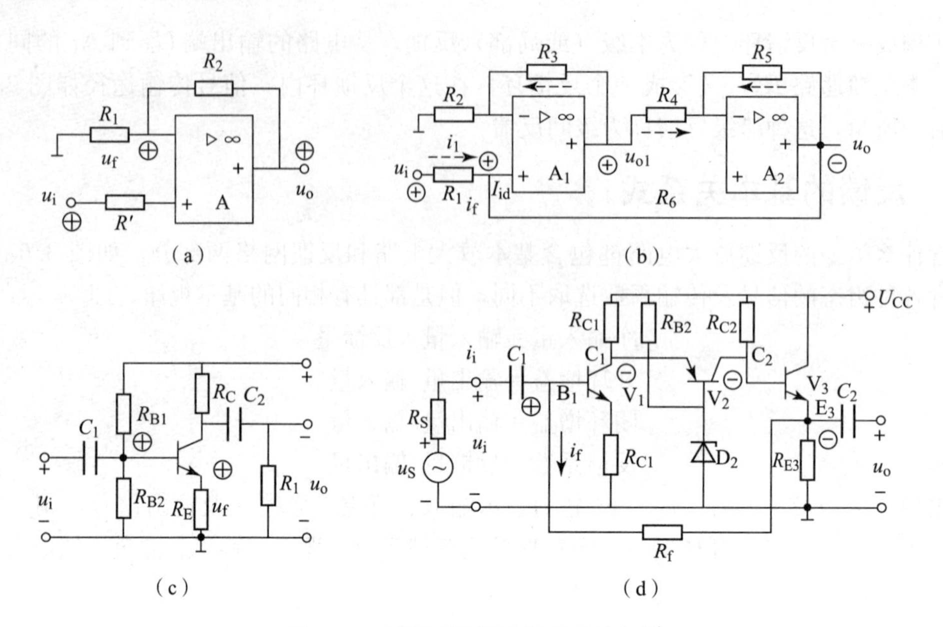

图 3.10　用瞬时极性法判断反馈极性

(a) 电压串联负反馈；(b) 电压并联负反馈；(c) 电流串联负反馈；(d) 电压并联负反馈

是同极性信号，致使两输入端之间的净输入电压 $u_{id}=u_+-u_-=u_i-u_f$，即 $u_{id}<u_i$，反馈信号削弱了净输入信号，因此，引入的反馈是负反馈。

对于图 3.10（b）所示电路，R_3 与 R_5 分别引入本级反馈，由图 3.10（a）的分析可知，两个本级反馈是负反馈。R_6 接在同相输入端，引入级间反馈。在 A_1 的同相输入端加入信号 u_i，其瞬时极性为⊕，则 u_{o1} 与 u_i 同极性，u_{o1} 接在 A_2 的反相输入端，因此 u_o 与 u_{o1} 极性相反。各点的瞬时极性如图 3.10（b）所示，由于 R_6 与输出端的连接点处于负电位，故输入电流 i_i 中的绝大部分流向反馈网络。显然，流进运放 A_1 同相输入端的电流 $i_{id}=i_i-i_f$，与未接反馈网络（即 $i_f=0$）时的情况相比，i_{id} 减小，可见引入的是负反馈。

通过对图 3.10（a）、（b）所示电路的分析可以看出，根据输入信号的瞬时极性判断各节点的瞬时极性时，必须要清楚每一级输出与输入的相位关系。图 3.10（c）、（d）所示为由晶体管组成的反馈放大电路，每一级的相位关系取决于组态，与管型无关，即共射电路输出电压与输入电压反相，共基和共集电路输出电压与输入电压同相。在图 3.10（c）中，R_E 引入本级反馈，设输入信号 u_i 加在基极上，假设瞬时极性为⊕，因发射极与基极同极性，故 u_f 与 u_i 同极性，可见，加在放大器基极和发射极间的信号是同极性信号，因此净输入电压 $u_{BE}=u_B-u_E=u_i-u_f$ 为负反馈。

在图 3.10（d）中，R_f 引入级间反馈，假设 u_i 的瞬时极性为⊕，沿着反馈环路 B_1、C_1、C_2、E_3 标出各点瞬时极性，如图 3.10（d）所示。由于 V_1 为共射组态，所以 C_1 与 B_1 反极性；V_2 为共基组态，C_2 与 E_2（C_1）同极性；V_3 为共集组态，E_3 与 B_3（C_2）同极性。由此而引起的支路电流 i_i、i_f、i_B 的流向如图 3.10（d）所示。可见，放大器的净输入电流 $i_{id}=i_i-i_f$，因此，R_f 引入负反馈。

3.2.4　反馈电路的类型

1. 交流反馈与直流反馈

由前所述，放大电路中存在着直流分量和交流分量，反馈信号也是如此。反馈信号是直流量为直流反馈，直流反馈只影响电路的直流性能；如果反馈信号是交流量，为交流反馈，交流反馈只影响电路的交流性能。判断交、直流反馈，也要看电路中是否存在对应的反馈元件。

例如，图3.11（a）所示的电路，R_f、C_f 是反馈通路。从图3.11（b）所示的直流通路图可以看出，R_f 构成直流反馈通路，引入直流反馈。而图3.11（c）所示的交流通路中无反馈通路，故不存在交流反馈，所以 R_f、C_f 引入直流反馈。

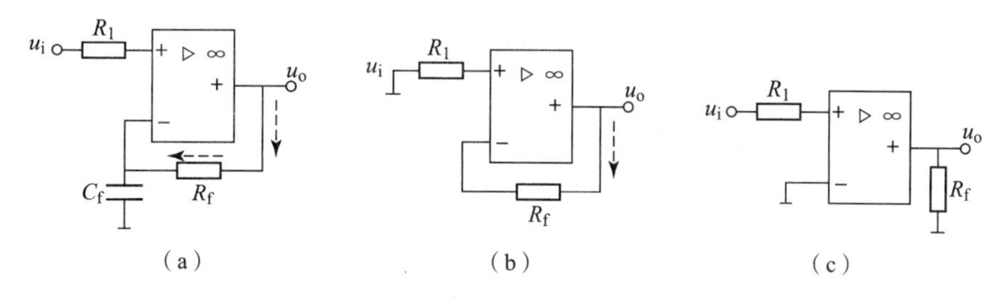

图3.11　判断交直流反馈示例

（a）原电路；（b）直流通路；（c）交流通路

2. 电压反馈、电流反馈

根据对输出量采样方式的不同，反馈电路可分为电压反馈和电流反馈。

在图3.12（a）中，晶体管发射极为输出端，反馈元件直接接在发射极输出端上，反馈电压 u_f 是由输出电压 u_o 经 R_1、R_2 分压而来的，假若 $u_o=0$，则 $u_f=0$，所以 u_f 依赖于 u_o。反馈网络对输出电压采样，称为电压反馈。电压负反馈的特点是反馈信号与输出电压成比例。

由于电压反馈对输出电压采样，所以有稳定输出电压的作用。当输出电压增大时，反馈信号随之增大，净输入信号必将减小，其结果使输出电压减小，即牵制了输出电压的增大，使输出电压基本稳定。

电流 i_f 是由输出电流 i_{E2} 经 R_E、R_f 分流而来的，故 i_f 依赖于 i_{E2}，即反馈网络对输出电流采样，这种反馈称为电流负反馈。电流负反馈的特点是反馈信号与输出电流成比例，同理，由于电流反馈对输出电流采样，所以能够稳定输出电流。

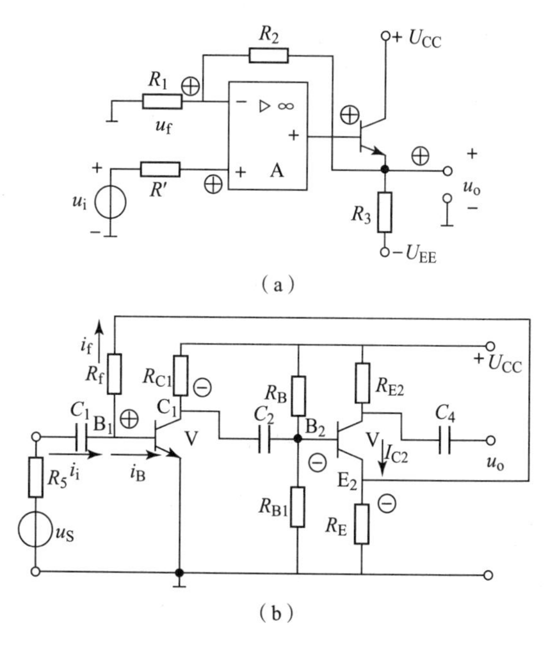

图3.12　判断电压反馈、电流反馈示例

由电压负反馈和电流负反馈的特点可以判断一个负反馈电路是电压负反馈还是电流负反馈，即假设 $u_o=0$（输出交流短路），如果反馈信号不存在，则为电压负反馈；如果反馈信号依然存在，而当 $i_i=0$ 时，则没有反馈，那么为电流负反馈。

也可根据对输出量采样方式的不同判断，即从反馈元件与输出端的连接方式来判断是电压负馈还是电流反馈。如果反馈元件直接接到电压输出端（必有 $u_o=0$ 时反馈为零），为电压反馈；否则为电流反馈。

3. 串联反馈、并联反馈

根据反馈信号与输入信号在放大电路输入端的比较方式的不同，可分为串联反馈与并联反馈。

图 3.12（a）所示电路的输入回路中，反馈通路 R_2 与输入电压 u_i 加到运放 A 不同的输入端上，使反馈信号 u_f 与输入信号 u_i 以串联方式进行比较，即 $u_{id}=u_i-u_f$，用电压求和的方式反映了反馈对输入信号的影响，这种反馈为串联负反馈。

在图 3.12（b）所示的输入回路中，反馈通路 R_f 与输入信号 u_i 都接在放大电路的基极输入端上，使反馈信号 i_f 与输入信号 i_i 以并联方式比较，即 $i_b=i_i-i_f$，用电流求和的方式表示反馈对输入信号的影响，这种反馈称为并联负反馈。

串联反馈与并联反馈的判断方法可由其定义判断，如果输入量是以电压形式相加减则为串联反馈；如果输入量是以电流形式相加减则为并联反馈。也可以根据输入端的连接方式判断，一般来讲，直接反馈到放大电路信号输入端的为并联反馈，否则，为串联反馈。

4. 负反馈放大电路的组态

如上所述，负反馈放大电路根据反馈信号从输出端采样方式的不同，可分为电压反馈和电流反馈；根据反馈信号在输入端与原输入信号比较方式的不同，可分为串联反馈和并联反馈。因此，负反馈放大电路既考虑输入端又考虑输出端时有以下四种形式：

（1）电压串联负反馈；

（2）电压并联负反馈；

（3）电流串联负反馈；

（4）电流并联负反馈。

不同组态，反馈网络与基本放大电路的连接方式不同。同时，为了反映反馈电路对输出信号的采样方式以及反馈信号与输入信号的比较方式，四种组态输入信号、输出信号及信号的传输系数都不相同。

综上所述，反馈组态可用如下方法判断：

（1）找出反馈网络（输出与输入之间的连通网络）；

（2）判断反馈极性（瞬时极性法）；

$$x_i\oplus \xrightarrow{A} x_o \begin{matrix}\oplus\\ \ominus\end{matrix} \xrightarrow{F} x_f \begin{matrix}\oplus\\ \ominus\end{matrix} \xrightarrow{x_{id}=x_i+x_f} x_{id} \begin{matrix}\text{增大}\rightarrow\text{正反馈}\\ \text{减小}\rightarrow\text{负反馈}\end{matrix}$$

（3）判断反馈类型。

反馈量直接取自输出电压端子的为电压反馈，否则为电流反馈；反馈量直接加到输入电压端子的为并联反馈，否则为串联反馈。

3.2.5 负反馈对放大器性能的影响

如前所述，电压（或电流）负反馈可以稳定输出电压（或电流），也即负反馈具有自动调节作用。假若输出 x_o 增大，借助于图 3.8 所示的负反馈框图，其自动调节作用可叙述为

$$x_o\uparrow\rightarrow x_f\downarrow\rightarrow x_{id}\downarrow\rightarrow x_o\downarrow$$

被稳定的输出量是电压还是电流取决于采样方式，与输入端是串联反馈还是并联反馈无关。如果是电压反馈，x_o 为 u_o，稳定输出电压；若是电流反馈，x_o 为 i_o，稳定输出电流。负反馈的这种自动调节作用使得放大电路的许多性能得以改善。

1. 提高增益的稳定性

由上所述，负反馈对输出量具有自动调节作用，使输出量稳定，从而稳定了增益。

进行定量分析时，闭环增益的相对变化只有开环增益相对变化的$\frac{1}{1+AF}$倍，即增益的稳定性提高了（$1+AF$）倍。

2. 减小非线性失真及抑制干扰噪声

晶体管的非线性使输出产生失真（如正、负半周不等），这种失真为非线性失真。引入负反馈后，可减小非线性失真。减小失真的原理仍然是负反馈对输出量中偏大或偏小的部分具有自动调节作用。例如，输出量u_o偏大，则有如下自动调节过程：

$$u_o\uparrow\rightarrow x_f\uparrow\rightarrow x_{id}(=x_i-x_f)\uparrow\rightarrow u_o\downarrow$$

反之，若输出量偏小，则同样可得到调节，于是，减小了失真。

需要指出的是，负反馈减小非线性失真是针对反馈环路内而言的。如果输入信号本来就是失真了的波形，那么负反馈是无效的。

非线性失真的实质是信号通过放大器，在输出中产生了高次谐波，负反馈减小非线性失真，即谐波受到抑制；电路中载流子的热运动产生的噪声或电路受到的干扰都可以看作放大电路内部产生的谐波，因而负反馈也可以抑制干扰及噪声。

3. 展宽频带

由于负反馈对任何原因引起的增益的变动都有抑制作用，那么由于频率的变化引起的增益的变化，通过负反馈也可以变小，从而使通频道展宽。

进行定量分析时，反馈放大电路的上限截止频率，比无反馈时增大了$|1+A_MF|$倍，下限截止频率是无反馈的$\frac{1}{|1+A_MF|}$倍。

4. 改变放大器的输入电阻

负反馈对输入电阻的影响决定于输入端的比较方式（即串联反馈还是并联反馈），而与输出端的取样方式无直接关系。

（1）串联负反馈使输入电阻提高。引入串联负反馈，电路的输入电阻比无反馈时的输入电阻增大了（$1+AF)R_i$倍。

（2）并联负反馈使输入电阻降低。引入并联负反馈，电路的输入电阻减小为原来的$\frac{1}{1+AF}$。

5. 对输出电阻的影响

负反馈对输出电阻的影响取决于输出端的采样方式（电压反馈或电流反馈），与输入端的比较方式无直接关系。

（1）电压负反馈使输出电阻降低。引入电压负反馈，电路的输出电阻是无反馈时的输出电阻R_o的$\frac{1}{1+AF}$，即$R_{of}=\frac{R_o}{1+AF}$。

（2）电流负反馈使输出电阻提高。电流负反馈比无反馈时的输出电阻R_o提高了（$1+AF$）倍，即$R_{of}=(1+AF)R_o$。

需要指出，负反馈对放大器输入电阻、输出电阻的影响都是指反馈环路以内，不包括反馈环路以外的电阻。

为了便于分析和比较，将四种组态的负反馈对放大电路性能的影响列于表 3.1 中。

表 3.1　四种组态的负反馈对放大电路性能的影响

项目 / 组态	电压串联	电流并联	电压并联	电流串联
被稳定的输出量	u_o	I_o	U_o	I_o
输出电阻 R_{of}	减小	增加	减小	增加
输入电阻 R_{if}	增加	减小	减小	增加
被稳定的增益	A_{UF}	A_{IF}	A_{RF}	A_{GF}
非线性失真与噪声	减小	减小	减小	减小
通频带	增宽	增宽	增宽	增宽
用途	电压放大电路的输入级或中间级	电流放大	电流/电压变换器及放大电路的中间级	电压/电流变换器及放大电路的中间级

3.2.6　引入负反馈原则

以上分析了放大电路引入负反馈后对性能的改善及影响，依此可以得出为改善性能而引入负反馈的一般原则：

(1) 为了稳定工作点，应引入直流负反馈；为了改善交流性能，应引入交流负反馈。

(2) 为了稳定输出电压，应引入电压负反馈；为了稳定输出电流，应引入电流负反馈。

(3) 为了降低输出电阻，应引入电压负反馈；为了提高输出电阻，应引入电流负反馈。

(4) 为了提高输入电阻，应引入串联负反馈；为了降低输入电阻，应引入并联负反馈。

3.3　集成运算放大器的线性应用

集成运放的应用非常广泛，按其工作状态分为线性应用和非线性应用。线性应用是利用集成运放在线性区工作的特点，根据输入电压和输出电压关系，外加不同的反馈网络来实现多种数学运算。非线性应用的条件是开环或引入正反馈，此时集成运放工作于非线性限幅状态。

线性运算时的信号运算统称为模拟运算。现在尽管数字计算机的发展在许多方面替代了模拟计算机，但线性运算在物理量的测量、自动调节系统、测量仪表系统、模拟运算等领域仍得到了广泛应用。本节主要介绍集成运放线性应用的工作原理和分析方法。

3.3.1　集成运算放大器线性应用的工作条件

集成运放有两个输入端、一个输出端。当输入端和输出端之间不外接电路，即两者之间在外部是断开的，这时称为开环状态；当用一定形式的网络在外部将它们连接起来，这时称为闭环状态或称为反馈状态。

当集成运放工作在线性区时，其输出信号随输入信号做如下变化：

$$u_o = A_{ud}(u_+ - u_-) \tag{3.1}$$

式（3.1）说明，线性区内输出电压与差模输入电压呈线性关系。由于集成运放的开环差模电压放大倍数很大（$A_{ud}=\infty$），为了使其工作在线性区，集成运放电路大多接有深度负反馈，以减小其净输入电压，从而使其输出电压不超出线性范围。

3.3.2　集成运算放大器工作在线性区的特点

当集成运放应用中引入了深度负反馈时，则运放工作在线性区。它具有如下特点（也是分析线性运放电路的关键）：

（1）具有"虚断"的特点，即 $i_+=i_-=0$。

由于 $R_i=\infty$，所以集成运放两个输入端都没有电流流入集成运放，即 $i_+=i_-=0$。此时同相输入端和反相输入端电流都等于零，如同两点断开一样，而这种断开不是真正的断路（等效断路），所以把这种现象称为"虚断"。

（2）具有"虚短"的特点，即 $u_+=u_-$。

输出电压与差模输入电压呈线性关系，即 $u_o=A_{ud}(u_+-u_-)$，由于 $A_{ud}=\infty$，所以集成运放两个输入端之间的电压为零，即 $u_+=u_-$。同相输入端和反相输入端电压相等，如同两点短路一样，但两点之间的短路是虚假的短路（等效短路），所以把这种现象称为"虚短"。

3.3.3　基本负反馈运算放大电路（比例运算）

集成运放的基本负反馈电路按信号输入方式分为反相输入式、同相输入式、差动输入式。反相输入式是指信号由反相端输入，同相输入式是指信号由同相端输入，差动输入式是指两个输入信号分别由同相端和反相端输入。三种不同接法的电路具有各自不同的特点，它们是构成各种运算电路的基础。下面分别进行介绍。

1. 反相输入式集成运算放大电路

图 3.13 所示为反相输入式放大电路，输入信号经 R_1 加入反相输入端。R_f 为反馈电阻，把输出信号电压 u_o 反馈到反相端，构成深度电压并联负反馈。R_2 称为平衡电阻，用于保持运放的静态平衡，其值为 $R_p=R_1/\!/R_f$。

下面具体分析一下这个电路。

1）电压放大倍数

由"虚断" $i_+=0$ 得

$$u_+=0$$

由"虚短" $u_+=u_-$ 得

$$u_-=0$$

由"虚断" $i_-=0$ 得 $I_i=I_f$，即

$$\frac{u_i-u_-}{R_1}=\frac{u_--u_o}{R_f},\quad \frac{u_i}{R_1}=-\frac{u_o}{R_f}$$

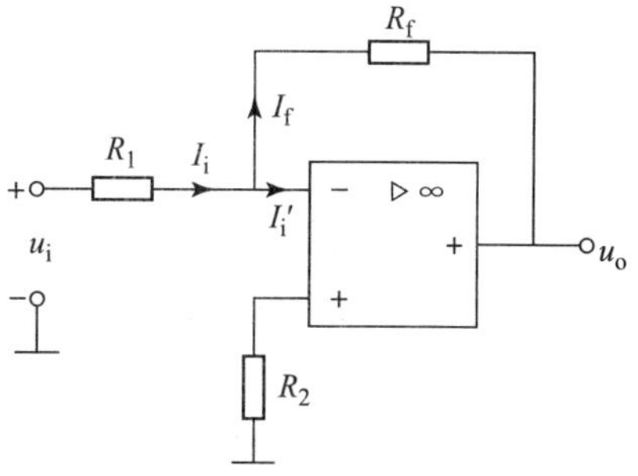

图 3.13　反相输入式放大电路

所以反相输入式放大电路的电压放大倍数为

$$A_{uf}=\frac{u_o}{u_i}=-\frac{R_f}{R_1} \tag{3.2}$$

式（3.2）表明，反相输入式放大电路中，输入信号电压 u_i 和输出信号电压 u_o 相位相反，大小成比例关系，比例系数为$\frac{R_f}{R_1}$。此电路可以直接作为比例运算放大器，称为反相输入比例

运算放大器。当 $R_f=R_1$ 时，$A_{uf}=-1$，即输出电压和输入电压的大小相等，相位相反，此电路称为反相器。

2）输入电阻、输出电阻

由于 $u_-=0$，所以反相输入式放大电路输入电阻为

$$R_{if}=\frac{u_i}{i_i}=R_i \tag{3.3}$$

由于反相输入式放大电路采用电压并联负反馈，电压负反馈降低开环输出电阻 R_o，由理想运放的特点知 $R_o\approx 0$，所以输出电阻 $R_{of}\approx 0$。

3）主要特点

综上所述，反相输入式集成运算放大电路具有如下特点：

（1）集成运放的反相输入端为"虚地"（$u_-=0$），它的共模输入电压可视为零，对集成运放的共模抑制比要求较低。所以反相输入放大电路得到广泛的应用。根据前面的分析可知 $u_+=u_-=0$，说明反相端虽然没有直接接地，但其电位为地电位，相当于接地，是"虚假接地"，简称为"虚地"。"虚地"是反相输入式放大电路的重要特点。

（2）由于深度电压负反馈输出电阻小（$R_{of}\approx 0$），因此带负载能力较强。

（3）由于并联负反馈输入电阻小（$R_{if}=R_1$），因此要向信号源汲取一定的电流。

【例 3.1】 在图 3.14 所示的反相输入比例放大电路中，已知 $R_1=30\ \text{k}\Omega$，$R_2=90\ \text{k}\Omega$。试问：（1）电阻 R_p 应选多大？（2）电压放大倍数 A_{uf} 和输入电阻 R_{if} 各为多少？

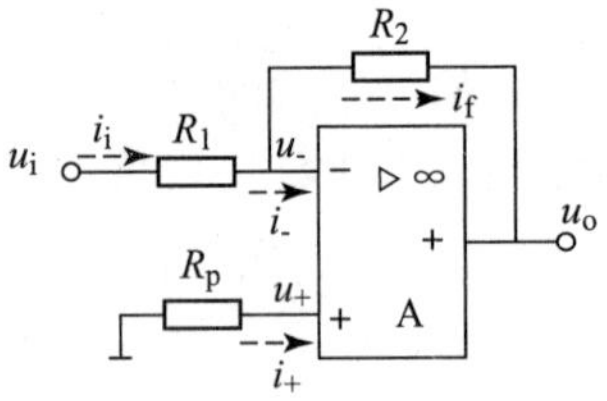

解：（1）由电阻平衡可得 $R_p=R_1 /\!/ R_2=30\times\frac{90}{30+90}\ \text{k}\Omega=22.5\ \text{k}\Omega$

（2）根据虚断、虚短，可分别求得 $A_{uf}=-\frac{R_f}{R_1}=-3$，$R_{if}=\frac{u_i}{i_i}=R_1=30\ \text{k}\Omega$

图 3.14 反相输入比例放大电路

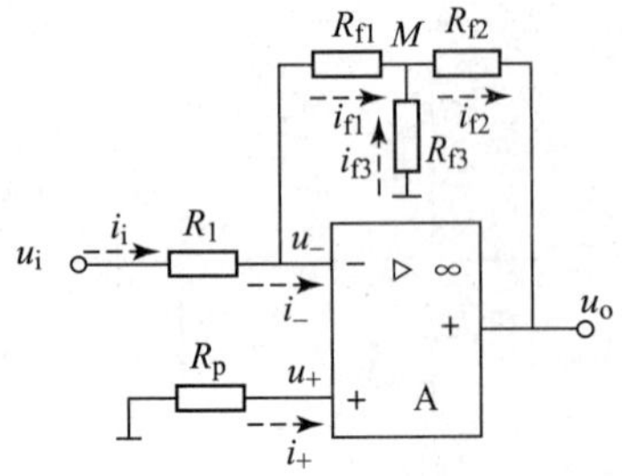

图 3.15 T 形反馈反相比例电路

【例 3.2】 在图 3.15 所示的 T 形反馈网络反相比例电路中，$R_1=200\ \text{k}\Omega$，$R_{f1}=100\ \text{k}\Omega$，$R_{f2}=200\ \text{k}\Omega$，$R_{f3}=1\ \text{k}\Omega$，估算 A_{uf} 和输入电阻 R_{if}。

解法 1：根据虚断原理 $i_-=0$，则有 $i_i=i_{f1}$，$i_+=0$。

又根据虚短可得 $u_+=u_-=0$，则

$$u_i=i_iR_1=i_{f1}R_1$$

T 形网络中 M 点的电压为

$$u_M=-i_{f1}R_{f1}=-i_{f3}R_{f3}$$

$$i_{f3}=\frac{R_{f1}}{R_{f3}}i_{f1}$$

同样，根据虚短可得输出电压为

$$u_o=-(i_{f1}R_{f1}+i_{f2}R_{f2})$$

流过节点 M 的三个电流之间的关系为

$$i_{f2}=i_{f1}+i_{f3}$$

则输出电压 $u_o=-i_{f1}\left(R_{f1}+R_{f2}+\dfrac{R_{f1}R_{f2}}{R_{f3}}\right)$

所以T形反馈网络的电压放大倍数为

$$A_{uf}=\frac{u_o}{u_i}=-\frac{R_{f1}+R_{f2}+\dfrac{R_{f1}R_{f2}}{R_{f3}}}{R_1}\approx-102$$

$$R_{if}=\frac{u_i}{i_i}=R_1=200\ \text{k}\Omega$$

解法2：设 M 点电位为 u_M，则流过节点 M 的三个电流之间的关系为

$$i_{f2}=i_{f1}+i_{f3}$$

即
$$\frac{u_M-u_o}{R_{f2}}=\frac{0-u_M}{R_{f1}}+\frac{0-u_M}{R_{f3}}$$

得
$$u_M=\frac{R_{f1}R_{f3}}{R_{f2}R_{f3}+R_{f1}R_{f3}+R_{f1}R_{f2}}u_o$$

由虚断 $i_+=0$ 得 $u_+=0$。

由虚短得 $u_+=u_-=0$。

又由虚断 $i_-=0$ 得 $i_i=i_{f1}$，即

$$\frac{u_i-0}{R_1}=\frac{0-u_M}{R_{f1}}$$

得

$$u_i=-\frac{R_1}{R_{f1}}u_M=-\frac{R_1R_{f3}}{R_{f2}R_{f3}+R_{f1}R_{f3}+R_{f1}R_{f2}}u_o$$

所以

$$A_{uf}=\frac{u_o}{u_i}=-\frac{R_{f2}R_{f3}+R_{f1}R_{f3}+R_{f1}R_{f2}}{R_1R_{f3}}\approx-102$$

$$R_{if}=\frac{u_i}{i_i}=R_1=200\ \text{k}\Omega$$

2. 同相输入式集成运算放大电路

图3.16所示为同相输入式放大电路，输入信号 u_i 经 R_2 加到集成运放的同相输入端，反相输入端经电阻 R_1 接地，R_f 为反馈电阻，R_2 为平衡电阻（$R_2=R_1/\!/R_f$）。该电路输出电压与输入电压同相位，故称为同相输入式放大电路。

下面分析一下这个电路。

1）电压放大倍数

由“虚断”$i_+=0$ 得 $u_+=u_i$。

由“虚短”$u_+=u_-$ 得 $u_-=u_i$。

由“虚断”$i_-=0$ 得 $I_i=I_f$，即

$$\frac{0-u_-}{R_1}=\frac{u_--u_o}{R_f}$$

即
$$\frac{0-u_i}{R_1}=\frac{u_i-u_o}{R_f}$$

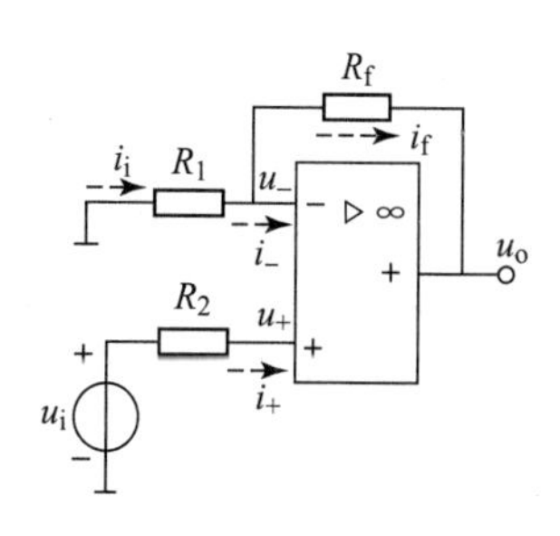

图3.16　同相输入式放大电路

整理得

$$u_o = \frac{R_f + R_1}{R_1} u_i = \left(1 + \frac{R_f}{R_1}\right) u_i$$

故电压放大倍数为

$$A_{uf} = \frac{u_o}{u_i} = 1 + \frac{R_f}{R_1} \tag{3.4}$$

式（3.4）表明，同相输入式放大电路中输出电压与输入电压的相位相同，大小成比例关系，比例系数等于$\left(1+\frac{R_f}{R_1}\right)$，此值与运放本身的参数无关。当该电路用于运算目的时，称为同相输入比例运算放大器。

在图 3.16 中，如果把 R_f 短路（$R_f=0$），把 R_1 断开（$R_1 \to \infty$），则 $A_{uf}=1$，即 $u_o=u_i$，输出电压与输入电压大小相等、相位相同，u_o 跟随 u_i 变化，这称为电压跟随器，如图 3.17 所示。

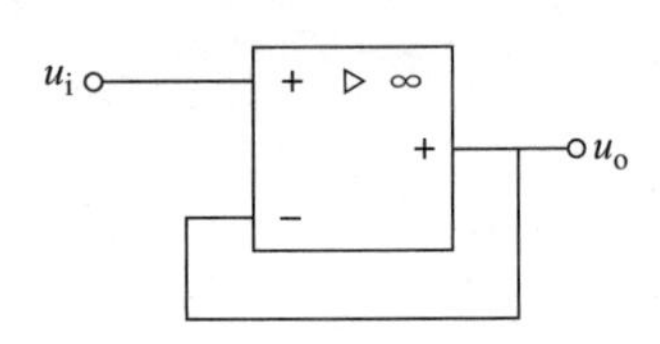

图 3.17　电压跟随器

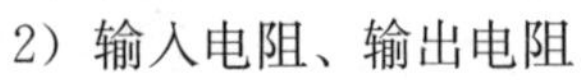
2）输入电阻、输出电阻

由于采用了深度电压串联负反馈，该电路具有很高的输入电阻和很低的输出电阻（$R_{if}=\infty$，$R_{of}=0$），这是同相输入式放大电路的重要特点。

3）主要特点

同相输入式放大电路属于电压串联负反馈电路，主要特点如下：

（1）由于深度串联负反馈，使输入电阻增大，输入电阻可高达 2 000 MΩ 以上；

（2）由于深度电压负反馈，输出电阻 $R_{of}=0$；

（3）由于 $u_+=u_-=u_i$，运放两输入端存在共模电压，因此要求运放的共模抑制比较高，这也限制了同相输入放大电路的应用。

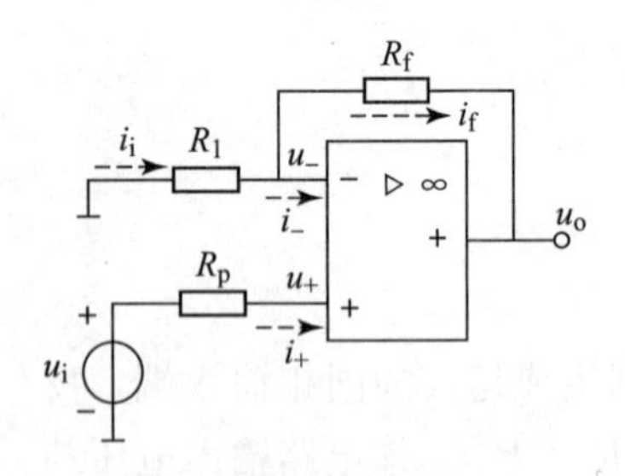

图 3.18　同相输入比例放大电路

【例 3.3】 在图 3.18 所示的同相输入比例放大电路中，$R_1=10\ \text{k}\Omega$，$R_f=90\ \text{k}\Omega$，所采用集成运放的差模输入电阻 $r_{id}=2\ \text{M}\Omega$，开环电压放大倍数 $A_{uo}=2\times10^5$。（1）估算电压放大倍数 A_{uf}；（2）估算输入电阻 R_{if}。

解：（1）根据虚断、虚短可得

$$A_{uf} = \frac{u_o}{u_i} = 1 + \frac{R_f}{R_1} = 10$$

（2）由图 3.18 可知该电路为电压串联负反馈，串联负反馈增大输入电阻，所以 $R_{if}=\infty$。

可见同相输入比例放大电路的输入电阻非常高。

3. 差动输入式集成运算放大电路

差动输入比例放大电路如图 3.19 所示。两个输入信号 u_{i1} 和 u_{i2} 分别通过电阻 R_1 和 R_2 加到集成运放的反相端与同相端。输出端经过电阻 R_f 引入负反馈，接回到反相输入端。为了使两个输入端对地电阻平衡，在同相输入端与地之间接入一个电阻 R_p，选择参数使 $R_1=R_2$，$R_f=R_p$。差动输入电路属于电压并联负反馈组态。

下面对差动输入比例放大电路的电路特性进行分析。

1）电压放大倍数

集成运放工作在线性区，满足“虚断”条件。由于 $i_-=0$，可以认为反相输入端电位 u_- 是由输入电压 u_{i1} 和输出电压 u_o 共同产生的。利用叠加原理得

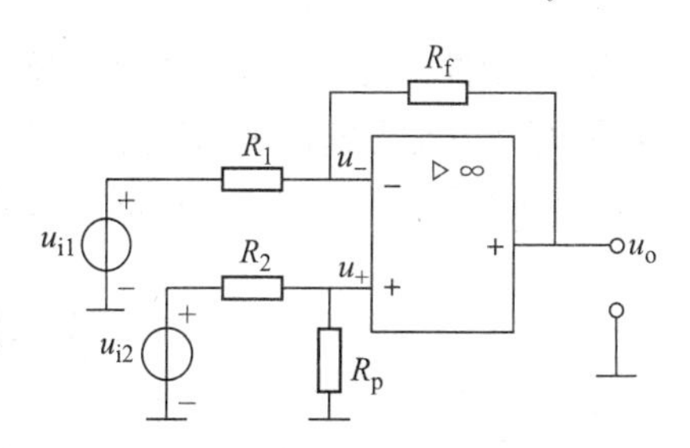

图 3.19　差动输入比例放大电路

$$u_-=\frac{R_f}{R_1+R_f}u_{i1}+\frac{R_1}{R_1+R_f}u_o$$

而利用 $i_+=0$，同相输入端电压 u_+ 为

$$u_+=\frac{R_p}{R_2+R_p}u_{i2}$$

再根据“虚短”原理，$u_+=u_-$，代入上式得

$$u_o=-\frac{R_f}{R_1}(u_{i2}-u_{i2})$$

因此差动输入放大电路的闭环电压放大倍数为

$$A_{uf}=\frac{u_o}{u_{i1}-u_{i2}}=-\frac{R_f}{R_1} \tag{3.5}$$

由式（3.5）可知：

（1）输出电压 u_o 取决于两个输入电压之差 $u_{i1}-u_{i2}$ 和外接电阻的比值 $\frac{R_f}{R_1}$；

（2）闭环电压放大倍数 A_{uf} 只决定于外电阻的比值 $\frac{R_f}{R_1}$，而与集成运放的参数无关。

2）输入电阻

由于差分输入比例放大电路是电压并联反馈组态，则无限的反馈深度把集成运放的输入电阻近似减小到零。那么两输入端之间的输入电阻近似为 $R_{if}=2R_1$，这说明差分输入比例电路的输入电阻不高。

3）共模输入电压

差分输入比例电路中，集成运放的同相输入端和反相输入端虽然“虚短”但不“虚地”，即 $u_+=u_-\neq0$，这说明集成运放的两个输入端可能承受较高的共模输入电压。在选择集成运放时要选择共模输入电压高的芯片。

此电路的主要缺点是输入电阻不高，对电阻元件参数的对称性要求比较严格。如果电路参数不匹配则产生共模输出电压，使电路的共模抑制比下降。

4）输出电阻

由于采用电压负反馈，所以差分放大器带负载能力较强，输出电阻近似为零。

以上讨论了三种输入方式（反相输入放大电路、同相输入放大电路、差动输入放大电路）的基本运算电路。可见，无论哪一种电路，理想运放的闭环电压放大倍数仅与外部电路的电阻有关，而与集成运放的参数无关。由于电阻的精度和稳定性都可以做得很高，所以闭环电压放大倍数的精度和稳定性也很高。另外，它们的输出电阻都很小，输出特性近似恒压源。反相输入和差分输入电路的输入电阻不高，而同相输入的输入电阻很高。反相输入放大电路存在“虚地”，共模输入电压较低，而同相输入和差分输入不存在“虚地”只是“虚短”，它们的共模输入电压较高。

运算放大器采用不同输入方式，结合不同的反馈组合，可构成多种运算功能的运算电路。

通过对反相输入式和同相输入式运放电路的分析可以看到，输出信号通过反馈网络反馈到

反相输入端，从而实现了深度负反馈，并且使得其电压放大倍数与运放本身的参数无关。采用电压负反馈使得输出电阻减小，带负载能力增强。反相输入式采用了并联负反馈使输入电阻减小，而同相输入式采用了串联负反馈使输入电阻增大。

3.4 基本运算电路

集成运放外加反馈网络构成运算电路，能实现加、减、积分和微分等运算。在分析这些电路时，要注意输入方式，判别反馈类型，并利用“虚短”和“虚断”的特点得到结果。

3.4.1 加法运算电路

1. 反相加法运算电路

在集成运放的反相输入端增加若干个输入回路，就可构成反相加法运算电路，如图 3.20 所示。图 3.20 中有三个输入信号（代表三个输入量）加在反相输入端，同相输入端的平衡电阻 $R_4=R_1/\!/R_2/\!/R_3/\!/R_f$。

由“虚断”$i_+=0$ 得 $u_+=0$。

由“虚短”$u_+=u_-$ 得 $u_-=0$。

各支路电流分别为

$$i_1=\frac{u_{i1}}{R_1},\ i_2=\frac{u_{i2}}{R_2},\ i_3=\frac{u_{i3}}{R_3},\ i_f=-\frac{u_o}{R_f}$$

又由于“虚断”$i_-=0$，则

$$i_f=i_1+i_2+i_3$$

即 $-\frac{u_{io}}{R_f}=\frac{u_{i1}}{R_1}+\frac{u_{i2}}{R_2}+\frac{u_{i3}}{R_3}$，所以

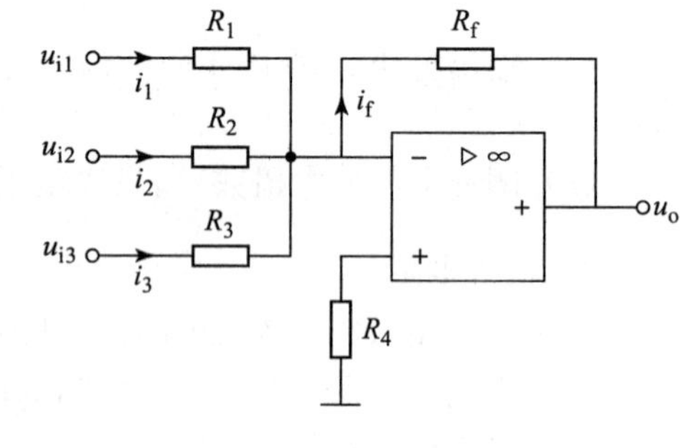

图 3.20 反相加法运算电路

$$u_o=-\left(\frac{R_f}{R_1}u_{i1}+\frac{R_f}{R_2}u_{i2}+\frac{R_f}{R_3}u_{i3}\right) \tag{3.6}$$

式（3.6）表明，输出电压 u_o 等于各输入电压 u_i 按不同的比例相加之和。

上述电路实现的运算为加法运算

$$y=K_1x_1+K_2x_2+K_3x_3 \tag{3.7}$$

式中，$K_1=-\frac{R_f}{R_1}$；$K_2=-\frac{R_f}{R_2}$；$K_3=-\frac{R_f}{R_3}$。

当 $R_1=R_2=R_3=R$ 时，u_o 变为

$$u_o=-\frac{R_f}{R}(u_{i1}+u_{i2}+u_{i3}) \tag{3.8}$$

当 $R_f=R$ 时，有

$$u_o=(u_{i1}+u_{i2}+u_{i3}) \tag{3.9}$$

式（3.9）中比例系数为－1，实现了加法运算。如果实现系数为正求和，再加一级反相比例运算即可。

根据前面的分析，可得出设计加法器电路的方法：

（1）根据函数关系画出电路；

（2）计算参数（注意输入端电阻平衡，电阻取 kΩ）。

反相加法运算电路与运放本身的参数无关。只要外加电阻足够精确，就可以保证加法运算的精度和稳定性。

反相加法运算电路的优点：当改变其中一输入回路的电阻值时，只改变该支路输入电压与输出电压之间的比例关系，对其他支路的输入电压与输出电压之间的比例关系没有影响，因此调节比较灵活方便。另外，由于同相输入端与反相输入端"虚地"，因此在选用集成运放时，对其最大共模输入电压的指标要求不高，在实际工作中，反相加法运算电路应用比较广泛。

【例 3.4】 设计运算电路，要求实现 $y=2x_1+5x_2+x_3$ 的运算。

解：此题的电路模式为 $u_o=2u_{i1}+5u_{i2}+u_{i3}$，是三个输入信号的加法运算。各个系数由反馈电阻 R_f 与各输入信号的输入电阻的比例关系所决定，由于式中各系数都是正值，而反相加法器的系数都是负值，因此需加一级变号运算电路。实现这一运算的电路如图 3.21 所示。

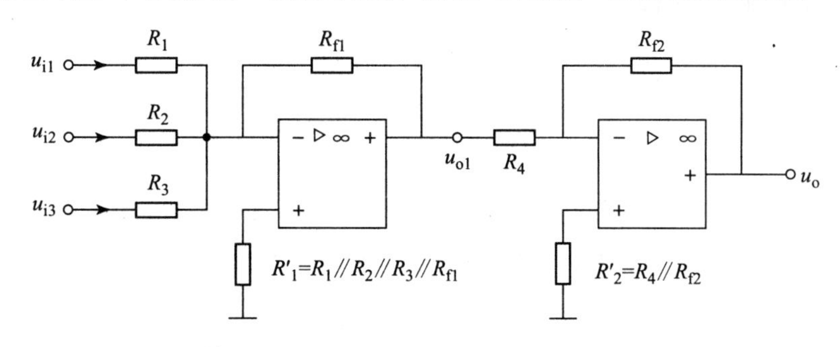

图 3.21　例 3.4 电路

输出电压和输入电压的关系如下：

$$u_{o1}=-\left(\frac{R_{f1}}{R_1}u_{i1}+\frac{R_{f1}}{R_2}u_{i2}+\frac{R_{f1}}{R_3}u_{i3}\right)$$

$$u_o=-\frac{R_{f2}}{R_4}u_{o1}=\left(\frac{R_{f1}}{R_1}u_{i1}+\frac{R_{f1}}{R_2}u_{i2}+\frac{R_{f1}}{R_3}u_{i3}\right)\frac{R_{f2}}{R_4}$$

$$\frac{R_{f1}}{R_1}=2,\quad \frac{R_{f1}}{R_2}=5,\quad \frac{R_{f1}}{R_3}=1$$

取 $R_{f1}=R_{f2}=R_4=10\ \text{k}\Omega$，则

$$R_1=5\ \text{k}\Omega,\ R_2=2\ \text{k}\Omega,\ R_3=10\ \text{k}\Omega,\ R'_1=R_1/\!/R_2/\!/R_3/\!/R_{f1},\ R'_2=R_4/\!/R_{f2}$$

由于两级电路都是反相输入运算电路，故不存在共模误差。

2. 同相加法运算电路

如果把各输入电压加到集成运放的同相输入端，即为同相加法运算电路，如图 3.22 所示：有两个输入信号加在同相输入端，反相、同相输入端平衡电阻 $R_1/\!/R_f=R_2/\!/R_3/\!/R'$。下面求它的函数关系。

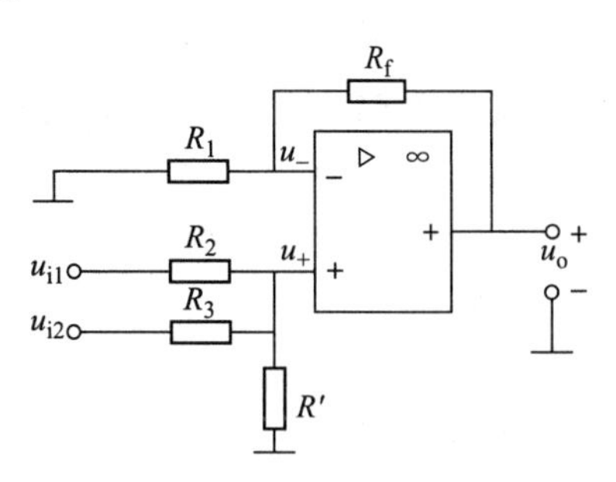

图 3.22　同相加法运算电路

由"虚断"$i_+=0$ 得

$$\frac{u_{i1}-u_+}{R_2}+\frac{u_{i2}-u_+}{R_3}=\frac{u_+}{R'}$$

即

$$u_+=R_p\left(\frac{u_{i1}}{R_2}+\frac{u_{i2}}{R_3}\right)\tag{3.10}$$

式中，$R_p=R_2/\!/R_3/\!/R'$。

由“虚断”$i_-=0$和“虚短”$u_+=u_-$，得

$$u_o=\left(1+\frac{R_f}{R_1}\right)u_+=\left(1+\frac{R_f}{R_1}\right)\cdot R_p\left(\frac{u_{i1}}{R_2}+\frac{u_{i2}}{R_3}\right)$$

$$=\left(\frac{R_p}{R_2}+\frac{R_fR_p}{R_1R_2}\right)u_{i1}+\left(\frac{R_p}{R_3}+\frac{R_fR_p}{R_1R_3}\right)u_{i2} \tag{3.11}$$

由式（3.11）可看出：如果调整某一路信号的阻值，则必须改变R'的阻值，不如反相求和加法电路调节方便。因此同相加法运算电路的参数选取比较复杂，需要反复调整才能确定。而且同相输入时，运放的两个输入端有共模电压，所以对集成运放的最大共模输入电压要求比较高。在实际工作中，一般很少使用同相加法运算电路。

3.4.2 加减法运算电路

1. 双运放加减法运算电路

如果用双运放实现加减法运算，如实现$y=K_1x_1+K_2x_2-K_3x_3-K_4x_4$，对应的电路模式应为$u_o=K_1u_{i1}+K_2u_{i2}-K_3u_{i3}-K_4u_{i4}$，利用两个反相加法器可以实现加减法运算，电路如图3.23所示。加法信号u_{i1}、u_{i2}加到第一级运放的反相输入端，u_{i3}、u_{i4}加到第二级运放的反相输入端，第一级运放的输出电压u_{o1}也接到第二级运放的反相输入端。

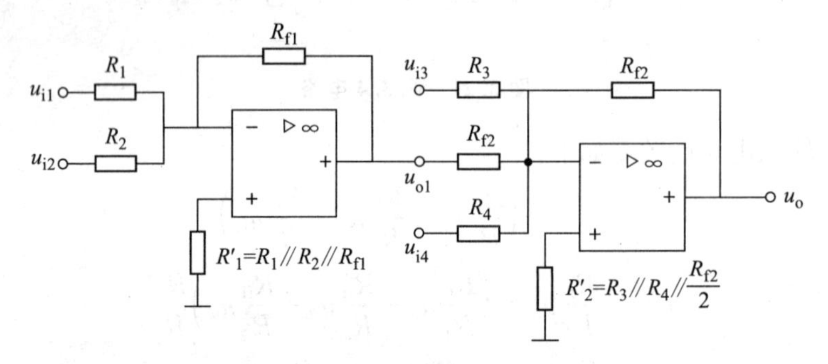

图3.23 双运放加减法运算电路

由于反相输入结构的加减法电路的“虚地”存在，放大器没有共模信号，所以允许共模电压变化范围较大，但反相输入电路的缺点是输入阻抗小。电路适用于对输入阻抗要求不高，而对共模电压变化范围要求较大的场合。由于该电路调节比较灵活方便，所以在实际工作中得到了较广泛的应用。

【例3.5】 设计一个加减法运算电路，使其实现数学运算$y=x_1+2x_2-5x_3-x_4$。

解：此题的电路模式应为$u_o=u_{i1}+2u_{i2}-5u_{i3}-u_{i4}$，利用两个反相加法器可以实现加减法运算，电路如图3.23所示，图中

$$u_{o1}=-\frac{R_{f1}}{R_1}u_{i1}-\frac{R_{f1}}{R_2}u_{i2}$$

$$u_o=-\frac{R_{f2}}{R_{f2}}u_{o1}-\frac{R_{f2}}{R_3}u_{i3}-\frac{R_{f2}}{R_4}u_{i4}$$

$$=\frac{R_{f1}}{R_1}u_{i1}+\frac{R_{f1}}{R_2}u_{i2}-\frac{R_{f2}}{R_3}u_{i3}-\frac{R_{f2}}{R_4}u_{i4}$$

如果取$R_{f1}=R_{f2}=R_4=10\ \text{k}\Omega$，则$R_1=10\ \text{k}\Omega$，$R_2=5\ \text{k}\Omega$，$R_3=2\ \text{k}\Omega$，$R_4=10\ \text{k}\Omega$。$R_1'=$

$R_1 /\!/ R_2 /\!/ R_{f1}$，$R_2' = R_3 /\!/ R_4 /\!/ (R_{f2}/2)$。

2. 单运放加减法运算电路

前面已经介绍过反相输入加法器的分析与设计，那么如何实现单运放加减法运算呢？我们知道，反相求和电路的输出电压与各输入电压之和的极性相反，而同相求和电路的输出电压与各输入电压之和的极性相同，所以可以将反相求和与同相求和电路合并构成加减法运算电路。如图 3.24 所示，它是一个可接四个输入信号的加减法运算电路。

下面利用叠加原理对输出电压与各输入电压的函数关系进行分析。

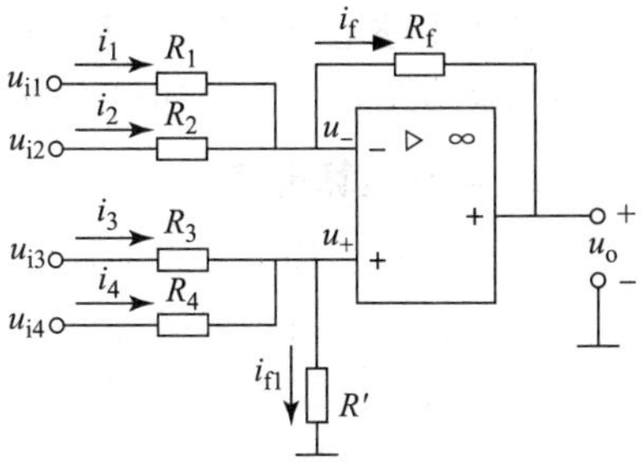

图 3.24　单运放加减法运算电路

（1）令同相输入为零，u_{i1}、u_{i2} 共同作用，相当于反相求和电路，可求出

$$u_{o1} = -\frac{R_f}{R_1}u_{i1} - \frac{R_f}{R_2}u_{i2} \tag{3.12}$$

（2）令反相输入为零，u_{i3}、u_{i4} 共同作用，相当于同相求和电路，可求出

$$u_{o2} = \frac{R_p}{R_n}R_f\left(\frac{u_{i3}}{R_3} + \frac{u_{i4}}{R_4}\right) \tag{3.13}$$

式中，$R_p = R_3 /\!/ R_4 /\!/ R'$，$R_n = R_1 /\!/ R_2 /\!/ R_f$。

根据平衡条件，取 $R_p = R_n$，所以

$$u_o = u_{o1} + u_{o2} = R_f\left(\frac{u_{i3}}{R_3} + \frac{u_{i4}}{R_4} - \frac{u_{i1}}{R_1} - \frac{u_{i2}}{R_2}\right) \tag{3.14}$$

若取 $R_1 = R_2 = R_3 = R_4 = R$，则

$$u_o = \frac{R_f}{R}(u_{i3} + u_{i4} - u_{i1} - u_{i2}) \tag{3.15}$$

如果有更多的输入量，分析方法与上相同，只是 R_p 与 R_n 是多个电阻并联。如果改变某一路电阻阻值，则整个电路参数都要调整，但这种调整比较困难，所以在实际工作中很少采用。如果需要同时进行加减法运算，通常多用一个集成运放，而电路采用反相加法电路结构。

3.4.3　积分、微分运算电路

1. 积分运算电路

积分运算电路用来对输入信号进行积分运算，它的输出电压与输入电压成积分关系，它是模拟计算机中的基本单元电路，其数学模式为 $y = k\int x\mathrm{d}t$；电路模式为 $u_o = k\int u_i\mathrm{d}t$。在反相比例运算电路中，将反馈电阻 R_f 用电容 C 代替就构成积分运算电路，如图 3.25 所示。输入电压 u_i 经电阻 R_1 接到反相输入端，反馈电容 C 接在输出端与反相端之间。

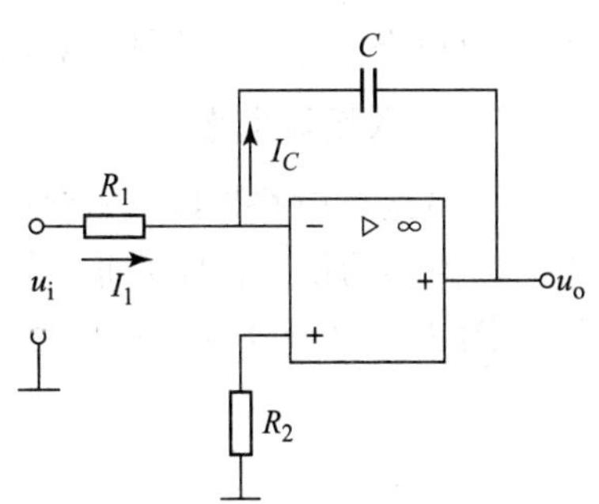

图 3.25　积分运算电路

根据电容电压与电容电流的积分关系

$$u_C = \frac{1}{C}\int I_C\mathrm{d}t \tag{3.16}$$

因为 $u_o=-u_C$，$i_1=i_C=\dfrac{u_i}{R_1}$，所以

$$U_o=-\frac{1}{R_1C}\int u_i\mathrm{d}t \tag{3.17}$$

由式（3.17）可以看出，此电路可以实现积分运算，其中 $K=-\dfrac{1}{R_1C}$，称为积分时间常数。

利用上述电路，当 u_i 为负的恒定电压时，可组成锯齿波、三角形波发生器电路，还可在自动控制系统中组成调节器。

2. 微分运算电路

微分运算是积分运算的逆运算。将积分运算电路中的电阻、电容调换位置就可组成微分运算电路，如图 3.26（a）所示。

由于 $u_+=0$，$I_i'=0$，则 $I_C=I_f$

$$I_C=I_f=C\frac{\mathrm{d}u_C}{\mathrm{d}t}=C\frac{\mathrm{d}u_i}{\mathrm{d}t} \tag{3.18}$$

$$u_o=-I_fR_f=-R_fC\frac{\mathrm{d}u_i}{\mathrm{d}t} \tag{3.19}$$

可见输入信号 u_i 与输出信号 u_o 有微分关系，具有微分运算功能。负号表示输出信号与输入信号反相，R_fC 为微分时间常数，其值越大，微分作用越强。

微分运算电路不但能实现微分运算，在自动控制系统中还用来组成调节器，在脉冲数字技术中可用来进行波形变换等，但这种电路容易接收外来干扰信号，工作稳定性不高。常对电路做一改进，如图 3.26（b）所示，在输入支路中串入一个小电阻 R_1，以限制输入电压突变；反馈电阻 R_f 上并上一个小电容 C_1，以增强高频负反馈。这样，在正常工作频率时，它们的影响很小，但在频率较高时，将使闭环放大倍数下降，从而可抑制高频干扰。

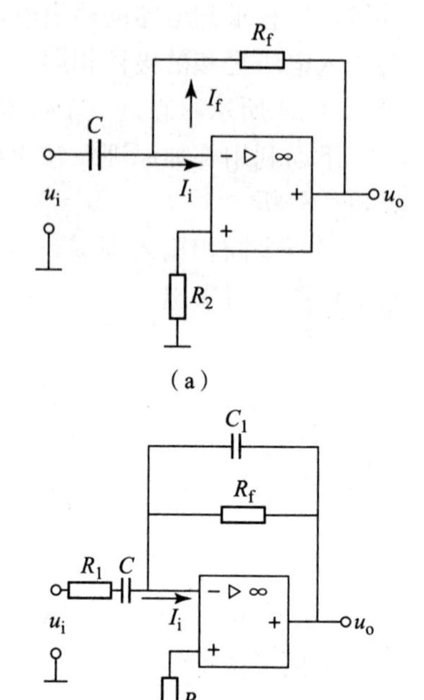

图 3.26 微分运算电路

（a）基本微分运算电路；
（b）改进的微分运算电路

3.4.4 对数与指数运算电路

在控制系统和测量仪表中，经常用到对数运算。对数运算放大器指输出信号的大小是对输入信号实行对数运算结果的电路。指数运算放大器也称反对数放大器。两者适当组合可组成具有不同功能的各种非线性运算放大器，如乘法和除法运算电路。

1. 对数运算电路

对数运算电路是以二极管的 PN 结或晶体管的发射结作为运算放大器的反馈元件，利用半导体 PN 结的伏安特性的非线性段来实现对数运算。

图 3.27（a）所示为利用二极管组成的基本对数运算电路。理想情况下，可列出

$$i_D=i_i=\frac{u_i}{R_1},\ u_o=-u_D$$

又由二极管的伏安特性方程 $i_D=I_S e^{u_D/U_T}$，得

$$\frac{u_i}{R_1}=I_S e^{u_D/U_T}$$

两边取对数，得

$$\ln\frac{u_i}{R_1}=\ln I_S-\frac{u_o}{U_T}$$

解出

$$u_o=-U_T\ln\frac{u_i}{R_1 I_S} \tag{3.20}$$

即输出电压与输入电压成对数关系。以室温时 $U_T=26$ mV 将自然对数换成常用对数，则式（3.20）可写成

$$u_o=-2.3\times26\lg\frac{u_i}{R_1 I_S}\approx-60\lg\frac{u_i}{R_1 I_S}\ (\text{mV}) \tag{3.21}$$

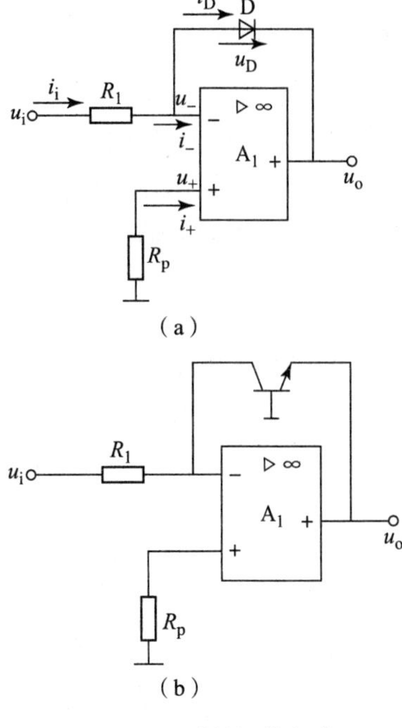

图 3.27　对数运算电路

（a）基本对数运算电路；（b）三极管代替二极管的对数运算电路

以上运算过程表明，要得到精确的对数关系，一方面集成运放的性能要好，另一方面对数元件必须具备 $i_D=I_S e^{u_D/U_T}$ 伏安特性。二极管的伏安特性只在一定的电流范围内才有良好的对数关系，在小电流和大电流区域都对于该式有较大偏差。利用晶体管代替二极管可获得较大的工作范围，如图 3.27（b）所示。但无论是二极管还是晶体管，其 U_T 和 I_S 都随温度而变，因而对数运算电路温度特性都不好，在实际应用中还要采取温度补偿措施，具体可参阅有关文献。

2. 指数运算电路

指数运算是对数的逆运算，其电路如图 3.28 所示。理想条件下，当输入电压为正时，有

$$u_i=u_{BE},\qquad i_C=I_S e^{u_{BE}/U_T}=i_f$$

$$u_o=-i_f R_f=-I_S R_f e^{u_i/U_T} \tag{3.22}$$

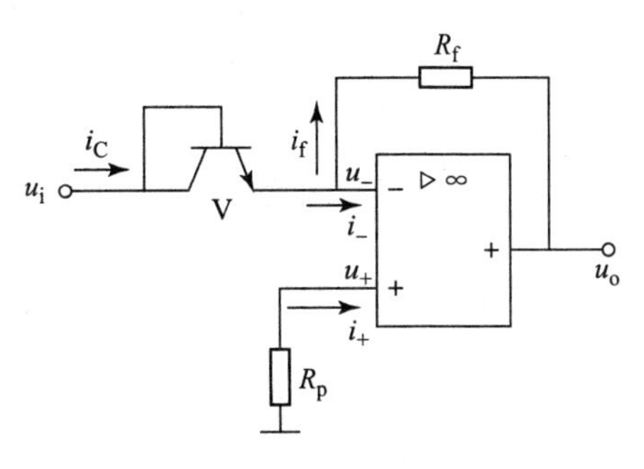

图 3.28　指数运算电路

可见，输出电压与输入电压的指数成比例关系，实现了指数运算。

利用对数和指数运算电路的组合，可以实现多种非线性运算关系，如乘法、除法等。

3.5　集成运算放大器的非线性应用

前面介绍过，集成运放在开环和正反馈情况下的应用是非线性应用，此时集成运放工作于非线性限幅状态。它广泛应用于信号幅度比较、信号产生和变换等各个技术领域。

分析这类电路的关键是找出使集成运放在正反馈下发生跃变的临界条件，即找出工作状态由线性放大区转换为非线性区的转换点。在状态转换过程中，集成运放仍处于线性放大区。本节先介绍理想运放在非线性区的工作特点，然后以电压比较器为例，简要介绍集成运放非线性应用的工作原理和分析方法。

3.5.1 理想运算放大器工作在非线性区的特点

在非线性区，输出电压不再随输入电压线性增长，而是达到饱和。表示输出电压与输入电压的关系曲线称为传输特性曲线，如图 3.29 所示。

理想运放工作在非线性区时，有以下两个重要特点：

（1）理想运放的输出电压达到饱和值。

当 $u_+>u_-$ 时，$u_o=+u_{oH}$（饱和）；

当 $u_+<u_-$ 时，$u_o=-u_{oL}$（饱和）。

在非线性区工作时，$u_+\neq u_-$ 也就不存在“虚短”现象。

（2）理想运放的输入电流等于零。

由于理想运放的输入电阻 $r_{id}=\infty$，尽管输入电压 $u_+\neq u_-$，仍可认为此时输入电流为零，即

$$i_+=i_-=0 \tag{3.23}$$

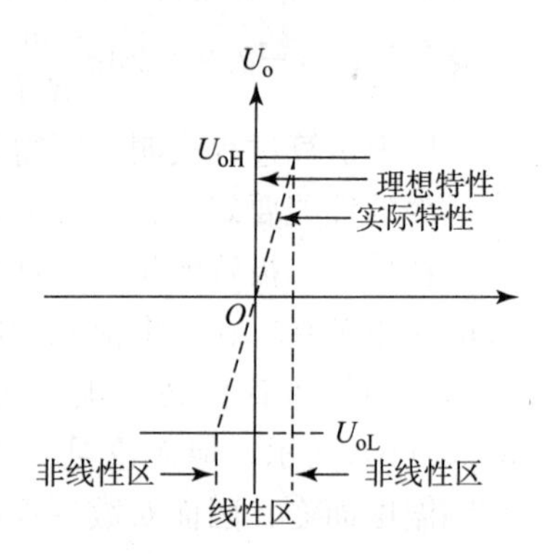

图 3.29 理想运放非线性传输特性曲线

实际集成运放的传输特性如图 3.29 中虚线所示，与理想运放的传输特性存在一些差异，这是由于实际运放的开环电压放大倍数不是无穷大。但是一般集成运放的 A_{ud} 比较大，因此在（u_+-u_-）差值比较小时，运放还是工作在线性区，只是线性工作范围较小。

集成运放开环差模电压放大倍数 A_{ud} 通常很大，如果不采取适当措施，即使在输入端加一个很小的电压，仍可能使集成运放超出线性工作区范围。为了保证运放工作在线性区，在电路中要引入一个深度负反馈，以减小直接施加在集成运放两个输入端的净输入电压。

3.5.2 电压比较器

电压比较器的功能是将输入的模拟信号与一个参考电压进行比较，当二者幅度相等时，输出电压跃变，由高电平变成低电平，或者由低电平变成高电平。从而据此来判断输入信号的大小和极性。电压比较器常用于自动控制、测量电路、信号处理、波形变换、模/数（A/D）转换及越限报警等许多场合。

在集成运放所构成的电压比较器中，运放大多处于开环或正反馈的状态，只要在两个输入端间加一个很小的信号，运放就会进入非线性区，输出为正饱和值或负饱和值，即 $\pm U_{OM}$，也就是说，输出电压不是接近于正电源电压，就是接近于负电源电压。在分析比较器时，“虚断”原则仍成立，但“虚短”和“虚地”的原则不再适用。

电压比较器有各种不同的类型。对它的要求是鉴别要准确，反应要灵敏，动作要迅速，抗干扰能力要强，还应有一定的保护措施，以防止因过电压或过电流而造成器件损坏。下面以简单的单限电压比较器为例，阐述比较器的构成和工作原理。

3.5.3 单限电压比较器

图 3.30（a）所示为简单的单限电压比较器，反相输入端接输入信号 u_i，同相输入端接基准电压 U_R。集成运放处于开环工作状态，当 $u_i\ll U_R$ 时，输出为高电位 $+U_{om}$；当 $u_i\gg U_R$ 时，输出为低电位 $-U_{om}$。

由图3.30可见，只要输入电压相对于基准电压U_R发生微小的正、负变化，输出电压u_o就在负的最大值到正的最大值之间做相应地变化，这就是状态的转换点。

比较器也可以用于波形变换。例如，比较器的输入电压u_i是正弦波信号，若$U_R=0$，则每过零一次，输出状态就要翻转一次，如图3.31（a）所示。对于图3.30所示的电压比较器，若$U_R=0$，当u_i在正半周时，由于$u_i>0$，则$u_o=+U_{om}$；当u_i在负半周时$u_i<0$，则$u_o=-U_{om}$。若U_R为一恒压，只要输入电压在基准电压U_R处稍有正负变化，输出电压u_o就在负的最大值到正的最大值之间做相应地变化，如图3.31（b）所示。

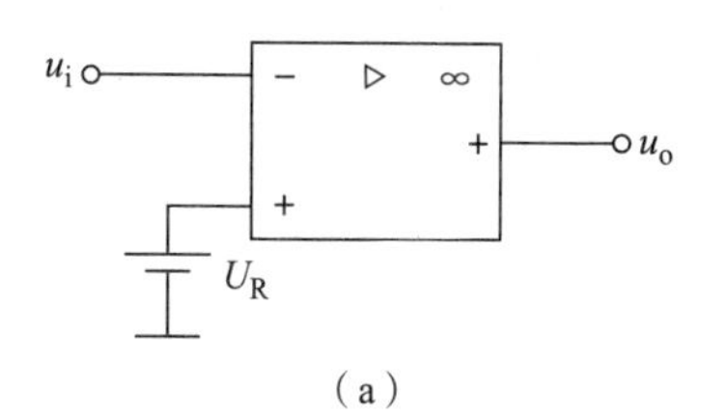

（a）

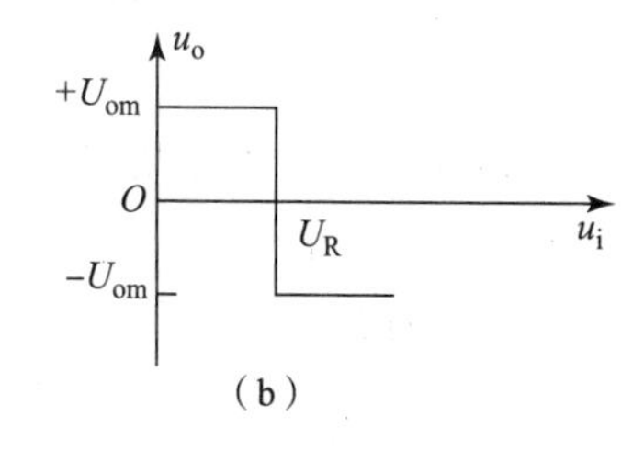

（b）

图3.30　简单的电压比较器

（a）电压比较器；（b）传输特性曲线

比较器可以由通用运放组成，也可以由专用运放组成，它们的主要区别是输出电平有差异。通用运放输出的高、低电平值与电源电压有关，专用运放比较器在其电源电压范围内，输出的高、低电平电压值是恒定的。

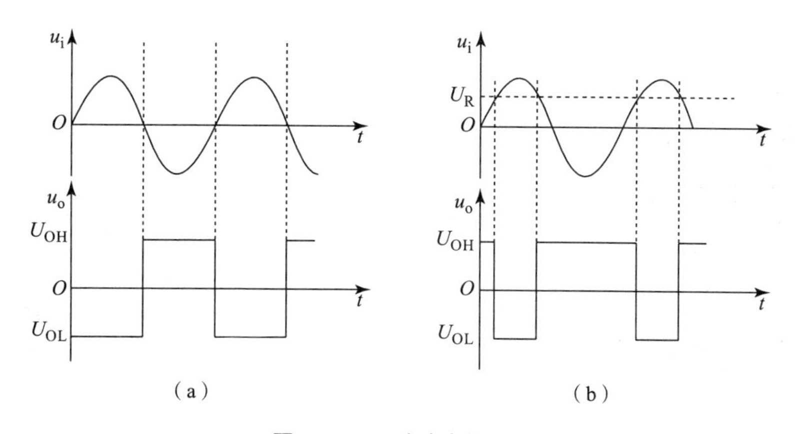

图3.31　正弦波变换方波

（a）输入正弦波$U_R=0$；（b）输入正弦波$U_R=U$

3.5.4　迟滞电压比较器

单限电压比较器的缺点是抗干扰能力差。当输入信号在U_R处上下波动时，输出电压会出现多次翻转。如有干扰信号进入，比较器也容易误翻转。解决的办法是适当引入正反馈，这称为迟滞电压比较器，其电路如图3.32所示，它是从输出端引出一个反馈电阻到同相输入端，使同相输入端电位随输出电压变化而变化（由U_o和U_R共同决定），达到移动过零点的目的。

根据叠加原理有

$$U_+=\frac{R_1}{R_1+R_f}U_o+\frac{R_f}{R_1+R_f}U_R \tag{3.24}$$

由于运放工作在非线性区，输出只有高、低电平两个电压$+U_{om}$和$-U_{om}$。

当输出电压为$+U_{om}$时，同相端电压为u_+的上门限值，即

$$U_{+H}=\frac{R_1}{R_1+R_f}U_{om}+\frac{R_f}{R_1+R_f}U_R \tag{3.25}$$

只要$U_i<U_{+H}$，输出总是$+U_{om}$。一旦U_i从小于U_{+H}加大到大于U_{+H}，输出电压立即从$+U_{om}$变为$-U_{om}$。

此后，当输出电压为$-U_{om}$时，同相端电压为U_+的下门限值，即

$$U_{+L}=\frac{R_1}{R_1+R_f}(-U_{om})+\frac{R_f}{R_1+R_f}U_R \tag{3.26}$$

只要$U_i>U_{+L}$，输出总是$-U_{om}$。一旦U_i从大于U_{+L}减小到小于U_{+L}，输出电压立即从$-U_{om}$变为$+U_{om}$。

可见，输出电压从正变负，又从负变正，其参考电压U_{+L}和U_{+H}是不同的两个值。这就使比较器具有迟滞特性，传输线具有迟滞回线的形状，如图 3.33 所示。两个参考电压U_{+L}和U_{+H}之差称为“回差”。

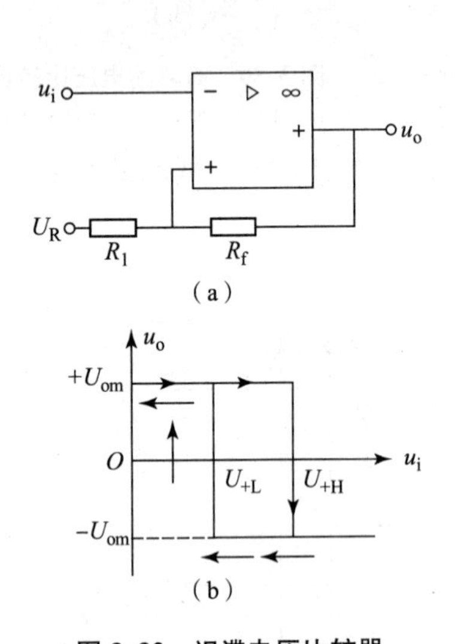

图 3.32 迟滞电压比较器

(a) 电路；(b) 传输特性曲线

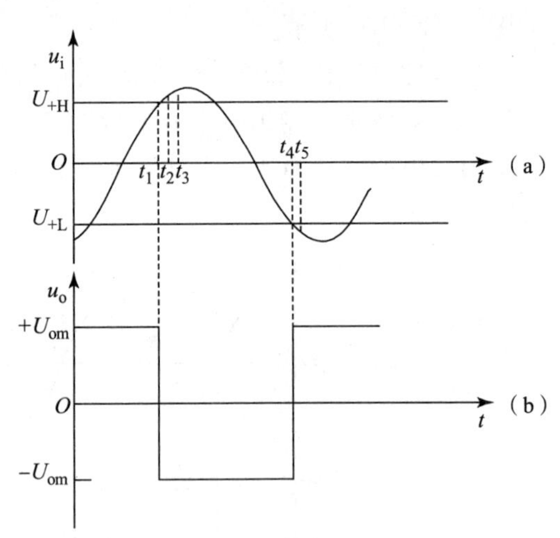

图 3.33 迟滞电压比较器的输入波形和输出波形

(a) 输入波形；(b) 输出波形

迟滞电压比较器的特点是，当输入信号发生变化且通过门限电平时，输出电压会发生翻转，门限电平也随之变换到另一个门限电平。当输入电压反向变化而通过导致刚才翻转那一瞬间的门限电平值时，输出不会发生翻转，直到u_i继续变化到另一个门限电平时才能翻转，出现转换迟滞。

【例 3.6】 在图 3.34（a）所示电路中，$R_1=20\ \text{k}\Omega$，$R_2=100\ \text{k}\Omega$，双向稳压管稳压值为$U_Z=6\ \text{V}$。试画出$U_R=0\ \text{V}$和 6 V 两种情况下的传输特性曲线。

解：当$U_R=0\ \text{V}$时，有

$$U_{+H}=\frac{R_1}{R_1+R_2}U_Z=\frac{20}{20+100}\times 6\ \text{V}=1\ \text{V}$$

$$U_{+L}=\frac{R_1}{R_1+R_2}(-U_Z)=\frac{20}{20+100}\times(-6)\text{V}=-1\ (\text{V})$$

作出传输特性曲线，如图 3.34（b）所示。

当$U_R=6\ \text{V}$时，有

$$U_{+H}=\frac{R_2}{R_1+R_2}U_R+\frac{R_1}{R_1+R_2}U_Z=\frac{100}{20+100}\times 6\ \text{V}+\frac{20}{20+100}\times 6\ \text{V}=6\ \text{V}$$

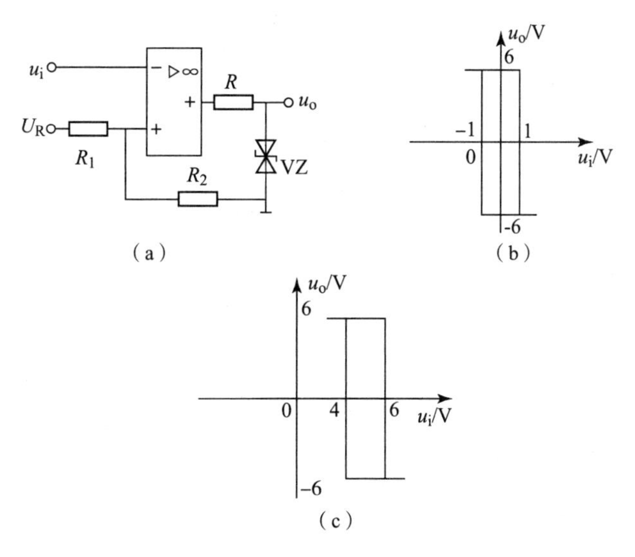

图 3.34　例 3.6 图

$$U_{+L}=\frac{R_2}{R_1+R_2}U_R+\frac{R_1}{R_1+R_2}(-U_Z)=\frac{100}{20+100}\times 6\ \text{V}+\frac{20}{20+100}\times(-6)\text{V}=4\ \text{V}$$

当 $u_i>6$ V 时，$u_o=-6$ V；

当 $U_i<4$ V 时，$u_o=6$ V。

作出传输特性曲线，如图 3.34（c）所示。

※3.6　集成运算放大器在实际应用中的注意事项

在实际应用中，除了要根据用途和要求正确选择集成运放的型号外，为使之能稳定、可靠、安全和高性能地工作，还必须注意以下事项。

1. 粗测、接线

粗测以判断集成运放的好坏。使用集成运放前，可用万用表电阻挡进行粗测，主要判断集成运放内部 PN 结的性能好坏和内部是否有短路及断路情况。根据实际要求选择合理的集成运放类型和型号后，应根据集成运放的引脚图正确接线，千万不能接错，这一点非常重要，如果接错线，非常容易烧坏管子。

2. 消除自激振荡

集成运放内部是一个多级放大电路，而运算放大电路又引入了深度负反馈，加之集成运放内部晶体管的极间电容和其他寄生参数的影响，在工作时容易产生自激振荡，破坏正常工作。大多数集成运放在内部都设置了消除自激的补偿网络，有些集成运放引出了消振端子，用外接 *RC* 消除自激现象。实际使用时可按图 3.35 所示，在电源端、反馈支路及输入端连接电容或阻容支路来消除自激现象。

3. 调零

集成运放在正常情况下，当输入电压为零时，输出电压也应为零，但实际运放的失调电压、失调电流都不为零，因此，当输入信号为零时，输出信号不为零。如不为零，应先消除自

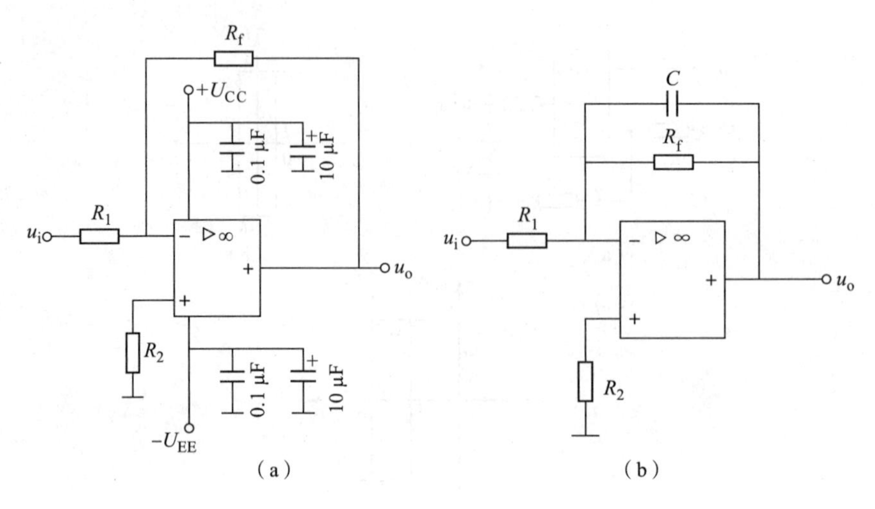

图 3.35　消除自激电路

(a) 在电源端子接上电容；(b) 在反馈电阻两端并联电容

激振荡，再调零。调零时应将电路接成负反馈闭环，将两个输入端接地，调节集成运放外接的调零电位器，使输出电压为零。有些运放没有调零端子，需接上调零电位器进行调零，如图 3.36 所示。

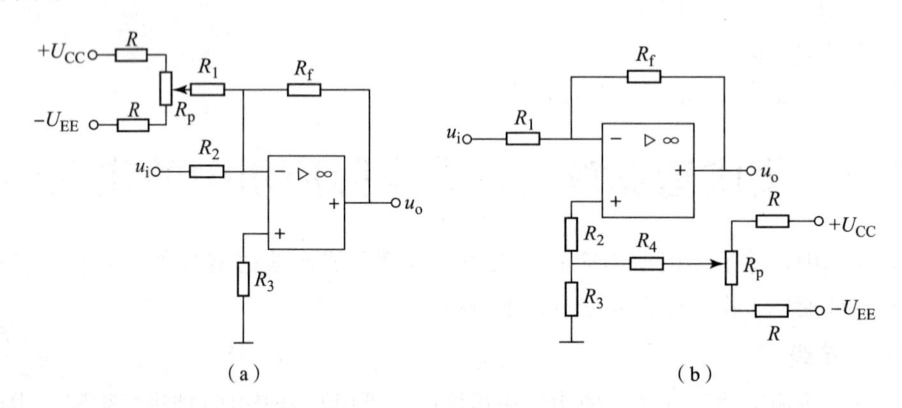

图 3.36　辅助调零措施

(a) 引到反相端；(b) 引到同相端

4. 保护措施

为了保证集成运放的安全工作，防止使用时由于输入电压和输出电压过大，输出短路及错接外部电源极等原因造成集成运放损坏，需要采取一定的保护措施。

(1) 输入端保护。为防止输入差模或共模电压过高损坏集成运放的输入级，可在集成运放的输入端并接极性相反的两个二极管，从而使输入电压的幅度限制在二极管的正向导通电压之内，如图 3.37 (a) 所示。

(2) 输出端保护。为了防止输出级被击穿可采用图 3.37 (b) 所示的保护电路。输出正常时双向稳压管未被击穿，相当于开路，对电路没有影响。当输出电压大于双向稳压管的稳压值时，稳压管被击穿。减小了反馈电阻，负反馈加深，将输出电压限制在双向稳压管的稳压范围内。

(3) 电源极性错接保护。为了防止电源极性接反，在正、负电源回路顺接二极管。若电源极性接反，二极管截止，相当于电源断开，起到了保护作用，如图 3.37（c）所示。

这些保护措施应视具体情况使用，不可一律照搬。

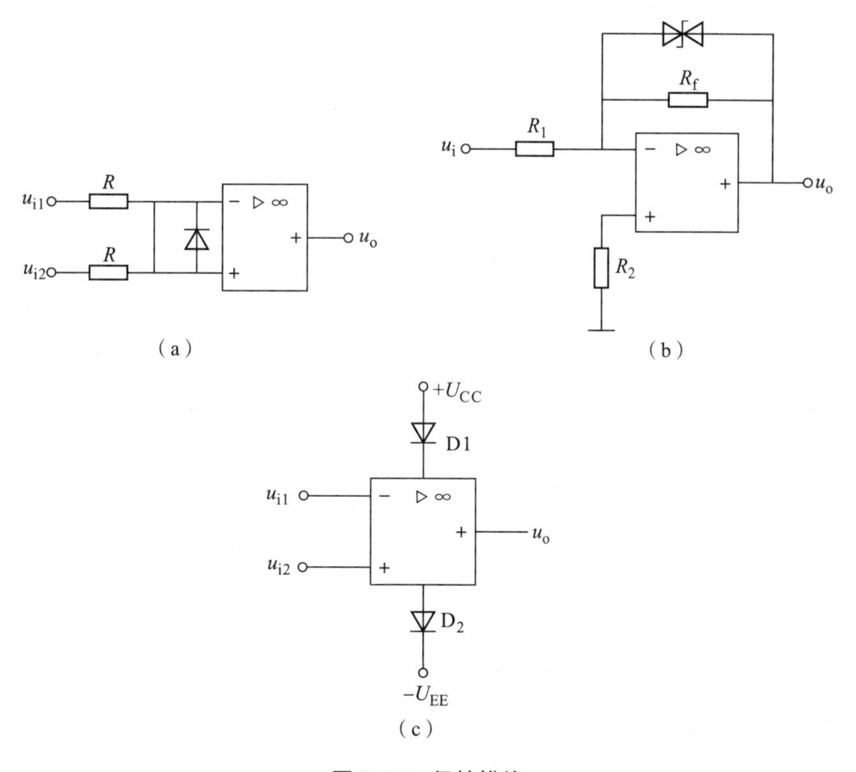

图 3.37　保护措施

（a）输入保护电路；（b）输出保护电路；（c）电源反接保护电路

实验　运算放大器组成的信号运算电路仿真实验

一、实验目的

（1）熟练掌握 EWB 的仿真实验法。

（2）掌握由集成运放构成各种运算电路的方法。

（3）加深理解各种运算电路的工作原理。

二、实验内容和步骤

1. 集成运放检测电路的 EWB 仿真

在 EWB 主界面中按实验图 3.1 接线，其中集成运放在 Anlog ICS（模拟集成电路）工具箱中获得，按 Space 键（空格键）可使集成运放短接或接入 7.5 V，在这两种情况下若测得输出电压分别为 0 V 和 7.5 V，则说明该器件是好的。

2. 反相比例运算电路

在 EWB 主界面中搭建反相比例运算电路如实验图 3.2 所示，将输入直流电压设定为 1 V，在显示器件库中选择电压表接输出端，电路连接完毕，单击仿真按钮，电路运算结果显示于电

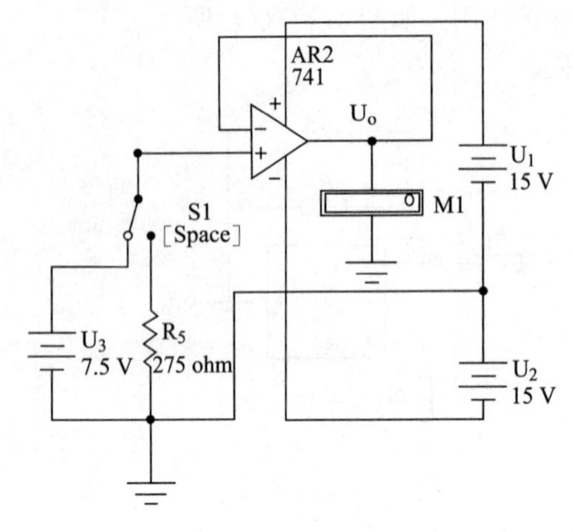

实验图 3.1　集成运放检测电路的 EWB 仿真

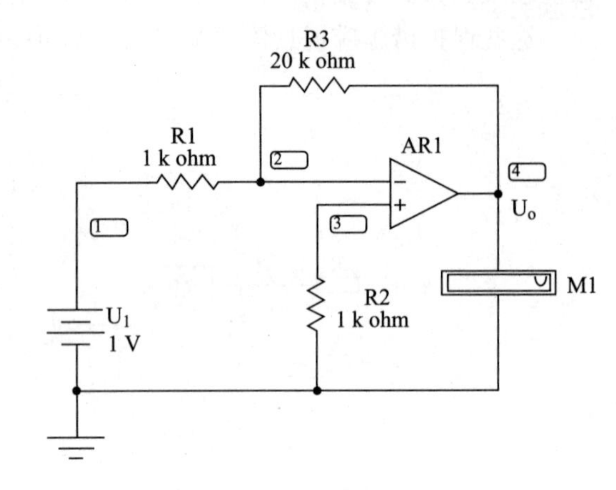

实验图 3.2　反相比例运算电路

压表内。运算关系式为 $U_o=\left(-\frac{R_3}{R_1}\right)U_1=-20U_1=-20\ \text{V}$，反相比例系数为$-20$。

3. 同相比例运算电路

在 EWB 主界面中搭建如实验图 3.3 所示的同相比例运算电路，其运算关系式为 $U_o=\left(1+\frac{R_3}{R_1}\right)U_1=3U_1=3\ \text{V}$，同相比例系数为 3。

4. 加法运算电路

在 EWB 主界面中搭建如实验图 3.4 所示的反相输入加法运算电路，其运算关系式为 $U_o=-R_4\left(\frac{U_1}{R_1}+\frac{U_2}{R_2}\right)=-3\ \text{V}$。

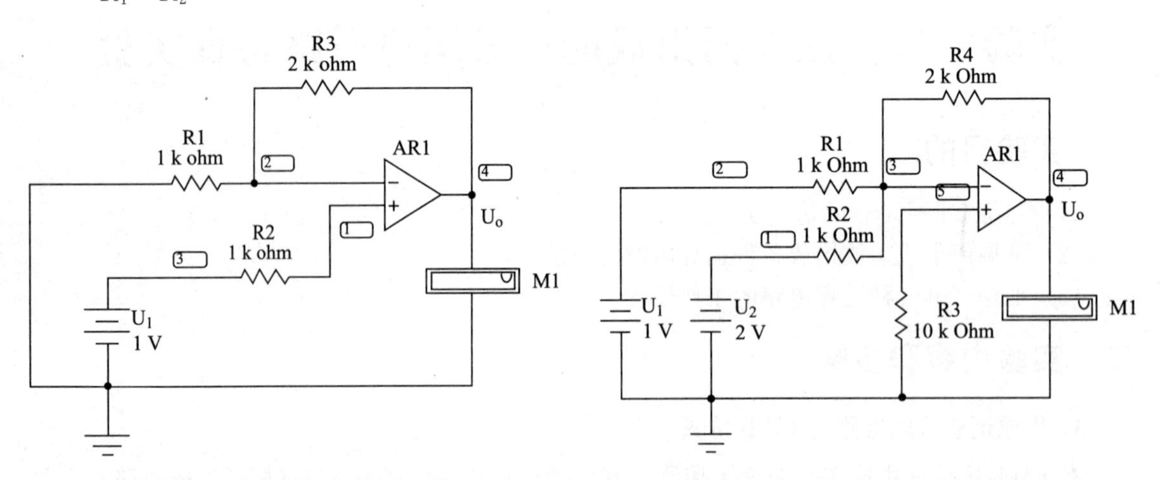

实验图 3.3　同相比例运算电路

实验图 3.4　反相输入加法运算电路

在 EWB 主界面中搭建如实验图 3.5 所示的同相输入加法运算电路，其运算关系式为 $U_o=\left(1+\frac{R_1}{R_2}\right)\left(\frac{R_3/\!/R_4}{R_2+R_3/\!/R_4}U_1+\frac{R_2/\!/R_4}{R_3+R_2/\!/R_4}U_2\right)=2\ \text{V}$。

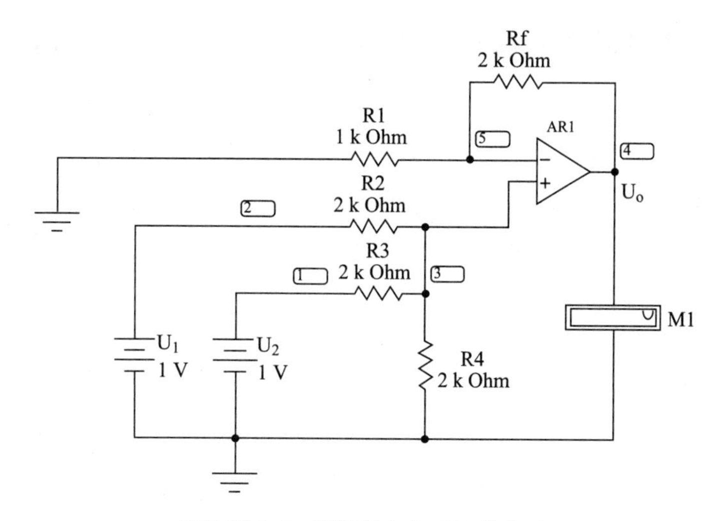

实验图 3.5　同相输入加法运算电路

5. 减法运算电路

在 EWB 主界面中搭建如实验图 3.6 所示的减法运算电路，其运算关系式为

$$U_o=\left(\frac{R_1+R_4}{R_1}\frac{R_3}{R_2+R_3}\right)U_1-\left(\frac{R_4}{R_1}\right)U_2=5U_1-5U_2=-5\ \text{V}$$

6. 积分运算电路

在 EWB 主界面中搭建如实验图 3.7 所示的积分运算电路，其中函数发生器参数为频率 1 kHz、振幅（amplitude）5 V，其运算关系式为 $U_o=-\frac{1}{R_1C_1}\int U_i\mathrm{d}t$ 。示波器显示的波形如实验图 3.8 所示。

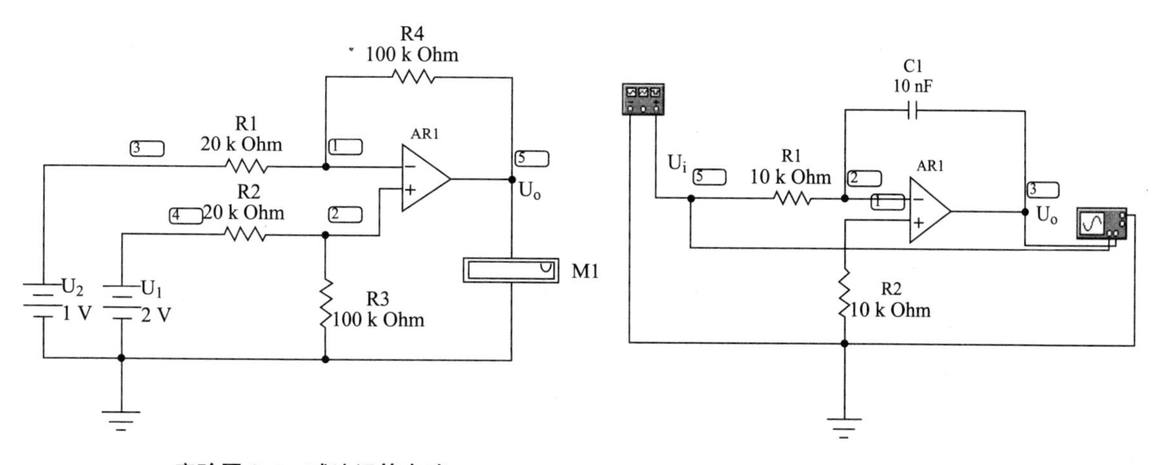

实验图 3.6　减法运算电路

实验图 3.7　积分运算电路

三、实验要求

（1）会分析测试结果并了解产生误差的原因。

（2）熟悉基本运算电路的方法。

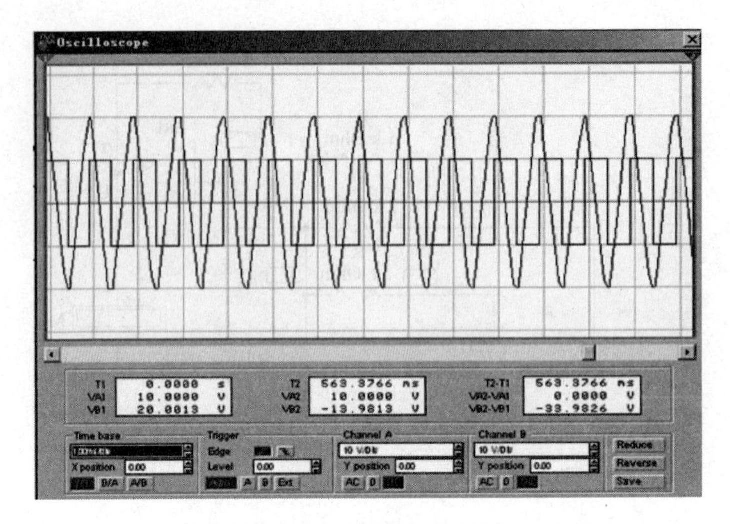

实验图 3.8　积分运算电路示波器显示波形

本章小结

1. 集成运算放大器是利用集成电路工艺制成的高放大倍数的直接耦合放大器。在实际应用中通常将集成运算放大器理想化，当其工作在线性区时，有两个非常重要的概念："虚短"和"虚断"；当其工作在非线性区时，输出有两种可能。

2. 集成运算放大器接上反馈电路，对其性能影响很大。判断反馈类型的方法如下：

正、负反馈采用"瞬时极性法"，即假设从输入端到输出端发生一瞬时变化，再判断此变化反馈到输入端后，其作用是增强净输入信号还是削弱净输入信号，前者为正反馈，后者为负反馈。

串、并联反馈从输入电路判断。反馈信号和输入信号分别在运算放大器两个输入端上时为串联反馈；在同一输入端上时为并联反馈。

电压、电流反馈从输出电路中判断。反馈信号取自输出端的为电压反馈，取自输出端负载串联的电阻上的为电流反馈。

3. 集成运算放大器线性应用是利用"虚短"和"虚断"的关系确定电路输出与输入的关系。

习　题

3.1　选择题。

(1) 集成运放最常见的问题是（　　）。

A. 输入电阻小　　B. 输出电阻大　　C. 温漂

(2) 通用型集成运放的输入级大多采用（　　）。

A. 共射极放大电路　　B. 射极输出器　　C. 差分放大电路

(3) 集成运放采用直接耦合的原因是（　　）。

A. 便于设计　　B. 放大交流信号　　C. 不易制作大容量的电容

(4) 集成运放的增益越高，运放的线性区（　　）。

A. 越大　　B. 越小　　C. 不变

(5) 为使运放工作在线性区，通常（　　）。

A. 引入负反馈　　B. 提高输入电阻　　C. 减小器件的增益

(6) 反相比例运算电路中，电路引入了（　　）负反馈。

A. 电压串联　　B. 电压并联　　C. 电流并联

(7) 反相比例运算电路中，运放的反相端（　　）。

A. 接地　　B. 虚地　　C. 与地无关

(8) 同相比例运算电路中，电路引入了（　　）负反馈。

A. 电压串联　　B. 电压并联　　C. 电流并联

(9) 在反相比例运算电路中，运放输入端的共模电压为（　　）。

A. 零　　B. 输入电压的一半　　C. 输入电压

(10) 在同相比例运算电路中，运放输入端的共模电压为（　　）。

A. 零　　B. 输入电压的一半　　C. 输入电压

(11) 对于基本积分电路，当其输入为矩形波时，其输出电压 u_o 的波形为（　　）。

A. 矩形波　　B. 锯齿波　　C. 正负尖脉冲

(12) 对于基本微分电路，当其输入为矩形波时，其输出电压 u_o 的波形为（　　）。

A. 矩形波　　B. 锯齿波　　C. 正负尖脉冲

(13) 若将基本积分电路中接在集成运放负反馈支路的电容换成二极管便可得到基本的（　　）运算电路。

A. 对数　　B. 反对数　　C. 积分

(14) 希望运算电路的函数关系是 $u_o=k_1u_{i1}+k_2u_{i2}+k_3u_{i3}$（其中 k_1、k_2 和 k_3 是常数，且均为负值），应该选用（　　）电路。

A. 反相比例　　B. 同相比例　　C. 反相加法运算

3.2 填空题。

(1) 理想运放，即理想集成运算放大器，是为了简化由运放组成的电路分析过程而提出的一种理想化器件，其性能指标：开环电压增益 $A_{ud}=$______；差模输入电阻 $R_{id}=$______；输出电阻 $R_o=$______。

(2) 集成运放是一个高增益直接耦合的多级放大器，它通过引入________组成各种运算电路。此时集成电路本身工作在________，输出电压与两个输入端之间的电压呈线性关系。

(3) 集成运放的三种基本输入形式为________、________、________。

(4) 由集成运放组成的运算电路和电压比较器，它们的主要区别是：电压比较器中的运放工作在________或________，而运算电路中的集成运放工作在________；电压比较器输出只有________和________两个稳定状态。

(5) 电压比较器的输出电压与两个输入端的电位关系有关。若 $u_+>u_-$，则输出电压 $u_o=$________；若 $u_+<u_-$，则输出电压 $u_o=$________。

3.3 如习题图 3.1 所示电路。

(1) 写出 u_o 与 u_{i1} 和 u_{i2} 的函数关系。

(2) 若 $u_{i1}=+1.25\ \text{V}$，$u_{i2}=-0.5\ \text{V}$，u_o 为多少？

3.4 电路如习题图 3.2 所示，设各集成运放性能均理想。试求输出电压 u_o 的表达式。

3.5 试证明习题图 3.3 中运放的电压放大倍数。

3.6 求习题图 3.4 中运放的输出电压 u_o。

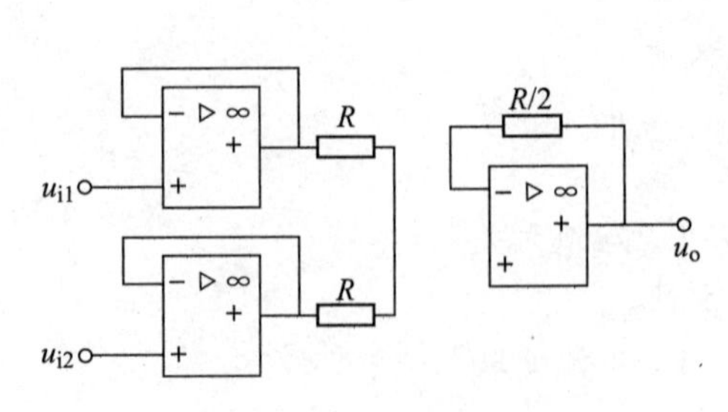

习题图 3.1　习题 3.3 图

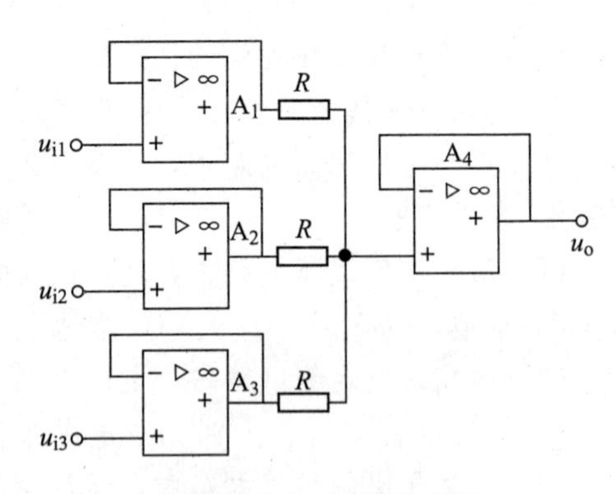

习题图 3.2　习题 3.4 图

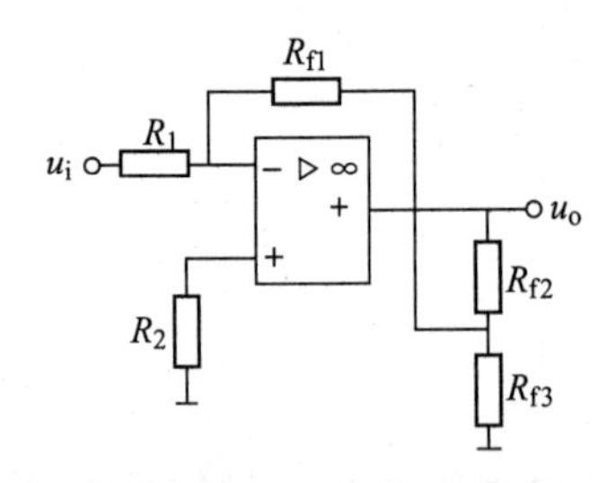

习题图 3.3　习题 3.5 图

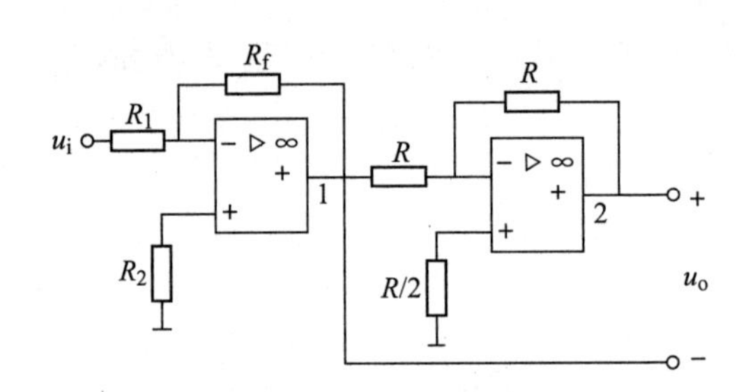

习题图 3.4　习题 3.6 图

3.7　在习题图 3.5 中，已知 $R_f=5R_1$，$u_i=10$ mV，求 u_o 值。

3.8　在习题图 3.6 中，已知 $R_1=2$ kΩ，$R_f=10$ kΩ，$R_2=2$ kΩ，$R_3=18$ kΩ，$u_i=1$ V，求 u_o 的值。

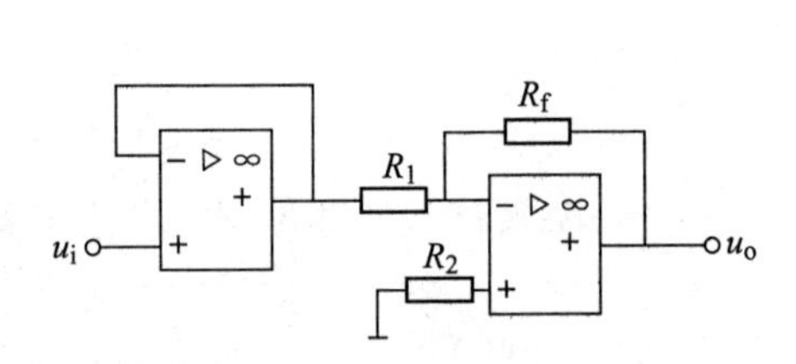

习题图 3.5　习题 3.7 图

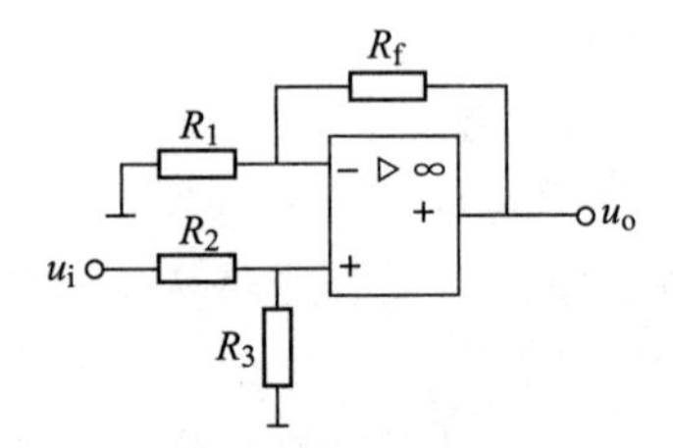

习题图 3.6　习题 3.8 图

3.9　推导习题图 3.7 中 u_o 与 u_{i1} 和 u_{i2} 之间的关系。

3.10　习题图 3.8 中 $R_1=R_2$，$R_3=R_4$，求 u_o 与 u_{i1}、u_{i2} 的关系。

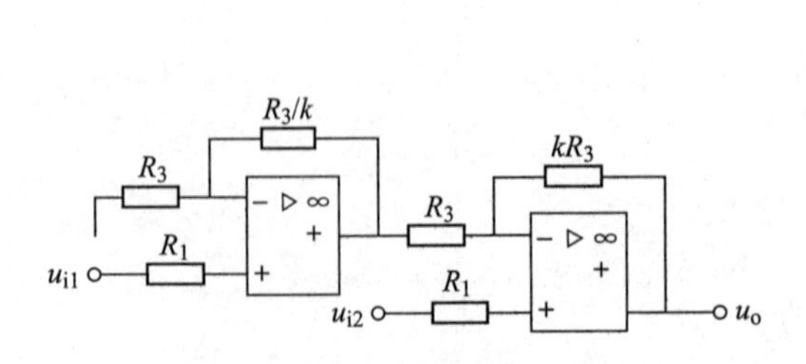

习题图 3.7　习题 3.9 图

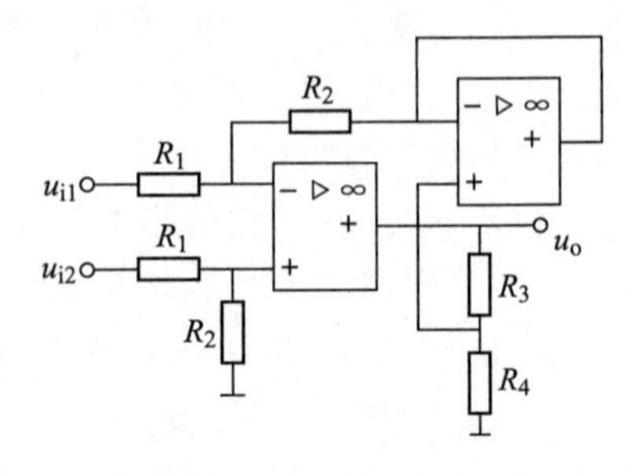

习题图 3.8　习题 3.10 图

3.11　求习题图 3.9 所示电路中 $u_o=(1+R_1/R_2)(u_{i2}-u_{i1})$。

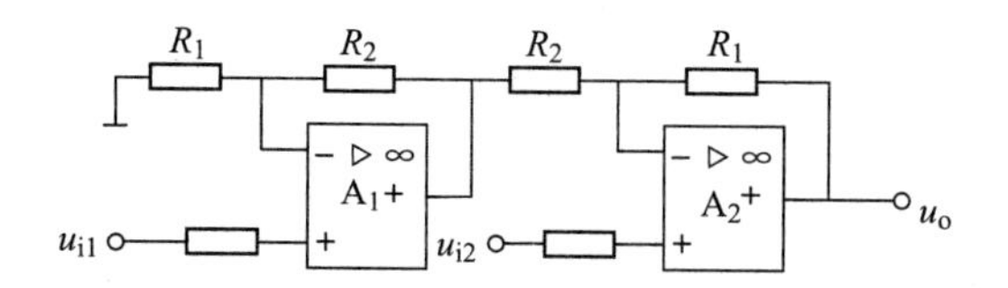

习题图 3.9 习题 3.11 图

3.12 电路如习题图 3.10 所示。已知：$R_1=6\ \text{k}\Omega$，$R_2=3\ \text{k}\Omega$，$R_3=4\ \text{k}\Omega$，$R_4=24\ \text{k}\Omega$，$R_5=12\ \text{k}\Omega$，$R_6=6\ \text{k}\Omega$，$R_7=4\ \text{k}\Omega$，$R_8=24\ \text{k}\Omega$，$R_9=4\ \text{k}\Omega$，$R_{10}=2\ \text{k}\Omega$，A_1、A_2、A_3 均为理想运放，输入电压 $u_{i1}=+2\ \text{V}$，$u_{i2}=-6\ \text{V}$，$u_{i3}=+6\ \text{V}$，$u_{i4}=-1.4\ \text{V}$。求 u_{o1}、u_{o2}、u_{o3} 的值。

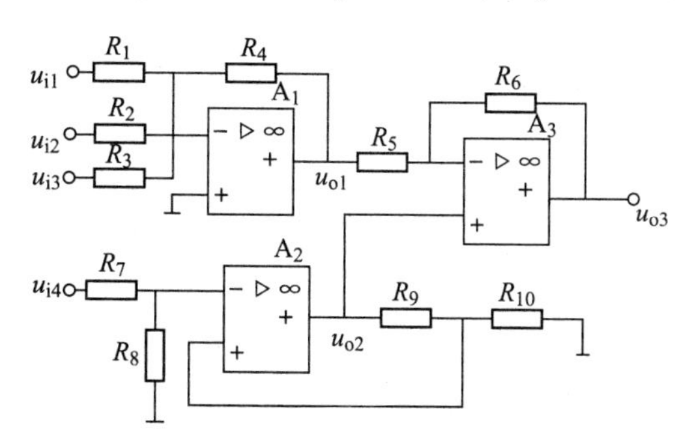

习题图 3.10 习题 3.12 图

3.13 已知电阻-电压变换电路如习题图 3.11 所示，A 为理想运放，U_R 为已知参考电压，$R_1=500\ \Omega$。

(1) 试求 u_o 与 R_x 的关系；

(2) 当 $U_R=1.5\ \text{V}$ 时，测得 $u_o=3\ \text{V}$，求 R_x 的大小。

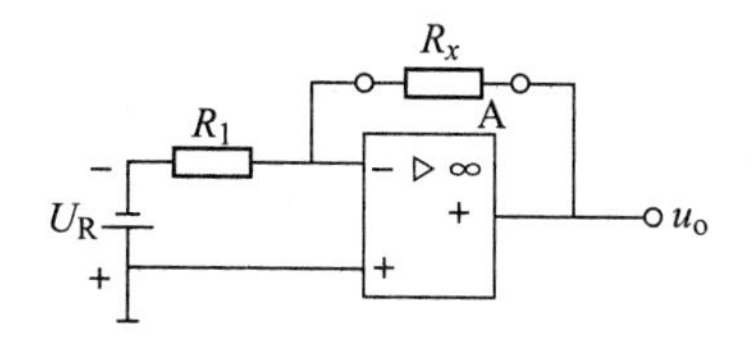

习题图 3.11 习题 3.13 图

3.14 电路如习题图 3.12 所示，设 A_1、A_2 为理想运放，$R_1=1\ \text{k}\Omega$，$R_2=100\ \text{k}\Omega$。求 u_o 与 u_{i1}、u_{i2} 的关系表达式。

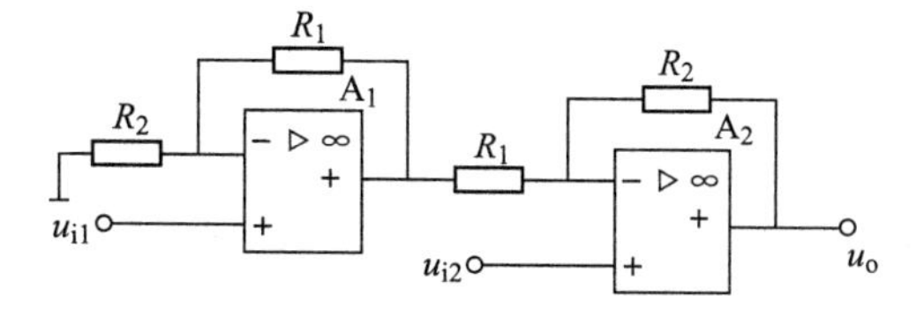

习题图 3.12 习题 3.14 图

3.15 试写出理想运放 A 组成的如习题图 3.13 所示电路的输出电压 u_o 的表达式。

3.16 判断习题图 3.14 所示电路的反馈极性及反馈类型。

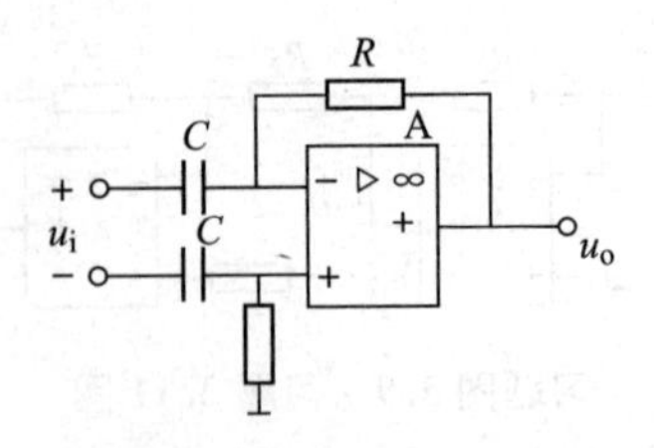

习题图 3.13　习题 3.15 图

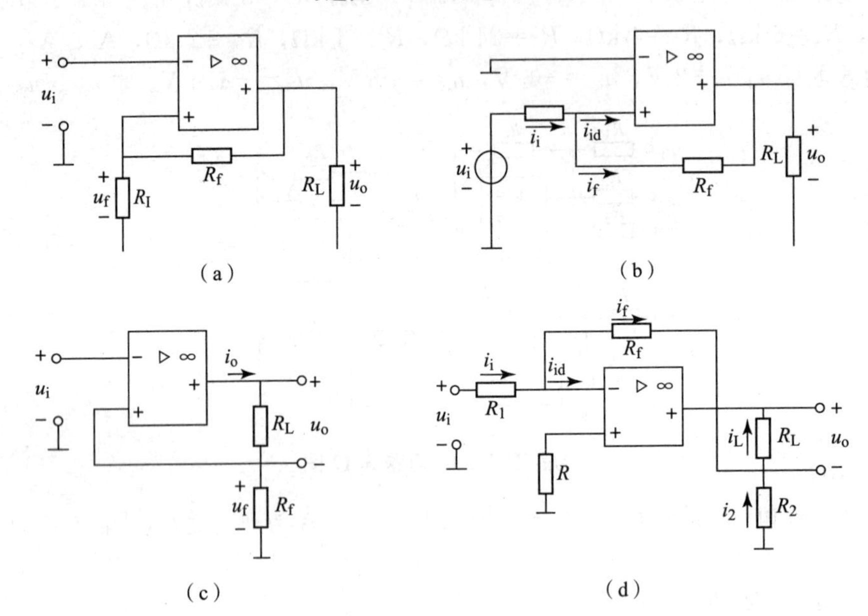

习题图 3.14　习题 3.16 图

第 4 章

波形产生电路与变换电路

本章要点

波形产生电路包括正弦波产生电路和非正弦波产生电路。它们不需要输入信号便能产生各种周期性的波形，如正弦波、方波、三角波和锯齿波等。本章首先讨论正弦波振荡电路的基础知识：产生正弦波振荡的条件，正弦波振荡电路的组成和分类。然后重点介绍 *RC* 正弦波振荡电路的组成、工作原理及 *RC* 桥式正弦波振荡电路的起振条件和振荡频率，以及非正弦波产生电路的工作原理及典型电路。

4.1　正弦波产生电路

正弦波产生电路又称为正弦波振荡器，下面介绍其工作条件、结构及原理。

4.1.1　产生正弦波振荡的条件

如图 4.1 所示，正弦波振荡器的基本结构由引入正反馈的反馈网络和基本放大电路组成。

放大电路引入反馈后，在一定的条件下能产生自激振荡，使电路不能正常工作，因此必须设法消除振荡。但是在另一些情况下，人们又利用这种自激振荡现象，使放大器变成振荡器，产生高频或低频的正弦波信号。

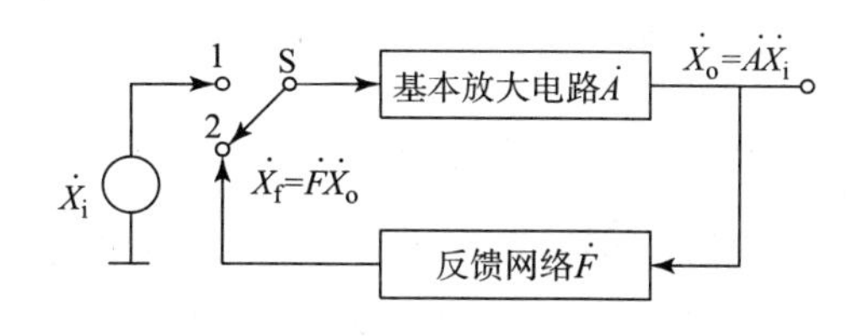

图 4.1　正反馈放大电路框图

在图 4.1 中，假设开关 S 接在信号源输入端，并在放大电路的输入端 1 加上一定频率、一定幅度的正弦波信号 $\dot{X}_i$。$\dot{X}_i$ 经过基本放大电路和反馈网络后，在反馈输出端 2 得到一个与 $\dot{X}_i$ 频率相同、大小相等、相位一致的反馈信号 $\dot{X}_f$。那么，若将 S 扳向反馈输出端，放大电路的输出信号 $\dot{X}_o$ 仍将与原来完全相同，没有任何改变。注意到此时电路未加入任何输入信号，但在输出端却得到一个正弦波信号。也就是说，放大电路产生了正弦振荡。由此可知，电路产生振荡信号需满足 $\dot{X}_f=\dot{X}_i$，又因为 $\dot{X}_f=\dot{F}\dot{X}_o=\dot{F}\dot{A}\dot{X}_i=\dot{X}_i$，所以产生正弦波振荡的条件是

$$\dot{A}\dot{F}=1 \tag{4.1}$$

式（4.1）可以分别用幅度平衡条件和相位平衡条件来表示，即

$$|\dot{A}\dot{F}|=1 \tag{4.2}$$

$$\varphi_a+\varphi_f=2n\pi, \quad n=0, 1, 2, \cdots \tag{4.3}$$

式中，φ_a、φ_f 分别为$\dot{A}$、$\dot{F}$的相角。

幅度平衡条件$|\dot{A}\dot{F}|=1$是表示振荡电路已经达到稳幅振荡时的情况。但若要求振荡电路能够自行起振，开始时必须满足$|\dot{A}\dot{F}|>1$的幅度条件。然后在振荡建立的过程中，随着振幅的增大，由于电路中非线性元件的限制，使$|\dot{A}\dot{F}|$值逐步下降，最后达到$|\dot{A}\dot{F}|=1$，此时振荡电路就处于等幅振荡的状态。

4.1.2 正弦波振荡器的组成及分析方法

正弦波振荡电路一般由四部分组成：基本放大电路、反馈网络、选频网络和稳幅电路。选频网络是为了获得单一频率的正弦波振荡，稳幅电路是为了使振荡信号幅值稳定。

正弦波振荡电路的选频网络若由 R、C 元件组成，称为 RC 正弦波振荡电路；若由 L、C 元件组成，则称为 LC 正弦波振荡电路。后者可产生频率高达 1 000 MHz 以上的正弦波信号，而前者的振荡频率一般为几赫兹到几百千赫兹的低频信号。本章主要介绍 RC 正弦波振荡电路。通常采用下面的方法来分析判断电路能否产生振荡：

（1）检查电路是否具备正弦波振荡器的组成部分，即是否具有放大电路、反馈网络、选频网络和稳幅环节；

（2）检查放大电路的静态工作点是否能保证放大电路正常工作；

（3）分析电路是否满足振荡条件。

幅度平衡一般比较容易满足，如不满足，在测试调整时可以改变放大电路的放大倍数$|A|$或反馈系数$|F|$，使电路满足$|AF|>1$的幅度条件。电路是否振荡应重点检查相位平衡条件，判断相位平衡条件的方法：断开反馈信号至放大电路的输入端点，并把放大电路的输入电阻作为反馈网络的负载。在放大电路的断开端点加输入信号$\dot{X}_i$，经放大电路和反馈网络得反馈信号$\dot{X}_f$。根据放大电路和反馈网络的相频特性，分析$\dot{X}_i$和$\dot{X}_f$的相位关系。如果在某一特定频率下，$\varphi_a+\varphi_f=2n\pi(n=0, 1, 2, \cdots)$，则电路满足相位平衡条件。

4.1.3 *RC* 桥式正弦波振荡电路

RC 桥式正弦波振荡电路是使用较广泛的 RC 振荡电路之一，它的选频网络是一个由 R、C 元件组成的串并联网络。振荡电路的原理图如图 4.2 所示，它由两部分组成，即放大电路 A_u 和选频网络 F_u。下面首先分析 RC 串并联网络的选频特性，并由相位平衡条件和幅度平衡条件求得电路的振荡频率和起振条件。然后介绍如何引入负反馈以改善振荡波形及振幅的稳定问题。

1. *RC* 串并联网络的选频特性

RC 串并联网络由电阻 R_1 与电容 C_1 相串联、电阻 R_2 与电容 C_2 相并联组成，如图 4.3 所示。先定性分析它的频率特性，然后进行定量分析。

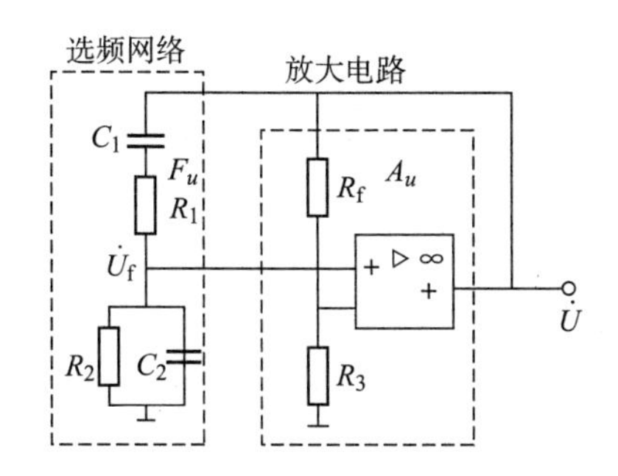

图 4.2　*RC* 桥式正弦波振荡电路

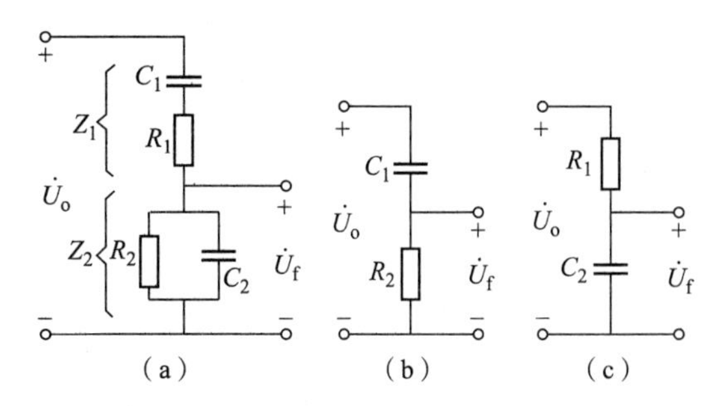

图 4.3　*RC* 串并联网络的高频、低频等效电路

(a) *RC* 串并联电路；(b) 低频等效电路；
(c) 高频等效电路

1）定性分析

在图 4.3 中，输入幅度恒定、频率可调的正弦信号，当信号的频率足够低时，由于$\frac{1}{\omega C_1}\gg R_1$，$\frac{1}{\omega C_2}\gg R_2$，此时图 4.3（a）的低频等效电路如图 4.3（b）所示。ω 越低，则$\frac{1}{\omega C_1}$越大，$\dot{U}_f$ 的幅度越小，且其相位越加超前$\dot{U}_o$。当 ω 趋近于零时，$\dot{U}_f$ 趋近于零，φ_f 接近$+90°$。而当信号的频率足够高时，$\frac{1}{\omega C_1}\ll R_1$，$\frac{1}{\omega C_2}\ll R_2$，此时图 4.3（a）的高频等效电路如图 4.3（c）所示。ω 越高，则$\frac{1}{\omega C_1}$越小，$\dot{U}_f$ 的幅度越小，且其相位越加滞后于$\dot{U}_o$。当 ω 趋近于∞时，$|\dot{U}_f|$趋近于零，φ_f 接近$-90°$。由此可见，只有当角频率为某一中间值时，$|\dot{U}_f|$不为零，且$\dot{U}_f$ 与$\dot{U}_o$ 同相。

2）定量分析

由图 4.3（a）所示的 *RC* 串并联电路可得

$$Z_1=R_1+\frac{1}{j\omega C_1}=\frac{1+j\omega C_1 R_1}{j\omega C_1}$$

$$Z_2=R_2 /\!/ \frac{1}{j\omega C_2}=\frac{R_2}{1+j\omega C_2 R_2}$$

反馈网络的反馈系数为

$$F_u=\frac{U_f}{U_o}=\frac{Z_2}{Z_1+Z_2}=\frac{1}{\left(1+\frac{R_1}{R_2}+\frac{C_1}{C_2}\right)+j\left(\omega C_2 R_1-\frac{1}{\omega C_1 R_2}\right)} \tag{4.4}$$

为了方便调节振荡频率，通常取 $R_1=R_2=R$，$C_1=C_2=C$。此时如令 $\omega_o=\frac{1}{RC}$，则式（4.4）简化为

$$F_u=\frac{1}{3+j\left(\frac{\omega}{\omega_o}-\frac{\omega_o}{\omega}\right)} \tag{4.5}$$

其幅频特性为

$$|F_u|=\frac{1}{\sqrt{3^2+\left(\frac{\omega}{\omega_o}-\frac{\omega_o}{\omega}\right)^2}} \tag{4.6}$$

其相频特性为

$$\varphi_f=-\arctan\frac{\frac{\omega}{\omega_o}-\frac{\omega_o}{\omega}}{3} \tag{4.7}$$

由式（4.6）和式（4.7）可知，当 $\omega=\omega_o=\frac{1}{RC}$ 或 $f=f_o=\frac{1}{2\pi RC}$ 时，F_u 的幅值最大，即 $|F_u|_{max}=\frac{1}{3}$。而 F_u 的相位角为零，即 $\varphi_f=0$。

这就是说，当 $f=f_o=\frac{1}{2\pi RC}$ 时，U_f 的幅度达到最大，是 U_o 幅度的 1/3，同时，U_f 与 U_o 同相，如图 4.4 所示。

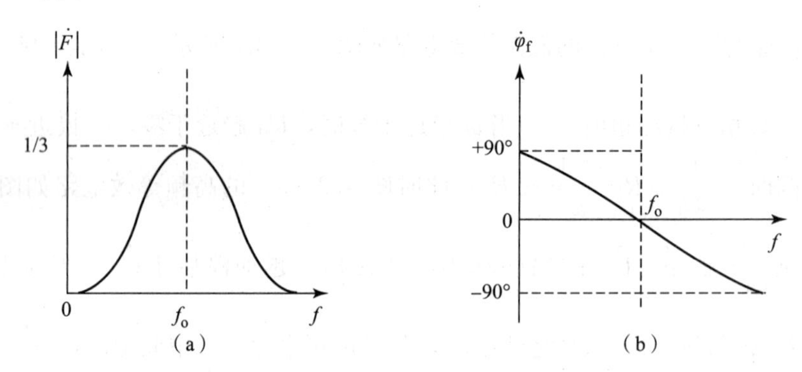

图 4.4 RC 串并联网络的频率特性

（a）幅频特性；（b）相频特性

2. 振荡频率与起振条件

1）振荡频率

为了满足振荡的相位平衡条件，要求 $\varphi_a+\varphi_f=2n\pi$。以上分析说明了当 $f=f_o$ 时，串并联网络的 $\varphi_f=0$，则如果在此频率下能使 $\varphi_a=2n\pi$，即放大电路的输出电压与输入电压同相，就能达到相位要求。在图 4.2 所示的 RC 桥式正弦波振荡电路中，放大部分 A_u 采用集成运放所组成的电压串联负反馈电路，即为同相比例放大电路，$\varphi_a=2\pi$。因此，电路在 f_o 时，$\varphi_a+\varphi_f=2n\pi$，而对于其他任何频率，则不满足振荡的相位平衡条件，所以电路的振荡频率 $f_o=1/(2\pi RC)$。

2）起振条件

已知当 $f=f_o$ 时，$|\dot{F}_u|=\frac{1}{3}$。为了满足振荡的幅度平衡条件，必须使 $|\dot{A}_u\dot{F}_u|=1$，即 $|\dot{A}_u|=3$，但在起振时应大于 3。在图 4.2 中，集成运放所组成的同相比例放大电路的电压放大倍数应略大于 3，即 $A_u=1+\left(\frac{R_f}{R_3}\right)$ 应略大于 3，因此 R_f 应略大于 $2R_3$。

3. 稳幅措施

当调整负反馈的强弱，使 $|A_u|$ 的值略大于 3 时，其输出波形为正弦波，如 $|A_u|$ 的值远大

于3，则因振幅的增长，致使放大器件工作到非线性区域，波形将产生严重的非线性失真。

为了进一步改善输出电压幅度的稳定性，可以在放大电路的负反馈回路里采用非线性元件来自动调整反馈的强弱以维持输出电压恒定。例如，在图4.2中，R_f可用一温度系数为负的热敏电阻代替，热敏电阻的阻值随着温度的升高而减小，不是一个常数，因而将它作为反馈电阻时，反馈系数F也不是常数。因此，当输出电压增大时，流过热敏电阻的电流随之增大，由于发热增加，其阻值相应减小，则负反馈作用增强，放大电路的增益下降，使输出电压基本保持稳定，反之亦然。

4.1.4 *LC*正弦波振荡电路

*LC*振荡器应用很广，如应用于加热金属工件的中频或高频感应炉，用于金属材料探伤的超声波发生器，以及无线电通信的发射机和接收机等。

与*RC*振荡器一样，*LC*振荡器包括三个部分：基本放大电路、正反馈电路和选频网络。

*LC*振荡器自激振荡的条件也和*RC*振荡器一样，必须同时满足相位平衡条件$\varphi=2n\pi$（$n=0$，1，2，…）和幅度平衡条件$AF=1$。

1. 变压器反馈式*LC*正弦波振荡电路

图4.5所示为*LC*正弦波振荡电路，它包括以下三个部分：

（1）晶体管放大器，即图4.5中左面虚线框中包含的部分，用符号A表示。

（2）正反馈电路，即图4.5中右部虚线框中电路，用符号F表示。

（3）*LC*振荡回路（或称*LC*选频网络）。图4.5中的三个线圈中，L_f是反馈线圈，另一个线圈L_1与负载R_L并联。C、C_E可视为交流短路。

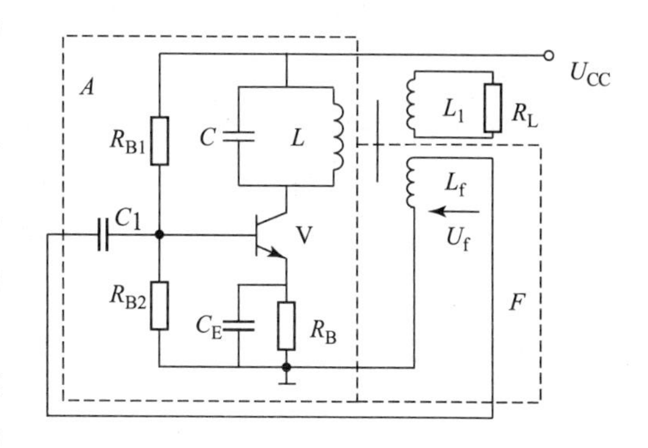

图4.5 *LC*正弦波振荡电路

*LC*振荡电路具有选频特性，它只能对频率等于它的谐振频率的信号发生谐振。*LC*选频回路的谐振频率为

$$f_o=\frac{1}{2\pi\sqrt{LC}} \tag{4.8}$$

在$f=f_o$时，*LC*回路的阻抗最大，而且是纯电阻。因为电路放大倍数与集电极等效阻抗成正比，因此输出信号获得最大值，而且使它和输入信号（U_{BE}）之间有180°的相位移，再利用反馈线圈L_f的极性，使反馈信号U_f相对于输出信号U_o再相移180°，就可以使反馈信号与输入信号同相，满足了产生自激振荡的相位条件。对于其他偏离f_o的信号，*LC*回路的阻抗不仅小，而且不是纯电阻，因而不满足振荡条件。

与前面的*RC*振荡电路相比，这里用晶体管代替了运算放大器，用*LC*选频网络代替*RC*选频网络。起振的情况和振幅的稳定问题，两者是类似的，就不赘述了。

2. 电感三点式振荡电路

电感三点式振荡电路又称哈特莱振荡电路，其电路如图4.6所示。它的特点是电感线圈的中间抽头将线圈分成L_1和L_2两部分。从交流通路看，电感线圈三个头分别接到晶体管三个极。为了保证是正反馈，线圈的中间抽头“2”一定要接到晶体管的发射极，其他两个头分别

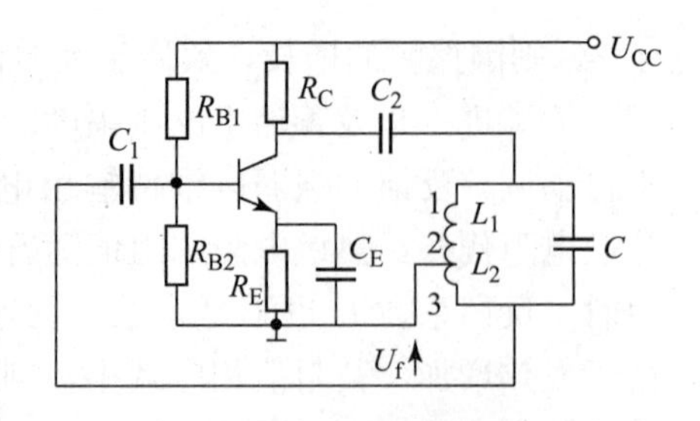

图 4.6 电感三点式振荡电路

接到集电极和基极。对 LC 回路的谐振频率而言，C_1、C_2、C_E 可视为交流短路。

电路的反馈信号是从 L_2 取出来的，加在晶体管的输入端。这种电路能否产生自激振荡，要根据自激振荡两个条件来判断，首先看它是不是正反馈，然后看反馈幅度是否足够大。例如，某一瞬时加在基极至“地”之间的交流电压（其频率为 LC 回路的谐振频率）极性为“+”，则集电极对“地”的电压极性为“－”（反相）。所以反馈信号 u_f 与输入信号 u_{BE} 同相，满足了自激振荡的相位条件。调整线圈抽头的位置，可以改变反馈电压的大小，以满足自激振荡的幅度条件。所以这种接法能够满足自激振荡的两个条件。只要合上电源，就可以在 LC 回路中获得等幅正弦波振荡。

电感三点式振荡电路的振荡频率为

$$f_o=\frac{1}{2\pi\sqrt{(L_1+L_2+2M)C}} \tag{4.9}$$

式中，L_1 和 L_2 分别是线圈的抽头两边的电感；M 为 L_1 和 L_2 之间的互感。通常改变 C 来调节振荡频率。

这种电路的特点是 L_1 和 L_2 是同一线圈，耦合紧密，所以比变压器反馈电路容易起振，调节比较方便。

3. 电容三点式振荡电路

电容三点式振荡电路又称考尔毕兹电路，其电路如图 4.7 所示。

LC 振荡回路中的 C 由 C_1 和 C_2 串联而成。对于高频交流通道，电容上三个点 1、2、3 分别与晶体管的集电极、射极和基极相连。对 LC 回路的谐振频率而言，C_3、C_4、C_E 可视为交流短路。

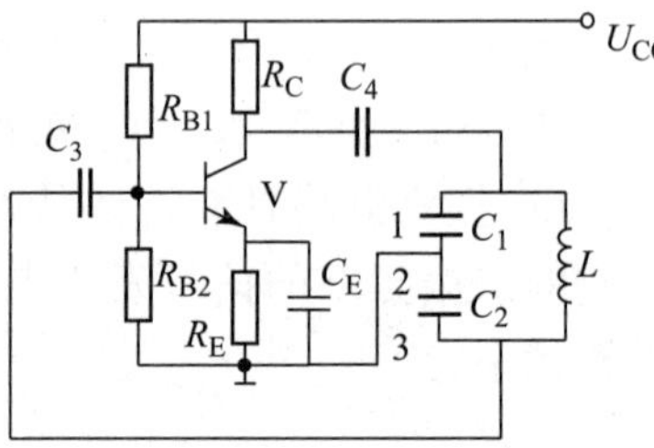

图 4.7 电容三点式振荡电路

电容三点式振荡电路的工作原理与电感三点式振荡电路的工作原理完全一样，只是电容 C_1 和 C_2 的中间抽头接“地”，反馈电压 U_f 取自电容 C_2 两端的电压。

由于振荡电路总电容 C 由 C_1 和 C_2 串联得到，即

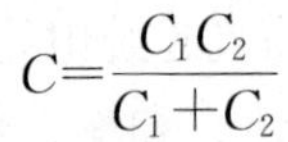

$$C=\frac{C_1C_2}{C_1+C_2}$$

所以振荡频率为

$$f_o=\frac{1}{2\pi\sqrt{L\dfrac{C_1C_2}{C_1+C_2}}} \tag{4.10}$$

4.2 非正弦波产生电路

在许多电子仪器和设备（如计算机、雷达、示波器等）中，还需要应用矩形波、三角波、锯齿波等非正弦信号。由于这些信号中包含了丰富的谐波成分，因此又称这一类非正弦信号发生器为多谐振荡器。

矩形波、三角波、锯齿波等非正弦波实质是脉冲波形。产生这些波形一般是利用惰性元件电容 C 和电感 L 的充放电来实现的，由于电容使用起来方便，所以实际中主要用电容。

4.2.1　脉冲波产生电路

1. 电路结构

R、C 串联组成的脉冲波产生电路，如图 4.8 所示。

2. 工作原理

如果开关 S 在位置 1 且稳定，突然将开关 S 扳向位置 2，则电源 U_{CC} 通过 R 对电容 C 充电，将产生暂态过程

$$u_C(t)=u_C(\infty)+[u_C(0_+)-u_C(\infty)]\,\mathrm{e}^{-\frac{t}{\tau}} \tag{4.11}$$

式中，τ 为时间常数，大小反映了过渡过程（暂态过程）的进展速度。τ 越大，过渡过程的进展越慢。τ 近似地反映了充放电的时间。其中 $u_C(0_+)$ 为响应的初始值，$u_C(\infty)$ 为响应的稳态值。对于充电，三要素的值分别为

$$u_C(0_+)=0,\ u_C(\infty)=U_{CC},\ \tau_{充}=RC$$

稳定后，再将开关 S 由位置 2 扳向位置 1，则电容器将通过电阻放电，这又是一个暂态过程，其中三要素为

$$u_C(0_+)=U_{CC},\ u_C(\infty)=0,\ \tau_{充}=RC$$

改变充放电时间，可得到不同的波形，如图 4.9 所示。

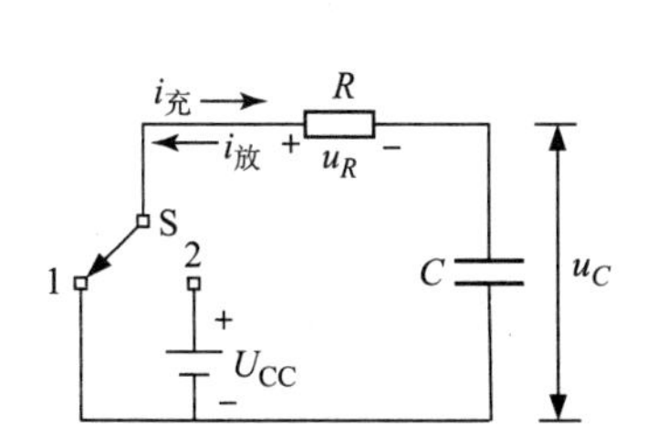

图 4.8　R、C 串联组成的脉冲波产生电路

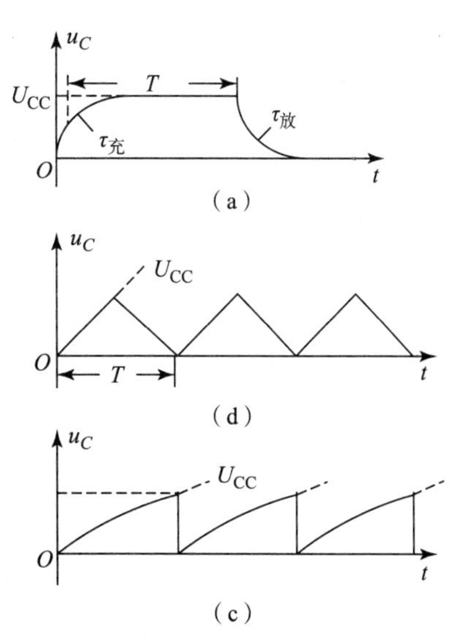

图 4.9　电容充放电的波形

(a) $\tau_{充}=\tau_{放}=RC\ll T$；(b) $\tau_{充}=\tau_{放}=RC\gg T$；(c) $\tau_{充}\gg\tau_{放}$，且 $\tau_{充}\gg T$

如果 $\tau_{充}=\tau_{放}=RC\ll T$，可得到近似的矩形波形，如图 4.9（a）所示；

如果 $\tau_{充}=\tau_{放}=RC\gg T$，可得到近似的三角波形，如图 4.9（b）所示；

如果 $\tau_{充}\gg\tau_{放}$，且 $\tau_{充}\gg T$，可得到近似的锯齿波形。

将开关周期性地在 1 和 2 之间来回扳动，则可产生周期性的波形，如图 4.9（c）所示。在

具体的脉冲电路里，开关由电子开关完成（如晶体管），电压比较器也可作为开关。

4.2.2 矩形波产生电路

矩形波是指具有高、低两种电平，且做周期变化的波形。如果波形处于高电平和低电平的时间相等，则称为方波。方波发生器是非正弦波发生器中应用最广的电路，数字电路和微机电路中的时钟信号就是由方波发生器提供的。

1. 基本原理

利用积分电路（*RC* 电路充放电时的电容器的电压）产生三角波，用滞回电压比较器（作为开关）将其转换为矩形波。

2. 工作原理

矩形波产生电路如图 4.10 所示。

充电
$$U_{TH1}=u_C(t)=\frac{R_2}{R_2+R_3}U_Z \tag{4.12}$$

放电
$$U_{TH2}=u_C(t)=-\frac{R_2}{R_2+R_3}U_Z \tag{4.13}$$

式中，U_{TH1} 和 U_{TH2} 分别为比较器的上门限电压和下门限电压。其波形如图 4.11 所示。

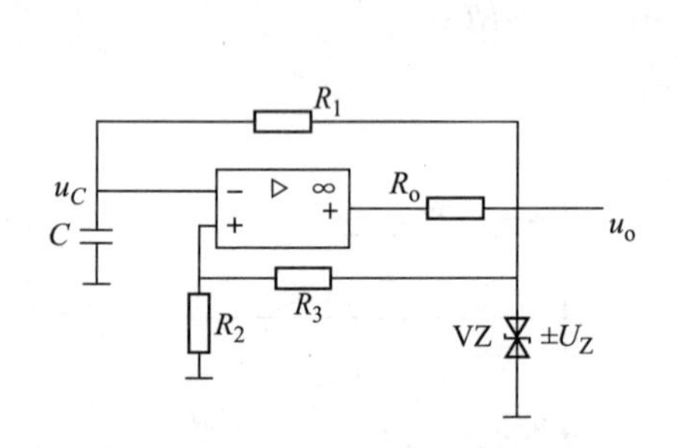

图 4.10　矩形波产生电路

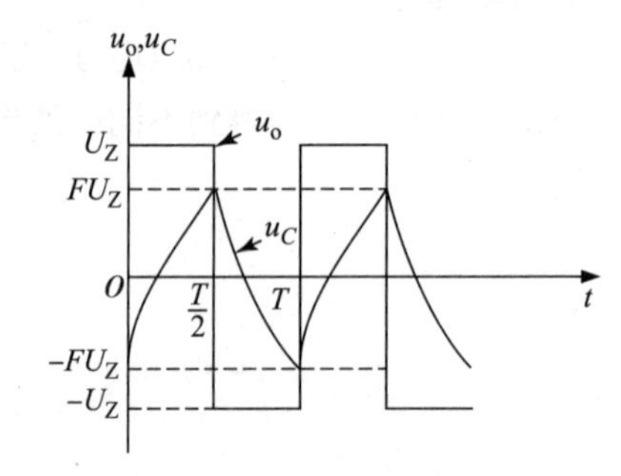

图 4.11　矩形波产生电路的波形

3. 振荡周期的计算

振荡周期为

$$T=T_1+T_2=2RC\ln\left(1+\frac{2R_2}{R_3}\right) \tag{4.14}$$

式中，T_1 为图 4.11 中 0～$T/2$ 时间段；T_2 为 $T/2$～T 时间段。矩形波的占空比为

$$D=\frac{T_2}{T} \tag{4.15}$$

4.2.3 三角波产生电路

1. 电路组成

三角波产生电路由滞回比较器和积分电路两部分组成，如图 4.12 所示。从矩形波产生电路中电容器上的输出电压可得到一个近似的三角波信号。

2. 工作原理

设运放电路通电时 $t=0$，$U_{o1}=+U_Z$，电容器恒流充电；$U_o=-U_C$ 线性下降，当下降到一定程度，使 A_1 的 $U_+ \leqslant U_- = 0$ 时，U_{o1} 从 $+U_Z$ 跳变为 $-U_Z$ 后，电容器恒流放电，则输出电压线性上升。双运放非正弦波产生电路的波形如图 4.13 所示。

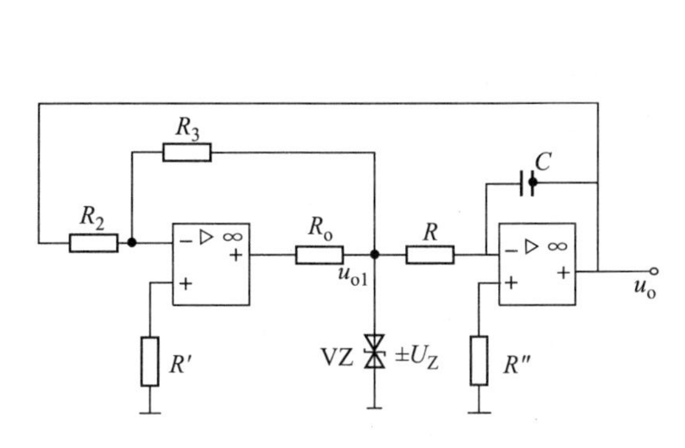

图 4.12　三角波产生电路

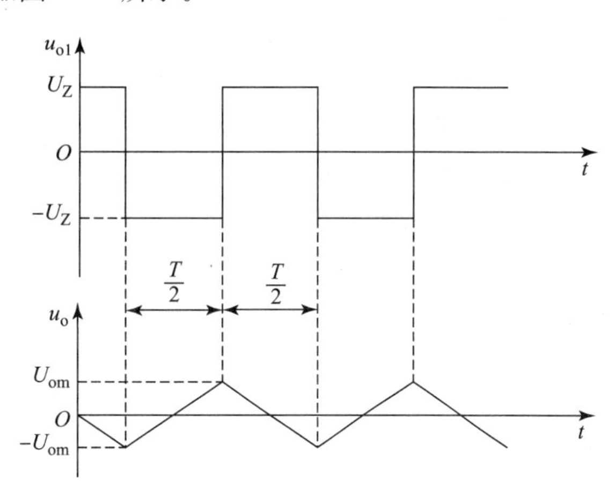

图 4.13　双运放非正弦波产生电路的波形

3. 三角波的周期与频率

三角波的周期与频率分别为

$$T = \frac{4RCR_2}{R_3}$$

$$f = \frac{1}{T} = \frac{R_3}{4RCR_2}$$

本章小结

1. 正弦波振荡电路是指自己能够产生一定幅度和一定频率正弦波的电路。正弦波振荡电路由放大电路、反馈网络、选频网络和稳幅环节四大部分组成。根据选频网络的组成可分为 RC 振荡电路、LC 振荡电路等。

2. 电路能否产生正弦波，首先要检查电路是否具有放大、反馈、选频和稳幅等组成部分，然后分析放大电路是否具有放大作用，最后判断电路是否满足相位平衡和振幅平衡条件。相位是否平衡用瞬时极性法来判断，振幅平衡可通过调整反馈元件的参数来达到。起振过程是从 $|\dot{A}\dot{F}|>1$ 到 $|\dot{A}\dot{F}|=1$ 的过程。

3. 按结构来分，正弦波振荡电路主要有 RC 和 LC 型两大类，它们的基本组成包括可进行正常工作的放大电路 A 和能满足相位平衡条件的反馈网络 F，其中 A 或 F 兼有选频特性。一般从相位和振幅平衡条件来计算振荡频率和放大电路所需的增益。

4. 本章讨论了常见的矩形波、锯齿波和三角波非正弦波产生电路。它们通常由开关器件、反馈网络和延迟环节组成。锯齿波产生电路与三角波产生电路的差别是，前者积分电路的正向和反向充电时间常数不相等，而后者是一致的。

习　题

4.1　填空题。

(1) 自激振荡是指在________时，电路中产生了________和________输出波形的现象。输出波形的变化规律取决于________。

(2) 正弦波振荡电路利用正反馈产生振荡的条件是________，其中相位平衡条件是 $\varphi_a+\varphi_f$ =________，幅度平衡条件是________。为使振荡电路起振，幅值条件是________。

4.2 判断题。

(1) 只要具有正反馈，电路就一定能产生振荡。 (　　)

(2) 只要满足正弦波振荡的相位平衡条件，电路就一定能振荡。 (　　)

(3) 正弦波振荡电路自行起振的幅值条件是 $|AF|=1$。 (　　)

(4) 对于正弦波振荡电路而言，只要不满足相位平衡条件，即使放大电路的放大倍数很大，也不可能产生振荡。 (　　)

(5) 在正弦波振荡电路中，只允许存在正反馈，不允许引入负反馈。 (　　)

(6) 在采用正反馈框图的条件下，如果正弦波振荡电路反馈网络的相移 $\varphi_f=180°$，那么它的放大电路相移也应当等于 $180°$ 才能满足相位平衡条件。 (　　)

第 5 章

直流稳压电源

本章要点

电子设备中所需要的直流电源通常是由直流稳压电源将交流电源变换而来的。直流稳压电源一般由交流电源、电源变压器、整流电路、滤波电路和稳压电路组成，如图 5.1 所示。在电路中，变压器将常规的 50 Hz 的交流电压 u_1（220 V 或 380 V）变换成整流电路所需要的交流电压 u_2；整流电路将变压器输出的交流电压变换成单方向脉动的直流电压 u_3；滤波电路将单方向脉动的直流电中所含的大部分交流成分滤掉，变成一个较平滑的直流电压 u_4；稳压电路用来消除由于电网电压波动和负载改变对输出直流电源产生的影响，使输出电压稳定。本章主要介绍直流稳压电源各组成部分常用电路的工作原理和分析方法。

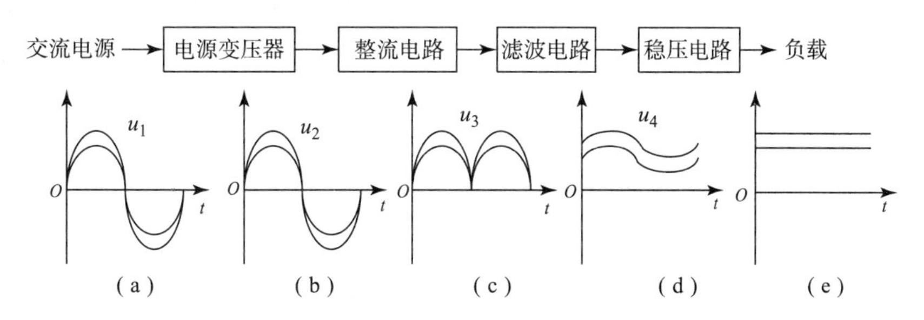

图 5.1　直流稳压电源电路的组成框图

(a) 交流电源；(b) 电源变压器；(c) 整流电路；(d) 滤波电路；(e) 稳压电路

5.1　整流电路

5.1.1　整流电路的组成及工作原理

将交流电变成单向脉动直流电的过程称为整流。利用二极管的单向导电性实现整流是最简单的办法。常用的整流电路有半波整流电路和全波整流电路两种。

1. 半波整流电路

图 5.2 所示为带有纯电阻负载的单相半波整流电路，它由整流变压器 T、整流二极管 D 及负载 R_L 组成。设变压器和二极管都是理想元件（忽略变压器内阻，二极管的正向电阻为零、反向电阻为无穷大），单相半波整流电路的电压、电流波形如图 5.3 所示，即

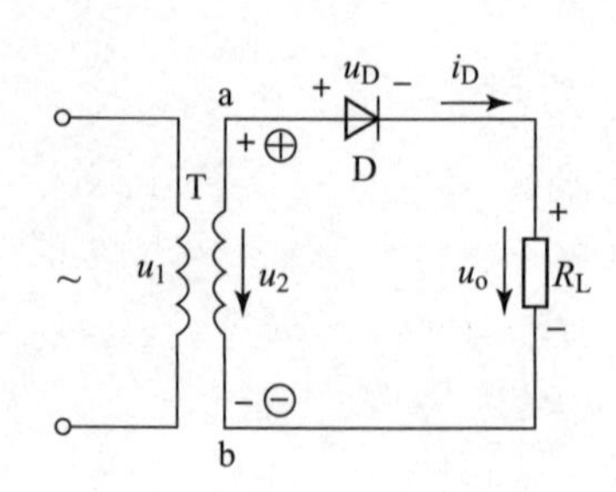

图 5.2 单相半波整流电路

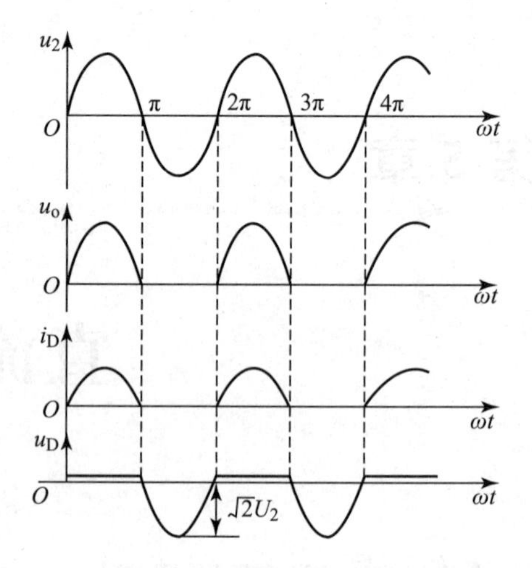

图 5.3 单相半波整流电路的电压、电流波形

$$u_o=\sqrt{2}U_2\sin\omega t\,,\quad 0\leqslant\omega t\leqslant\pi$$

$$u_o=0\,,\quad \pi\leqslant\omega t\leqslant 2\pi$$

所以负载 R_L 上得到的电压为单向脉动直流电压。

单相半波整流电路的特点是元件少、结构简单，但输出电压的波形波动大，变压器有半个周期不导电，电源利用率低。

2. 桥式整流电路

为了克服半波整流电路的缺点，常采用全波整流电路，最常用的形式是桥式整流电路。它由四个二极管接成电桥形式，如图 5.4（a）所示，图 5.4（b）～(d）所示为其他几种桥式整流的形式。

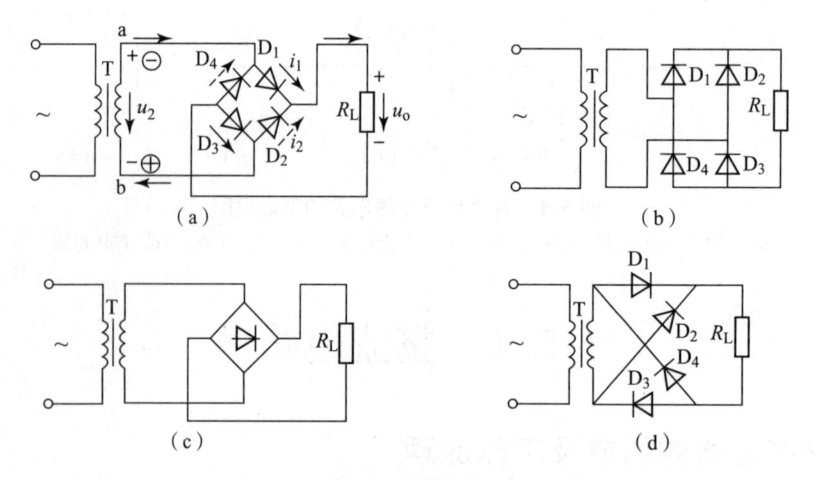

图 5.4 单相桥式整流电路的组成

在图 5.4（a）所示电路中，当变压器二次电压 u_2 为上正下负时，二极管 D_1 和 D_3 导通，D_2 和 D_4 截止，电流 i_1 的通路为 a→D_1→R_L→D_3→b，二极管上电流方向如图 5.4（a）中实箭头所示，这时负载电阻 R_L 上得到一个正弦半波电压，如图 5.5 中 0～π 段所示。当变压器二次电压 u_2 为上负下正时，二极管 D_1 和 D_3 反向截止，D_2 和 D_4 导通，电流 i_2 的通路为 b→D_2→R_L→D_4→a，二极管上电流方向如图 5.4（a）中虚箭头所示，同样，在负载电阻上得到一个正

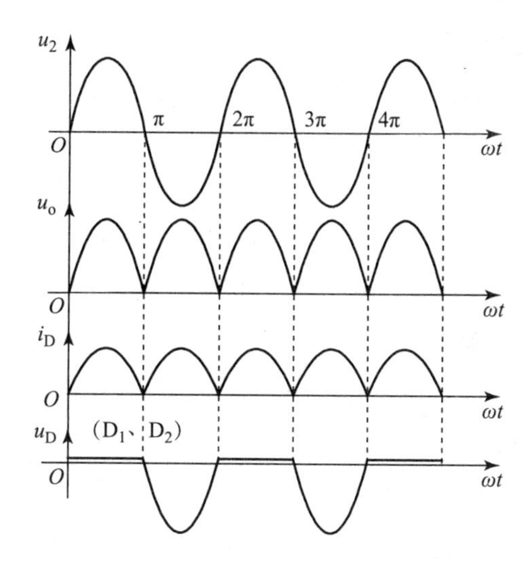

图 5.5　单相桥式整流电路电压与电流波形

弦半波电压，如图 5.5 中 π～2π 段所示。这样，正、负半周都有电流按同一方向流过负载，所以这种方式称为全波整流。

5.1.2　整流电路的主要技术指标

1. 整流电路输出电压平均值 U_o

输出电压平均值为

$$U_o = \frac{1}{T}\int u_o(t)\mathrm{d}t \tag{5.1}$$

1）半波整流电路

在图 5.3 所示的波形电路中，负载上得到的整流电压是单方向的，但其大小是变化的，是一个单向脉动的电压，由此可求出其平均电压值为

$$U_o = \frac{1}{2\pi}\int_0^{\pi} \sqrt{2}U_2\sin\omega t\,\mathrm{d}(\omega t) = \frac{\sqrt{2}U_2}{\pi} = 0.45U_2 \tag{5.2}$$

2）全波桥式整流电路

由图 5.5 结合以上分析可知，桥式整流电路的整流电压平均值 U_o 比半波整流时增加一倍，即

$$U_o = 2\times 0.45U_2 = 0.9U_2 \tag{5.3}$$

2. 流过二极管的平均电流 i_D

半波整流时，由于流过负载的电流就等于流过二极管的电流，所以

$$i_D = I_o = \frac{U_o}{R_L} = 0.45\frac{U_2}{R_L} \tag{5.4}$$

全波整流时，因为每两个二极管串联轮换导通半个周期，因此，每个二极管中流过的平均电流只有负载电流的一半，即

$$i_D = \frac{1}{2}I_o = 0.45\frac{U_2}{R_L} \tag{5.5}$$

3. 二极管承受的最高反向电压 U_{RM}

每个整流二极管的最高反向电压是指整流二极管截止时在它两端出现的最大反向电压。

半波整流时，在二极管不导通期间，承受反压的最大值就是变压器二次电压 u_2 的最大值，即 $U_{RM}=\sqrt{2}U_2$。

全波整流时，由图 5.4（a）可以看出，当 D_1 和 D_3 导通时，如果忽略二极管正向压降，此时，D_2 和 D_4 由于承受反压而截止，其最高反压为 u_2 的峰值，即 $U_{RM}=\sqrt{2}U_2$。

4. 整流输出电压的脉动系数 S

整流输出电压的脉动系数定义为最低次谐波的峰值与输出电压平均值之比，是衡量整流电路输出电压平滑程度的指标。

半波整流时，由于负载上得到的电压 u_o 是一个非正弦周期信号，可用傅里叶级数展开为

$$u_o=\sqrt{2}U_2\left(\frac{1}{\pi}+\frac{1}{2}\sin\omega t-\frac{2}{3\pi}\cos\omega t+L\right) \tag{5.6}$$

按脉动系数的定义：

脉动系数（S）=输出电压交流分量的基波最大值/输出电压的直流分量

则半波整流电路的脉动系数 S 为

$$S=\frac{U_{oiM}}{U_o}=\frac{\dfrac{\sqrt{2}U_2}{2}}{\dfrac{\sqrt{2}U_2}{\pi}}\approx 1.57 \tag{5.7}$$

全波桥式整流输出电压 u_o 的傅里叶级数展开式为

$$u_o=\sqrt{2}U_2\left(\frac{2}{\pi}+\frac{4}{3\pi}\cos2\omega t-\frac{4}{15\pi}\cos4\omega t-L\right) \tag{5.8}$$

其脉动系数 S 为

$$S=\frac{U_{oiM}}{U_o}=\frac{\dfrac{4\sqrt{2}U_2}{3\pi}}{\dfrac{2\sqrt{2}U_2}{\pi}}\approx 0.67$$

上面介绍的整流电路参数中，流过二极管的平均电流 i_D 和二极管承受的最高反向电压 U_{RM}体现了整流电路对二极管的要求，整流电路输出电压平均值 U_o 和整流输出电压的脉动系数 S 体现了整流电路的质量。

由上述分析可知，单相桥式整流电路在变压器二次电压相同的情况下，输出电压平均值比半波整流电路提高一倍，脉动系数减小很多，管子承受的反向电压和半波整流电路一样。虽然二极管用了四个，但小功率二极管体积小，价格低廉，因此全波桥式整流电路得到了更为广泛的应用。

【例 5.1】 在图 5.2 所示的单相半波整流电路中，已知 $R_L=80\ \Omega$，$U_o=110$ V，二极管的正向压降忽略不计。

（1）如果在二极管所在回路中串入直流安培计，求读数。

（2）求整流电流的最大值。

（3）如果将交流伏特计并在变压器二次绕组的两端，求读数。

（4）求变压器二次电流的有效值。

解：（1）由于直流安培计的读数为直流电流 I_o，故

$$I_o=\frac{U_o}{R_1}=\frac{110}{80}\ \text{A}\approx1.38\ \text{A}$$

（2）半波整流电流的最大值 I_{om} 与平均值 I_o 的关系可通过下式计算：

$$I_o=\frac{1}{2\pi}\int_0^{\pi}I_{om}\sin\omega t\,\mathrm{d}(\omega t)$$

则

$$I_{om}=\pi I_o=3.14\times1.38\ \text{A}\approx4.33\ \text{A}$$

（3）交流伏特计的读数为变压器二次电压的有效值 U_2，由式 $i_D=I_o=\frac{U_o}{R_L}=0.45\frac{U_2}{R_L}$ 得

$$U_2=\frac{U_o}{0.45}\approx244.4\ \text{V}$$

（4）在图 5.2 所示的单相半波整流电路中，变压器二次电流和半波整流电流波形相同，可通过下面的计算求出变压器二次电流的有效值 I_2 与最大值 I_{om} 的关系

$$I_2=\sqrt{\frac{1}{2\pi}\int_0^{\pi}(I_{om}\sin\omega t)^2\mathrm{d}(\omega t)}=\frac{I_{om}}{2}$$

故

$$I_2=\frac{I_{om}}{2}\ \text{A}\approx2.16\ \text{A}$$

【例 5.2】 在图 5.4（a）所示的桥式整流电路中，已知 $R_L=80\ \Omega$，$U_o=30\ \text{V}$，交流电源电压为 380 V。

（1）如何选用晶体二极管？

（2）求整流变压器的变比及容量。

解：（1）负载电流平均值为

$$I_o=\frac{U_o}{R_1}=\frac{110}{80}\ \text{A}\approx1.4\ \text{A}$$

由式 $I_D=\frac{1}{2}I_o=0.45\frac{U_o}{R_L}$ 得每个二极管通过的平均电流 $I_D=\frac{1}{2}I_o=0.7\ \text{A}$。

由式 $U_o=2\times0.45U_2=0.9U_2$ 得变压器二次电压的有效值 $U_2=\frac{U_o}{0.9}\approx122\ \text{V}$。

考虑到变压器二次绕组及管子上的压降，变压器的二次电压大约要高出 10%，即 $122\ \text{V}\times1.1\approx134\ \text{V}$。于是 $U_{RM}=\sqrt{2}\times134\ \text{V}=189\ \text{V}$。

因此可选 2CZ11C 晶体二极管，其最大整流电流为 1 A，反向峰值电压为 300 V。

（2）变压器的变比

$$n=\frac{380}{134}\approx2.8$$

变压器二次电流有效值 I_2 与全波整流电流的平均值 I_o 的关系为 $I_o=0.9I_2$，故

$$I_2=\frac{I_o}{0.9}=\frac{1.4}{0.9}\ \text{A}\approx1.56\ \text{A}$$

变压器容量为

$$S=U_2I_2=134\ \text{V}\times 1.56\ \text{A}\approx 209\ \text{V}\cdot\text{A}$$

所以可选用BK300（300 V·A）、380/134 V的变压器。

5.2 滤波电路

整流输出的电压是一个单方向脉动电压，虽然是直流，但脉动较大，距离电子设备所要求的平滑直流还差很多。为了改善电压的脉动程度，需在整流后再加入滤波电路，以滤除输出电压中的纹波，减少交流脉动成分。基本的滤波元件为电容和电感元件，常用的滤波电路有电容滤波、电感滤波和复式滤波。

5.2.1 电容滤波电路

1. 电容滤波电路的工作原理

图5.6（a）所示为单相半波整流电容滤波电路，由于电容C隔直流通交流，C旁路交流，直流通过负载，加之电容两端电压不能突变，于是负载上得到不会突变的平滑的直流输出电压，达到滤波的目的。

该滤波电路滤波过程及波形如图5.6（b）所示。在u_2的正半周时，二极管D导通，忽略二极管正向压降，则$u_o=u_2$，这个电压一方面给电容充电，一方面产生负载电流i_o，电容C上的电压与u_2同步增长，当u_2达到峰值后，开始下降，$u_C>u_2$，二极管截止。之后，电容C以指数规律经R_L放电，u_C下降。当放电到达一定程度，u_2经负半周后又开始上升，当$u_2<u_C$时，电容再次被充电到峰值。u_C降到一定程度以后，电容C再次经R_L放电，通过这种周期性充放电，以达到滤波效果。

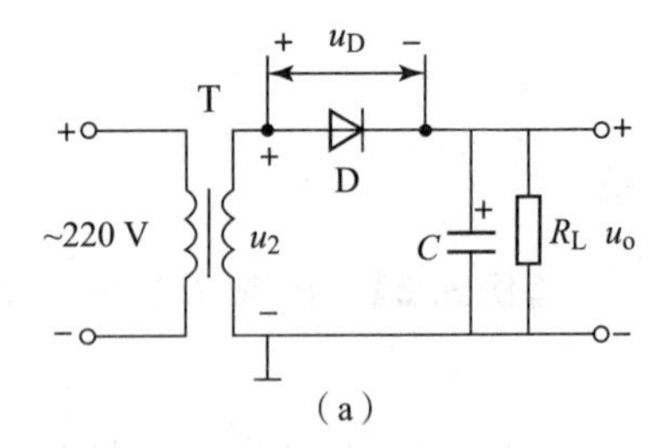

（a）

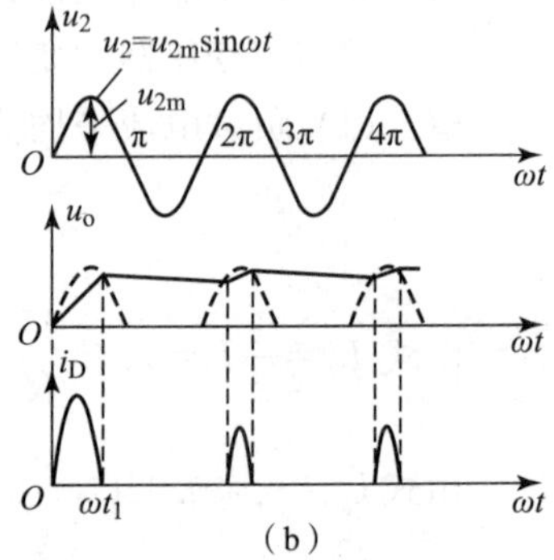

（b）

图5.6 电容滤波电路及输出波形

（a）单相半波整流电容滤波电路；（b）输出波形

电容的不断充放电使得输出电压的脉动性大大减小，而且输出电压的平均值有所提高。输出电压平均值U_o的大小显然与R_L、C的大小有关：R_L越大，C越大，电容放电越慢，U_o越高。在极限情况下，当$R_L=\infty$时，$U_o=U_C=U_2$，不再放电。当R_L很小时，C放电很快，甚至与u_2同步下降，则$U_o=0.9U_2$，R_L、C对输出电压的影响如图5.6（b）中虚线所示。可见电容滤波电路适用于负载电流较小的场合及负载变化较小的场合。

桥式整流电容滤波的工作原理与半波整流电容滤波时相同，由于在变压器输出交流电压的一个周期内对电容C充电两次，故输出波形比较平滑。与半波整流电容滤波相比较，桥式整流电容滤波的输出电压高且脉动成分小。

2. 电容滤波电路的基本性能指标

1）输出电压的平均值U_o

由前面的分析可知，输出电压平均值U_o的大小与R_L、C的大小有关。当满足$R_LC\geqslant$

(3～5)$T/2$(T 为交流电源电压的周期) 时，输出电压的平均值为

半波整流电容滤波电路 $U_o=U_2$ (5.9)

全波整流电容滤波电路 $U_o=1.2U_2$ (5.10)

滤波电容的数值一般在几十微法到几千微法之间，视负载电流的大小而定，其耐压值大于输出电压的最高值。

2) 二极管的平均电流 I_D

对于平均电流，由于 C 相当于开路，因此

半波整流电容滤波电路 $I_D=I_o$ (5.11)

全波整流电容滤波电路 $I_D=\frac{1}{2}I_o$ (5.12)

3) 二极管承受的最高反向电压 U_{RM}

半波整流电容滤波电路中，C 上的电压最大等于$\sqrt{2}U_2$，当 u_2 为负半周的最大值时，二极管承受的反向电压为最大值，该最大值为 u_2 的最大值$\sqrt{2}U_2$ 与 C 上的电压$\sqrt{2}U_2$ 之和，即$U_{RM}=2\sqrt{2}U_2$。

桥式整流电容滤波电路，导通的二极管可看作短路，这样截止的二极管就并在变压器二次绕组两端，承受的反向电压最大值为变压器二次电压的最大值，即 $U_{RM}=\sqrt{2}U_2$。

3. 利用电容滤波时应注意的问题

(1) 滤波电容容量较大，一般用电解电容，应注意电容的正极性接高电位，负极性接低电位。如果接反则容易击穿、爆裂。

(2) 滤波电路开始工作时，电容 C 上的电压为零，通电后电源经整流二极管给 C 充电。通电瞬间二极管流过的短路瞬时电流很大，形成浪涌电流，很容易损坏二极管。所以选二极管参数时，正向平均电流的参数应选大一些，一般为正常工作电流 i_o 的 (5～7) 倍，同时在整流电路的输出端应串接一个阻值为 (0.02～0.01) R 的电阻，以保护整流二极管。

5.2.2 电感滤波及复式滤波电路

1. 电感滤波电路

电感滤波电路如图 5.7 所示。由于电感 L 阻交流通直流（电感对交流呈现很大的阻抗，对直流近乎短路），它与负载串联，阻挡交流而使直流通过负载，加之通过电感的电流不能突变，流过负载的电流也就不能突变，电流平滑，负载上得到的输出电压也就平滑，从而达到滤波的目的。

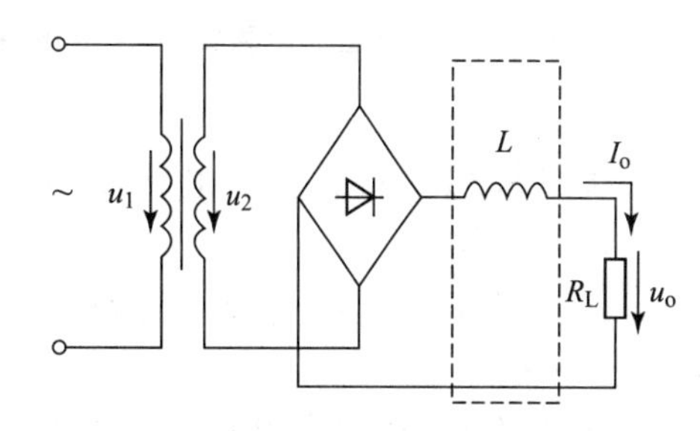

图 5.7 电感滤波电路

在电感滤波电路中，输出电压的交流成分是整流电路输出电压的交流成分经 X_L 和 R_L 分压的结果，只有 $\omega L \gg R_L$ 时，滤波效果才好。L 越大，R 越小，滤波效果越好。同时，电感滤波以后，延长了整流管的导通角，避免了过大的冲击电流。所以一般电感滤波适用于低电压、大电流的场合。

2. 复式滤波电路

有些电子设备及应用场合对直流平滑程度要求很高，需要进一步减小输出电压的脉动程度，这时对电容滤波或电感滤波电路来说，虽然可以增加电抗元件的值予以解决，但总是受到

很多条件的限制，所以通常采用电容和铁芯电感组成的各种形式的复式滤波电路。桥式整流电感型 LC 滤波电路如图 5.8 所示。整流输出电压中的交流成分绝大部分降落在电感上，电容 C 又对交流接近于短路，故输出电压中交流成分很少，几乎是一个平滑的直流电压。由于整流后先经电感 L 滤波，总特性与电感滤波电路相近，故称为电感型 LC 滤波电路；若将电容 C 平移到电感 L 之前，则称为电容型 LC 滤波电路。

复式滤波电路一般按如下原则组成：把交流阻抗大的元件与负载串联，以便降低较大的纹波电压。把交流阻抗小的元件与负载并联，以便旁路吸收较大的纹波电流。如此在负载上便可得到脉动很小的直流电压。

3. π 型滤波电路

图 5.9（a）所示为 LC π 型滤波电路。整流输出电压先经电容 C_1，滤除了交流成分后，再经电感 L 后滤波电容 C_2 上的交流成分极少，因此输出电压几乎是平直的直流电压。但由于铁芯电感体积大、笨重、成本高、使用不便，所以在负载电流不太大而要求输出脉动很小的场合，可将铁芯电感换成电阻，即 RC π 型滤波电路，如图 5.9（b）所示。电阻 R 对交流和直流成分均产生压降，故会使输出电压下降，但只要 $R_L \gg \frac{1}{\omega C_2}$，电容 C_1 滤波后的输出电压绝大多数降在电阻 R_L 上。R_L 越大，C_2 越大，滤波效果越好，但此时电阻要消耗功率，故 LC π 型滤波电路电源效率必然降低。

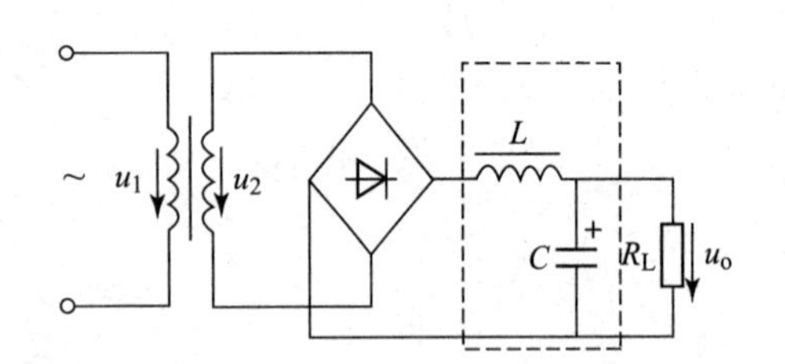

图 5.8 桥式整流电感型 LC 滤波电路

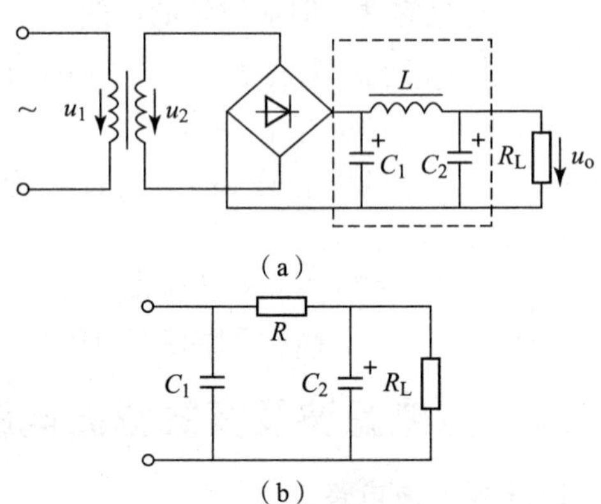

图 5.9 π 型滤波电路

（a）LC π 型滤波电路；（b）RC π 型滤波电路

【例 5.3】 桥式整流电路如图 5.10 所示，已知 $U_2=10$ V，试求：

（1）当 D_1 因虚焊而造成开路时，U_o 的值（忽略二极管的压降）；

（2）在整流输出端串接电感 L 时，U_o 的值；

（3）在整流输出端并接电容 C（其容量足够大）时，U_o 的值。

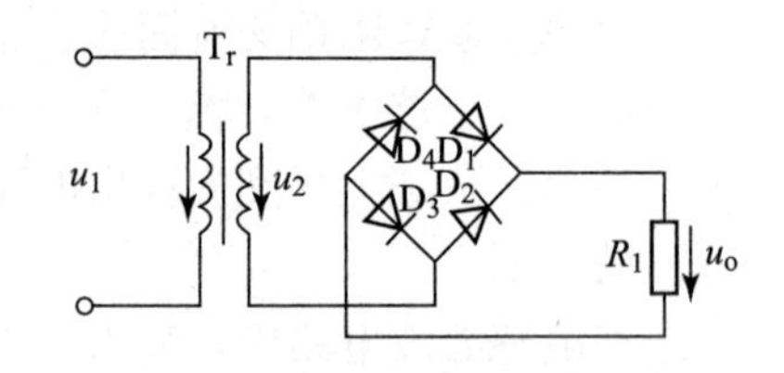

图 5.10 桥式整流电路

解：（1）这是一个桥式整流电路，但由于 D_1 开路，因此变成了半波整流电路，所以这时其输出电压应按半波整流电路计算，即 $U_o=0.45U_2=4.5$ V。

（2）在输出端串接一个电感 L 后，组成一个桥式整流电感滤波电路。由于整流电路的输出（即滤波电路的输入）电压波形是全波整流的输出波形，与纯电阻负载时相同，所以，

当忽略电感 L 的直流电阻时，负载上输出的平均电压和纯电阻（不加电感）负载相同，即 $U_o=0.9U_2=9\ \text{V}$。

（3）这是一个桥式整流电容滤波电路，因而当 C 的容量足够大时，由式 $U_o=1.2U_2$ 得 $U_o\approx1.2U_2=12\ \text{V}$。

【例 5.4】 在桥式整流电容滤波电路中，已知 220 V 交流电源频率 $f=50\ \text{Hz}$，要求直流电压 $U_o=30\ \text{V}$，负载电流 $I_o=50\ \text{mA}$。试求电源变压器二次电压有效值 U_2，并选择二极管及滤波电容器。

解：由式 $U_o\approx1.2U_2$ 知变压器二次电压有效值为

$$U_2=\frac{U_o}{1.2}=25\ \text{V}$$

流经二极管的平均电流

$$I_D=\frac{1}{2}I_o=\frac{1}{2}\times50\ \text{mA}=25\ \text{mA}$$

二极管承受的最大反向电压

$$U_{RM}=\sqrt{2}U_2=35\ \text{V}$$

因此，可选用 2CZ51D 整流二极管（其允许最大电流 $I_M=50\ \text{mA}$，最大反向电压 $U_{RM}=100\ \text{V}$）。

由 $R_1C\geqslant(3\sim5)\dfrac{T}{2}$ 选电容，取 $R_1C=4\times\dfrac{T}{2}$。因 $R_1=\dfrac{U_o}{I_o}=\dfrac{30}{50}\ \text{k}\Omega=0.6\ \text{k}\Omega$，$R_1C=4\times\dfrac{T}{2}=2T=2\times\dfrac{1}{50}\ \text{s}=0.04\ \text{s}$，得

$$C=\frac{0.04\ \text{s}}{R_1}=\frac{0.04\ \text{s}}{600\ \Omega}\approx66.6\ \mu\text{F}$$

若考虑电网电压波动±10%，则电容器承受的最高电压

$$U_{CM}=\sqrt{2}U_2\times1.1\ \text{V}\approx38.9\ \text{V}$$

故选用标称值为 68 μF/50 V 的电解电容器。

5.3　稳压电路

通过整流滤波电路所获得的直流电源电压是比较稳定的，但当电网电压波动或负载电流变化时，输出电压会随之改变。电子设备一般都需要稳定的电源电压。如果电源电压不稳定，将会引起直流放大器的零点漂移、交流噪声增大、测量仪表的测量精度降低等，因此必须进行稳压。常用的稳压电路有并联型稳压电路、串联型稳压电路、集成稳压电路及开关型稳压电路。

5.3.1　硅稳压管组成的并联型稳压电路

1. 电路组成及工作原理

硅稳压管组成的并联型稳压电路如图 5.11 所示，经整流滤波后得到的直流电压作为稳压电路的输入电压 U_i，限流电阻 R 和稳压管 VZ 组成稳压电路，输出电压 $U_o=U_Z$。在这种电路中，不论是电网电压波动还是负载电阻 R_L 的变化，稳压管都能通过调节自身电流达到稳压的目的。例如，当 R_L 不变时，电网电压升高时 U_i 必然升高，导致 U_o 升高，但此时稳压管的电

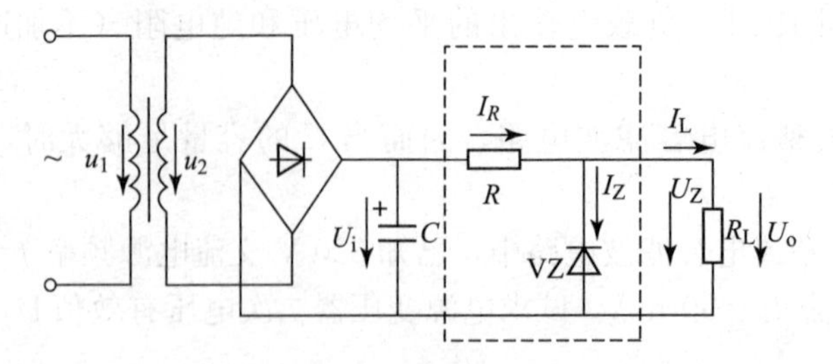

图 5.11　硅稳压管组成的并联型稳压电路

流 I_Z 也会显著增大，导致电阻 R 上的压降增大，从而抵消 U_i 的升高，使输出电压 U_o 基本保持不变。

该过程可表示为

$$U_i\uparrow \xrightarrow{U_o=U_i-U_R} U_o\uparrow = U_Z\uparrow \rightarrow I_Z\uparrow \xrightarrow{I_R=I_L+I_Z} I_R\uparrow \rightarrow U_R\uparrow \rightarrow \xrightarrow{U_o=U_i-U_R} U_o\downarrow$$

反之亦然。可见，对于 U_i 的变化，稳压管通过自身电流的变化，用电阻 R 上的压降变化抵消了 U_i 的变化。

当电网电压 U_i 不变，负载电阻 R_L 阻值减小，使 I_L 增大时，由于电流在限流电阻 R 上压降 U_R 升高，输出电压 U_o 将下降，根据稳压管特性，此时 I_Z 会显著下降，亦即由 I_Z 的减小来补偿 I_L 的增大，最终保持 I_R 基本不变，因而输出电压 U_o 也就基本维持不变。该变化过程如下所示：

$$R_L\downarrow \rightarrow I_L\uparrow \xrightarrow{I_R=I_L+I_Z} I_R\uparrow \rightarrow U_o\downarrow \rightarrow I_Z\downarrow \rightarrow I_R\downarrow \rightarrow U_o\uparrow$$

反之亦然。可见，对于负载电阻 R_L 的变化，稳压管通过调节自身电流的变化去补偿输出负载上电流的变化，使输出电压基本稳定。

通过以上分析可以看出，限流电阻 R 具有限流和调压作用。R 越大，调压作用越强，则输出越稳定。无论电网电压波动或负载变化，都能起到稳压作用。

2. 稳压电路元件参数确定

1）输入电压 U_i 的确定

考虑到限流电阻 R 上的压降，故 U_i 应比 U_o 高（$U_i=U_o+IR$）。由上述稳压原理可知，R 越大，输出越稳定，通常取 $U_i=(2\sim3)U_o$。

2）限流电阻的计算

限流电阻 R 的选取必须保证稳压管的电流 I_Z 在稳压工作区内，即 $I_{Zmin}\leqslant I_Z\leqslant I_{Zmax}$，由图 5.11 可得

$$I_Z=\frac{U_i-U_Z}{R}-I_o \tag{5.13}$$

当 $U_i=U_{imax}$，$I_o=I_{omin}$时，流过稳压管的电流 I_Z最大，但 I_Z不应超过 I_{Zmax}，即$\frac{U_{imax}-U_Z}{R}-I_{omin}<I_{Zmax}$所以

$$R>\frac{U_{imax}-U_Z}{I_{Zmax}+I_{omin}} \tag{5.14}$$

当 $U_i=U_{imin}$，$I_o=I_{omax}$时，流过稳压管的电流 I_Z最小，但 I_Z不应小于 I_{Zmin}，即$\frac{U_{imin}-U_Z}{R}-$

$I_{omax}>I_{Zmin}$，则

$$R<\frac{U_{imin}-U_Z}{I_{Zmin}+I_{omax}} \tag{5.15}$$

故限流电阻 R 可按如下取值范围选一个电阻标准系列中的规格电阻。

$$\frac{U_{imax}-U_Z}{I_{Zmax}+I_{omin}}<R<\frac{U_{imin}-U_Z}{I_{Zmin}+I_{omax}} \tag{5.16}$$

3）确定稳压管参数

考虑到负载 R_L 开路时的电流全部流入稳压管，故通常按如下关系选择稳压管。

$$U_Z=U_o,\quad I_{Zmax}=(2\sim3)I_{omax}$$

【例 5.5】 稳压管稳压电路如图 5.12 所示。已知输出直流电流 $I_o=20\sim30$ mA，稳压管稳压值 $U_Z=6$ V，额定功耗为 250 mW，最小稳定电流 $I_{Zmin}=5$ mA，U_1 在 15～18 V 之间波动。问：

（1）稳压管中的电流 I_Z 何时最大？何时最小？（R 固定）

（2）选择多大的限流电阻 R 能使稳压管电路正常工作？

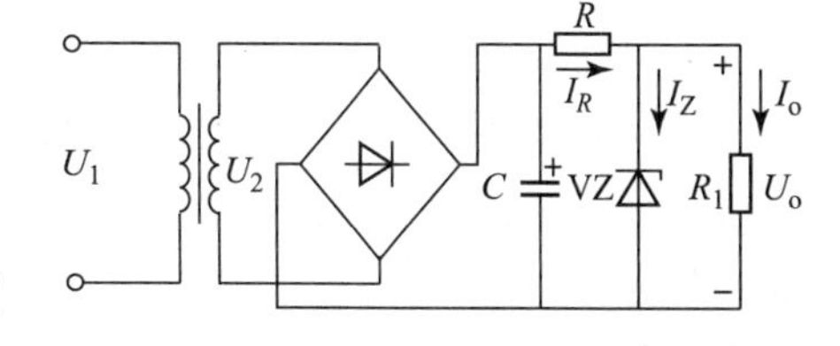

图 5.12　稳压管稳压电路

解：（1）由图 5.12 可知 $I_Z=\frac{U_1-U_Z}{R}-I_o$，当 $U_1=18$ V，$I_o=20$ mA 时，I_Z 最大；当 $U_1=15$ V，$I_o=30$ mA 时，I_Z 最小。

（2）$I_{Zmax}=\frac{P_Z}{U_Z}=\frac{250}{6}$ mA≈41.7 mA，由式（5.16）知

$$\frac{U_{imax}-U_Z}{I_{Zmax}+I_{omin}}<R<\frac{U_{imin}-U_Z}{I_{Zmin}+I_{omax}}$$

代入数据，可得 195 Ω<R<257 Ω。

5.3.2　串联型稳压电路

并联型稳压电路可以使输出电压稳定，但稳压值由稳压管决定，不能随意调节，而且由于负载电流的变化由稳压管自身电流的变化来补偿，故其受稳压管电流范围的限制，输出电流很小，因此硅稳压管稳压电路通常用于要求不高及负载固定的场合。

为了克服硅稳压管稳压电路的缺点，加大输出电流，使输出电压可调节，常采用串联型晶体管稳压电路，如图 5.13 所示。

图 5.13（a）所示为由分立元件组成的串联型稳压电路，当电网电压波动或负载变化时，可能使输出电压 U_o 上升或下降。为了使输出电压 U_o 不变，可以利用负反馈原理使其稳定。假设因某种原因使输出电压 U_o 上升，其稳压过程为

$$U_o\uparrow\rightarrow U_{R2}\uparrow\rightarrow U_{D1}(U_{C2})\downarrow\rightarrow U_o\downarrow$$

串联型稳压电路的输出电压可由 R_P 进行调节。

$$U_o=U_Z\frac{R_1+R_P+R_2}{R_2+R_P'}=\frac{U_Z}{R_2+R_P'} \tag{5.17}$$

式中，$R=R_1+R_2+R_P$，R_P' 是 R_P 的下半部分阻值。

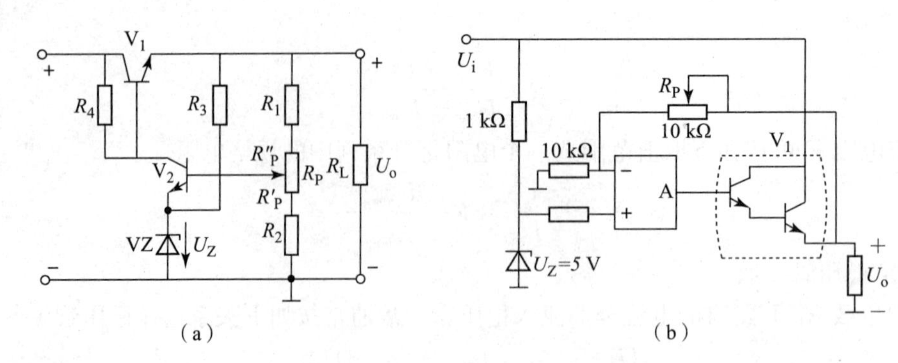

图 5.13　串联型稳压电路

(a) 由分立元件组成的串联型稳压电路；(b) 由运算放大器组成的串联型稳压电路

如果将图 5.13 (a) 中的放大元件改成集成运放，不但可以提高放大倍数，而且能提高灵敏度，这样就构成了由运算放大器组成的串联型稳压电路，如图 5.13 (b) 所示。假设因某种原因使输出电压 U_o 下降，其稳压过程为 $U_o\downarrow\rightarrow U_-\downarrow\rightarrow U_{B1}\uparrow\rightarrow U_o\uparrow$。因此，一个串联型稳压电路包括四大部分，其组成框图如图 5.14 所示。

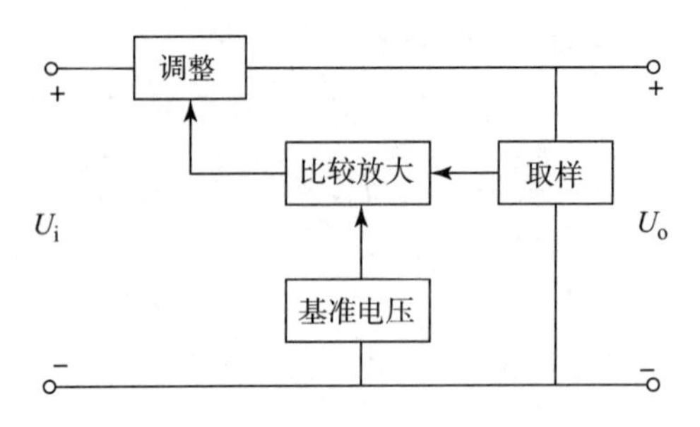

图 5.14　串联型稳压电路组成框图

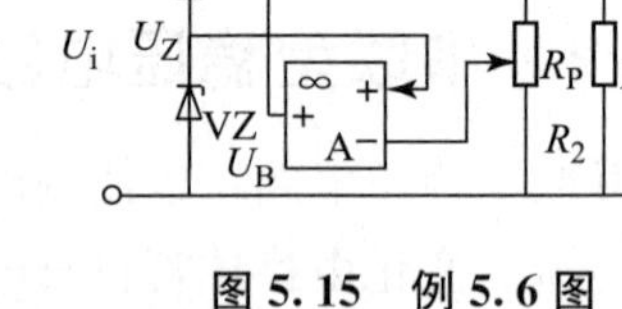

图 5.15　例 5.6 图

【例 5.6】 串联型稳压电路如图 5.15 所示，若用桥式整流电容滤波。已知 $U_Z=6$ V，$R_1=R_2=R_P=3$ kΩ；电源电压为 220 V，要求负载电流 $I_o=0\sim50$ mA。试：

(1) 计算输出电压可调范围；

(2) 若 V 管的 $U_{CES}=3$ V，计算电源变压器二次电压的有效值 U_2；

(3) 若 $R_L=4.5$ kΩ，试求电路的最大输出电压值。

解：(1) 计算输出电压的范围。

由于 $U_{omax}=\dfrac{R_1+R_2+R_P}{R_2}U_Z=18$ V，$U_{omin}=\dfrac{R_1+R_2+R_P}{R_2+R_P}U_Z=9$ V

(2) 因 U_i 为稳压电路的输入电压，即桥式整流电容滤波电路输出的直流电压，V 管的最低管压降为 3 V，则 $U_i=3\text{ V}+18\text{ V}=21$ V。

由式 $U_o\approx1.2U_2$ 可得 $U_2=\dfrac{U_i}{1.2}=\dfrac{21}{1.2}$ V$=17.5$ V。

(3) 按 $R_L=4.5$ kΩ 计算，$U_{omax}=\dfrac{10.5}{3}\times6\text{ V}=21$ V。

由于 $U_{CES}=3$ V，故最大输出电压 $U_{omax}=U_i-U_{CES}=21\text{ V}-3\text{ V}=18$ V。

【例 5.7】 串联型稳压电源如图 5.16 所示，A 为理想运算放大器。调整管 V 为 3DD4A，其参数是 $P_{CM}=10$ W，$U_{BR(CEO)}=20$ V，$I_{CM}=1.5$ A；稳压管 VZ 为 2CW13，其参数是 $P_Z=250$ mW，$U_Z=6$ V，$I_Z=10$ mA；输出电流 $I_o=100\sim300$ mA，输入电压 $U_i=30$ V，采样电路中 $R_1=1.5$ kΩ，$R_P=0.5$ kΩ，$R_2=1$ kΩ。试：

（1）估算变压器二次电压有效值；

（2）确定限流电阻 R 的阻值范围和 U_o 的可调范围；

（3）验算 3DD4A 的额定参数是否已被超过。

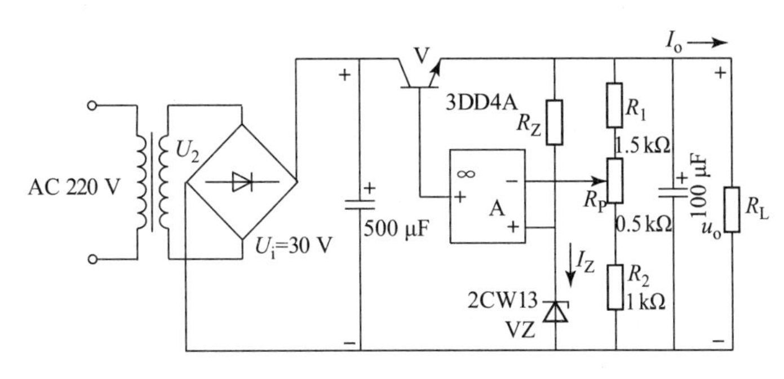

图 5.16 例 5.7 图

解：（1）对于桥式整流电容滤波电路，由式 $U_o\approx1.2U_2$ 得

$$U_2\approx\frac{U_i}{1.2}=\frac{30}{1.2}\text{ V}=25\text{ V}$$

（2）$I_{Zmin}=10$ mA，$I_{Zmax}=\dfrac{P_Z}{U_Z}=\dfrac{250}{6}$ mA≈41.7 mA。

加在基准电路 R_Z 和 D_Z 上的电压为 U_o，其 U_o 的最大值及最小值分别为

$$U_{omax}\approx\frac{1.5+0.5+1}{1}\times6\text{ V}=18\text{ V},\quad U_{omin}\approx\frac{1.5+0.5+1}{1.5}\times6\text{ V}=12\text{ V}$$

利用式（5.16）可求出限流电阻 R，因 $I_+=0$，则

$$\frac{U_{imax}-U_Z}{I_{Zmax}+I_{omin}}<R<\frac{U_{imin}-U_Z}{I_{Zmin}+I_{omax}}$$

代入数据得 288 Ω$<R<$600 Ω。

（3）$U_{CEmax}=U_i-U_{omin}=30\text{ V}-12\text{ V}=18\text{ V}<U_{BR(CEO)}$

$$I_{Emax}=I_{omax}+I_{Zmax}+\frac{U_{omax}}{3}\approx348\text{ mA}<I_{CM}$$

$$P_{CEmax}=U_{CEmax}\times I_{Emax}\approx6.3\text{ W}<P_{CM}$$

值得注意：由于 U_{CEmax} 和 I_{Emax} 并不同时出现（因为当 $U_{CE}=U_{CEmax}$ 时，流过稳压管和采样电阻的电流并不是它们的最大值），所以实际的 P_{CEmax} 还应比 6.3 W 小。

由以上分析可知，未超过 3DD4A 额定参数。

5.3.3 集成稳压电路

集成稳压（集成稳压电路）是模拟集成电路中的一个重要分支，它具有输出电流大、输出电压高、体积小、成本低的优点，而且它所需外接元件较少，便于安装调试，工作可靠，因此在实际工作中得到广泛应用。

集成稳压器将采样、基准、比较放大、调整及保护环节集成于一个芯片，按工作方式可分为串联型和并联型，按输出电压能否可调分为固定式和可调式，按外部结构可分为三端固定式和多端可调式等。

1. 三端稳压器介绍

三端稳压器有三个引脚，即输入端、输出端和公共端（接地）。其外形及管脚排列如图 5.17 所示。下面对其品种系列做一介绍。

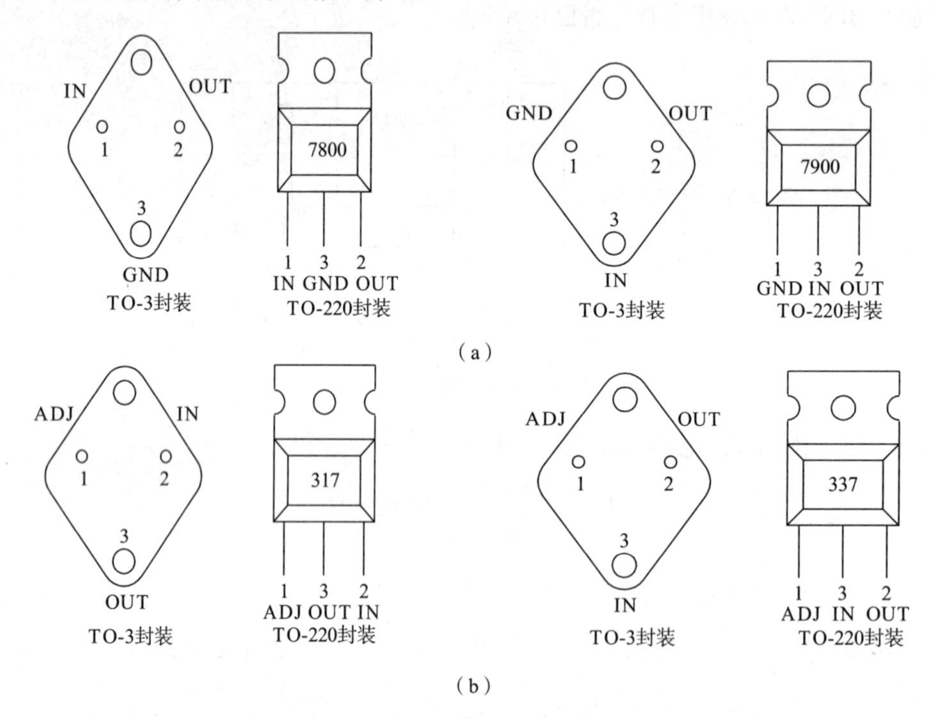

图 5.17 三端稳压器的外形及管脚排列

(a) 三端固定式；(b) 三端可调式

1) 三端固定式稳压器

常用的三端固定式稳压器有 7800 系列、7900 系列，其外形如图 5.17 (a) 所示。型号中 78 表示输出为正电压值，79 表示输出为负电压值，00 表示输出电压的稳定值。根据输出电流的大小不同，又分为 CW78 系列，最大输出电流为 1～1.5 A；CW78M00 系列，最大输出电流为 0.5 A；CW78L00 系列，最大输出电流为 100 mA 左右，7800 系列输出电压等级有 5 V、6 V、9 V、12 V、15 V、18 V、24 V，7900 系列有－5 V、－6 V、－9 V、－12 V、－15 V、－18 V、－24 V。型号的后两位数字表示输出电压值，例如，CW7815 表明输出＋15 V 电压，输出电流可达 1.5 A；CW79M12 表明输出－12 V 电压，输出电流为－0.5 A。

2) 三端可调式稳压器

前面介绍 78、79 系列集成稳压器，只能输出固定电压值，在实际应用中不太方便。CW117、CW217、CW317、CW337 和 CW337L 系列为可调式输出稳压器，其外形如图 5.17 (b) 所示。

图 5.18 所示的 CW317 是三端可调式正电压输出稳压器。三端可调式集成稳压器输出电压为 1.25～37 V，输出电流可达 1.5 A。两个电阻（R_1 和 R_P）来确定输出电压。图 5.18 中 C_1

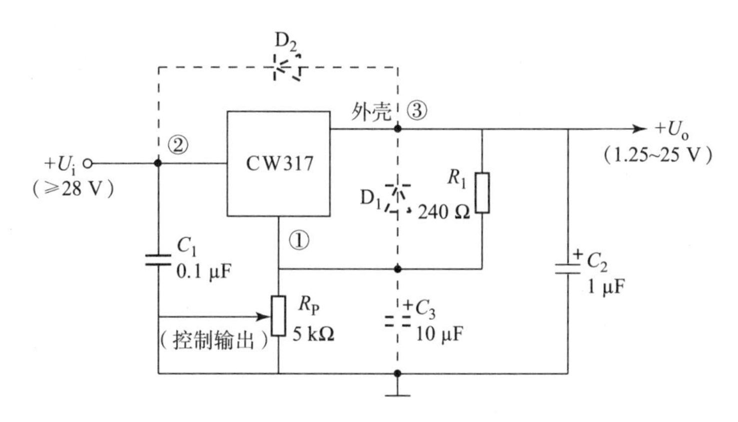

图 5.18　可调式输出稳压电源

用于预防自激振荡的产生，C_2 用来改善输出电压波形。

2. 三端集成稳压器的应用

1）输出固定电压的应用电路

输出固定电压的应用电路如图 5.19 所示，其中图 5.19（a）为输出固定正电压，图 5.19（b）为输出固定负电压，图中 C_i 用以抵消输入端因接线较长而产生的电感效应，为防止自激振荡，其取值范围为 0.1～1 μF（若接线不长时可不用）；C_o 用以降低电路的高频噪声，一般取 1 μF 左右。

2）输出正、负电压稳压电路

当需要正、负两组电源输出时，可采用 W7800 系列和 W7900 系列各一块，按图 5.20 接线，即可得到正负对称的两组电源。

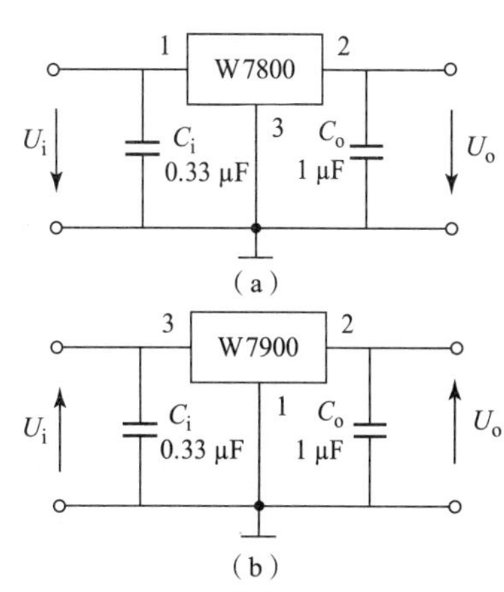

图 5.19　固定输出的稳压电路

（a）输出固定正电压；

（b）输出固定负电压

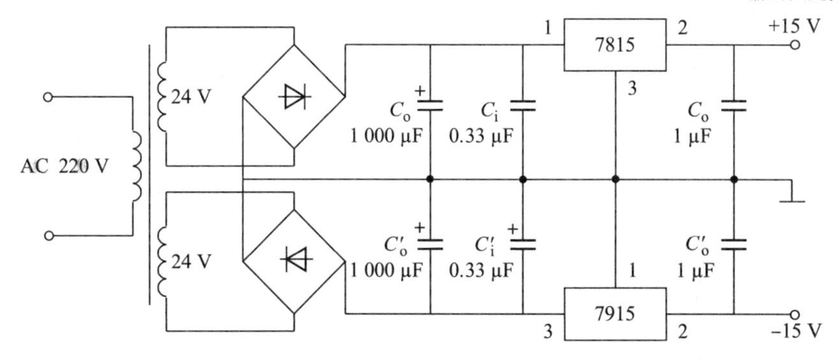

图 5.20　正负对称输出稳压电路

5.3.4　开关型稳压电路

串联型稳压器中的调整管工作在放大区，由于负载电流连续通过调整管，因此管子功率损耗大，电源效率低，一般只有 20%～24%。若用开关型稳压电路，它可使调整管工作在开关状态，管子损耗很小，效率可提高到 60%～80%，甚至可高达 90%以上。开关型稳压电路及其波形如图 5.21 所示。

开关型稳压电路就是把串联型稳压电路的调整管，由线性工作状态改成开关工作状态，如图 5.21（a）所示。方波发生器为一开关信号发生器，当它输出高电平时，V 管饱和导通；当它输出低电平时，V 管截止。输出电压波形如图 5.21（b）所示。其中导通时间 t_{on} 与开关周期 T_n 之比定义为占空比 D，即

$$D=\frac{t_{on}}{t_{on}+t_{off}}=\frac{t_{on}}{T_n} \tag{5.18}$$

式中，t_{on} 为调整管的导通时间；t_{off} 为调整管的截止时间。

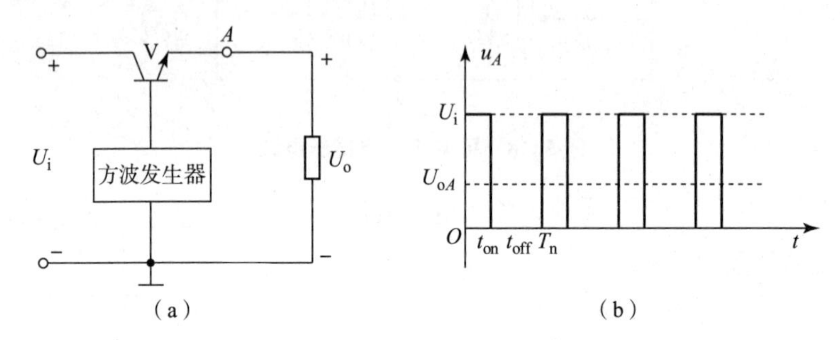

图 5.21 开关型稳压电路及其波形

（a）开关型稳压电路；（b）输出电压波形

输出电压平均值为

$$U_o \approx DU_i \tag{5.19}$$

式中，T_n 为调整管的开关周期；D 为调整管的占空比。

对于一定的输入电压 U_i，通过调节占空比，即可调节输出电压 U_o。调节占空比的方法有两种：一种是固定开关的频率来改变脉冲的宽度 t_{on}，称为脉宽调制型开关电源，用 PWM 表示；另一种是固定脉冲宽度而改变开关周期，称为脉冲频率调制型开关电源，用 PFM 表示。

实验　串联稳压电路

一、实验目的

（1）研究稳压电源的主要特性。

（2）学会稳压电源的调试及测量方法。

二、实验内容和步骤

1. 静态调试

（1）按实验图 5.1 接线，负载 R_L 开路，即稳定电源空载。

（2）将 5～27 V 的电源调到 9 V，接到 U_i 端，再调电位器 R_P，使 U_o=6 V。测量各晶体管的静态工作点。

（3）调试输出电压的调节范围。调节电位器 R_P，观察输出电压 U_o 的变化情况，记录 U_o 的最大值和最小值。

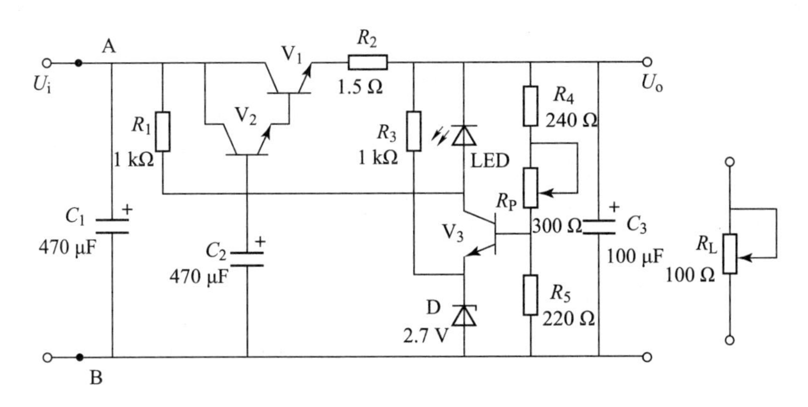

实验图 5.1　串联稳压电路

2. 动态测量

1）测量电源稳压特性

使稳压电源处于空载状态，调可调电源电位器，模拟电网电压波动±10%，即 U_i 由 8 V 变到 10 V，测量相应的 ΔU。根据 $S=\dfrac{\Delta U_o/U_o}{\Delta U_i/U_i}$计算稳压系数。

2）测量稳压电源内阻

稳压电源的负载电流 I_L 由空载变化到额定值 $I_L=100$ mA 时，测量输出电压 U_o 的变化量即可求出电源内阻 $r_o=\left|\dfrac{\Delta U_o}{\Delta I_L}\times 100\%\right|$。测量过程中，使 $U_i=9$ V 保持不变。

3）测试输出的纹波电压

将实验图 5.1 的电压输入端接到实验图 5.2 的整流滤波电路的输出端（即接通 A—a，B—b)，在负载电流 $I_L=100$ mA 的条件下，用示波器观察稳压电源、输出中的交流分量 u_o，描绘其波形。用晶体管毫伏表测量交流分量的大小。

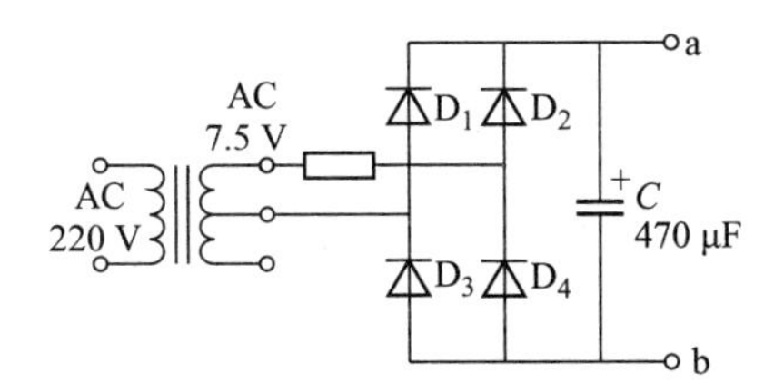

实验图 5.2　整流滤波电路

三、实验要求

（1）会静态调试和动态测试。

（2）会计算稳压电源内阻 $r_o=\dfrac{\Delta U_o}{\Delta I_L}$及稳压系数 S。

本章小结

1. 直流稳压电源一般由交流电源、电源变压器、整流电路、滤波电路和稳压电路组成。

2. 整流电路是利用二极管的单向导电性将交流电变为直流电的。主要电路类型及参数如下表：

名称	主要性能		
	U_o	I_D	U_{RM}
半波整流	$0.45U_2$	I_o	$\sqrt{2}U_2$
桥式整流	$0.9U_2$	$\frac{1}{2}I_o$	$\sqrt{2}U_2$

注：U_2 为变压器二次电压的有效值。

3. 滤波电路利用电容两端电压不能突变或电感中电流不能突变的特性，将电容和负载并联、电感和负载串联，以达到平滑输出波形的目的。电容滤波电路的主要参数如下表：

名称	主要性能		
	U_o	I_D	U_{RM}
半波整流电容滤波	U_2	I_o	$2\sqrt{2}U_2$
桥式整流电容滤波	$1.2U_2$	$\frac{1}{2}I_o$	$\sqrt{2}U_2$

电感滤波电路的输出电压与整流输出平均电压相等。

4. 稳压电路实际上是一种电压调节电路，在电网电压或负载变化时通过稳压器件的调节，使输出电压基本稳定。常用的稳压电路有并联型稳压电路和串联型稳压电路。

并联型稳压电路是利用稳压管在一定的电流范围内（$I_{Zmin} \leqslant I_Z \leqslant I_{Zmax}$）电压稳定不变的性能来稳定输出电压的。其局限性是输出电压值不能随意调节，负载电流的变化范围受稳压管电流范围的限制不能做得太大。

串联型稳压电路由比较放大器、调整管、采样电路、基准电压四部分组成。它是利用稳压管作为基准电压，利用调整管扩大了负载电流的变化范围，在引入放大电路并接成电压负反馈后，输出电压稳定并且连续可调。

集成稳压器具有体积小、性能可靠、使用方便等优点，得到了广泛应用。

习　题

5.1　选择题。

(1) 整流的目的是（　　）。

A. 将交流变为直流　　B. 将高频变为低频　　C. 将正弦波变为方波

(2) 直流稳压电源中滤波电路的目的是（　　）。

A. 将交流变为直流　　B. 将高频变为低频　　C. 将交直流混合量中的交流成分滤掉

(3) 在直流稳压电源中的滤波电路应选用（　　）。

A. 高通滤波器　　B. 低通滤波器　　C. 带通滤波器

(4) 串联型线性稳压电路中的放大环节放大的对象是（　　）。

A. 基准电压　　B. 采样电压　　C. 基准电压与采样电压之差

(5) 典型的串联型线性稳压电路正常工作时，调整管处于（　　）状态。

A. 饱和　　B. 截止　　C. 放大

(6) 在串联型线性稳压电路中，若要求输出电压为18 V，调整管压降为6 V，整流电路采用电容滤波，则电源变压器二次电压有效值约为（　　）。

A. 18 V　　B. 20 V　　C. 24 V

(7) 由硅稳压管构成的稳压电路，其接法是（　　）。

A. 稳压管与负载电阻串联　　B. 稳压管与负载电阻并联

C. 限流电阻与稳压管串联后，负载电阻再与稳压管并联

5.2 填空题。

(1) 直流稳压电源的组成部分包括______、______、______、______、______。

(2) 在单相小功率直流稳压电源中，常用的稳压电路有______、______、______和______。

5.3 在桥式整流电路中，变压器二次电压 $U_2=15$ V，负载 $R_L=1$ kΩ，若输出直流电压 U_o 和负载电流 I_L 均为直流量，则应选用多大反方向工作电压的二极管？如果电路有一个二极管开路，则输出直流电压和电流分别为多大？

5.4 在输出电压 $U_o=9$ V，负载电流 $I_L=20$ mA 时，桥式整流电容滤波电路的输入电压（即变压器二次电压）应为多大？若电网频率为 50 Hz，则滤波电容应选多大？

5.5 有一桥式整流电容滤波电路，已知交流电压源电压为 220 V，$R_L=50$ Ω，要求输出直流电压为 12 V。试：

(1) 求每个二极管的电流和最大反向电压；

(2) 选择滤波电容的容量和耐压值。

第二部分

数字电子技术

第 6 章

逻辑代数与逻辑门电路

本章要点

本章首先介绍数字信号和模拟信号的区别，数字电路的特点和数字脉冲波形的主要参数；接着以数字系统中多采用的二进制为重点，分别介绍十进制、八进制、十六进制的规则及其相互转换的方法；然后介绍逻辑代数中的运算、基本定律、公式及规则，逻辑函数的各种表示形式及相互转换，以及逻辑函数化简与变换的常用方法；最后介绍由分立元件构成的逻辑门电路，在此基础上，重点介绍集成门电路，讨论 TTL 和 CMOS 集成逻辑门电路的逻辑功能、外部特性。

6.1　数字电子技术概述

6.1.1　电路中的信号

信号是反映信息的物理量，如温度、压力、流量、自然界的声音信号等，因而信号是信息的表现形式。信息需要借助于某些物理量（如声、光、电）的变化来表示和传递。由于非电的物理量很容易转换成电信号，而且电信号又容易传送和控制，因此电信号成为应用最为广泛的信号。

电信号分为模拟信号和数字信号。在时间和幅值上都连续变化的信号如图 6.1（a）所示，称为模拟信号，如日常生活中广播的音频信号、电视中的视频信号及模拟温度、压力等物理变化的信号等。用于变换和处理模拟信号的电路称为模拟电路，如放大电路、滤波电路、电压/

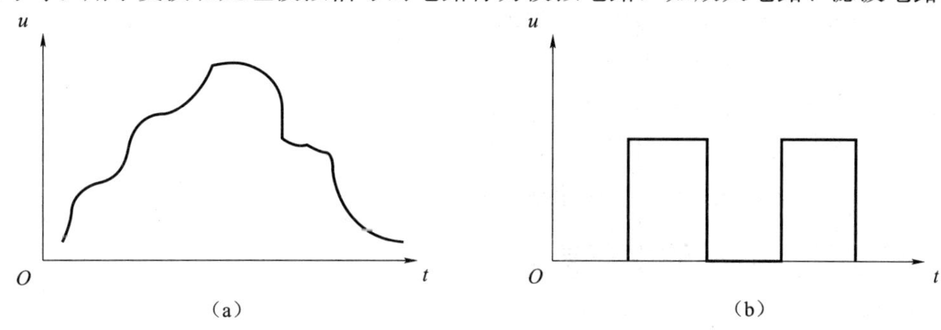

图 6.1　电信号

（a）模拟信号；（b）数字信号

电流变换电路、信号发生器等。模拟电路着重分析波形的形状、幅度和频率如何变化。在时间和幅值上都是离散变化的信号，如图 6.1（b）所示，称为数字信号，数字信号是人为抽象出来的在时间上不连续的信号，其高电平和低电平常用 1 和 0 表示。用于变换和处理数字信号的电路称为数字电路，如编码器、寄存器、计数器、脉冲发生器等。数字电路主要研究输入信号和输出信号之间的逻辑关系，至于输入和输出信号精确为多少无关紧要，其理论基础是逻辑代数，因此数字电路又称为数字逻辑电路。

6.1.2 数字电路的特点

数字电路处理的信号是离散的数字信号，在电路中工作的半导体器件大多工作在开关状态，如晶体管的饱和区和截止区，而放大区是一个过渡态。分析数字电路的主要工具是逻辑代数。

1. 数字电路信号的特点

离散的数字信号只有高电平和低电平之分，即“1”和“0”之分，只需要区分相对关系，不需要讨论具体数值的大小，因此数字信号易于识别，抗干扰能力较强，易于借助媒体（磁盘、光盘）长期保存。

2. 数字电路中基本器件结构方面的特点

数字电路只需要在两种极限状态即开关状态下工作，电路中的电子器件，如二极管、晶体管、场效应管处于开关状态，时而导通、时而截止。对元件特性的精度及电源的稳定程度等方面的要求较低，所以电路简单，易于集成，有利于将大量的基本单元电路集成在一个硅片上批量生产，这也促使了计算机硬件的迅猛发展。

3. 数字电路功能的特点

数字电路可以方便地对信号进行加工、传输，运算简单可靠，还可模拟人脑进行逻辑判断、逻辑思维。

4. 数字电路分析的特点

数字电路主要研究电路输入和输出的逻辑关系，可用逻辑代数即逻辑函数表达式、真值表、逻辑图、卡诺图、波形图、状态图等方法进行运算和表示。集成数字部件的内部电路虽十分复杂，但不必深入讨论内部结构原理，只需了解器件的功能特性、主要参数便可方便地使用。用集成器件可方便组成各种各样的功能电路，易于使用。

但必须指出的是数字电路是建立在模拟电子技术基础之上的，而且不能取代模拟电路，如用传感器将自然界中的模拟量（温度、压力）转换为电信号是微弱的模拟信号，需要通过模拟电路进行放大；若再用数字电路进行处理，则需要进行模/数（A/D）转换，而数字信号的输出（如音频信号的输出）需要数/模（D/A）转换。此外，由于采用集成电路，输出功率有限，在控制系统中，往往必须配置模拟电路组成的驱动电路才能驱动执行机构动作。

6.1.3 数字脉冲波形的主要参数

在数字电路中，加工和处理的都是数字脉冲信号，应用最多的是矩形脉冲。为便于表述，我们往往使用理想数字脉冲波形，但在实际工作中遇到的数字脉冲波形和理想数字脉冲波形有所不同。

1. 实际的数字脉冲波形

实际的数字脉冲波形的主要特性用图 6.2 所示的参数来描述。

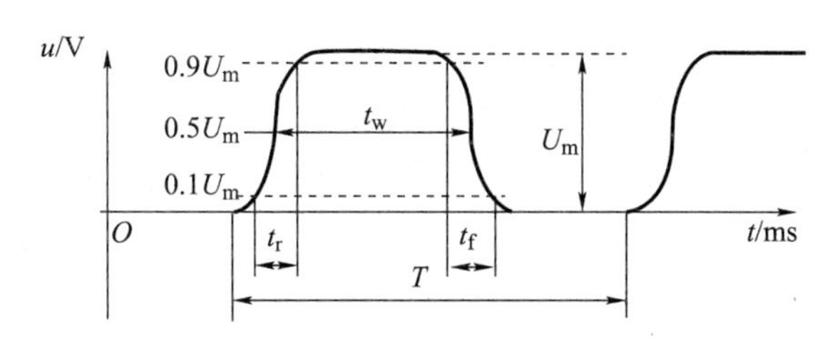

图 6.2　实际的数字脉冲波形

（1）脉冲幅度 U_m：脉冲电压波形变化的最大值，单位为伏（V）。

（2）脉冲上升时间 t_r：脉冲波形从 $0.1U_m$ 上升到 $0.9U_m$ 所需的时间。

（3）脉冲下降时间 t_f：脉冲波形从 $0.9U_m$ 下降到 $0.1U_m$ 所需的时间。

脉冲上升时间 t_r 和下降时间 t_f 越短，越接近于理想的矩形脉冲，单位为秒（s）、毫秒（ms）、微秒（μs）、纳秒（ns）。

（4）脉冲宽度 t_W：脉冲上升沿 $0.5U_m$ 到下降沿 $0.5U_m$ 所需的时间，单位与 t_r、t_f 相同。

（5）脉冲周期 T：在周期性脉冲中，相邻两个脉冲波形重复出现所需的时间，单位与 t_r、t_f 相同。

（6）脉冲频率 f：每秒时间内，脉冲重复出现的次数，单位为赫兹（Hz）、千赫兹（kHz）、兆赫兹（MHz）、吉赫兹（GHz），脉冲频率与脉冲周期之间的换算关系为 $f=1/T$。

（7）占空比 $q(\%)$：脉冲宽度 t_W 与脉冲重复周期 T 的比值，$q(\%)=\frac{t_W}{T}\times 100\%$。它是描述脉冲波形疏密的参数。

（8）脉冲空度 D：脉冲空度与占空比之间的换算关系为 $D=1/q$。

实际的波形中高低电平变换时产生上升时间 t_r 和下降时间 t_f 的根本原因是组成数字电路的基本元器件如二极管、晶体管在导通和截止的过程中输入信号与输出信号之间存在着延迟。

2. 理想的数字脉冲波形

理想的数字脉冲波形如图 6.3 所示，它是从实际脉冲波形中抽象得来的。一个理想的周期性数字信号只需用脉冲幅度 U_m、脉冲周期 T、脉冲宽度 t_W 和占空比 q 来表示，而上升时间 t_r 和下降时间 t_f 忽略不计。

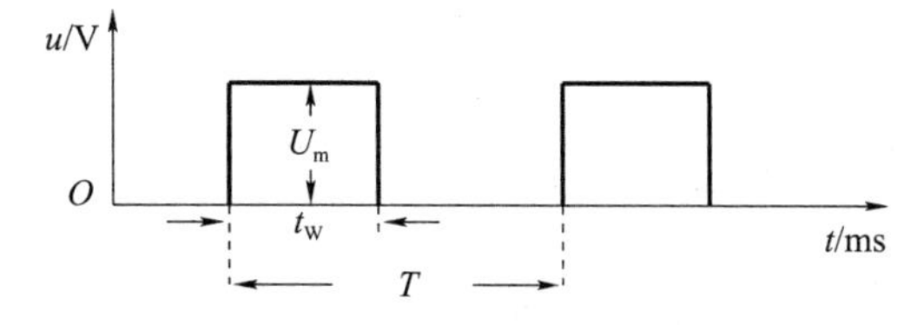

图 6.3　理想的数字脉冲波形

6.2　数制和码制

6.2.1　数制

数制是计数的方法，是用一组固定的符号和统一的规则来表示数值的方法。人们在日常生活中，习惯于用十进制，而在数字系统，如数字计算机中多采用二进制，有时也采用八进制或十六进制。

1. 数制概念

日常生活中，十进制有着广泛应用。十进制进位规则为“逢十进一”；任何一个数位上都可以用0、1、2、3、4、5、6、7、8、9十个符号来表示，这些符号称为数码；数码的个数称为基数；数码在不同数位所代表的数值大小是不同的，其大小可以用基数的幂即 10^n 来表示，这个幂称为位权。将十进制数各个数位上的数码与该位位权相乘然后相加便可以得到该数的实际大小，这种计算的方法称为位权展开法。

2. 常用数制比较

从数制概念的角度常用的数制的区别如表6.1所示。

表6.1　十进制、二进制、八进制、十六进制比较

项目	十进制（D）	二进制（B）	八进制（O）	十六进制（H）
进位规则	逢十进一	逢二进一	逢八进一	逢十六进一
数码	0、1、2、3、4、5、6、7、8、9	0、1	0、1、2、3、4、5、6、7	0、1、2、3、4、5、6、7、8、9、A、B、C、D、E、F
基数	10	2	8	16
位权	10^n	2^n	8^n	16^n

注：位权为基数的幂（m^n），规定由小数点开始往左 n 依次为0、1、2、…，往右 n 依次为−1、−2、−3、…。

表6.2列出了二进制、八进制、十六进制的对照表，便于读者记忆。

表6.2　二进制、八进制、十六进制对照表

十进制	二进制	八进制	十六进制	十进制	二进制	八进制	十六进制
0	0000	0	0	8	1000	10	8
1	0001	1	1	9	1001	11	9
2	0010	2	2	10	1010	12	A
3	0011	3	3	11	1011	13	B
4	0100	4	4	12	1100	14	C
5	0101	5	5	13	1101	15	D
6	0110	6	6	14	1110	16	E
7	0111	7	7	15	1111	17	F

一般将数码括起来然后用基数或字母简写表示不同数制，如 $(1100)_2$ 或 $(1100)_B$ 表示二进制数，$(19AE)_{16}$ 或 $(19AE)_H$ 表示十六进制数。

6.2.2　不同数制间的转换

不同数制间的转换主要探讨十进制数与二、八、十六进制数的互相转换及二进制数与八、十六进制数的互相转换。

1. 二、八、十六进制数转换为十进制数

利用位权展开法，将各个数位上的数码与该位上的位权相乘然后相加便可以实现二、八、十六进制数转换为对应的十进制数。

【例 6.1】 将 $(101.11)_2$、$(703.67)_8$、$(AB3.8)_{16}$转换为十进制数。

解：$(101.11)_2=1\times2^2+0\times2^1+1\times2^0+1\times2^{-1}+1\times2^{-2}=(5.75)_{10}$

$(703.67)_8=7\times8^2+0\times8^1+3\times8^0+6\times8^{-1}+7\times8^{-2}=(451.859375)_{10}$

$(AB3.8)_{16}=10\times16^2+11\times16^1+3\times16^0+8\times16^{-1}=(2739.5)_{10}$

2. 十进制数转换为二、八、十六进制数

十进制数转换为二、八、十六进制数的方法：整数部分采用“除基取余法”，小数部分采用“乘基取整法”。以十进制数转换为二进制数为例。

【例 6.2】 将 $(58)_{10}$转换成二进制形式。

解：

除法	余数		
2 | 58	…… 0 ……	$a_0=0$	低位
2 | 29	…… 1 ……	$a_1=1$	↑
2 | 14	…… 0 ……	$a_2=0$	
2 | 7	…… 1 ……	$a_3=1$	
2 | 3	…… 1 ……	$a_4=1$	
2 | 1	…… 1 ……	$a_5=1$	高位
0			

所以 $(58)_{10}=(111010)_2$。

【例 6.3】 将十进制数 $(0.306)_{10}$转换成误差不大于 2^{-5}的二进制数。

解：用“乘 2 取整”法，按如下步骤转换：

运算	整数部分		
$0.306\times2=0.612$	…… 0 ……	$a_{-1}=0$	高位
$0.612\times2=1.224$	…… 1 ……	$a_{-2}=1$	
$0.224\times2=0.448$	…… 0 ……	$a_{-3}=0$	
$0.448\times2=0.896$	…… 0 ……	$a_{-4}=0$	↓
$0.896\times2=1.792$	…… 1 ……	$a_{-5}=1$	低位

由于最后的小数 $0.792>0.5$，a^{-6} 应为 1，因此 $(0.306)_{10}=(0.010011)_2$，其误差小于 2^{-5}。

十进制数转换为八进制数和十六进制数的方法与十进制数转换为二进制数的方法相同，不同之处在于基数分别为 8 和 16。

3. 二进制数与八、十六进制数互相转换

1）二-八进制数互相转换

二进制数转换为八进制数时，由于八进制数的基数 $8=2^3$，故每位八进制数由 3 位二进制数构成。因此转换方法：整数部分从低位开始，每 3 位二进制数为一组，最后一组不足 3 位

时，高位补 0 补足 3 位；小数部分从高位开始，每 3 位二进制数一组，最后一组不足 3 位时，低位补 0 补足 3 位，然后用对应的八进制数来代替，顺序不变。

八进制数转换为二进制数时，将每位八进制数用 3 位二进制数来代替，顺序不变，便得到相应的二进制数。

【例 6.4】 将 $(11011011.00101001)_2$ 转换为八进制数，$(671.45)_8$ 转换为二进制数。

解：(1) 011　011　011.　001　010　010

↓　↓　↓　↓　↓　↓

3　3　3 .　1　2　2

则 $(11011011.00101001)_2=(333.122)_8$。

(2) 6　7　1　.　4　5

↓　↓　↓　↓　↓

110 111　001　.　100　101

则 $(671.45)_8=(110111001.100101)_2$。

2）二-十六进制数互相转换

二进制数转换为十六进制数时，由于十六进制数的基数 $16=2^4$，则每位十六进制数由 4 位二进制数构成。因此转换的方法：整数部分从低位开始，每 4 位二进制数为一组，最后一组不足 4 位时，高位补 0 补足 4 位；小数部分从高位开始，每 4 位二进制数一组，最后一组不足 4 位时，低位补 0 补足 4 位，然后用对应的十六进制数来代替，顺序不变。

十六进制数转换为二进制数时，将每位十六进制数用 4 位二进制数来代替，顺序不变，便得到相应的二进制数。

【例 6.5】 将 $(111110.0011011)_2$ 转换为十六进制，$(A4.5)_{16}$ 转换为二进制数。

解：(1) 0111　1110.　0011　0110

↓　↓　↓　↓

7　E.　3　6

则 $(111110.0011011)_2=(7E.36)_{16}$。

(2)　A　4　.　5

↓　↓　↓

1010　0100 . 0101

则 $(A4.5)_{16}=(10100100.0101)_2$。

6.2.3　码制

由于数字系统是以二值数字逻辑为基础的，因此数字系统中的信息（包括数值、文字、控制命令等）都是用一定位数的二进制码表示的，建立这种二进制代码与十进制数值、字母、符号、文字之间一一对应的关系称为编码。

对 1 位十进制数 0～9 用一定规则的 4 位二进制数表示的代码，称为二-十进制码，又称 BCD 码。

1. 编码位数

若数字系统中用 n 位的二进制码表示 N 项信息，则编码满足的关系为 $2^n \geqslant N$ 或 $n \geqslant \log_2 N$。例如，对 1 位十进制数 0～9 用二进制数表示所需的编码位数 $n \geqslant \log_2 10$，n 取整数为 4，即用4位二进制编码可表示0～9十进制数码。

又如，对1位八进制数0～7用二进制数表示所需的编码位数$n \geqslant \log_2 8$，n取整数为3，即用3位二进制编码可表示0～7八进制数码。

2. 常用BCD码

常用BCD码按照编码规则的不同分为有权码和无权码两种。其中有权码又有8421BCD码、2421BCD码和5421BCD码，无权码主要有余三码。

1）有权码——8421BCD码、2421BCD码、5421BCD码

8421BCD码、2421BCD码和5421BCD码这3种代码用4位二进制数分别与十进制数0～9一一对应，每一位的权值是固定不变的，称为有权码。8421BCD码的权值从高位到低位分别为8、4、2、1，是最常见的一种代码；5421BCD码和2421BCD码的权值从高到低位分别是5、4、2、1和2、4、2、1，这也是它们名称的来历。2421BCD码又可分为2421（A）码与2421（B），2421（A）码与2421（B）码的编码方式略有不同，其中2421（B）码具有互换性，0和9、1和8、2和7、3和6、4和5这5组代码中两两互为反码。

有权码的编码规则如表6.3所示。

2）无权码——余三码

余三码没有固定的权值，称为无权码。余三码是由8421BCD码加3（0011）得来的，可看出余三码中的0和9、1和8、2和7、3和6、4和5这5组代码两两互为反码，具有互补性。

余三码的编码规则如表6.3所示。

表6.3 常用BCD码的编码规则

十进制数	有权码				无权码
	8421码 $b_3b_2b_1b_0$	2421（A）码 $b_3b_2b_1b_0$	2421（B）码 $b_3b_2b_1b_0$	5421码 $b_3b_2b_1b_0$	余三码
0	0000	0000	0000	0000	0011
1	0001	0001	0001	0001	0100
2	0010	0010	0010	0010	0101
3	0011	0011	0011	0011	0110
4	0100	0100	0100	0100	0111
5	0101	0101	1011	1000	1000
6	0110	0110	1100	1001	1001
7	0111	0111	1101	1010	1010
8	1000	1110	1110	1011	1011
9	1001	1111	1111	1100	1100
位权	8421	2421	2421	5421	无权

3. 用二进制码表示十进制数

在BCD码中，4位二进制代码只能表示1位十进制数。当对多位十进制数进行BCD编码时，需对多位十进制数中的每位数进行编码，然后按照原来十进制数的顺序排列起来即可（小

数点的位置不变)。

【例 6.6】 分别将 $(456)_{10}$ 转换为 8421BCD 码、5421BCD 码、2421(B)码和余三码。

解： $(456)_{10}=(010001010110)_{8421BCD}$

$(456)_{10}=(0100100001001)_{5421BCD}$

$(456)_{10}=(010010111100)_{2421(B)BCD}$

$(456)_{10}=(011110001001)_{余三码}$

4. 格雷码

对 1 位十六进制数 0～F 用一定规则的 4 位二进制数表示的代码，称为格雷码，又称为葛莱码或二进制循环码。格雷码是无权码，表 6.4 所示为典型 4 位格雷码的编码。它的特点是任意两组相邻代码之间只有一位不同，其余各位都相同，0 与最大数（2^n-1）对应的两组格雷码之间也只有一位不同，因此它是一种循环码。格雷码属于可靠性编码，是一种错误最小化的编码方式。虽然自然二进制码可以直接由 D/A 转换器转换成模拟信号，但在某些情况下，如从十进制的 3 转换为 4 时，自然二进制码每一位都需要变，这使数字电路发生很大的尖峰电流脉冲。而格雷码则没有这一缺点，它在相邻位之间转换时，只有一位发生变化，大大地减少了由一个状态到下一个状态时的逻辑混淆。

表 6.4 典型 4 位格雷码的编码

十六进制数	十进制数	二进制数	格雷码 $G_3G_2G_1G_0$
0	0	0000	0000
1	1	0001	0001
2	2	0010	0011
3	3	0011	0010
4	4	0100	0110
5	5	0101	0111
6	6	0110	0101
7	7	0111	0100
8	8	1000	1100
9	9	1001	1101
A	10	1010	1111
B	11	1011	1110
C	12	1100	1010
D	13	1101	1011
E	14	1110	1001
F	15	1111	1000

可用如图 6.4 所示的四变量卡诺图（将在 6.5.3 节介绍）帮助记忆格雷码的编码方式。

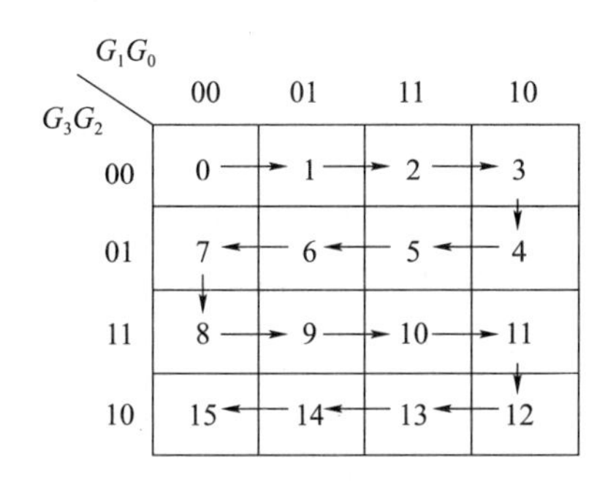

图 6.4　四变量卡诺图表示

6.3　逻辑代数中的运算

19 世纪英国数学家乔治·布尔（G. Boole）提出了用数学分析方法表示命题陈述的逻辑结构，并成功地将形式逻辑归结为一种代数演算，称为“逻辑代数”，又称“布尔代数”，该学科是分析和设计数字电路的数学基础。

为了解决数字系统分析和设计中的各种具体问题，必须掌握逻辑代数这一重要数学工具。逻辑代数中的逻辑变量通常用大写英文字母表示，逻辑代数中的逻辑变量只能取值“0”和“1”，而且这里的“0”和“1”不同于普通代数中的“0”和“1”，它不表示数量的大小，只表示两种对立的逻辑状态，如电平的高低、二极管的截止与导通、晶体管的截止与饱和、信号的有无等。数字电路实现的是逻辑关系，逻辑关系是指某事物的条件（或原因）与结果之间的关系，逻辑关系常用逻辑函数来描述。

6.3.1　基本逻辑运算

1. 与运算

在图 6.5 所示电路中，只有两个开关同时闭合指示灯才亮。若把开关作为条件或原因，把灯亮作为结果，那么，图 6.5 表明，只有两个开关同时闭合指示灯才亮，这种因果关系称为逻辑与，其功能关系如表 6.5 所示。逻辑与表明只有当决定一件事情的条件全部具备之后这种事情才会发生。我们把 A 和 B 表示成两个逻辑变量，Y 表示结果。其全部可能取值及进行运算的全部可能结果列成表，如表 6.6 所示，这样的表称为真值表。用表达式表述 Y 与 A 和 B 的关系则称为逻辑表达式。

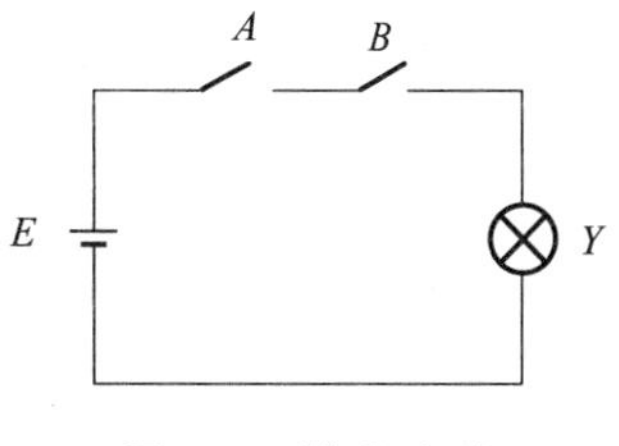

图 6.5　“与”电路

表 6.5　与运算的电路功能表

开关 A	开关 B	灯 Y
断开	断开	灭
断开	闭合	灭
闭合	断开	灭
闭合	闭合	亮

表 6.6　与运算的真值表

A	B	Y
0	0	0
0	1	0
1	0	0
1	1	1

1）真值表

与运算的真值表如表6.6所示。

2）逻辑表达式

若用逻辑表达式来描述，则可写为$Y=A \cdot B$，式中“·”表A、B的与运算，也表示逻辑乘，在不致引起混淆的前提下，乘号“·”常被省略。“∧”“∪”“&”等符号有时也表示与运算。

对多变量的与运算，可用下式表示

$$Y=ABCD\cdots$$

此外，把A、B称为输入逻辑变量，把Y称为输出逻辑变量。

3）逻辑符号

与运算的逻辑符号如图6.6表示，它既用于表示逻辑运算，也用于表示相应门电路。我们把实现与逻辑的基本单元电路称为与门。

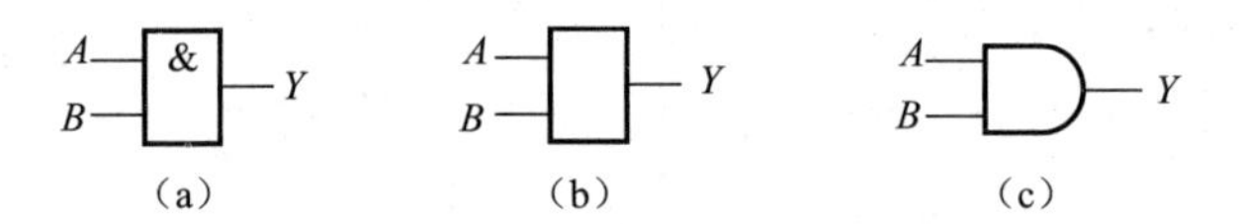

图6.6　与运算的逻辑符号

（a）国标符号；（b）曾用符号；（c）美、日常用符号

2. 或运算

在图6.7所示的电路中，只要两个开关中的任何一个闭合，指示灯就亮，这种因果关系称为逻辑或。逻辑或表明在决定事物结果的所有条件中只要有任何一个发生，结果就会发生。其功能关系如表6.7所示。

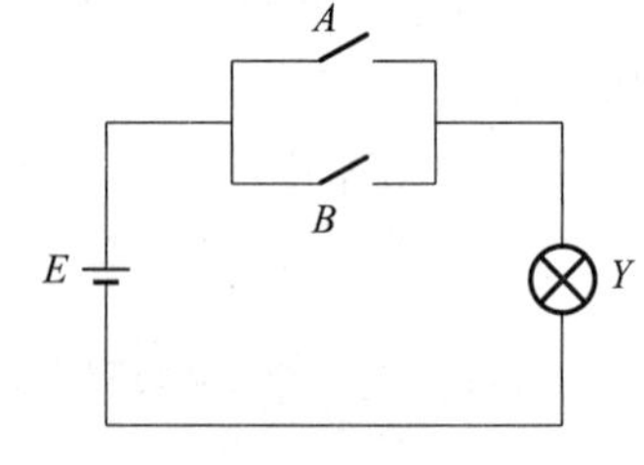

图6.7　“或”电路

1）真值表

或运算的真值表如表6.8所示。

表6.7　或运算的电路功能表

开关A	开关B	灯Y
断开	断开	灭
断开	闭合	亮
闭合	断开	亮
闭合	闭合	亮

表6.8　或运算的真值表

A	B	Y
0	0	0
0	1	1
1	0	1
1	1	1

2）逻辑表达式

若用逻辑表达式描述或运算，则可写成$Y=A+B$，式中“+”表示A、B或运算，也表示逻辑加，也可用符号“∨”“∪”来表示或运算，对多变量的或运算可用下式表示：

$$Y=A+B+C+\cdots$$

3）逻辑符号

或运算的逻辑符号如图6.8所示，它既用于表示或逻辑运算，也用于表示或门电路。我们把实现或逻辑的基本单元电路称为或门。

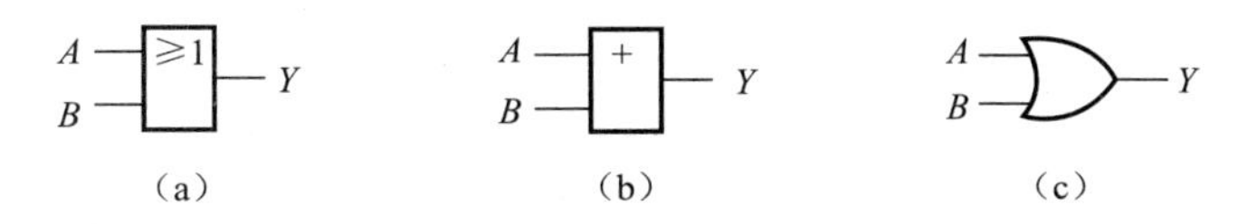

图 6.8　或运算的逻辑符号

(a) 国标符号；(b) 曾用符号；(c) 美、日常用符号

3. 非运算

在图 6.9 所示的电路中，当开关 A 闭合时短路，指示灯反而不亮，这种因果关系称为逻辑非。逻辑非表明某事情发生与否，仅取决于一个条件，而且是对该条件的否定，即条件具备时不发生，条件不具备时事情才发生。其电路功能关系如表 6.9 所示。

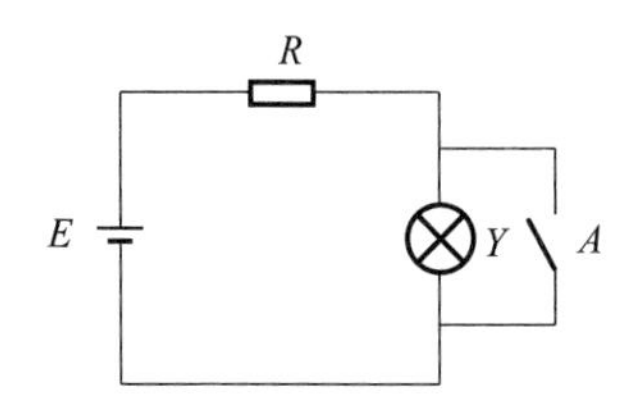

图 6.9 "非"电路

1）真值表

非逻辑运算的真值表如表 6.10 所示。

表 6.9　非逻辑运算的电路功能表

开关 A	灯 Y
断开	亮
闭合	灭

表 6.10　非逻辑运算的真值表

A	Y
0	1
1	0

2）逻辑表达式

若用逻辑表达式描述非逻辑运算，则可写为 $Y=\overline{A}$，式中字母 A 上方的短划"－"表示非运算。在某些文献之中也有用"～""¬"","等符号来表示非运算的。

3）逻辑符号

非运算的逻辑符号如图 6.10 所示，它既可表示非运算，也可表示非门。

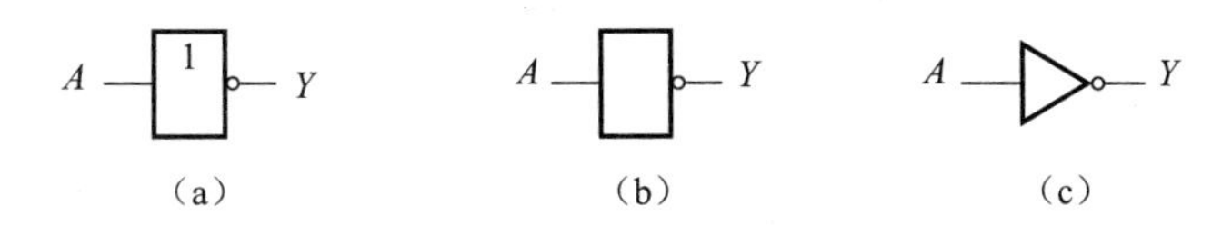

图 6.10　非运算的逻辑符号

(a) 国标符号；(b) 曾用符号；(c) 美、日常用符号

6.3.2　常用复合逻辑运算

在数字电路中，除了与门、或门、非门外，更广泛使用的是与非门、或非门、与或非门、同或门、异或门等多种复合电路。这些门电路的逻辑关系都是由与、或、非三种基本逻辑关系组合得到的，故称为复合逻辑。

1. 与非运算

与非运算是与运算与非运算的复合运算，运算规则即先进行与运算，而后进行非运算。逻辑功能描述为只要有一个或一个以上的输入为 0，输出即为 1；只有当输入全为 1 时，输出才为 0。

1）两输入与非运算的逻辑表达式

设输入变量为 A、B，输出为 Y，则它的逻辑表达式为

$$Y=\overline{AB}$$

2）两输入与非运算的真值表

两输入与非运算的真值表如表 6.11 所示。

3）两输入与非运算的逻辑符号

实现与非逻辑功能的电路称为与非门，逻辑符号如图 6.11 所示。

表 6.11 与非逻辑运算真值表

A	B	Y
0	0	1
0	1	1
1	0	1
1	1	0

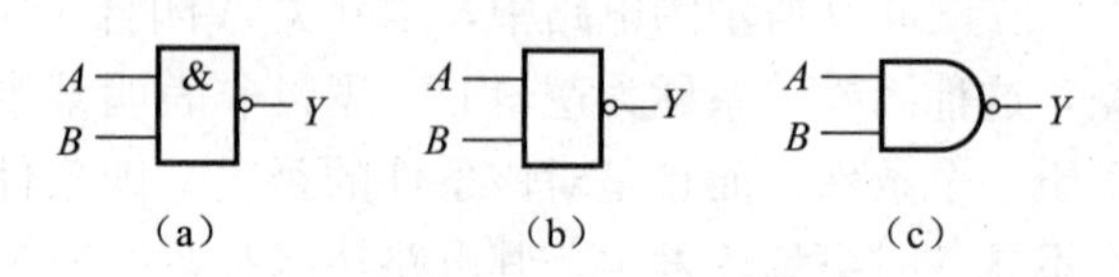

图 6.11 与非门逻辑符号

（a）国标符号；（b）曾用符号；（c）美、日常用符号

2. 或非运算

或非运算是由或逻辑和非逻辑复合形成的，运算规则为先进行或运算，再进行非运算，逻辑功能描述为只要有一个或一个以上的输入为 1，输出即为 0；只有所有输入为 0 时，输出才为 1。

1）两输入或非运算的逻辑表达式

两输入或非运算的逻辑表达式为

$$Y=\overline{A+B}$$

2）两输入或非运算的真值表

两输入或非运算的真值表如表 6.12 所示。

3）两输入或非运算的逻辑符号

实现或非运算的电路称为或非门，其逻辑符号如图 6.12 所示。

表 6.12 或非逻辑运算真值表

A	B	Y
0	0	1
0	1	0
1	0	0
1	1	0

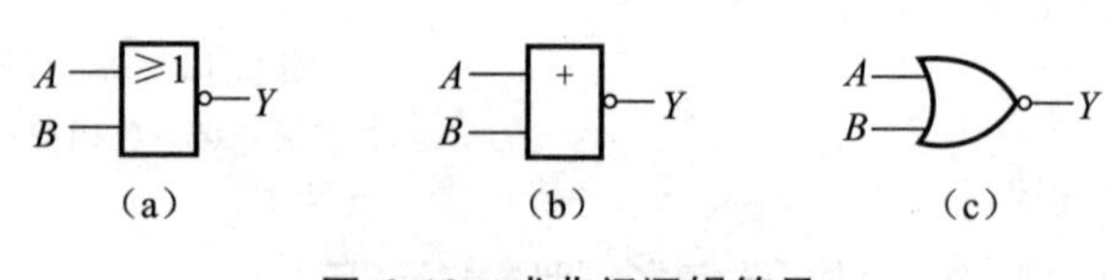

图 6.12 或非门逻辑符号

（a）国标符号；（b）曾用符号；（c）美、日常用符号

3. 与或非运算

与或非运算是由与逻辑、或逻辑和非逻辑复合形成的，运算规则为先进行与运算，再进行或运算，最后进行非运算。

1）四输入与或非运算的逻辑表达式

四输入与或非运算的逻辑表达式为

$$Y=\overline{AB+CD}$$

2）四输入与或非运算的逻辑符号

实现与或非运算的电路称为与或非门，其逻辑符号如图 6.13 所示。

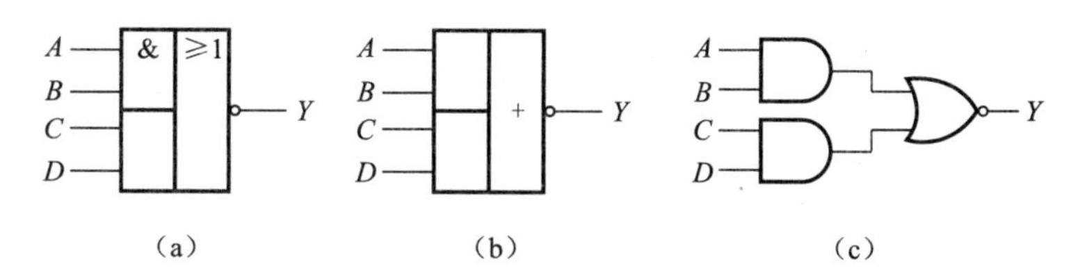

图 6.13　与或非门逻辑符号

(a) 国标符号；(b) 曾用符号；(c) 美、日常用符号

4. 异或运算

异或运算可描述为两个输入不同时，输出为 1；相同时，输出为 0。由于它与二进制数的加法规则一致，故异或运算也称为模 2 加运算，其真值表如表 6.13 所示。

异或运算的逻辑表达式为

$$Y=\overline{A}B+A\overline{B}=A\oplus B$$

式中，"$\oplus$"是异或运算的运算符。实现异或运算的电路称为异或门（XOR Gate）。异或门逻辑符号如图 6.14 所示。

表 6.13　异或逻辑真值表

A	B	Y
0	0	0
0	1	1
1	0	1
1	1	0

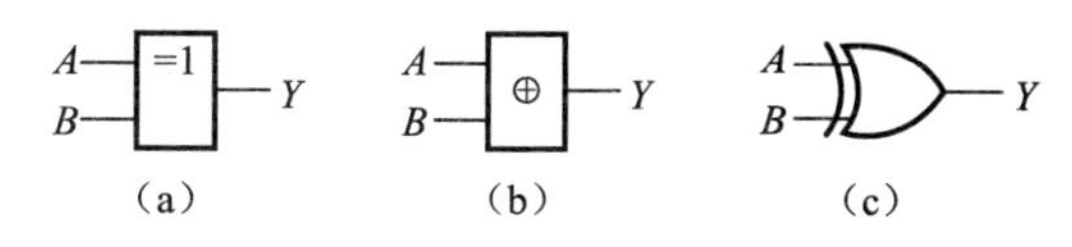

图 6.14　异或门逻辑符号

(a) 国标符号；(b) 曾用符号；(c) 美、日常用符号

5. 同或逻辑

同或运算可描述为两个输入相同时，输出为 1；不同时，输出为 0。其真值表如表 6.14 所示。

同或运算的逻辑表达式为

$$Y=AB+\overline{A}\overline{B}=A\odot B$$

式中，"$\odot$"是同或运算的运算符。实现同或运算的电路称为同或门。同或门的逻辑符号如图 6.15 所示。

表 6.14　同或逻辑真值表

A	B	Y
0	0	1
0	1	0
1	0	0
1	1	1

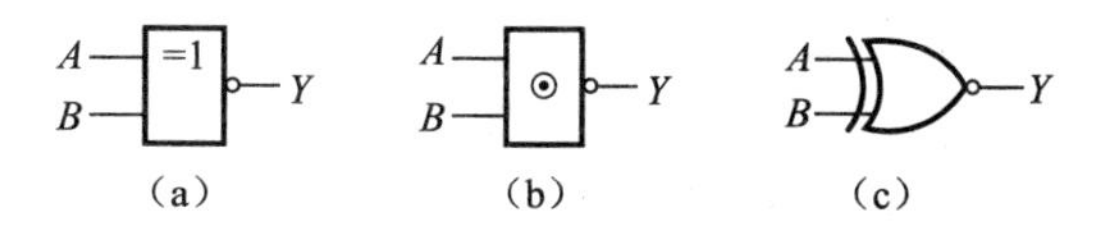

图 6.15　同或门逻辑符号

(a) 国标符号；(b) 曾用符号；(c) 美、日常用符号

由异或逻辑、同或逻辑的真值表可知它们之间是一种互为非逻辑的关系，即

$$A\oplus B=\overline{A\odot B},\quad A\odot B=\overline{A\oplus B}$$

在实际应用中，集成电路制造厂家只生产异或门，如欲使用同或逻辑可通过异或门接非门来实现。

6.4 逻辑代数中的基本定律、常用公式及规则

6.4.1 逻辑代数中的基本定律

1. 常量间的运算规则

0 和 1 是逻辑代数中的两个唯一的常量，它们的逻辑运算如表 6.15 所示。

表 6.15 逻辑常量间的运算规则

与运算	$0\cdot 0=0$	$0\cdot 1=0$	$1\cdot 0=0$	$1\cdot 1=1$
或运算	$0+0=0$	$0+1=1$	$1+0=1$	$1+1=1$
非运算	$\overline{1}=0$	$\overline{0}=1$		

2. 基本定律

逻辑代数的基本定律如表 6.16 所示。

表 6.16 逻辑代数的基本定律

名称	公式一	公式二	注释
0-1 律 自等律 重叠律 互补律	$A\cdot 0=0$ $A\cdot 1=A$ $A\cdot A=A$ $A\cdot\overline{A}=0$	$A+1=1$ $A+0=A$ $A+A=1$ $A+\overline{A}=1$	变量与常量间的运算
交换律 结合律 分配律 吸收律	$A\cdot B=B\cdot A$ $A\cdot(B\cdot C)=(A\cdot B)\cdot C$ $A\cdot(B+C)=AB+AC$ $A\cdot(A+B)=A$	$A+B=B+A$ $A+(B+C)=(A+B)+C$ $(A+B)\cdot(A+C)=A+BC$ $A+AB=A$	与普通代数相似的定律
还原律	$\overline{\overline{A}}=A$	—	逻辑代数区别与普通代数的特殊定律
摩根定律 （反演律）	$\overline{A\cdot B\cdot C\cdots}=\overline{A}+\overline{B}+\overline{C}+\cdots$ $AB=\overline{\overline{A}+\overline{B}}$	$\overline{A+B+C+\cdots}=\overline{A}\cdot\overline{B}\cdot\overline{C}\cdots$ $A+B=\overline{\overline{A}\,\overline{B}}$	

这些定律均可以方便地用真值表加以证明。

【例 6.7】 证明$\overline{A\cdot B}=\overline{A}+\overline{B}$ 和$\overline{A+B}=\overline{A}\cdot\overline{B}$。

证明：由表 6.17 和表 6.18 可知，在变量 A、B 的各种取值组合中，摩根定律的两个公式都成立。

表 6.17 例 6.7 真值表（一）

A B	$\overline{A\cdot B}$	$\overline{A}+\overline{B}$
0 0	$\overline{0\cdot 0}=1$	$\overline{0}+\overline{0}=1$
0 1	$\overline{0\cdot 1}=1$	$\overline{0}+\overline{1}=1$
1 0	$\overline{1\cdot 0}=1$	$\overline{1}+\overline{0}=1$
1 1	$\overline{1\cdot 1}=0$	$\overline{1}+\overline{1}=0$

表 6.18 例 6.7 真值表（二）

A B	$\overline{A+B}$	$\overline{A}\cdot\overline{B}$
0 0	$\overline{0+0}=1$	$\overline{0}\cdot\overline{0}=1$
0 1	$\overline{0+1}=0$	$\overline{0}\cdot\overline{1}=0$
1 0	$\overline{1+0}=0$	$\overline{1}\cdot\overline{0}=0$
1 1	$\overline{1+1}=0$	$\overline{1}\cdot\overline{1}=0$

6.4.2 逻辑代数中的常用公式

由前述的基本定律可得到几个常用的公式，便于对逻辑函数进行化简，现介绍如下：

1. $A+AB=A$

证明：

$$A+AB=A(1+B)=A$$

2. $A+\overline{A}B=A+B$

证明：

$$\begin{aligned}A+\overline{A}B&=(A+AB)+\overline{A}B\\&=A+B(A+\overline{A})\\&=A+B\cdot 1\\&=A+B\end{aligned}$$

3. $AB+\overline{A}C+BC=AB+\overline{A}C$

证明：

$$\begin{aligned}AB+\overline{A}C+BC&=AB+\overline{A}C+BC(A+\overline{A})\\&=AB+\overline{A}C+ABC+\overline{A}BC\\&=AB(1+C)+\overline{A}C(1+B)\\&=AB\cdot 1+\overline{A}C\cdot 1\\&=AB+\overline{A}C\end{aligned}$$

推论：$AB+\overline{A}C+BCDE=AB+\overline{A}C$。证明方法同上，请读者自行证明。

6.4.3 逻辑代数中的三个基本规则

1. 代入规则

在任何一个逻辑等式中，用某个逻辑变量或逻辑式同时取代等式两端任何一个逻辑变量后，等式仍然成立，此规则称为代入规则。

【例 6.8】 已知 $A+\overline{A}B=A+B$，将逻辑函数 $Y=BCD$ 代入等式中所有 B 出现的位置，证明等式仍然成立。

证明：

$$\begin{aligned}\text{左式}&=A+\overline{A}B=A+\overline{A}(BCD)\\&=(A+ABCD)+\overline{A}(BCD)\\&=A+ABCD+\overline{A}BCD\end{aligned}$$

$$=A+BCD(A+\overline{A})$$
$$=A+BCD$$
$$右式=A+BCD$$

所以左式=右式。

2. 对偶规则

将任何一个逻辑函数 Y 进行如下变换："·"换成"+"，"+"换成"·"；"0"换成"1"，"1"换成"0"，所得新函数表达式称为 Y 的对偶式，用 Y' 表示。此规则称为对偶规则。

使用对偶规则写逻辑函数的对偶式时，注意运算符号的优先顺序。

例如：

$$Y=A\cdot 1,\ Y'=A+0 \tag{6.1}$$
$$Y=A(A+B),\ Y'=A+AB \tag{6.2}$$

由式（6.1）或式（6.2）可知，如果两个逻辑函数表达式相等，那么它们的对偶式也一定相等，这就是对偶规则，即 $A\cdot 1=A$，则 $A+0=A$，$A(A+B)=A$，则 $A+AB=A$。利用对偶规则可以帮助我们减少公式的记忆量，如表 6.16 中的公式一和公式二就互为对偶，只需要记住一边的公式就可以了。

3. 反演规则

将一个逻辑函数 Y 进行如下变换："·"换成"+"，"+"换成"·"；"0"换成"1"，"1"换成"0"；原变量换成反变量，便得到一个新的逻辑函数，称为 Y 的反函数，用 $\overline{Y}$ 表示。利用反演规则，可以非常方便地求得一个函数的反函数。

【例 6.9】 已知异或的逻辑表达式为 $Y=\overline{A}B+A\overline{B}$，试用反演规则和摩根定律求 $\overline{Y}$。

解：由反演规则可得

$$\begin{aligned}\overline{Y}&=(A+\overline{B})(\overline{A}+B)\\&=A\overline{A}+AB+\overline{B}\overline{A}+\overline{B}B\\&=AB+\overline{A}\overline{B}\end{aligned}$$

由摩根定律可得

$$\begin{aligned}\overline{Y}&=\overline{\overline{A}B+A\overline{B}}\\&=\overline{\overline{A}B}\cdot\overline{A\overline{B}}\\&=(A+\overline{B})(\overline{A}+B)\\&=AB+\overline{A}\overline{B}\end{aligned}$$

例 6.9 给出了求一个逻辑函数反函数的两种方法：可以直接利用反演规则求解反函数；也可以利用摩根定律进行求解，此时需要对等式两边同时取非，再利用摩根定律进行变换。

【例 6.10】 求 $Y=A+\overline{B+C+\overline{D}}$的反函数 $\overline{Y}$。

解：由反演规则可得

$$Y=\overline{A}\,\overline{\overline{B}\overline{C}D}$$

在应用反演规则求反函数时要注意以下两点：

（1）注意运算符号的优先顺序：先算括号内的，再算逻辑与，最后算逻辑或。如例 6.9 中，先将 $\overline{A}B$ 变为 $A+\overline{B}$，$A\overline{B}$ 变为 $\overline{A}+B$，再将 $\overline{A}B$ 和 $A\overline{B}$ 两者之间的或运算变为与运算，由此得 $\overline{Y}=(A+\overline{B})(\overline{A}+B)$。与项变为或项后通常需加括号。

（2）“原变量变成反变量，反变量变成原变量”只对单个变量有效，而对于一个变量以上的公共非号保持不变，如例6.10中的$\overline{BCD}$，公共非号保持不变。

6.5　逻辑函数

6.5.1　逻辑函数基础知识

1. 定义

描述逻辑关系的函数称为逻辑函数。前面讲述的与、或、非、与非、或非、异或、同或都可称为逻辑函数，写为$Y=F(A,B,C,\cdots)$，其中A、B、C为自变量，Y为因变量。逻辑函数是从生活和实践中抽象出来的，但是只有那些可以明确地用“是”或“否”做出回应的事件，才能用逻辑函数描述和定义。而数字电路是一种开关电路，开关的两种状态“开通”和“关断”常用电子器件的“导通”与“截止”来实现，并用“0”和“1”来表示，数字电路的输出量与输入量之间的关系是一种因果关系，它可以用逻辑表达式来描述，同时生活和实践中抽象出来的逻辑函数也可以用数字电路来实现。

2. 逻辑函数的建立

逻辑函数的建立一般应先分析确定输入量、输出量并明确其0、1含义，然后按照逻辑关系列出真值表。

下面通过一个实际的例子具体说明逻辑函数的概念和建立过程。

【例6.11】 举重比赛中规则规定：一名主裁判和两名副裁判中，必须有两人或以上（且必须包括主裁判）认定运动员动作合格，试举才算成功，试建立该逻辑函数。

解：（1）功能分析：确定自变量及因变量，明确0、1含义。

此题中三位裁判可以作为自变量，他们的回答是“同意”或“不同意”两个状态，而结果可以作为因变量，结果表明“通过”和“不通过”两个状态。从分析得知，此问题可以用逻辑函数来描述。

将三位裁判的意见设为自变量A、B、C，并规定同意为逻辑“1”，不同意为逻辑“0”。其中A为主裁判，B、C为副裁判，将最终结果设置为因变量Y，并规定试举成功为逻辑“1”，试举失败为逻辑“0”。

（2）列真值表：按逻辑关系列出。

根据定义及上述规定列出函数的真值表，如表6.19所示。

表6.19　例6.11真值表

A	B	C	Y
0	0	0	0
0	0	1	0
0	1	0	0
0	1	1	0
1	0	0	0
1	0	1	1
1	1	0	1
1	1	1	1

由真值表可以看出，当自变量A、B、C确定值后，因变量Y的值完全确定。所以Y就是A、B、C的函数。A、B、C为输入逻辑变量，Y为输出逻辑变量，可写为$Y=F(A,B,C)$。

3. 逻辑函数的表示方法

逻辑函数的表示方法有五种，即真值表、逻辑函数表达式、逻辑图、最小项表达式和卡诺图，它们各具特点又可相互转换。这里先介绍前四种。

1）真值表

真值表在基本逻辑门讲述中已简单介绍过，下面对列真值表的注意事项重点说明。真值表是将输入逻辑变量的各种可能取值和相应的结果即函数值排列在一起而组成的表格。为避免遗漏，各输入逻辑变量的取值应按照二进制递增的顺序排列。由于每个输入变量的取值只有 0 和 1 两种，当有 n 个输入逻辑变量时，则有 2^n 个不同的与组合。逻辑函数的真值表具有唯一性，如果两个逻辑函数的真值表相同，则这两个逻辑函数相等。真值表直观明了，是数字电路分析与设计的关键，输入逻辑变量取值一旦确定后，即可在真值表中查出相应的函数值。把一个实际的逻辑问题抽象成一个逻辑函数时，使用真值表最方便。真值表的缺点是当变量较多时，表比较大，显得过于烦琐。

2）逻辑函数表达式

逻辑变量和“与”“或”“非”三种运算符组成并表示逻辑函数输入与输出之间逻辑关系的表达式称为逻辑函数表达式，简称逻辑表达式或逻辑式。

（1）真值表转换为逻辑表达式。

方法：将真值表中任一组输入变量中的 1 代换为原变量，0 代换为非变量，便得到一组变量的与组合；将输出逻辑函数 $Y=1$ 对应的输入变量的与组合进行逻辑或，便得到了逻辑函数 Y 的与或表达式。应用此方法可以由例 6.11 的真值表得到其逻辑表达式：

$$Y=A\bar{B}C+AB\bar{C}+ABC$$

需要说明的是，此方法得到的逻辑函数表达式不一定为最简的逻辑表达式，也不一定是唯一的逻辑表达式。若要得到最简式，还需要用其他方法化简，这将在后续章节讨论。

（2）逻辑表达式转换为真值表。

方法：画出真值表的表格，将输入变量填入表格左边，输出变量填入表格右边，再将输入变量的所有取值按照二进制递增的次序列入表格左边，然后按照表达式，依次输入变量的各种取值组合进行计算，求出相应函数值，填入右边对应位置，即得真值表。

【例 6.12】 列出函数 $Y=\bar{A}B+A\bar{B}$ 的真值表。

解：该函数有两个变量，即 $2^2=4$ 种组合，将它按顺序排列起来即得如表 6.20 所示的真值表。

3）逻辑图

用基本逻辑门或复合逻辑门符号表示的能完成某一逻辑功能的电路图称为逻辑图。逻辑函数表达式是画逻辑图重要的依据，只要将逻辑函数中各个逻辑运算用对应的逻辑符号代替，就可画出和逻辑函数对应的逻辑图。习惯上，逻辑图按照由入到出、由左到右、由上到下的顺序画出。图 6.16 所示为例 6.11 的逻辑图。

表 6.20　例 6.12 的真值表

A	B	Y
0	0	0
0	1	1
1	0	1
1	1	0

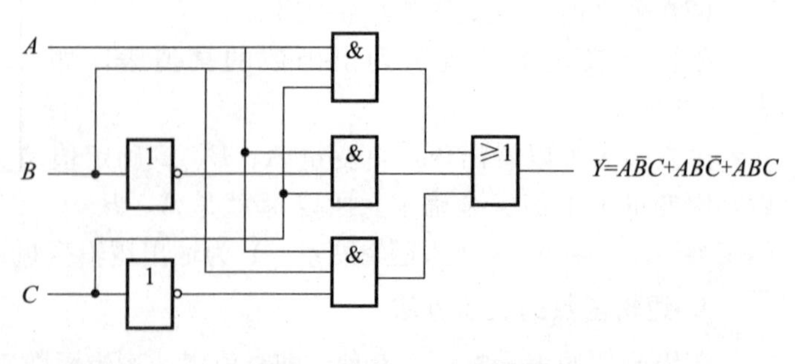

图 6.16　例 6.11 逻辑图

反之，由逻辑图也可以写出逻辑表达式，这时只要将每个逻辑符号所表示的逻辑运算依次写出来，即可得到函数式。

【例 6.13】 已知如图 6.17 所示的逻辑图，写出它的逻辑表达式，并写出其真值表。

解：(1) 由图 6.17 (a) 所示，左侧为输入变量 A、B，右侧为输出变量 Y，A、B 通过三级门电路得到 Y，在每一个门电路后标出其逻辑表达式，如图 6.17 (b) 所示，可得最终的逻辑表达式 $Y=AB+\overline{A}\overline{B}$。

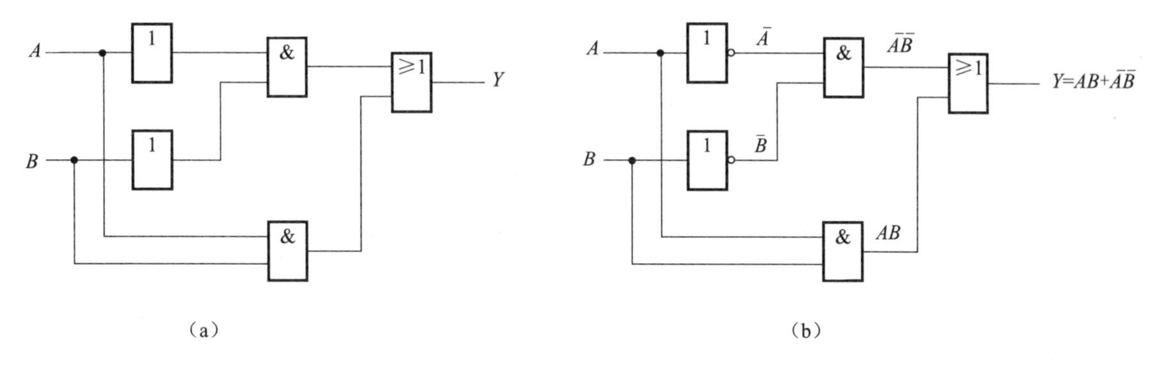

图 6.17　例 6.13 逻辑图

(2) 由 $Y=AB+\overline{A}\overline{B}$，写出其真值表，如表 6.21 所示。

表 6.21　例 6.13 真值表

A	B	Y
0	0	1
0	1	0
1	0	0
1	1	1

由例 6.13 可知，逻辑表达式与逻辑图是一一对应的关系，逻辑表达式越复杂，逻辑图就越复杂，门电路实现的硬件就越复杂。从设计一个数字系统的产品角度出发，同样逻辑功能反映出唯一的真值表，而由真值表得到的逻辑表达式不一定最简，也就意味着逻辑图不是最简，硬件电路也不是最简单的。

4) 最小项表达式

(1) 最小项的定义及性质。函数表达式中某一个与项包含了全部变量，其中每个变量以原变量或反变量的形式出现且仅出现一次，这种与项通常称为最小项，也就是标准与项。

如果一个逻辑函数表达式为若干个最小项和的形式，则这个逻辑函数表达式称为最小项表达式或标准与或式，简称标准式。对 n 个变量的逻辑函数，共有 2^n 个最小项。函数的最小项表达式中既可包含部分最小项，也可包含全部最小项。例如，三变量的逻辑函数 $Y=F(A, B, C)$ 的最小项共有 $2^3=8$ 个，表 6.22 列出了三变量的全部最小项及其编号。

由表 6.22 可知，最小项编号用 m 表示，通常用十进制数作为最小项的下标编号。编号方法是将最小项中的原变量当作 1，反变量当作 0，则得到一组二进制数，其对应的十进制数便为最小项的编号。例如，$\overline{A}B\overline{C}$ 对应二进制数为 010，相应的十进制数为 2，则最小项 $\overline{A}B\overline{C}$ 记作 m_2，即 $m_2=\overline{A}B\overline{C}$。

最小项的性质在逻辑代数中尤为重要。对于任意一个最小项，只有一组变量取值使它的值为 1，而其余各种变量取值均使它的值为 0；不同的最小项，使它的值为 1 的那组变量取值也不同；对于变量的任一组取值，任意两个最小项的乘积为 0；对于变量的任一组取值，全体最小项的和为 1。

(2) 最小项表达式转换方法。任何一个逻辑函数表达式都可以转换为最小项表达式。转换的方法是将函数表达式中所有的非最小项利用代数互补律 $A+\overline{A}=1$ 补充缺少的变量，使之变成最小项；再利用代数重叠律 $A+A=A$ 合并相同的最小项。

表 6.22 三变量的全部最小项及其编号

最小项 编号 / 变量 A B C	$\overline{A}\overline{B}\overline{C}$ m_0	$\overline{A}\overline{B}C$ m_1	$\overline{A}B\overline{C}$ m_2	$\overline{A}BC$ m_3	$A\overline{B}\overline{C}$ m_4	$A\overline{B}C$ m_5	$AB\overline{C}$ m_6	ABC m_7
0 0 0	**1**	0	0	0	0	0	0	0
0 0 1	0	**1**	0	0	0	0	0	0
0 1 0	0	0	**1**	0	0	0	0	0
0 1 1	0	0	0	**1**	0	0	0	0
1 0 0	0	0	0	0	**1**	0	0	0
1 0 1	0	0	0	0	0	**1**	0	0
1 1 0	0	0	0	0	0	0	**1**	0
1 1 1	0	0	0	0	0	0	0	**1**

【例 6.14】 将逻辑函数 $Y(A,B,C)=AC+\overline{A}B$ 转换为最小项表达式。

解：$Y(A,B,C)=AC(B+\overline{B})+\overline{A}B(C+\overline{C})$　　利用 $A+\overline{A}=1$ 补齐缺少的变量

$$=ABC+A\overline{B}C+\overline{A}BC+\overline{A}B\overline{C}$$

$$=m_2+m_3+m_5+m_7$$

故 $Y(A,B,C)=\sum m(2,3,5,7)$。

要把非与或表达式的逻辑函数变换成最小项表达式，应先将其变换成与或表达式，再进行进一步转换。若式中有多个变量的公共非号，则先把非号去掉。

【例 6.15】 将 $Y(A,B,C)=AB+\overline{\overline{AB}+\overline{BC}}$转换成最小项表达式。

解：(1) 根据摩根定律将逻辑函数变换成与或表达式，得

$$Y(A,B,C)=AB+\overline{\overline{AB}}\cdot BC$$

$$=AB+\overline{A}BC+\overline{B}BC$$

$$=AB+\overline{A}BC$$

(2) 利用 $A+\overline{A}=1$ 的形式做配项，得

$$Y(A,B,C)=AB(C+\overline{C})+\overline{A}BC$$

$$=ABC+AB\overline{C}+\overline{A}BC$$

$$=m_7+m_6+m_3$$

$$=\sum m(3,6,7)$$

6.5.2 逻辑函数的代数化简与变换

1. 逻辑函数化简的意义

如前所述，从现实抽象出的逻辑问题形成的真值表具有唯一性，但最易写出的与或表达式有多种，例如举重裁判的逻辑表达式可以是

$$Y=A\bar{B}C+AB\bar{C}+ABC \tag{6.3}$$

也可以是

$$Y=AB+AC \tag{6.4}$$

显然式（6.4）比式（6.3）简单很多，而逻辑函数的与或表达式越简单，实现该逻辑函数所用的门电路就越少。对逻辑函数进行化简和变换，可以得到最简的逻辑函数表达式，设计出最简洁的逻辑电路。这不仅可节约元器件，优化生产工艺，而且可提高电路工作的稳定性和可靠性。

2. 最简逻辑函数式

什么样的逻辑函数是最简的呢？我们以与或表达式为例，所谓最简与或表达式，通常满足两个条件：表达式中与项的个数最少；每个与项中的变量数最少。

逻辑函数化简的方法有代数法和卡诺图法，本节先介绍代数法。

3. 逻辑函数的代数化简

用代数法化简逻辑函数，就是直接利用逻辑代数的基本公式和基本规则进行化简。代数法化简没有固定的步骤，常用的方法如下：

（1）并项法：运用公式 $A+\bar{A}=1$ 将两项合并为一项，消去一个变量。例如：

$$\begin{aligned}Y&=A\bar{B}C+ABC\\&=AC(\bar{B}+B)\\&=AC\end{aligned}$$

（2）吸收法：运用公式 $A+AB=A$，消去多余的与项。例如：

$$Y=AC+AC(\bar{B}+DE)=AC$$

（3）消去法：运用公式 $A+\bar{A}B=A+B$，消去多余因子。例如：

$$Y=AB+\bar{A}C+\bar{B}C=AB+(\bar{A}+\bar{B})C=AB+\overline{AB}C=AB+C$$

（4）配项法：先通过 $A+\bar{A}=1$ 或加上 $A\bar{A}=0$，增加必要的乘积项，再用上述方法化简。例如：

$$\begin{aligned}Y&=AB+\bar{B}C+ACD\\&=AB+\bar{B}C+ACD(B+\bar{B})\\&=AB+\bar{B}C+ABCD+A\bar{B}CD\\&=AB+\bar{B}C\end{aligned}$$

在化简逻辑函数时，要灵活运用上述方法，才能将逻辑函数化为最简。

【例 6.16】 化简逻辑函数 $Y=AB+A\bar{B}+AD+\bar{A}C+BD+A\bar{D}EF+\bar{D}EF$。

解：（1）利用 $A+\bar{A}=1$，将 $AB+A\bar{B}$ 合并为 A，得

$$Y=A+AD+\bar{A}C+BD+A\bar{D}EF+\bar{D}EF$$

（2）利用 $A+AB=A$，消去含有因子 A 的乘积项，得

$$Y=A+\bar{A}C+BD+\bar{D}EF$$

（3）利用 $A+\bar{A}B=A+B$，消去 $\bar{A}C$ 中的 $\bar{A}$，得

$$Y=A+C+BD+\bar{D}EF$$

【例 6.17】 化简 $Y=AD+A\bar{C}+\bar{D}C+\bar{C}D+\bar{D}B+\bar{B}D+ABE(F+G)$。

解：（1）利用摩根定律变换 $AD+A\bar{C}=A(D+\bar{C})=A\overline{\bar{D}C}$，得

$$Y=A\overline{\bar{D}C}+\bar{D}C+\bar{C}D+\bar{D}B+\bar{B}D+ABE(F+G)$$

（2）利用 $A+\bar{A}B=A+B$，消去 $A\overline{\bar{D}C}+\bar{D}C$ 中的 $\bar{D}C$，得

$$Y=A+\bar{D}C+\bar{C}D+\bar{D}B+\bar{B}D+ABE(F+G)$$

（3）利用 $A+AB=A$，消去含有因子 A 的乘积项，得

$$Y=A+\bar{D}C+\bar{C}D+\bar{D}B+\bar{B}D$$

（4）利用配项法进行化简，得

$$\begin{aligned}Y&=A+\bar{D}C(B+\bar{B})+\bar{C}D+\bar{D}B+\bar{B}D(C+\bar{C})\\&=A+B\bar{D}C+\bar{B}\bar{D}C+\bar{C}D+\bar{D}B+\bar{B}DC+\bar{B}\bar{C}D\\&=A+(B\bar{D}C+B\bar{D})+(\bar{B}\bar{D}C+\bar{B}DC)+(\bar{B}\bar{C}D+\bar{C}D)\\&=A+B\bar{D}+C\bar{B}+\bar{C}D\end{aligned}$$

【例 6.18】 化简逻辑函数 $Y=\overline{\overline{AB+B\bar{C}}+C(A\bar{B}+\bar{A}B)}$。

解：（1）利用摩根定律进行变换，得

$$\begin{aligned}Y&=(AB+B\bar{C})\cdot\overline{C(A\bar{B}+\bar{A}B)}\\&=(AB+B\bar{C})\cdot(\bar{C}+\overline{A\bar{B}+\bar{A}B})\\&=(AB+B\bar{C})\cdot(\bar{C}+AB+\bar{A}\bar{B})\end{aligned}$$

（2）利用分配律去掉括号，得

$$Y=A\bar{C}B+AB+B\bar{C}+AB\bar{C}$$

（3）利用 $A+AB=A$ 分别消去含因子 AB 和 $B\bar{C}$ 的乘积项，得

$$Y=AB+B\bar{C}$$

【例 6.19】 化简逻辑函数 $Y=A\bar{B}+B\bar{C}+\bar{B}C+\bar{A}B$。

解：（1）利用配项法得

$$\begin{aligned}Y&=A\bar{B}(C+\bar{C})+B\bar{C}(A+\bar{A})+\bar{B}C(A+\bar{A})+\bar{A}B(C+\bar{C})\\&=A\bar{B}C+A\bar{B}\bar{C}+AB\bar{C}+\bar{A}B\bar{C}+A\bar{B}C+\bar{A}\bar{B}C+\bar{A}BC+\bar{A}B\bar{C}\end{aligned}$$

（2）利用 $A+A=A$，消去 $\bar{A}B\bar{C}$、$A\bar{B}C$，得

$$Y=A\bar{B}C+A\bar{B}\bar{C}+AB\bar{C}+\bar{A}B\bar{C}+\bar{A}\bar{B}C+\bar{A}BC$$

（3）利用 $A+\bar{A}=1$，合并某些项，则有两种情况：

$$\begin{aligned}Y&=\bar{A}C(B+\bar{B})+A\bar{B}(C+\bar{C})+B\bar{C}(A+\bar{A})\\&=\bar{A}C+A\bar{B}+B\bar{C}\end{aligned}$$

$$\begin{aligned}Y&=B\bar{C}(A+\bar{A})+\bar{A}B(C+\bar{C})+A\bar{C}(B+\bar{B})\\&=\bar{B}C+\bar{A}B+A\bar{C}\end{aligned}$$

由例 6.19 可知，逻辑函数的化简结果不是唯一的。代数化简法的优点是不受变量数目的限制，但它没有固定的步骤，需要熟练的运用多种公式和定律，需要一定的技巧和经验，有时也很难判定化简的结果是否为最简。

4. 逻辑函数的代数变换

数字电路中不同类型的元器件电气参数不同，工作过程中对电压、电流的要求也会不同。在实际电路设计的过程中，由于电路元器件的类型限制或设计人员的特定要求，同时为了减少电路中元器件的种类，减少不同类型元器件之间的干扰，需要将逻辑函数表达式变换为某种特定形式。通过变换后的特定形式设计出来的电路元器件种类单一，工作的稳定性和可靠性高，抗干扰能力强。

常见的逻辑表达式有以下五种形式，也对应着五种不同的门电路，在实际应用中，可根据需要将最简与或表达式转换为其他形式。例如，$Y=AB+AC$ 可表示为

$$Y_1=AB+AC \qquad \text{与-或表达式}$$

$$Y_2=\overline{\overline{AB+AC}}$$

$$=\overline{\overline{AB}\cdot\overline{AC}} \qquad \text{与非-与非表达式}$$

$$Y_3=\overline{(\bar{A}+\bar{B})(\bar{A}+\bar{C})}$$

$$=\overline{\bar{A}+\bar{B}\bar{C}}$$

$$=A(B+C) \qquad \text{或-与表达式}$$

$$Y_4=\overline{\overline{A(B+C)}}$$

$$=\overline{\bar{A}+\overline{B+C}} \qquad \text{或非-或非表达式}$$

$$Y_5=\overline{\bar{A}+\bar{B}\bar{C}} \qquad \text{与-或-非表达式}$$

代数法变换逻辑函数，就是直接利用逻辑代数的基本公式和基本规则进行变换。最常见的就是与、或形式，与非、或非形式的相互转换，这时候就需要用摩根定律进行多次取反而得到。代数法变换没有固定的步骤，我们只能根据题目要求的形式去逐步转化。

【例 6.20】 用与非门实现函数 $Y=A\bar{B}+B\bar{C}+\bar{A}C$。

解：利用摩根定律进行变换，得

$$Y=\overline{\overline{Y}}$$

$$=\overline{\overline{A\bar{B}+B\bar{C}+\bar{A}C}}$$

$$=\overline{\overline{A\bar{B}}\cdot\overline{B\bar{C}}\cdot\overline{\bar{A}C}}$$

【例 6.21】 用或非门实现函数 $Y=AB+BC+AC$。

解：利用摩根定律进行变换，得

$$Y=\overline{\overline{Y}}$$

$$=\overline{\overline{AB+BC+AC}}$$

$$=\overline{\overline{\overline{\bar{A}+\bar{B}}+\overline{\bar{B}+\bar{C}}+\overline{\bar{A}+\bar{C}}}}$$

【例 6.22】 将函数 $Y=\overline{\overline{A+B}+\overline{C+D}}+\overline{\overline{A+D}+\overline{C+D}}$变换为与非式。

解：利用摩根定律进行变换，得

$$Y=\overline{\overline{A+B}+\overline{C+D}}+\overline{\overline{A+D}+\overline{C+D}}$$

$$=\overline{\bar{A}\bar{B}+\bar{C}\bar{D}}+\overline{\bar{A}\bar{D}+\bar{C}\bar{D}}$$

$$=\overline{\bar{A}\bar{B}\bar{C}\bar{D}}+\overline{\bar{A}\bar{D}\bar{C}\bar{D}}$$

$$=\overline{\overline{\overline{\bar{A}\bar{B}\bar{C}\bar{D}}+\overline{\bar{A}\bar{D}\bar{C}\bar{D}}}}$$

$$=\overline{\overline{\overline{\bar{A}\bar{B}\bar{C}\bar{D}}\;\overline{\bar{A}\bar{D}\bar{C}\bar{D}}}}$$

6.5.3　逻辑函数的卡诺图化简法

如前所述，卡诺图是逻辑函数的表示方法之一。一个函数可以用表达式来表示，也可以用真值表来描述，但如果用真值表来对函数进行化简，很不直观，于是人们设计出一种变形的真值表，即卡诺图，来对函数进行化简。

1. 卡诺图

1）相邻最小项

相邻最小项是指两个最小项中只有一个变量互为反变量，其余变量都相同。这两个最小项在逻辑相邻，简称相邻项。如果两个相邻最小项出现在同一个逻辑函数中，可以合并为一项，并根据互补律 $A+\overline{A}=1$ 同时消去互为反变量的那个量。例如：

$$ABC+\overline{A}BC=BC(A+\overline{A})=BC$$

由此可知，利用相邻项的合并可以进行逻辑函数化简。而卡诺图直观地看出各最小项之间的相邻性，这就是用卡诺图化简逻辑函数的关键。

2）卡诺图的组成

卡诺图是用小方格来表示最小项，一个小方格代表一个最小项，然后将这些最小项按照相邻性排列起来，即用小方格几何位置上的相邻性来表示最小项逻辑上的相邻性。卡诺图实际上是真值表的一种变形，是一种矩阵式的真值表，一个逻辑函数的真值表有多少行，卡诺图就有多少个小方格。所不同的是真值表中的最小项是按照二进制加法规律排列的，而卡诺图中的最小项则是按照相邻性排列的。

（1）二变量卡诺图如图 6.18 所示。

A \ B	0	1
0	m_0 $\overline{A}\overline{B}$	m_1 $\overline{A}B$
1	m_2 $A\overline{B}$	m_3 AB

（a）

A \ B	0	1
0	0	1
1	2	3

（b）

图 6.18　二变量卡诺图

每个二变量的最小项都有两个最小项与它相邻。

（2）三变量卡诺图如图 6.19 所示。

A \ BC	00	01	11	10
0	m_0 $\overline{A}\overline{B}\overline{C}$	m_1 $\overline{A}\overline{B}C$	m_3 $\overline{A}BC$	m_2 $\overline{A}B\overline{C}$
1	m_4 $A\overline{B}\overline{C}$	m_5 $A\overline{B}C$	m_7 ABC	m_6 $AB\overline{C}$

（a）

A \ BC	00	01	11	10
0	0	1	3	2
1	4	5	7	6

（b）

图 6.19　三变量卡诺图

每个三变量的最小项都有 3 个最小项与它相邻。

（3）四变量卡诺图如图 6.20 所示。

每个四变量的最小项都有 4 个最小项与它相邻。注意最左列的最小项与最右列的相应最小项也是相邻的；最上面一行的最小项与最下面一行的相应最小项也是相邻的；对角的两个最小项也是相邻的。

仔细观察可以发现，卡诺图具有很强的相邻性。首先是直观相邻性，只要小方格在几何位置上相邻，它代表的最小项在逻辑上一定是相邻的。其次是对边相邻性，即与中心轴对称的左

AB \ CD	00	01	11	10
00	m_0 $\bar{A}\bar{B}\bar{C}\bar{D}$	m_1 $\bar{A}\bar{B}\bar{C}D$	m_3 $\bar{A}\bar{B}CD$	m_2 $\bar{A}\bar{B}C\bar{D}$
01	m_4 $\bar{A}B\bar{C}\bar{D}$	m_5 $AB\bar{C}D$	m_7 $\bar{A}BCD$	m_6 $\bar{A}BC\bar{D}$
11	m_{12} $\bar{A}\bar{B}\bar{C}\bar{D}$	m_{13} $A\bar{B}\bar{C}D$	m_{15} $ABCD$	m_{14} $ABC\bar{D}$
10	m_8 $ABCD$	m_9 $ABCD$	m_{11} $A\bar{B}CD$	m_{10} $A\bar{B}C\bar{D}$

（a）

AB \ CD	00	01	11	10
00	0	1	3	2
01	4	5	7	6
11	12	13	15	14
10	8	9	11	10

（b）

图 6.20　四变量卡诺图

右两边和上下两边的小方格也具有相邻性。

需要指出的是，卡诺图中变量组合采用格雷码排列，这点对多变量卡诺图的画法尤其重要。例如，五变量的卡诺图，ABC 变量排列为 000、001、011、010、110、111、101、100，DE 变量排列为 00、01、11、10。但由于多变量的卡诺图复杂，应用也少，这里不做介绍。

3）卡诺图的特点

（1）n 个变量的卡诺图由 2^n 个小方格组成，每个小方格代表一个最小项，方格内标明的数字就是所对应的最小项的编号；

（2）卡诺图上处在相邻、相对位置的小方格所代表的最小项为相邻最小项；

（3）整个卡诺图总是被每个变量分成两半，原变量和反变量各占一半，任一个原变量和反变量所占的区域又被其他变量分成两半。

2. 卡诺图表示逻辑函数

因为任何逻辑函数都可用最小项表达式表示，所以它们都可用卡诺图表示。

1）用卡诺图表示最小项表达式

最小项表达式中出现的最小项在卡诺图对应小方格中填入 1，没出现的最小项则在卡诺图对应小方格中填入 0 或不填。

【例 6.23】 用卡诺图表示逻辑函数 $Y=\bar{A}BC+A\bar{B}C+AB\bar{C}+ABC$。

解：（1）该函数为三变量，且为最小项表达式，写成简化形式为

$$Y=m_3+m_5+m_6+m_7$$

（2）画出三变量卡诺图。

（3）将最小项填入卡诺图。最小项表达式中出现的最小项的对应方格填入 1，没有出现的最小项的对应方格填入 0 或不填，如图 6.21 所示。

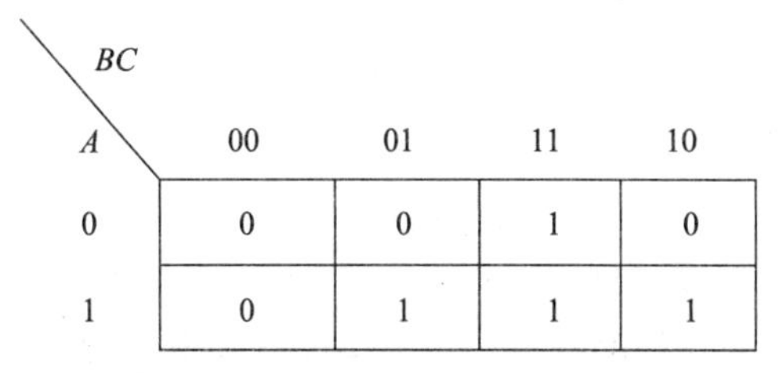

A \ BC	00	01	11	10
0	0	0	1	0
1	0	1	1	1

图 6.21　例 6.23 卡诺图

2）卡诺图表示非标准与或表达式

【例 6.24】 用卡诺图表示逻辑函数 $Y=A\bar{B}+B\bar{C}D+\bar{A}BC$。

解：（1）画出四变量卡诺图。

（2）通过配项将逻辑函数变换为标准与或表达式，得

$$Y=A\bar{B}(C+\bar{C})(D+\bar{D})+B\bar{C}D(A+\bar{A})+\bar{A}BC(D+\bar{D})$$

$= \sum m(5, 6, 7, 8, 9, 10, 11, 13)$

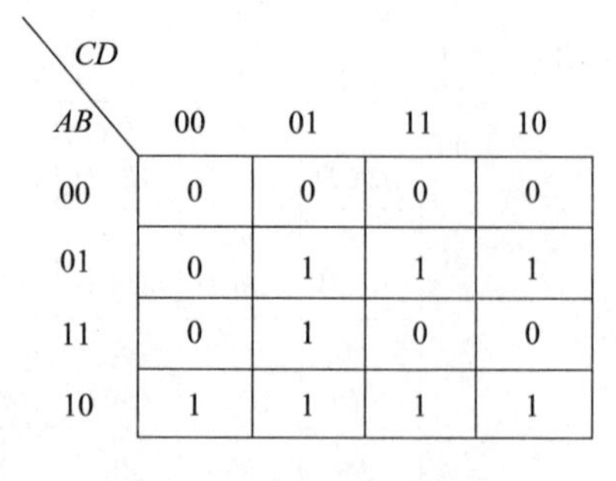

图 6.22 例 6.24 卡诺图

（3）将最小项填入卡诺图。标准与或表达式中出现的最小项的对应方格填入 1，没有出现的最小项的对应方格填入 0 或不填，如图 6.22 所示。

如果逻辑表达式不是与或表达式，应先将其化成与或表达式，再通过配项变换为标准与或表达式，最后填入卡诺图。

3）由真值表到卡诺图

【例 6.25】 某函数的真值表如表 6.23 所示，用卡诺图表示该函数。

解：（1）画出三变量卡诺图，如图 6.23 所示。

表 6.23 例 6.25 真值表

A	B	C	Y
0	0	0	0
0	0	1	0
0	1	0	0
0	1	1	0
1	0	0	0
1	0	1	1
1	1	0	1
1	1	1	1

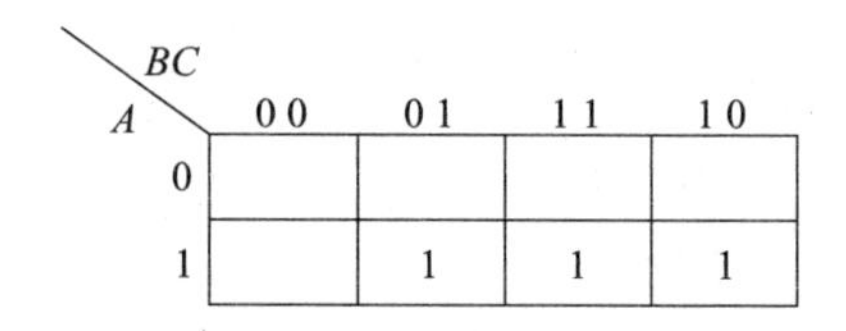

图 6.23 例 6.25 卡诺图

（2）根据真值表填卡诺图。将 Y 为 1 对应的最小项直接填入卡诺图相应的方格。

3. 卡诺图法化简逻辑函数的原理

由于卡诺图中的最小项具有循环相邻的特性，因此在卡诺图中位置相邻必然逻辑上相邻。利用公式 $AB+A\overline{B}=A$，可将两个相邻项合并为一项，合并的结果为相邻项中共有并且互补的变量同时消去，其余相同的变量保留不变，此原理可以形象地称为“去异留同”。

相邻最小项可以用一个卡诺圈包围起来，然后消去共有并且互补的变量而合并为一项，如图 6.24 所示。

$Y_1 = m_1 + m_9 = \overline{A}\overline{B}\overline{C}D + A\overline{B}\overline{C}D = \overline{B}\overline{C}D(A+\overline{A}) = \overline{B}\overline{C}D$

$Y_2 = m_7 + m_{15} = BCD$

$Y_3 = m_4 + m_6 = \overline{A}B\overline{D}$

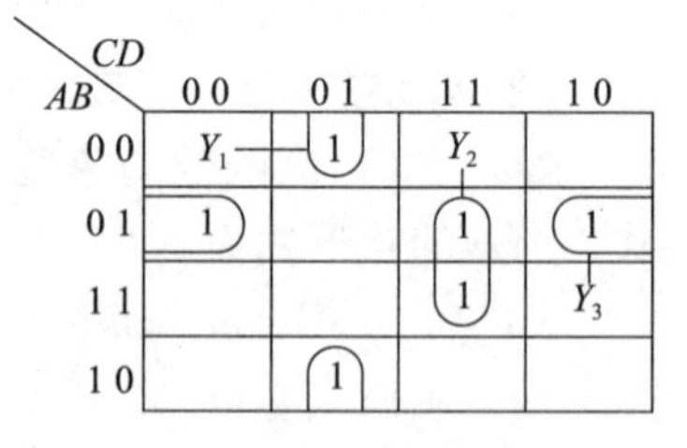

图 6.24 两相邻最小项的合并

利用卡诺图化简逻辑函数，就是通过画圈的方式在卡诺图中找相邻的最小项，因此，画卡诺圈是利用卡诺图实现逻辑函数化简的关键。为了保证将逻辑函数化到最简（与项最少、与项中变量最少），画卡诺圈时必须遵循以下原则：

（1）卡诺圈的面积要尽可能大，这样消去的变量就多，可保证与项中变量最少；

（2）卡诺圈的个数要尽可能少，每个卡诺圈合并后代表一个与项，这样可保证与项最少；

（3）每个卡诺圈内方格数为 2^n（$n=0, 1, 2, \cdots$），根据“去异留同”的原理将这 2^n 个相邻的最小项结合，可以消去 n 个共有并且互补的变量而合并为一项；

（4）卡诺图中所有取值为 1 的方格均要被圈过，不能漏下；

（5）取值为 1 的同一方格可被不同卡诺圈重复包围，但新增卡诺圈要有新方格；

（6）相邻方格包括上下相邻、左右相邻、对边相邻和四角相邻（注意对角不相邻）。

综上所述，画卡诺圈时应遵循先画大圈后画小圈的顺序，同时要保证圈内方格数为 2^n 且不能漏下任何“1”方格。画完卡诺圈后，不要着急写出化简后的逻辑表达式，应重点检查卡诺圈是否兼顾了卡诺图循环邻接的特性及每个卡诺圈是否多余，这点在利用卡诺图进行逻辑函数化简时显得尤为重要。

【例 6.26】　在卡诺图中画出逻辑函数 $Y=\sum m(3, 4, 5, 7, 9, 13, 14, 15)$ 的卡诺圈。

解：按照画卡诺圈的原则依次画出如下的卡诺圈：Y_1、Y_2、Y_3、Y_4、Y_5（图 6.25），如不进行卡诺圈检查则可以立即写出化简后的逻辑表达式，为

$$Y=Y_1+Y_2+Y_3+Y_4+Y_5$$

经检查最先画的卡诺圈 Y_1 中的 4 个方格已经分别被卡诺圈 Y_2、Y_3、Y_4、Y_5 重复包围，Y_1 中没有新方格，因此为多余的卡诺圈。正确的逻辑表达式应为

$$Y=Y_2+Y_3+Y_4+Y_5$$

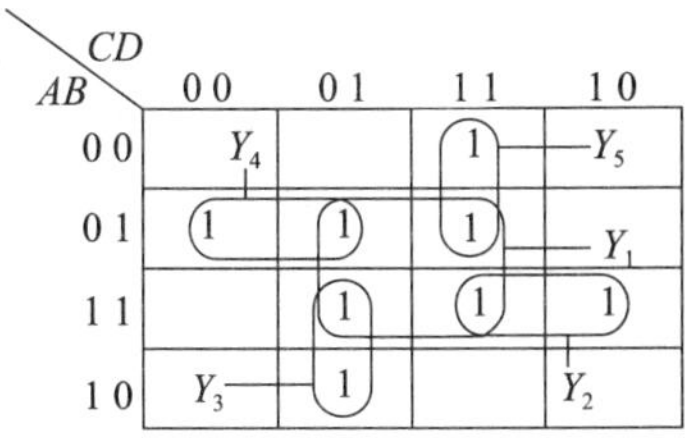

图 6.25　例 6.26 卡诺图

由此可见，画完卡诺圈后对每个卡诺圈进行检查是非常有必要的。

4. 用卡诺图化简逻辑函数的步骤

（1）将逻辑函数表达式化为最小项表达式；

（2）根据变量的个数画出相应的卡诺图；

（3）画卡诺圈并检查；

（4）将各卡诺圈合并为与项；

（5）将所有与项相加写出最简与或表达式。

【例 6.27】　用卡诺图化简逻辑函数 $Y=\sum m(1, 3, 4, 5, 6, 7, 9, 11, 12, 14)$。

解：（1）由表达式画出卡诺图，如图 6.26 所示。

（2）画卡诺圈合并与项并相加，得最简的与或表达式，即

$$Y=\overline{A}B+\overline{B}D+B\overline{D}$$

【例 6.28】　用卡诺图化简逻辑函数 $Y=\sum m(0, 1, 2, 3, 4, 5, 7, 8, 10, 12)$。

解：（1）由表达式画出卡诺图，如图 6.27 所示。

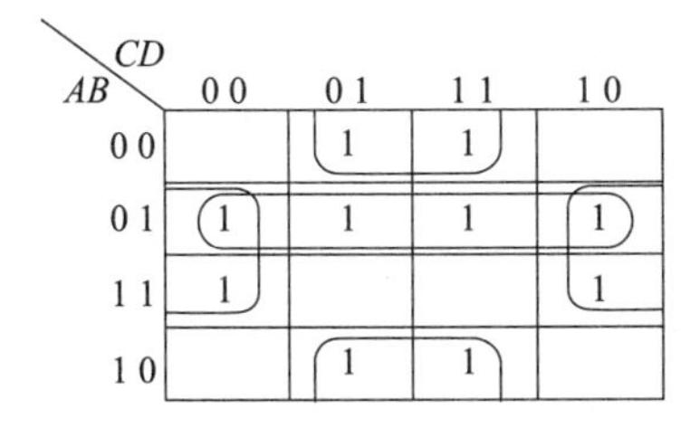

图 6.26　例 6.27 卡诺图

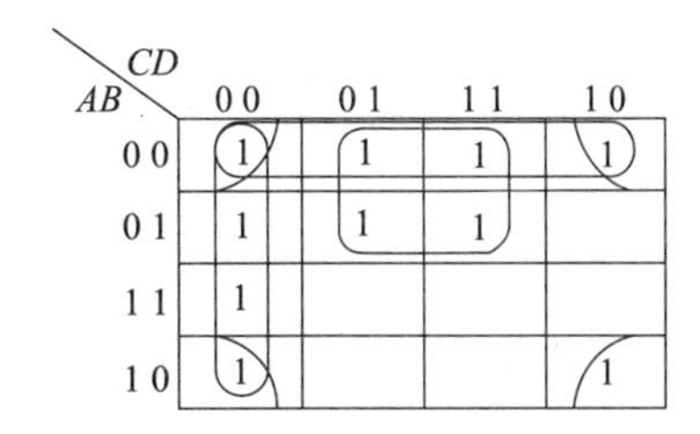

图 6.27　例 6.28 卡诺图

（2）画卡诺圈合并最小项，得最简的与或表达式，即

$$Y=\overline{A}D+\overline{A}\overline{B}+\overline{B}\overline{D}+\overline{C}\overline{D}$$

【例 6.29】 用卡诺图化简逻辑函数 $Y=\sum m(0, 1, 2, 3, 4, 5, 7, 8, 9, 10, 11, 12, 13, 15)$。

解：(1) 由表达式画出卡诺图，如图 6.28 所示。

(2) 画卡诺圈合并与项并相加，得最简的与或表达式，即

$$Y=\overline{B}+\overline{C}+D$$

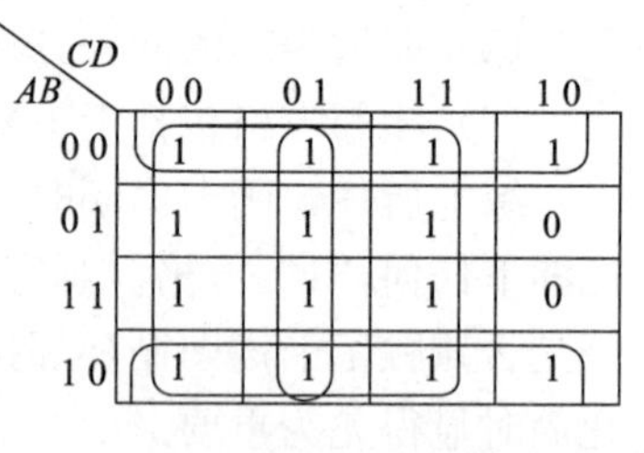

图 6.28 例 6.29 卡诺图

【例 6.30】 用卡诺图化简逻辑函数 $Y=\sum m(2, 3, 6, 7, 8, 10, 12)$。

解：方法一

(1) 由表达式画出卡诺图，如图 6.29 所示。

(2) 画卡诺圈合并与项并相加，得最简的与或表达式，即

$$Y=\overline{A}C+A\overline{C}\overline{D}+\overline{B}C\overline{D}$$

方法二

(1) 由表达式画出卡诺图，如图 6.30 所示。

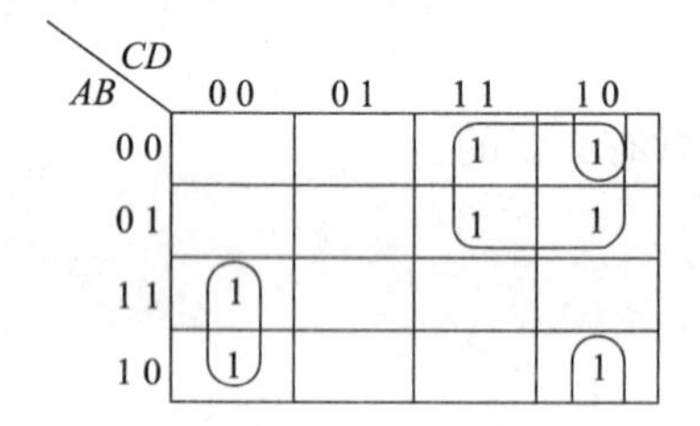

图 6.29 例 6.30 卡诺图

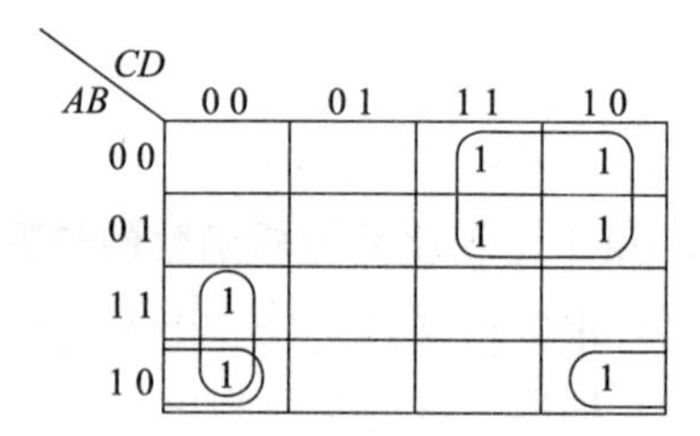

图 6.30 例 6.30 卡诺图

(2) 画卡诺圈合并与项并相加，得最简的与或表达式，即

$$Y=\overline{A}C+A\overline{C}\overline{D}+A\overline{B}\overline{D}$$

通过例 6.30 可以看出，同一个逻辑函数，化简的结果有时不是唯一的。两个结果虽然形式不同，但与项数及各个与项中变量的个数都是相同的，因此两个结果都是最简与或式。我们可以用代数公式法或通过对比两个逻辑函数的真值表来证明两个函数相等，证明过程请读者自行进行，本书不再赘述。

5. 具有无关项的逻辑函数的化简

1) 约束项、任意项和无关项

在有些逻辑函数中，输入变量的某些取值组合不会出现，或者一旦出现，逻辑值可以是任意的。这样的取值组合所对应的最小项称为无关项、任意项或约束项，在卡诺图中用符号×来表示其逻辑值。无关项的意义在于，它的值可以取 0 或取 1，具体取什么值以使函数尽量得到简化为原则。

【例 6.31】 某品牌家用油烟机有三个指示灯——白、黄、红，分别代表电动机的低速、中速和高速运行，试分析电动机中速运行与三色信号灯之间的逻辑关系。

解：设白、黄、红灯分别用 A、B、C 表示，且灯亮为 1，灯灭为 0。电动机中速运行用 Y 表示，$Y=1$ 表示电动机中速运行，$Y=0$ 表示电动机非中速运行。列出该函数的真值表如表 6.24 所示。

显而易见，在这个函数中，有 5 个最小项是不会出现的，如 $\overline{A}\overline{B}\overline{C}$（三个灯都不亮）、$ABC$

（三个灯同时亮）等。因为一个正常油烟机指示系统不可能出现这些情况，即逻辑值任意。

表 6.24 例 6.31 真值表

白灯	黄灯	红灯	电动机中速运行
A	B	C	Y
0	0	0	×
0	0	1	0
0	1	0	1
0	1	1	×
1	0	0	0
1	0	1	×
1	1	0	×
1	1	1	×

带有无关项的逻辑函数的最小项表达式为 $Y=\sum m(\quad)+\sum d(\quad)$，如本例函数可写成 $Y=\sum m(2)+\sum d(0,3,5,6,7)$。

2）具有无关项的逻辑函数的化简

化简具有无关项的逻辑函数时，要充分利用无关项既可以当 0 也可以当 1 处理的特点，尽量扩大卡诺圈，使逻辑函数更简。

画出例 6.31 的卡诺图，如图 6.31 所示，如果不考虑无关项，卡诺圈只能包含一个最小项，如图 6.31（a）所示，写出表达式为 $Y=\overline{A}B\overline{C}$。

如果把与它相邻的三个无关项当作 1，则卡诺圈可包含 4 个最小项，如图 6.31（b）所示，写出表达式为 $Y=B$。

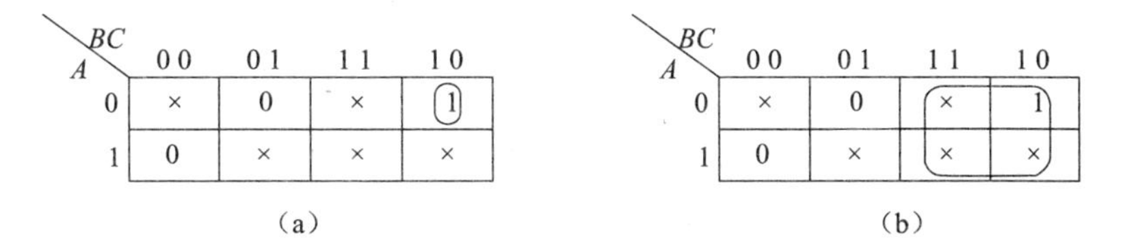

图 6.31 例 6.32 的卡诺图

（a）不考虑无关项；（b）考虑无关项

由此可知，在考虑无关项时，哪些无关项当作 1，哪些无关项当作 0，要以尽量扩大卡诺圈、减少圈的个数，使逻辑函数更简为原则。

【例 6.32】 已知逻辑函数 $Y=\overline{A}\,\overline{C}\,\overline{D}+A\overline{C}D+\overline{A}B\overline{C}D+\overline{A}BC\overline{D}$，约束条件为 $\overline{A}BD+CD=0$，求最简的逻辑表达式。

解：（1）将逻辑函数和约束条件转移到一个卡诺图中，画卡诺圈，如图 6.32 所示。

（2）写出最简与或表达式。

$$Y=\overline{A}\,\overline{C}+\overline{A}B+D$$

$$\overline{A}BD+CD=0\text{（约束条件）}$$

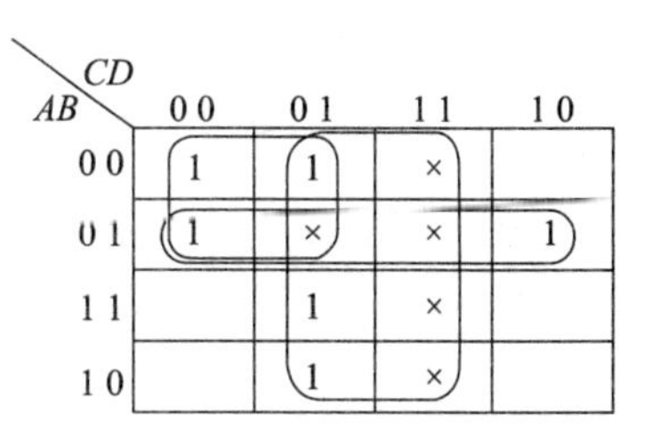

图 6.32 例 6.32 卡诺图

6.6 集成逻辑门电路

6.6.1 基本逻辑门电路和组合逻辑门电路

1. 基本逻辑门电路

1）用二极管实现与门电路

如图 6.33 所示，A、B 代表与门的输入，Y 代表与门的输出。假定二极管工作在理想开关状态，那么 A、B 当中只要有一个低电平，则必有一个二极管导通，使 Y 为低电平，只有 A、B 同时为高电平时，输出才是高电平，因此 Y 和 A、B 间是逻辑与的关系，即

$$Y=A\cdot B$$

增加一个输入端和一个二极管，就可变成三输入端与门。按此办法可构成更多输入端的与门。

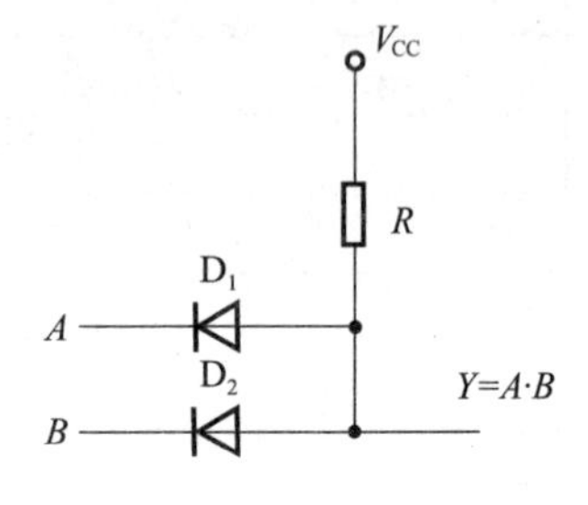

图 6.33 用二极管实现与逻辑门电路

2）用二极管实现或门电路

如图 6.34 所示，A、B 代表或门的输入，Y 代表或门的输出。由于两个二极管的负极同时经电阻 R 接地，所以只要 A、B 中有一个是高电平，二极管 D_1 或 D_2 就导通；只有 A、B 同时为低电平时，Y 才是低电平。因此，Y 和 A、B 间是或的逻辑关系，即

$$Y=A+B$$

3）用晶体管实现非门电路

图 6.35 所示为由分立元件单个晶体管组成的非门电路。由图 6.35 可知，当输入 A 为低电平 0 时，$u_{BE}<0$ V，晶体管截止，输出 Y 为高电平 1；当输入 A 为高电平 1 时，电路参数合理，使晶体管工作在饱和状态，输出 Y 为低电平 0。因此，Y 和 A 间是非逻辑关系。

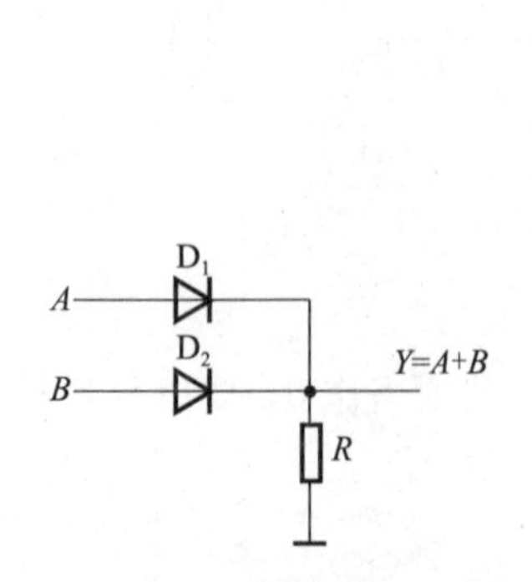

图 6.34 用二极管实现或逻辑门电路

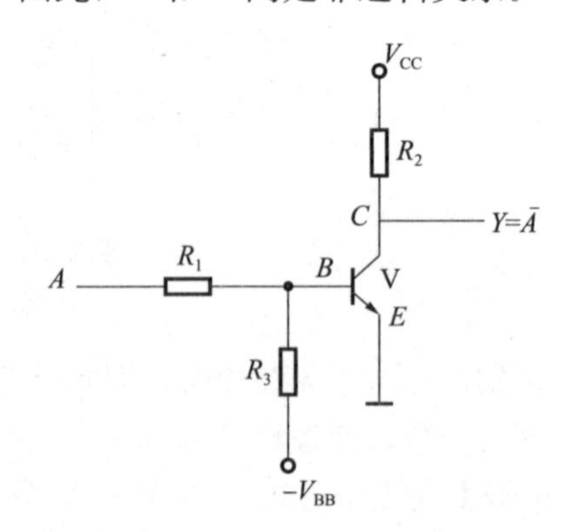

图 6.35 用晶体管实现非逻辑门电路

在实用的反相器电路中，为了保证输入低电平时晶体管能可靠截止，增加了电阻 R_3 和旁路负电源 $-V_{BB}$，当输入低电平信号为零时，晶体管的基极将为负电位，发射结反向偏置，保证了晶体管的可靠截止。

2. 组合逻辑门电路

1）二极管与晶体管实现与非门电路

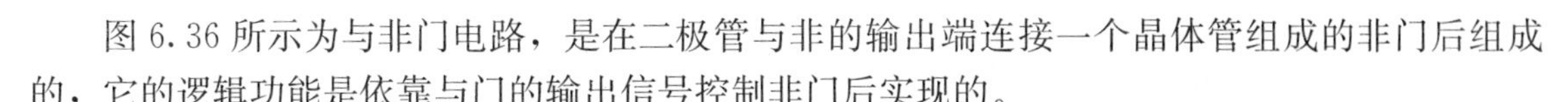

图 6.36 所示为与非门电路，是在二极管与非的输出端连接一个晶体管组成的非门后组成的，它的逻辑功能是依靠与门的输出信号控制非门后实现的。

2）二极管与晶体管实现或非门电路

如果将二极管或门和晶体管反相器连接起来，如图 6.37 所示，就组成了或非门。

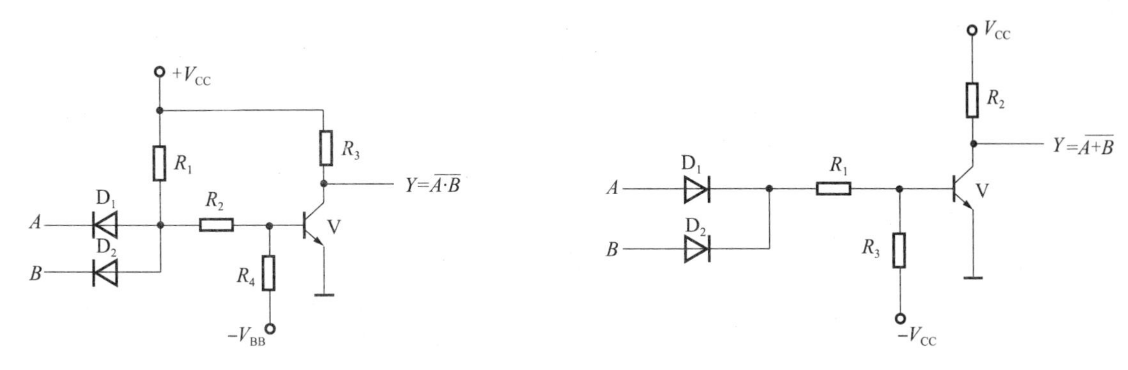

图 6.36　二极管与晶体管实现与非门电路　　**图 6.37　二极管与晶体管实现或非门电路**

以上介绍的几种数字电路，分别用二极管与晶体管实现了基本及复合逻辑运算，实际上实现这些逻辑运算的电路可以是多种多样的，这里不一一介绍。

在以上各种电路中，我们都是用电平的高低代表逻辑值的，即用高电平表示 1，用低电平表示 0，在数字电路中称为正逻辑。反之，用高电平表示 0，用低电平表示 1，则称为负逻辑。习惯上，我们采用正逻辑。本书也只使用正逻辑。

需要指出的是，高电平和低电平不是一个固定的数值，都允许有一定的变化范围。例如，在 TTL 门电路中，在 2.4～3.6 V 范围内的电压都称为高电平，标准高电平 U_{SH} 常取 3 V；在 0～0.8 V 范围内的电压都称为低电平，标准低电平 U_{SL} 常取 0.3 V。

6.6.2　TTL 集成逻辑门电路

1. 数字集成逻辑门电路

前面介绍了用分立元件实现与、或、非等逻辑运算关系的逻辑电路。实际上在工程中每个逻辑符号表示的不再是分立元件组成的简单电路，而是通过集成工艺制作在一块单晶基片上，封装起来的集成器件，称为集成逻辑门电路。集成逻辑门电路按组成的晶体管性质可分为双极型和单极型两种。

（1）双极型主要是由晶体管组成的集成电路，在这类电路中参与导电的载流子为极性不同的空穴（正）和电子（负），因此称为双极型数字集成电路。此类电路有 DTL 门电路（二极管-晶体管逻辑门电路）和 TTL 门电路（晶体管-晶体管逻辑门电路）两种。现如今 DTL 门电路已被性能更加优越的 TTL 门电路取代。TTL 门电路工作速度较高，但功率消耗也较大，集成度不高。

（2）单极型主要是由金属氧化物绝缘栅型场效应管构成的集成电路，简称 MOS 电路，在这类电路中只有电子或空穴一种载流子参与导电，因此称为单极型数字集成电路。此类电路有 N 沟道 MOS 器件构成的 NMOS 集成电路和 P 沟道 MOS 器件构成的 PMOS 集成电路两种。NMOS 集成电路和 PMOS 集成电路互补可构成性能更加优越的 CMOS 集成电路。CMOS 集成电路工艺简单，集成度高，输入阻抗高，功耗小，但工作速度较低。

TTL和CMOS集成逻辑门电路是应用广泛的数字集成电路。它们都朝着高速度、低功耗、高集成度的方向发展。

TTL集成电路是双极型集成电路的典型代表，其生产工艺成熟，产品参数稳定，工作稳定可靠，开关速度高，有着广泛应用。

2. TTL与非门

1）电路结构

典型TTL与非门电路如图6.38所示。该电路由输入级、中间级、输出级三部分组成。第一部分输入级由多发射极晶体管 V_1 和电阻 R_1 组成，实现与的功能；第二部分中间极由晶体管 V_2 和电阻 R_2、R_3 组成，V_2 集电极和发射极分别输出不同的逻辑电平信号，用以驱动输出级的晶体管 V_4 和 V_5；第三部分输出级由晶体管 V_3、V_4、V_5 和电阻 R_4、R_5 组成，用来驱动负载。

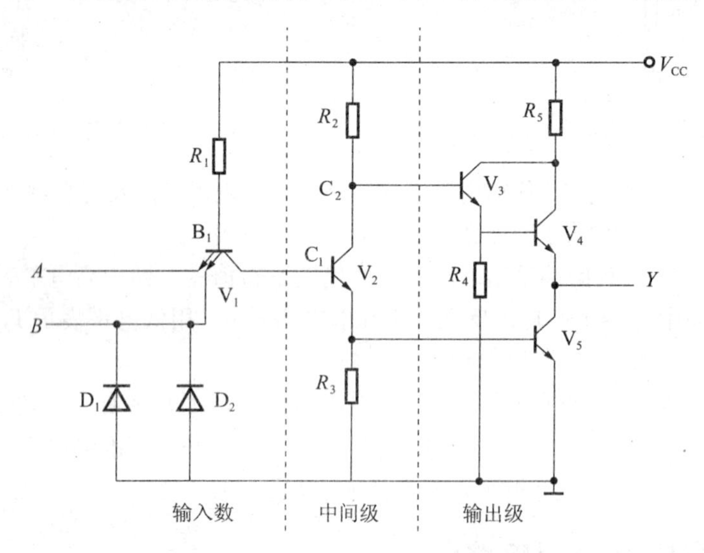

图6.38 典型TTL与非门电路

2）工作原理

当输入信号 A、B 全为高电平（3.6 V）时，V_{CC} 通过 R_1、V_1 的集电结向 V_2、V_5 的发射结提供足够大的电流，使 V_2 和 V_5 处于饱和状态，此时 V_3、V_4 截止，电路输出 Y 为低电平（0.3 V）。当输入端有低电平（0.3 V）时，V_1 导通，V_2、V_5 截止，此时 V_3、V_4 导通，电路输出 Y 为高电平（3.6 V）。

所以，TTL与非门电路电平关系的真值表如表6.25所示。

由表6.25可得出这是一个与非关系。

表6.25 TTL与非门电路电平关系的真值表

输入		输出
A (U_A)	B (U_B)	Y (U_Y)
0（0.3 V）	0（0.3 V）	1（3.6 V）
0（0.3 V）	1（3.6 V）	1（3.6 V）
1（3.6 V）	0（0.3 V）	1（3.6 V）
1（3.6 V）	1（3.6 V）	0（0.3 V）

3. 集电极开路门（OC门）

两个逻辑门的输出相连，实现两个输出相与的关系，称为线与。但普通TTL门电路采用了推拉式输出电路，不管输出是高电平还是低电平，其输出电阻都很小，不允许将两个门的输出直接相连，即不能实现线与，否则容易损坏器件。

1）电路结构及原理

为了使 TTL 与非门能实现线与，出现了集电极开路与非门，其电路和逻辑符号如图 6.39 所示。它与普通 TTL 与非门的不同之处是取消了 V_3、V_4组成的提供输出高电平的射极输出电路。若在电路输出端外接一个电阻 R_L（如图 6.39 中虚线所示），则电路也同样能实现与非功能。集电极开路与非门很容易实现线与，因而扩展了 TTL 与非门的功能。

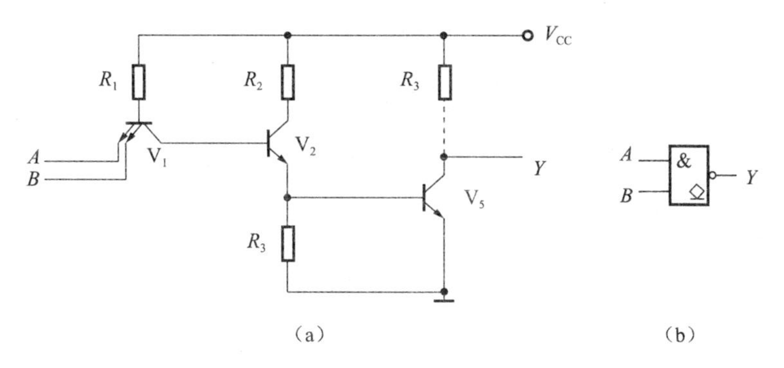

图 6.39　集电极开路与非门

（a）集电极开路与非门电路；（b）集电极开路与非门逻辑符号

集电极开路门简称 OC 门。OC 门的品种有与门、非门、与非门、或非门等。

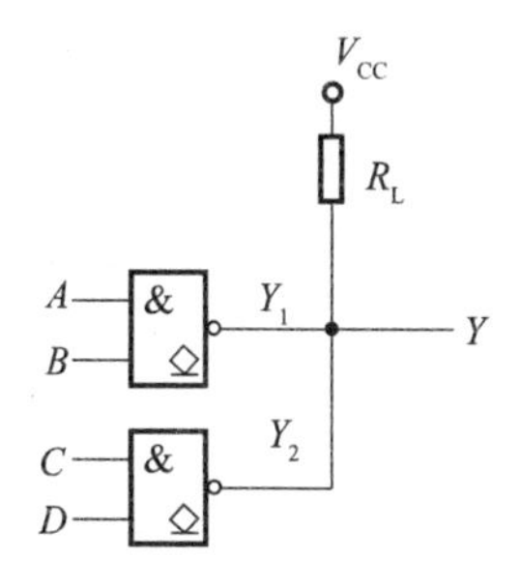

图 6.40　两个 OC 门实现线与时的电路

2）集电极开路门的应用

（1）实现线与。两个 OC 门实现线与时的电路如图 6.40 所示。此时的逻辑关系为

$$Y=Y_1 \cdot Y_2=\overline{AB} \cdot \overline{CD}=\overline{AB+CD}$$

即在输出线上实现了与运算，通过逻辑变换可转换为与或非运算。

在使用 OC 门进行线与时，外接上拉电阻 R_L的选择非常重要，只有 R_L选择得当，才能保证 OC 门输出满足要求的高电平和低电平。

（2）实现电平转换。在数字系统的接口部分（与外部设备相连接的地方）需要有电平转换的时候，常用 OC 门来完成。如图 6.41 所示，把上拉电阻接到 10 V 电源上，这样在 OC 门输入普通的 TTL 电平，而输出高电平就可以变为 10 V。

（3）用作驱动器。可用 OC 门来驱动发光二极管、电容、指示灯、继电器和脉冲变压器等负载。图 6.42 所示为用来驱动发光二极管的电路。

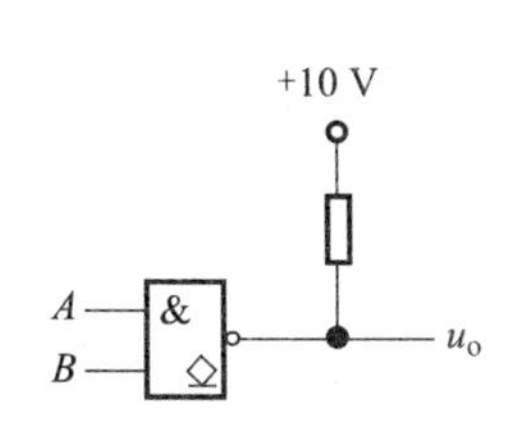

图 6.41　实现电平转换

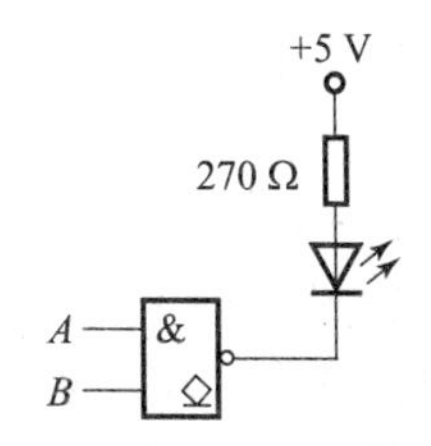

图 6.42　驱动发光二极管电路

4. TTL 三态输出门（TSL 门）

普通门电路的输出只有高电平或低电平（即 0 或 1）两种状态，所谓三态门，简称 TSL 门，就是具有高电平、低电平和高阻态三种输出状态的门电路。其中，高阻态时在门电路输出

端呈现出极大的电阻，也称悬浮态。

1）TSL 门原理

图 6.43（a）所示为三态输出 TTL 与非门电路，图 6.43（b）所示为 E 端接高电平有效的逻辑符号。它和普通 TTL 与非门不同的地方是输入级多了一个控制端 E。当 $E=1$ 时，使与非门能正常工作，即输出 $Y=\overline{AB}$，故 E 端又称使能端；当 $E=0$ 时，V_3、V_4 截止，同时 $E=0$ 还经过二极管 D 将 u_{C2} 钳位在 1 V 左右，使 V_5 截止。由于 V_3 和 V_5 都截止，所以输出端呈高阻抗，或者说电路处于高阻抗状态。其真值表如表 6.26 所示。

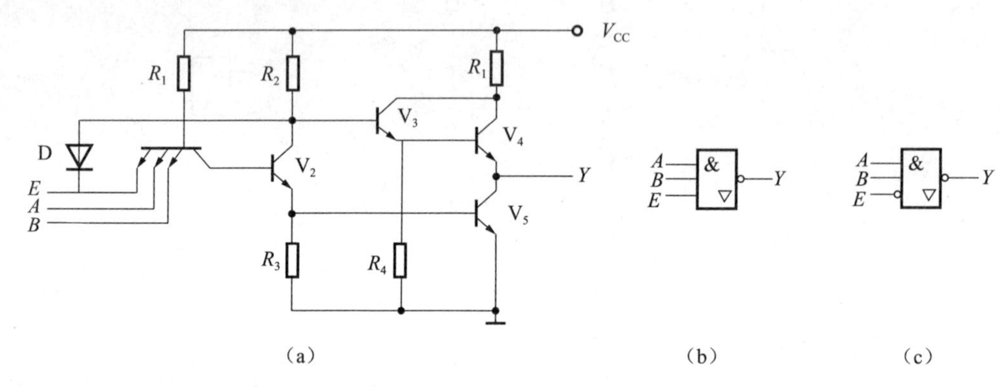

图 6.43　三态输出 TTL 与非门电路及其逻辑符号

（a）三态输出 TTL 与非门电路；（b）E 端接高电平有效的逻辑符号；（c）E 端接低电平有效的逻辑符号

还有一种三态输出电路，将控制信号经一级非门再送到与非门 V_1 的控制端。显然，非门输入端 $\bar{E}=1$ 时，与非门输出将为高阻抗状态；当 $\bar{E}=0$ 时，电路能正常工作。这种 $\bar{E}$ 端接低电平有效的三态门电路的逻辑符号如图 6.43（c）所示，真值表如表 6.27 所示。

表 6.26　E 端接高电平有效的 TSL 门电路真值表

E	A	B	Y
0	×	×	高阻
1	0	0	1
1	0	1	1
1	1	0	1
1	1	1	0

表 6.27　E 端接低电平有效的 TSL 门电路真值表

$\bar{E}$	A	B	Y
1	×	×	高阻
0	0	0	1
0	0	1	1
0	1	0	1
0	1	1	0

2）三态门的主要应用

当三高阻态输出端处于高阻态时，该门电路表面上仍与整个电路系统相连，但实际上整个电路系统是断开的，如同没把它们接入一样。利用三态门的这种特性可以实现用同一根导线轮流传送几个不同的数据或控制信号，如图 6.44 所示。当各个门的控制端 E_1、E_2、E_3 为低电平时，输出呈高阻抗状态，相当于与门总线 CD 断开。将 E_1、E_2、E_3 轮流接高电平时，则 A_1、B_1，A_2、B_2，A_3、B_3 三组数据就会轮流按与非关系送到总线上去。

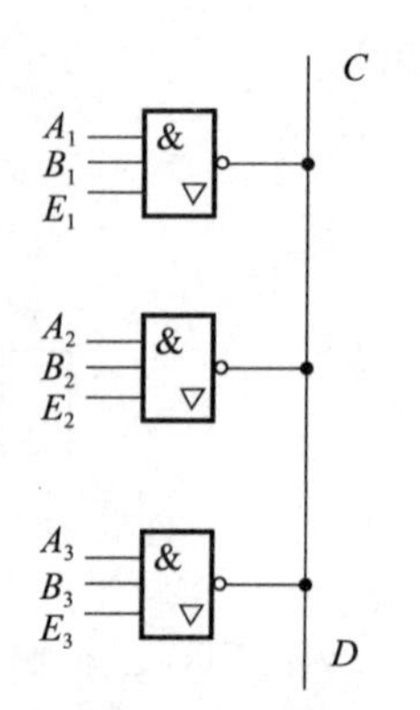

图 6.44　三态输出与非门的应用举例

5. TTL 集成逻辑门电路的使用注意事项

1）输出端的连接

具有推拉输出结构的 TTL 门电路的输出端不允许直接并联使用，也

不允许直接接电源 V_{CC} 或直接接地。使用时，输出电流应小于产品手册上规定的最大电流值。三态输出门的输出端可并联使用，但在同一时刻只能有一个门工作，其他门输出都处于高阻状态。集电极开路门输出端可并联使用，但公共输出端和电源 V_{CC} 之间应接负载电阻 R_L。

2）闲置输入端的处理

TTL 集成门电路使用时，对于闲置输入端（不用的输入端）一般不悬空，主要是防止干扰信号从悬空输入端引入电路。对于闲置输入端的处理，以不改变电路逻辑状态及工作稳定性为原则。常用的方法有以下几种：

（1）对于与非门的闲置输入端可直接接电源电压 V_{CC}，或通过 1～10 kΩ 的电阻接电源 V_{CC}，如图 6.45（a）、（b）所示。

（2）如前级驱动能力允许，可将闲置输入端与有用输入端并联使用，如图 6.45（c）所示。

（3）在外界干扰很小时，与非门的闲置输入端可以剪断或悬空，如图 6.45（d）所示。但不允许接开路长线，以免引入干扰而产生逻辑错误。

（4）或非门不使用的闲置输入端应接地，如图 6.45（e）所示；与或非门中不使用的与门至少有一个输入端接地，如图 6.45（f）所示。

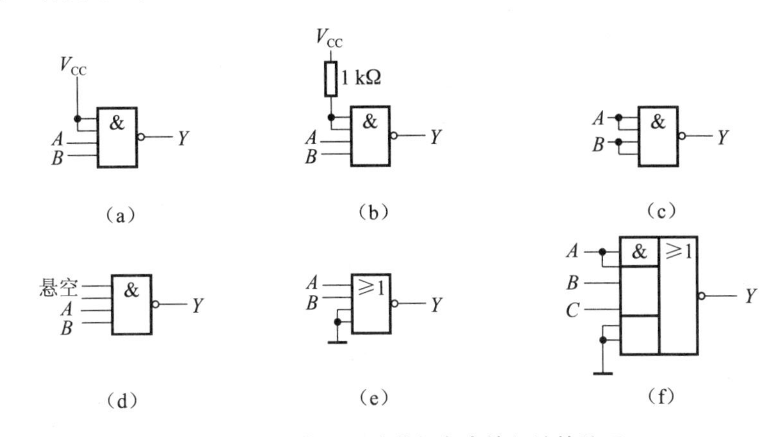

图 6.45 与非门和或非门多余输入端的处理

（a）直接接 V_{CC}；（b）通过电阻接 V_{CC}；（c）与有用输入端并联；
（d）悬空或剪断；（e）、（f）接地

3）电源电压及电源干扰的消除

对于 54 系列，电源电压取 $V_{CC}=5\times(1\pm10\%)$ V；对于 74 系列，电源电压取 $V_{CC}=5\times(1\pm5\%)$V，不允许超出这个范围。为防止动态尖峰电流或脉冲电流通过公共电源内阻耦合到逻辑电路造成的干扰，需对电源进行滤波。通常在印制电路板的电源端对地接入 10～100 μF 的电容对低频进行滤波。由于大电容存在一定的电感，它不能滤除高频干扰，在印制电路板上，每隔 6～8 个门电路需在电源端对地加接一个 0.01～0.1 μF 的电容对高频进行滤波。

4）电路安装接线和焊接应注意的问题

连线要尽量短，最好用胶合线。整体接地要好，地线要粗而短。焊接用的电烙铁不大于 25 W，焊接时间要短。使用中性焊剂，如松香酒精溶液，不可使用焊油。将印制电路板焊接完毕后，不得浸泡在有机溶液中清洗，只能用少量酒精擦去外引线焊接点上的焊剂和污垢。

6.6.3 CMOS 集成门电路

CMOS 集成门电路是 MOS 门电路的一种类型，是由 PMOS 管和 NMOS 管组成的互补电路，比单纯由 PMOS 或 NMOS 管构成的门电路性能要好得多。1967 年美国 RCA 无线电公司首先推出了 4000 系列产品，其特点是微功耗及抗干扰性强，但工作速度较低。20 世纪 80 年代各集成电路厂家又推出了 54/74HL 系列，即二代高速 CMOS 电路。在保持低功耗的前提下，工作速度达到了 LSTTL 水平；与 ASTTL 系列性能相当的 54/74AL 系列投入使用，标志着 CMOS 产品数字集成电路已占主导地位。超高速集成 CMOS 是 CMOS 集成数字电路的第三代。1985 年，美国仙童公司预告推出 FACT 系列。接着，其他半导体公司如国家半导体、GE/RCA、德州仪器、飞利浦、东芝等也推出了它们的超高速集成 CMOS 系列——ACL（Advanced CMOS Logic）超高速 CMOS 电路，以 54AC/74AC 型号命名。国产 CMOS 集成电路主要有 4000 系列和应用广泛的高速系列（CC54HC/CC74HC、CC54HCT/CC74HCT 两个系列）。

1. CMOS 反相器

1）电路组成

CMOS 反相器由增强型 NMOS 管和增强型 PMOS 管组成。CMOS 反相器电路如图 6.46 所示，它由一对特性相近的增强型 NMOS 管 T_N 和增强型 PMOS 管 T_P 按互补对称形式连接而成，导通电阻较小。T_N、T_P 两管栅极相连作为输入端；漏极相连作为输出端；T_N 源极接地，T_P 源极接 V_{DD}。一般选 $V_{DD}>U_{GS(th)N}+|U_{GS(th)P}|$。$V_{DD}$ 取值范围为 3～18 V。

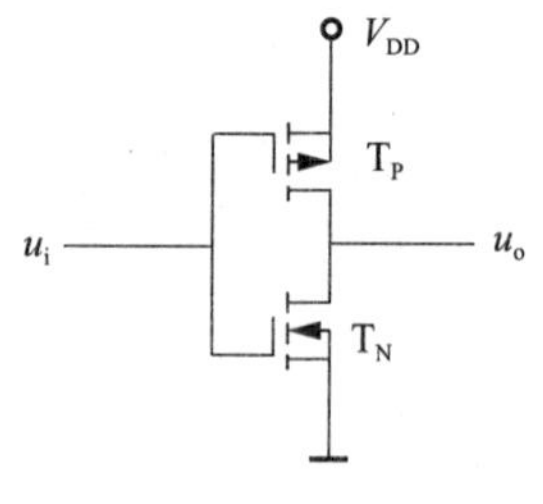

图 6.46 CMOS 反相器电路

2）工作原理

当输入为高电平 $u_{iH}\approx V_{DD}$ 时，T_N 导通，T_P 截止，输出低电平 $u_{oL}\approx 0$ V。当输入为低电平 $u_{iL}\approx 0$ V 时，T_N 截止，T_P 导通，输出高电平 $u_{oH}\approx V_{DD}$。

3）CMOS 反相器的特点

（1）电路具有反相器的功能，其电源电压利用率很高，真值表如表 6.28 所示。

表 6.28 CMOS 反相器电路真值表

u_i	u_o
V_{DD}	0
0	V_{DD}

A	Y
0	1
1	0

（2）静态功耗小。因为在稳态时，总有一个管子截止，静态电流近似为 0，静态功耗非常小。只是在动态工作时，动态功耗增加，CMOS 反相器在低频工作时，功耗也很小。

（3）电路无论输出高电平还是低电平，T_N 或 T_P 导通时，导通电阻都很小，对容性负载的充电或放电都较快，故工作速度较高。

另外，CMOS 电路还具有抗干扰能力强，电源电压允许变化范围大等特点。

2. CMOS 与非门电路

CMOS 与非门电路如图 6.47 所示。

当输入 A、B 均为高电平时，T_{N1} 和 T_{N2} 导通，T_{P1} 和 T_{P2} 截止，输出 Y 为低电平。输入 A、B 中只要有一个为低电平，T_{N1} 和 T_{N2} 中必有一个截止，T_{P1} 和 T_{P2} 中必有一个导通，输出为高电平。电路的逻辑关系式为

$$Y=\overline{AB}$$

其真值表如表 6.29 所示。

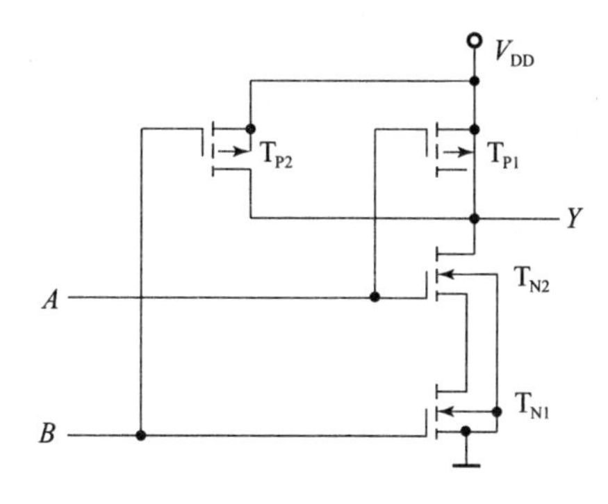

图 6.47　CMOS 与非门电路

表 6.29　CMOS 与非门电路真值表

A	B	Y
0	0	1
0	1	1
1	0	1
1	1	0

3. CMOS 或非门电路

CMOS 或非门电路如图 6.48 所示。

当输入 A、B 均为低电平时，T_{N1} 和 T_{N2} 均截止，T_{P1} 和 T_{P2} 均导通，输出 Y 为高电平。输入 A、B 中只要有一个为高电平，T_{N1} 和 T_{N2} 中必有一个导通，T_{P1} 和 T_{P2} 中必有一个截止，输出为低电平。电路的逻辑关系式为

$$Y=\overline{A+B}$$

其真值表如表 6.30 所示。

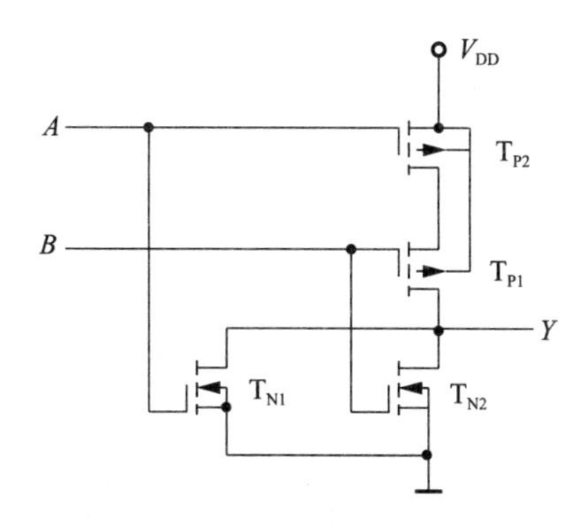

图 6.48　CMOS 或非门电路

表 6.30　CMOS 或非门电路真值表

A	B	Y
0	0	1
0	1	0
1	0	0
1	1	0

4. CMOS 三态门电路

三态输出 CMOS 门是在普通 CMOS 非门电路上增加了控制端和控制电路构成的，CMOS 三态门有多种形式。

低电平有效的 CMOS 三态门如图 6.49 所示。它是在反相器基础上增加一对 P 沟道 T'_P 和 N 沟道 T'_N 的 MOS 管。当控制端$\overline{EN}=1$ 时，T'_P 和 T'_N 同时截止，输出呈高阻态；当控制端$\overline{EN}=0$ 时，T'_P 和 T'_N 同时导通，反相器正常工作。所以这是$\overline{EN}$低电平有效的三态输出门。其真值表如表 6.31 所示。

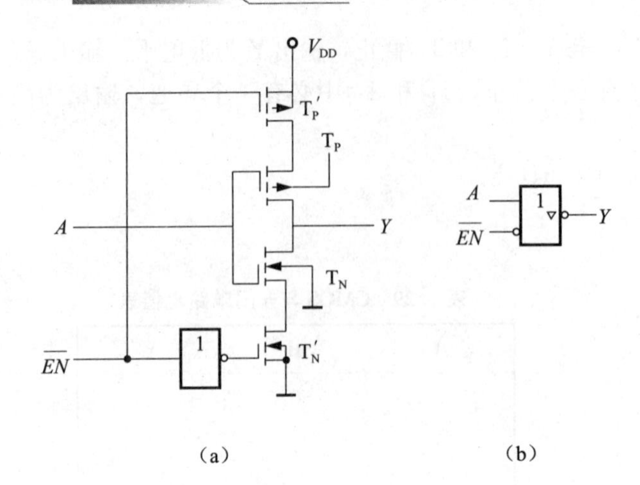

表 6.31 CMOS 三态门电路真值表

$\overline{EN}$	A	Y
0	0	1
0	1	0
1	×	高阻

图 6.49 低电平有效的 CMOS 三态门

（a）CMOS 三态门电路；（b）符号

5. CMOS 传输门

CMOS 传输门由 P 沟道增强型 MOS 管 T_P（其衬底接 V_{DD}）和 N 沟道增强型 MOS 管 T_N（其衬底接地），源极和漏极互相连接而组成，如图 6.50 所示。由于 MOS 管的结构对称，所以信号可以双向传输。C 和 $\overline{C}$ 是互补的控制信号，u_i是被传输的模拟电压信号。

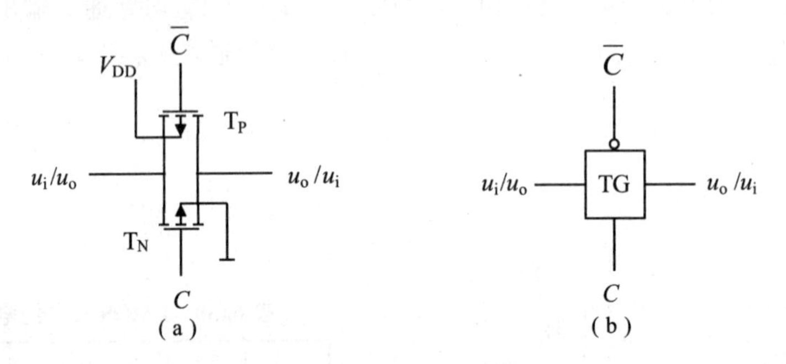

图 6.50 CMOS 传输门

（a）CMOS 传输门电路；（b）逻辑符号

（1）当 $C=0$、$\overline{C}=1$，即 C 端为低电平 0 V，$\overline{C}$ 端为高电平 V_{DD}时，T_N、T_P两管均截止，输出和输入之间呈现高阻抗，一般大于 10^9 Ω，所以输出和输入之间等效于断开。

（2）当 $C=1$、$\overline{C}=0$，即 C 端为高电平 V_{DD}，$\overline{C}$ 端为低电平 0 V 时，只要 u_i在 0 到 V_{DD}之间变化，T_N、T_P两 MOS 管总有一个管子导通，所以输入和输出之间呈低阻抗，即传输门导通。

6. MOS 电路的使用注意事项

（1）MOS 电路的输入端绝对不许悬空。多余输入端要根据电路功能分别处理，如与非门和与门的多余输入端应接到高 V_{DD}，而或门和或非门的多余输入端则要接 V_{SS}（即接地）。若电路工作速度不高，也可以接多余输入端并联使用。

（2）在进行 CMOS 电路实验，或对 CMOS 数字系统进行调试、测量时，应先接入直流电源，后接信号源；使用结束时，应先关信号源，后关直流电源。

（3）MOS 电路的安装、测试工作台应当用金属材料覆盖，并良好接地。测试仪表和被测试电路也应有良好的地线。焊接使用的电烙铁外壳要接地，焊接时烙铁不要带电。

（4）不要超过电子器件使用手册上所列出的极限工作条件的限制。CC4000系列的电源电压可在3～15 V的范围内选用，但最大不允许超过极限值18 V。电源电压选择得越高，抗干扰能力也越强。高速CMOS电路、HC系列的电源电压可在2～6 V的范围选用，HCT系列的电源电压在4.5～5.5 V的范围内选用，但最大不允许超过极限值7 V。

实验　TTL和CMOS逻辑功能测试

一、实验目的

（1）熟悉TTL与非门和CMOS或非门逻辑功能的测试方法。

（2）熟悉用EWB测试门电路的各种方法。

二、实验内容和步骤

（1）用EWB仿真测试TTL与非门7410的逻辑功能，分别按照图示方式测试，并列出真值表。从数字集成电路库（Logic Gates）中调用74××系列中的7410 TTL与非门集成块。按照实验图6.1所示连接，通过开关［1］～［3］选择输入高电平（$+V_{CC}$）或低电平（地）。输出端由指示灯的亮、灭来表示高、低电平。

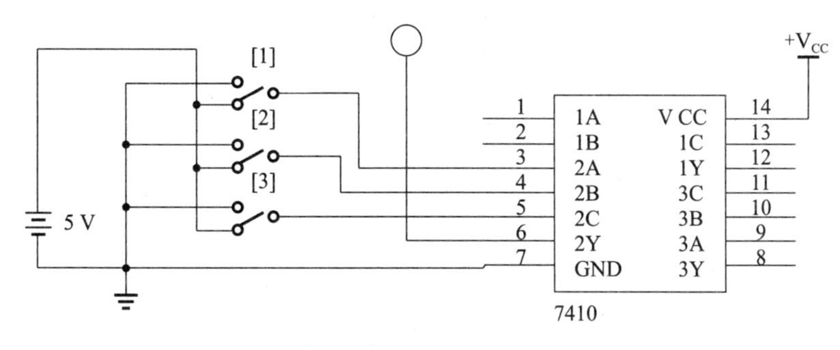

实验图6.1　用指示器测试TTL与非门7410逻辑功能

调用仪器库（Instruments）中的逻辑转换仪（第七个），按实验图6.2连接好电路。双击逻辑转换仪打开控制面板，单击第一个按钮（逻辑电路图→真值表），便可得到门电路真值表。

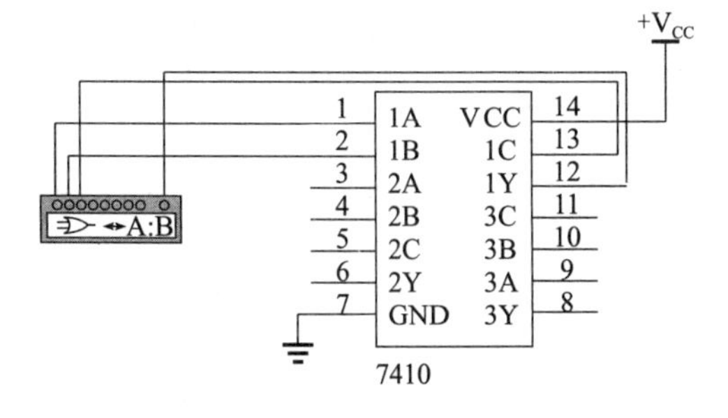

实验图6.2　用逻辑转换仪测试TTL与非门7410的逻辑功能

调用仪器库（Instruments）中的示波器（第三个），按实验图6.3所示连接好电路。通过开关［1］～［3］选择输入高电平（$+V_{CC}$）或低电平（地）。打开示波器控制面板，观察变换开关的高低电平时示波器的波形变化。

（2）用EWB仿真测试CMOS或非门4001的逻辑功能，分别按照实验图6.4（a）、（b）、（c）所示方式测试，并列出真值表。从数字集成电路库（Logic Gates）中调用4×××系列中的4001 TTL或非门集成块。操作方法参照上面实验。

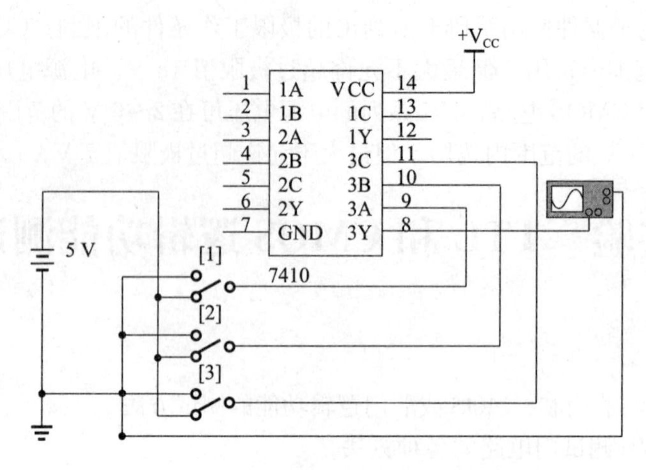

实验图 6.3　用示波器测试变换开关高低电平时 7410 的波形变化

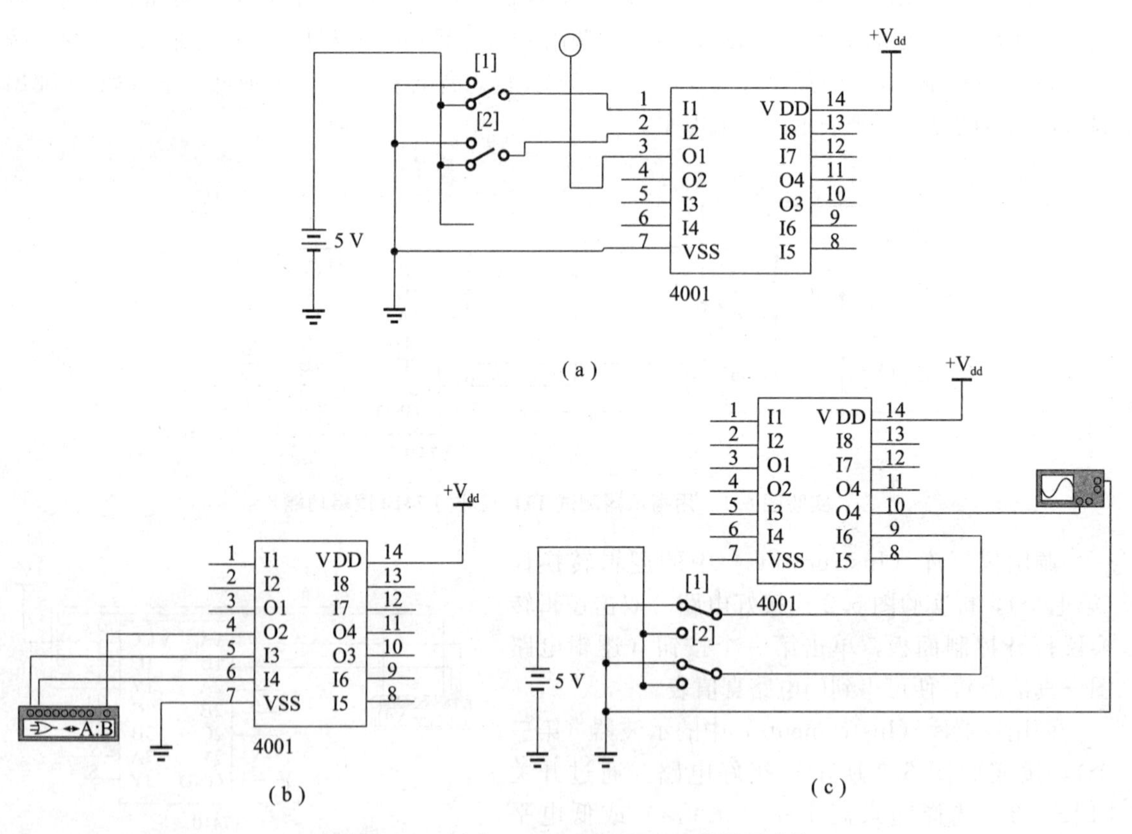

实验图 6.4　测试 CMOS 或非门 4001 的逻辑功能

三、实验要求

（1）独立查找实验过程中出现的故障并排除。

（2）熟练掌握使用 EWB 仿真测试门电路的逻辑功能。

（3）熟悉器件管脚和功能表。

本章小结

1. 数字电路研究的主要问题是输入变量与输出函数之间的逻辑关系，它的工作信号在时间和数值上是离散的，用二值量0、1表示。二进制是数字电路的基本计数体制，与十进制、八进制和十六进制之间可以互相转换。码制是指基本的编码方式，常用的码制为8421BCD码。

2. 逻辑代数基础是描述数字电路输入、输出逻辑关系的基础知识，同一逻辑关系可用逻辑符号、逻辑函数表达式、真值表、逻辑图和卡诺图表示，各种表示方法之间可以互相转换，逻辑函数表达式的卡诺图化简方法直观简单，有固定的步骤和方法可循。

3. 门电路从功能上分有与门、或门、非门、与非门、或非门、与或非门、异或门、同或门、三态门、OC门等，从组成的晶体管类型分有TTL门电路和CMOS门电路两大类，学习门电路的重点在于熟悉各种门的功能和特性参数的内涵。

习　题

6.1　比较模拟信号与数字信号的不同。

6.2　试举例说明数字电路的应用。

6.3　什么是约束项？什么是任意项？什么是逻辑函数式中的无关项？

6.4　描述TTL与非门的工作原理和性能指标。

6.5　比较TTL门电路和COMS门电路的特点。

6.6　描述三态门的特点。

6.7　说明TTL和CMOS门电路的使用注意事项。

6.8　将下列二进制数转换为等值的十六进制数和十进制数。

(1) $(10010111)_2$　(2) $(1101101)_2$　(3) $(0.01011111)_2$　(4) $(11.001)_2$

6.9　将下列十六进制数转换为等值的二进制数和十进制数。

(1) $(8C)_{16}$　(2) $(3D.BE)_{16}$　(3) $(8F.FF)_{16}$　(4) $(10.00)_{16}$

6.10　将下列八进制数转换为二进制数和十进制数。

(1) $(57)_8$　(2) $(312.46)_8$　(3) $(71.2)_8$　(4) $(14.28)_8$

6.11　将下列十进制数转换成等效的二进制数，要求二进制数保留小数点后4位有效数字。

(1) $(17)_{10}$　(2) $(127)_{10}$　(3) $(0.39)_{10}$　(4) $(25.7)_{10}$

6.12　证明下列逻辑恒等式（方法不限）。

(1) $A\overline{B}+B+\overline{A}B=A+B$

(2) $(A+\overline{C})(B+D)(B+\overline{D})=AB+B\overline{C}$

(3) $\overline{\overline{(A+B+\overline{C})}\overline{C}D}+(B+\overline{C})(A\overline{B}D+\overline{B}\overline{C})=1$

(4) $\overline{A}\overline{B}\overline{C}\overline{D}+\overline{A}B\overline{C}D+A\overline{B}C\overline{D}+ABCD=\overline{A\overline{C}+\overline{A}C+B\overline{D}+\overline{B}D}$

(5) $\overline{A}(C\oplus D)+B\overline{C}D+AC\overline{D}+A\overline{B}\overline{C}D=C\oplus D$

6.13　用逻辑代数的基本公式和常用公式将下列逻辑函数化为最简与或形式。

(1) $Y=A\overline{B}+B+\overline{A}B$

(2) $Y=A\overline{B}C+\overline{A}+B+\overline{C}$

(3) $Y=\overline{\overline{A}BC}+\overline{A\overline{B}}$

(4) $Y=A\bar{B}CD+ABD+A\bar{C}D$

(5) $Y=A\bar{B}(\bar{A}CD+\overline{AD+\bar{B}\bar{C}})(\bar{A}+B)$

(6) $Y=AC(\bar{C}D+\bar{A}B)+BC(\overline{\overline{\bar{B}+AD}+CE})$

(7) $Y=A\bar{C}+ABC+AC\bar{D}+CD$

(8) $Y=A+(\overline{B+\bar{C}})(A+\bar{B}+C)(A+B+C)$

(9) $Y=B\bar{C}+AB\bar{C}E+\bar{B}(\overline{\bar{A}\bar{D}+AD})+B(A\bar{D}+\bar{A}D)$

(10) $Y=AC+A\bar{C}D+A\bar{B}\bar{E}F+B(D\oplus E)+B\bar{C}D\bar{E}+B\bar{C}\bar{D}E+AB\bar{E}F$

6.14 下列逻辑式中，变量 A、B、C 取哪些值时，Y 的值为 1?

(1) $Y=(A+B)+ABC$

(2) $Y=ABC+\bar{A}C+\bar{B}C$

(3) $Y=A\,\overline{BC}+\bar{A}BC$

6.15 按照题目指定的要求进行代数变换。

(1) $L=\overline{D(A+C)}$（变换为与非形式）

(2) $L=\overline{A\bar{B}+\bar{A}C}$（变换为或非形式）

(3) $L=\overline{\overline{A+B}+\overline{C+D}}+\overline{\overline{A+D}+\overline{C+D}}$（变换为与或形式）

(4) $L=\bar{A}B+BC\bar{D}$（变换为二输入与非形式）

6.16 将下列各函数化为最小项之和的形式。

(1) $Y=\bar{A}BC+AC+\bar{B}C$

(2) $Y=A\bar{B}\bar{C}D+BCD+\bar{A}D$

(3) $Y=A+B+CD$

(4) $Y=AB+\overline{\overline{BC}(\bar{C}+\bar{D})}$

(5) $Y=L\bar{M}+M\bar{N}+N\bar{L}$

6.17 用卡诺图法将下列各逻辑函数化简成为最简与或表达式。

(1) $Y=AB\bar{C}D+A\bar{B}CD+A\bar{B}+A\bar{D}+A\bar{B}C$

(2) $Y=A\bar{B}CD+\bar{B}\bar{C}D+AB\bar{D}+BC\bar{D}+\bar{A}B\bar{C}$

(3) $Y=AB\bar{C}+\overline{AC+\bar{A}BC+\bar{B}C}$

(4) $Y=\overline{ABC+BD(\bar{A}+C)+(B+D)AC}$

6.18 用卡诺图化简法将下列函数化为最简与或形式。

(1) $Y=ABC+ABD+\bar{C}\bar{D}+A\bar{B}C+\bar{A}C\bar{D}+A\bar{C}D$

(2) $Y=A\bar{B}+\bar{A}C+BC+\bar{C}D$

(3) $Y=\bar{A}\bar{B}+B\bar{C}+\bar{A}+\bar{B}+ABC$

(4) $Y=\bar{A}\bar{B}+AC+\bar{B}C$

(5) $Y=A\bar{B}\bar{C}+\bar{A}\bar{B}+\bar{A}D+C+BD$

(6) $Y(A, B, C)=\sum(m_0, m_1, m_2, m_5, m_6, m_7)$

(7) $Y(A, B, C)=\sum(m_1, m_3, m_5, m_7)$

(8) $Y(A, B, C)=\sum(m_0, m_1, m_2, m_4, m_6, m_8, m_9, m_{10}, m_{11}, m_{14})$

(9) $Y(A, B, C)=\sum(m_0, m_1, m_2, m_5, m_8, m_9, m_{10}, m_{12}, m_{14})$

6.19　某逻辑函数的真值表如习题表6.1所示，试用其他4种方法表示该逻辑函数。

习题表6.1　习题6.19的真值表

A	B	C	Y
0	0	0	0
0	0	1	1
0	1	0	0
0	1	1	1
1	0	0	0
1	0	1	1
1	1	0	1
1	1	1	0

6.20　某逻辑函数的最小项表达式为 $F(A, B, C) = \sum m(1, 3, 4, 5)$，试用其他4种方法表示该逻辑函数。

6.21　写出习题图6.1中各逻辑图的逻辑函数式，并化简为最简与或式。

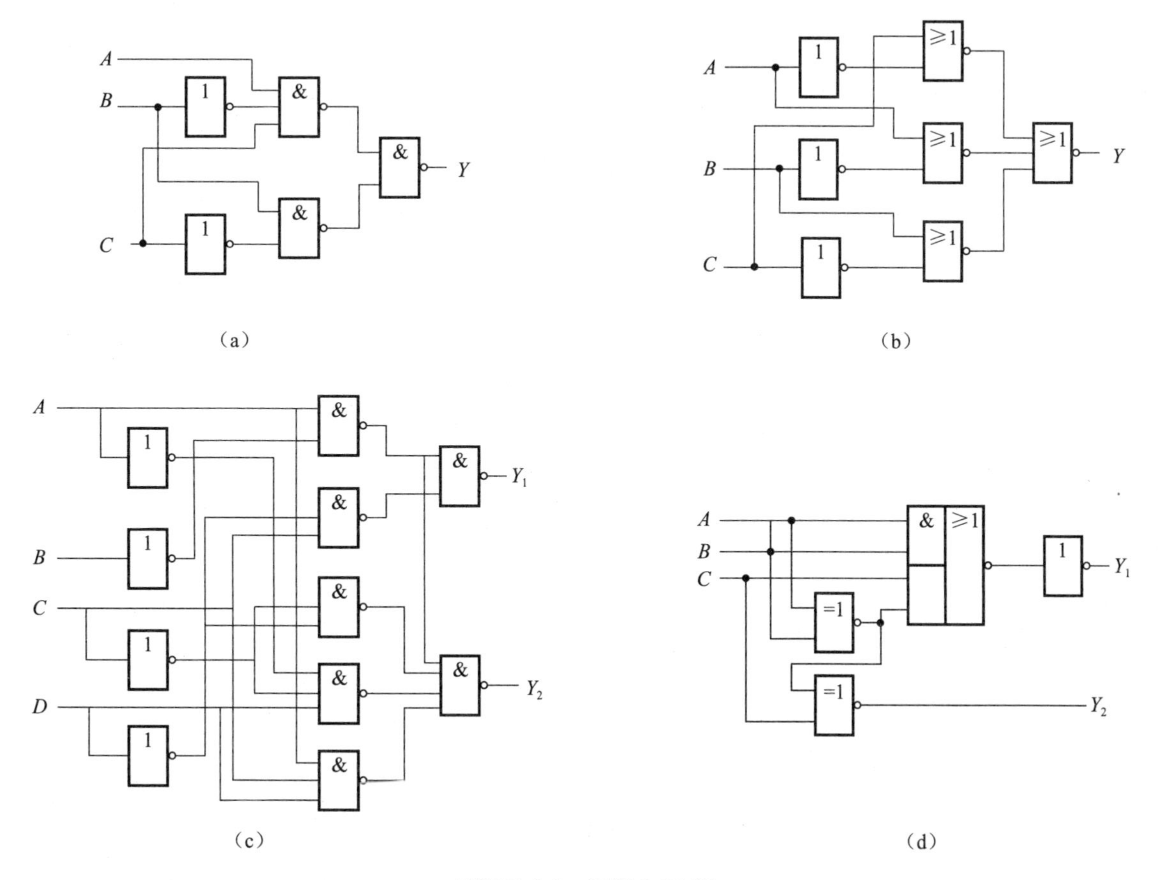

习题图6.1　习题6.21图

6.22 将下列函数化为最简与或式。

(1) $Y=\overline{A+C+D}+\bar{A}\bar{B}C\bar{D}+A\bar{B}\bar{C}D$，给定约束条件为 $A\bar{B}C\bar{D}+A\bar{B}CD+AB\bar{C}\bar{D}+AB\bar{C}D+ABC\bar{D}+ABCD=0$。

(2) $Y=C\bar{D}(A\oplus B)+\bar{A}B\bar{C}+\bar{A}\bar{C}D$，给定约束条件为 $AB+CD=0$。

(3) $Y=(A\bar{B}+B)C\bar{D}+\overline{(A+B)(\bar{B}+C)}$，给定约束条件为 $ABC+ABD+ACD+BCD=0$。

(4) $Y(A,B,C,D)=\sum(m_3,m_5,m_6,m_7,m_{10})$，给定约束条件为 $m_0+m_1+m_2+m_4+m_8=0$。

(5) $Y(A,B,C)=\sum(m_0,m_1,m_2,m_4)$，给定约束条件为 $m_3+m_5+m_6+m_7=0$。

(6) $Y(A,B,C,D)=\sum(m_2,m_3,m_7,m_8,m_{11},m_{14})$，给定约束条件为 $m_0+m_5+m_{10}+m_{15}=0$。

6.23 用 OC 门组成的逻辑电路如习题图 6.2 所示，写出 Y 的逻辑表达式。

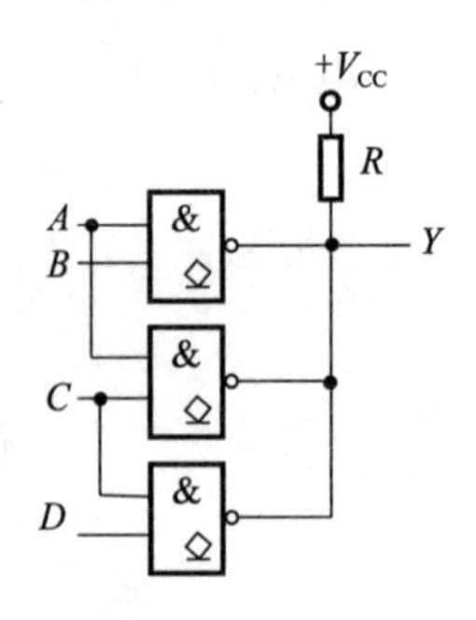

习题图 6.2 习题 6.23 图

第 7 章

组合逻辑电路

本章要点

数字逻辑电路分为组合逻辑电路和时序逻辑电路两类。组合逻辑电路任何时刻的输出只与该时刻的输入状态有关。时序逻辑电路不同，时序逻辑电路在任何时刻的输出不仅与该时刻的输入状态有关，而且与电路先前的状态有关。本章主要介绍组合逻辑电路的分析、设计方法和常见的中规模集成组合逻辑器件及其应用。

7.1 组合逻辑电路的分析

7.1.1 组合逻辑电路的结构组成

在结构上，组合逻辑电路仅由各种门电路组成，输出、输入之间没有反馈延迟通路，电路中没有记忆单元。图 7.1 所示为组合逻辑电路的一般框图，它可以用以下的逻辑函数来描述，即

$$Y_i = F(A_1, A_2, \cdots, A_n), \quad i=1, 2, \cdots, m$$

式中，A_1，A_2，…，A_n 为输入变量；Y_1，Y_2，…，Y_m 为输出变量，也称输出函数。

图 7.1 组合逻辑电路的一般框图

7.1.2 组合逻辑电路的分析方法

对于一个组合逻辑电路，找出其输出与输入之间的逻辑关系，用逻辑函数描述它的工作，评定它的逻辑功能，这是组合逻辑电路分析的目的。

组合逻辑电路分析的步骤大致如下：

1. 写出输出端逻辑表达式

根据给定的逻辑电路图，一般从输入端向输出端逐级写出各个门输出对其输入的逻辑表达式，从而写出整个逻辑电路输出端对输入变量的逻辑表达式。

2. 化简与变换

依题目要求对逻辑函数表达式进行化简和变换。

3. 列真值表

根据第 2 步的结果列出真值表。

4. 归纳逻辑功能

根据真值表和逻辑表达式的特征确定该电路所具有的逻辑功能。

第 1 步写出逻辑表达式是组合逻辑电路分析的关键，第 3 步得出真值表是分析的核心。在化简逻辑表达式时可以使用代数化简法或卡诺图法。在实际分析时不一定都要按照上述步骤进行，对于一些简单的电路，一般只要列出逻辑表达式便可以得出该电路的逻辑功能。

7.1.3 组合逻辑电路分析举例

【例 7.1】 逻辑电路如图 7.2 所示，分析电路的逻辑功能。

解：(1) 写出输出端逻辑表达式：为了便于分析，可将电路自左至右分为三级（图 7.2），逐级写出 Z_1、Z_2、Z_3和 Y 的逻辑表达式，即

$$Z_1=\overline{AB}$$
$$Z_2=\overline{AZ_1}$$
$$Z_3=\overline{BZ_1}$$
$$Y=\overline{Z_2Z_3}$$

(2) 化简与变换：将 Z_1代入 Z_2、Z_3，再将 Z_2和 Z_3代入到公式 Y 中，然后进行公式法化简得

$$Y=\overline{Z_2Z_3}=\overline{Z_2}+\overline{Z_3}=\overline{\overline{AZ_1}}+\overline{\overline{BZ_1}}=AZ_1+BZ_1=A\overline{B}+\overline{A}B$$

(3) 列真值表：根据化简以后的逻辑表达式列出真值表，如表 7.1 所示。

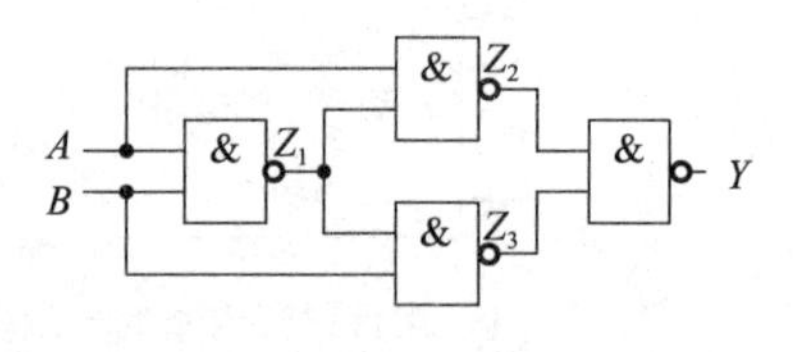

图 7.2 例 7.1 逻辑电路图

表 7.1 例 7.1 真值表

A	B	Y
0	0	0
0	1	1
1	0	1
1	1	0

(4) 归纳逻辑功能：由公式的化简结果和真值表可以看出该电路输入信号 A 和 B 之间是异或的关系，因此，该电路是一个 A、B 两输入端的异或电路。

【例 7.2】 试分析如图 7.3 所示组合电路的逻辑功能。

解：(1) 写出输出端逻辑表达式：将电路自左至右分为三级（图 7.3），逐级写出各级的逻辑表达式，即

$$Z=\overline{ABC}$$
$$Z_1=AZ，Z_2=BZ，Z_3=CZ$$
$$Y=Z_1+Z_2+Z_3=AZ+BZ+CZ$$
$$=A\overline{ABC}+B\overline{ABC}+C\overline{ABC}$$

(2) 化简与变换：通过公式法化简得

$$Y=\overline{ABC}(A+B+C)=\overline{ABC+\overline{A+B+C}}=\overline{ABC+\overline{A}\overline{B}\overline{C}}$$

(3) 列真值表：如表 7.2 所示。

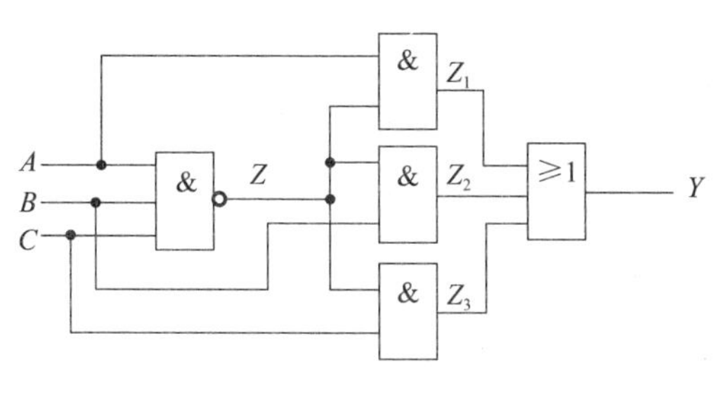

图7.3　例7.2逻辑电路图

表7.2　例7.2真值表

A	B	C	Y
0	0	0	0
0	0	1	1
0	1	0	1
0	1	1	1
1	0	0	1
1	0	1	1
1	1	0	1
1	1	1	0

(4) 归纳逻辑功能：由真值表可知，当 A、B、C 三个变量不一致时，电路输出为“1”；一致时，电路输出为“0”。因此，该电路可以检测输入信号的“一致性”，称为“一致性”判断电路。

以上两例中输出端只有一个，对于多输出端的组合逻辑电路，可按上述方法与步骤对每个输出端依次分析，最后总结出各输出端的功能。

7.2　组合逻辑电路的设计

7.2.1　组合逻辑电路的设计方法

组合逻辑电路的设计是根据给定的实际逻辑问题，设计出能实现其逻辑功能的电路，要求设计出来的逻辑电路，器件的个数少，可靠性高。

组合逻辑电路设计的步骤大致如下：

1. 分析逻辑功能

分析给定的逻辑功能，确定输入、输出变量的符号、个数以及0、1所代表的含义。

2. 列出真值表

根据题意给定的逻辑关系和第1步确定的变量，写出真值表。

3. 写出逻辑表达式

根据真值表写出输出端的逻辑表达式。

4. 化简与变换逻辑表达式

对输出逻辑表达式进行化简，并将最简逻辑表达式变换为符合门器件要求的表达式形式。

5. 画出逻辑电路图

根据最简逻辑表达式或变换后的特定逻辑表达式，画出逻辑电路图。

在实际设计时，也可以根据具体情况灵活采用上述几步。第1步功能分析是组合逻辑电路设计的关键，可借助功能框图确定输入变量和输出函数。第2步列出真值表是组合逻辑电路设计的核心。

7.2.2　组合逻辑电路设计举例

【例7.3】　旅客列车分为特快、普快和慢车，它们发车的优先顺序由高到低为特快、普快、慢车。在同一时刻，只允许一辆列车从车站开出，即只能给出一个开车信号灯。试设计一个满足上述要求的开车信号灯排队电路。

解：(1) 分析逻辑功能：根据题目要求设该排队电路有三个输入端 A、B、C 和三个输出端 X、Y、Z，用 A、B、C 分别代表特快、普快、慢车，三种车的开车信号灯分别用 X、Y、Z 表示。输入变量中，“1”表示该车要求开出，“0”表示该车不要求开出；输出变量中，“1”表示列车可以开出，灯亮，“0”表示不准列车开出，灯灭。

(2) 列真值表：如表 7.3 所示。

表 7.3　例 7.3 真值表

A	B	C	X	Y	Z
0	0	0	0	0	0
0	0	1	0	0	1
0	1	0	0	1	0
0	1	1	0	1	0
1	0	0	1	0	0
1	0	1	1	0	0
1	1	0	1	0	0
1	1	1	1	0	0

(3) 写出逻辑表达式：

$$X=A\bar{B}\bar{C}+A\bar{B}C+AB\bar{C}+ABC$$

$$Y=\bar{A}B\bar{C}+\bar{A}BC$$

$$Z=\bar{A}\bar{B}C$$

(4) 化简逻辑表达式：

如图 7.4 所示，用卡诺图法化简得最简逻辑函数表达式为

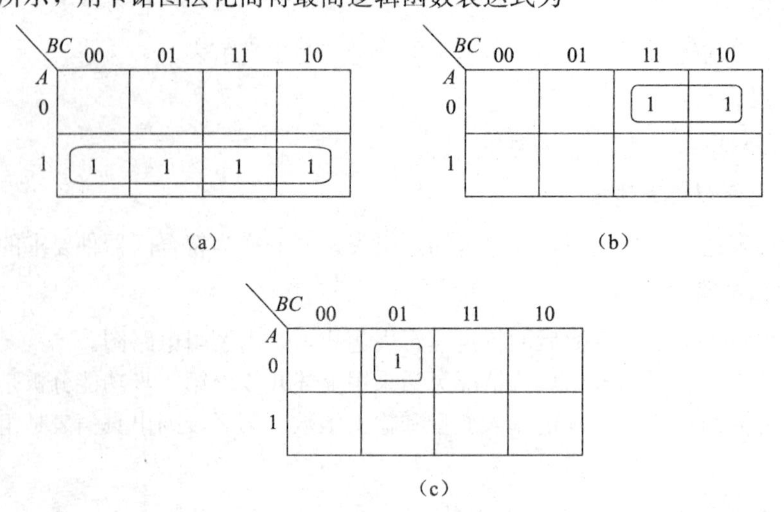

图 7.4　例 7.3 卡诺图化简

(a) X 变量卡诺图化简；(b) Y 变量卡诺图化简；(c) Z 变量卡诺图化简

$$X=A,\quad Y=\overline{A}B,\quad Z=\overline{A}\overline{B}C$$

⑤画出逻辑电路图：根据最简逻辑表达式画出逻辑电路图，如图 7.5 所示。

【例 7.4】 人类有四种基本血型 A、B、AB、O 型，在进行输血时，供血者和受血者的血型必须符合输血规则。该输血规则如图 7.6 所示，图中箭头表示供血者和受血者的血型匹配，输血允许进行，如 A 型血可以输给 A 型血或 AB 型血，以此类推，图中列举了所有的血型匹配关系。试用与非门设计一个检验供血者和受血者的血型是否符合输血规则的电路。

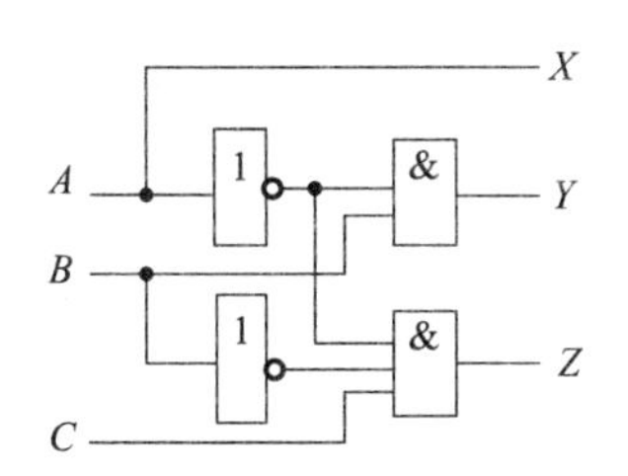

图 7.5　例 7.3 逻辑电路图

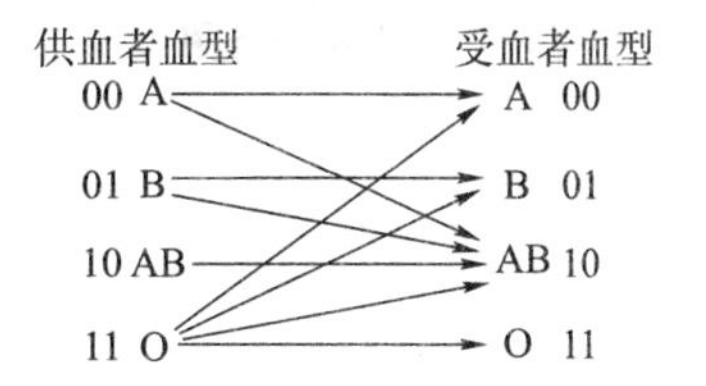

图 7.6　例 7.4 中供血者和受血者血型匹配对应关系

解：（1）分析逻辑功能：供血者的血型用 ab 表示，受血者的血型用 cd 表示。现定义下列逻辑关系：00 表示 A 型，01 表示 B 型，10 表示 AB 型，11 表示 O 型；检验结果由 Z 来表示，符合输血规则用“1”来表示，不符合输血规则用“0”来表示。

（2）列真值表：如表 7.4 所示。

表 7.4　例 7.4 真值表

ab	cd	Z	ab	cd	Z
00	00	1	10	00	0
00	01	0	10	01	0
00	10	1	10	10	1
00	11	0	10	11	0
01	00	0	11	00	1
01	01	1	11	01	1
01	10	1	11	10	1
01	11	0	11	11	1

（3）写出逻辑表达式：由真值表列出逻辑表达式，即

$$Z=\bar{a}\bar{b}\bar{c}\bar{d}+\bar{a}\bar{b}c\bar{d}+\bar{a}b\bar{c}d+\bar{a}bc\bar{d}+a\bar{b}c\bar{d}+ab\bar{c}\bar{d}+ab\bar{c}d+abc\bar{d}+abcd$$

（4）化简与变换逻辑表达式：

如图 7.7 所示，由卡诺图法化简得最简的逻辑表达式为

$$Z=ab+c\bar{d}+b\bar{c}d+\bar{a}\,\bar{b}\,\bar{d}$$

由于题目要求用与非门设计该逻辑电路，所以将得到的化简结果变换为与非的形式：

$$Z=\overline{\overline{ab}\cdot\overline{c\bar{d}}\cdot\overline{b\bar{c}d}\cdot\overline{\bar{a}\,\bar{b}\,\bar{d}}}$$

（5）画出逻辑电路图：依据最简逻辑表达式画出逻辑电路图，如图 7.8 所示。

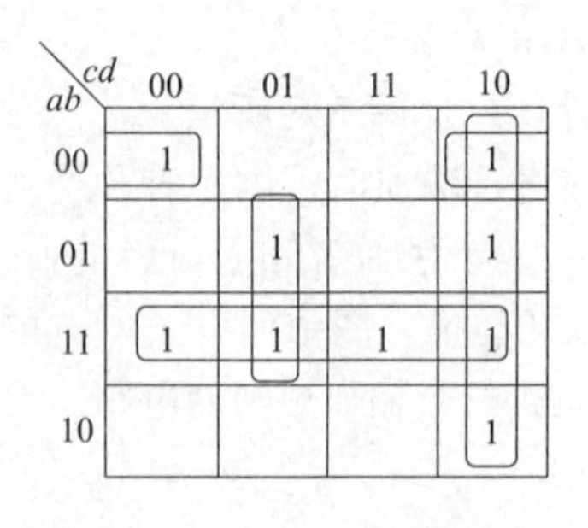

图 7.7 例 7.4 卡诺图化简

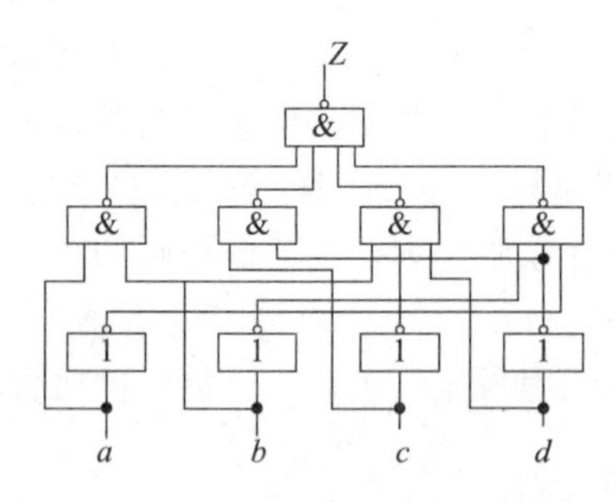

图 7.8 例 7.4 血型检测电路的逻辑电路图

7.3 编码器

在数字系统中，各种信息都是以二进制代码的形式来表示的，采用二进制代码来表示特定的文字、符号和数值等信息的过程称为编码。能够实现编码的电路称为编码器。编码器输入的是人为规定的信号，输出的是信号量对应的一组二进制代码。虽然从输入到输出的过程是自动完成的，但是输入信号和输出代码之间一一对应的关系是在电路设计之初由设计者人为规定的。

图 7.9 所示为 N 线-n 线编码器框图。其中 N 为待编码对象的个数，n 为输出编码的位数。由于 n 位二进制数可以表示 2^n 个信号，一般 $N \leqslant 2^n$。或者说对 N 个待编码的对象编码需要 n 位编码，则 $n \geqslant \log_2 N$。

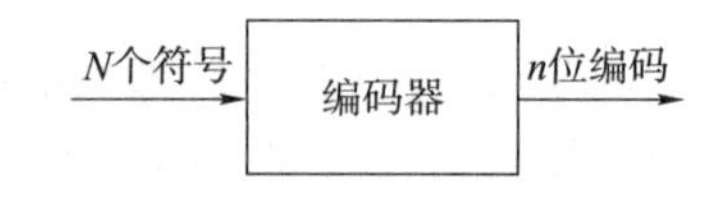

图 7.9 编码器框图

编码器是一种常见的组合逻辑器件，主要有二进制编码器、二-十进制编码器和优先编码器等多种类型。

7.3.1 二进制编码器

1 位二进制数有 0、1 两种取值，当有 4 个输入信号需要不重复编码时，由 $4=2^2$ 的关系决定可用 2 位二进制数的 4 种组合 00、01、10、11 来表示 4 种信息。由此可得，待编码信号的个数 N 与二进制编码的位数 n 之间存在 $N \leqslant 2^n$ 的关系。用 n 位二进制代码对 N 个信号进行编码的电路称为二进制编码器。

【例 7.5】 试用非门和与非门设计一个能将 I_0、I_1、…、I_7 共 8 个输入信号转换为二进制代码输出的编码器。

解：(1) 分析逻辑功能：对 8 个输入信号编码需要 $\log_2 8=3$ 位编码，则该编码器 8 个输入端用 I_0、I_1、…、I_7 表示，3 个输出端用 Y_0、Y_1、Y_2 表示。现规定各个输入端有编码请求时信号为 1，无编码请求时信号为 0。

(2) 列真值表：如表 7.5 所示。

(3) 写出逻辑表达式：由真值表列出逻辑表达式，得

$$Y_0=I_1+I_3+I_5+I_7$$
$$Y_1=I_2+I_3+I_6+I_7$$
$$Y_2=I_4+I_5+I_6+I_7$$

(4) 化简与变换逻辑表达式：第 3 步所列逻辑表达式已为最简，根据题目要求将其转换为与非形式，得

表7.5　例7.5真值表

输入								输出		
I_0	I_1	I_2	I_3	I_4	I_5	I_6	I_7	Y_2	Y_1	Y_0
1	0	0	0	0	0	0	0	0	0	0
0	1	0	0	0	0	0	0	0	0	1
0	0	1	0	0	0	0	0	0	1	0
0	0	0	1	0	0	0	0	0	1	1
0	0	0	0	1	0	0	0	1	0	0
0	0	0	0	0	1	0	0	1	0	1
0	0	0	0	0	0	1	0	1	1	0
0	0	0	0	0	0	0	1	1	1	1

$$Y_0=I_1+I_3+I_5+I_7=\overline{\overline{I_1}\,\overline{I_3}\,\overline{I_5}\,\overline{I_7}}$$

$$Y_1=I_2+I_3+I_6+I_7=\overline{\overline{I_2}\,\overline{I_3}\,\overline{I_6}\,\overline{I_7}}$$

$$Y_2=I_4+I_5+I_6+I_7=\overline{\overline{I_4}\,\overline{I_5}\,\overline{I_6}\,\overline{I_7}}$$

（5）画出逻辑电路图：依据最简逻辑表达式画出逻辑电路图，如图7.10所示。

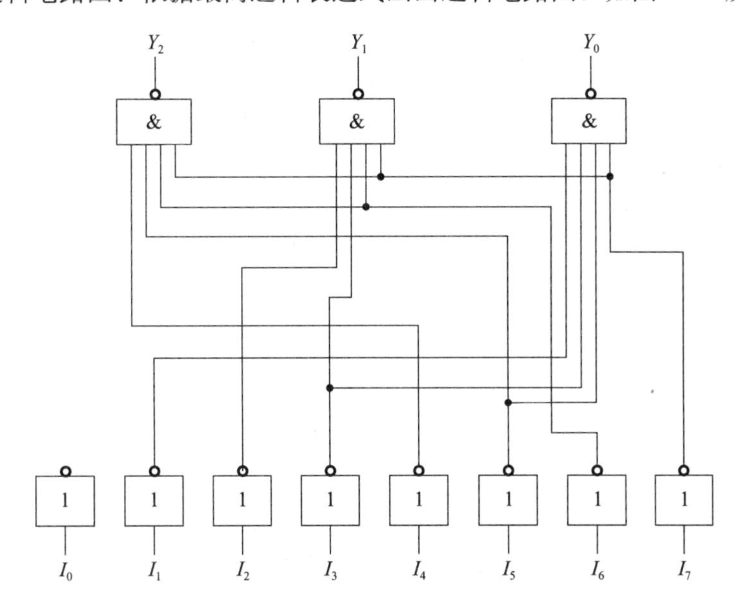

图7.10　例7.5 8线-3线编码器电路图

从图7.10中可以看出I_0只有输入端没有输出端，但通过电路可以实现对I_0的编码。因为当$I_0=1$时$I_1 \sim I_7$的输入信号都为0，此时Y_2、Y_1、Y_0的输出是000，正好为I_0的编码。

编码器的命名是由电路的输入端和输出端的个数来确定的。例如，当编码器有8个输入端、3个输出端时称为8线-3线编码器；同理当电路有16个输入端，4个输出端时，称为16线-4线编码器。

7.3.2　二-十进制编码器

二-十进制编码器简称BCD编码，是以二进制数码表示十进制数的，它兼顾了人们十进制的计数习惯和数字逻辑部件易于处理二进制数的特点。

【例 7.6】 试用非门和与非门设计一个二-十进制编码器，要求它能将 I_0、I_1、…、I_9 共 10 个输入信号编成 8421BCD 码输出。

解：(1) 分析逻辑功能：由题意可知，该编码器有 10 个输入端，用 I_0、I_1、…、I_9 表示。根据公式 $n \geqslant \log_2 N$ 可以求得 $n=4$，因此有 4 个输出端，用 Y_0、Y_1、Y_2、Y_3 表示。现规定各个输入端有编码请求时信号为 1，没有编码请求时信号为 0。

(2) 列真值表：如表 7.6 所示。

表 7.6 例 7.6 真值表

输入										输出			
I_0	I_1	I_2	I_3	I_4	I_5	I_6	I_7	I_8	I_9	Y_3	Y_2	Y_1	Y_0
1	0	0	0	0	0	0	0	0	0	0	0	0	0
0	1	0	0	0	0	0	0	0	0	0	0	0	1
0	0	1	0	0	0	0	0	0	0	0	0	1	0
0	0	0	1	0	0	0	0	0	0	0	0	1	1
0	0	0	0	1	0	0	0	0	0	0	1	0	0
0	0	0	0	0	1	0	0	0	0	0	1	0	1
0	0	0	0	0	0	1	0	0	0	0	1	1	0
0	0	0	0	0	0	0	1	0	0	0	1	1	1
0	0	0	0	0	0	0	0	1	0	1	0	0	0
0	0	0	0	0	0	0	0	0	1	1	0	0	1

(3) 写出逻辑表达式：由真值表列出逻辑表达式，得

$$Y_0 = I_1 + I_3 + I_5 + I_7 + I_9$$
$$Y_1 = I_2 + I_3 + I_6 + I_7$$
$$Y_2 = I_4 + I_5 + I_6 + I_7$$
$$Y_3 = I_8 + I_9$$

(4) 化简与变换逻辑表达式：第 2 步所列逻辑表达式已为最简，根据题目要求将其转换为与非形式，得

$$Y_0 = I_1 + I_3 + I_5 + I_7 + I_9 = \overline{\overline{I_1}\,\overline{I_3}\,\overline{I_5}\,\overline{I_7}\,\overline{I_9}}$$
$$Y_1 = I_2 + I_3 + I_6 + I_7 = \overline{\overline{I_2}\,\overline{I_3}\,\overline{I_6}\,\overline{I_7}}$$
$$Y_2 = I_4 + I_5 + I_6 + I_7 = \overline{\overline{I_4}\,\overline{I_5}\,\overline{I_6}\,\overline{I_7}}$$
$$Y_3 = I_8 + I_9 = \overline{\overline{I_8}\,\overline{I_9}}$$

(5) 画出逻辑电路图：依据最简逻辑表达式画出逻辑电路图，如图 7.11 所示。

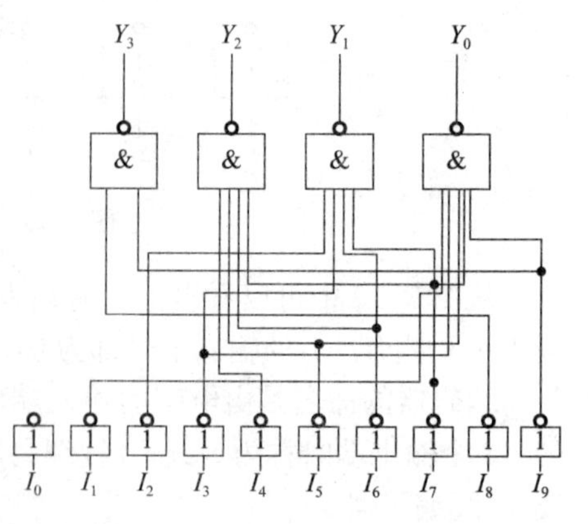

图 7.11 例 7.6 8421BCD 编码器电路图

7.3.3 优先编码器

前面讨论的两种编码器在任意时刻只允许一个输入端有编码请求信号，电路一次也只能对一个信号进行编码输出，输入信号之间是相互排斥的，如果电路中同时有多个输入端有编码请求信号，编码器的输出

就会产生混乱。

为了解决以上的问题，在二进制编码器的基础上产生了优先编码器。优先编码器给所有的输入信号规定了优先顺序，当电路中同时有多个有效输入信号出现时，只对其中优先级最高的一个进行编码输出。在优先编码器中优先级别高的输入信号可以屏蔽掉优先级别低的输入信号，输入信号之间的优先级别是由设计者根据实际的需要人为规定的。

【例 7.7】 试用非门和与非门设计一个能将 I_0、I_1、I_2、I_3（优先级由低到高）4 个输入信号编成二进制码的优先编码器。

解：(1) 分析逻辑功能：对 4 个输入信号编码需要 $\log_2 4=2$ 位编码，则该编码器有 4 个输入端，用 I_0、I_1、I_2、I_3表示；2 个输出端，用 Y_0、Y_1 表示。现规定各个输入端有编码请求时信号为 1，无编码请求时信号为 0。

(2) 列真值表：如表 7.7 所示。

表 7.7　例 7.7 真值表

输入				输出	
I_3	I_2	I_1	I_0	Y_0	Y_1
1	×	×	×	1	1
0	1	×	×	1	0
0	0	1	×	0	1
0	0	0	1	0	0

注：表中“×”表示任意值，即可为 0 也可为 1。

从真值表中可以看出当 $I_3=1$ 时无论 I_0、I_1、I_2输入的是何值，电路只对 I_3端的编码请求进行了编码输出，$Y_1Y_0=11$。当 $I_3=0$，$I_2=1$ 时，即 I_3没有编码请求，这时电路才对 I_2进行编码输出。同样，I_2有有效输入信号时也不用管 I_0、I_1是否有请求信号。以此类推，可以看出 4 个信号之间的优先级别是 $I_3>I_2>I_1>I_0$。

(3) 写出逻辑表达式：由真值表列出逻辑表达式，得

$$Y_1=I_1\overline{I_2}\,\overline{I_3}+I_3$$

$$Y_0=I_2\overline{I_3}+I_3$$

(4) 化简与变换表达式：第 3 步所列逻辑表达式已为最简，根据题目要求将其转换为与非形式，得

$$Y_1=I_1\overline{I_2}\,\overline{I_3}+I_3=\overline{\overline{I_1\overline{I_2}\,\overline{I_3}}\;\overline{I_3}}$$

$$Y_0=I_2\overline{I_3}+I_3=\overline{\overline{I_2\overline{I_3}}\;\overline{I_3}}$$

(5) 画出逻辑电路图：依据逻辑表达式画出电路图，如图 7.12 所示。

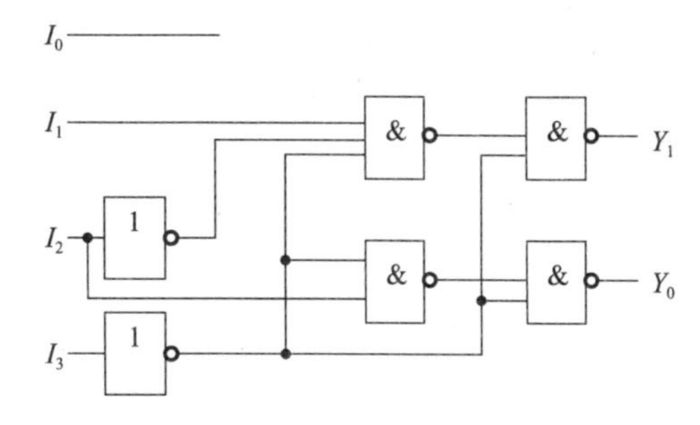

图 7.12　例 7.7 4 线-2 线优先编码器逻辑电路图

综上所述，优先编码器允许同时有多个输入端有编码请求信号，此时优先编码器首先响应优先级最高的输入端的编码请求并输出编码结果，而优先级别低的输入信号只有在优先级别高的输入信号没有编码请求时才会被电路识别并输出编码结果。

7.4　译码器

译码是编码的逆过程，它是将具有特定含义的二进制代码翻译成对应的输出信号。能够实

现译码功能的逻辑电路称为译码器。译码器是数字系统和计算机中常用的一种逻辑部件。

译码器的输入端输入的是二进制代码，输出端输出的是对应信号。图 7.13 所示为 n 线-N 线译码器的一般结构。其中，n 为输入编码的位数，N 为输出对象的个数。与编码器类似，译码器有 n 个输入信号和 N 个输出信号，输入端和输出端满足的条件是 $N\leqslant 2^n$。

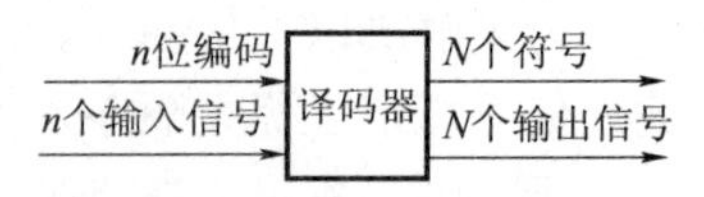

图 7.13 译码器框图

译码器可分为两种类型，一种是将一系列代码转换成与之一一对应的不重复的有效信号，称为唯一地址译码器。常见的唯一地址译码器有二进制译码器、二-十译码器等，其命名方法由输入端、输出端的个数来决定，如 2 线- 4 线译码器、3 线- 8 线译码器、4 线- 10 线译码器等。另一种是将一种代码形式转换为另一种代码形式，称为代码转换器，如显示译码器等。

7.4.1 二进制译码器

1. 二进制译码器设计举例

将输入二进制代码的多种组合转换成特定的输出信号的电路称为二进制译码器。

【例 7.8】 试设计一个 2 位二进制译码器。

解：(1) 分析逻辑功能：根据公式 $N\leqslant 2^n$ 得 $N=4$，则设该译码器有 2 个二进制代码输入端，用 A、B 来表示；有 4 个译码信号输出端，用 Y_3、Y_2、Y_1、Y_0来表示。

(2) 列真值表：现以高电平有效列出真值表，如表 7.8 所示。

表 7.8 例 7.8 真值表

输入		输出			
A	B	Y_3	Y_2	Y_1	Y_0
0	0	0	0	0	1
0	1	0	0	1	0
1	0	0	1	0	0
1	1	1	0	0	0

(3) 写出逻辑表达式：由真值表列出逻辑函数表达式，得

$$Y_0=\overline{A}\,\overline{B}$$
$$Y_1=\overline{A}B$$
$$Y_2=A\overline{B}$$
$$Y_3=AB$$

(4) 化简逻辑表达式：可以看出，第 3 步所示逻辑表达式为最简逻辑表达式。

(5) 画出逻辑电路图：根据逻辑函数式用与门设计出电路图，如图 7.14 所示。

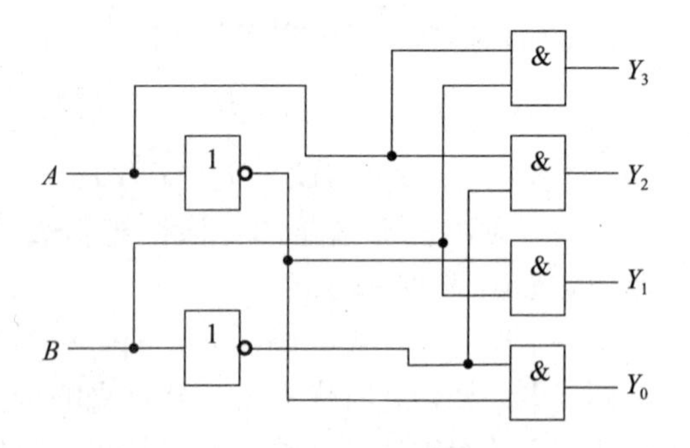

图 7.14 例 7.8 逻辑电路图即 2 位二进制数译码电路

该电路实际上就是一个简单的 2 线- 4 线译码器。从题解中的公式可以看出该译码器的 4 个输出逻辑表达式就是 2 位二进制数的全部 4 个最小项，因此二进制译码器又称为最小项译码器或全译码器。

2. 集成二进制译码器 74LS138

74LS138（简称 74138）是一种常见的通用译码器，它有 3 个数据输入端，8 个数据输出端，又称为 3 线- 8 线二进制译码器。

（1）芯片 74138 的逻辑符号和引脚如图 7.15 所示。

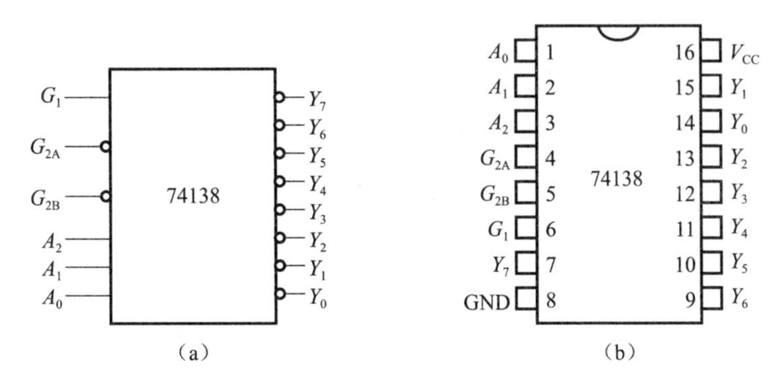

图 7.15　芯片 74138

（a）逻辑符号；（b）引脚

（2）逻辑符号中各 I/O 端功能说明如下：

A_0，A_1，A_2是 3 个二进制代码输入端，高电平有效。

$Y_0 \sim Y_7$是 8 个译码输出端，低电平有效。每一个输出端对应一个 3 位二进制代码组合，也就是一个三变量最小项。

G_1，G_{2A}和G_{2B}为使能输入端。当$G_1=1$且$G_{2A}=G_{2B}=0$时，芯片处于工作状态，此时译码器正常工作。否则，译码器不工作，所有的输出端均输出高电平（无效信号）。

（3）74138 芯片的功能真值表如表 7.9 所示。

表 7.9　74138 芯片的功能真值表

输入						输出							
G_1	G_{2A}	G_{2B}	A_2	A_1	A_0	Y_0	Y_1	Y_2	Y_3	Y_4	Y_5	Y_6	Y_7
×	1	×	×	×	×	1	1	1	1	1	1	1	1
×	×	1	×	×	×	1	1	1	1	1	1	1	1
0	×	×	×	×	×	1	1	1	1	1	1	1	1
1	0	0	0	0	0	0	1	1	1	1	1	1	1
1	0	0	0	0	1	1	0	1	1	1	1	1	1
1	0	0	0	1	0	1	1	0	1	1	1	1	1
1	0	0	0	1	1	1	1	1	0	1	1	1	1
1	0	0	1	0	0	1	1	1	1	0	1	1	1
1	0	0	1	0	1	1	1	1	1	1	0	1	1
1	0	0	1	1	0	1	1	1	1	1	1	0	1
1	0	0	1	1	1	1	1	1	1	1	1	1	0

(4) 由真值表得到各输出端的逻辑表达式($S=1$ 时译码器正常工作):

$$S=G_1\overline{G_{2A}}\,\overline{G_{2B}}$$

$$Y_0=\overline{\overline{A_2}\,\overline{A_1}\,\overline{A_0}\cdot S}\qquad Y_4=\overline{A_2\,\overline{A_1}\,\overline{A_0}\cdot S}$$

$$Y_1=\overline{\overline{A_2}\,\overline{A_1}A_0\cdot S}\qquad Y_5=\overline{A_2\,\overline{A_1}A_0\cdot S}$$

$$Y_2=\overline{\overline{A_2}A_1\,\overline{A_0}\cdot S}\qquad Y_6=\overline{A_2A_1\,\overline{A_0}\cdot S}$$

$$Y_3=\overline{\overline{A_2}A_1A_0\cdot S}\qquad Y_7=\overline{A_2A_1A_0\cdot S}$$

(5) 用 74138 实现逻辑函数发生器。由 74138 输出端逻辑表达式可知,若使 $S=G_1\,\overline{G_{2A}}\,\overline{G_{2B}}=1$(在硬件上可将 74138 芯片的 G_{2A}、G_{2B}接地,G_1接高电平),则 8 个输出端输出的是三变量二进制代码最小项的反函数,即

$$Y_0=\overline{\overline{A_2}\,\overline{A_1}\,\overline{A_0}}\qquad Y_4=\overline{A_2\,\overline{A_1}\,\overline{A_0}}$$

$$Y_1=\overline{\overline{A_2}\,\overline{A_1}A_0}\qquad Y_5=\overline{A_2\,\overline{A_1}A_0}$$

$$Y_2=\overline{\overline{A_2}A_1\,\overline{A_0}}\qquad Y_6=\overline{A_2A_1\,\overline{A_0}}$$

$$Y_3=\overline{\overline{A_2}A_1A_0}\qquad Y_7=\overline{A_2A_1A_0}$$

利用该特点则可以实现逻辑函数输出。

利用集成译码器实现逻辑函数可以采用以下步骤:

(1) 转换:将逻辑表达式化为最小项表达式;

(2) 对应:将最小项表达式的各最小项与集成译码器输出逻辑式相对应,确定译码器的输入接法及输出项;

(3) 设计实现:按最小项表达式用门电路连接译码器输出端。

【例 7.9】 用 74138 和门电路实现组合逻辑函数 $Y'=AB+BC$。

解:(1) 将逻辑表达式变换为最小项表达式:

$$Y'=AB+BC=AB(C+\bar{C})+(A+\bar{A})BC=ABC+AB\bar{C}+\bar{A}BC$$

(2) 将 74138 输出端的输出表达式与得到的最小项表达式进行对应,现令

$$A=A_2,\ B=A_1,\ C=A_0$$

则可以得到

$$ABC+AB\bar{C}+\bar{A}BC=A_2A_1A_0+A_2A_1\,\overline{A_0}+\overline{A_2}A_1A_0$$
$$=\overline{Y_7}+\overline{Y_6}+\overline{Y_3}=\overline{Y_7Y_6Y_3}$$

(3) 设计实现:根据得到的表达式画出电路图,如图 7.16 所示。

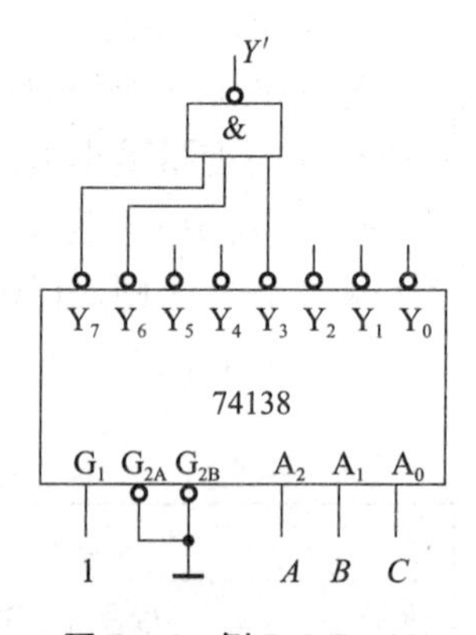

图 7.16 例 7.9 74138 用于逻辑函数输出的电路图

7.4.2 二-十进制译码器

将输入的 10 组 4 位 BCD 码翻译成 0~9 十个对应输出信号的逻辑电路,称为二-十进制译码器。由于它有 4 个输入端,10 个输出端,所以又称 4 线- 10 线译码器。下面以 7442 为例介绍集成的二-十进制译码器。

1. 7442 的逻辑符号和引脚

芯片 7442 的逻辑符号和引脚如图 7.17 所示。

2. 逻辑符号图中各 I/O 端功能说明

(1) A_3、A_2、A_1、A_0 为输入端,输入 8421BCD 码;

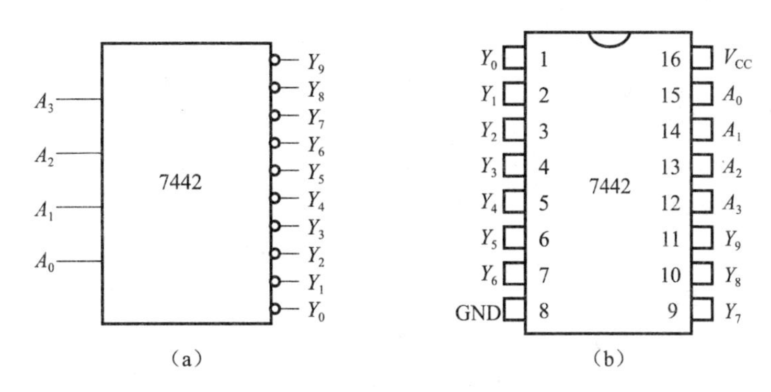

图 7.17　芯片 7442 的逻辑符号和引脚

(a) 逻辑符号；(b) 引脚

(2) $Y_0 \sim Y_9$ 为输出端，低电平有效。

3. 芯片 7442 的逻辑功能真值表

芯片 7442 的逻辑功能真值表如表 7.10 所示。

表 7.10　芯片 7442 的逻辑功能真值表

序号		输入				输出									
		A_3	A_2	A_1	A_0	Y_0	Y_1	Y_2	Y_3	Y_4	Y_5	Y_6	Y_7	Y_8	Y_9
0		0	0	0	0	0	1	1	1	1	1	1	1	1	1
1		0	0	0	1	1	0	1	1	1	1	1	1	1	1
2		0	0	1	0	1	1	0	1	1	1	1	1	1	1
3		0	0	1	1	1	1	1	0	1	1	1	1	1	1
4		0	1	0	0	1	1	1	1	0	1	1	1	1	1
5		0	1	0	1	1	1	1	1	1	0	1	1	1	1
6		0	1	1	0	1	1	1	1	1	1	0	1	1	1
7		0	1	1	1	1	1	1	1	1	1	1	0	1	1
8		1	0	0	0	1	1	1	1	1	1	1	1	0	1
9		1	0	0	1	1	1	1	1	1	1	1	1	1	0
伪码	10	1	0	1	0	1	1	1	1	1	1	1	1	1	1
	11	1	0	1	1	1	1	1	1	1	1	1	1	1	1
	12	1	1	0	0	1	1	1	1	1	1	1	1	1	1
	13	1	1	0	1	1	1	1	1	1	1	1	1	1	1
	14	1	1	1	0	1	1	1	1	1	1	1	1	1	1
	15	1	1	1	1	1	1	1	1	1	1	1	1	1	1

由表 7.10 可知 $A_3A_2A_1A_0$ 输入的为 8421BCD 码，只用到二进制代码的前十种组合 0000～1111 表示 0～9 十个二进制数，而后六种组合 0000～1111 没有使用，称为伪码（无效编码）。当输入伪码时，$Y_0 \sim Y_9$ 都输出高电平 1，不会输出低电平 0，因此译码器不会出现误译码。

4. 各输出端的逻辑表达式

由真值表得到各输出端的逻辑表达式为

$$Y_0=\overline{\overline{A_3}\,\overline{A_2}\,\overline{A_1}\,\overline{A_0}} \qquad Y_5=\overline{\overline{A_3}A_2\,\overline{A_1}A_0}$$

$$Y_1=\overline{\overline{A_3}\,\overline{A_2}\,\overline{A_1}A_0} \qquad Y_6=\overline{\overline{A_3}A_2A_1\,\overline{A_0}}$$

$$Y_2=\overline{\overline{A_3}\,\overline{A_2}A_1\,\overline{A_0}} \qquad Y_7=\overline{\overline{A_3}A_2A_1A_0}$$

$$Y_3=\overline{\overline{A_3}\,\overline{A_2}A_1A_0} \qquad Y_8=\overline{A_3\,\overline{A_2}\,\overline{A_1}\,\overline{A_0}}$$

$$Y_4=\overline{\overline{A_3}A_2\,\overline{A_1}\,\overline{A_0}} \qquad Y_9=\overline{A_3\,\overline{A_2}\,\overline{A_1}A_0}$$

为提高电路的工作可靠性，译码器没有进行化简，而采用了全译码。因此每个译码输出与非门都有 4 个输入端。当译码器输入 $A_3A_2A_1A_0$ 出现 1010～1111 任一组伪码时，设计人员将芯片内部电路设计为 Y_0～Y_9 都输出高电平 1，不会输出低电平 0。

7.4.3 显示译码器

在数字系统中，常常需要将电路输出的信息以数字、字母、符号等方式直观地显示出来，供使用者进行阅读，因此常会用到数字显示器。数字显示电路组成框图如图 7.18 所示。

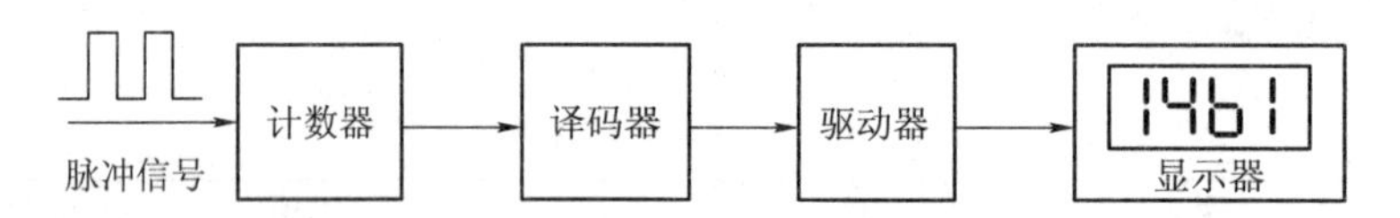

图 7.18 数字显示电路组成框图

要实现显示的功能一般有两个器件：显示器件和显示译码器。能够显示数字、字母或符号的器件称为显示器件。把电路输出的数字信号翻译成显示器所能识别的信号的译码器称为显示译码器。

1. 显示器件

显示器件按发光物质分有半导体显示器，如发光二极管（LED）显示器；荧光数字显示器，如荧光数码管；液体数字显示器，如液晶显示器和电泳显示器；气体放电管显示器，如辉光数码管和等离子体显示板等。

目前应用最广泛的是由半导体发光二极管构成的七段显示器。该显示器是将七个发光二极管（加小数点为八个）按一定的方式排列起来，其中 a、b、c、d、e、f、g（小数点 DP）各对应一个发光二极管，利用发光段的不同组合显示不同的信息。七段显示器的逻辑符号和显示效果如图 7.19 所示。

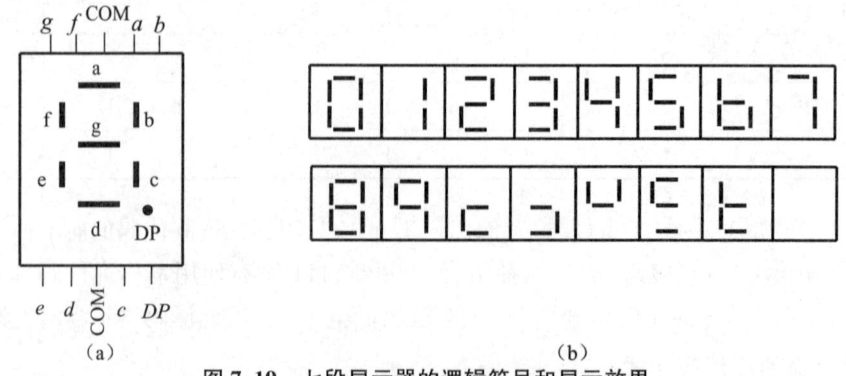

图 7.19 七段显示器的逻辑符号和显示效果

（a）逻辑符号；（b）显示效果

LED七段显示器按照其二极管正负极接法的不同又分为共阳极和共阴极两种，如图7.20所示，两者的不同在于发光管的工作电压不同。在共阳极接法中是将七个二极管的正极接在一起，负极用于接收信号，哪个二极管收到了低电平，哪个二极管发光。共阴极接法的工作方式与之相反。

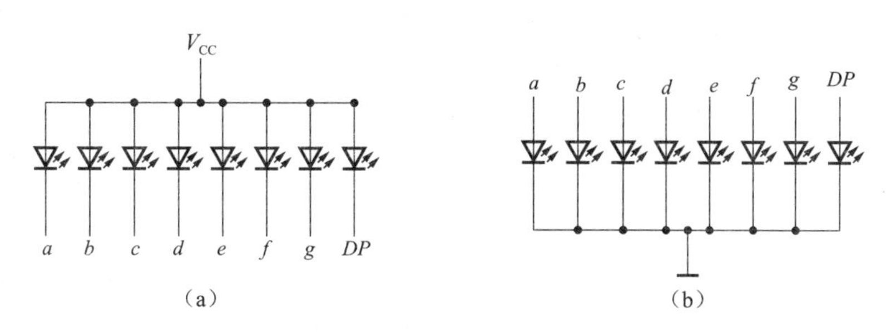

图7.20　LED七段显示器接法

(a) 共阳极接法；(b) 共阴极接法

2. 显示译码器

显示译码器是与显示器件配合使用的译码电路，它为显示器件提供显示信号。不同型号的显示器件需要不同的显示译码器提供信息支持。

为LED七段显示器提供译码支持的电路称为七段显示译码器。常用的集成器件有7448（共阴极）和7447（共阳极）两种。

3. 集成显示译码器7448

（1）功能介绍：7448是一种与共阴极数字显示器配合使用的集成显示译码器，它的功能是将输入的4位二进制代码转换成对应的十进制数字0～9的七段显示信号。7448的逻辑符号如图7.21所示。

（2）逻辑符号中各I/O端功能说明如下：

①$A_0 \sim A_3$ 是二进制编码的输入端，A_3 是最高位，高电平有效。

②$a \sim g$ 是译码输出端，高电平有效，直接与七段显示器连接，用于输出待显示数字的七段显示编码信号。

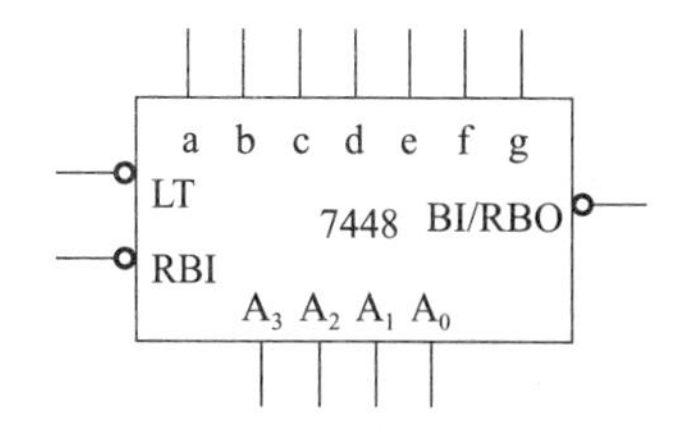

图7.21　7448的逻辑符号

③LT 是试灯控制输入端，低电平有效。当 $LT=0$ 时，BI/RBO 为输出端且 $RBO=1$，此时无论输入端输入何值，$a \sim g$ 输出全为1，数码管七段全亮。由此可以检测显示器七个发光段的工作是否正常。

④RBI 是动态灭零控制输入端，低电平有效。利用 $RBI=0$ 和 $LT=1$ 可以实现多位数显示时的“无效0消隐”功能。所谓的“无效0”是指，在多位十进制数码显示时，整数前和小数后无意义的0。

⑤BI/RBO 是特殊控制端。BI/RBO 既可以作输入端，也可以作输出端。

作输入端使用时是 BI，此时 BI 称为灭灯输入端，低电平有效。如果 $BI=0$，不管其他输入端输入何值，$a \sim g$ 输出均为0，显示器全灭。

作输出端使用时是 RBO，此时 RBO 称为灭零输出端，低电平有效，受控于 LT 和 RBI。当 $LT=1$ 且 $RBI=0$ 时，如果输入端输入的是十进制数0的二进制码0000，则 $RBO=0$，用于指示该片正处于灭零状态；当 $LT=0$ 或 $LT=1$ 且 $RBI=1$ 时，则 $RBO=1$，此时 RBO 常用于显示多位数字时，多个译码器之前的连接。

正常译码显示时 $LT=1$，$BI/RBO=1$，芯片对输入端输入的十进制数 0～15 的二进制码（0000～1111）进行译码，产生对应的七段显示码。

（3）七段显示译码器 7448 的逻辑功能真值表如表 7.11 所示。

表 7.11　七段显示译码器 7448 的逻辑功能真值表

功能	输入						输入/输入	输出							显示字形
	LT	RBI	A_3	A_2	A_1	A_0	BI/RBO	a	b	c	d	e	f	g	
0	1	1	0	0	0	0	1	1	1	1	1	1	1	0	0
1	1	×	0	0	0	1	1	0	1	1	0	0	0	0	1
2	1	×	0	0	1	0	1	1	1	0	1	1	0	1	2
3	1	×	0	0	1	1	1	1	1	1	1	0	0	1	3
4	1	×	0	1	0	0	1	0	1	1	0	0	1	1	4
5	1	×	0	1	0	1	1	1	0	1	1	0	1	1	5
6	1	×	0	1	1	0	1	0	0	1	1	1	1	1	6
7	1	×	0	1	1	1	1	1	1	1	0	0	0	0	7
8	1	×	1	0	0	0	1	1	1	1	1	1	1	1	8
9	1	×	1	0	0	1	1	1	1	1	0	0	1	1	9
10	1	×	1	0	1	0	1	0	0	0	1	1	0	1	
11	1	×	1	0	1	1	1	0	0	1	1	0	0	1	
12	1	×	1	1	0	0	1	0	1	0	0	0	1	1	
13	1	×	1	1	0	1	1	1	0	0	1	0	1	1	
14	1	×	1	1	1	0	1	0	0	0	1	1	1	1	
15	1	×	1	1	1	1	1	0	0	0	0	0	0	0	
灭灯	×	×	×	×	×	×	0	0	0	0	0	0	0	0	
灭零	1	0	0	0	0	0	0	0	0	0	0	0	0	0	
试灯	0	×	×	×	×	×	1	1	1	1	1	1	1	1	8

（4）用 7448 实现数字显示。数字显示需要有数字显示器件和显示译码器件配合使用才能完成，这里用 7448 实现数字的显示。根据 7448 的功能真值表设定 LT 端输入 1，左侧 RBI 接 0，右侧 RBO 接 1。当输入端输入十进制数 4 的二进制码 0100 时，显示器显示结果如图 7.22 所示。

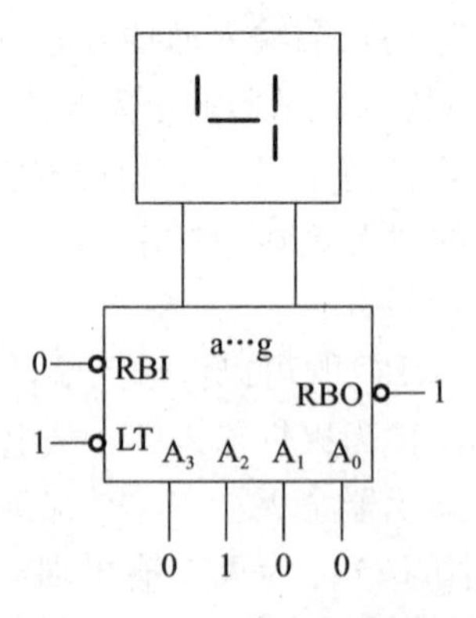

图 7.22　7448 与 LED 显示器组合实现数字显示

7.5　其他常用组合逻辑器件

7.5.1　数据分配器

根据地址信号的要求将一路输入数据分配到指定输出通道上去的逻辑电路称为数据分配器，又称多路分配器。它的作用相当于多输出的单刀多掷开关，其示意图如图 7.23 所示。

数据分配器通常有 1 个数据输入端，n 个地址输入端，N 个数据输出端。其中数据输出端的个数是由地址输入端的个数来确定的，它们之间满足的条件是 $N=2^n$。数据分配器的名称也是由输出通道的个数来确定的，例如，有 8 个数据输出端的数据分配器称为 8 路数据分配器。

根据数据分配器的逻辑功能可写出 8 路数据分配器逻辑功能真值表，如表 7.12 所示。

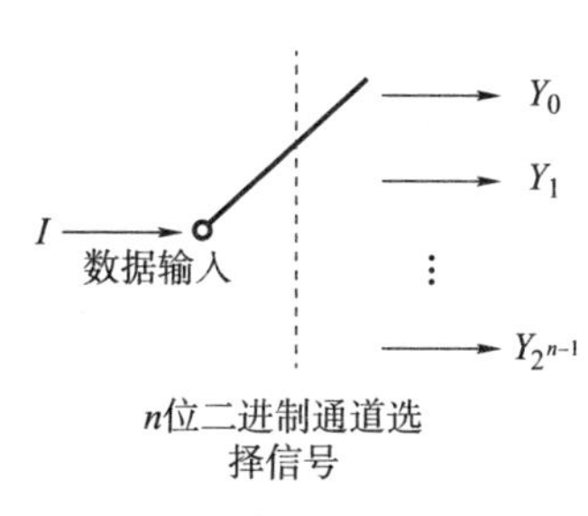

图 7.23　数据分配器逻辑功能示意图

表 7.12　8 路数据分配器逻辑功能真值表

输入				输出
数据输入	地址选择信号			
I	A_2	A_1	A_0	
D	0	0	0	$Y_0=D$
D	0	0	1	$Y_1=D$
D	0	1	0	$Y_2=D$
D	0	1	1	$Y_3=D$
D	1	0	0	$Y_4=D$
D	1	0	1	$Y_5=D$
D	1	1	0	$Y_6=D$
D	1	1	1	$Y_7=D$

由真值表 7.12 可以得出 8 路数据分配器使用时的逻辑表达式：

$$Y_0=\overline{A_2}\,\overline{A_1}\,\overline{A_0}\cdot D \qquad Y_4=A_2\,\overline{A_1}\,\overline{A_0}\cdot D$$
$$Y_1=\overline{A_2}\,\overline{A_1}A_0\cdot D \qquad Y_5=A_2\,\overline{A_1}A_0\cdot D$$
$$Y_2=\overline{A_2}A_1\,\overline{A_0}\cdot D \qquad Y_6=A_2A_1\,\overline{A_0}\cdot D$$
$$Y_3=\overline{A_2}A_1A_0\cdot D \qquad Y_7=A_2A_1A_0\cdot D$$

不难发现，8 路数据分配器的逻辑表达式与 3 线-8 线译码器 74138 的逻辑表达式非常相似，因此对 74138 译码器稍加改接，就可以实现数据分配器的功能。实际上，市场上确实是没有数据分配器的，可以通过译码器改接来实现数据分配器的逻辑功能。

图 7.24 所示为 3 线-8 线译码器 74138 构成的 8 路数据分配器，图中 $A_2\sim A_0$ 为地址选择信号输入端，$Y_0\sim Y_7$ 为数据输出端，可以从使能端 G_1、G_{2A}、G_{2B} 中选择一个作为数据输入端。如图 7.24（a）所示，将 G_{2B} 接低电平，将 G_1 接高电平，G_{2A} 作为数据输入端接 D，则输出为原码。例如，当 $A_2A_1A_0=010$ 时，对照 74138 的逻辑表达式可知只有 $Y_2-\overline{\overline{A_2}A_1\,\overline{A_0}\cdot G_1\,\overline{G_{2A}G_{2B}}}=\overline{G_{2A}}=\overline{D}$，而其余输出端均为高电平，这说明当地址信号为 010 时，$Y_2=D$。如图 7.24（b）所示，将 G_{2A}、G_{2B} 接低电平，将 G_1 作为数据输入端接 D，则输出为反码。例如，当 $A_2A_1A_0=010$ 时，对照 74138 的逻辑表达式可知 $Y_2=\overline{\overline{A_2}A_1\,\overline{A_0}\cdot G_1\,\overline{G_{2A}G_{2B}}}=\overline{G_1}=\overline{D}$，而其余输出端均为高电平，这说明当地址信号为 010 时，$Y_2=\overline{D}$。由此可知图 7.24（a）、（b）均可实现数据分配的功能。

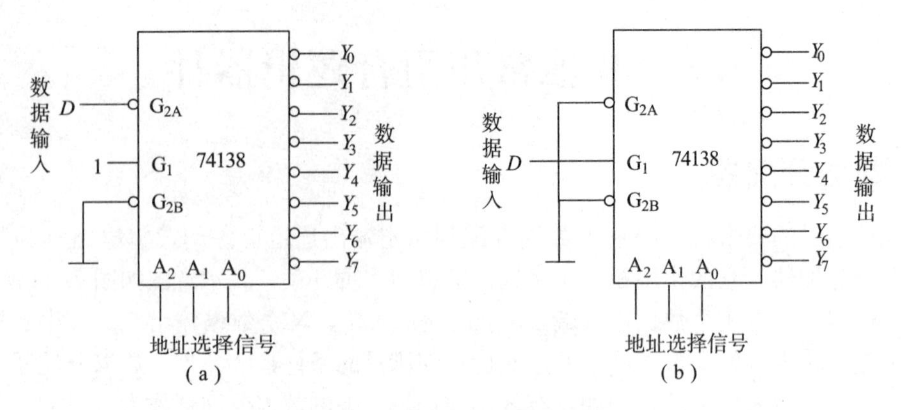

图 7.24　74138 实现数据分配器

(a) 输出原码的接法；(b) 输出反码的接法

7.5.2　数据选择器

数据选择器的功能和数据分配器正好相反，它是指从多个输入端输入的信号中，根据地址端的信号选择一个数据输出的逻辑电路。它的作用相当于多输入的单刀多掷开关，又称多路选择器，其示意图如图 7.25 所示。

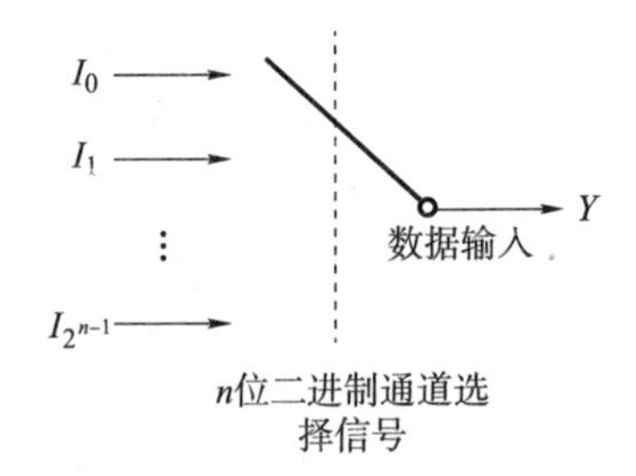

图 7.25　数据选择器逻辑功能示意图

数据选择器有 n 个地址输入端，N 个数据输入端，1 个数据输出端。数据输入端与地址输入端之间满足的条件是 $N=2^n$。数据选择器的名称是由数据输入端的个数来确定的，例如，有 8 个输入端的数据选择器被称为 8 选 1 数据选择器。

1. 4 选 1 数据选择器

【例 7.10】 利用逻辑门器件设计一个 4 选 1 数据选择器。

解：(1) 4 选 1 数据选择器是在 4 个输入信号中选择 1 个进行输出的电路。根据 $N=2^n$ 可知，电路中要有 4 个信号输入端，分别用 I_3、I_2、I_1、I_0 表示；2 个地址输入端，分别用 A_1、A_0 表示；1 个选通数据输出端，用 Y 表示，则 4 选 1 数据选择器的逻辑功能真值表如表 7.13 所示。

表 7.13　例 7.10 4 选 1 数据选择器的逻辑功能真值表

输入						输出
A_1	A_0	I_3	I_2	I_1	I_0	Y
0	0	×	×	×	0	0
		×	×	×	1	1
0	1	×	×	0	×	0
		×	×	1	×	1
1	0	×	0	×	×	0
		×	1	×	×	1
1	1	0	×	×	×	0
		1	×	×	×	1

（2）由真值表列出逻辑表达式：

$$Y=\overline{A_1}\,\overline{A_0}I_0+\overline{A_1}A_0I_1+A_1\overline{A_0}I_2+A_1A_0I_3$$

逻辑表达式已经是最简形式，所以不用对其进行化简。

（3）由逻辑表达式画出逻辑电路图，如图7.26所示。

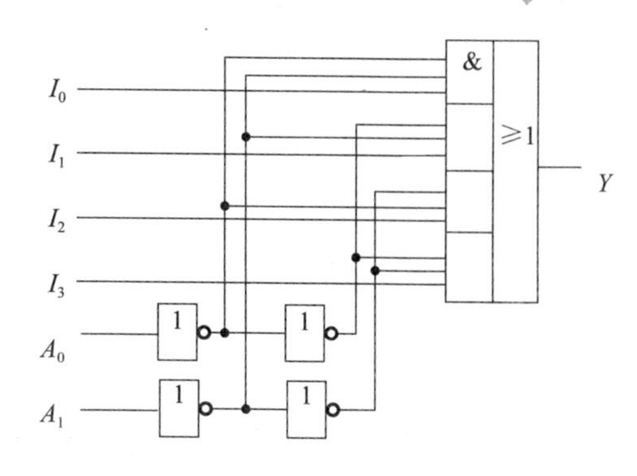

图7.26　例7.10 4选1数据选择器逻辑电路图

2. 8选1集成数据选择器74LS151

74LS151（简称74151）是一种典型的8选1集成数据选择器。

（1）74151的逻辑符号和引脚如图7.27所示。

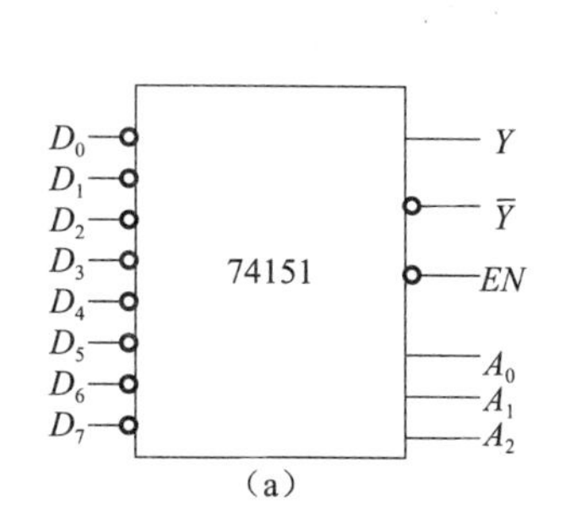

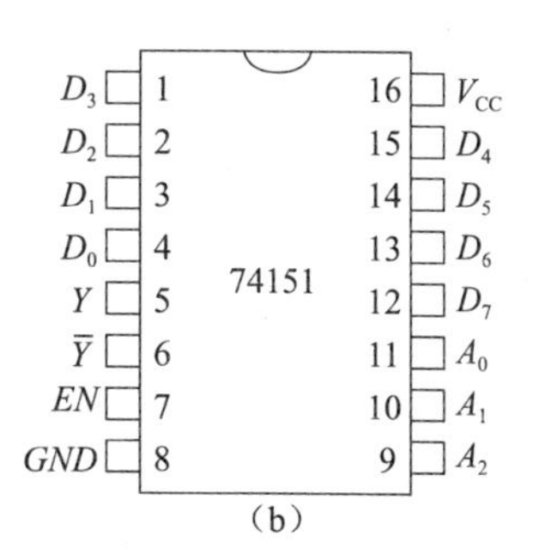

图7.27　74151的逻辑符号和引脚

（a）逻辑符号；（b）引脚

（2）逻辑符号中各I/O端功能说明如下：

$D_0 \sim D_7$ 是8个数据输入端，0和1均是有效的输入信号。

$A_2 \sim A_0$ 是3个地址输入端，用于确定输入端口。

Y 和 $\overline{Y}$ 是2个互补的数据输出端。

EN 是控制输入端，低电平有效。当 $EN=1$ 时，该芯片被禁止工作，此时 $Y=0$。当 $EN=0$ 时，芯片正常工作。

（3）74151芯片逻辑功能真值表如表7.14所示。

表7.14　74151芯片逻辑功能真值表

输入				输出	
EN	A_2	A_1	A_0	Y	$\overline{Y}$
1	×	×	×	0	1
0	0	0	0	D_0	$\overline{D_0}$
0	0	0	1	D_1	$\overline{D_1}$
0	0	1	0	D_2	$\overline{D_2}$
0	0	1	1	D_3	$\overline{D_3}$
0	1	0	0	D_4	$\overline{D_4}$
0	1	0	1	D_5	$\overline{D_5}$
0	1	1	0	D_6	$\overline{D_6}$
0	1	1	1	D_7	$\overline{D_7}$

（4）令 $EN=0$，由真值表写出 74151 正常工作时 Y 的逻辑表达式：

$$
\begin{aligned}
Y &= \overline{A_2}\,\overline{A_1}\,\overline{A_0}D_0+\overline{A_2}\,\overline{A_1}A_0D_1+\overline{A_2}A_1\,\overline{A_0}D_2+\overline{A_2}A_1A_0D_3+\\
&\quad A_2\,\overline{A_1}\,\overline{A_0}D_4+A_2\,\overline{A_1}A_0D_5+A_2A_1\,\overline{A_0}D_6+A_2A_1A_0D_7\\
&= m_0D_0+m_1D_1+m_2D_2+m_3D_3+m_4D_4+m_5D_5+m_6D_6+m_7D_7\\
&= \sum_{i=1}^{7} m_iD_i
\end{aligned}
$$

从公式中可以看出 m_i 是 $A_2A_1A_0$ 的最小项。例如，当 $A_2A_1A_0=100$ 时，将数据代入公式后，只有 $m_4=1$，则此时 $Y=D_4$。利用这个特性当数据选择器在全部输入数据都为 1 时，输出信号就是地址变量全部最小项的和，而任一逻辑表达式都可以转换为最小项表达式，因此用数据选择器可以很方便地实现逻辑函数输出。

7.5.3 数值比较器

在计算机中常常需要比较两个二进制数的大小。数值比较器的功能就是用来比较两个相同位数的二进制数的大小。数值比较器分同比较器和大小比较器两种，其中，同比较器的结果有两种情况，即 $A=B$ 和 $A\neq B$；而大小比较器的结果有 3 种情况，即 $A>B$，$A<B$ 和 $A=B$。

1. 1 位数值同比较器

1 位数值同比较器的功能是比较两个 1 位二进制数 A 和 B 是否相等。比较的位数虽然少，但是 1 位数值同比较器是数值同比较器的基础，是组成多位数值同比较器的基本单元。

【例 7.11】 利用门电路，设计一个 1 位二进制数的数值同比较器。

解：（1）分析逻辑功能并列出真值表：假设 A、B 是两个待比较的 1 位二进制数，其比较的结果用 $F_{A=B}$ 表示，比较结果为 1 表示 $A=B$，为 0 表示 $A\neq B$，由此列出真值表如表 7.15 所示。

（2）由真值表列出逻辑表达式：

$$F_{A=B}=\overline{A}\,\overline{B}+AB=A\odot B$$

（3）由逻辑表达式画出逻辑电路图，如图 7.28 所示。

表 7.15 例 7.11 两个 1 位二进制数数值同比较器真值表

输入		输出
A	B	$F_{A=B}$
0	0	1
0	1	0
1	0	0
1	1	1

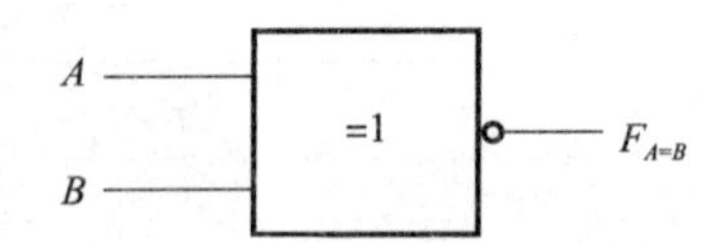

图 7.28 例 7.11 两个 1 位二进制数数值同比较器逻辑电路图

2. 多位数值同比较器

两个位数相同的多位二进制数在比较是否相等时需要将各对应位分别进行比较，当所有对应位都相等时，两个数相等；否则两个数不相等。

以 4 位二进制数值同比较器为例，设两个待比较数为 $A=A_3A_2A_1A_0$，$B=B_3B_2B_1B_0$，比较结果用 $F_{A=B}$ 表示，比较结果为 1 表示 $A=B$，为 0 表示 $A\neq B$。根据同比较器的设计原理，只需将两数的对应位送入1位二进制数的同比较器，然后将各位同比较器的比较结果送入与门，与门的输出就是整个同比较器的输出，该输出为1表示$A=B$，为0表示$A\neq B$。这样4位二进制数值同比较器使用4个同或门加上1个与门即可实现。其逻辑电路图如图7.29所示。

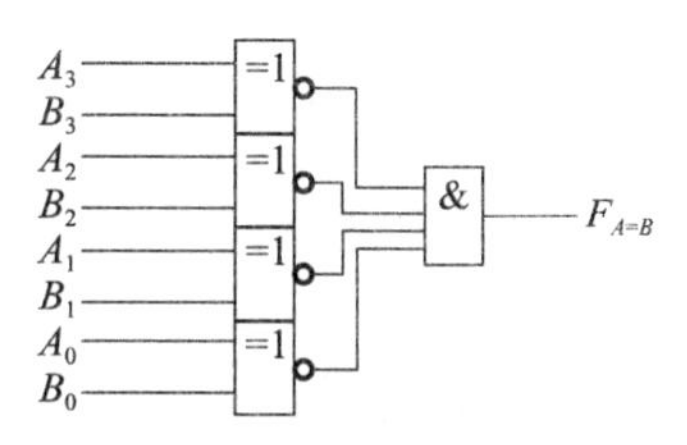

图7.29　两个4位二进制数数值同比较器逻辑电路图

综上所述，N位数的同比较器是由N个同或门加上1个与门采用两级级联方式构成的，该连接方式电路简单，易理解，但只能比较两个数是否相等。如需进一步比较两个不相等的数的大小关系，则需用数值大小比较器来解决。

3. 1位数值大小比较器

1位数值大小比较器的功能是比较两个1位二进制数A和B的大小。比较的位数虽然少，但是1位数值大小比较器是数值比较器的基础，是组成多位数值大小比较器的基本单元。

【例7.12】　利用门电路，设计两个1位二进制数的数值大小比较器。

解：(1) 分析逻辑功能并列真值表：假设A、B是两个待比较的1位二进制数，其比较的结果有3种情况，分别设为$F_{A>B}$、$F_{A<B}$、$F_{A=B}$，比较结果中有一个发生即为1，不发生为0，列出真值表如表7.16所示。

表7.16　例7.12两个1位二进制数数值大小比较器真值表

输入		输出		
A	B	$F_{A>B}$	$F_{A<B}$	$F_{A=B}$
0	0	0	0	1
0	1	0	1	0
1	0	1	0	0
1	1	0	0	1

(2) 由真值表列出逻辑表达式：

$$F_{A>B}=A\overline{B}$$

$$F_{A<B}=\overline{A}B$$

$$F_{A=B}=\overline{A}\overline{B}+AB=\overline{\overline{A}B+A\overline{B}}$$

(3) 由逻辑表达式画出逻辑电路图，如图7.30所示。

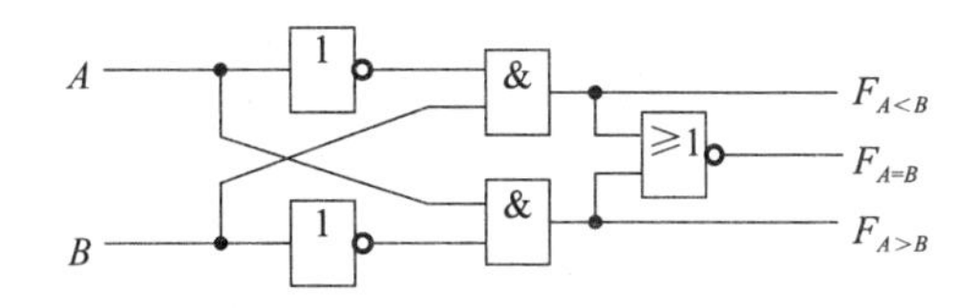

图7.30　例7.12两个1位二进制数数值比较器逻辑电路图

4. 多位数值大小比较器

两个位数相同的多位二进制数在比较大小时一般的原则是先比较高位，当高位相等时才比较低位。例如，两个3位二进制数$A=A_2A_1A_0$，$B=B_2B_1B_0$。在比较大小时，若$A_2>B_2$，则$A>B$；若$A_2<B_2$，则$A<B$；若$A_2=B_2$，则应比较低位A_1和B_1，比较的方法是相同的。

多位数值大小比较器是由多个1位数值大小比较器组成的，在逻辑关系上，如果要比较出结果，那么在高位比较结果相同的情况下，低位的比较结果要向高位传递。

7.5.4 加法器

在计算机中，二进制数的四则运算都可以转换为加法进行，因此加法器是计算机中的基本运算单元。

1. 半加器

只考虑两个1位二进制数的相加，而不考虑低位进位数的运算电路，称为半加器。

【例7.13】 利用组合逻辑门器件设计一个1位二进制数半加器。

解：(1) 分析功能，确定变量：设 A 和 B 分别表示被加数和加数，S 为本位和，C 表示向相邻高位的进位，根据1位二进制数相加的规则，可列出半加器的真值表如表7.17所示。

表7.17 例7.13真值表

输入		输出	
被加数 A	加数 B	和数 S	进位数 C
0	0	0	0
0	1	1	0
1	0	1	0
1	1	0	1

(2) 由真值表写出输出逻辑函数表达式如下：

$$S=\overline{A}B+A\overline{B}=A\oplus B$$

$$C=AB$$

(3) 由逻辑表达式画出逻辑电路图，如图7.31 (a) 所示，半加器的逻辑符号如图7.31 (b)所示。

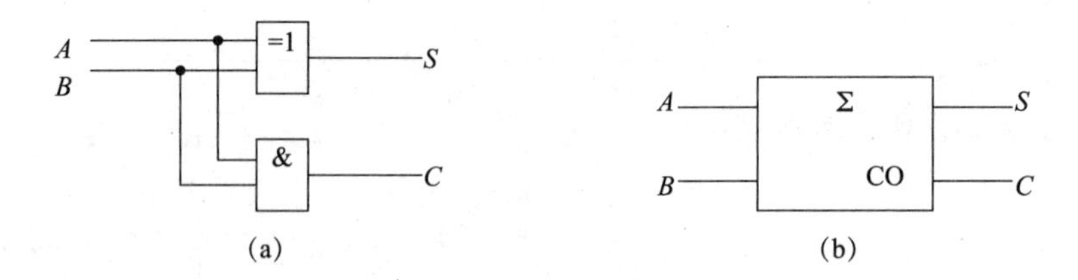

图7.31 例7.13半加器

(a) 逻辑电路；(b) 逻辑符号

2. 全加器

将两个多位二进制数相加时，除最低位外，其他各位相加时都需要考虑低位送来的进位，这种运算电路称为全加器。全加器进行相加运算时，应考虑加数、被加数及来自低位的进位数，相加的结果有两个：一个是本位和，另一个是进位数。因此，全加器有三个输入端，两个输出端。

【例7.14】 利用组合逻辑门器件设计一个1位二进制数全加器。

解：(1) 分析逻辑功能并列真值表：设 A_i 和 B_i 分别表示第 i 位的被加数和加数，C_{i-1} 表示来自相邻低位的进位。S_i 为本位和，C_i 为向相邻高位的进位。根据全加器的加法规则，可列出如表7.18所示的全加器真值表。

表7.18　例7.14全加器真值表

输入			输出	
A_i	B_i	C_{i-1}	S_i	C_i
0	0	0	0	0
0	0	1	1	0
0	1	0	1	0
0	1	1	0	1
1	0	0	1	0
1	0	1	0	1
1	1	0	0	1
1	1	1	1	1

（2）由真值表7.18写出 S_i 和 C_i 的输出逻辑函数表达式：

$$\begin{aligned}S_i &= \overline{A_i}\,\overline{B_i}C_{i-1}+\overline{A_i}B_i\overline{C_{i-1}}+A_i\overline{B_i}\,\overline{C_{i-1}}+A_iB_iC_{i-1}\\&=(\overline{A_i\oplus B_i})C_{i-1}+(A_i\oplus B_i)\overline{C_{i-1}}\\&=A_i\oplus B_i\oplus C_{i-1}\\C_i &= \overline{A_i}B_iC_{i-1}+A_i\overline{B_i}C_{i-1}+A_iB_i\overline{C_{i-1}}+A_iB_iC_{i-1}\\&=A_iB_i+(A_i\oplus B_i)C_{i-1}\end{aligned}$$

（3）通过公式法变换逻辑表达式后得

$$S_i=A_i\oplus B_i\oplus C_{i-1}$$

$$C_i=A_iB_i+(A_i\oplus B_i)C_{i-1}$$

（4）由逻辑表达式画出全加器逻辑电路图，如图7.32所示。

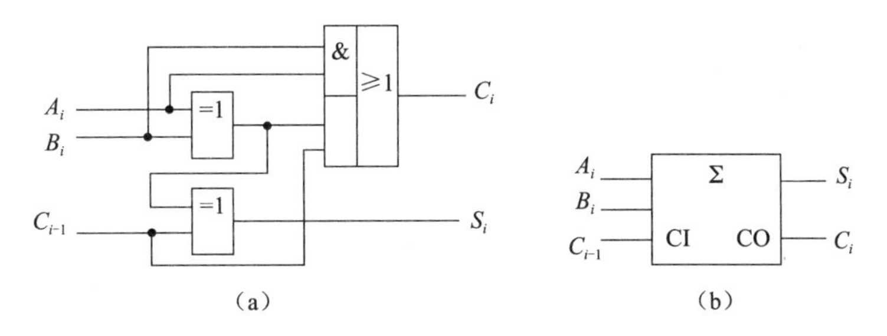

图7.32　例7.14全加器及其逻辑符号

（a）逻辑电路；（b）逻辑符号

7.6　组合逻辑电路中的竞争冒险

前面对组合逻辑电路的讨论都是在理想状态下进行的。在理想状态中没有考虑门电路延迟时间对电路的影响，但在实际环境里，由于电路传输延迟时间的存在，当一个输入信号进入某个电路并在该电路中分为多个分支，各个分支经过多条路径传送后又重新会合到某个逻辑门上时，由于不同路径上逻辑门的个数不同，以及门电路延迟时间的差异，相同信号的多路分支到达会合点的时间有先有后，这种现象称为竞争。由于竞争，电路产生输出干扰信号的现象称为冒险，但有竞争存在时不一定产生冒险。

7.6.1 冒险的分类

冒险分为 0 型冒险和 1 型冒险两类。

1. 0 型冒险

如图 7.33（a）所示电路，逻辑表达式为 $Y=A+\overline{A}$，理想情况下，Y 的输出应该恒等于 1。但实际情况下，由于 G_1 门的延迟时间 t_{pd}，如图 7.33（b）所示，A 信号下降沿到达 G_2 门的时间比 $\overline{A}$ 信号上升沿要早 t_{pd} 时间，从而使得 G_2 输出端出现了一个负向窄脉冲，这种情况通常称为“0 型冒险”。

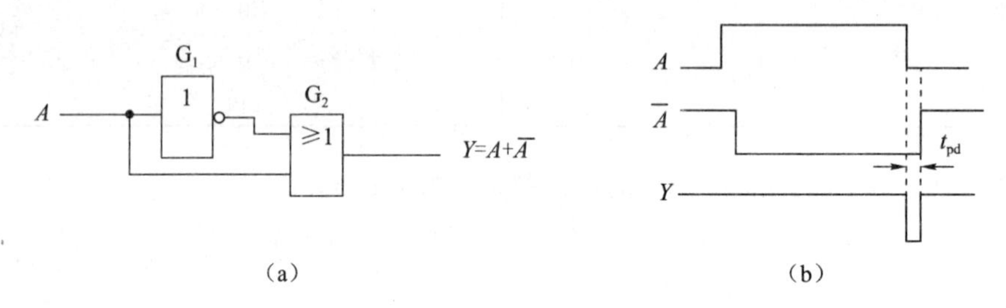

图 7.33　0 型冒险现象

2. 1 型冒险

如图 7.34（a）所示电路，逻辑表达式为 $Y=A\overline{A}$，理想情况下，输出应恒等于 0。但实际情况下，由于 G_1 门的延迟时间 t_{pd}，如图 7.34（b）所示，$\overline{A}$ 信号下降沿到达 G_2 门的时间比 A 信号上升沿晚 t_{pd} 时间，从而使 G_2 输出端出现了一个正向窄脉冲，这种情况通常称为“1 型冒险”。

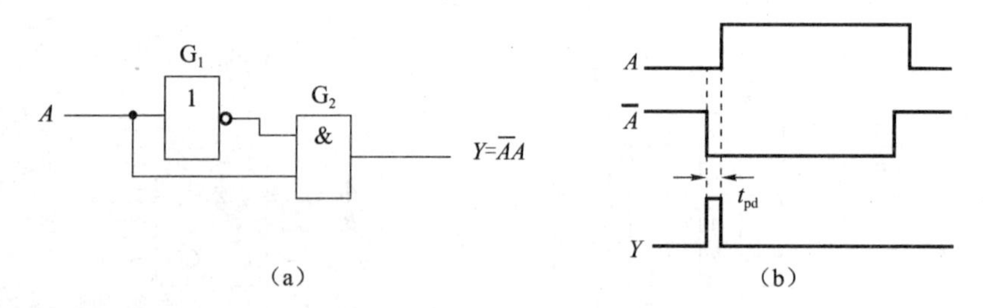

图 7.34　1 型冒险现象

7.6.2 0 型冒险和 1 型冒险的判断

在一个逻辑函数式 Y 中，如果某个变量以原变量和反变量的形式在式中同时出现，那么该变量就是具有竞争条件的变量。

如果令其他变量为 0 或 1，消去后式子中出现类似下式形式：

$$Y=A+\overline{A}$$

则电路中就会产生 0 型冒险。

如果令其他变量为 0 或 1，消去后式子中出现类似下式形式：

$$Y=A\overline{A}$$

则电路中就会产生 1 型冒险。

一般用以下方法步骤判断逻辑表达式中存在的竞争冒险：

（1）找出逻辑表达式中以原、反变量同时出现的变量。

（2）以其他变量为自变量列真值表求 Y 的表达式。

（3）Y 中有 $A\overline{A}$，则存在 1 型冒险；有 $A+\overline{A}$，则存在 0 型冒险。

【例 7.15】 判断 $Y=AC+\overline{A}B+\overline{A}\overline{C}$ 是否存在冒险。

解：（1）判断条件：函数式中以原、反变量形式同时出现的是 A 和 C，先判断 A，如表 7.19 所示。

（2）判断结果：从表 7.19 中可以看出，当 $B=C=1$ 时有 $Y=A+\overline{A}$，则电路中 A 信号存在 0 型冒险。同理判断变量 C，会发现变量 C 不存在冒险。

表 7.19 例 7.15 A 变量判断表

B	C	$Y=AC+\overline{A}B+\overline{A}\overline{C}$
0	0	$Y=\overline{A}$
0	1	$Y=A$
1	0	$Y=\overline{A}$
1	1	$Y=A+\overline{A}$

7.6.3 竞争冒险的消除

1. 修改逻辑设计

此方法是利用逻辑代数中的公式对存在冒险的逻辑函数式进行变换，增加多余项来消除冒险。例如，$Y=\overline{A}B+AC$，在 $B=C=1$ 时有 0 型冒险。如果利用公式将 Y 变换为 $Y=\overline{A}B+AC=\overline{A}B+AC+BC$，则当 $B=C=1$ 时结果变为 $Y=1$，从而消除了冒险。

2. 增加选通脉冲

在电路中增加一个选通脉冲，接到可能产生冒险的门电路的输入端。当输入信号转换完成进入稳态后，才引入选通脉冲，将门打开。这样，输出就不会出现冒险脉冲。

3. 使用滤波电容

由于竞争冒险产生的干扰脉冲的宽度一般都很窄，在可能产生冒险的门电路输出端并接一个滤波电容（一般为 4～20 pF），利用电容两端的电压不能突变的特性，使输出波形上升沿和下降沿都变得比较缓慢，从而起到消除冒险现象的作用。

实验一　组合逻辑电路设计

一、实验目的

（1）掌握组合逻辑电路设计的一般方法。

（2）熟悉 EWB 中逻辑转换仪的使用。

（3）进一步学会检查和排除一般电路故障的方法。

二、实验内容与步骤

（1）用 EWB 设计一个 A、B、C 三人表决电路。当表决某提案时，多数人同意，提案通过，同时 A 具有否决权，用与非门实现。

①分析题意并列出真值表，设 A、B、C 三人表决同意时用 1 表示，不同意时用 0 表示；Y 为表决结果，提案通过用 1 表示，通不过用 0 表示，同时还应考虑 A 具有否决权，由此列出真值表。

②调用仪器库（Instruments）中的逻辑转换仪，如实验图 7.1（a）所示，打开逻辑转换仪面板［实验图 7.1（b）］，在真值表区单击 A、B、C 三个逻辑变量，建立一个三变量真值表，根据逻辑控制要求在真值表输出变量中填入相应逻辑值。

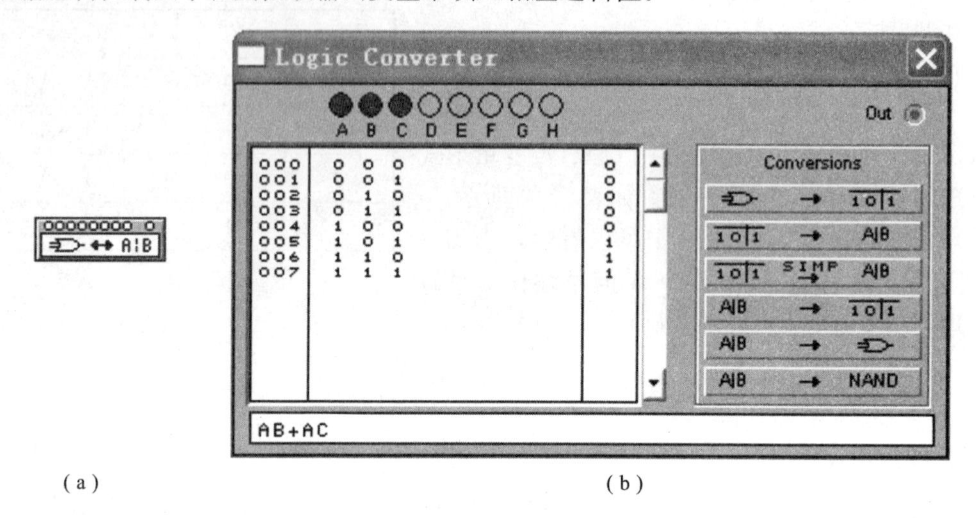

（a）　　　　　　　　　　（b）

实验图 7.1　逻辑转换仪的使用

（a）逻辑转换仪图标；（b）逻辑转换仪面板

③单击逻辑转换仪面板上“真值表→逻辑表达式”（Conversions 中的第二个）按钮，得到真值表逻辑表达式。单击 Conversions 中的第三个按钮，求得简化逻辑表达式，然后单击“表达式→与非门电路”（Conversions 中的第六个）按钮，获得与非门逻辑电路图，如实验图 7.2 所示。

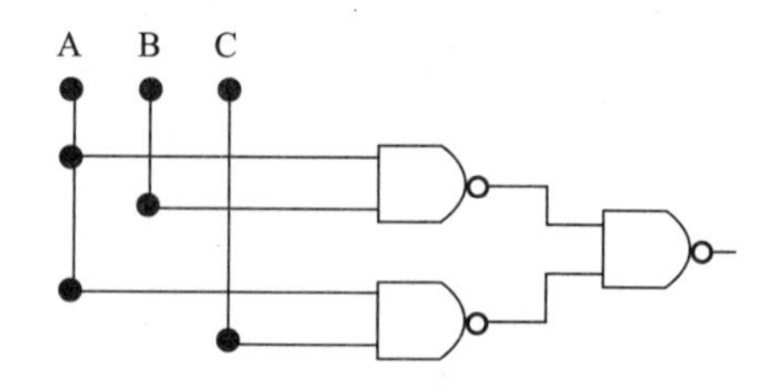

实验图 7.2　与非门组成的三人表决电路

④逻辑功能测试：在通过逻辑转换仪得到的逻辑电路的三个输入端接入三个开关，用来选择“+5 V”或“地”，接高电平作为逻辑“1”，接低电平作为逻辑“0”。逻辑电路输出端接指示灯，输出高电平（逻辑“1”）时指示灯亮，输出低电平（逻辑“0”）时指示灯灭。按逻辑转换仪面板中真值表的开关状态组合观察指示灯的亮灭，可对真值表的状态逐一验证，如实验图 7.3 所示。

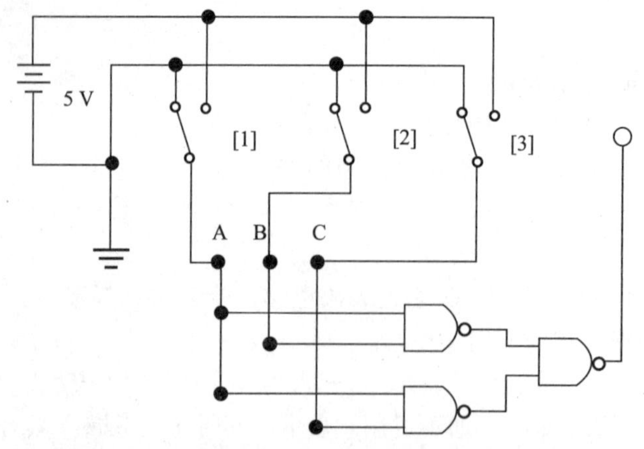

实验图 7.3　与非门组成的三人表决电路逻辑功能测试

（2）用 EWB 仿真设计一个路灯控制逻辑电路，要求在四个不同的地方都能独立的控制路灯的亮灭。

①如实验图 7.4 所示，分析题意并在逻辑转换仪面板上列出真值表。

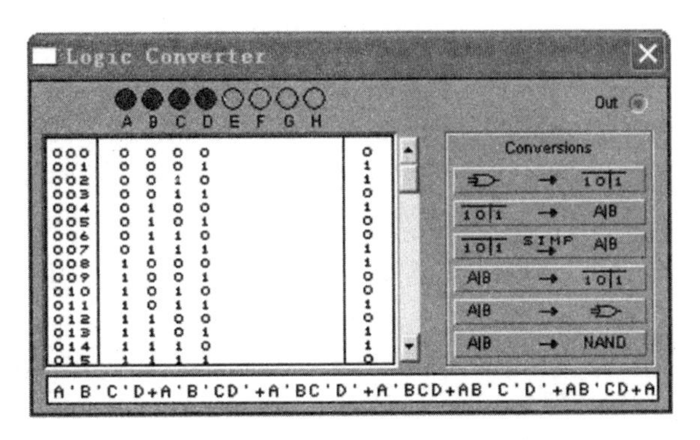

实验图 7.4　在逻辑转换仪面板上列出真值表（一）

②通过逻辑转换仪得到电路。单击逻辑转换仪面板上“真值表→逻辑表达式”（Conversions 中的第二个）按钮，得到真值表逻辑表达式。单击 Conversions 中的第三个按钮，求得简化逻辑表达式，然后单击“表达式→电路”（Conversions 中的第五个）按钮，获得逻辑电路图。

③逻辑功能测试：在通过逻辑转换仪得到的如实验图 7.5 所示逻辑电路的四个输入端接入

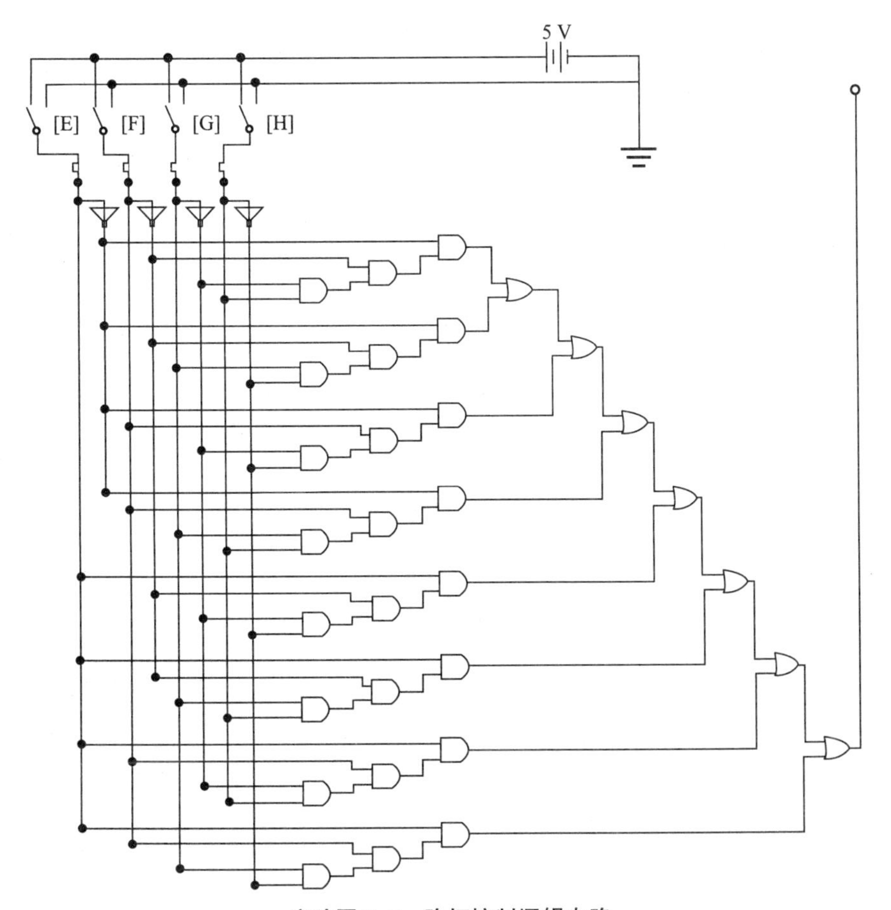

实验图 7.5　路灯控制逻辑电路

四个开关，用来选择“+5 V”或“地”，接高电平作为逻辑“1”，接低电平作为逻辑“0”。逻辑电路输出端接指示灯，输出高电平（逻辑“1”）时指示灯亮，输出低电平（逻辑“0”）时指示灯灭。按逻辑转换仪面板中真值表的开关状态组合观察指示灯的亮灭，可对真值表的状态逐一验证。

（3）用 EWB 设计一个监视交通信号灯工作状态的逻辑电路。每一组信号灯由红、黄、蓝三盏灯组成。正常工作情况下，任何时刻必须有一盏灯亮，而且只允许一盏灯点亮。若某一时刻无一盏灯亮或两盏以上的灯同时点亮，表示电路发生了故障，这时要求发出故障信号，以提醒维护人员前去修理。

①如实验图 7.6 所示，分析题意并在逻辑转换仪面板上列出真值表。

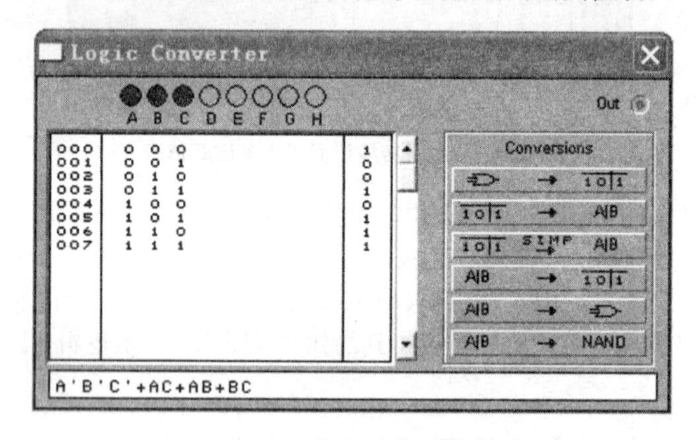

实验图 7.6　在逻辑转换仪面板上列出真值表（二）

②逻辑电路生成与功能测试：通过逻辑转换仪得到如实验图 7.7 所示的逻辑电路，电路中三个输入端接入三个开关，分别代表红、黄、蓝三个灯的工作情况，用来选择“+5 V”或“地”，接高电平作为逻辑“1”，接低电平作为逻辑“0”。逻辑电路输出端接指示灯，输出高电平（逻辑“1”）时指示灯亮，输出低电平（逻辑“0”）时指示灯灭。按逻辑转换仪面板中真值

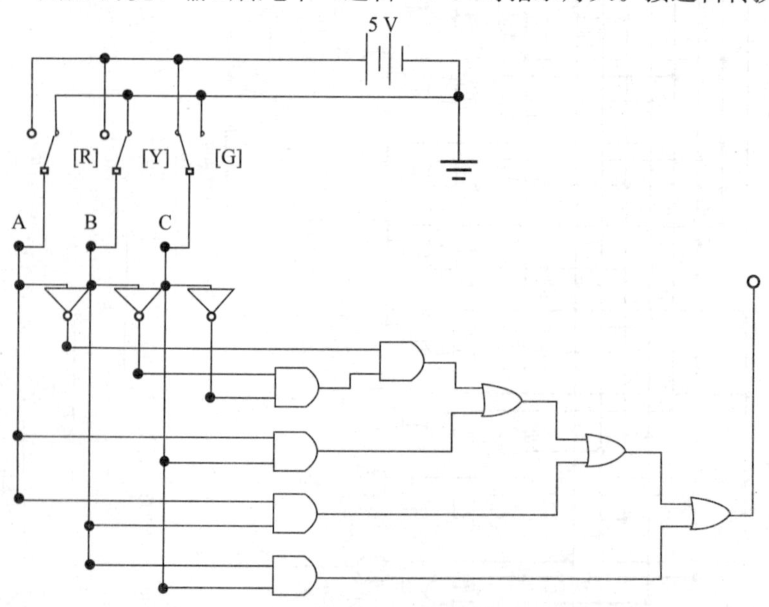

实验图 7.7　监视交通信号灯工作状态的逻辑电路

表的开关状态组合观察指示灯的亮灭，可对真值表的状态逐一验证。

三、实验要求

自行设计实验对本章的组合逻辑电路设计的例题和习题进行仿真并验证结果。

实验二　常用集成组合逻辑电路

一、实验目的

（1）熟悉全加器、集成编码器、译码器和数据选择器逻辑功能的分析方法。

（2）加深对 EWB 仿真软件中开关和逻辑转换仪的使用方法。

（3）通过对理论和软件的学习，培养学生独立设计实验的能力。

二、实验内容和步骤

1. 全加器逻辑功能测试

调用仪器库（Instruments）中的逻辑转换仪（第七个），按实验图 7.8 连接好电路。双击逻辑转换仪图标，打开其控制面板，单击第一个按钮（逻辑电路图→真值表）便可得到门电路真值表。调动开关位置便可以分别得到两端真值表，与课本对照是否正确。（在 EWB 中选定全加器，再按 F1 键可得到其真值表。）

2. 集成编码器 74148 逻辑功能测试

调用仪器库（Instruments）中的逻辑转换仪，按实验图 7.9 连接好电路后，开关［K］在保持闭合与断开时，分别闭合开关［1］、［2］、［3］、［4］、［5］中的一个，参照课本编码器的真值表在逻辑转换仪中对编码器进行测试。双击逻辑转换仪图标，打开控制面板，单击第一个按钮（逻辑电路图→真值表）便可以得到其中一端的真值表，与课本对照是否正确。

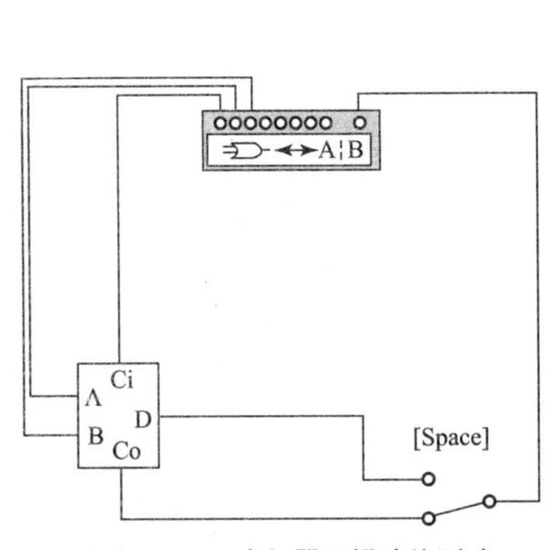

实验图 7.8　全加器逻辑功能测试

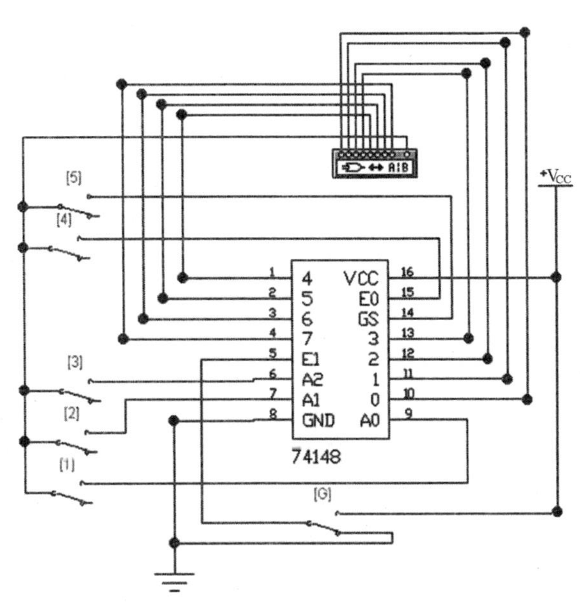

实验图 7.9　编码器逻辑功能测试

3. 集成译码器功能测试

1）集成 2－4 译码器 74139 逻辑功能测试

按实验图 7.10 连接好电路。输入端 1*A*、1*B* 通过开关［1］、［2］动作可选择输入高电平（+5 V）或低电平（地），输出端 $Y_0 \sim Y_3$ 由指示灯的亮、灭表示高、低电平，进行测试并与真值表核对。

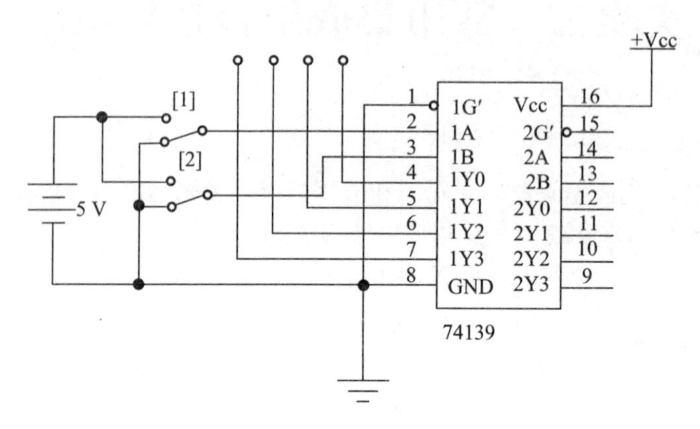

实验图 7.10　译码器 74139 逻辑功能测试

2）集成 3－8 译码器 74138 逻辑功能测试

按实验图 7.11 连接好电路。输入端 *A*、*B*、*C* 通过开关［A］［B］［C］动作可选择输入高电平（+5 V）或低电平（地），输出端 $Y_0 \sim Y_3$ 由指示灯的亮、灭表示高、低电平，进行测试并与真值表核对。

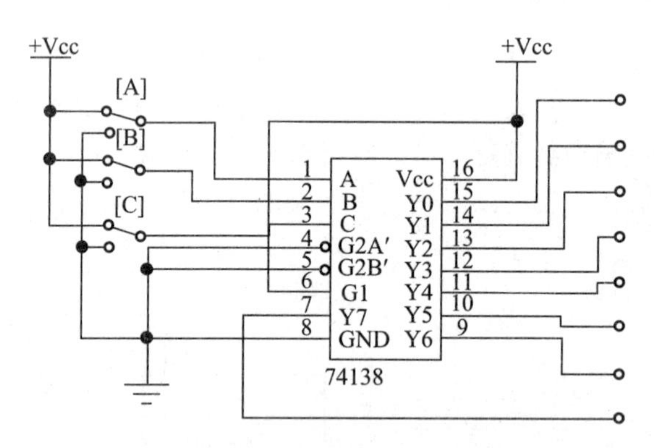

实验图 7.11　集成 3－8 译码器 74138 逻辑功能测试

3）用集成 3－8 译码器 74138 实现逻辑函数发生器

调用仪器库（Instruments）中的逻辑转换仪，按实验图 7.12（a）、（c）连接好电路。双击逻辑转换仪图标，打开其控制面板，单击第一个按钮（逻辑电路图→真值表）便可得到门电路真值表，单击第二个按钮（真值表→逻辑表达式）可得到门电路的逻辑表达式，单击第三个按钮（真值表→最简逻辑表达式）可得到门电路的最简逻辑表达式。结果如实验图 7.12（b）、（d）所示。

4）用集成 3－8 译码器 74138 实现数据选择器

分别调用信号源库中的时钟源（频率设置为 1 Hz）和仪器库中的字信号发生器（频率设置为 1 Hz），逻辑分析仪按实验图 7.13 连接好，启动电路后观察逻辑分析仪中的波形，体会

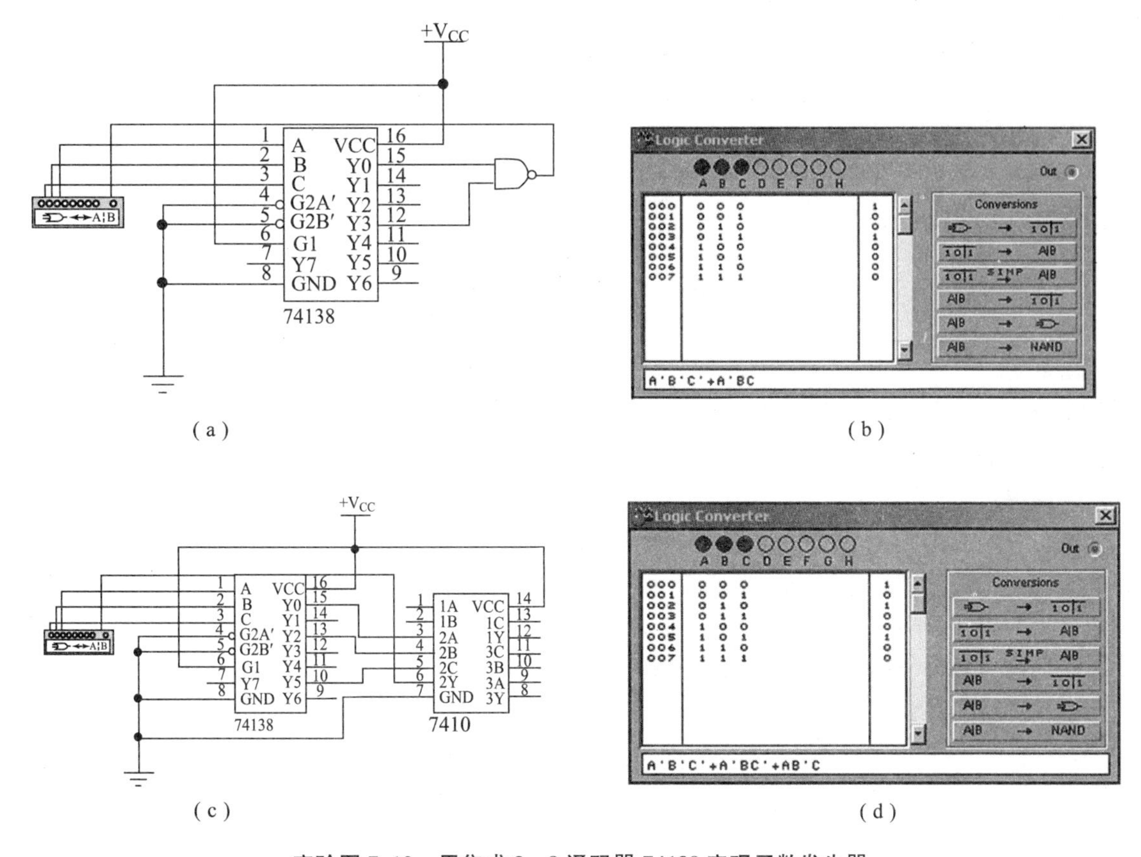

(a)　　(b)

(c)　　(d)

实验图 7.12　用集成 3－8 译码器 74138 实现函数发生器

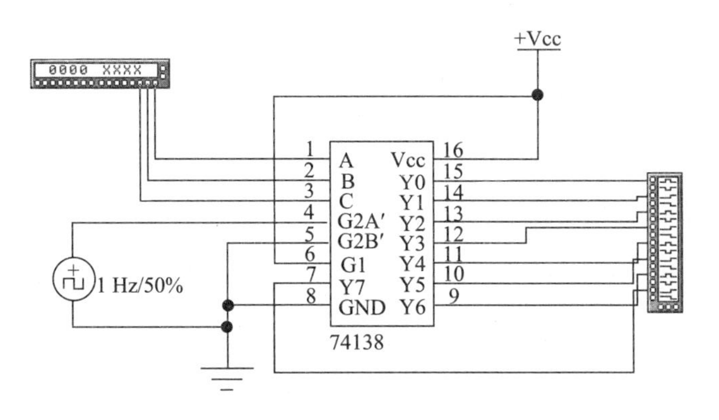

实验图 7.13　用集成 3－8 译码器 74138 实现数据选择器

数据选择器的选择过程。

5）七段显示译码器 7447 逻辑功能测试

实验图 7.14 所示为 EWB 显示器件库中的七段码显示器和译码七段码显示器，其中七段码显示器要用如 7447 的集成显示译码器来驱动，其输入端子有 7 个；而译码七段码显示器可理解为译码和显示合二为一了，其输入端子有 4 个，此种显示电路简化了大型电路的设计和仿真。

七段显示译码器 7447 的 LT' 为试灯控制输入端，低电平有效；正常工作时接高电平。RBI'

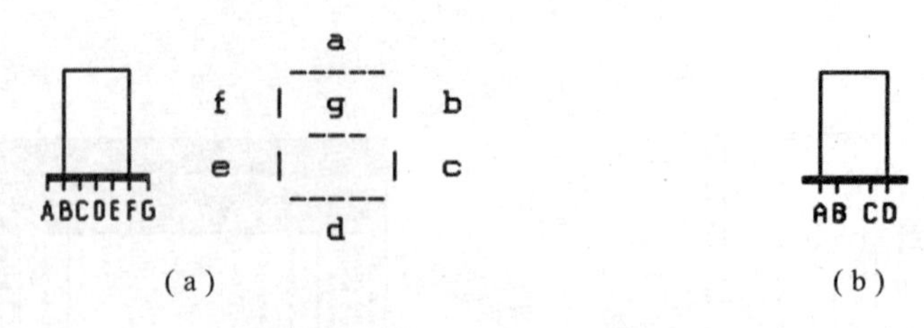

实验图 7.14　七段显示译码器

(a) 七段码显示器；(b) 译码七段码显示器

为动态灭零控制输入端，低电平有效；正常工作时接高电平。BI/RBO 为特殊控制端。BI/RBO 可以作为输入端，也可以作为输出端。作为输入端使用时，起作用的是 BI，此时 BI 称为灭灯输入端，低电平有效。当 $BI=0$ 时，不管其他输入端输入为何值，$a\sim g$ 输出均为 0，显示器全灭。

按实验图 7.15（a）连接好电路，其中试灯控制输入端 LT' 和动态灭零控制输入端 RBI' 接高电平，而特殊控制端 BI/RBO' 作为输入端使用，由开关［X］控制；开关［A］［B］［C］［D］的开合为 7447 的输入端子 A、B、C、D 提供高、低电平，七段码显示器。

显示的结果可通过 7447 的真值表验证。如实验图 7.15（b）所示译码七段码显示器测试电路，其功能与实验图 7.15（a）相似，只是没有了灭灯的功能。

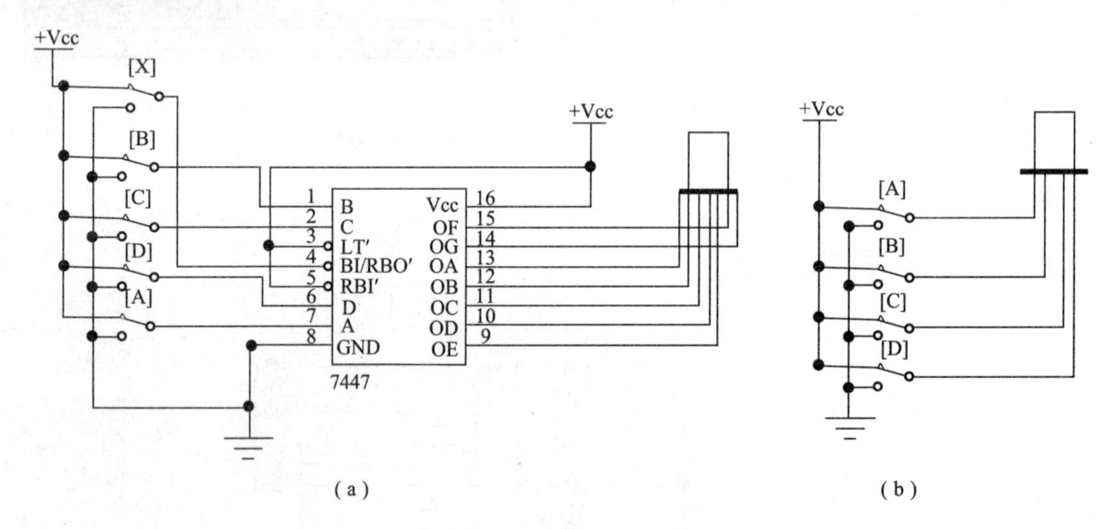

实验图 7.15　显示译码电路

(a) 七段显示译码器 7447 逻辑功能测试；(b) 译码七段码显示器测试电路

4. 集成数据选择器 74253 逻辑功能测试

按实验图 7.16 连接好电路。参照其真值表进行逻辑功能测试。

5. 应用集成数据分配器 74151 实现逻辑函数发生器

调用仪器库（Instruments）中的逻辑转换仪，按实验图 7.17（a）连接好电路。双击逻辑转换仪图标，打开其控制面板，单击第一个按钮（逻辑电路图→真值表）便可得到门电路真值表，单击第二个按钮（真值表→逻辑表达式）可得到门电路的逻辑表达式，单击第三个按钮（真值表→最简逻辑表达式）可得到门电路的最简逻辑表达式。结果如实验图 7.17（b）所示。

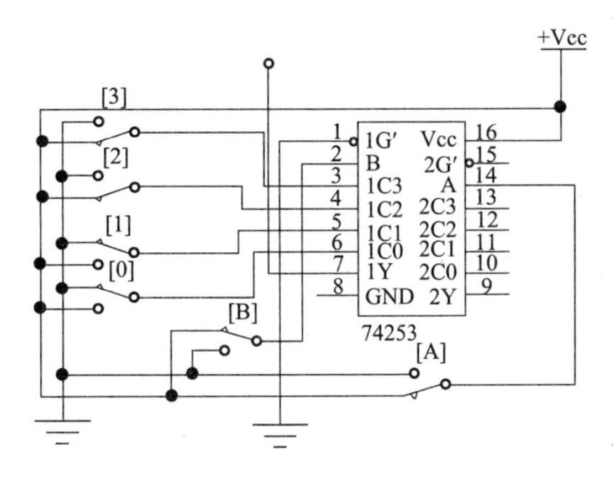

实验图 7.16　数据选择器 74253 逻辑功能测试

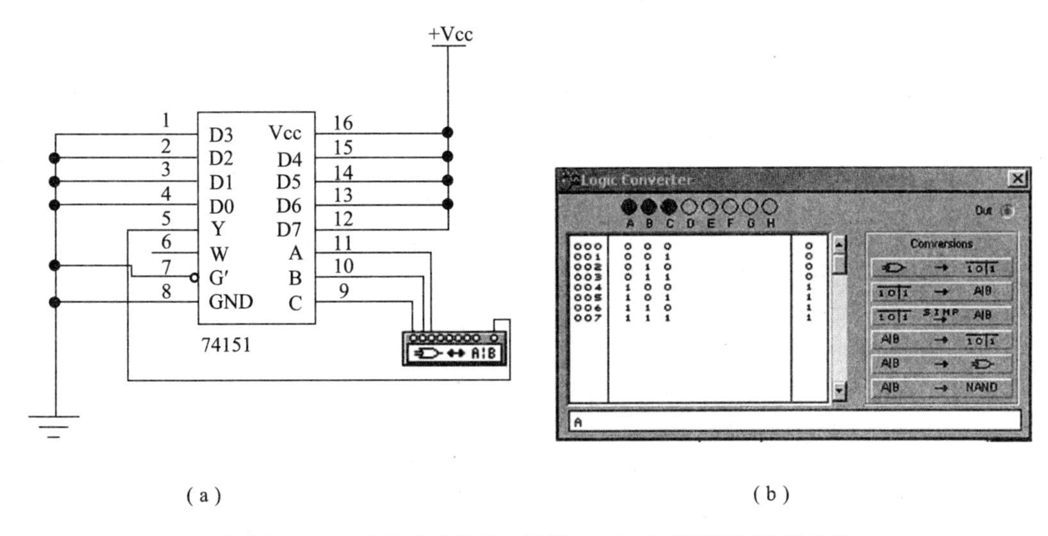

(a)　　(b)

实验图 7.17　应用集成数据分配器 74151 实现逻辑函数发生器

三、实验要求

（1）对本章的例题进行仿真，验证结果。

（2）对本章所介绍的集成器件自行设计实验进行仿真。

本章小结

1. 组合逻辑电路是数字电路的两大分支之一，本章涉及的内容是本课程的重点。组合电路的输出仅仅取决于该时刻输入信号的状态，而与该时刻之前的电路状态无关。因此电路中没有记忆单元，它是以门电路作为基本单元组成的电路。

2. 组合逻辑电路的分析是根据已知的逻辑图，找出输出变量与输入变量的逻辑关系，从而确定出电路的逻辑功能。组合逻辑电路的设计是分析的逆过程，它是根据已知逻辑功能设计出能够实现该逻辑功能的逻辑图。

3. 组合逻辑电路的种类很多，常见的有编码器、译码器、加法器、数值比较器、数据选择器和数据分配器等。本章对以上各类组合电路的功能、特点、用途进行了讨论，并介绍了一些常见的集成电路芯片。

4. 组合逻辑电路存在竞争与冒险现象，要掌握其产生的原因及消除方法。

习　题

7.1　分析习题图7.1所示组合逻辑电路的功能，要求写出与或逻辑表达式，列出其真值表，并说明电路的逻辑功能。

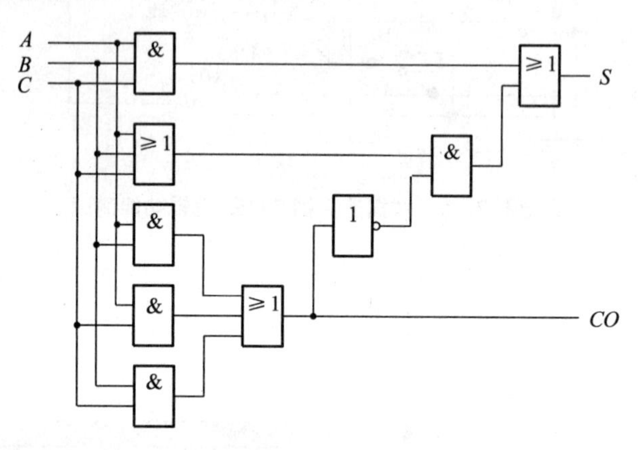

习题图7.1　习题7.1图

7.2　已知逻辑电路如习题图7.2所示，试分析其逻辑功能。

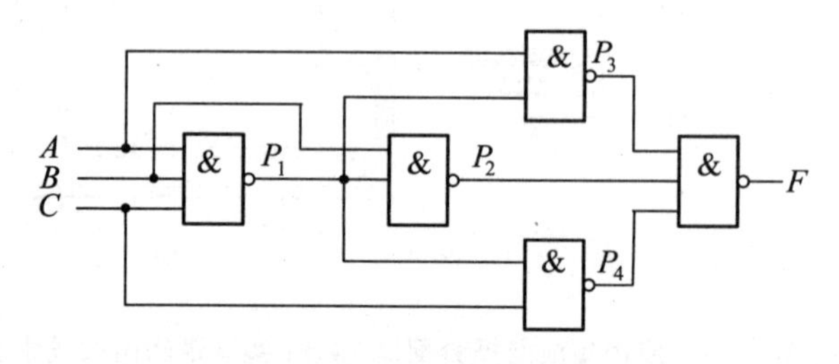

习题图7.2　习题7.2图

7.3　试分析习题图7.3所示电路的逻辑功能，写出函数表达式，列出真值表，指出电路完成什么逻辑功能。

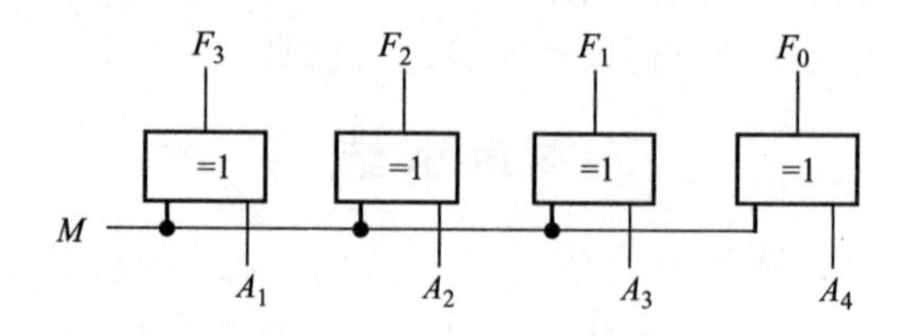

习题图7.3　习题7.3题图

7.4　试分析习题图7.4所示电路的逻辑功能，写出函数表达式，列出真值表，指出电路完成什么逻辑功能。

7.5　分析习题图7.5所示电路，写出函数表达式，并用最少的与非门实现其逻辑功能。

7.6　某汽车驾驶员培训班进行结业考试，有三名评判员，其中A为主评判员，B和C为副评判员。在评判时，按照少数服从多数的原则通过，但主评判员认为合格，方可通过。用与

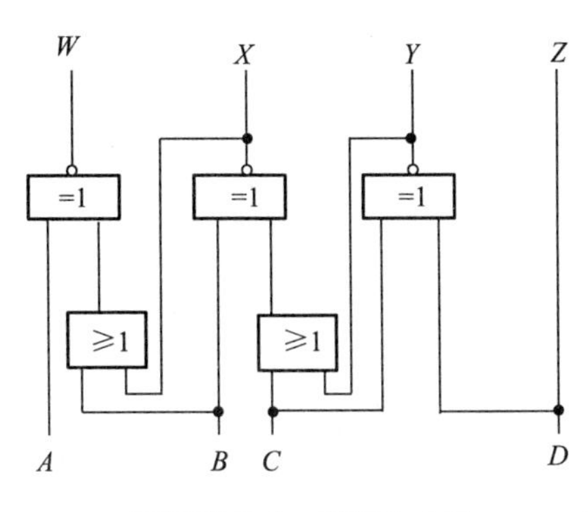

习题图 7.4　习题 7.4 图

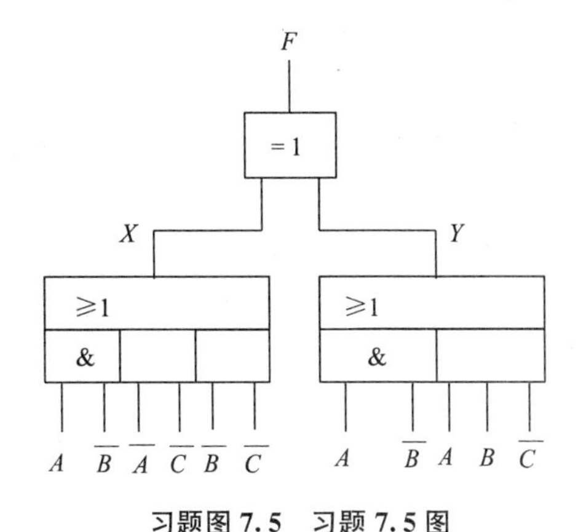

习题图 7.5　习题 7.5 图

非门组成的逻辑电路实现此评判规定。

7.7　请用最少器件设计一个健身房照明灯的控制电路，该健身房有东门、南门、西门，在各个门旁装有一个开关，每个开关都能独立控制灯的亮暗，控制电路具有以下功能：

(1) 某一门开关接通，灯即亮；开关断，灯暗。

(2) 当某一门开关接通，灯亮，接着接通另一门开关，则灯暗。

(3) 当三个门开关都接通时，灯亮。

7.8　约翰和简妮夫妇有两个孩子乔和苏，全家外出吃饭一般要么去汉堡店，要么去炸鸡店。每次出去吃饭前，全家要表决以决定去哪家餐厅。表决的规则是如果约翰和简妮都同意，或多数同意吃炸鸡，则他们去炸鸡店，否则就去汉堡店。试设计一组合逻辑电路实现上述表决电路。

7.9　一个组合逻辑电路有两个控制信号 C_1 和 C_2，要求：

(1) $Q(Q_2Q_1Q_0)=AB+ACF=0$ 时，$F=A\oplus B$；

(2) $C_2C_1=01$ 时，$F=\overline{AB}$；

(3) $C_2C_1=10$ 时，$F=\overline{A+B}$；

(4) $C_2C_1=11$ 时，$F=AB$。

试设计符合上述要求的逻辑电路（器件不限）。

7.10　习题图 7.6 所示为一工业用水容器示意图，图中虚线表示水位，A、B、C 电极被水浸没时会有高电平信号输出，试用与非门构成的电路来实现下述控制功能：水面在 A、B 间，为正常状态，点亮绿灯 G；水面在 B、C 间或在 A 以上为异常状态，点亮黄灯 Y；水面在 C 以下为危险状态，点亮红灯 R。要求写出设计过程。

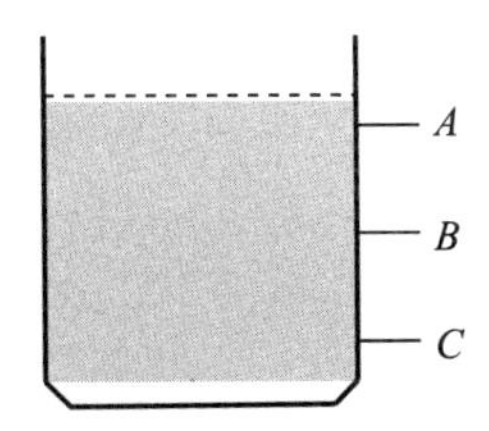

习题图 7.6　习题 7.10 图

7.11　某工厂有 A、B、C 三个车间，各需电力 10 kW，由厂变电所的 X、Y 两台变压器供电。其中 X 变压器的功率是 13 kW，Y 变压器的功率是 25 kW。为合理供电，试设计一个送电控制电路。

7.12　某一组合电路如习题图7.7所示，输入变量（A，B，D）的取值不可能发生（0，1，0）的输入组合。分析它的竞争冒险现象，如存在，则用最简单的电路改动来消除。

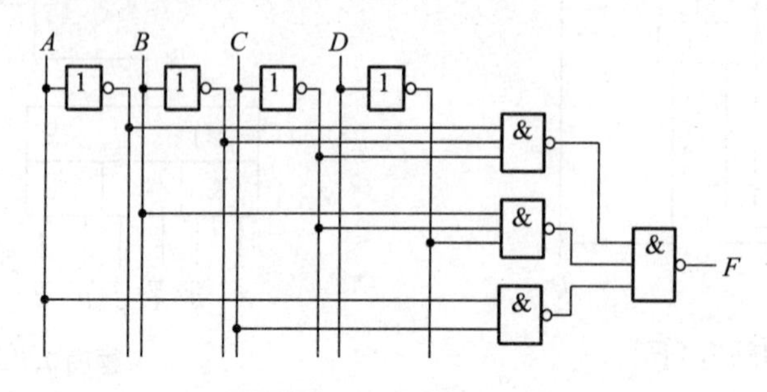

习题图7.7　习题7.12图

7.13　试画出用8选1数据选择器74LS151实现如下功能的逻辑图。

（1）2位8选1数据选择器；

（2）16选1数据选择器。

7.14　试用最小项译码器74LS138和一片74LS00实现逻辑函数

$$\begin{cases} P_1(A,\ B) = \sum m(0,\ 3) \\ P_2(A,\ B) = \sum m(1,\ 2,\ 3) \end{cases}$$

7.15　试画出用3线-8线译码器74LS138和门电路产生如下多输出逻辑函数的逻辑图。

$$\begin{cases} Y_1 = AC \\ Y_2 = \overline{A}\overline{B}C + A\overline{B}\overline{C} + BC \\ Y_3 = \overline{B}\overline{C} + AB\overline{C} \end{cases}$$

7.16　试用两个半加器和适当门电路实现全加器。

7.17　$P(P_2P_1P_0)$和$Q(Q_2Q_1Q_0)$为两个3位无符号二进制数，试用一个74LS138、一个74LS151和尽可能少的门电路设计如下组合电路：当$P=Q$时输出$F=1$，否则$F=0$。

7.18　试用8选1数据选择器74LS151实现逻辑函数$Y=AB+AC$。

第 8 章

触　发　器

本章要点

本章主要介绍组成时序逻辑电路的基本电路单元——触发器。首先介绍基本 RS 触发器的结构和工作原理，然后介绍各种同步、主从、边沿触发器的逻辑功能，最后介绍集成触发器及其应用。

8.1　概　　述

在组合逻辑电路中，输出信号仅由同时刻输入信号决定，电路由门器件组成，不包含记忆单元，不具备数据保存功能。但在数字系统中常常需要保存某些信息，如运算的结果、待传输的信息等。因此就需要一种“新”的电路来完成数据的存储及记忆功能。时序逻辑电路就是这种具有记忆功能的逻辑电路，而触发器是构成时序逻辑电路的基础。

1. 触发器的功能和特点

触发器是能够记忆 1 位二进制信号 0 或 1 的基本逻辑器件，把若干个触发器组合在一起便可以记忆多位二进制信号。为了实现这种记忆的功能，触发器应具有两种能自保持的稳定状态来记忆 0 或 1 两种逻辑状态。例如，$Q=0$，$\bar{Q}=1$ 表示 0 状态，记作 $Q=0$；$Q=1$，$\bar{Q}=0$ 表示 1 状态，记作 $Q=1$。

所有触发器都具备以下两个工作特性：

（1）具有两个稳定状态（1 态或 0 态），在一定的条件下可保持在一个状态下不变。

（2）在一定的外加信号作用下，触发器可从一种稳态转变到另一种稳态。

2. 触发器逻辑功能描述方法

为了便于描述触发器的逻辑功能需要引入两个概念：现态和次态。现态是指触发器在接到输入信号之前所保持的一种稳定状态，用 Q^n 表示。次态是指触发器在接到输入信号之后重新建立起来的一种新的稳定状态，用 Q^{n+1} 表示。在现态和次态的基础上对触发器逻辑功能的描述有以下的方法：

（1）特性表：也称为状态转换真值表，是用类似真值表的表格形式来描述在输入信号作用下，触发器的次态与输入信号和现态之间的逻辑关系。

（2）特性方程：也称为特征方程，用逻辑函数表达式的形式描述在输入信号作用下，次态与现态、输入信号之间的逻辑关系。

（3）状态转换图：用图的形式来描述触发器在 0 状态和 1 状态之间的转换条件及在不同条件下的状态转换方向。

（4）时序图：用时序波形图的方式来描述次态与现态、输入信号之间的逻辑关系。

3. 触发器的类型

根据功能不同，触发器可分为基本 RS 触发器、RS 触发器、JK 触发器、D 触发器、T 触发器、T'触发器。根据触发方式不同，触发器可分为电平触发器、主从触发器和边沿触发器。根据电路结构的不同，触发器可分为基本 RS 触发器、同步触发器、主从触发器和边沿触发器。

8.2 基本 *RS* 触发器

基本 RS 触发器是各种触发器中电路结构最简单的一种，也是构成各种功能触发器的最基本单元，也称为基本触发器。

8.2.1 用与非门构成的基本 *RS* 触发器

1. 电路结构及逻辑符号

由图 8.1 可以看出，电路是由两个与非门的输入输出端交叉连接构成的。该电路与组合电路的根本区别在于，电路中输出端和输入端之间有反馈线。电路中有两个输入端 $\bar{R}$、$\bar{S}$，它们低电平有效，有两个互补的输出端 Q、$\bar{Q}$，并规定当 $Q=1$，$\bar{Q}=0$ 时，称为触发器的 1 状态；当 $Q=0$，$\bar{Q}=11$ 时，称为触发器的 0 状态。

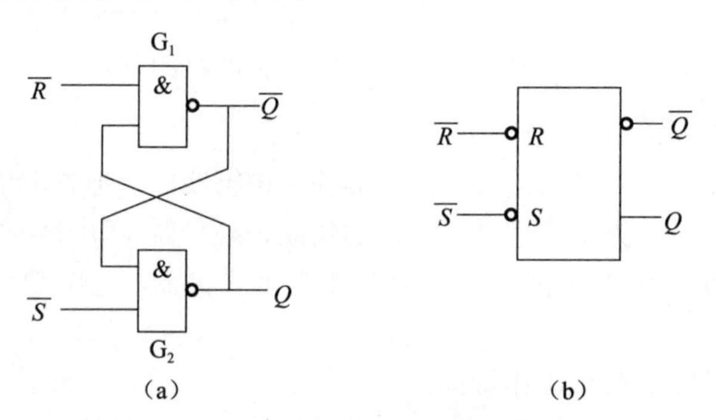

图 8.1 用与非门构成的基本 *RS* 触发器

（a）电路图；（b）逻辑符号

2. 逻辑功能分析

1）触发器置 0

当 $\bar{R}=0$，$\bar{S}=1$ 时，不管电路原来处于什么状态，G_1 门的输出 $\bar{Q}=1$。此时 G_2 门的两个输入端均为 1，所以 $Q=0$。当输入信号消失后，由于输出和输入之间的反馈作用，仍然有 $Q=0$，$\bar{Q}=1$。因此使触发器处于 0 状态的输入端 $\bar{R}$ 称为置 0 端（复位端），低电平有效。

2）触发器置 1

当 $\bar{R}=1$，$\bar{S}=0$ 时，不管电路原来处于什么状态，G_2 门的输出 $Q=1$。此时 G_1 门的两个输入端均为 1，所以 $\bar{Q}=0$。当输入信号消失后，由于输出和输入之间的反馈作用，仍然有 $Q=1$，

$\overline{Q}=0$。因此使触发器处于1状态的输入端$\overline{S}$称为置1端（置位端），低电平有效。

3）触发器保持状态不变

当$\overline{R}=1$，$\overline{S}=1$时，电路中两个与非门的输出均由Q和$\overline{Q}$来决定。因此电路的现态是什么状态，电路的次态就是什么状态。

4）触发器的状态不定

当$\overline{R}=0$，$\overline{S}=0$时，电路中两个与非门均被封锁，从而迫使$Q=\overline{Q}=1$，两个输出端失去了互补性，这种输出信号没有真正的意义，并且在输入信号消失后Q和$\overline{Q}$的输出信号完全取决于G_1和G_2两个与非门在电气特性上的差别，无法预知电路的次态。这种输入条件下触发器所处的状态称为不定状态。因此在实际应用中这种状态是不允许出现的。为了避免出现这种状态，触发器的输入端$\overline{R}$和$\overline{S}$必须遵守不能同时为0的约束条件。

综上所述，由与非门构成的基本RS触发器有置0、置1和保持三种功能，电路的信号是低电平有效，也可以称为低电平有效的基本RS触发器。

3. 逻辑功能描述

1）特性表

由与非门构成的基本RS触发器的特性表如表8.1所示。

表8.1 由与非门构成的基本RS触发器的特性表

$\overline{R}$	$\overline{S}$	Q^n	Q^{n+1}	功能说明
0	0	0	×	不稳定状态
0	0	1	×	
0	1	0	0	置0（复位）
0	1	1	0	
1	0	0	1	置1（置位）
1	0	1	1	
1	1	0	0	保持状态不变
1	1	1	1	

2）特性方程

根据特性表画出触发器次态Q^{n+1}的卡诺图，如图8.2所示。

由卡诺图化简得出特性方程：

$$\begin{cases} Q^{n+1}=S+\overline{R}Q^n \\ \overline{S}+\overline{R}=1\text{（约束条件）} \end{cases}$$

3）状态转换图

状态转换图如图8.3所示。

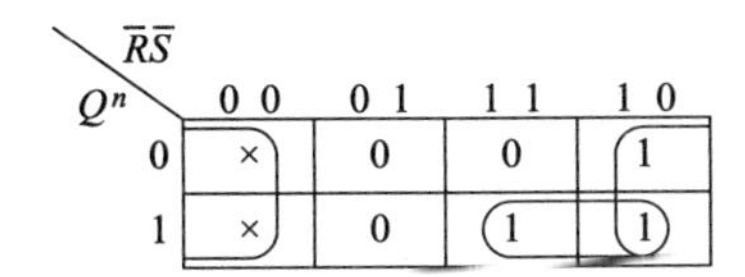

图8.2 与非门构成的基本RS触发器卡诺图

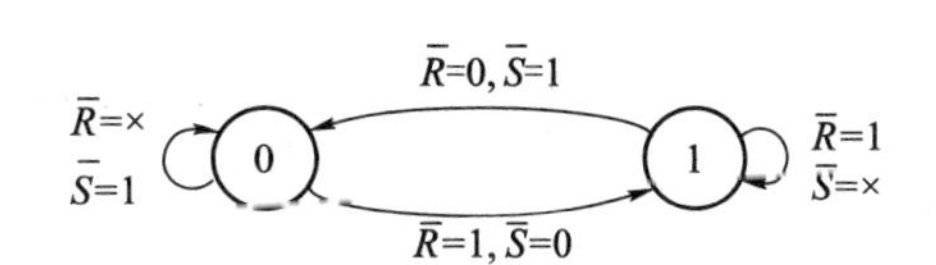

图8.3 与非门构成的基本RS触发器状态转换图

4）时序图

【例 8.1】 设与非门组成的基本 RS 触发器初始状态为 0，已知输入 $\overline{R}$、$\overline{S}$ 的波形图如图 8.4 所示，试画出输出 Q、$\overline{Q}$ 的波形图。

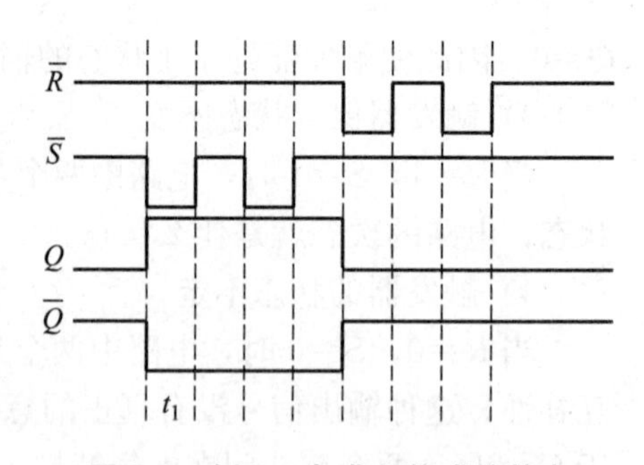

图 8.4 例 8.1 与非门构成的基本 RS 触发器波形分析

解：将每个时段对应的 $\overline{R}$、$\overline{S}$ 的波形高电平设为 1，低电平设为 0，代入特性方程 $\begin{cases} Q^{n+1}=S+\overline{R}Q^n \\ \overline{S}+\overline{R}=1 \text{（约束条件）} \end{cases}$ 或查询基本 RS 触发器的特性表得到 Q^{n+1} 的值并还原成波形。如在 t_1 时刻 $\overline{R}=1$，$\overline{S}=0$，$Q^n=0$，通过特性方程计算或查表可知 $Q^{n+1}=1$，因此在 t_1 时刻是高电平，同理可画出如图 8.4 所示 Q 与 $\overline{Q}$ 的波形图。注意，如果输入的波形信号使基本 RS 触发器处于不定态，Q^{n+1} 的波形可以是高电平也可以是低电平。

8.2.2 由或非门构成的基本 RS 触发器

1. 电路结构及逻辑符号

由图 8.5 可以看出，电路是由两个或非门的输入输出端交叉连接构成的，这种结构的基本 RS 触发器的有效信号是高电平。

2. 逻辑功能分析

用或非门构成的基本 RS 触发器电路的分析过程与用与非门构成的基本 RS 触发器的分析过程相同，分析后有以下的结论：

当 $S=1$，$R=0$ 时 $Q^{n+1}=1$，触发器置 1。S 为置位端，高电平有效。

当 $R=1$，$S=0$ 时 $Q^{n+1}=0$，触发器置 0。R 为复位端，高电平有效。

当 $S=R=0$ 时，$Q^{n+1}=Q^n$，触发器保持原状态不变。

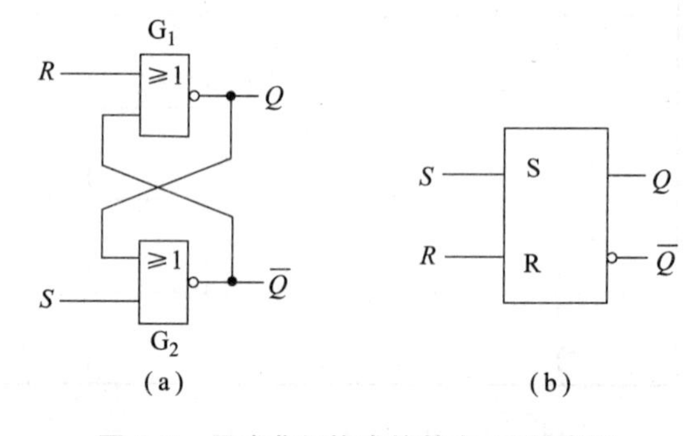

图 8.5 用或非门构成的基本 RS 触发器
(a) 电路图；(b) 逻辑符号

当 $S=R=1$ 时，触发器状态不定。这种情况是不允许出现的，所以 R 和 S 要满足不同时为 1 的约束条件。

综上所述，由或非门构成的基本 RS 触发器同样具有置 0、置 1 和保持三种功能，电路的信号是高电平有效，也可以称为高电平有效的基本 RS 触发器。

3. 逻辑功能描述

1）特性表

由或非门构成的基本 RS 触发器的特性表如表 8.2 所示。

2）特性方程

结合特性表和卡诺图化简写出触发器的特性方程：

$$\begin{cases} Q^{n+1}=S+\overline{R}Q^n \\ SR=0 \text{（约束条件）} \end{cases}$$

3）状态转换图

表 8.2 由或非门构成的基本 *RS* 触发器的特性表

R	S	Q^n	Q^{n+1}	功能说明
0	0	0	0	保持状态不变
0	0	1	1	
0	1	0	1	置 1（置位）
0	1	1	1	
1	0	0	0	置 0（复位）
1	0	1	0	
1	1	0	×	不定状态
1	1	1	×	

由或非门构成的基本 *RS* 触发器状态转换图如图 8.6 所示。

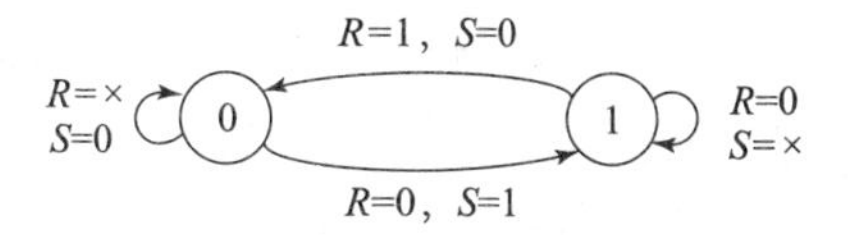

图 8.6 或非门构成的基本 *RS* 触发器状态转换图

基本 *RS* 触发器可以用来“记忆”1 位二进制信息，是最基本的记忆电路。基本 *RS* 触发器次态的产生均是由输入信号的电平来控制的，因此该触发器又被称为电平触发器。但是无论是由与非门构成还是由或非门构成，该触发器都存在约束条件。这给基本 *RS* 触发器的实际使用带来了一定的限制。

8.2.3 基本 *RS* 触发器的应用

【例 8.2】 用由与非门构成的基本 *RS* 触发器和与非门构成 4 位二进制数码寄存器。

解：(1) 题目分析：在数字系统中常会用到可以存放数据信息的部件，这种部件称为数据寄存器。触发器就是这种可以存储 1 位二进制数据的单元电路。如果要存储多位二进制数据，可以用多个触发器完成。题目要求存储 4 位二进制数码，因此需要 4 个触发器来构成。

(2) 设计实现：为了实现 4 位二进制数的存储，电路中需要有 4 个待存储数据输入端 $D_0 \sim D_3$，4 个读取数据输出端 $Q_0 \sim Q_3$，并且在电路中加入了两个控制端——清零信号端 $\overline{CR}$ 和置数信号端 LD，设计的电路图如图 8.7 所示。

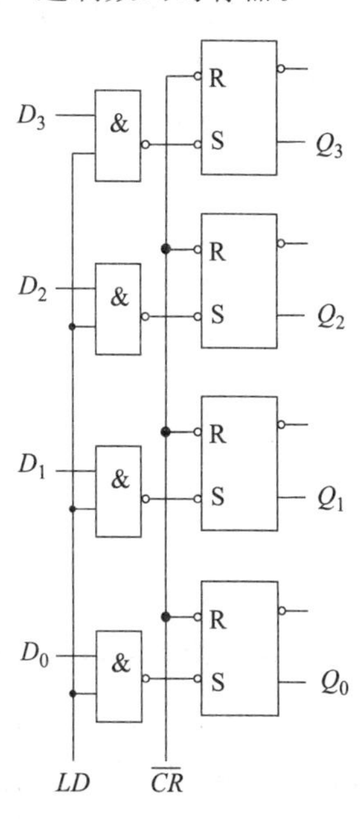

图 8.7 例 8.2 由 *RS* 触发器构成的 4 位寄存器电路

(3) 功能分析：

①清零功能：当 $\overline{CR}=0$，$LD=0$ 时，4 个与非门的输出均是高电平，因此 4 个触发器的 $\overline{S}$ 端为高电平，而 $\overline{R}$ 端均为低电平。触发器的输入信号是 $\overline{S}=1$，$\overline{R}=0$，使得各触发器均为“0”状态。当 $\overline{CR}$ 信号回到高电平后，$\overline{R}$ 端和 $\overline{S}$ 端输入均是高电平，触发器进入保持状态。

②置数功能：在清零之后，$\overline{CR}=1$，此时若有 $LD=1$，即在 LD 端输入高电平，则 4 个与非门的输出就由数据输入端 $D_0 \sim D_3$ 的实际输入信号来决定。由于存在与非门，所以 $D_0 \sim D_3$ 的信号会以反码的形式输入到对应的 $\overline{S}$ 端，根据基本 *RS* 触发器的逻辑功能可知，触发器进入的新状态将与 $D_0 \sim D_3$ 的输入信号量相一致。当 LD 端信号回到低电平后，$\overline{R}$ 端和 $\overline{S}$ 端输入均是高电平，触发器又进入保持状态。

③说明：置数需要在清零之后进行，否则触发器可能会出错。例如，触发器原来的状态为 1，如果不清零直接进入置数状态，当数据输入端 $D=0$，$\overline{S}=1$，$\overline{R}=1$ 时，触发器处于保持状态，结果触发器到达的次状态就是 1 而不是 0。

8.3 同步触发器

前面介绍的基本 *RS* 触发器是在输入信号的控制下工作的。而在数字系统中为了协调各个部件有节拍的工作，需要一些触发器在特定的时刻工作。为了实现这个需要，在触发器的输入端增加了一个同步信号来控制触发器的工作，使触发器只有在同步信号的作用下才能工作。这个同步信号称为时钟脉冲 *CP*。具有时钟脉冲控制的触发器，其状态的改变与时钟脉冲同步，所以称为同步触发器。同步触发器有两种触发信号：一种是高电平触发，如图 8.8（a）所示，工作信号为 $CP=1$；另一种是低电平触发，如图 8.8（b）所示，工作信号是 $\overline{CP}=0$。

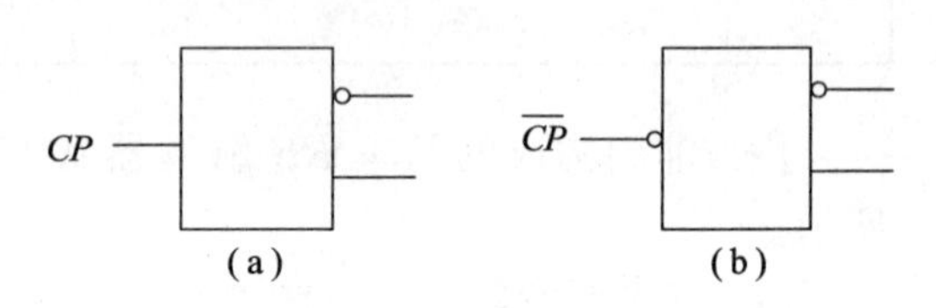

图 8.8 电平触发方式

（a）高电平触发；（b）低电平触发

8.3.1 同步 *RS* 触发器

1. 电路结构及逻辑符号

同步 *RS* 触发器的电路图如图 8.9（a）所示，从图中可以看出同步 *RS* 触发器在基本 *RS* 触发器电路的基础上增加了一组与非门和一个 *CP* 脉冲输入端。图 8.9（b）所示为其逻辑符号。

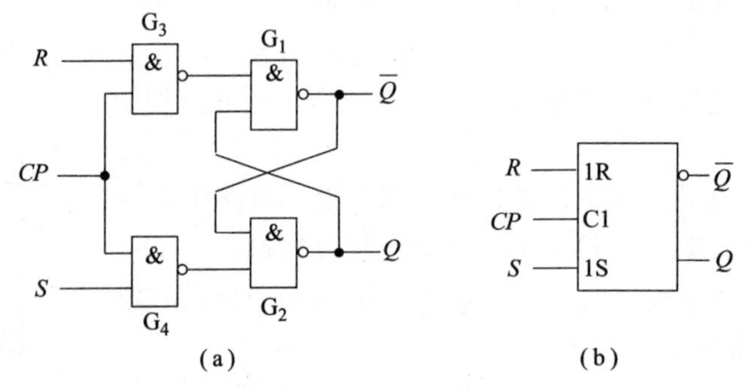

图 8.9 同步 *RS* 触发器

（a）电路图；（b）逻辑符号

2. 逻辑功能分析

（1）当 $CP=0$ 时，G_3、G_4 两个与非门被封锁，*R*、*S* 信号不起作用，G_3、G_4 两个与非门均输出 1，触发器的状态保持不变。

（2）当 $CP=1$ 时，G_3、G_4 两个与非门被打开，*R*、*S* 信号起作用，此时触发器的逻辑功能与高电平有效的基本 *RS* 触发器的逻辑功能相同。

3. 逻辑功能描述

1）特性表

同步 *RS* 触发器的特性表如表 8.3 所示。

表 8.3　同步 RS 触发器的特性表

CP	R	S	Q^n	Q^{n+1}	功能说明
1	0	0	0	0	保持原状态
	0	0	1	1	
1	0	1	0	1	触发器置 1
	0	1	1	1	
1	1	0	0	0	触发器置 0
	1	0	1	0	
1	1	1	0	×	输出状态不定
	1	1	1	×	
0	×	×	×	×	电路不工作，保持原状态

注：由特性表可以看出，电路的工作与否受 CP 信号的控制。

2）特性方程

同步 RS 触发器的特性方程与高电平有效的基本 RS 触发器的特性方程相同，只是工作条件不同。方程如下：

$$\begin{cases} Q^{n+1}=S+\bar{R}Q^n \\ SR=0\text{（约束条件）} \end{cases}\quad (CP=1\text{ 时有效})$$

3）状态转换图

同步 RS 触发器的状态转换图如图 8.10 所示。

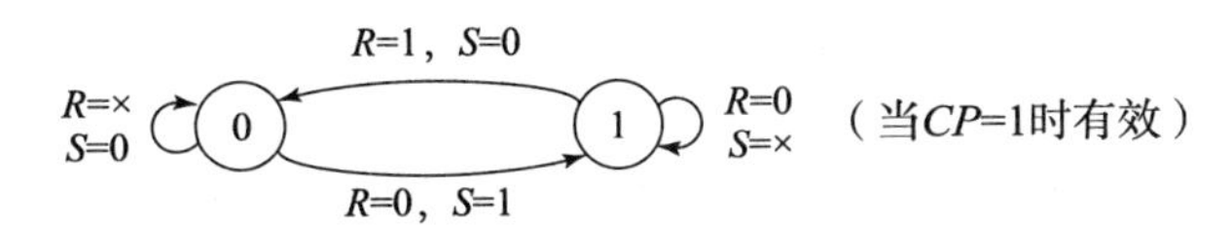

图 8.10　同步 RS 触发器的状态转换图

4）时序图：波形分析

下面举例进行波形分析。

【例 8.3】 设同步 RS 触发器初始状态为 0，已知输入 R、S 的波形图如图 8.11 所示，试画出输出 Q 的波形图。

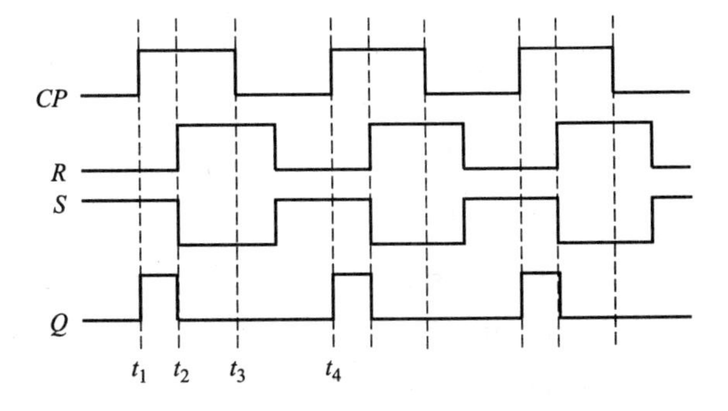

图 8.11　例 8.3 同步 RS 触发器波形分析

解：对于同步 RS 触发器在 $CP=0$ 期间，触发器保持状态不变；当 $CP=1$ 时将每个时段对应的 R、S 的波形高电平设为 1，低电平设为 0，代入特性方程

$$\begin{cases} Q^{n+1}=S+\bar{R}Q^n \\ SR=0\text{（约束条件）} \end{cases}\quad (CP=1\text{ 时有效})$$

或查其特性表得出 Q^{n+1} 的值并还原成波形。

在 $t_1 \sim t_2$ 时段 $CP=1$，此时触发器处于工作状态，此时 $R=0$，$S=1$，$Q^n=0$，可得 $Q^{n+1}=1$。

在 $t_2 \sim t_3$ 时段，触发器仍处于工作状态，此时 $R=1$，$S=0$，$Q^n=1$，可得 $Q^{n+1}=0$。

在 $t_3 \sim t_4$ 时段 $CP=0$，电路处于非工作状态，输出信号保持不变。

同理可画出如图 8.11 所示的 Q 的波形图。

注意，如果在 $CP=1$ 期间输入的波形信号使基本 RS 触发器处于不定态，Q^{n+1} 的波形可以是高电平也可以是低电平。

8.3.2 同步 *D* 触发器

通过上面的讨论可知，无论哪一种 RS 触发器都存在约束条件，这使得 RS 触发器的使用受到了限制。为了解决 RS 触发器存在的约束条件问题，出现了一种改进型的触发器——D 触发器。

1. 电路结构及逻辑符号

同步 D 触发器的电路图和逻辑符号如图 8.12 所示。

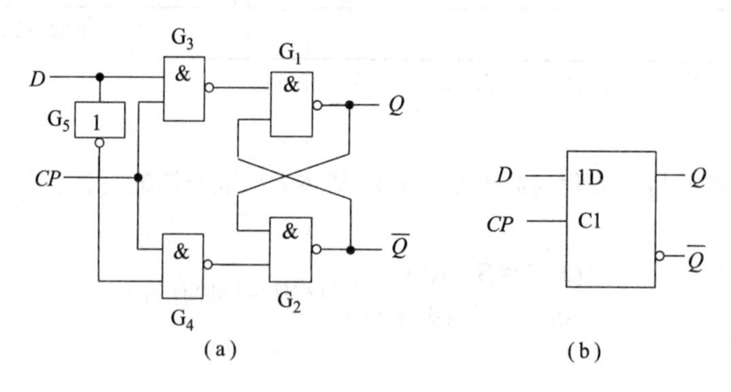

图 8.12 同步 *D* 触发器

(a) 电路图；(b) 逻辑符号

由逻辑图可知，同步 D 触发器是将同步 RS 触发器的信号输入端 R、S 接在了一起并加入了一个非门 G_5，使得输入到 G_3、G_4 的信号始终保持互补的状态，实现了约束条件的 $\overline{R}+\overline{S}=1$ 或 $RS=0$，从而避免了基本 RS 触发器中不稳定状态的产生。

2. 逻辑功能分析

(1) 当 $CP=0$ 时，G_3、G_4 两个与非门被封锁，D 信号不起作用，G_1、G_2 两个与非门输出均为 1，触发器的状态保持不变，即 $Q^{n+1}=Q^n$。

(2) 当 $CP=1$ 时，G_3、G_4 两个与非门被打开，D 信号起作用。

若 $D=1$，则相当于同步 RS 触发器的信号输入端 $R=0$，$S=1$，$Q^{n+1}=1$，触发器置 1。

若 $D=0$，则相当于同步 RS 触发器的信号输入端 $R=1$，$S=0$，$Q^{n+1}=0$，触发器置 0。

综上所述，在 CP 信号起作用的情况下，触发器的次态 Q^{n+1} 与 D 端输入信号相同。

3. 逻辑功能描述

1) 特性表

同步 D 触发器的特性表如表 8.4 所示。

2) 特性方程

$$Q^{n+1}=D \quad (\text{当 } CP=1 \text{ 时有效})$$

3) 状态转换图

同步 D 触发器的状态转换图如图 8.13 所示。

表 8.4　同步 D 触发器特性表

CP	D	Q^n	Q^{n+1}	功能说明
1	0	0	0	输出状态与 D 状态相同
1	0	1	0	
1	1	0	1	
1	1	1	1	
0	×	×	Q^n	保持状态不变

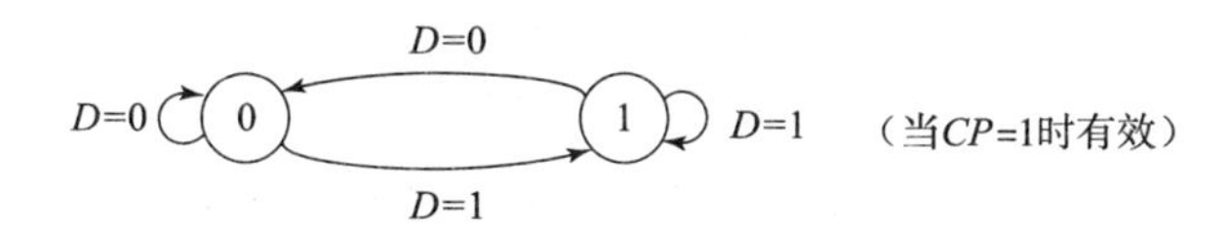

图 8.13　同步 D 触发器的状态转换图

4）时序图：波形分析

下面举例进行波形分析。

【例 8.4】　设同步 D 触发器初始状态为 0，已知输入端 D 的波形图如图 8.14 所示，试画出输出 Q 的波形图。

解：当 $CP=0$ 时，触发器保持状态不变；当 $CP=1$ 时，触发器处于工作状态，将每个时段对应的 D 的波形高电平设为 1，低电平设为 0，代入特性方程

$$Q^{n+1}=D\text{（当 }CP=1\text{ 时有效）}$$

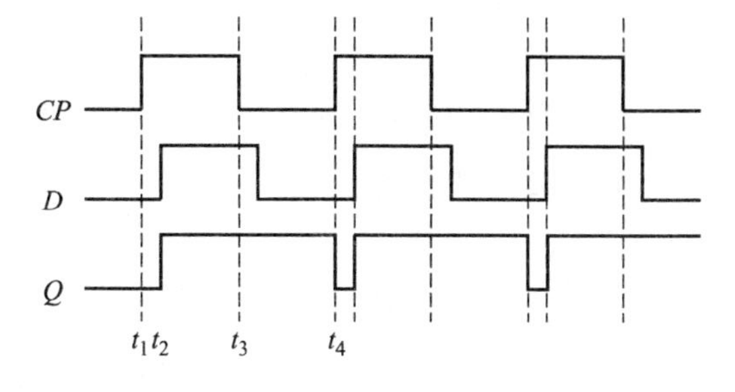

图 8.14　例 8.4 同步 D 触发器波形分析

或查同步 D 触发器特性表得出 Q^{n+1} 的值并还原成波形：

在 $t_1 \sim t_2$ 时段 $CP=1$，触发器处于工作状态，此时 $D=0$，可得 $Q^{n+1}=0$。

在 $t_2 \sim t_3$ 时段 $CP=1$，触发器仍处于工作状态，此时 $D=1$，可得 $Q^{n+1}=1$。

在 $t_3 \sim t_4$ 时段 $CP=0$，电路处于非工作状态，触发器的状态保持不变。

同理可画出如图 8.14 所示 Q 的波形图。

8.3.3　同步 JK 触发器

同步 JK 触发器同样是为了解决同步 RS 触发器中不稳定状态的问题而产生的改进型触发器。

1. 电路结构及逻辑符号

同步 JK 触发器的电路图及逻辑符号如图 8.15 所示，由图可知，在同步 RS 触发器的基础上增加了两条反馈线，由输出端交叉引入到输入端的与非门上，并将 S 改为 J，将 R 改为 K，从而就形成了同步 JK 触发器。

2. 逻辑功能分析

当 $CP=0$ 时，G_3、G_4 两个与非门被封锁，输入信号不起作用，G_3、G_4 两个与非门输出均为 1，触发器的状态保持不变，即 $Q^{n+1}=Q^n$。

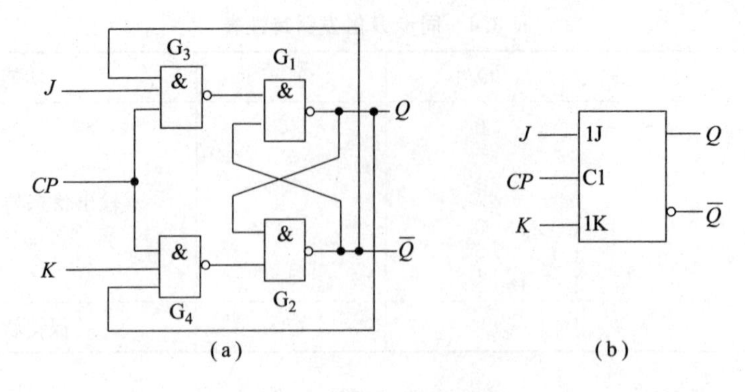

图 8.15　同步 *JK* 触发器

(a) 电路图；(b) 逻辑符号

当 $CP=1$ 时，G_3、G_4 两个与非门被打开，输入信号起作用。触发器有以下四种情况：

(1) 当 $J=0$，$K=0$ 时，$G_3=G_4=1$，因此 $Q^{n+1}=Q^n$，触发器状态保持不变。

(2) 当 $J=1$，$K=1$ 时，若 $Q^n=0$，则由电路分析可知，$G_3=0$，$G_4=1$，触发器发生翻转，即 $Q^{n+1}=1$；若 $Q^n=1$，则由电路分析可知，$G_3=1$，$G_4=0$，触发器也发生翻转，即 $Q^{n+1}=0$。所以当 $J=1$，$K=1$ 时，$Q^{n+1}=\overline{Q^n}$。

(3) 当 $J=0$，$K=1$ 时，$Q^{n+1}=0$，触发器置 0。

(4) 当 $J=1$，$K=0$ 时，$Q^{n+1}=1$，触发器置 1。

3. 逻辑功能描述

1) 特性表

同步 *JK* 触发器的特性表如表 8.5 所示。

表 8.5　同步 *JK* 触发器的特性表

CP	J	K	Q^n	Q^{n+1}	功能说明
1	0	0	0	0	保持原状态
	0	0	1	1	
1	0	1	0	0	输出状态与 J 状态相同
	0	1	1	0	
1	1	0	0	1	输出状态与 J 状态相同
	1	0	1	1	
1	1	1	0	1	每输入一个脉冲 CP 信号，输出状态改变一次
	1	1	1	0	
0	×	×	×	Q^n	触发器不工作，保持原状态

2) 特性方程

由特性表可以画出 Q^{n+1} 的卡诺图，如图 8.16 所示。

化简得到特性方程：

$$Q^{n+1}=J\overline{Q^n}+\overline{K}Q^n\text{（}CP=1\text{ 时有效）}$$

3) 状态转换图

同步 *JK* 触发器的状态转换图如图 8.17 所示。

4) 时序图：波形分析

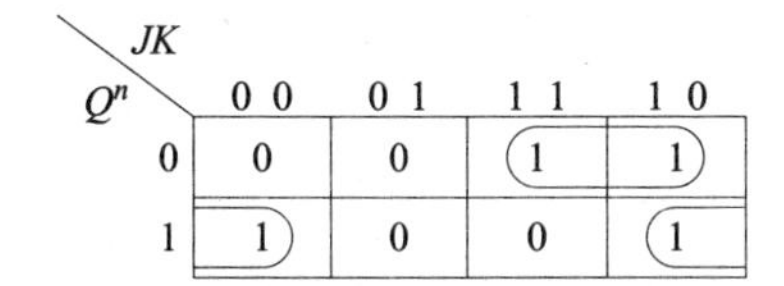

图 8.16　同步 *JK* 触发器卡诺图

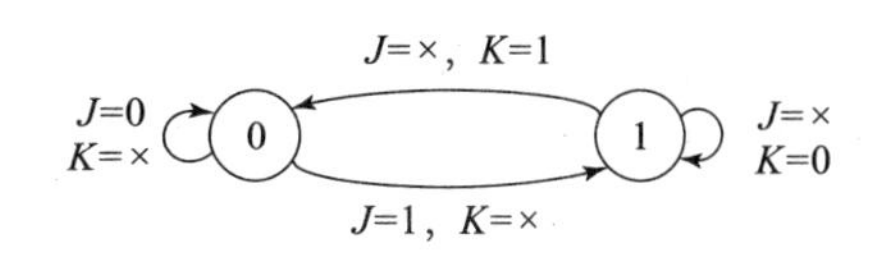

图 8.17　同步 *JK* 触发器的状态转换图

下面举例进行波形分析。

【例 8.5】 设同步 JK 触发器初始状态为 0，已知 J、K 两个输入端的波形图如图 8.18 所示，试画出输出 Q 的波形图。

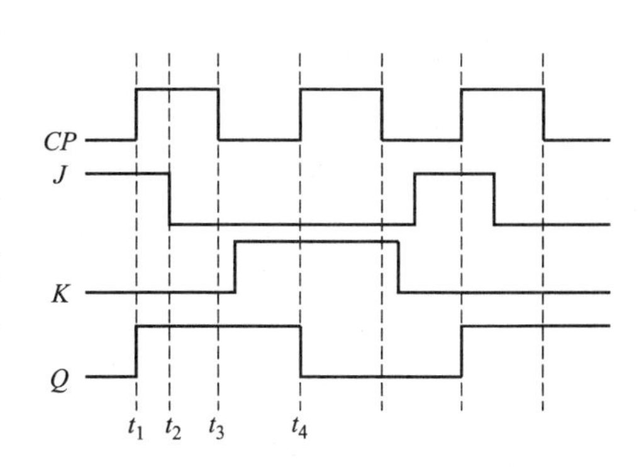

图 8.18　例 8.5 同步 *JK* 触发器波形分析

解：当 $CP=0$ 时，触发器保持状态不变；当 $CP=1$ 时，触发器处于工作状态，将每个时段对应的 J、K 的波形高电平设为 1，低电平设为 0，代入特性方程

$$Q^{n+1}=J\overline{Q^n}+\overline{K}Q^n(CP=1\text{ 时有效})$$

或查 JK 触发器特性表得出 Q^{n+1} 的值并还原成波形：

在 $t_1 \sim t_2$ 时段 $CP=1$，触发器处于工作状态，此时 $J=1$，$K=0$，$Q^n=0$，因此 $Q^{n+1}=1$。

在 $t_2 \sim t_3$ 时段 $CP=1$，触发器仍处于工作状态，此时 $J=0$，$K=0$，$Q^n=1$，因此 $Q^{n+1}=1$。

在 $t_3 \sim t_4$ 时段 $CP=0$，电路处于非工作状态，触发器的状态保持不变。

以此类推，可画出如图 8.18 所示 Q 的波形图。

8.3.4　同步触发器的空翻现象

在一个时钟周期的整个高电平期间或整个低电平期间同步触发器都能接收输入信号并改变状态的触发方式称为电平触发。假定同步触发器在 $CP=1$ 期间接收输入信号，若输入信号在此期间发生多次变化，其输出状态也会随之发生翻转。这种在一个时钟脉冲周期中，触发器发生多次翻转的现象称为空翻。图 8.19 所示为同步 RS 触发器的空翻现象。

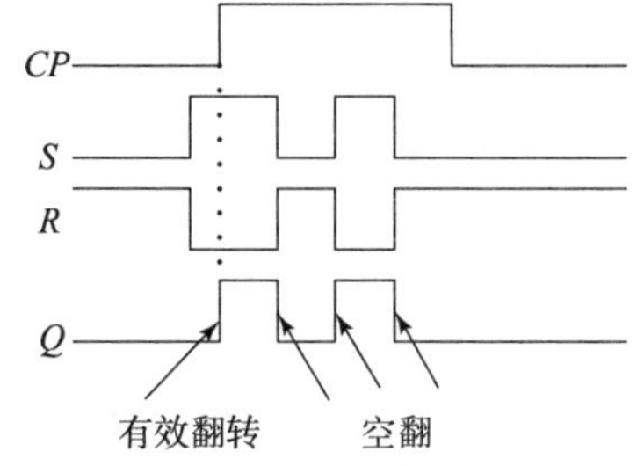

图 8.19　同步 *RS* 触发器的空翻现象

从图 8.19 中可以看出，在有效翻转之后，电路中发生了三次空翻。空翻是一种有害的现象，它使得时序电路不能按时钟节拍工作，造成系统的误动作；同时，空翻还降低了系统的抗干扰能力。因此同步触发器也存在一定的缺陷。

为了克服同步触发器的空翻现象，又产生了主从、边沿等多种无空翻现象的触发器，应用较多的是性能较好的边沿触发器。

8.4　主从触发器

主从结构触发器是在同步触发器的基础上发展起来的一种改进型触发器。主从结构触发器较好地解决了同步触发器的空翻问题，比同步触发器有更高的稳定性。

8.4.1 主从 *RS* 触发器

1. 电路结构及逻辑符号

主从 *RS* 触发器的电路图如图 8.20 所示，从电路图中可以看出该触发器是由两个同步 *RS* 触发器串联组成的。电路的特点就是主触发器的 *CP* 信号经过一个非门后输入到了从触发器的同步信号输入端，使得两个触发器的时钟同步信号始终保持互补，因此两个触发器工作在不同的时钟区域。

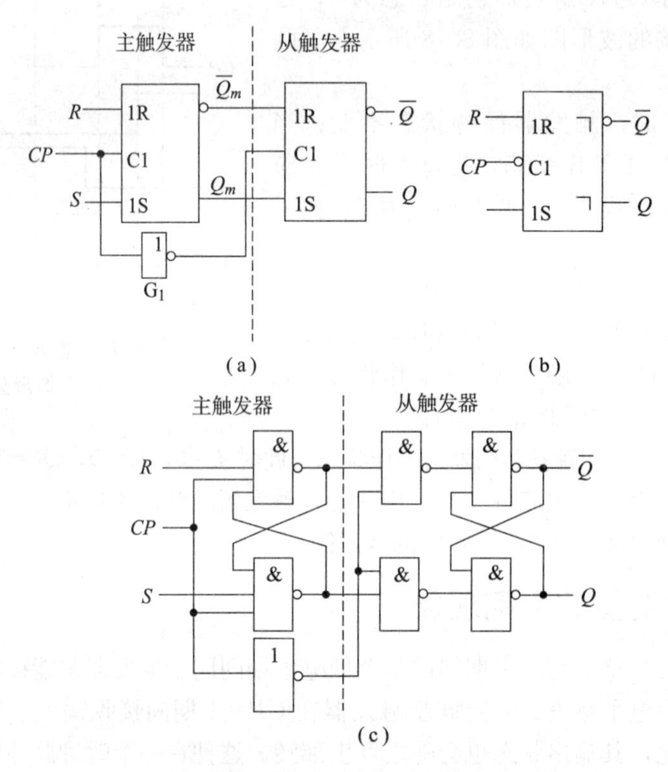

图 8.20 主从 *RS* 触发器

(a) 由 *RS* 触发器实现的逻辑图；(b) 逻辑符号；

(c) 由门器件实现的电路图

2. 逻辑功能分析

主从 *RS* 触发器的触发翻转分为两个节拍：

(1) 当 $CP=1$ 时，$\overline{CP}=0$，这时主触发器工作，接收 *R* 和 *S* 端的输入信号；从触发器被封锁，保持原状态不变。

(2) 当 *CP* 由 1 下降到 0 时，即 $CP=0$、$\overline{CP}=1$。主触发器被封锁，输入信号 *R*、*S* 不再影响主触发器的状态。而这时从触发器工作，接收主触发器输出端的状态，即 $Q^{n+1}=Q_m^{n+1}$、$\overline{Q^{n+1}}=\overline{Q_m^{n+1}}$。由此可见从触发器的状态转换到主触发器所处的状态。

由分析可知，主从触发器的翻转是在 *CP* 由 1 变 0 时刻（*CP* 下降沿）发生的，*CP* 一旦变为 0 后，主触发器被封锁，其状态保持不变，从触发器的状态也跟着保持不变。因此主从触发器对输入信号的响应时间大大缩短，只在 *CP* 由 1 变 0 的时刻触发翻转，所以不会有空翻现象。

3. 逻辑功能描述

除工作时钟条件不同，主从 RS 触发器的逻辑功能与同步 RS 触发器的逻辑功能相同，并且也有约束条件。其特性方程为

$$\begin{cases} Q^{n+1}=S+\bar{R}Q^n \\ SR=0\text{（约束条件）} \end{cases}\text{（}CP\text{ 下降沿到来时有效）}$$

逻辑符号图中的“┐”表示输出延迟符号，它表示主从触发器输出状态的变化滞后于主触发器。主触发器状态的变化发生在 CP 上升沿，而主从触发器输出状态的变化发生在 CP 下降沿。

8.4.2　主从 *JK* 触发器

主从 RS 触发器虽然解决了空翻问题，但是其本身仍然存在约束条件。为了解决约束条件的问题，产生了主从 JK 触发器。

1. 电路结构及逻辑符号

主从 JK 触发器电路图和逻辑符号如图 8.21 所示，由图可知，在主从 RS 触发器的基础上增加了两条反馈线，由输出端交叉引入到输入端的两个与非门上，并将 S 改为 J，将 R 改为 K，从而就形成了主从 JK 触发器。

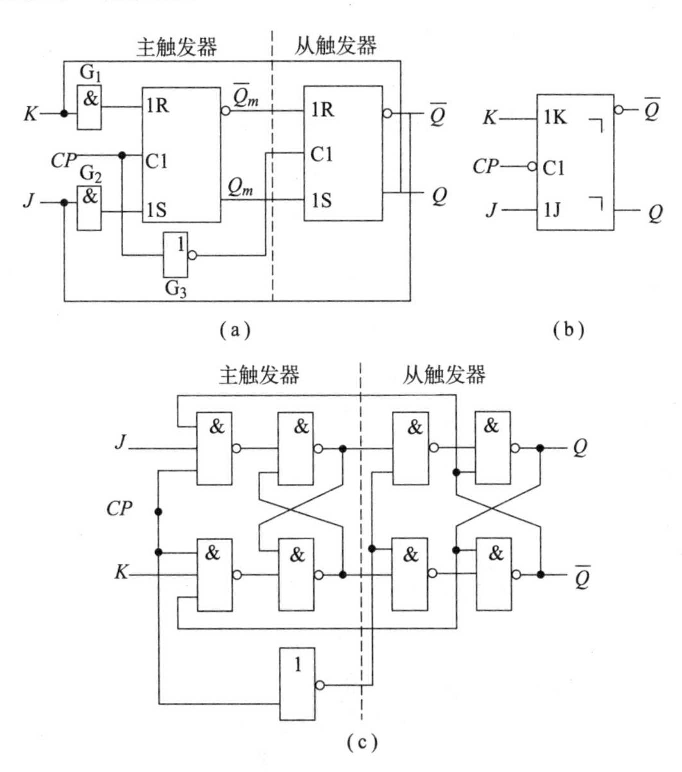

图 8.21　主从 *JK* 触发器

(a) 由 RS 触发器实现的逻辑图；(b) 逻辑符号；(c) 由门器件实现的电路图

2. 逻辑功能分析

主从 JK 触发器的触发翻转分为两个节拍：

(1) 当 $CP=1$ 时，$\overline{CP}=0$，这时主触发器工作，接收 J 和 K 端的输入信号；从触发器被封锁，保持原状态不变。

(2) 当 CP 由 1 下降到 0 时，即 $CP=0$、$\overline{CP}=1$。主触发器被封锁，输入信号 J、K 不再影响主触发器的状态。而这时从触发器工作，接收主触发器输出端的状态，即 $Q^{n+1}=Q_m^{n+1}$、$\overline{Q^{n+1}}=\overline{Q_m^{n+1}}$，由此可见从触发器的状态转换到主触发器所处的状态。

两个互补反馈信号的引入使得两个与非门 G_1、G_2 输出端的信号始终保持互补，避免了不定状态的产生，从而解决了主从 RS 触发器存在约束条件的问题。

3. 逻辑功能描述

除工作时钟条件不同，主从 JK 触发器的逻辑功能与同步 JK 触发器的逻辑功能相同。其特性方程为

$$Q^{n+1}=J\overline{Q^n}+\overline{K}Q^n\text{（}CP\text{ 下降沿到来时有效）}$$

4. 波形分析

下面举例进行波形分析。

【例 8.6】 设主从 JK 触发器初始状态为 0，已知 J、K 两个输入端的波形图如图 8.22 所示，试画出输出端 Q 的波形图。

解：在画主从触发器的波形图时，应注意以下两点：

(1) 触发器的触发翻转发生在时钟脉冲的跳变沿（这里是下降沿）；

(2) 触发器在其要求的时钟脉冲到来前后，触发器的状态保持不变。

将每个有效时刻对应的 J、K 的波形高电平设为 1，低电平设为 0，代入特性方程

$$Q^{n+1}=J\overline{Q^n}+\overline{K}Q^n\text{（}CP\text{ 下降沿到来时有效）}$$

或查 JK 触发器特性表得出 Q^{n+1} 的值并还原成波形，可画出如图 8.22 所示的 Q 的波形图。

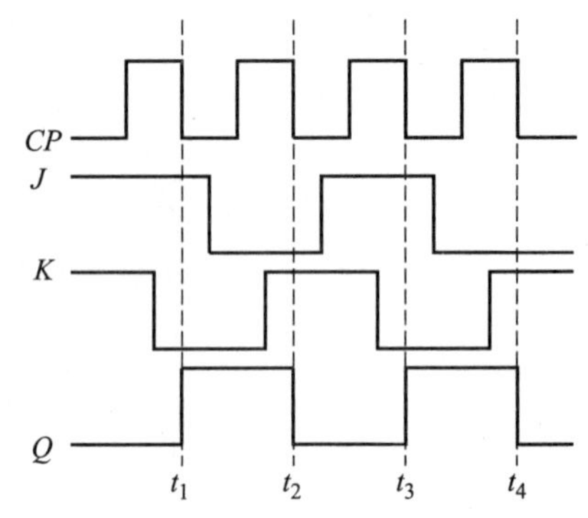

图 8.22 例 8.6 主从 JK 触发器波形分析

5. 主从 *JK* 触发器的一次翻转现象

由于主从 JK 触发器由两个同步 RS 触发器构成，并且主触发器的输入端 S 和 R 分别引入了从触发器的反馈信号 $\overline{Q}$ 和 Q，主触发器中的一边总有一个 0（Q 或 $\overline{Q}$）被封锁，因而主触发器只能单边触发，单边触发只能置 0 或置 l；这样，主从 JK 触发器中的主触发器在 $CP=1$ 期间只能翻转一次，主触发器只要翻转过一次后，不管 J、K 如何变化，也不能再变回原状态，这种现象称为一次翻转现象。由图 8.23 可知，主从 JK 触发器在 $CP=1$ 期间，主触发器只对 J 触发端输入的第一次信号进行了响应，即只变化翻转了一次。一次翻转现象也是一种有害的现象，如果在 $CP=1$ 期间，输入端在正常输入信号之前出现了干扰信号，那么电路就会响应干扰信号造成正常信号无法输入，从而导致触发器输出错误信息。为了避免发生一次变化现象，在使用主从 JK 触发器时，要保证在 $CP=1$ 期间，J、K 保持状态不变。要解决一次翻转问题，仍应从电路结构上入手，让触发器只接收 CP 触发沿到来前一瞬间的输入信号。这种改进型的触发器称为边沿触发器。

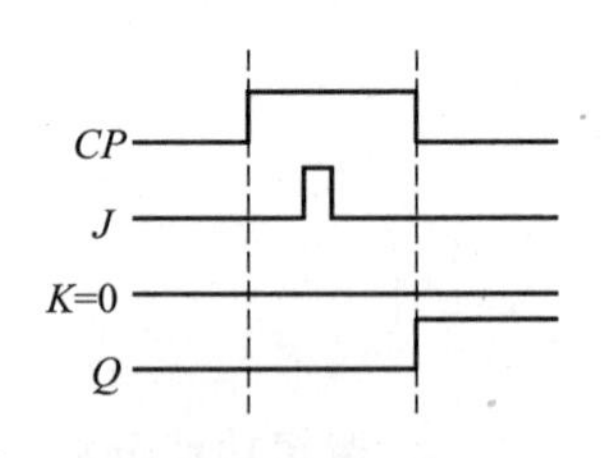

图 8.23 主从 JK 触发器的一次翻转现象

8.5 边沿触发器

为了解决主从触发器中的一次变化问题，提高触发器的抗干扰能力，产生了边沿触发器。这种触发器的动作特点是不仅将触发器的触发翻转控制在CP触发沿到来的一瞬间，而且将接收输入信号的时间也控制在CP触发沿到来的一瞬间。可以通过设计使CP触发信号到来前触发器的输入端输入信号达到稳定状态，最大限度地保证输入信号的正确性，从而提高了触发器的抗干扰能力。边沿触发器既没有空翻现象，也没有一次变化问题，与以上讨论过的触发器比较起来具有高可靠性和抗干扰能力。

边沿触发器的边沿指的是CP触发信号由高电平变化到低电平的时刻（下降沿）或是由低电平上升到高电平的时刻（上升沿）。边沿触发器的CP端符号在逻辑图中有两种，图8.24（a）所示为触发器上升沿有效，图8.24（b）所示为触发器下降沿有效。

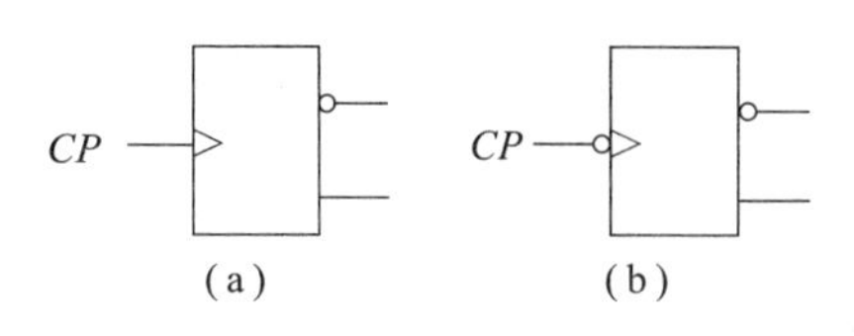

图8.24 边沿触发器的CP端符号

（a）逻辑器件上升沿有效；（b）逻辑器件下降沿有效

边沿触发器和8.4节讨论的主从触发器都是在CP触发信号发生变化时工作的，二者看似相同，但它们之间是有区别的。由8.4节的讨论可知，主从触发器如果想在电压下降时有效，就必须在$CP=1$期间加入输入信号，并且为了避免一次翻转现象的发生，还要求在此期间正常输入信号之前电路中不能有干扰信号。由此可以看出，主从触发器的状态与CP边沿时刻到来前电路的输入状态有关。而边沿触发器的输出状态仅与CP边沿时刻到来时电路的输入状态有关，与此时刻之前和之后的状态都无关，它不要求$CP=1$期间输入端的输入信号是否稳定，只要保证CP边沿时刻到来时电路中输入的是正常信号即可。

8.5.1 利用门电路传输延迟的边沿*JK*触发器

1. 电路结构及逻辑符号

边沿JK触发器的电路图如图8.25（a）所示，图中虚线的右边是一个基本RS触发器，左边是G_3、G_4两个与非门，负责输入信号与输出端交叉反馈信号的接收。这个电路在制造时

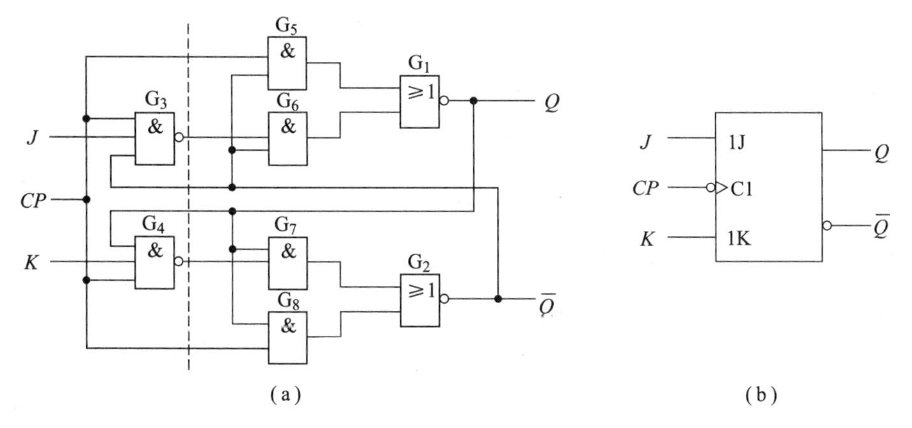

图8.25 边沿*JK*触发器

（a）电路图；（b）逻辑符号

有特殊要求，即 G_3、G_4 的传输延迟时间必须大于基本 RS 触发器的翻转时间。逻辑符号如图 8.25（b）所示。

2. 逻辑功能分析

（1）当 $CP=0$ 时与非门 G_5、G_8、G_3、G_4 均被封锁。此时 $Y_1=Y_2=1$ 使得 G_6、G_7 两个门打开，基本 RS 触发器的状态通过交叉连接被保持。

（2）当 CP 信号由 0 变为 1 时，G_5、G_8 两个与门被打开，基本 RS 触发器的状态同样被保持。

（3）当 CP 信号由 1 变为 0 时，G_5、G_8 两个与门先被封锁，但由于设计要求 G_3、G_4 的传输延迟时间大于基本 RS 触发器的翻转时间，所以 G_3、G_4 的输出信号 Y_1、Y_2 暂时不会发生变化，Y_1、Y_2 的信号会在基本 RS 触发器的新状态产生前对触发电路产生影响。当基本 RS 触发器的新状态产生后，G_3、G_4 两个门才会输出封锁之后的新信号。

综上所述，为了保证触发器的工作，G_3、G_4 的传输延迟时间应大于基本 RS 触发器的翻转时间，否则无法实现电路的逻辑要求。

3. 逻辑功能描述

除工作时钟条件不同，边沿 JK 触发器的逻辑功能与同步或主从 JK 触发器的逻辑功能相同。其特性方程为

$$Q^{n+1}=J\overline{Q^n}+\overline{K}Q^n（CP\text{ 下降沿有效}）$$

4. 波形分析

下面举例进行波形分析。

【例 8.7】 设边沿 JK 触发器初始状态为 1，已知 J、K 两个输入端的波形图如图 8.26 所示，画出输出 Q 的波形图。

解：在画边沿触发器的波形图时，应注意以下两点：

（1）触发器的触发翻转发生在时钟脉冲的跳变沿（这里是下降沿）；

（2）判断触发器次态的依据是时钟脉冲跳变沿前一瞬间（这里是下降沿前一瞬间）的输入状态。

根据边沿 JK 触发器的特性方程或特性表可画出如图 8.26 所示的 Q 的波形图。

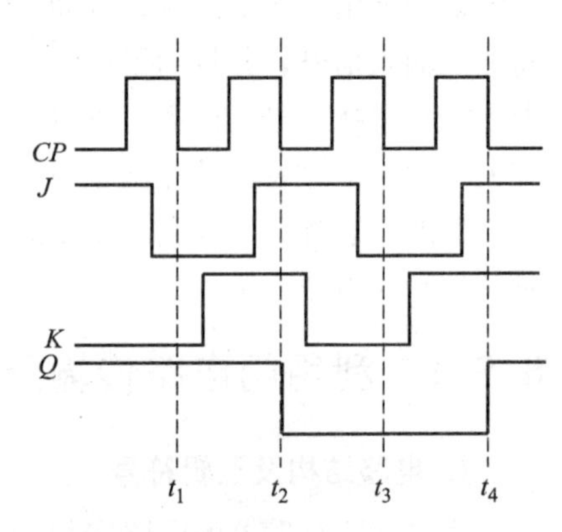

图 8.26 例 8.7 边沿 JK 触发器波形分析

8.5.2 维持-阻塞 D 触发器

维持-阻塞 D 触发器是一种有效防止空翻的边沿触发器。维持-阻塞指利用多条反馈线路传输维持信号和阻塞信号，防止电路发生空翻。

1. 电路结构及逻辑符号

图 8.27（a）所示为维持-阻塞 D 触发器的电路图，由图可以看出该电路由两级触发器组成，一级触发器实现信号的维持与干扰的阻塞，二级触发器实现逻辑功能的输出。维持-阻塞 D 触发器的工作信号是 CP 上升沿有效，逻辑符号如图 8.27（b）所示。

2. 逻辑功能描述

除工作时钟条件不同，维持-阻塞 D 触发器的逻辑功能与同步 D 触发器的逻辑功能相同。

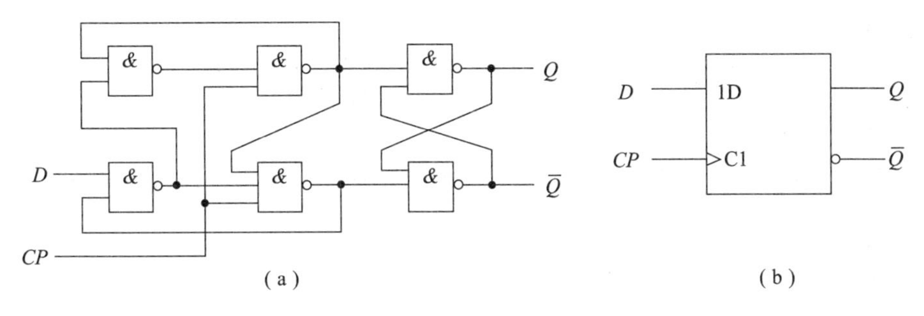

图 8.27 维持-阻塞 D 触发器

(a) 电路图；(b) 逻辑符号

其特性方程为

$$Q^{n+1}=D \quad (CP\text{ 上升沿有效})$$

3. 波形分析

下面举例进行波形分析。

【例 8.8】 设维持-阻塞 D 触发器的初始状态为 0，已知输入端 D 信号的波形图如图 8.28 所示，试画出输出 Q 的波形图。

解：维持-阻塞 D 触发器触发翻转发生在时钟脉冲的触发沿（这里是上升沿）。而且判断维持-阻塞 D 触发器次态的依据是时钟脉冲触发沿前一瞬间（这里是上升沿前一瞬间）输入端的状态。根据触发器的特性方程或特性表可画出如图 8.28 所示的 Q 的波形图。

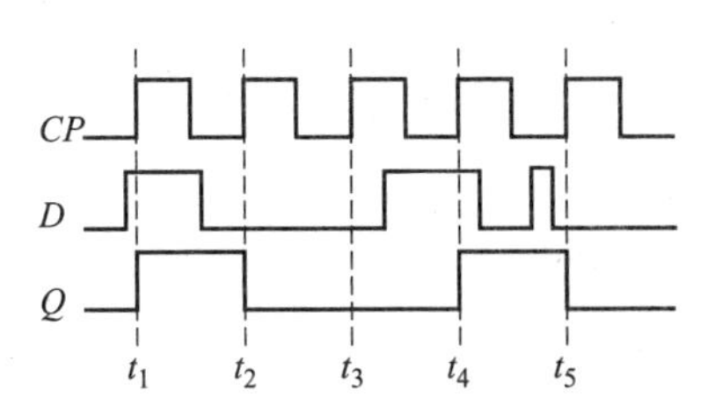

图 8.28 例 8.8 维持-阻塞 D 触发器的波形分析

8.6 触发器逻辑功能的转换

8.6.1 触发器逻辑功能转换的原因

触发器的逻辑功能和电路结构无对应关系。同一功能的触发器可用不同结构实现，同一结构触发器可做成不同的逻辑功能。

前面介绍了 RS、D 和 JK 三种常见触发器。这三种触发器各有特色，如 JK 触发器有两个数据输入端，使用灵活；D 触发器只有一个数据输入端，使用简单等。在实际电路设计中应量才选择触发器。另外，目前市面上出售的集成触发器大多数是 JK 触发器和 D 触发器，因此需要掌握触发器逻辑功能的转换方法。掌握好触发器之间的转换方法，可使逻辑电路不受触发器类型的控制，能更好地灵活设计出更简单的逻辑功能电路。

8.6.2 触发器逻辑功能转换的方法

触发器逻辑功能的转换一般采用以下方法步骤：

1. 写特征方程

写出已有触发器和待求触发器的特征方程。

2. 变换特征方程

变换待求触发器的特征方程，使之形式与已有触发器的特征方程一致。

3. 比较系数

根据方程式变量相同、系数相等则方程一定相等的原则，比较已有和待求触发器的特征方程，求出转换逻辑。

4. 画逻辑图

根据转换逻辑画出逻辑图。

需要注意的是，逻辑功能变换的关键是变换待求触发器的特性方程（与现有触发器的特征方程形式类似），进而解决已有触发器的输入端的接法。

8.6.3 触发器逻辑功能转换举例

1. *D* 触发器转换成 *JK* 触发器

1）写特征方程

D 触发器的特征方程：

$$Q^{n+1}=D$$

JK 触发器的特征方程：

$$Q^{n+1}=J\overline{Q^n}+\overline{K}Q^n$$

2）变换特征方程

变换 JK 触发器的特征方程，使之形式与已有 D 触发器的特征方程一致。

$$Q^{n+1}=J\overline{Q^n}+\overline{K}Q^n=D$$

3）求出转换逻辑

将两个触发器的特征方程进行比较，可见，使 D 触发器的输入为 $D=J\overline{Q^n}+\overline{K}Q^n=\overline{\overline{J\overline{Q^n}}\;\overline{\overline{K}Q^n}}$，则 D 触发器实现 JK 触发器的功能。

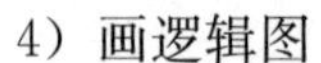

4）画逻辑图

将 D 触发器的输入信号用转换逻辑连接实现 JK 触发器的功能，如图 8.29 所示。

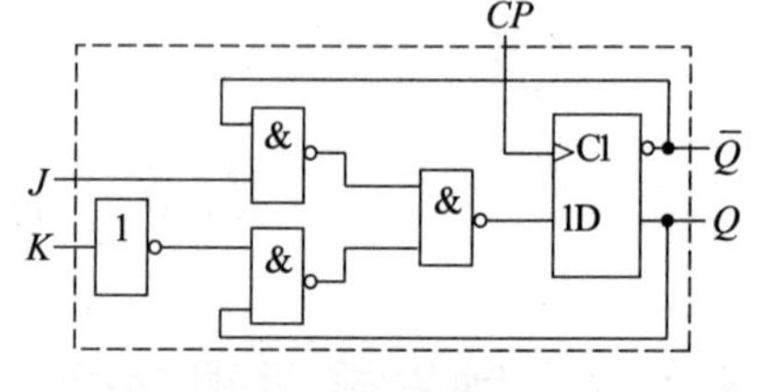

图 8.29 *D* 触发器转换成 *JK* 触发器

2. *D* 触发器转换成 *RS* 触发器

1）写特征方程

D 触发器的特征方程：

$$Q^{n+1}=D$$

RS 触发器的特征方程：

$$Q^{n+1}=S+\overline{R}Q^n$$

2）变换特征方程

变换 RS 触发器的特征方程，使之形式与已有 D 触发器的特征方程一致。

$$Q^{n+1}=S+\overline{R}Q^n$$

3）比较系数，求出转换逻辑

将两个触发器的特征方程进行比较，可见，使 D 触发器的输入为 $D=S+\overline{R}Q^n=\overline{\overline{S}\;\overline{\overline{R}Q^n}}$，

则 D 触发器实现 RS 触发器的功能。

4）画逻辑图

将 D 触发器的输入信号用转换逻辑连接实现 RS 触发器的功能，如图 8.30 所示。

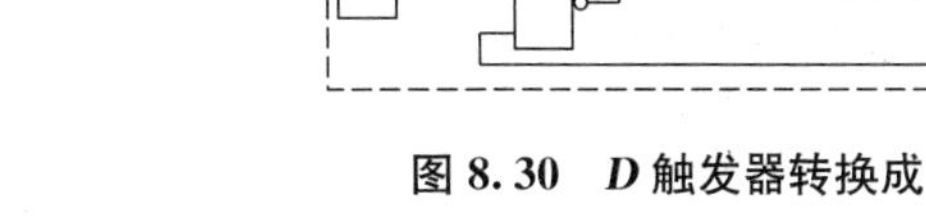

图 8.30　*D* 触发器转换成 *RS* 触发器

3. *JK* 触发器转换成 *D* 触发器

1）写特征方程

JK 触发器的特征方程：

$$Q^{n+1}=J\overline{Q^n}+\overline{K}Q^n$$

D 触发器的特征方程：

$$Q^{n+1}=D$$

2）变换特征方程

变换 D 触发器的特征方程，使之形式与已有 JK 触发器的特征方程一致。

$$Q^{n+1}=D=D(Q^n+\overline{Q^n})=D\overline{Q^n}+\overline{\overline{D}}Q^n$$

3）求出转换逻辑

将两个触发器的特征方程进行比较，可见，使 JK 触发器的输入 $J=D$、$K=\overline{D}$，则 JK 触发器实现 D 触发器的功能。

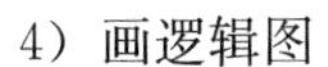

4）画逻辑图

将 JK 触发器的输入信号用转换逻辑连接实现 D 触发器的功能，如图 8.31 所示。

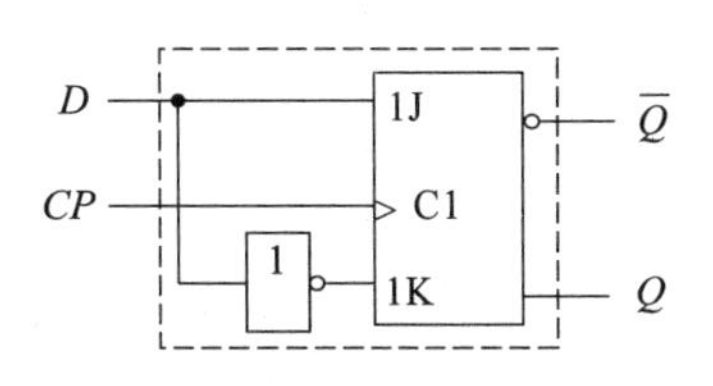

图 8.31　*JK* 触发器转换成 *D* 触发器

4. *JK* 触发器转换成 *RS* 触发器

1）写特征方程

JK 触发器的特征方程：

$$Q^{n+1}=J\overline{Q^n}+\overline{K}Q^n$$

RS 触发器的特征方程：

$$Q^{n+1}=S+\overline{R}Q^n$$

2）变换特征方程

变换 RS 触发器的特征方程，使之形式与已有 JK 触发器的特征方程一致。

$$\begin{aligned}Q^{n+1}&=S+\overline{R}Q^n=S(Q^n+\overline{Q^n})+\overline{R}Qn\\&=S\overline{Q^n}+(S+\overline{R})Qn=S\overline{Q^n}+\overline{\overline{S}R}Q^n\end{aligned}$$

3）比较系数，求出转换逻辑

将两个触发器的特征方程进行比较，可见，使 JK 触发器的输入 $J=S$，$K=\overline{S}R$，则 JK 触发器实现 RS 触发器的功能。

4）画逻辑图

将 JK 触发器的输入信号用转换逻辑连接实现 RS 触发器的功能，如图 8.32 所示。

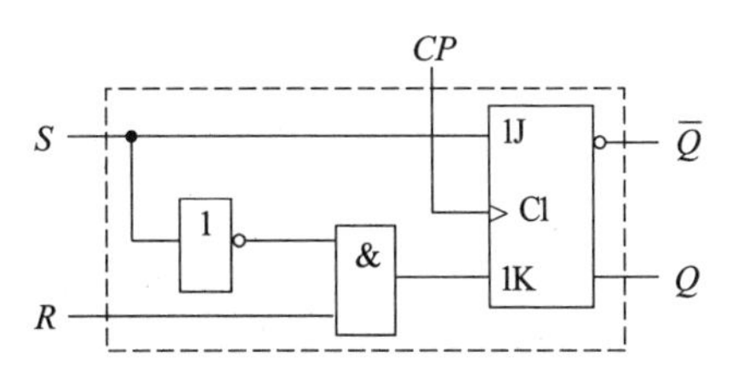

图 8.32　*JK* 触发器转换成 *RS* 触发器

触发器之间逻辑功能的转换，不仅局限于以上几种，其他触发器逻辑功能之间同样可以互相转换。

实验　触发器功能测试及应用

一、实验目的

（1）了解触发器的工作原理。

（2）掌握基本 RS 触发器、JK 触发器和 D 触发器的逻辑功能和性能。

（3）掌握分频电路的特点及测试方法。

（4）熟练掌握 EWB 软件中字信号发生器和逻辑分析仪的使用方法。

二、实验内容和步骤

1. 测试基本 *RS* 触发器、*JK* 触发器、*D* 触发器的逻辑功能

调用 EWB 仪器库（Instruments）中的字信号发生器和逻辑分析仪。按照实验图 8.1 连接好电路图。打开字信号发生器控制面板，如实验图 8.2（a）所示，对输出的字信号进行设置，如实验图 8.2（b）所示，并将运行方式设置为 Cycle，频率为 1 Hz，最终地址（Final）为 0003。然后对逻辑分析仪进行设置，如实验图 8.3 所示。最后进行电路仿真，打开逻辑分析仪的面板，观察输出波形。

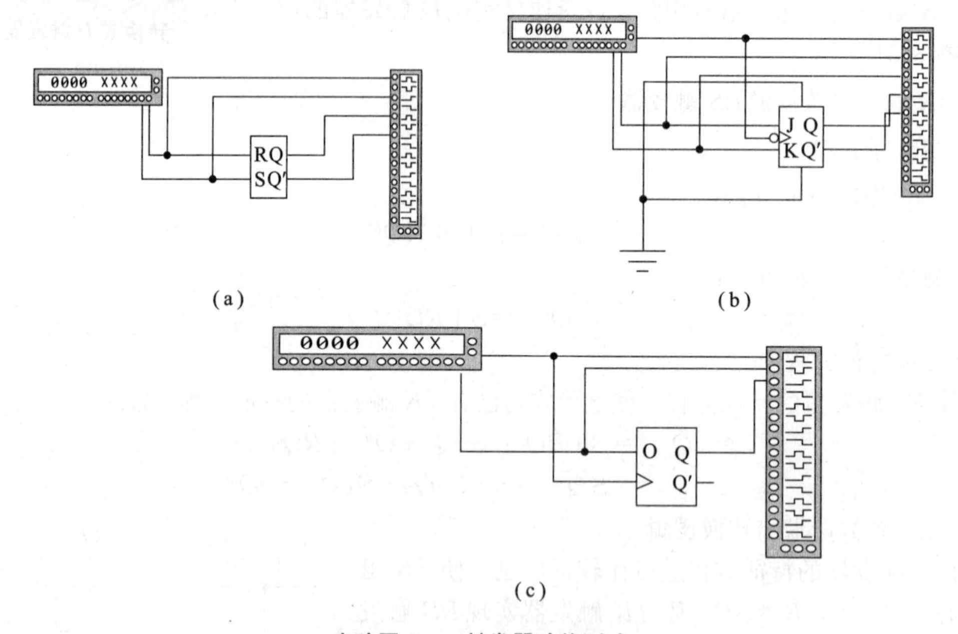

实验图 8.1　触发器功能测试

（a）基本 RS 逻辑功能测试；（b）JK 触发器逻辑功能测试；

（c）D 触发器逻辑功能测试

2. 应用集成 *JK* 触发器 74LS112 构成分频电路

应用集成 JK 触发器 74LS112 构成的电路如实验图 8.4 所示，CP 为时钟脉冲信号，与 Q_1、Q_2 共同接波形测试仪。观察在 CP 作用下，触发器的输出波形，画出状态转换图，对照比较并说明功能。

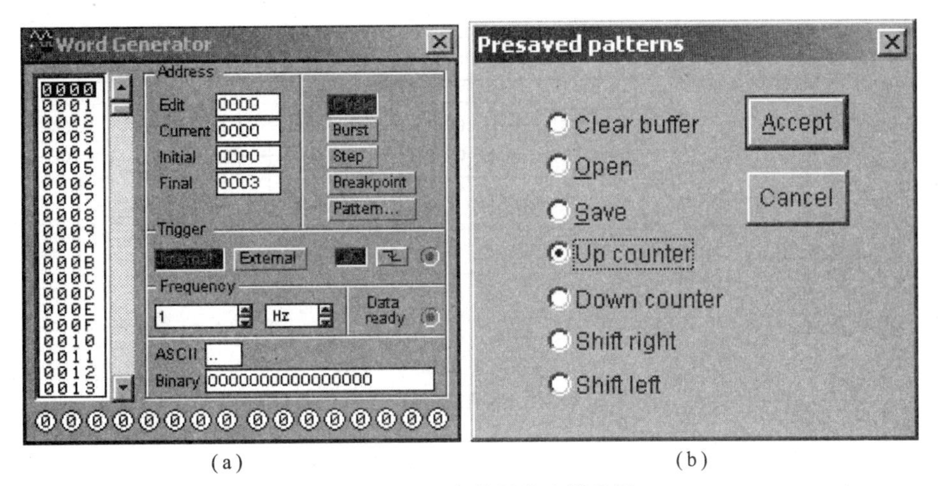

(a) (b)

实验图 8.2 字信号发生器设置

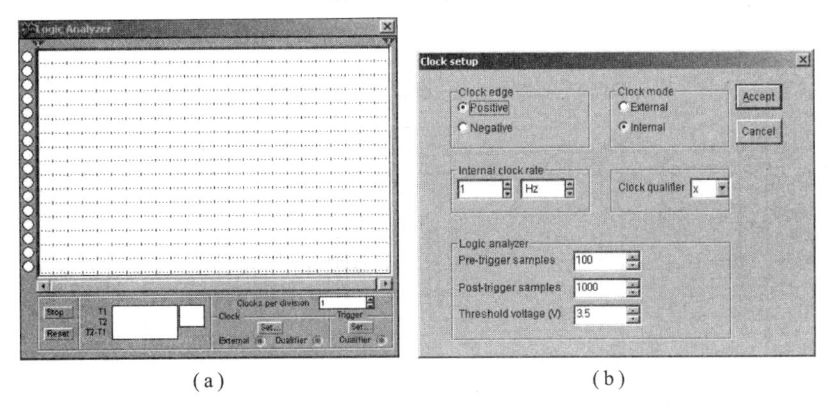

(a) (b)

实验图 8.3 逻辑分析仪

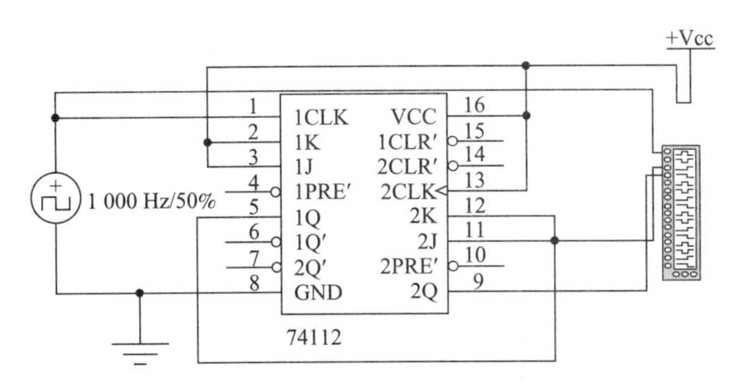

实验图 8.4 应用集成 *JK* 触发器 74LS112 构成分频电路

3. 应用 *JK* 触发器构成移位寄存器

按实验图 8.5 所示连接电路，*CP* 单脉冲信号接开关 C，串行输入端 *D* 接逻辑开关 D，输出 *Q* 接电平指示器，将各触发器的 $\overline{R}$ 接逻辑 *R*。改变 $\overline{R}$ 的状态，观察在 *CP* 作用下，触发器串行输出的状态（自行假设现态），画出状态转换图，说明功能。

4. 应用触发器实现四人抢答器电路

按实验图 8.6 连线，对由基本 *RS* 触发器、*JK* 触发器和集成 *D* 触发器 74175 组成的四人抢答器电路进行 EWB 仿真。

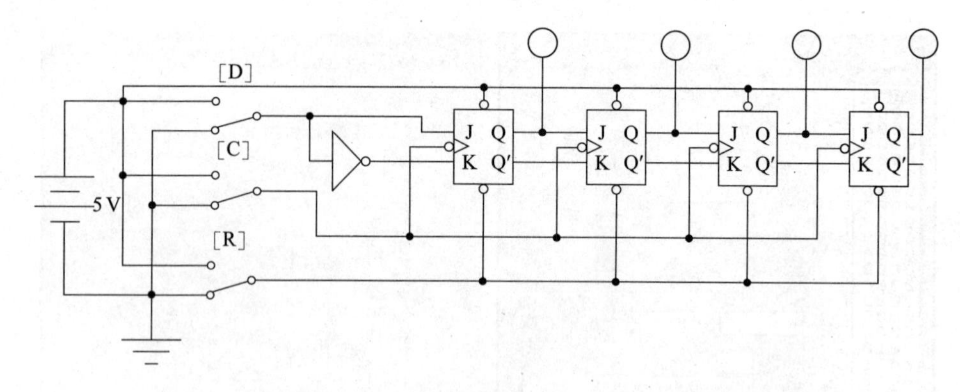

实验图 8.5　应用 *JK* 触发器构成移位寄存器

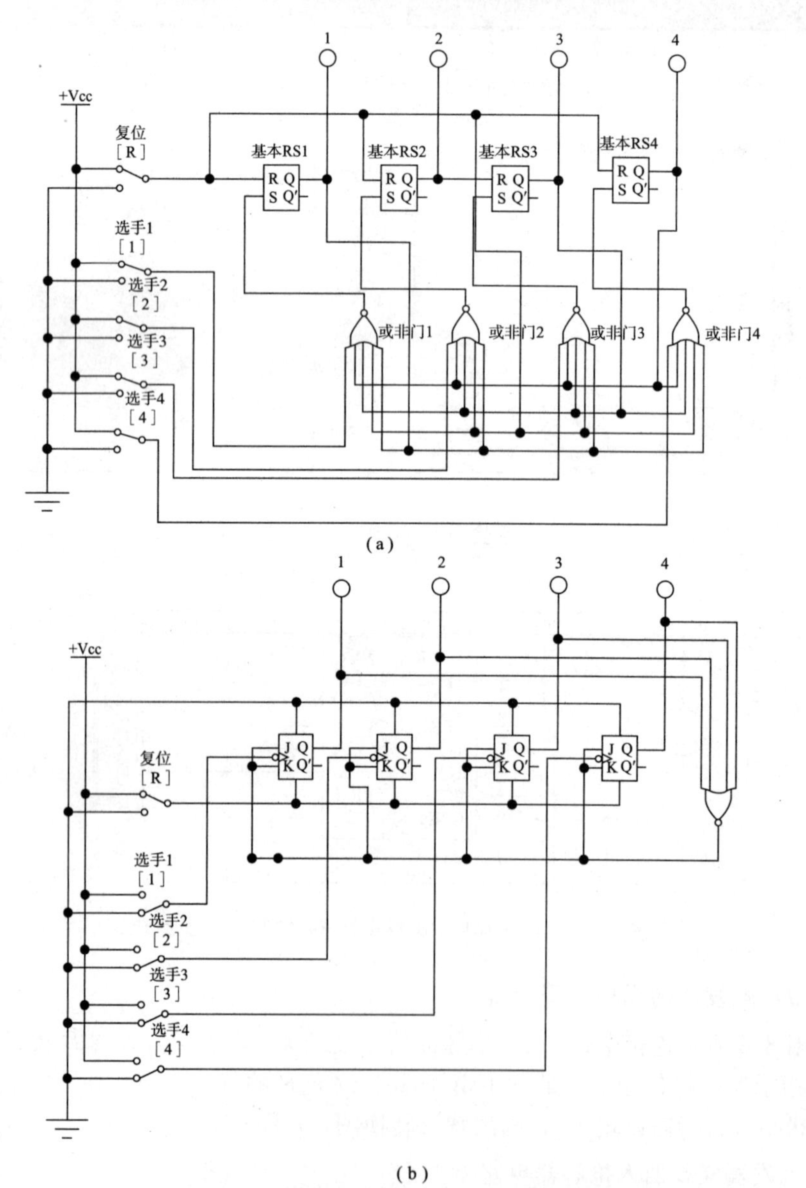

实验图 8.6　应用触发器实现四人抢答器电路

(a) 由基本 *RS* 触发器组成的四人抢答器；(b) 由边沿 *JK* 触发器组成的四人抢答器；

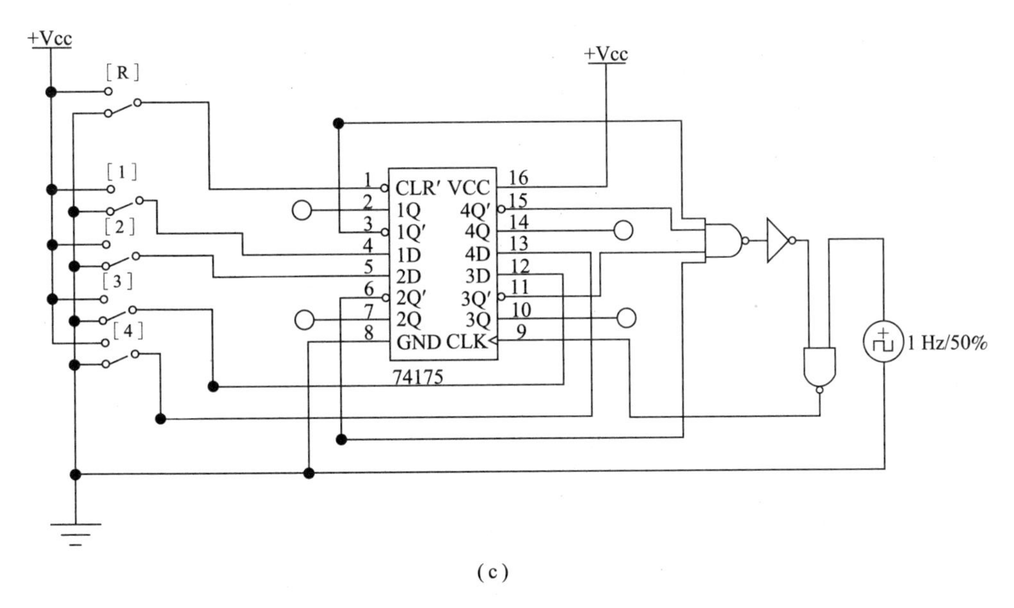

(c)

实验图 8.6　应用触发器实现四人抢答器电路（续）

(c) 由集成 D 触发器 74175 组成的四人抢答器

三、实验要求

（1）应用字信号发生器自行设计触发器仿真电路，熟练使用逻辑分析仪观察波形。

（2）实验图 8.7 所示是由集成优先编码器、集成基本 RS 触发器组成的带显示功能的八人抢答器电路，试分析其功能。

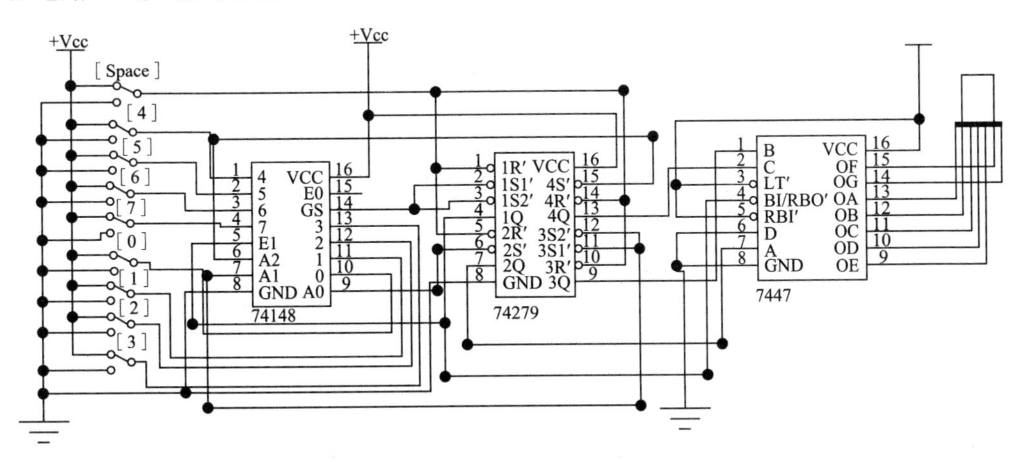

实验图 8.7　带显示功能的八人抢答器电路

（3）通过查找相关资料自行设计和仿真带显示、提示音、定时等功能的抢答器。

本章小结

1. 触发器是具有存储功能的逻辑电路，是构成时序电路的基本逻辑单元。每个触发器都能存储 1 位二值信息，所以又称为存储单元或记忆单元。

2. 触发器按照逻辑功能分类有基本 RS 触发器、RS 触发器、D 触发器、JK 触发器和 T

(T')触发器。它们的功能可用特性表、特性方程和状态图来描述。触发器的电路结构与逻辑功能没有必然的联系。例如，JK 触发器既有主从结构，也有维持-阻塞或者利用传输延迟结构的。每一种逻辑功能的触发器都可以通过增加门电路或者适当的外部连线转换为其他功能的触发器。

3. 触发器是对时钟脉冲边沿敏感的电路，根据不同的电路结构，它们在时钟脉冲的上升沿或者下降沿作用下改变状态。目前流行的触发器电路主要有主从、维持-阻塞和利用传输延迟等几种结构，它们的工作原理各不相同。

4. JK 触发器消除了 RS 触发器的输入约束问题，时钟脉冲边沿触发器解决了空翻和一次翻转带来的不利影响。

习　题

8.1　将习题图 8.1 所示的输入波形加在由与非门构成的基本 RS 触发器上，试画出输出 Q 和 $\overline{Q}$ 端的波形（设初始状态为 $Q=0$）。

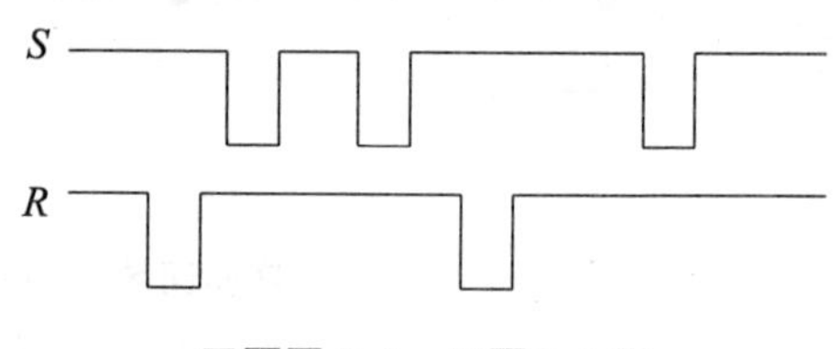

习题图 8.1　习题 8.1 图

8.2　将习题图 8.2 所示的输入波形加在由或非门构成的基本 RS 触发器上，试画出输出 Q 和 $\overline{Q}$ 端的波形（设初始状态为 $Q=0$）。

8.3　将习题图 8.3 所示的输入波形加在同步 RS 触发器上，试画出该同步 RS 触发器相应的 Q 和 $\overline{Q}$ 端的波形（设初始状态为 $Q=0$）。

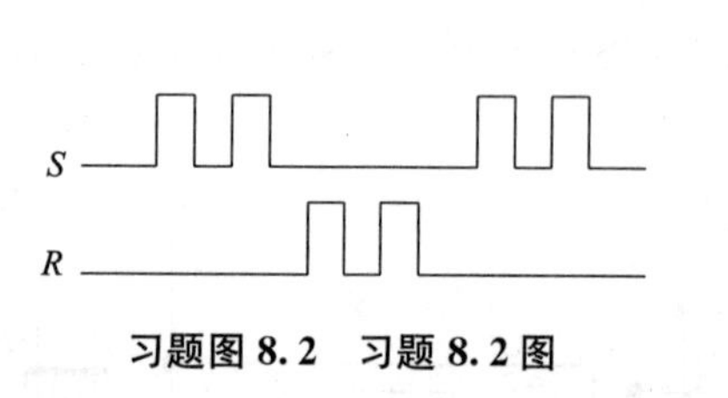

习题图 8.2　习题 8.2 图

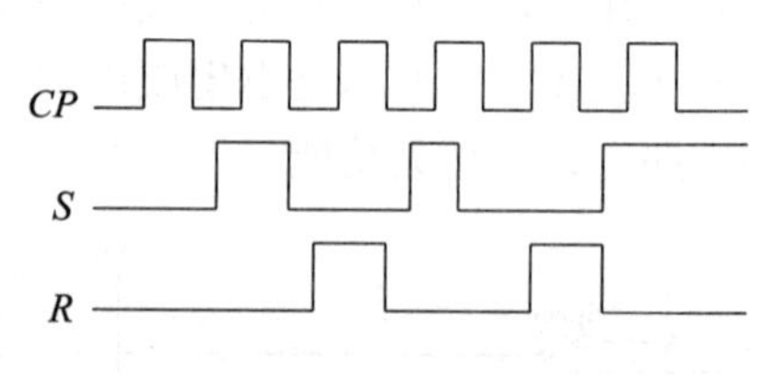

习题图 8.3　习题 8.3 图

8.4　下降沿触发和上升沿触发两种触发方式的主从 RS 触发器的逻辑符号及 CP、S、R 的波形如习题图 8.4 所示，分别画出它们的 Q 端的波形（设初始状态为 $Q=0$）。

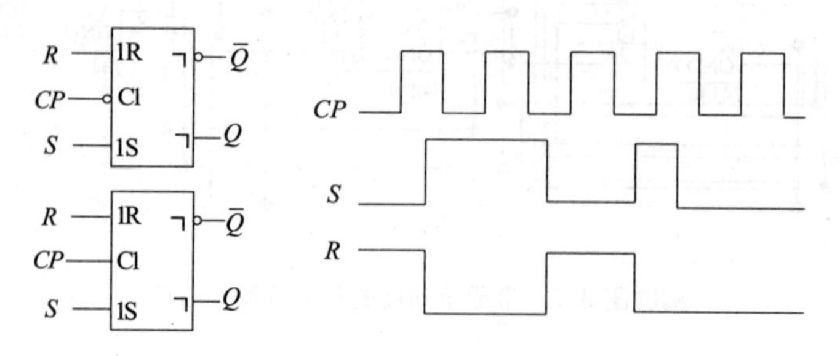

习题图 8.4　习题 8.4 图

8.5　设主从 JK 触发器的初始状态为 0，CP、J、K 信号如习题图 8.5 所示，试画出触发器 Q 端的波形。

8.6　设维持-阻塞 D 触发器的初始状态为 0，CP、D 信号如习题图 8.6 所示，试画出触发器 Q 端的波形。

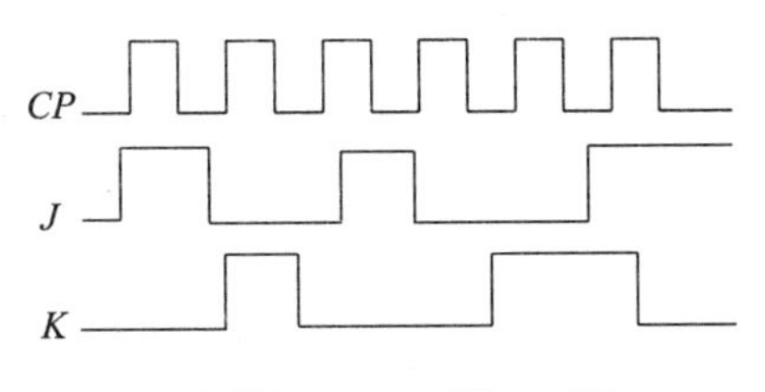

习题图 8.5　习题 8.5 图

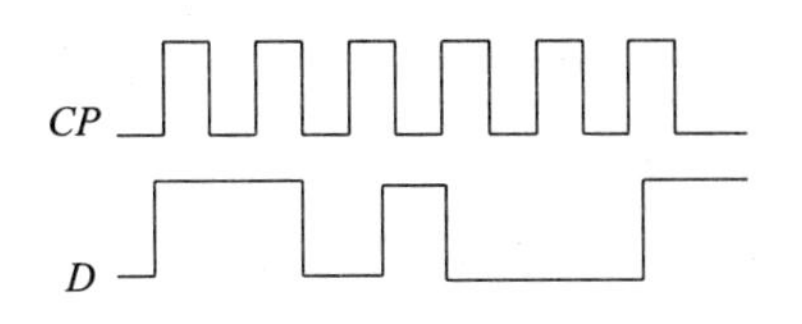

习题图 8.6　习题 8.6 图

8.7　下降沿触发的边沿 JK 触发器的初始状态为 0，CP、J、K 信号如习题图 8.7 所示，试画出触发器 Q 端的波形。

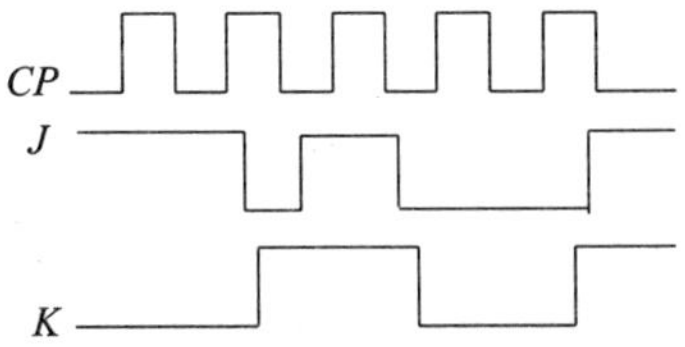

习题图 8.7　习题 8.7 图

8.8　归纳基本 RS 触发器、同步触发器、主从触发器和边沿触发器触发翻转的特点。

8.9　解释边沿触发器工作速度高于主从触发器的原因。

8.10　利用适当的门电路，实现如下触发器的转换。

(1) JK 触发器转换为 D 触发器。

(2) D 触发器转换为 JK 触发器、RS 触发器。

8.11　电路如习题图 8.8 所示，设触发器初始状态为 0，试对应 A、B 及 CP 波形图画出输出端 Q_1 和 Q_2 的波形图。

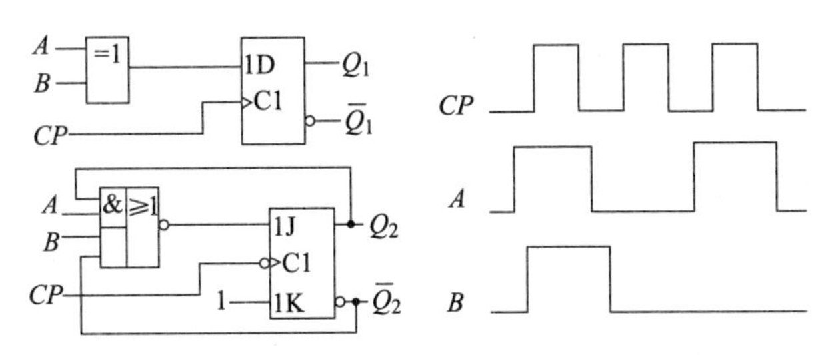

习题图 8.8　习题 8.11 图

8.12　电路如习题图 8.9 所示，设触发器初始状态为 0，试对应 A、CP 波形图画出输出端 Q_1 和 Q_2 的波形图。

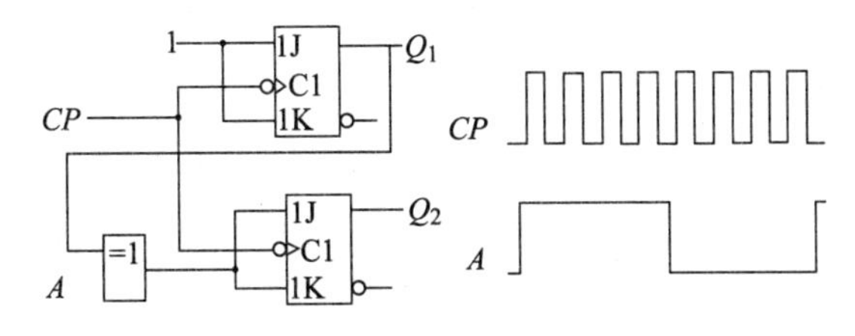

习题图 8.9　习题 8.12 图

第 9 章

时序逻辑电路

本章要点

本章首先介绍时序逻辑电路的特点、分类及分析方法，接着分别介绍二进制计数器、十进制计数器、集成计数器芯片及 N 进制计数器的分析与设计方法，然后介绍寄存器和移位寄存器，最后介绍同步时序逻辑电路的设计方法。

9.1 概　　述

9.1.1 时序逻辑电路的特点及分类

1. 时序逻辑电路的特点

时序逻辑电路简称时序电路，它主要由存储电路和组合逻辑电路两部分组成。与组合逻辑电路不同，时序电路在任何一个时刻的输出状态不仅取决于当时的输入信号，而且还取决于电路的原来状态。时序电路的现态和次态是由组成时序电路的触发器的现态和次态来表示的，其时序波形也是根据各个触发器的状态变化情况来描述的。因此，在时序电路中，触发器是必不可少的，而组合逻辑电路在有些时序电路中可以没有。

2. 时序逻辑电路的分类

（1）按照逻辑功能划分，时序电路有计数器、寄存器、移位寄存器等；

（2）按照电路中触发器的状态变化是否同步，时序电路可分为同步时序逻辑电路和异步时序逻辑电路。

9.1.2 时序逻辑电路的组成

时序电路的结构框图如图 9.1 所示。其中，X(X_1，X_2，…，X_i）是时序电路的输入信号；Q(Q_1，Q_2，…，Q_l）是存储电路的输出信号，它被反馈到组合电路的输入端，与输入信号共同决定时序电路的输出状态；Z（Z_1，Z_2，…，Z_j）是时序电路的输出信号；Y（Y_1，Y_2，…，Y_r）是存储电路的输入信号。这些信号之间的

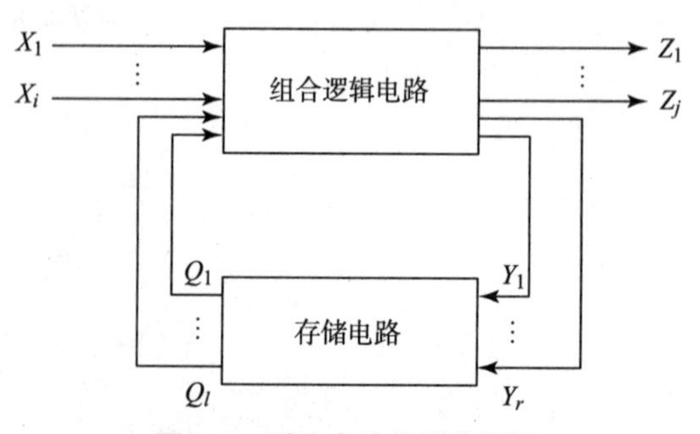

图 9.1　时序电路的结构框图

逻辑关系可以表示为

$$Z=F_1(X,\ Q^n) \tag{9.1}$$

$$Y=F_2(X,\ Q^n) \tag{9.2}$$

$$Q^{n+1}=F_3(Y,\ Q^n) \tag{9.3}$$

其中，式（9.1）称为输出方程，式（9.2）称为驱动方程，式（9.3）称为状态方程，Q^{n+1}代表次态，Q^n代表现态。

9.1.3　时序逻辑电路功能的描述方法

1. 逻辑方程式

根据时序电路的电路图，写出时序电路的各个信号的逻辑表达式（逻辑方程式），从而全面描述时序电路的逻辑功能。常用的逻辑方程式有以下几种：

（1）时钟方程：各触发器时钟信号的逻辑表达式。

$$\mathrm{CP}_n=F(X,\ Q^n)$$

（2）输出方程：时序电路输出信号的逻辑表达式。

$$Z=F_1(X,\ Q^n)$$

（3）驱动方程：各触发器输入端的逻辑表达式。

$$Y=F_2(X,\ Q^n)$$

（4）状态方程：驱动方程代入相应触发器特性方程得出的逻辑表达式。

$$Q^{n+1}=F_3(Y,\ Q^n)$$

从理论上讲，有了上述方程式，时序电路的逻辑功能就被唯一地确定了。但是对许多时序电路而言，这三个逻辑方程式还不能直观地得出时序电路的逻辑功能。因此，下面再介绍几种能够反映时序电路状态变化全过程的描述方法。

2. 状态表（状态转换表）

反映时序电路的输出 Z、次态 Q^{n+1}和电路的输入 X、现态 Q^n之间对应取值关系的表格称为状态转换表。如表 9.1 所示，时序电路的全部输入信号列在状态表的顶部，表的左边列出现态，表的内部列出次态和输出。表的读法：处在现态 Q^n的时序电路，当输入为 X 时，该电路将进入输出 Z 的次态 Q^{n+1}。

表 9.1　时序电路的状态转换表

次态/输入　输入 现态	X		
Q^n			Q^{n+1}/Z

3. 状态图（状态转换图）

反映时序电路状态转换规律及相应输入、输出取值关系的图形称为状态图（状态转换图）。如图 9.2 所示，在状态转换图中以圆圈及圆圈内的字母或数字表示电路的各个状态，以带箭头的线表示状态转换的方向。当箭头的起点和终点都在同一个圆圈上时，则表示状态不变。同时，还在箭头旁注明状态转换前输入变量的值和输出值，通常将输入变量的取值写在斜线以上，将输出值写在斜线以下。

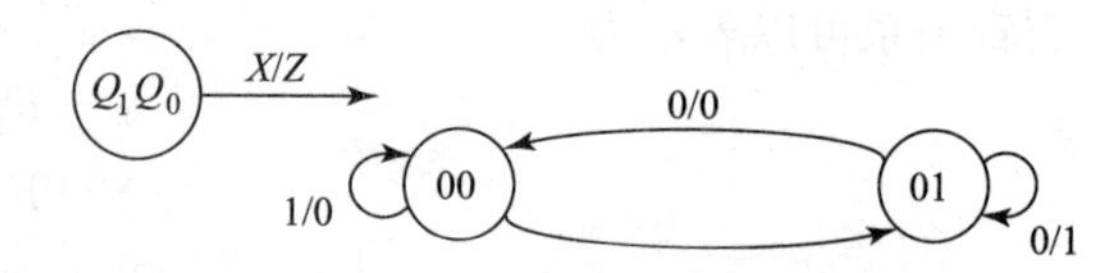

图 9.2　时序电路的状态转换图

4. 时序图

时序图即时序电路的工作波形图。它能直观地描述时序电路的输入信号、输出信号、时钟脉冲信号及电路的状态转换等时间上的对应关系。

9.1.4　时序逻辑电路的分析步骤

时序电路的种类很多，它们的逻辑功能各异，只要掌握了它的分析方法，就能比较方便地分析出时序电路的逻辑功能。

1. 写方程式

仔细观察给定的时序电路图，然后逐一写出：

(1) 时钟方程：各个触发器时钟信号的逻辑表达式。

(2) 驱动方程：各触发器输入端的逻辑表达式，如 JK 触发器 J 和 K 的逻辑表达式。

(3) 输出方程：时序电路的输出逻辑表达式。

(4) 状态方程：把驱动方程代入相应触发器的特性方程，即可求出各个触发器次态输出的逻辑表达式，即时序电路的状态方程。

注意写方程式，尤其状态方程时，要明确有效时钟脉冲 CP。

2. 列状态转换表

把电路输入初态代入状态方程和输出方程进行计算，求出相应的次态和输出，然后将计算结果作为下次状态的现态，再次代入状态方程和输出方程进行计算。需要注意的是：

(1) 状态方程包含时钟条件的，凡不具备时钟条件者，方程式无效，也就是说触发器将保持原来的状态不变。

(2) 电路的现态就是组成该电路各个触发器现态的组合。现态的起始值如果给定了，则可以由给定值开始依次进行计算，若未给定，那么就可以依自己设定的起始值开始依次计算。

3. 画状态转换图

根据第 2 步列出的状态转换表画出状态转换图。

4. 画时序图

根据状态表画出时序图。

5. 逻辑功能说明

根据状态图或时序图归纳，用文字描述给定的时序电路的逻辑功能。

6. 检查电路能否自启动

电路自启动检查的方法将在下面具体时序电路分析过程中予以介绍。

9.2　同步时序逻辑电路的分析

9.2.1　同步时序逻辑电路

1. 概念

同步时序电路是指各触发器的时钟端全部连接在一起，并接系统时钟端；只有当时钟脉冲到来时，电路的状态才能改变；改变后的状态将一直保持到下一个时钟脉冲的到来，此时无论外部输入信号有无变化，状态表中的每个状态都是稳定的，即同步时序逻辑电路中存储电路状态的转换是在同一时钟源的同一脉冲边沿作用下同步进行的。

2. 特点

同步时序电路中，所有触发器状态的改变受同一个时钟脉冲信号 CP 控制，因此电路状态改变时，电路中的触发器是同步翻转的。

9.2.2　同步时序逻辑电路的一般分析步骤

（1）根据给定的同步时序逻辑电路列出逻辑方程组：

①根据逻辑电路给定的时钟信号写出时钟方程；

②对应每个输出变量导出输出方程，组成输出方程组；

③对每个触发器导出驱动方程，组成驱动方程组；

④将各个触发器的激励方程代入相应触发器的特性方程，得到各触发器的状态方程，从而组成状态方程组。

导出各个触发器的驱动方程，即写出每个触发器输入端的逻辑函数表达式。

（2）根据所给触发器，将得到的驱动方程代入触发器特性方程，得到时钟脉冲作用下的状态方程。

（3）根据状态方程组和输出方程组，列出电路的状态表，画出状态图或者时序图。

（4）检查状态转换图（状态转移表），如果在时钟信号和输入信号的作用下，各个状态之间能够建立联系，则说明该时序电路能够自启动，否则不能自启动。

（5）确定电路的逻辑功能，若必要，可用文字详细描述。

9.2.3　同步时序逻辑电路的分析举例

【例9.1】 试分析图9.3所示的时序电路的逻辑功能。

解：（1）写方程式。

时钟方程：

$$CP_0=CP_1=CP \tag{9.4}$$

驱动方程：

$$J_0=K_0=1$$

$$J_1=K_1=X\oplus Q_0^n \tag{9.5}$$

输出方程：

$$Z=Q_1^nQ_0^n \tag{9.6}$$

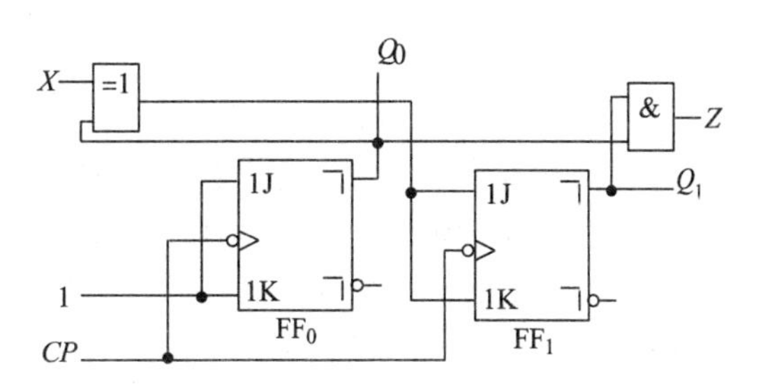

图9.3　例9.1时序电路图

把驱动方程（9.5）分别代入 JK 触发器的特性方程 $Q^{n+1}=J\overline{Q^n}+\overline{K}Q^n$，得各触发器状态方程：

$$
\begin{aligned}
Q_0^{n+1}&=J_0\overline{Q_0^n}+\overline{K_0}Q_0^n=\overline{Q_0^n}\\
Q_1^{n+1}&=J_1\overline{Q_1^n}+\overline{K_1}Q_1^n\\
&=(X\oplus Q_0^n)\overline{Q_1^n}+(\overline{X\oplus Q_0^n})Q_1^n\\
&=X\oplus Q_0^n\oplus Q_1^n
\end{aligned}
\tag{9.7}
$$

（2）列状态表。设电路的现态 $Q_1^nQ_0^n=00$，代入状态方程（9.7）和输出方程（9.6）依次进行计算，求出相应的次态和输出，结果如表 9.2 所示。

（3）画出状态图，如图 9.4 所示 。

表 9.2　例 9.1 状态表

$Q_1^{n+1}Q_0^{n+1}/Z$ \ X ; $Q_1^nQ_0^n$	0	1
0　0	0 1/0	1 1/0
0　1	1 0/0	0 0/0
1　0	1 1/0	0 1/0
1　1	0 0/1	1 0/1

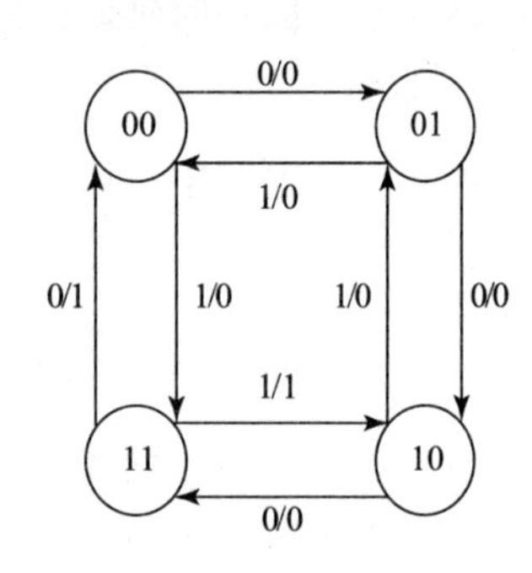

图 9.4　例 9.1 状态图

（4）设电路的初始状态 $Q_1^nQ_0^n=00$，根据状态表和状态图，可画出在一系列 CP 脉冲作用下电路的时序图，如图 9.5 所示。

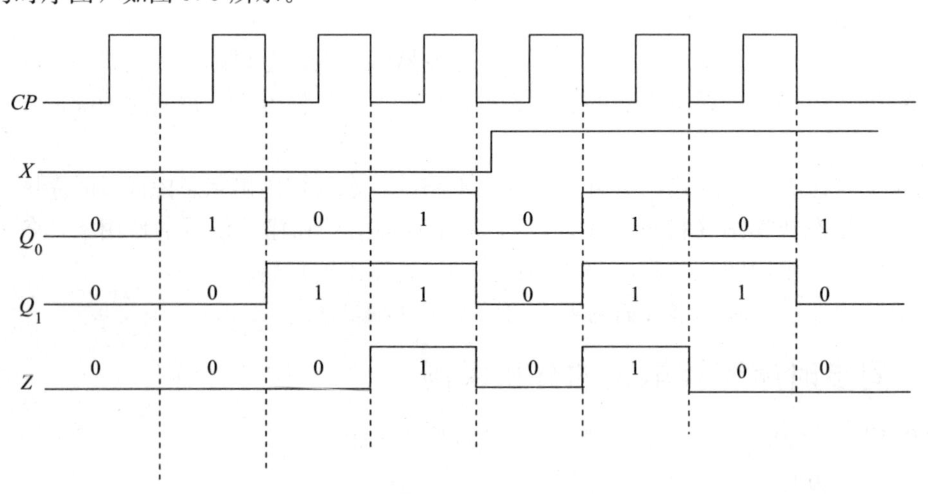

图 9.5　例 9.1 时序图

（5）电路功能说明。由状态图和时序图可知，该电路是一个可控制计数器。当 $X=0$ 时，进行加法计数，在时钟脉冲作用下，$Q_1^nQ_0^n$的数值从 00 到 11 依次递增，每经过 4 个时钟脉冲作用后，电路的状态循环一次，此时 Z 为进位标志；当 $X=1$ 时，进行减法计数，在时钟脉冲作用下，$Q_1^nQ_0^n$的数值从 11 到 00 依次递减，每经过 4 个时钟脉冲作用后，电路的状态循环一次，此时 Z 为借位标志。

（6）检查电路能否自启动。由状态图可以看出，本电路的 4 个有效状态形成了有效循环，不存在无效状态。因此图9.3所示的时序电路是一个能自启动的时序电路。

【例9.2】 试分析图9.6所示的时序电路的逻辑功能。

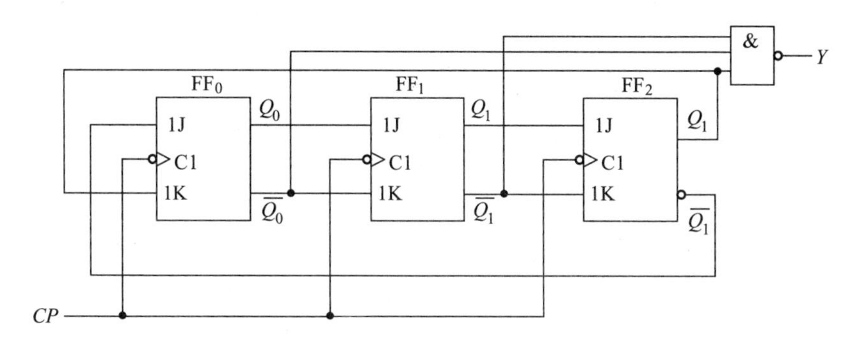

图9.6　例9.2时序电路图

解：(1) 写方程式

时钟方程：

$$CP_0=CP_1=CP_2=CP$$

驱动方程：

$$J_0=\overline{Q}_2^n,\quad K_0=Q_2^n$$
$$J_1=Q_0^n,\quad K_1=\overline{Q}_0^n$$
$$J_2=Q_1^n,\quad K_2=\overline{Q}_1^n$$

输出方程：

$$Y=\overline{Q_2^n\overline{Q}_1^n\overline{Q}_0^n}$$

把驱动方程分别代入 JK 触发器的特性方程 $Q^{n+1}=J\overline{Q^n}+\overline{K}Q^n$，得各触发器的状态方程：

$$Q_0^{n+1}=J_0\overline{Q}_0^n+\overline{K}_0Q_0^n=\overline{Q}_2^n\overline{Q}_0^n+\overline{Q}_2^nQ_0^n=\overline{Q}_2^n$$
$$Q_1^{n+1}=J_1\overline{Q}_1^n+\overline{K}_1Q_1^n=Q_0^n\overline{Q}_1^n+\overline{\overline{Q}_0^n}Q_1^n=Q_0^n$$
$$Q_2^{n+1}=J_2\overline{Q}_2^n+\overline{K}_2Q_2^n=Q_1^n\overline{Q}_2^n+\overline{\overline{Q}_1^n}Q_2^n=Q_1^n$$

(2) 列状态表。设电路的现态 $Q_2^nQ_1^nQ_0^n=000$，代入状态方程和输出方程依次进行计算，求出相应的次态和输出，结果如表9.3所示。

表9.3　例9.2状态表

现态			次态			输出
Q_2^n	Q_1^n	Q_0^n	Q_2^{n+1}	Q_1^{n+1}	Q_0^{n+1}	Y
0	0	0	0	0	1	1
0	0	1	0	1	1	1
0	1	1	1	1	1	1
1	1	1	1	1	0	1
1	1	0	1	0	0	1
1	0	0	0	0	0	0
0	1	0	1	0	1	1
1	0	1	0	1	0	1

(3) 画出状态图，如图 9.7 所示。

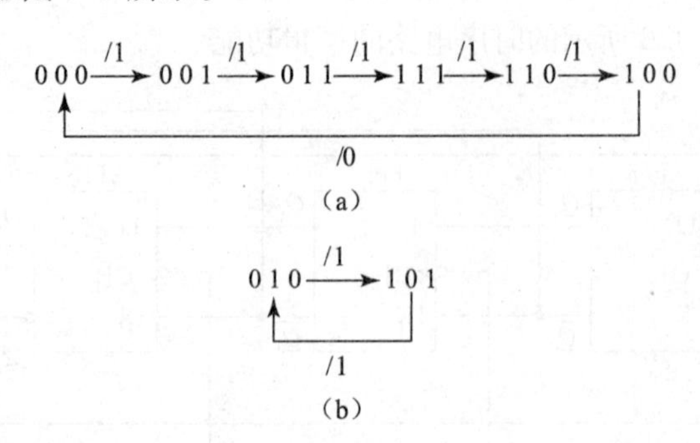

图 9.7　例 9.2 状态图

(a) 有效循环；(b) 无效循环

(4) 设电路的初始状态 $Q_2^nQ_1^nQ_0^n=000$，根据状态表和状态图，可画出在一系列 CP 脉冲作用下电路的时序图，如图 9.8 所示。

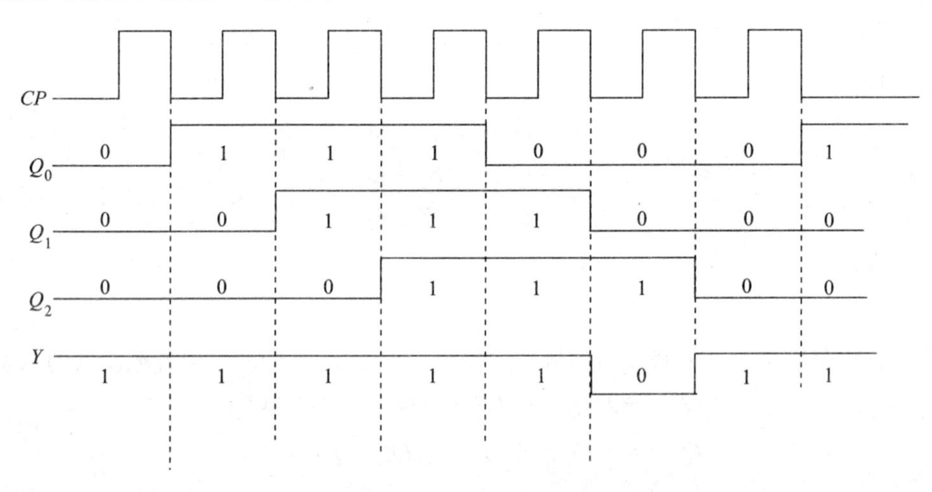

图 9.8　例 9.2 时序图

(5) 电路功能说明。由状态图和时序图可知，该电路是一个脉宽为 3 个 CP 周期，周期为 6 个 CP 周期，带标志位 Y 的顺序脉冲发生器（节拍脉冲发生器）。

(6) 检查电路能否自启动。从 000 开始，000 的现态指向 001 的次态，001 的现态指向 011 的次态，010 的现态指向 101 的次态，在这里，为什么 010 和 101 是无效状态呢？因为画状态图的时候，它们在状态表中是不连续的，是直接跳过的。因此如图 9.7 所示的状态图中，010、101 两个状态没有被利用，称为无效状态，且形成无效循环。在这种电路中，一旦因某种原因使循环进入无效循环，就再也回不到有效状态了，所以，再要正常工作也就不可能了。因此图 9.6 所示的时序电路是一个不能自启动的时序电路。

时序电路中的几个概念说明：

1) 有效状态与有效循环

有效状态：在时序电路中，凡是被利用了的状态，都称为有效状态。如图 9.7 (a) 里的 6 个状态。

有效循环：在时序电路中，凡是有效状态形成的循环，都称为有效循环，如图 9.7 (a) 所示。

2）无效状态与无效循环

无效状态：在时序电路中，凡是没有被利用的状态，都称为无效状态，如图 9.7（b）中的两个状态。

无效循环：在时序电路中，凡是因无效状态形成的循环，都称为无效循环，如图 9.7（b）所示。

3）能自启动与不能自启动

能自启动：在时序电路中，若电路由于某种原因进入了无效状态，在 CP 脉冲作用下，电路能自动回到有效状态，则这样的时序电路具备自启动能力。

不能自启动：在时序电路中存在无效状态，且它们之间又形成了无效循环，则这样的时序电路不能自启动。

9.3　异步时序逻辑电路的分析

9.3.1　异步时序逻辑电路

1. 概念

时序逻辑电路中除使用带时钟的触发器外，还可以使用不带时钟的触发器和延迟元件作为存储元件，电路中没有统一的时钟，即异步时序逻辑电路中各存储单元的状态更新不是在统一的时钟脉冲信号下同时发生的，这种电路称为异步时序逻辑电路。

2. 特点

异步时序电路中，只有部分触发器由时钟脉冲信号 CP 触发，而其他触发器则由电路内部信号触发，因此异步时序电路的状态改变时，电路中要更新状态的触发器，有的先翻转，有的后翻转，不同时进行。

3. 分析异步时序电路时注意的问题

（1）分析状态转换时必须考虑各触发器的时钟信号作用情况；

（2）每一次状态转换必须从输入信号所能影响触发的每一个触发器开始逐级确定；

（3）每一次状态转换都有一定的时间延迟；

（4）异步时序电路的分析步骤与同步时序电路的分析步骤基本相同。

9.3.2　异步时序逻辑电路的分析举例

【例 9.3】 试分析图 9.9 所示的时序电路的逻辑功能。

解：（1）写方程式。

时钟方程：

$$CP_0=CP，CP_1=Q_0^n$$

驱动方程：

$$D_0=\overline{Q}_0^n，D_1=\overline{Q}_1^n$$

输出方程：

$$Z=Q_1^nQ_0^n$$

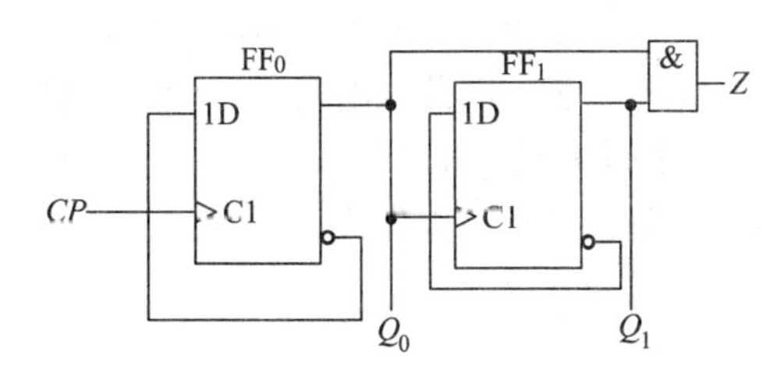

图 9.9　例 9.3 时序电路图

把驱动方程分别代入 D 触发器的特性方程 $Q^{n+1}=D$，得各触发器的状态方程：

$$Q_0^{n+1}=D_0=\overline{Q}_0^n \quad (CP\text{上升沿有效})$$

$$Q_1^{n+1}=D_1=\overline{Q}_1^n \quad (Q_0\text{上升沿有效})$$

（2）列状态表。设电路的现态 $Q_1^nQ_0^n=00$，代入状态方程和输出方程，依次进行计算，求出相应的次态和输出。特别注意的是，只有当每一个方程式的时钟条件具备时，触发器才会按照方程式的计算结果更新状态，否则只有保持原来的状态不变。结果如表 9.4 所示。

（3）画出状态图，如图 9.10 所示。

表 9.4　例 9.3 状态表

$Q_1^nQ_0^n$	CP_0	CP_1	$Q_1^{n+1}Q_0^{n+1}/Z$
0　0	↑	↑	1　1/0
1　1	↑	0	1　0/1
1　0	↑	↑	0　1/0
0　1	↑	0	0　0/0

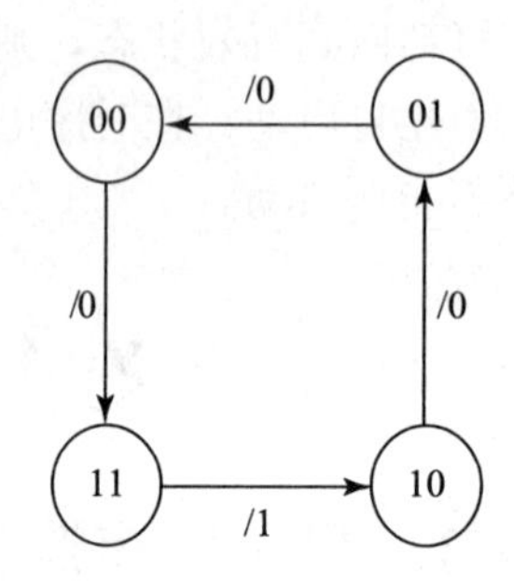

图 9.10　例 9.3 状态图

（4）设电路的初始状态 $Q_1^nQ_0^n=00$，根据状态表和状态图可画出在一系列 CP 脉冲作用下电路的时序图，如图 9.11 所示。

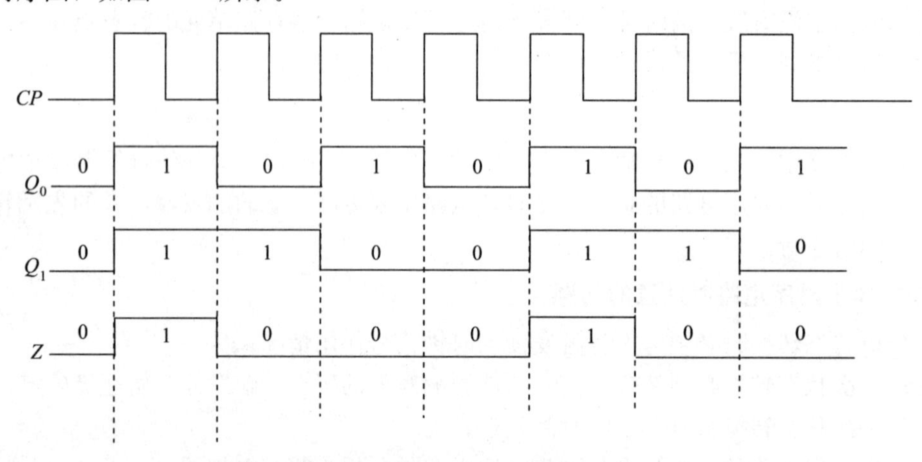

图 9.11　例 9.3 时序图

（5）电路功能说明。由状态图和时序图可知，该电路是一个异步四进制减法计数器，Z 为借位标志。

（6）检查电路能否自启动。由状态图可以看出，本电路的有效状态形成了有效循环，不存在无效状态。因此该电路是一个能自启动的时序电路。

【例 9.4】　试分析图 9.12 所示的时序电路的逻辑功能。

解：（1）写方程式。

时钟方程：

$$CP_0=CP_2=CP，CP_1=\overline{Q}_0^n$$

驱动方程：

$$D_0=\overline{Q}_2^n\overline{Q}_0^n，D_1=\overline{Q}_1^n，D_2=Q_1^nQ_0^n$$

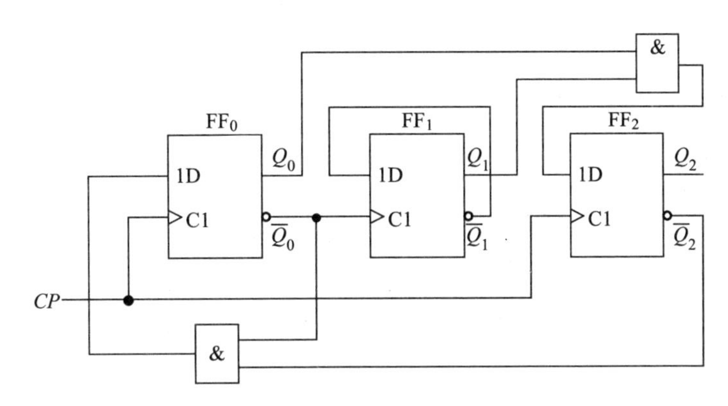

图 9.12　例 9.4 时序电路图

D 触发器的特性方程：

$$Q^{n+1}=D$$

把驱动方程代入特性方程，可得状态方程：

$Q_0^{n+1}=\bar{Q}_2^n\bar{Q}_0^n$　　　CP 上升沿有效

$Q_1^{n+1}=\bar{Q}_1^n$　　　$\bar{Q}_0$ 上升沿有效

$Q_2^{n+1}=Q_1^nQ_0^n$　　　CP 上升沿有效

（2）列状态表。设电路现态 $Q_2^nQ_1^nQ_0^n=000$，代入状态方程式进行计算，依次求出次态。计算结果如表 9.5 所示。

表 9.5　例 9.4 状态表

$Q_2^nQ_1^nQ_0^n$	CP_2	CP_1	CP_0	$Q_2^{n+1}Q_1^{n+1}Q_0^{n+1}$
0 0 0	↑	↓	↑	0 0 1
0 0 1	↑	↑	↑	0 1 0
0 1 0	↑	↓	↑	0 1 1
0 1 1	↑	↑	↑	1 0 0
1 0 0	↑	1	↑	0 0 0
1 0 1	↑	↑	↑	0 1 0
1 1 0	↑	1	↑	0 1 0
1 1 1	↑	↑	↑	1 0 0

（3）画状态图，如图 9.13 所示。

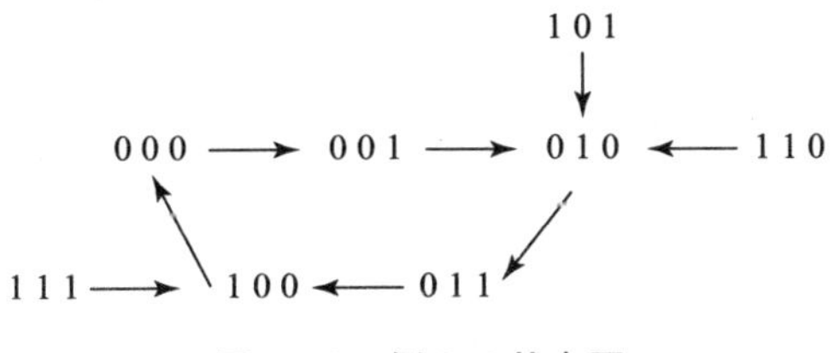

图 9.13　例 9.4 状态图

（4）画时序图，如图 9.14 所示。

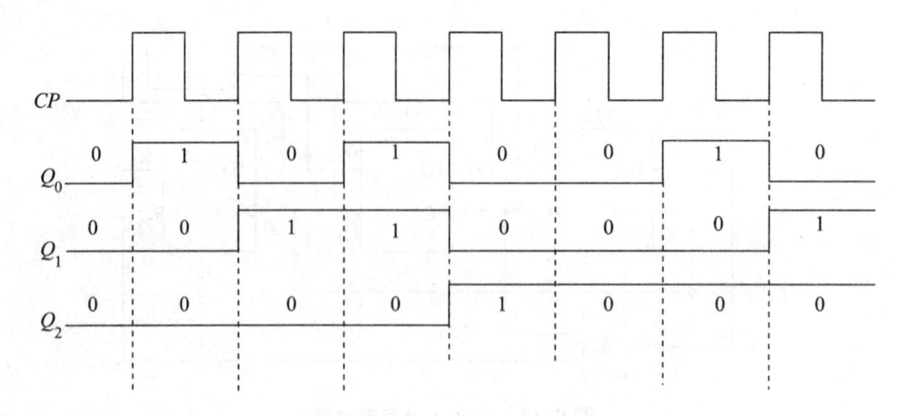

图 9.14 例 9.4 时序图

(5) 电路功能说明。该电路为一个异步五进制加法计数器。

(6) 检查电路能否自启动。由状态图可知，该异步时序电路能够自启动。

9.4 计 数 器

用于统计输入计数脉冲 CP 个数的电路，称为计数器。计数器是数字系统中用得较多的基本逻辑部件。它不仅能记录输入时钟脉冲的个数，而且可以实现分频、定时、产生节拍脉冲和脉冲序列等。例如，计算机中的时序脉冲发生器、分频器、指令计数器等功能部件都需要用到计数器。

计数器累计输入脉冲的最大数目称为计数器的“模”，用 M 表示，如 $M=N$ 的计数器称为 N 进制计数器。

9.4.1 计数器的类型

1. 按照计数进制分

二进制计数器：当输入计数脉冲到来时，按二进制规律进行计数的电路称为二进制计数器。

十进制计数器：按十进制规律进行计数的电路称为十进制计数器。

N 进制计数器：除了二进制和十进制计数器之外的其他进制的计数器，都称为 N 进制计数器。

2. 按照计数趋势分

加法计数器：当输入计数脉冲到来时，按递增规律进行计数的电路称为加法计数器。

减法计数器：当输入计数脉冲到来时，按递减规律进行计数的电路称为减法计数器。

可逆计数器：在加减信号的控制下，既可进行递增计数，也可进行递减计数的电路，称为可逆计数器。

3. 按照触发器的翻转特点分

同步计数器：当输入计数脉冲到来时，要更新状态的触发器都是同时翻转的计数器。从电路结构上看，该类计数器中各个触发器的时钟信号都是输入计数脉冲。

异步计数器：当输入计数脉冲到来时，要更新状态的触发器的翻转有先有后，不同时进行的计数器。

同步计数器的计数速度要比异步计数器快得多，但异步计数器的结构要比同步计数器简单。

9.4.2　二进制计数器

根据计数器中触发器翻转的特点可将二进制计数器分为同步和异步两种，而同步和异步二进制计数器又可分为加法计数器、减法计数器和可逆计数器。

1. 二进制同步计数器

1）二进制同步加法计数器

【例 9.5】 试分析如图 9.15 所示的 3 位二进制加法计数器的逻辑功能。

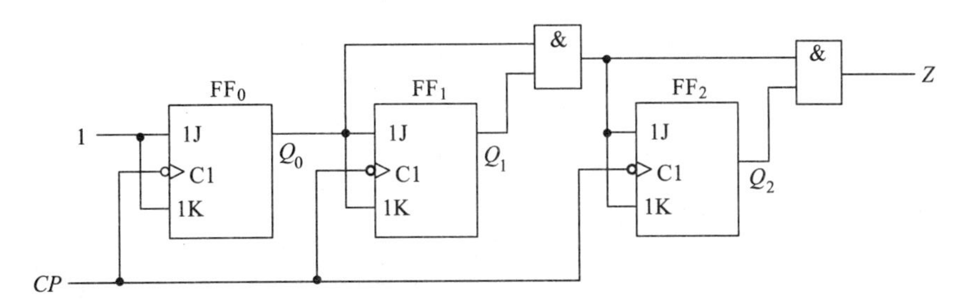

图 9.15　例 9.5 3 位二进制同步加法计数器

解：（1）写方程式。

时钟方程：

$$CP_0=CP_1=CP_2=CP$$

驱动方程：

$$J_0=K_0=1$$

$$J_1=K_1=Q_0^n \tag{9.8}$$

$$J_2=K_2=Q_1^nQv_0^n$$

输出方程：

$$Z=Q_2^nQ_1^nQ_0^n \tag{9.9}$$

将驱动方程（9.8）代入 JK 触发器的特性方程中，得到状态方程：

$$Q_0^{n+1}=J_0\overline{Q}_0^n+\overline{K}_0Q_0^n=\overline{Q}_0^n$$

$$Q_1^{n+1}=J_1\overline{Q}_1^n+\overline{K}_1Q_1^n=\overline{Q}_1^nQ_0^n+Q_1^n\overline{Q}_0^n$$

$$Q_2^{n+1}=J_2\overline{Q}_2^n+\overline{K}_2Q_2^n=\overline{Q}_2^nQ_1^nQ_0^n+Q_2^n\overline{Q}_1^n+Q_2^n\overline{Q}_0^n$$

（2）列状态表。进行计算，得状态表如表 9.6 所示。

（3）画状态图（图 9.16）和时序图（图 9.17）。

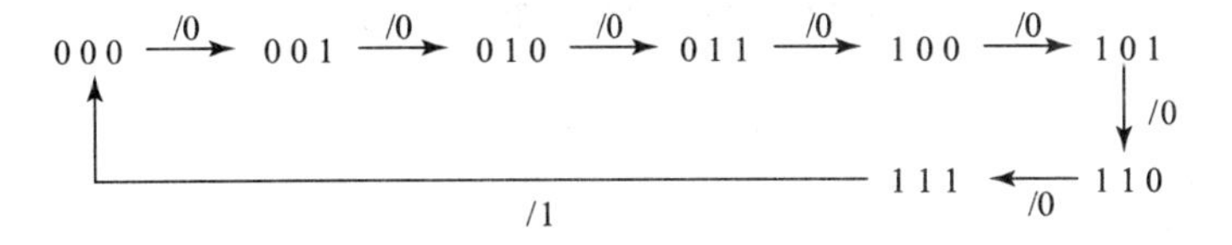

图 9.16　例 9.5 状态图

表 9.6 例 9.5 3 位二进制加法计数器状态转换表

现态			次态			输出
Q_2^n	Q_1^n	Q_0^n	Q_2^{n+1}	Q_1^{n+1}	Q_0^{n+1}	Z
0	0	0	0	0	1	0
0	0	1	0	1	0	0
0	1	0	0	1	1	0
0	1	1	1	0	0	0
1	0	0	1	0	1	0
1	0	1	1	1	0	0
1	1	0	1	1	1	0
1	1	1	0	0	0	1

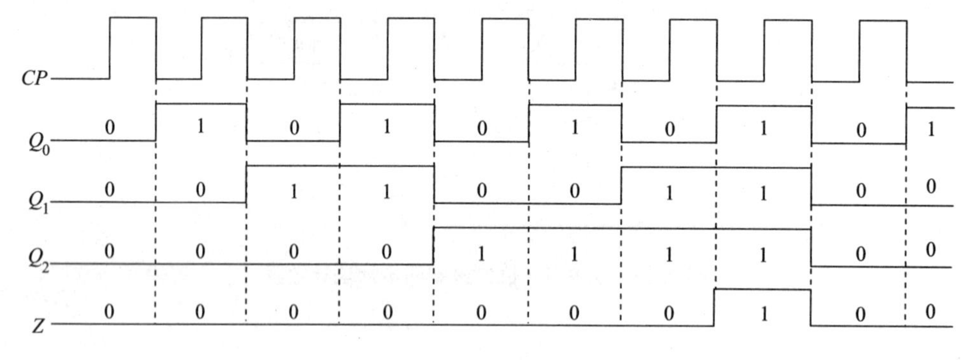

图 9.17 例 9.5 时序图

（4）电路功能说明。该时序电路为 3 位二进制同步加法计数器，即同步八进制加法计数器，Z 为进位指示端。

2）二进制同步减法计数器

如图 9.18 所示，该电路为 3 位二进制同步减法计数器，分析过程同二进制同步加法计数器，这里不再重复，请读者自行分析。

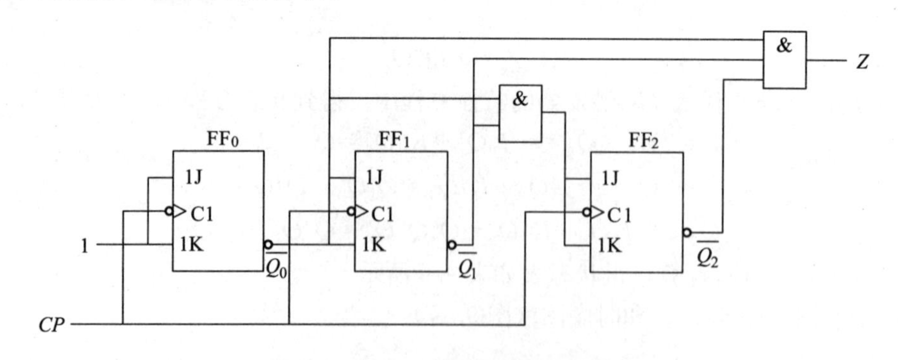

图 9.18 3 位二进制同步减法计数器

2. 二进制异步计数器

1）二进制异步减法计数器

【例 9.6】 试分析如图 9.19 所示的 3 位二进制异步减法计数器的逻辑功能。

解：（1）写方程式。

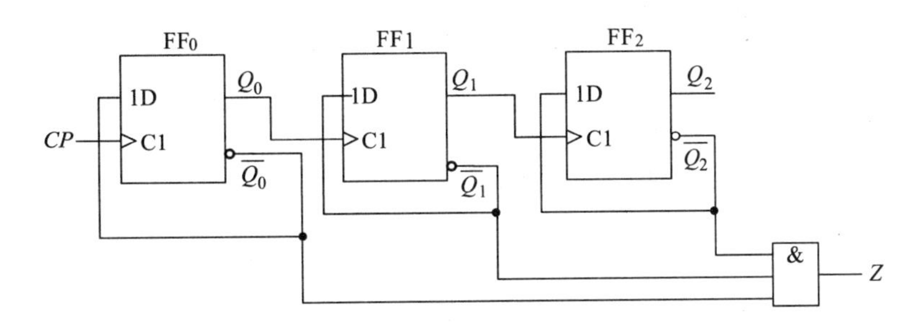

图 9.19　例 9.6 3 位二进制异步减法计数器

脉冲方程：

$$CP_0 = CP,\ CP_1 = Q_0^n,\ CP_2 = Q_1^n$$

驱动方程：

$$\begin{aligned} D_0 &= \overline{Q}_0^n \\ D_1 &= \overline{Q}_1^n \\ D_2 &= \overline{Q}_2^n \end{aligned} \tag{9.10}$$

输出方程：

$$Z = \overline{Q}_0^n \overline{Q}_1^n \overline{Q}_2^n \tag{9.11}$$

把驱动方程（9.10）代入 D 触发器的特性方程得各个触发器的状态方程：

$$\begin{aligned} Q_0^{n+1} &= \overline{Q}_0^n \quad CP\text{ 上升沿有效} \\ Q_1^{n+1} &= \overline{Q}_1^n \quad Q_0\text{ 上升沿有效} \\ Q_2^{n+1} &= \overline{Q}_2^n \quad Q_1\text{ 上升沿有效} \end{aligned} \tag{9.12}$$

（2）列状态表。进行计算，得状态表，如表 9.7 所示。

表 9.7　例 9.6 3 位二进制异步减法计数器的状态表

现态			次态			输出
Q_2^n	Q_1^n	Q_0^n	Q_2^{n+1}	Q_1^{n+1}	Q_0^{n+1}	Z
0	0	0	1	1	1	1
1	1	1	1	1	0	0
1	1	0	1	0	1	0
1	0	1	1	0	0	0
1	0	0	0	1	1	0
0	1	1	0	1	0	0
0	1	0	0	0	1	0
0	0	1	0	0	0	0

（3）画出如图 9.20 所示的状态图和如图 9.21 所示的时序图。

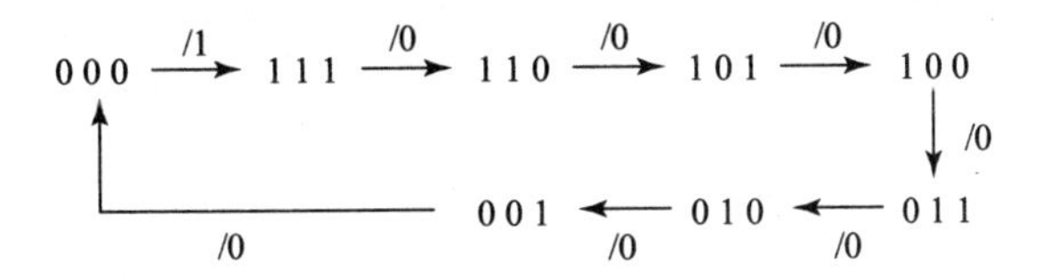

图 9.20　例 9.6 状态图

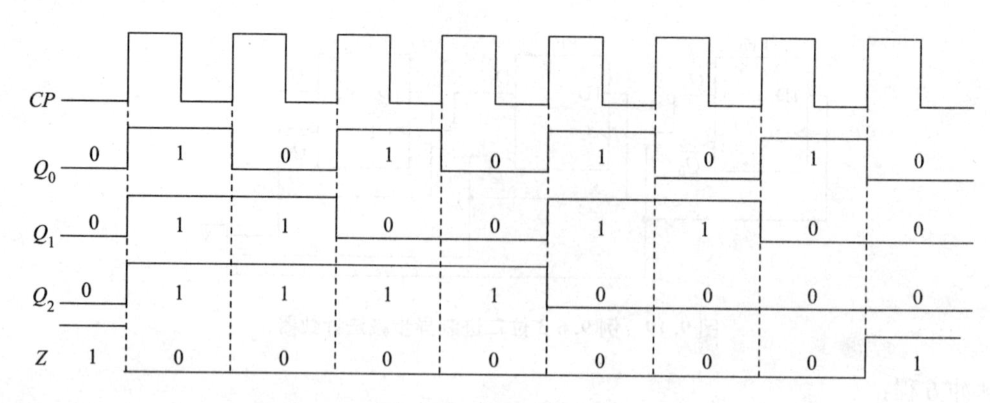

图 9.21　例 9.6 时序图

（4）电路功能说明。该时序电路为 3 位二进制异步减法计数器，即异步八进制减法计数器，Z 为借位标志。

2）二进制异步加法计数器

如图 9.22 所示，电路为 3 位二进制异步加法计数器，分析过程同上。这里不再重复，请读者自行分析。

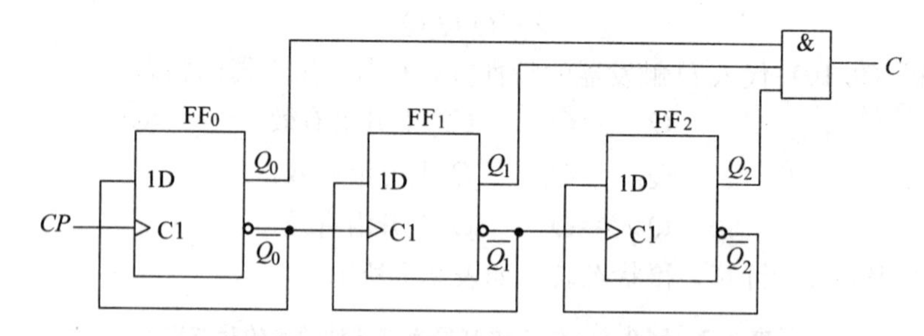

图 9.22　3 位二进制异步加法计数器

9.4.3　十进制计数器

十进制计数器也有同步、异步，加法、减法、可逆之分，分析方法同二进制计数器，现以十进制同步加法计数器为例做简单介绍。

【例 9.7】　分析如图 9.23 所示电路的逻辑功能。

解：（1）写方程式。

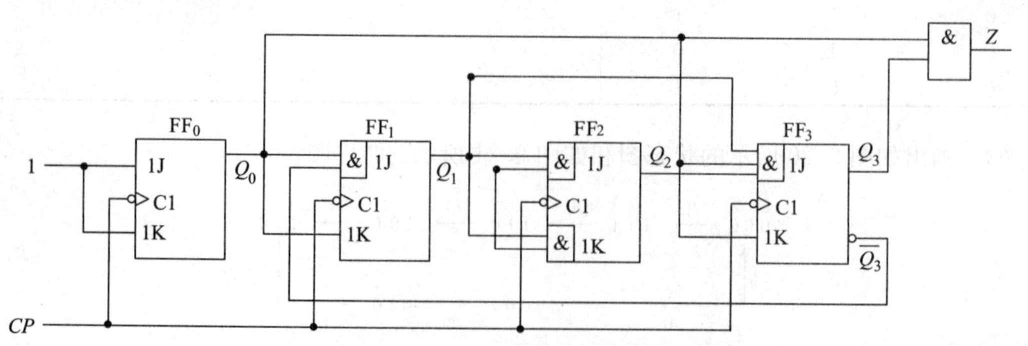

图 9.23　例 9.7 十进制同步加法计数器

脉冲方程：

$$CP_0=CP_1=CP_2=CP_3=CP$$

驱动方程：

$$\left.\begin{aligned}&J_0=K_0=1\\&J_1=\bar{Q}_3^nQ_0^n,\quad K_1=Q_0^n\\&J_2=K_2=Q_1^nQ_0^n\\&J_3=Q_0^nQ_1^nQ_2^n,\ K_3=Q_0^n\end{aligned}\right\}\tag{9.13}$$

输出方程：

$$Z=Q_3^nQ_0^n$$

将驱动方程式（9.13）代入触发器的特性方程中，得到状态方程：

$$Q_0^{n+1}=J_0\bar{Q}_0^n+\bar{K}_0Q_0^n=\bar{Q}_0^n$$

$$Q_1^{n+1}=J_1\bar{Q}_1^n+\bar{K}_1Q_1^n=\bar{Q}_3^n\bar{Q}_1^nQ_0^n+Q_1^n\bar{Q}_0^n$$

$$Q_2^{n+1}=J_2\bar{Q}_2^n+\bar{K}_2Q_2^n=\bar{Q}_2^nQ_1^nQ_0^n+Q_2^n\bar{Q}_1^n+Q_2^n\bar{Q}_0^n$$

$$Q_3^{n+1}=J_3\bar{Q}_3^n+\bar{K}_3Q_3^n=\bar{Q}_3^nQ_2^nQ_1^nQ_0^n+Q_3^n\bar{Q}_0^n$$

（2）列状态表。进行计算，得如表9.8所示的状态表。

表9.8　例9.7十进制同步加法计数器状态转换表

计数脉冲序号	现态				次态				输出
	Q_3^n	Q_2^n	Q_1^n	Q_0^n	Q_3^{n+1}	Q_2^{n+1}	Q_1^{n+1}	Q_0^{n+1}	Z
0	0	0	0	0	0	0	0	1	0
1	0	0	0	1	0	0	1	0	0
2	0	0	1	0	0	0	1	1	0
3	0	0	1	1	0	1	0	0	0
4	0	1	0	0	0	1	0	1	0
5	0	1	0	1	0	1	1	0	0
6	0	1	1	0	0	1	1	1	0
7	0	1	1	1	1	0	0	0	0
8	1	0	0	0	1	0	0	1	0
9	1	0	0	1	0	0	0	0	1

（3）由状态真值表可画出状态转换图，如图9.24所示。

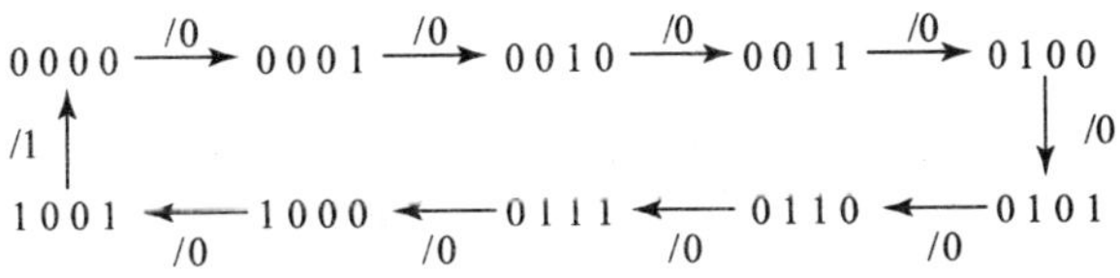

0000 —/0→ 0001 —/0→ 0010 —/0→ 0011 —/0→ 0100
↑/1　　　　　　　　　　　　　　　　　　　　↓/0
1001 ←/0— 1000 ←/0— 0111 ←/0— 0110 ←/0— 0101

图9.24　例9.7状态图

（4）根据状态真值表可画出时序图，如图9.25所示。

（5）电路功能说明。该时序电路为同步十进制加法计数器。

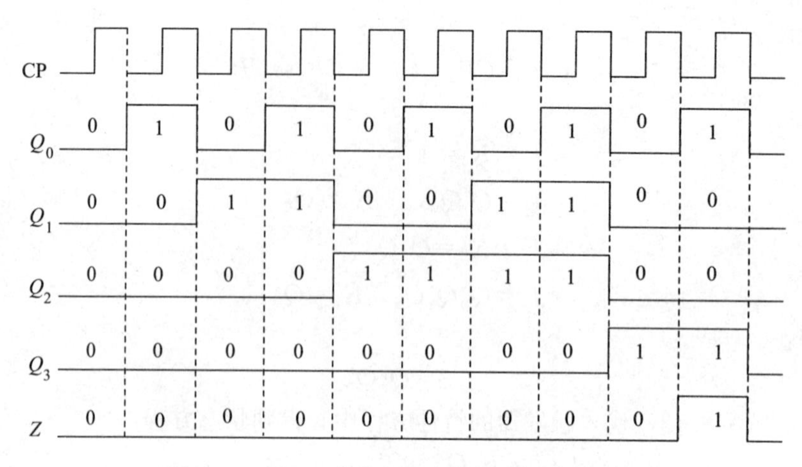

图 9.25 例 9.7 十进制同步加法计数器时序图

9.5 集成计数器

集成计数器在数字系统中有着广泛的应用，它们具有体积小、功耗低、功能灵活等优点。集成计数器只有二进制计数器和十进制计数器两大类，一般将这两种进制以外的计数器称为任意进制计数器。本节介绍典型的集成计数器及利用它们构成任意进制计数器的方法。

9.5.1 典型集成计数器

集成计数器分为集成同步计数器和集成异步计数器。

1. 集成同步计数器

图 9.26 所示为集成 4 位二进制同步加法计数器 74LS161 和 74LS163 的逻辑功能示意图。

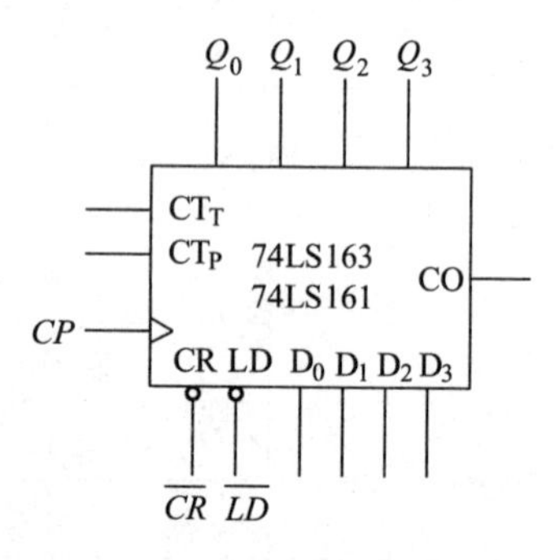

图 9.26 74LS161 和 74LS163 的逻辑功能示意图

图 9.26 中，$\overline{LD}$为同步置数控制端，$\overline{CR}$为异步清零控制端，CT_P和 CT_T为计数控制端，$D_0 \sim D_3$为并行数据输入端，$Q_0 \sim Q_3$为输出端，CO 为进位输出端，CP 为输入计数脉冲。74LS161 的功能如表 9.9 所示。

表 9.9 74LS161 的功能表

输入									输出					说明
$\overline{CR}$	$\overline{LD}$	CT_P	CT_T	CP	D_3	D_2	D_1	D_0	Q_3	Q_2	Q_1	Q_0	CO	
0	×	×	×	×	×	×	×	×	0	0	0	0	0	异步清零
1	0	×	×	↑	d_3	d_2	d_1	d_0	d_3	d_2	d_1	d_0		$CO=CT_TQ_3Q_2Q_1Q_0$
1	1	1	1	↑	×	×	×	×	计数					$CO=Q_3Q_2Q_1Q_0$
1	1	0	×	×	×	×	×	×	保持					$CO=CT_TQ_3Q_2Q_1Q_0$
1	1	×	0	×	×	×	×	×	保持				0	—

由表 9.9 可知 74LS161 有如下主要功能：

(1) 异步清零功能。当$\overline{CR}=0$ 时，不论有无时钟脉冲和其他输入信号输入，计数器都被清零，即 $Q_3Q_2Q_1Q_0=0000$。

（2）同步并行置数功能。当 $\overline{CR}=1$，$\overline{LD}=0$ 时，在输入时钟脉冲 CP 上升沿的作用下，$D_3\sim D_0$ 端并行输入的数据 $d_3\sim d_0$ 被置入计数器，即 $Q_3Q_2Q_1Q_0=d_3d_2d_1d_0$。

（3）计数功能。当 $\overline{LD}=\overline{CR}=CT_T=CT_P=1$ 时，在计数脉冲 CP 上升沿的作用下，计数器进行二进制加法计数。这时进位输出 $CO=Q_3Q_2Q_1Q_0$。

（4）保持功能。当 $\overline{LD}=\overline{CR}=1$，且 CT_T 和 CT_P 中有 0 时，则计数器保持原来的状态不变。此时，如 $CT_P=0$，$CT_T=1$，则 $CO=CT_TQ_3Q_2Q_1Q_0=Q_3Q_2Q_1Q_0$，电路各级触发器和进位输出信号 CO 的状态不变；如 $CT_P=1$，$CT_T=0$，则电路各级触发器状态不变，$CO=0$，即进位输出低电平 0。

74LS163 的逻辑功能如表 9.10 所示。

表 9.10　74LS163 的功能表

输入									输出					说明
$\overline{CR}$	$\overline{LD}$	CT_P	CT_T	CP	D_3	D_2	D_1	D_0	Q_3	Q_2	Q_1	Q_0	CO	
0	×	×	×	×	×	×	×	×	0	0	0	0	0	同步清零
1	0	×	×	↑	d_3	d_2	d_1	d_0	d_3	d_2	d_1	d_0		$CO=CT_TQ_3Q_2Q_1Q_0$
1	1	1	1	↑	×	×	×	×	计数					$CO=Q_3Q_2Q_1Q_0$
1	1	0	×	×	×	×	×	×	保持					$CO=CT_TQ_3Q_2Q_1Q_0$
1	1	×	0	×	×	×	×	×	保持				0	—

由表 9.9 和表 9.10 对比可知，74LS161 与 74LS163 的区别在于清零的方式不同，74LS161 为异步清零，而 74LS163 为同步清零。所谓同步清零是指，在同步清零控制端 $\overline{CR}=0$ 时，计数器并不被立即清零，还需要输入一个计数脉冲 CP 的上升沿才能被清零。

2. 集成异步计数器

如图 9.27（a）所示，集成二进制异步计数器 74LS197 是由一个二进制计数器和一个八进制计数器组成的。图 9.27（b）所示为 74LS197 的逻辑功能示意图，图中 $\overline{CR}$ 为异步清零控制端，$CT/\overline{LD}$ 为计数/置数控制端，$D_0\sim D_3$ 为并行数据输入端，$Q_0\sim Q_3$ 为输出端。74LS197 的功能如表 9.11 所示。

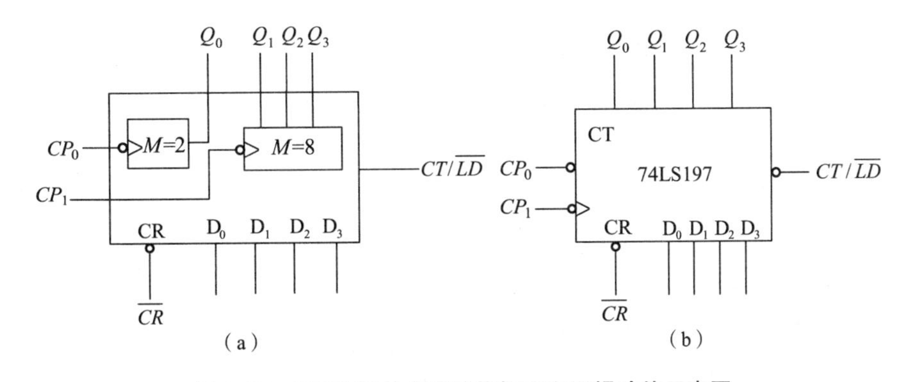

图 9.27　74LS197 的电路结构框图和逻辑功能示意图

（a）电路结构框图；（b）逻辑功能示意图

表 9.11　74LS197 的功能表

输入							输出				说明
$\overline{CR}$	$CT/\overline{LD}$	CP	D_3	D_2	D_1	D_0	Q_3	Q_2	Q_1	Q_0	
0	×	×	×	×	×	×	0	0	0	0	异步清零
1	0	×	d_3	d_2	d_1	d_0	d_3	d_2	d_1	d_0	异步并行置数
1	1	↓	×	×	×	×	计数				—

注意：74LS197 处于计数工作状态时，当计数脉冲 CP 由 CP_0 端输入，从 Q_0 端输出时，则构成 1 位二进制计数器；当计数脉冲 CP 由 CP_1 端输入，从 $Q_3Q_2Q_1$ 端输出时，则构成 3 位异步二进制计数器；当将 Q_0 和 CP_1 端相连，计数脉冲 CP 由 CP_0 端输入，从 $Q_3Q_2Q_1Q_0$ 输出时，则构成 4 位异步二进制计数器。

9.5.2　常用集成计数器

集成计数器是厂家生产的定型产品，其函数关系已被固化在芯片中，状态分配即编码是不可能更改的。表 9.12 所示为常用的中规模集成计数器的主要品种。

表 9.12　常用集成计数器

分类	名称	型号		功能说明
同步计数器	二-十进制同步计数器	TTL	74160 74LS160	$\overline{CR}=0$ 时，异步清零；$\overline{CR}=1$，$\overline{LD}=0$ 时，同步置数（$CO=CT_TQ_3Q_0$）；$\overline{CR}=\overline{LD}=CT_T=CT_P=1$ 时，计数（$CO=Q_3Q_0$）；$\overline{CR}=\overline{LD}=1$、$CT_TCT_P=0$ 时，保持（$CO=CT_TQ_3Q_0$）
		CMOS	40160B	
	二-十进制同步计数器	TTL	74162 74LS162	除了采取同步清零方式外，74LS162 的功能与 74LS160 的功能相同
		CMOS	40162B	
	4 位二进制同步计数器	TTL	74161 74LS161	$\overline{CR}=0$ 时，异步清零；$\overline{CR}=1$，$\overline{LD}=0$ 时，同步置数（$CO=CT_TQ_3Q_2Q_1Q_0$）；$\overline{CR}=\overline{LD}=CT_T=CT_P=1$ 时，计数（$CO=Q_3Q_2Q_1Q_0$）；$\overline{CR}=\overline{LD}=1$、$CT_T\cdot CT_P=0$ 时，保持（$CO=CT_TQ_3Q_2Q_1Q_0$）。
		CMOS	40161B	
	4 位二进制同步计数器	TTL	74163 74LS163	除了采取同步清零方式外，74LS163 的功能与 74LS161 的功能相同
		CMOS	40163B	
	二-十进制加/减计数器	TTL	74190 74LS190	无清零端；$\overline{LD}=0$ 时，异步置数；$\overline{LD}=1$，$\overline{CT}=\overline{U}/D=0$ 时，加计数（$CO=Q_3Q_0$）；$\overline{LD}=1$、$\overline{CT}=0$，$\overline{U}/D=1$ 时，减计数（$CO=\overline{Q_3Q_2Q_1Q_0}$）；$\overline{LD}=\overline{CT}=1$ 时，保持
		CMOS	4510B	
		TTL	74192 74LS192	除了包含异步清零方式外，74LS192 的功能与 74LS190 的功能相同
		CMOS	40192B	

续表

分类	名称	型　　号		功能说明
同步计数器	4 位二进制加/减计数器	TTL	74191 74LS191	无清零端；$\overline{LD}=0$ 时，异步置数；$\overline{LD}=1$，$\overline{CT}=\overline{U}/D=0$ 时，加计数（$CO=Q_3Q_2Q_1Q_0$）；$\overline{LD}=1$、$\overline{CT}=0$，$\overline{U}/D=1$ 时，减计数（$CO=\overline{Q_3}\,\overline{Q_2}\,\overline{Q_1}\,\overline{Q_0}$）；$\overline{LD}=\overline{CT}=1$ 时，保持
		CMOS	4516B	
		TTL	74193 74LS193	除了包含异步清零方式外，74LS193 的功能与 74LS191 的功能相同
		CMOS	40193B	
异步计数器	二-五-十进制计数器	TTL	74LS90 74LS290 7490 74290	$R_{0A}R_{0B}=1$，$S_{9A}S_{9B}=0$ 时，异步清零；$R_{0A}R_{0B}=0$，$S_{9A}S_{9B}=1$ 时，异步置 9；$R_{0A}R_{0B}=S_{9A}S_{9B}=0$ 时，保持
	二-八-十六进制计数器	TTL	74197 74LS197	$\overline{CR}=0$ 时，异步清零；$\overline{CR}=1$，$CT/\overline{LD}=0$ 时，异步置数；$\overline{CR}=CT/\overline{LD}=1$ 时，计数
			74293 74LS293	除不包含异步置数方式外，74LS293 的功能与 74LS197 的功能相同

注：含有进位输出信号 CO 的集成计数器，在同步清零或异步清零时 CO 都输出低电平 0。

9.5.3　任意进制计数器

利用集成计数器可以构成任意进制的计数器。我们可以利用清零端或置数端，让电路跳过某些状态，从而获得所需要的 N 进制计数器。集成计数器一般都设置有清零端和置数端，而且无论是清零还是置数都有同步和异步之分。有的集成计数器采用同步方式，即当 CP 触发沿到来才能完成清零或置数任务。有的则采用异步方式，即通过时钟触发器的异步输入端实现清零或置数任务，与 CP 信号无关。

1. 集成二进制和集成十进制的不同

若用集成二进制计数器构成任意进制计数器，当计数器的模小于 16 时，用一片集成电路即可完成；当计数器的模大于 16 时，需用多片集成电路完成，多片集成电路之间的进位关系是逢十六进一。

若用集成十进制计数器构成任意进制计数器，当计数器的模小于 10 时，用一片集成电路即可完成；当计数器的模大于 10 时，需用多片集成电路完成，多片集成电路之间的进位关系是逢十进一。

2. 清零端和置数端的不同

清零端只可用来反馈清零，需将反馈清零信号反馈全清零控制端，同时置数控制端放在无效状态。这样构成的计数器的初始状态一定是 0000。

置数端可以用来反馈置数，需将反馈置数信号反馈至置数控制端，而置数输入端放计数器的初始值，同时清零控制端放在无效状态，这样构成的计数器的初始状态可以任意。

3. 清零功能和置数功能是同步方式或异步方式的不同

异步清零功能：构成 N 进制计数器，要用状态 N 清零。

同步清零功能：构成 N 进制计数器，要用状态 $N-1$ 清零。

异步置数功能：构成 N 进制计数器，要用状态 $S+N$ 反馈置数（S 指计数器的初始状态的十进制）。

同步置数功能：构成 $N-1$ 进制计数器，要用状态 $S+N-1$ 反馈置数。

4. 用同步清零端或同步置数端归零获得 N 进制计数器的方法的主要步骤

（1）写出状态 $N-1$ 的二进制代码；

（2）求归零逻辑，即同步清零端或置数端信号的逻辑表达式；

（3）画出连线图。

【例 9.8】 试用 74LS163 构成七进制计数器。

解：（1）写出状态 $N-1$ 的二进制代码，即

$$S_{N-1}=S_{7-1}=S_6=0110$$

（2）求归零逻辑。

反馈清零时归零逻辑：

$$\overline{CR}=\overline{Q_1Q_2}$$

反馈置数时归零逻辑：

$$\overline{LD}=\overline{Q_1Q_2}$$

（3）画连线图。图 9.28（a）所示为用同步清零$\overline{CR}$端归零构成的七进制计数器连线图，$D_0\sim D_3$可任意处理。图 9.28（b）所示为用同步并行置数$\overline{LD}$端归零构成的七进制计数器的连线图，这里的 $D_0\sim D_3$必须都接零。

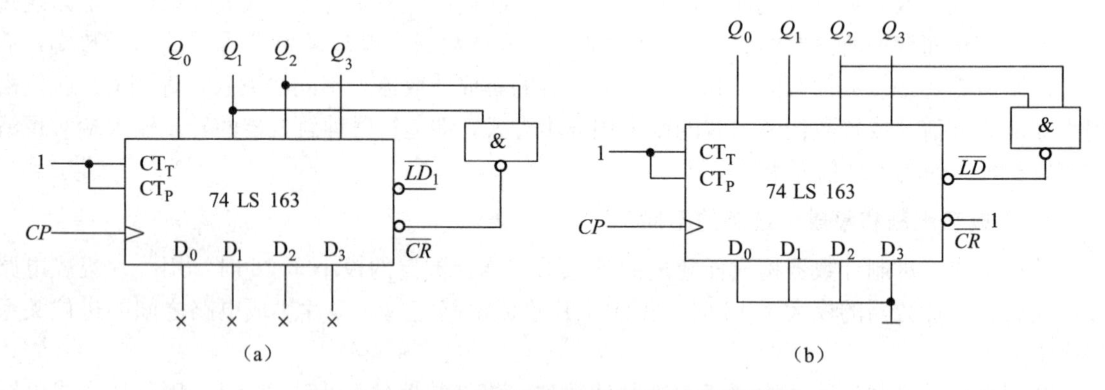

图 9.28　例 9.8 用 74LS163 构成的七进制计数器

（a）用同步清零$\overline{CR}$端归零；（b）用同步置数$\overline{LD}$端归零

5. 用异步清零端或异步置数端归零获得 N 进制计数器的方法的主要步骤

（1）写出状态 N 的二进制代码；

（2）求归零逻辑，即异步清零端或置数端信号的逻辑表达式；

（3）画出连线图。

【例 9.9】 试用 74LS197 构成七进制计数器。

解：（1）写出状态 N 的二进制代码，即

$$S_N = S_7 = 0111$$

（2）求归零逻辑。

反馈清零时归零逻辑：

$$\overline{CR} = \overline{Q_2 Q_1 Q_0}$$

反馈置数时归零逻辑：

$$CT/\overline{LD} = \overline{Q_2 Q_1 Q_0}$$

（3）画连线图。图 9.29（a）所示为用异步清零 $\overline{CR}$ 端归零，图 9.29（b）所示为用异步置数 $CT/\overline{LD}$ 端归零。

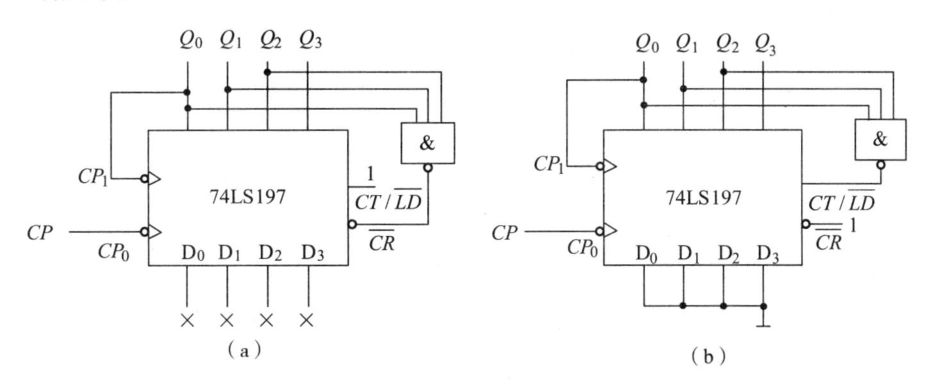

图 9.29　例 9.9 用 74LS197 构成的七进制计数器

（a）用异步清零 $\overline{CR}$ 端归零；（b）用异步置数 $CT/\overline{LD}$ 端归零

6. 利用计数器的级联获得大容量的 N 进制计数器

为了扩大计数器的计数容量，可将多个集成计数器级联起来。所谓级联，就是把多个计数器串联起来，从而获得所需的大容量的 N 进制计数器。例如，把一个 N_1 进制计数器和一个 N_2 进制计数器串联起来，便可构成最大容量为 $N = N_1 N_2$ 进制计数器。

一般集成计数器都设有级联用的输出端和输入端，只要正确地将这些级联端进行连接，就可获得 N 进制计数器。

1）同步级联

图 9.30 所示为用两片 4 位二进制同步加法计数器 74LS161 采用同步级联方式构成的 8 位二进制数同步加法计数器，模为 16×16＝256。

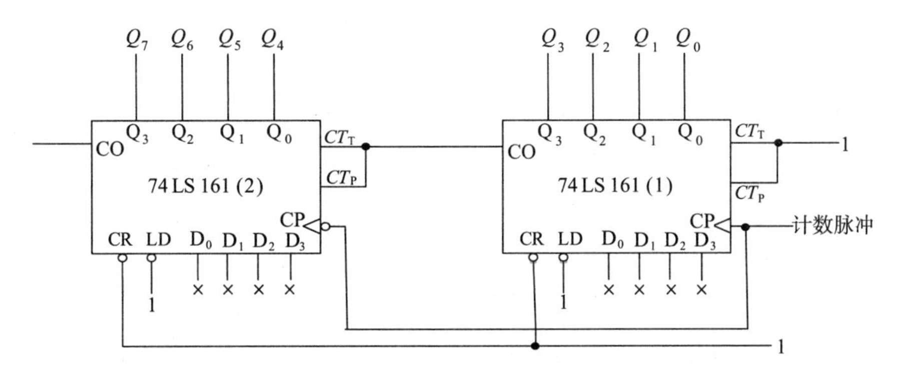

图 9.30　74LS161 同步级联构成 8 位二进制数加法计数器

2）异步级联

图 9.31 所示为用两片二-五-十进制异步加法计数器 74LS290 采用异步级联方式组成的两级 8421BCD 码十进制加法计数器，模为 10×10=100。

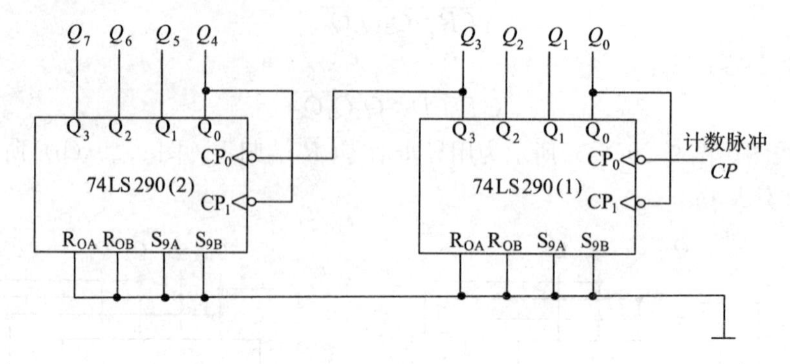

图 9.31　74LS290 异步级联构成一百进制计数器

3）大容量的 N 进制计数器

【例 9.10】 试用 74LS160 设计四十八进制计数器。

解：因为 $N=48$，而 74LS160 为模为 10 的计数器，所以要用两片 74LS160 构成此计数器。先将两芯片采用同步级联方式连接成一百进制计数器，再借助 74LS160 的异步清零功能使计数器反馈清零。在电路输入第 48 个计数脉冲后，即计数器输出状态为 0100 1000 时，高位片（2）的 Q_2 和低位片（1）的 Q_3 同时为 1，使与非门输出为 0，加到两芯片异步清零端 $\overline{CR}$ 上，则计数器立即返回 0000 0000 状态。状态 0100 1000 仅在极短的瞬间出现，为过渡状态。这样，就组成了四十八进制计数器，其逻辑电路图如图 9.32 所示。

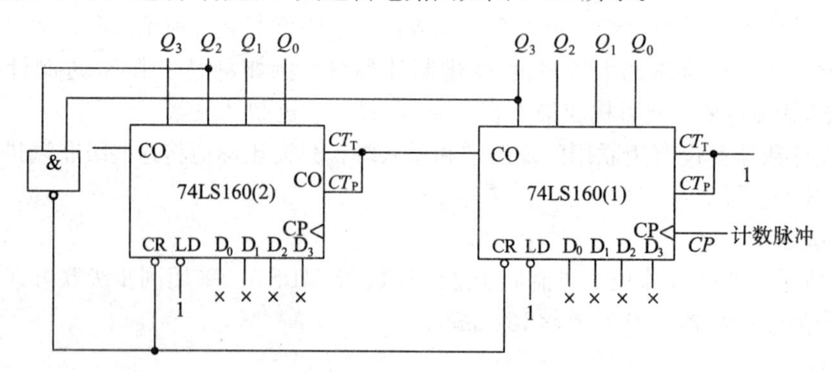

图 9.32　例 9.10 逻辑电路图

【例 9.11】 试用 74LS290 设计二十四进制计数器。

解：因为 $N=24$，而 74LS290 为模为 10 的计数器，所以要用两片 74LS290 构成此计数器。先将两芯片采用异步级联方式连接成一百进制计数器，再借助 74LS290 的异步清零功能使计数器反馈清零。在电路输入第 24 个计数脉冲后，即计数器输出状态为 0010 0100 时，高位片（2）的 Q_1 和低位片（1）的 Q_2 同时为 1，使与门输出为 1，加到两芯片异步清零端 R_{OA} 和 R_{OB} 上，由于 S_{9A} 和 R_{9B} 已经接地，则计数器立即返回 0000 0000 状态。状态 0010 0100 仅在极短的瞬间出现，为过渡状态。这样，就组成了二十四进制计数器，其逻辑电路图如图 9.33 所示。

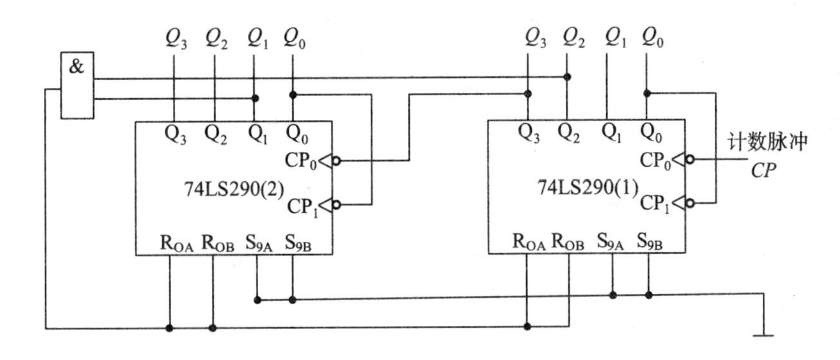

图 9.33　例 9.11 逻辑结构图

9.6　寄存器和移位寄存器

在数字系统中，经常需要暂时存放数据，供以后运算使用，这就需要用到数据寄存器。移位寄存器不但可以存放数据，而且在移位脉冲的作用下，寄存器中的数据可以根据需要向左或向右移位。由于一个触发器只可存放 1 位二进制代码，因此一个 n 位的数据寄存器或移位寄存器需由 n 个触发器组成。

9.6.1　寄存器

用以存放二进制代码数据的电路称为寄存器。图 9.34 所示为四边沿 D 触发器组成的集成寄存器 74LS175 的逻辑图，可作 4 位数据寄存器使用。图 9.34 中$\overline{CR}$为异步置零控制端，D_0～D_3为并行数据输入端，Q_0～Q_3为并行输出端。

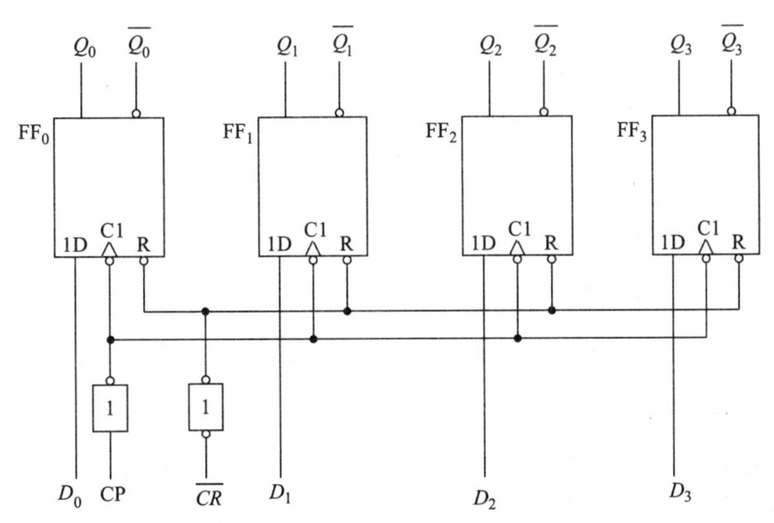

图 9.34　74LS175 的逻辑图

74LS175 的功能表如表 9.13 所示，由表可知它有如下主要功能：

1. 清零功能

无论寄存器中原来有无数据，只要$\overline{CR}$=0，各个触发器就都被置零，即 $Q_3Q_2Q_1Q_0$=0000。

表 9.13 74LS175 的功能表

输入						输出			
$\overline{CR}$	CP	D_3	D_2	D_1	D_0	Q_3	Q_2	Q_1	Q_0
0	×	×	×	×	×	0	0	0	0
1	1	d_3	d_2	d_1	d_0	d_3	d_2	d_1	d_0
1	0	×	×	×	×	保持			

2. 并行送数功能

取$\overline{CR}=1$，无论寄存器原来有无数据，只要输入时钟脉冲 CP 的上升沿到来，并行数据输入端 $D_3 \sim D_0$ 输入的数据 $d_3 \sim d_0$ 都被并行置入 4 个 D 触发器中，$Q_3Q_2Q_1Q_0=d_3d_2d_1d_0$。

3. 保持功能

当$\overline{CR}=1$，$CP=0$ 时，寄存器中寄存的数据保持不变，即各个触发器的状态保持不变。

9.6.2 移位寄存器

能够使数据逐位左移或右移的寄存器称为移位寄存器。移位寄存器分为单向移位寄存器和双向移位寄存器。在单向移位寄存器中，每输入一个移位脉冲，寄存器中的数据可向左或向右移动 1 位。而双向移位寄存器则在控制信号的作用下，既可进行左移，又可进行右移操作。

1. 单向移位寄存器

如图 9.35（a）所示，由 4 个边沿 D 触发器组成的 4 位右移位寄存器。这 4 个 D 触发器共

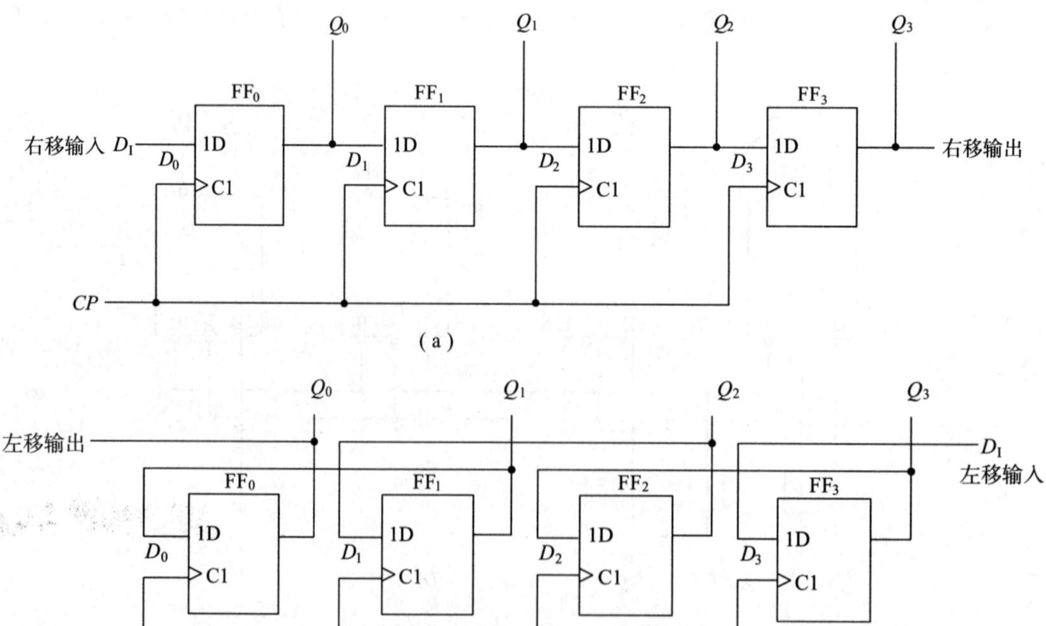

图 9.35 由 D 触发器组成的单向移位寄存器

（a）右移位寄存器；（b）左移位寄存器

用同一个时钟脉冲信号，数据由 FF_0 的 D_I 端串行输入，其工作原理如下：设串行输入数据 $D_I=1011$，同时 $FF_0 \sim FF_3$ 都为 0 状态。当输入第一个数据 1 时，$D_0=1$，$D_1=Q_0=0$，$D_2=Q_1=0$，$D_3=Q_2=0$，则在第一个移位脉冲 CP 的上升沿作用下，FF_0 由 0 状态翻转到 1 状态，第一位数据 1 存入 FF_0 中，其原来的状态 0 移入 FF_1 中，数据向右移了 1 位。这时，寄存器的状态为 $Q_3Q_2Q_1Q_0=1000$。当第二个数据 0 存入 FF_0 中时，$Q_0=0$，FF_0 中原来的数据 1 移入 FF_1 中，$Q_1=1$。同理，$Q_2=Q_3=0$，移位寄存器中的数据又依次向右移了 1 位。这样，在 4 个移位脉冲的作用下，输入的 4 位串行数据 1011 全部存入寄存器。右移位寄存器的状态表如表 9.14 所示。

表 9.14 右移位寄存器的状态表

移位脉冲	输入数据	移位寄存器中的数			
		Q_0	Q_1	Q_2	Q_3
0		0	0	0	0
1	1	1	0	0	0
2	0	0	1	0	0
3	1	1	0	1	0
4	1	1	1	0	1

移位寄存器中的数据可由 Q_3、Q_2、Q_1、Q_0 并行输出，也可由 Q_3 串行输出，但这时需要继续输入 4 个移位脉冲才能从寄存器中取出存放的 4 位数据。

图 9.35（b）所示为左移位寄存器，其工作原理和右移位寄存器相同，请读者自行分析。

2. 双向移位寄存器

由单向移位寄存器的工作原理可知，右移位寄存器和左移位寄存器的电路结构是基本相同的，如适当加入一些控制电路和控制信号，就可将右移位寄存器和左移位寄存器结合在一起，构成双向移位寄存器。图 9.36 所示为 4 位双向移位寄存器 74LS194 的逻辑功能示意图。

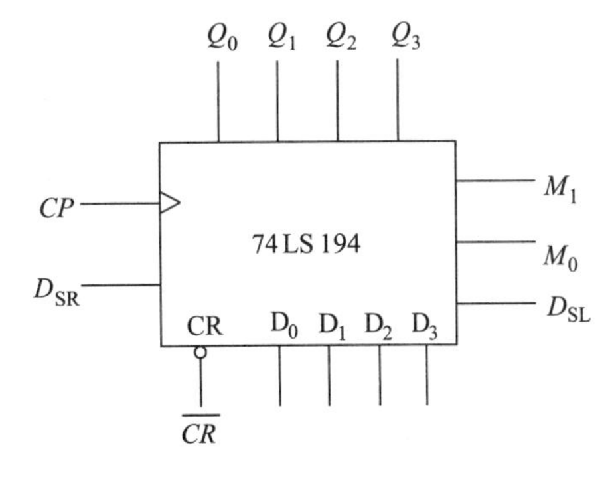

图 9.36 74LS194 的逻辑功能示意图

图 9.36，$\overline{CR}$为异步清零端，$D_0 \sim D_3$ 为并行数据输入端，D_{SR} 为右移串行数据输入端，D_{SL} 为左移串行数据输入端，M_0 和 M_1 为工作方式控制端，$Q_0 \sim Q_3$ 为并行数据输出端，CP 为移位脉冲输入端。74LS194 的功能表如表 9.15 所示。

表 9.15 74LS194 的功能表

输入										输出				说明
$\overline{CR}$	M_1	M_0	CP	D_{SL}	D_{SR}	D_3	D_2	D_1	D_0	Q_3	Q_2	Q_1	Q_0	
0	×	×	×	×	×	×	×	×	×	0	0	0	0	异步清零
1	×	×	0	×	×	×	×	×	×	保持				
1	1	1	↑	×	×	d_3	d_2	d_1	d_0	d_0	d_1	d_2	d_3	并行置数
1	0	1	↑	×	1	×	×	×	×	1	Q_0	Q_1	Q_2	右移输入 1
1	0	1	↑	×	0	×	×	×	×	0	Q_0	Q_1	Q_2	右移输入 0
1	1	0	↑	1	×	×	×	×	×	Q_1	Q_2	Q_0	1	左移输入 1
1	1	0	↑	0	×	×	×	×	×	Q_1	Q_2	Q_0	0	左移输入 0
1	0	0	×	×	×	×	×	×	×	保持				

由表 9.15 可知 74LS194 有如下主要功能：

（1）清零功能。当$\overline{CR}$=0 时，移位寄存器异步清零，即 $Q_0Q_1Q_2Q_3$=0000。

（2）保持功能。当$\overline{CR}$=1，CP=0，或者$\overline{CR}$=1，M_1M_0=00 时，移位寄存器保持原来的状态不变。

（3）并行送数功能。当$\overline{CR}$=1，M_1M_0=11 时，在移位脉冲 CP 上升沿作用下，使 D_0～D_3 端输入的数据 d_0～d_3并行送入寄存器，即 $Q_0Q_1Q_2Q_3=d_0d_1d_2d_3$。

（4）右移串行送数功能。当$\overline{CR}$=1，M_1M_0=01 时，在移位脉冲 CP 上升沿作用下，执行右移功能，D_{SR}端输入的数据依次送入寄存器。

（5）左移串行送数功能。当$\overline{CR}$=1，M_1M_0=10 时，在移位脉冲 CP 上升沿作用下，执行左移功能，D_{SL}端输入的数据依次送入寄存器。

3. 移位寄存器构成顺序脉冲发生器

顺序脉冲发生器是指在每个循环周期内，依次产生在时间上按照一定顺序排列的脉冲信号的电路。

图 9.37（a）所示为双向移位寄存器 74LS194 构成的顺序脉冲发生器。取 $D_0D_1D_2D_3$=0001，$\overline{CR}$=1，Q_0接左移串行数据输入端 D_{SL}，M_1=1。先使 M_0=1，电路开始工作后，在移位时钟脉冲 CP 的作用下，输入数据置入移位寄存器，即 $Q_0Q_1Q_2Q_3=D_0D_1D_2D_3$=0001；然后使 M_0=0，这时，随着移位脉冲 CP 的输入，电路开始进行左移操作。Q_3～Q_0依次输出高电平的顺序脉冲，如图 9.37（b）所示。

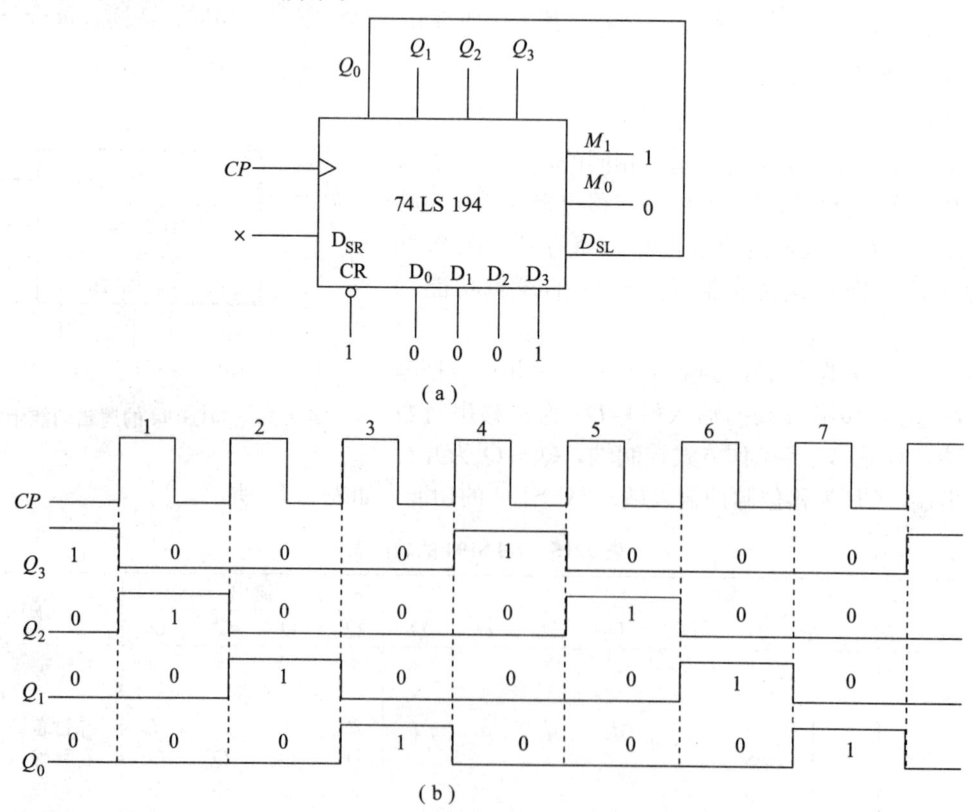

图 9.37 由 74LS194 构成的顺序脉冲发生器及其工作波形

（a）顺序脉冲发生器；（b）工作波形

9.7　同步时序逻辑电路的设计

同步时序电路设计是时序电路分析的逆过程，即根据给定的逻辑功能，选择适当的逻辑器件，设计出符合要求的时序电路。

9.7.1　同步时序逻辑电路的设计步骤

（1）分析逻辑功能。根据设计要求，确定输入、输出变量的个数，设定状态，导出原始的状态图。

（2）状态化简。原始状态图往往不是最简的，有时可以消去一些多余状态。这个消去多余状态的过程称为状态化简。

（3）状态分配。又称状态编码，也就是将设定的状态进行编码，编码完成后，结合化简后的状态图，导出对应的状态转换表。

（4）选择触发器。选择触发器的类型，确定触发器的使用个数。触发器的类型选得合适，可以简化电路结构。

（5）写出方程。根据状态转换表及所采用的触发器的特性表，导出待设计电路的输出方程和驱动方程。

（6）画电路图。根据输出方程和驱动方程画出逻辑电路图。

（7）自启动检查。

9.7.2　同步时序逻辑电路设计举例

【例 9.12】 试设计一个同步五进制加法计数器。

解：（1）分析逻辑功能。由于是五进制计数器，所以应有 5 个不同的状态，分别用 S_0、S_1、S_2、S_3、S_4 表示，加法计数器可以没有输入端，但应有 1 个进位输出端，这里用 Z 表示。在计数脉冲 CP 作用下，5 个状态循环翻转，在状态为 S_4 时，进位输出 $Z=1$。原始状态转换图如图 9.38 所示。

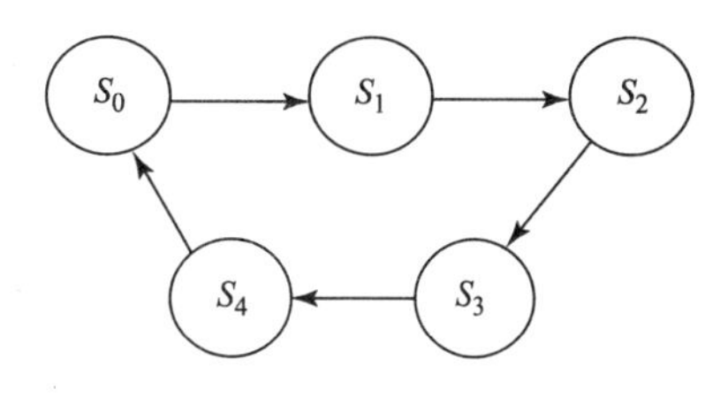

图 9.38　例 9.12 状态转换图

（2）状态化简。五进制计数器应有 5 个状态，原始状态图没有多余状态，不需化简。

（3）状态分配。由式 $2^n \geqslant N > 2^{n-1}$ 可知，应采用 3 位二进制代码，选用 3 位触发器。该计数器选用 3 位自然二进制加法计数编码，即 $S_0=000$，$S_1=001$，$S_2=010$，$S_3=011$，$S_4=100$。由此可列出状态转换表如表 9.16 所示。

表 9.16　例 9.12 的状态转换表

状态转换顺序	现态			次态			进位输出
	Q_2^n	Q_1^n	Q_0^n	Q_2^{n+1}	Q_1^{n+1}	Q_0^{n+1}	Z
S_0	0	0	0	0	0	1	0
S_1	0	0	1	0	1	0	0
S_2	0	1	0	0	1	1	0
S_3	0	1	1	1	0	0	0
S_4	1	0	0	0	0	0	1

（4）选择触发器。本例选用 3 个边沿 JK 触发器。

（5）写出方程。列出 JK 触发器的驱动表如表 9.17 所示。画出电路的次态卡诺图如图 9.39 所示，3 个无效状态 101、110、111 做无关项处理。根据次态卡诺图和 JK 触发器的驱动表可得各触发器的驱动卡诺图，如图 9.40 所示。

表 9.17　JK 触发器的驱动表

$Q^n \rightarrow Q^{n+1}$	J	K
0　0	0	×
0　1	1	×
1　0	×	1
1　1	×	0

Q_2^n \ $Q_1^n Q_0^n$	00	01	11	10
0	001	010	100	011
1	000	×	×	×

图 9.39　例 9.12 状态卡诺图

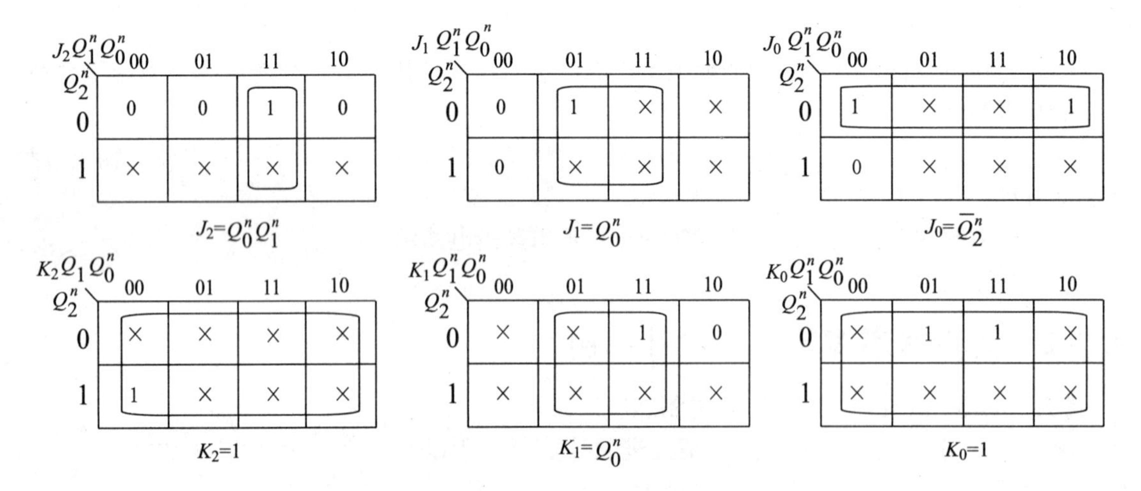

图 9.40　例 9.12 各触发器的驱动卡诺图

将各驱动方程和电路输出方程归纳如下：

$$J_0=\overline{Q}_2^n, \qquad K_0=1$$
$$J_1=Q_0^n, \qquad K_1=Q_0^n$$
$$J_2=Q_0^n Q_1^n, \qquad K_2=1$$
$$Z=Q_2^n$$

（6）画逻辑图。根据驱动方程和输出方程，画出五进制计数器的逻辑图，如图 9.41 所示。

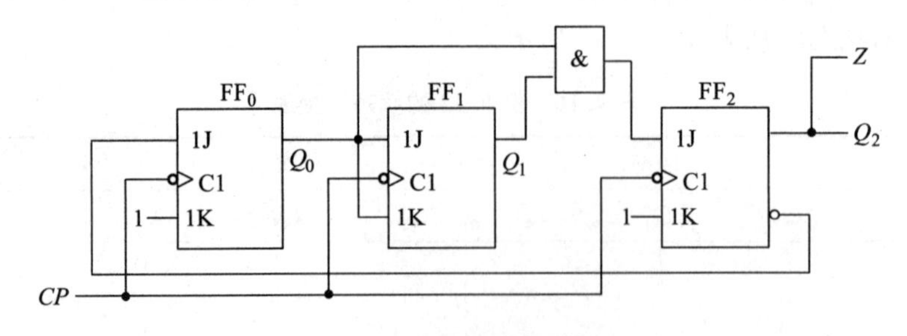

图 9.41　例 9.12 的逻辑图

（7）自启动检查。利用时序电路分析的方法画出电路完成的状态转换图，如图 9.42 所示。可见，当电路进入无效状态 101、110、111 时，在 CP 脉冲作用下，可分别进入有效状态 010、010、000，因此电路能够自启动。

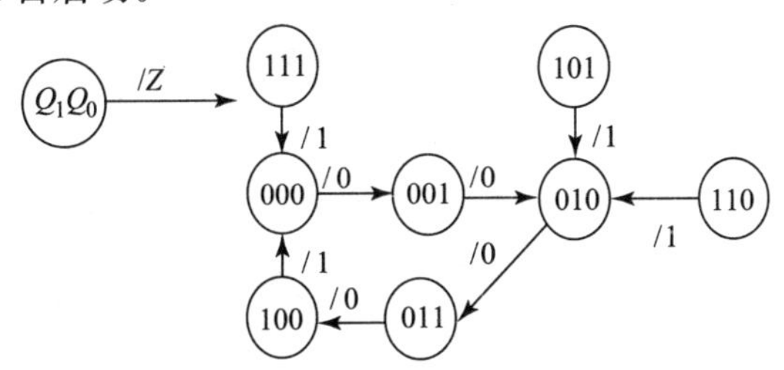

图 9.42　例 9.12 完整状态图

实验　数字电子钟的设计与仿真

一、实验目的

（1）了解数字电子钟主体电路的组成及工作原理；

（2）掌握用集成计数器 CT74290 实现 N 进制计数器的方法；

（3）掌握用 EWB 生成子电路的方法；

（4）掌握用 EWB 进行数字电路设计及仿真的一般方法。

二、实验内容与步骤

1. 实验原理及其框图

如实验图 9.1 所示，数字钟是一个对标准频率（1 Hz）进行计数的计数电路。

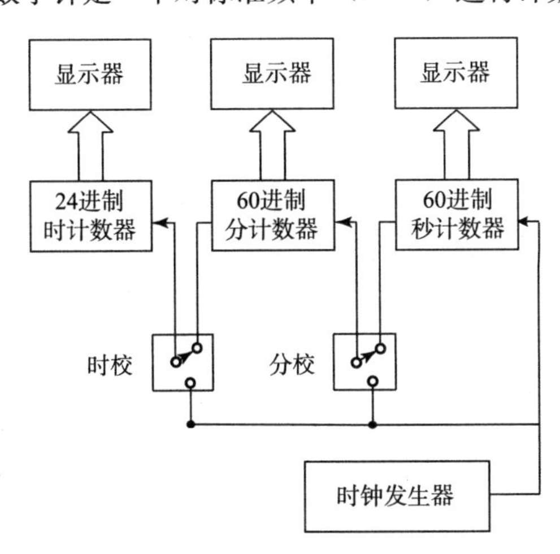

实验图 9.1　数字钟框图

2. 单元电路的设计和仿真

1）晶体振荡器电路

选用实验图 9.2 所示的 EWB 电源器件库中的 CLOCK，然后双击 CLOCK，在其属性对话框中设置其 Frequency 为 1 Hz。还可用如实验图 9.3 所示的 555 定时器组成秒脉冲发生器，其中实验图 9.3（a）所示为电路原理测试图，实验图 9.3（b）所示为由示波器产生的波形图。将示波器删除，选中实验图 9.3（a）方框中的电路，选择 Circuit→Creat Subcircuit 选项可生成子电路，名称为“秒脉冲”。

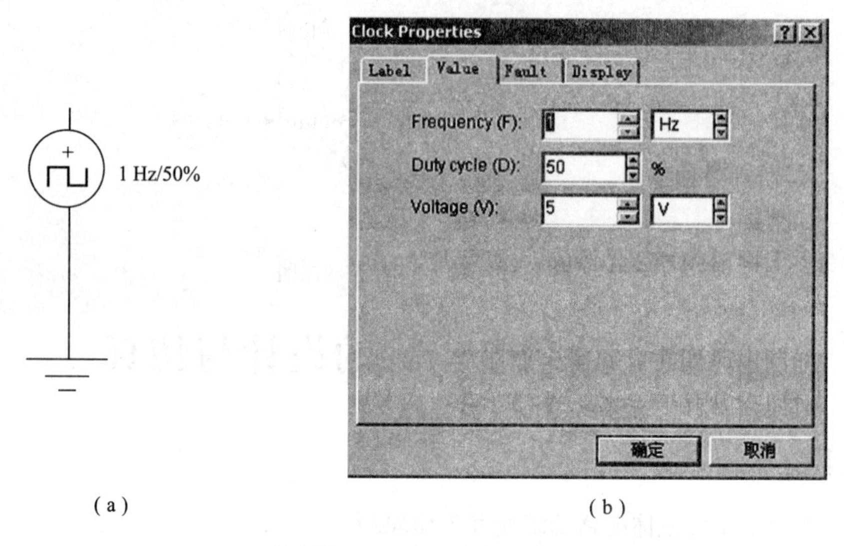

实验图 9.2　EWB 中的 CLOCK

（a）元件符号；（b）属性设置

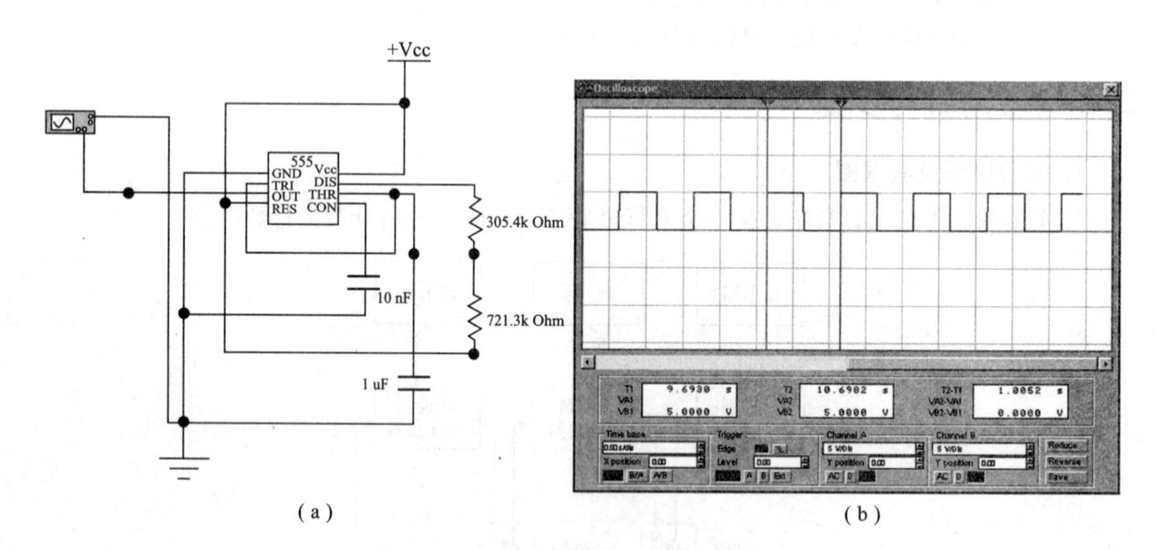

实验图 9.3　555 定时器组成的秒脉冲发生器

（a）电路原理测试图；（b）波形图

2）时间计数器电路

时间计数器电路由秒个位和秒十位计数器、分个位和分十位计数器及时个位和时十位计数器电路构成，其中秒个位和秒十位计数器、分个位和分十位计数器为由集成计数器 74290 实现的 60 进制计数器，时个位和时十位计数器为由集成计数器 74290 实现的 24 进制计数器。

建立秒、分 60 进制计时器电路，如实验图 9.4 所示。

生成子电路。先选中整个电路，再选择菜单栏 Circuit→Create Subcircuit 选项生成子电路，名称为“60 进制”，如实验图 9.5 所示，接通电源对电路进行测试。

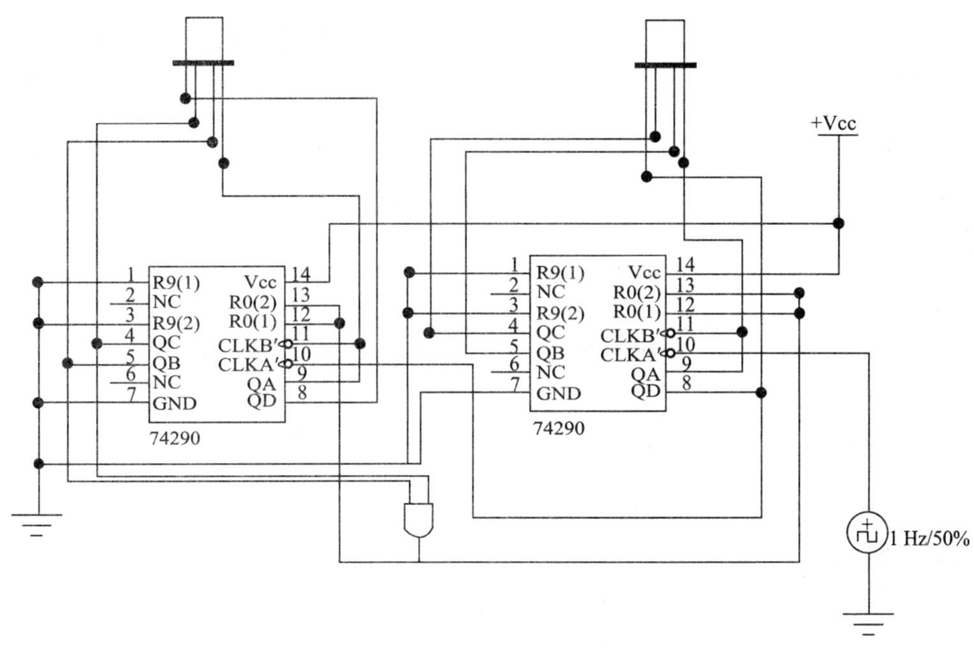

实验图 9.4　秒、分 60 进制计时器

建立小时 24 进制计时器，如实验图 9.6 所示。

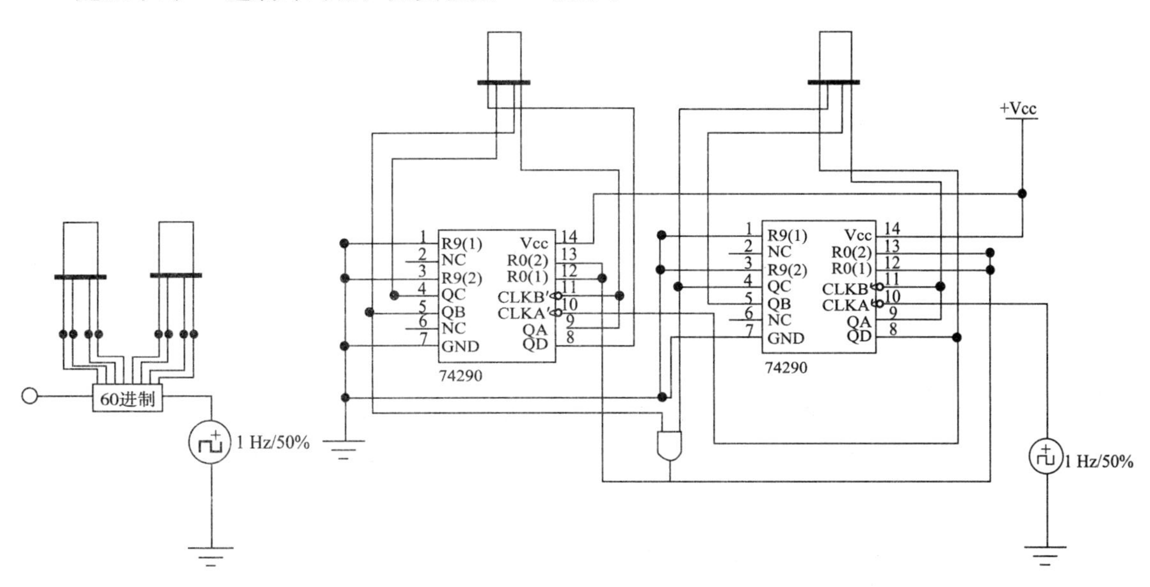

实验图 9.5　秒、分计时器子电路

实验图 9.6　小时 24 进制计时器

生成子电路。先选中所需电路，再选择菜单栏 Circuit→Create Subcircuit 选项生成子电路，名称为“24 进制”，如实验图 9.7 所示。接通电源对电路进行测试。

3）译码显示电路

译码显示电路可用如实验图 9.8 所示的 indicator 元件库中的译码数码管。

4）校时电路

实验图 9.9 所示为数字钟的校时电路。

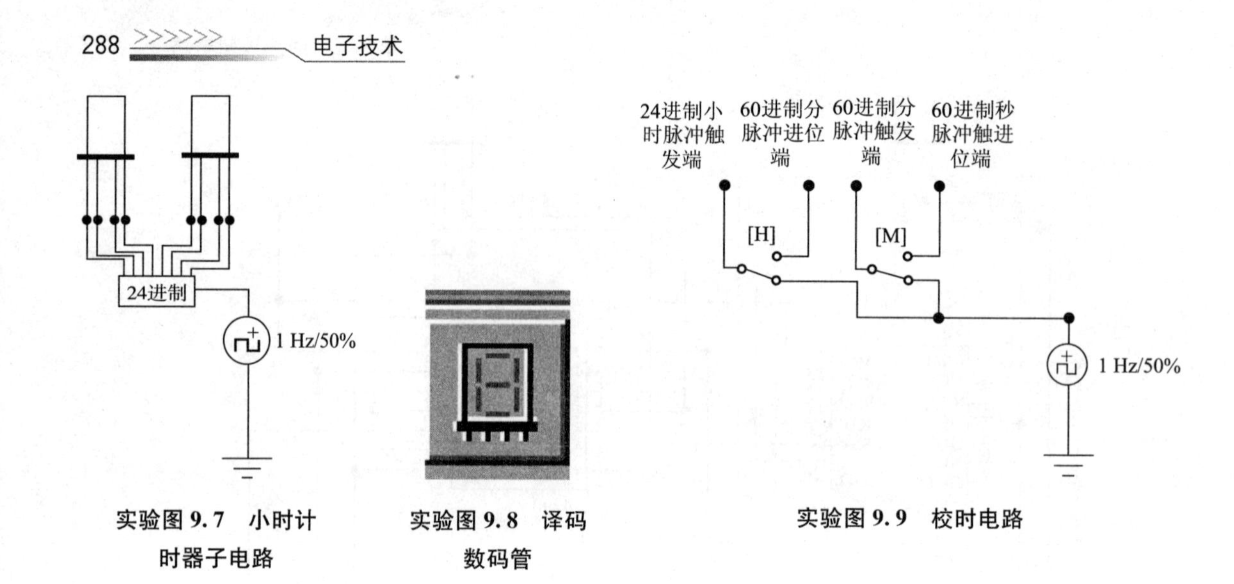

实验图 9.7　小时计时器子电路

实验图 9.8　译码数码管

实验图 9.9　校时电路

3. 数字钟总体电路

先根据实验内容与步骤分别完成单元电路；再将单元电路生成子电路；然后对子电路进行测试；最后完成如实验图 9.10 所示的带校时功能的数字钟电路，并接通电源进行仿真，观看能否完成以下功能：校时、校分和计数的功能。

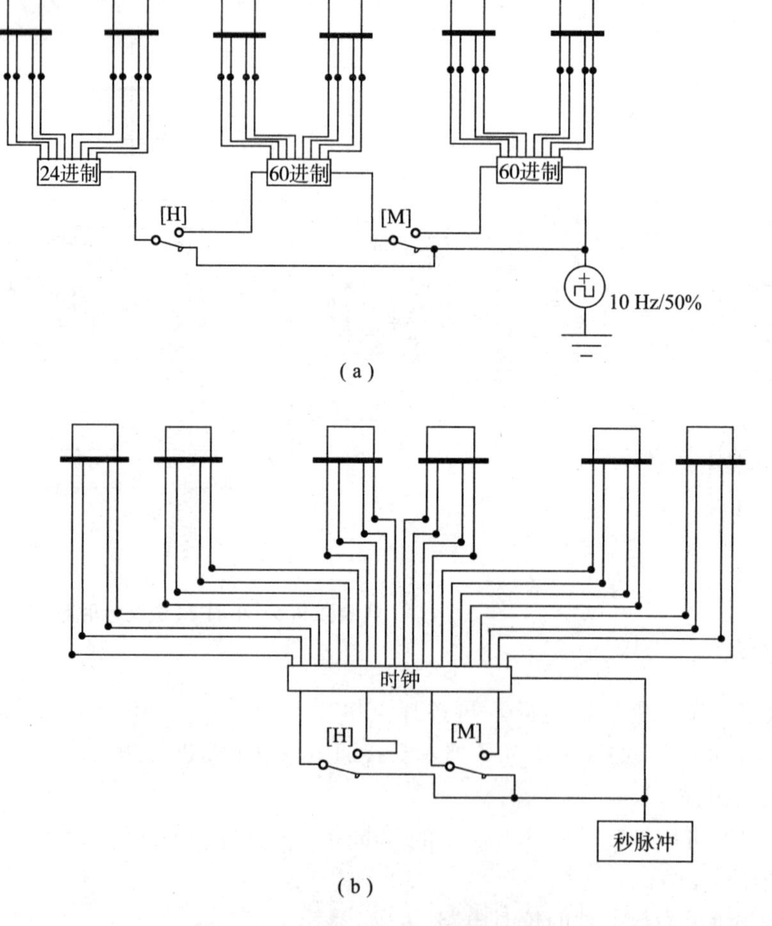

实验图 9.10　带校时功能的数字钟电路

三、实验要求

（1）用其他十进制集成计数器设计多功能数字钟电路。

（2）扩展多功能数字钟电路功能：实现整点报时功能、定时功能。

（3）用555定时器设计1 Hz的秒脉冲发生器，替代实验图9.5中的时钟发生器。

（4）本实验中的校时电路设计得较简单，对其进行改进和完善，达到实用的效果。

本章小结

1. 时序逻辑电路一般有组合逻辑电路和存储电路两部分构成。它们在任一时刻的输出不仅是当前输入信号的函数，而且还与电路原来的状态有关。时序电路可分为同步时序电路和异步时序电路两大类。逻辑方程组、状态表、状态图和时序图从不同的方面表达了时序电路的逻辑功能，是分析和设计时序电路的主要依据和手段。

2. 时序电路的分析，首先按照给定电路列出各逻辑方程组；进而列出状态表，画出状态图和时序图；最后分析得到电路的逻辑功能。同步时序电路的设计，首先根据逻辑功能的需求，导出原始状态图或原始状态表，有必要时进行状态化简，继而对状态进行编码；然后根据状态表导出激励方程组和输出方程组；最后画出逻辑图完成设计任务。

3. 时序电路的功能、结构和种类繁多。本章仅对寄存器和计数器等几种典型的时序集成电路进行了较详细的讨论。应用这些集成电路器件，能设计出各种不同功能的电子系统。

习　题

9.1　试分析习题图9.1所示电路为几进制计数器。写出它的输出方程、驱动方程、状态方程，画出时序图。

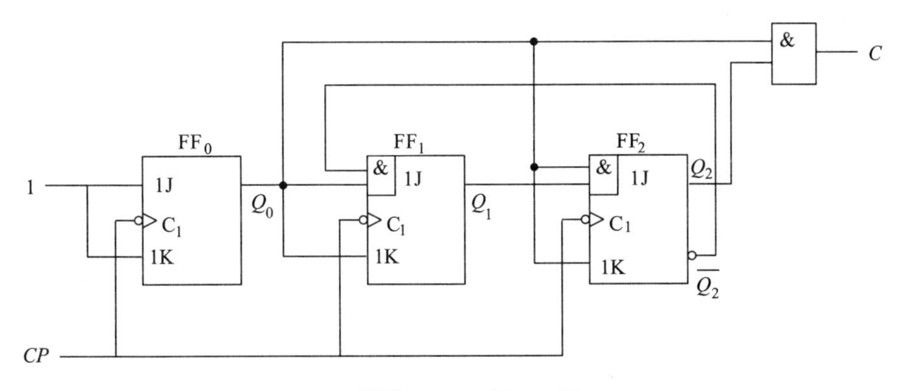

习题图9.1　习题9.1图

9.2　试分析习题图9.2所示电路的逻辑功能。

9.3　试分析习题图9.3所示电路的逻辑功能，并检查能否自启动。

9.4　试分析习题图9.4所示电路为几进制计数器。

9.5　试分析习题图9.5所示电路为几进制计数器。

9.6　试分析习题图9.6所示电路为几进制计数器。

9.7　试分析习题图9.7所示电路为几进制计数器。

9.8　试分析习题图9.8所示电路为几进制计数器。

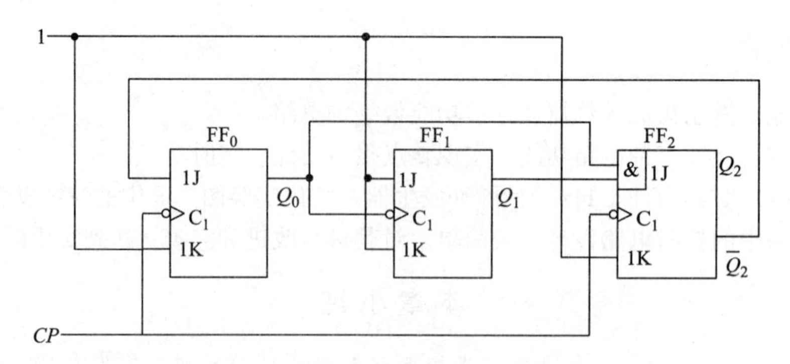

习题图 9.2　习题 9.2 图

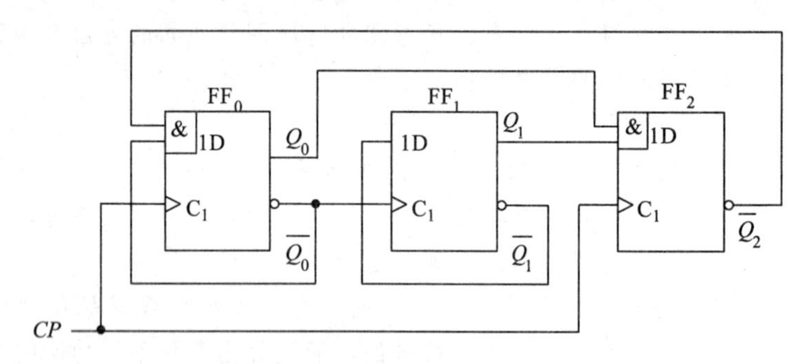

习题图 9.3　习题 9.3 图

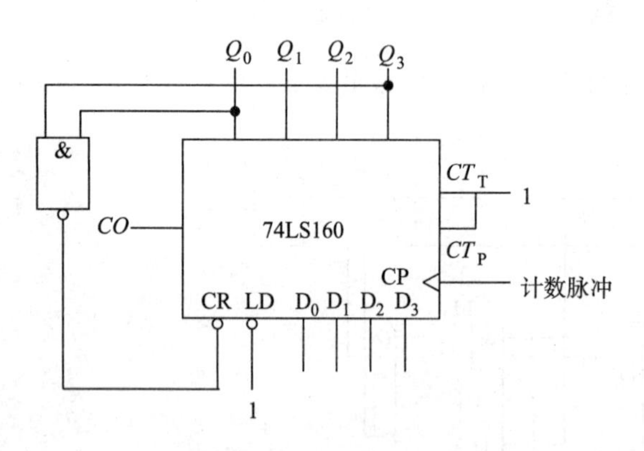

习题图 9.4　习题 9.4 图

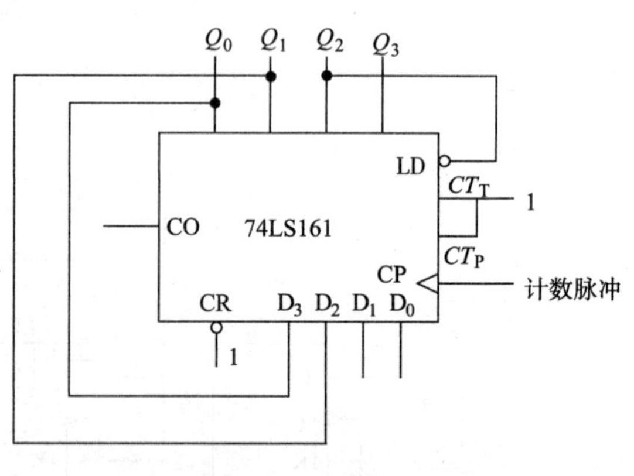

习题图 9.5　习题 9.5 图

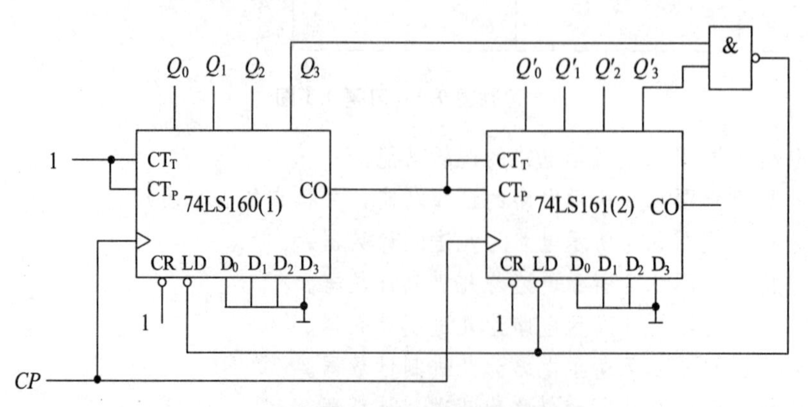

习题图 9.6　习题 9.6 图

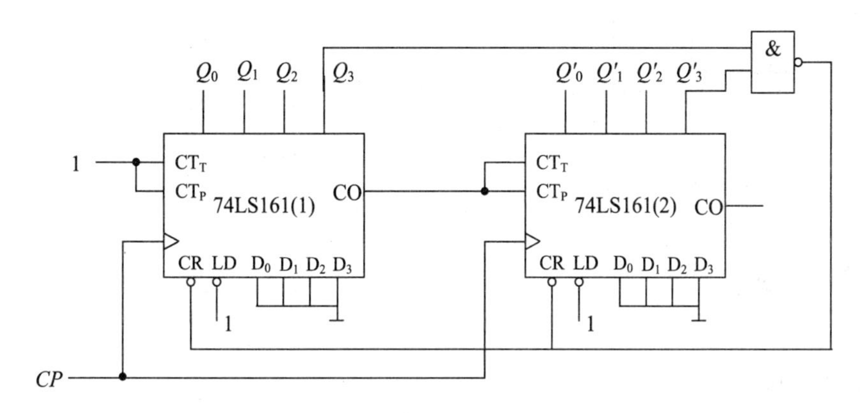

习题图 9.7 习题 9.7 图

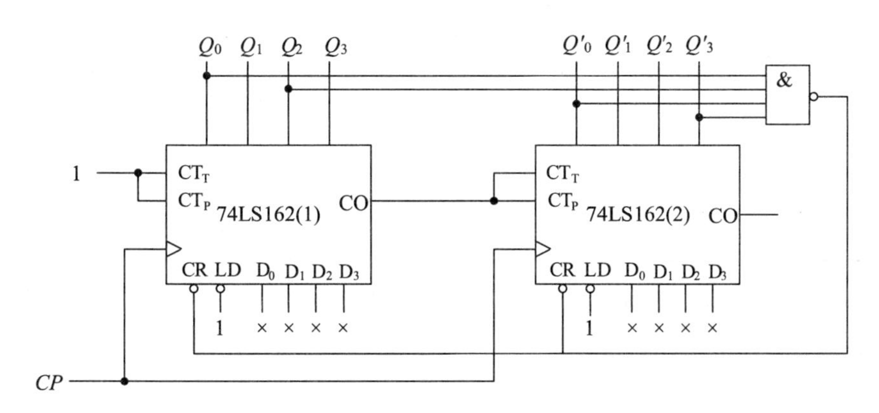

习题图 9.8 习题 9.8 图

9.9 某计数器的输出波形如习题图 9.9 所示，试确定该计数器的计数循环中有几个状态，列出状态转移真值表，画出状态转移图。若使用 D 触发器，写出激励方程表达式。

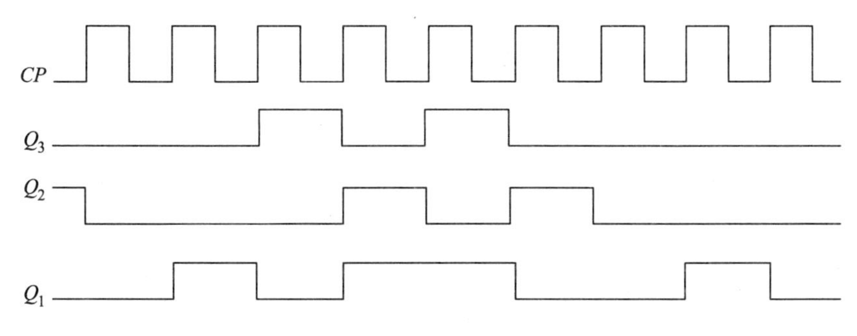

习题图 9.9 习题 9.9 图

9.10 分别用集成计数器芯片 74LS161、74LS163、74LS197 及相关逻辑门实现七进制、24 进制计数器。

9.11 74LS90 是集成二-五-十进制异步计数器，其逻辑符号如习题图 9.10 所示。试用其设计六进制计数器。

9.12 74LS192 是集成十进制可逆计数器，其逻辑符号如习题图 9.11 所示。试用其设计八进制计数器。

9.13 同步时序电路的状态表如习题表 9.1 所示，采用主从 JK 触发器设计此电路。

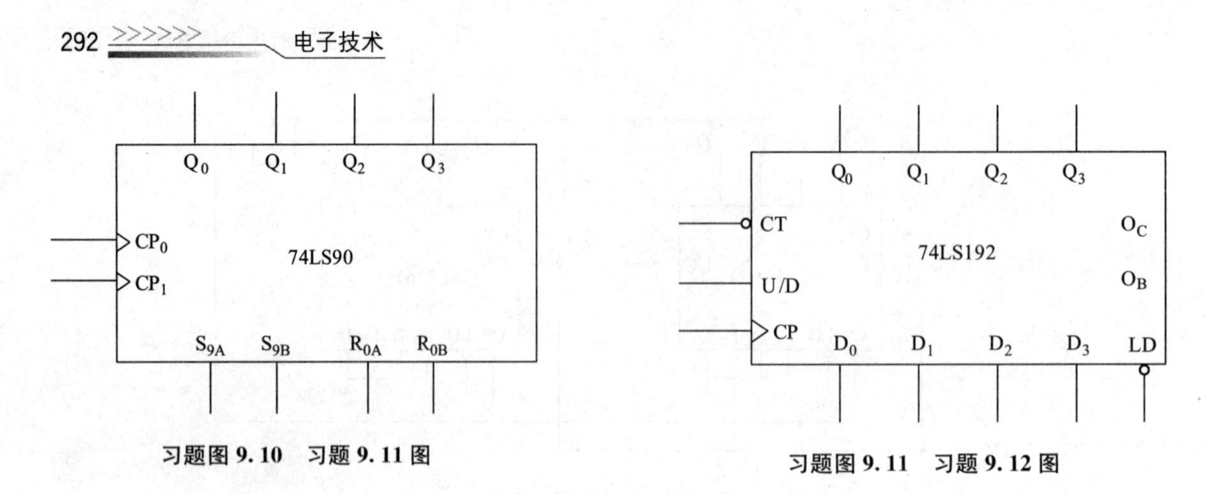

习题图 9.10　习题 9.11 图

习题图 9.11　习题 9.12 图

习题表 9.1　习题 9.13 表

现态	$X=0$	$X=1$
A	$B/0$	$D/0$
B	$C/0$	$A/0$
C	$D/0$	$B/0$
D	$A/1$	$C/1$

9.14　试用上升沿 D 触发器组成五进制同步加法计数器，画出逻辑图。

9.15　试设计一序列脉冲检测器，当连续输入信号 110 时，该电路输出为 1，否则为 0。

第 10 章

脉冲产生电路

本章要点

本章主要讨论 555 定时器的工作原理；用 555 定时器构成多谐振荡器、施密特触发器和单稳态触发器，以及它们的工作原理及应用。

10.1　概　　述

10.1.1　脉冲信号产生电路

在数字系统中，经常要用到各种脉冲信号，如 CP 脉冲信号、生产控制过程中的定时信号等。这些脉冲信号有的是依靠脉冲信号源直接产生的，有的是利用各种整形电路对已有的脉冲信号进行波形变换得来的。我们将能够产生脉冲信号或对脉冲信号进行整形、变换的电路称为脉冲电路。

在脉冲电路中，有直接产生脉冲信号的多谐振荡器，有能够对脉冲信号进行整形、变换的施密特触发器和单稳态触发器。施密特触发器和单稳态触发器是两种不同用途的脉冲整形、变换电路，施密特触发器主要用于将变化缓慢的或快速变化的非矩形脉冲变换成上升沿和下降沿都很陡峭的矩形脉冲，而单稳态触发器则主要用于将宽度不符合要求的脉冲变换成符合要求的矩形脉冲。

脉冲电路可分别由分立元件、集成逻辑门电路和集成电路来实现。其中，应用比较广泛的是用 555 集成定时器来实现脉冲电路。

10.1.2　555 定时器

555 集成定时器是一种模拟电路和数字电路相结合的中规模集成电路，其电路功能灵活，只要在外部配上少量电阻和电容元件，就可方便地构成多谐振荡器、施密特触发器和单稳态触发器。因而在定时、检测、控制、报警等领域中得到广泛应用。

1. 电路结构

图 10.1（a）所示为 555 定时器的电路结构原理图，图 10.1（b）所示为 555 定时器芯片引脚图。其中各引脚定义如下：1 为接地端 GND，2 为低触发端 $\overline{TR}$，3 为输出端 OUT，4 为复位端 $\overline{R}$，5 为电压控制端 C_O，6 为高触发端 TH，7 为放电端 DIS，8 为电源接入端 V_{CC}。

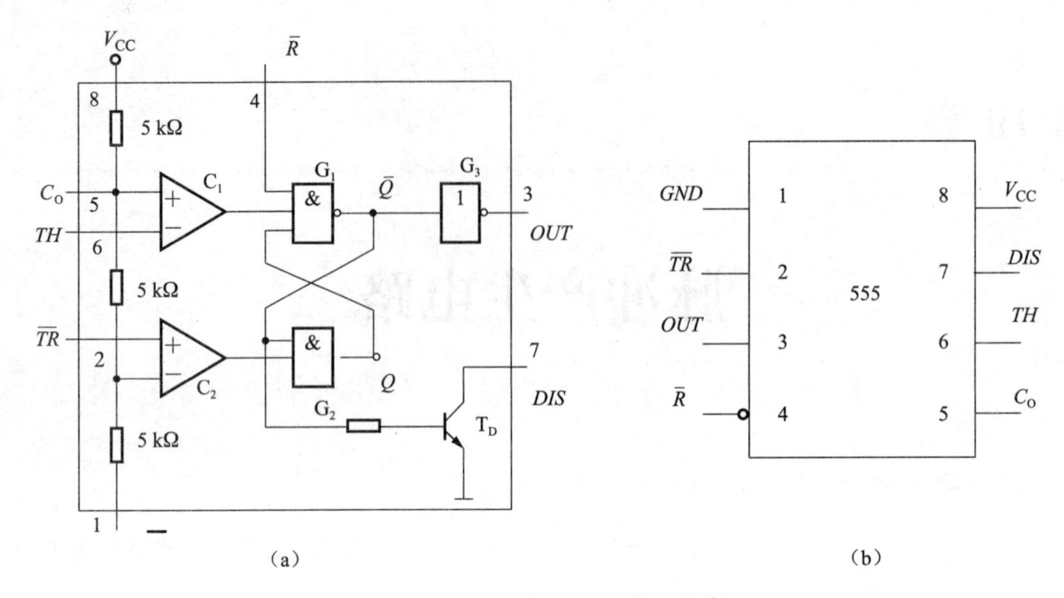

图 10.1　555 定时器的电路结构和引脚图

(a) 电路图；(b) 引脚图

555 定时器主要由以下五部分组成：

1) 分压器

三个电阻均为 5 kΩ 的电阻串联起来构成分压器（555 也因此而得名），为比较器 C_1 和 C_2 提供参考电压，C_1 的"+"端 $U_+=\frac{2V_{CC}}{3}$，C_2的"−"端 $U_-=\frac{V_{CC}}{3}$。如果在电压控制端 C_O 另加控制电压，则可改变 C_1 和 C_2 的参考电压。工作中不使用 C_O 端时，通常对地接 0.01 μF 的电容，以消除高频干扰。

2) 比较器

C_1 和 C_2 是两个电压比较器，比较器有两个输入端，分别标有"+"号和"−"号，如果用 U_+ 和 U_- 表示相应输入端上所加的电压，则当 $U_+>U_-$ 时，其输出为高电平；当 $U_+<U_-$ 时，其输出为低电平。

3) 基本 *RS* 触发器

由两个与非门 G_1、G_2 组成，$\bar{R}$ 是专门设置的可从外部进行置零的复位端，当 $\bar{R}=0$ 时，触发器输出 $Q=0$、$\bar{Q}=1$。

4) 晶体管开关

晶体管 T_D 构成开关，其状态受 $\bar{Q}$ 端控制，当 $\bar{Q}=0$ 时，T_D 截止；当 $\bar{Q}=1$ 时，T_D 导通。

5) 输出缓冲器

输出缓冲器就是接在输出端的反相器 G_3，其作用是提高定时器的带负载能力和隔离负载对定时器的影响。

2. 基本功能

表 10.1 所示为 555 定时器的功能表，由表可知它有如下主要功能。

(1) 当 $\bar{R}=0$ 时，$\bar{Q}=1$，输出电压 $u_O=U_{OL}$ 为低电平，T_D 饱和导通。

(2) 当 $\bar{R}=1$，$U_{TH}>\frac{2}{3}V_{CC}$，$U_{\overline{TR}}>\frac{1}{3}V_{CC}$ 时，C_1 输出为低电平，C_2 输出为高电平，$\bar{Q}=1$，

$Q=0$，$u_O=U_{OL}$为低电平，TV_D饱和导通。

（3）当$\bar{R}=1$，$U_{TH}<\frac{2}{3}V_{CC}$，$U_{\overline{TR}}>\frac{1}{3}V_{CC}$时，$C_1$、$C_2$输出均为高电平，基本 RS 触发器保持原来的状态不变。

（4）当$\bar{R}=1$，$U_{TH}<\frac{2}{3}V_{CC}$，$U_{\overline{TR}}<\frac{1}{3}V_{CC}$时，$C_1$输出为高电平，$C_2$输出为低电平，$\bar{Q}=0$，$Q=1$，$u_O=U_{OH}$为高电平，$T_D$截止。

表 10.1　555 定时器的功能表

U_{TH}	$U_{\overline{TR}}$	$\bar{R}$	U_O	T_D的状态
×	×	0	0	导通
$>\frac{2}{3}V_{CC}$	$>\frac{1}{3}V_{CC}$	1	0	导通
$<\frac{2}{3}V_{CC}$	$>\frac{1}{3}V_{CC}$	1	不变	不变
$<\frac{2}{3}V_{CC}$	$<\frac{1}{3}V_{CC}$	1	1	截止

3. 类型

目前生产的 555 定时器有双极型和 CMOS 两种类型，其型号分别有 NE555（或 5G555）和 C7555 等多种。通常，双极型产品型号最后的三位数码都是 555，CMOS 产品型号的最后四位数码都是 7555。除了某些电气特性不同外，它们的结构、工作原理及外部引脚排列基本相同。

一般双极型定时器具有较大的驱动能力，而 CMOS 定时电路具有低功耗、输入阻抗高等优点。555 定时器工作的电源电压很宽，并可承受较大的负载电流。双极型定时器电源电压范围为 5～16 V，最大负载电流可达 200 mA；CMOS 定时器电源电压变化范围为 3～18 V，最大负载电流在 4 mA 以下。

10.2　用 555 定时器构成的多谐振荡器

多谐振荡器是一种自激振荡电路，该电路只要接通电源，无须外接触发信号，在其输出端便可获得矩形脉冲。由于矩形脉冲中除基波外还含有极其丰富的高次谐波，所以人们把这种电路称为多谐振荡器。多谐振荡器一旦起振之后，电路没有稳态，只有两个暂稳态，它们做交替变化，输出连续的矩形脉冲信号，因此它又称为无稳态电路。

10.2.1　多谐振荡器的电路结构

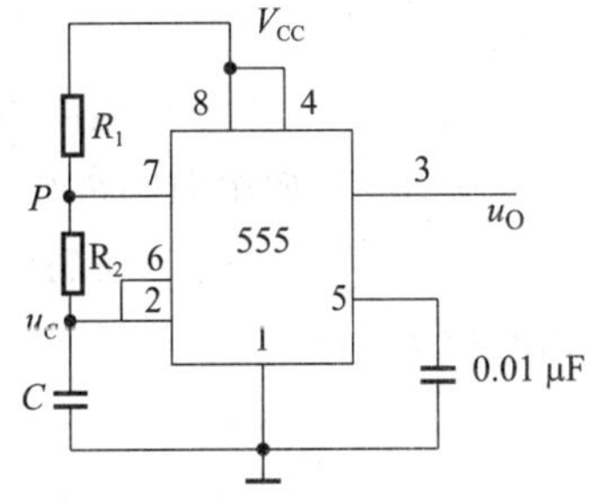

图 10.2　用 555 定时器构成的多谐振荡器

图 10.2 所示为用 555 定时器构成的多谐振荡器。R_1、R_2、C 是外接定时元件，555 定时器的 TH（6）、$\overline{TR}$（2）端连接起来接 u_C，晶体管集电极（7）接到 R_1、R_2的连接点 P。

10.2.2 多谐振荡器的工作原理

接通电源前，电容 C 上无电荷，所以接通电源瞬间，C 来不及充电，故 $u_C=0$，比较器 C_1 输出为 1，C_2 输出为 0，基本 RS 触发器 $\bar{Q}=0$，$Q=1$，$u_O=U_{OH}$，T_D 截止。之后，通过充电回路 $V_{CC}\to R_1\to R_2\to C\to$ 地，时间常数是 $\tau=(R_1+R_2)C$，对电容 C 进行充电。当电容 C 充电，u_C 上升到 $\frac{2}{3}V_{CC}$ 时，比较器 C_1 跳变为 0，基本 RS 触发器立即翻转到 0 状态，$\bar{Q}=1$，$Q=0$，$u_O=U_{OL}$，T_D 饱和导通。之后，通过放电回路 $C\to R_2\to T_D\to$ 地，对电容 C 进行放电，时间常数是 $\tau=R_2C$。当电容 C 放电，u_C 下降到 $\frac{1}{3}V_{CC}$ 时，比较器 C_2 输出跳变为 0，基本 RS 触发器立即翻转到 1 状态，$\bar{Q}=0$，$Q=1$，$u_O=U_{OH}$，T_D 截止。电路回到开始状态，重复进行状态转换，在输出端就产生了矩形脉冲。电路的工作波形如图 10.3 所示。

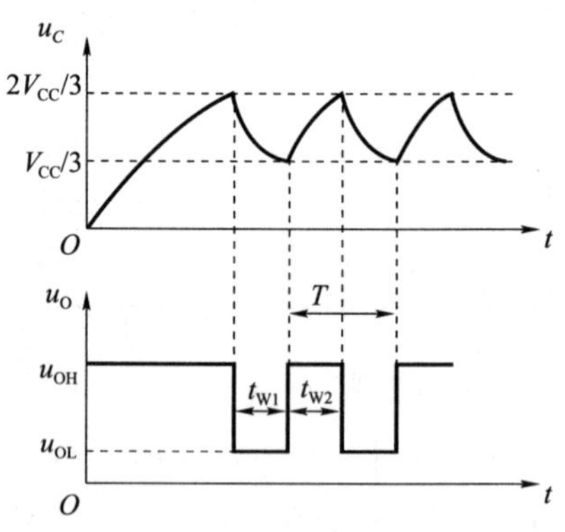

图 10.3 用 555 定时器构成的多谐振荡器的工作波形

由图 10.3 可得多谐振荡器的振荡周期 T 为

$$T=t_{W1}+t_{W2}$$

$$t_{W1}=(R_1+R_2)C\cdot\ln 2\approx 0.7(R_1+R_2)C$$

$$t_{W2}=R_2C\ln 2\approx 0.7R_2C$$

$$T=t_{W1}+t_{W2}\approx 0.7(R_1+2R_2)C$$

振荡频率为

$$f=\frac{1}{T}=\frac{1}{0.7(R_1+2R_2)C}$$

占空比为

$$q=\frac{t_{W1}}{T}=\frac{0.7(R_1+R_2)C}{0.7(R_1+2R_2)C}=\frac{R_1+R_2}{R_1+2R_2}$$

10.2.3 占空比可调的多谐振荡器

在图 10.2 所示的电路中，由于电容 C 的充电时间常数 $\tau_1=(R_1+R_2)C$，放电时间常数 $\tau_2=R_2C$，所以总是 $t_{W1}>t_{W2}$，u_O 的波形不仅不可能对称，而且占空比 $q=\frac{t_{W1}}{T}=\frac{R_1+R_2}{R_1+2R_2}$ 不易调节。为了得到理想的波形，可以利用半导体二极管的单向导电性，把电容 C 充电和放电回路隔离开，再加上一个电位器，便可以得到占空比可调的多谐振荡器，如图 10.4 所示。

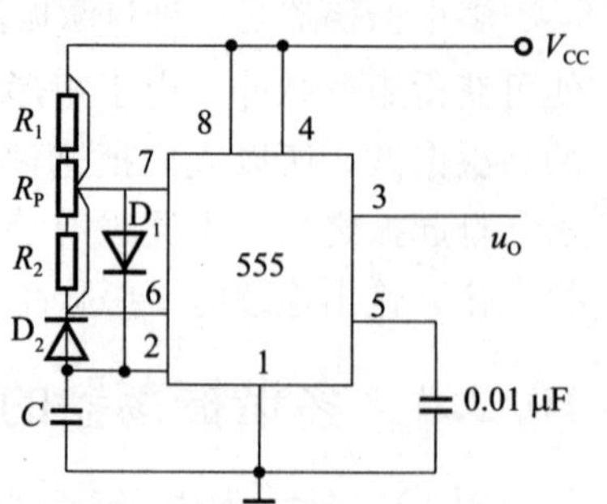

图 10.4 用 555 定时器构成占空比可调的多谐振荡器

从图 10.4 所示的电路可以明显地看到，电容充电时间常数 $\tau_1=R_1C$，放电时间常数 $\tau_2=R_2C$。通过计算可得

$$t_{W1}=0.7R_1C,\ t_{W2}=0.7R_2C$$

占空比为

$$q=\frac{t_{W1}}{T}=\frac{0.7R_1C}{0.7R_1C+0.7R_2C}=\frac{R_1}{R_1+R_2}$$

只要改变电位器活动端的位置，就可方便地调节占空比，当 $R_1=R_2$ 时，$q=0.5$，u_O 将成为对称的矩形脉冲。

10.3　石英晶体多谐振荡器

在许多数字系统中，都要求时钟脉冲频率十分稳定。例如，在数字钟表里，计数脉冲频率的稳定性就直接决定着计时的精度。在上面介绍的多谐振荡器中，其工作频率取决于电容 C 充、放电过程中电压到达转换值的时间，由于转换电平易受温度变化和电源波动的影响，电路的工作方式易受干扰，从而使电路状态转换提前或滞后。另外，电路状态转换时，电容充、放电的过程已经比较缓慢，转换电平的微小变化或者干扰，对振荡周期影响都比较大。因此，在对振荡器频率稳定度要求很高的场合，都需要采取稳频措施，其中最常用的一种方法就是利用石英谐振器构成石英晶体多谐振荡器。

1. 石英晶体的选频特性

图 10.5（a）所示为石英晶体的频率特性，图 10.5（b）所示为其电路符号。由石英晶体的频率特性可知，当外加电压的频率 $f=f_0$时，石英晶体的电抗 $X=0$，在其他频率下电抗都很大。石英晶体不仅选频特性好，而且谐振频率 f_0十分稳定。

2. 石英晶体多谐振荡器的电路组成

图 10.6 所示电路中 R_1、R_2的作用是保证两个反相器在静态时都能工作在转折区，使每个反相器都成为具有很强放大能力的放大电路。对于 TTL 反相器，常取 $R_1=R_2=0.7\sim2\ \text{k}\Omega$；对于 CMOS 门，则常取 $R_1=R_2=10\sim100\ \text{M}\Omega$。$C_1=C_2=C$ 是耦合电容，它们的容抗在石英晶体谐振频率 $f=f_0$时可以忽略不计，而采取直接耦合方式，石英晶体构成选频环节。

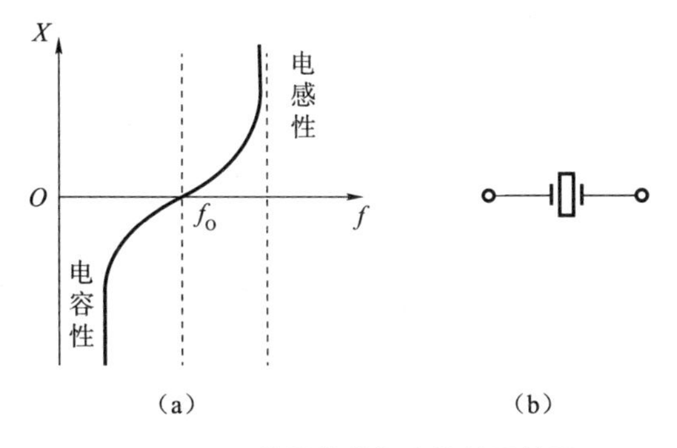

图 10.5　石英晶体的频率特性及符号

（a）频率特性；（b）电路符号

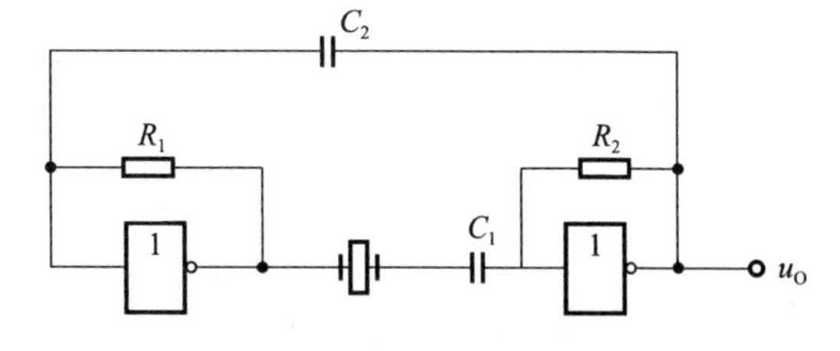

图 10.6　石英晶体多谐振荡器

3. 石英晶体多谐振荡器的工作原理

由于串联在两级放大电路中间的石英晶体具有很好的选频特性，只有频率为 $f=f_0$的信号才能够顺利通过，满足振荡条件。所以一旦接通电源，电路就会在频率 $f=f_0$ 形成自激振荡。由于石英晶体的谐振频率 f_0仅取决于体积大小、几何形状及材料，与 R、C 无关，所以这种电路工作频率的稳定度很高。

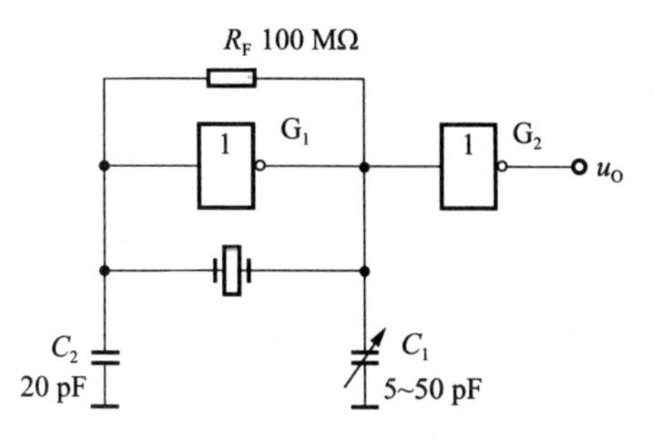

图 10.7　CMOS 石英晶体多谐振荡器

4. CMOS 石英晶体多谐振荡器

CMOS 石英晶体多谐振荡器如图 10.7 所示，G_1、

G_2是两个CMOS反相器。R_F是偏置电阻，取值常在10～100 MΩ，它的作用是保证反相器在静态时，G_1能工作在其电压传输特性的转折区——线性放大区。C_1、晶体、C_2组成选频反馈网络，电路只能在谐振频率$f=f_0$处产生自激振荡。反馈系数由C_1、C_2之比决定，改变C_1可以微调振荡频率，C_2是温度补偿电容。G_2是整形缓冲反相器，因为振荡电路的输出接近于正弦波，经G_2整形之后才会变成矩形脉冲，同时G_2还可以隔离负载对振荡电路工作的影响。

5. 多谐振荡器应用举例

下面以秒脉冲发生器为例说明多谐振荡器的应用。

CMOS石英晶体多谐振荡器产生f_0=32 768 Hz的基准信号，经T'触发器构成的15级异步计数器分频后，便可得到稳定度极高的秒信号。这种秒脉冲发生器可作为各种计时系统的基准信号源。

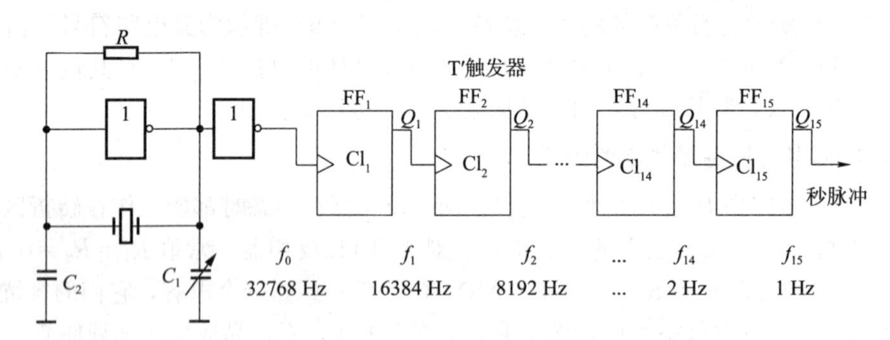

图 10.8　秒脉冲发生器

10.4　用555定时器构成的施密特触发器

施密特触发器能够把变化缓慢的或变化快速的非矩形脉冲整形成为适合于数字电路需要的矩形脉冲，而且由于其具有滞回特性，所以抗干扰能力很强。施密特触发器在脉冲的产生和整形电路中应用很广。

10.4.1　施密特触发器的电路结构

将555定时器的TH（6）、$\overline{TR}$（2）端连接起来作为信号输入端u_I，便构成了施密特触发器，如图10.9所示。u_O是555定时器的信号输出端（3）。

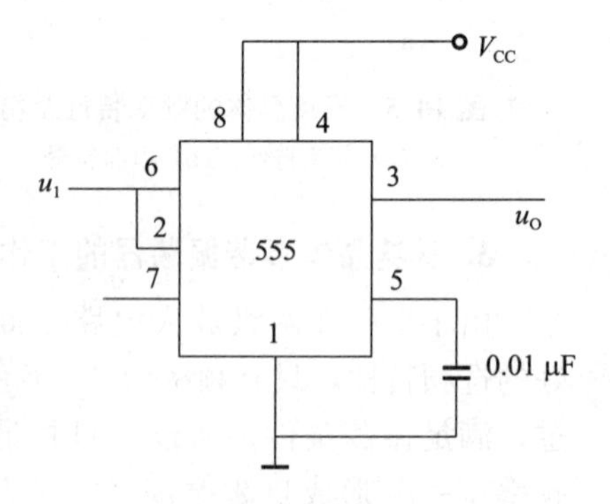

图 10.9　用555定时器构成的施密特触发器

10.4.2　施密特触发器的工作原理

下面参照图10.10所示波形讨论施密特触发器的工作原理。

当输入电压$u_I=\frac{1}{3}V_{CC}$时，比较器C_1输出为1，C_2输出为0，基本RS触发器将工作在1状态，即$Q=1$、$\overline{Q}=0$，输出u_O为高电平U_{OH}。

当输入电压由小于$\frac{1}{3}V_{CC}$上升到$\frac{1}{3}V_{CC}<u_I<\frac{2}{3}V_{CC}$时，基本 RS 触发器保持 1 状态不变，即 $Q=1$，输出 u_O为高电平 U_{OH}不变。

当输入电压 $u_I\geqslant\frac{2}{3}V_{CC}$时，比较器 C_1输出会跳变为 0，C_2输出为 1，基本 RS 触发器被翻转，由 1 状态翻转到 0 状态，即 $Q=0$、$\bar{Q}=1$。输出 u_O由高电平 U_{OH}跃到低电平 U_{OL}。所以施密特触发器的正向阈值电压 $U_{T+}=\frac{2}{3}V_{CC}$。

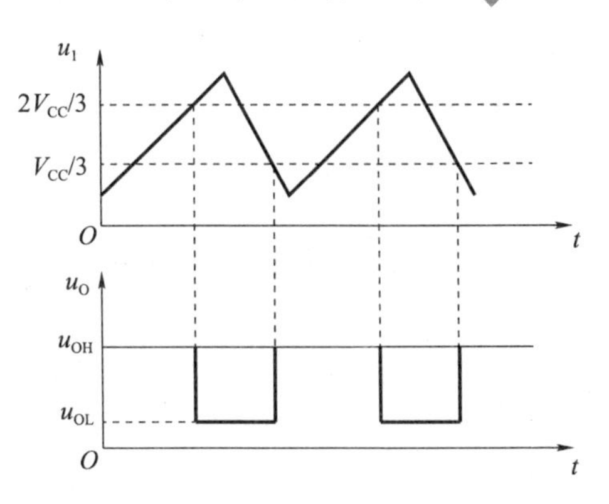

图 10.10　用 555 定时器构成施密特触发器的工作波形

当输入电压 u_I 由大于$\frac{2}{3}V_{CC}$下降到$\frac{1}{3}V_{CC}<u_I<\frac{2}{3}V_{CC}$时，基本 RS 触发器保持 0 状态不变，输出 u_O保持低电平 U_{OL}不变。

当输入电压 u_I下降到 $u_I<\frac{1}{3}V_{CC}$时，比较器 C_1输出为 1，C_2输出将跳变为 0，基本 RS 触发器被触发翻转，由 0 状态翻转到 1 状态，即 $Q=1$、$\bar{Q}=0$。输出 u_O由低电平 U_{OL}跃到高电平 U_{OH}，所以施密特触发器的负向阈值电压 $U_{T-}=\frac{1}{3}V_{CC}$。

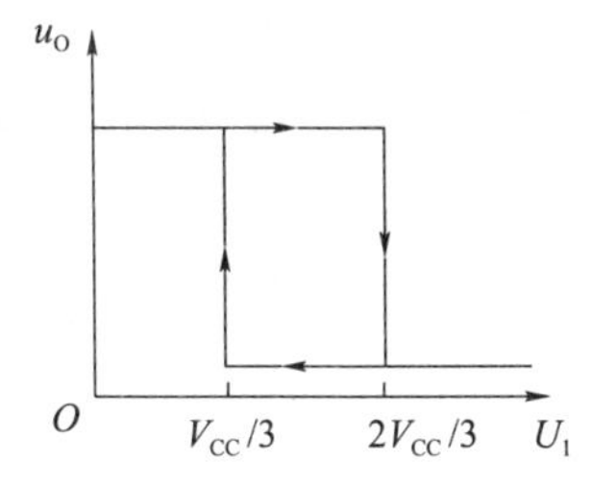

图 10.11　施密特触发器的电压传输特性

由上述分析可知，施密特触发器的回差电压为

$$\Delta U_T=U_{T+}-U_{T-}=\frac{1}{3}V_{CC}$$

图 10.11 所示为施密特触发器的电压传输特性。

10.4.3　施密特触发器的应用

1. 波形变换

利用施密特触发器转换过程中的正反馈作用，可以把边沿变化缓慢的周期性信号变换为边沿很陡的矩形脉冲信号。

图 10.12 所示为用施密特触发器实现的接口电路——将缓慢变化的输入信号转换成为符合 TTL 系统要求的脉冲波形。

2. 用于脉冲整形

图 10.13 所示为用施密特触发器实现的整形电路——把不规则的输入信号整形成为矩形

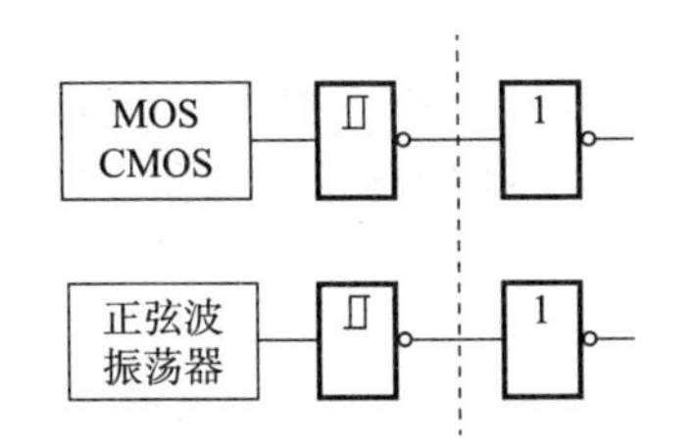

图 10.12　用施密特触发器实现的接口电路

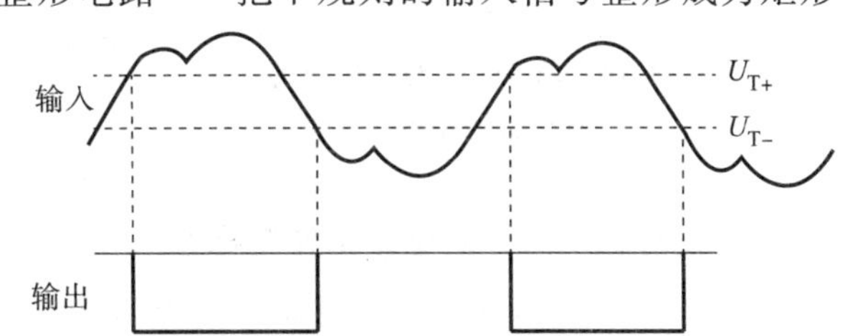

图 10.13　脉冲整形电路的输入、输出波形

脉冲。

另外，施密特触发器还可以用于产生方波和实现脉冲鉴幅（从一系列幅度各异的脉冲信号中选出特定幅度的脉冲信号）。

10.5　用555定时器构成的单稳态触发器

单稳态触发器用于将宽度不符合要求的脉冲变换成符合要求的矩形脉冲。它具有下列特点：第一，它有一个稳定状态和一个暂稳状态；第二，在外来触发脉冲的作用下，能够由稳定状态翻转到暂稳状态；第三，暂稳状态维持一段时间以后，将自动返回稳定状态。暂稳状态时间的长短，与触发脉冲无关，仅决定于电路本身的参数。单稳态触发器在定时、整形及延时等数字系统中有广泛应用。

10.5.1　单稳态触发器的电路结构

图10.14所示为用555定时器构成的单稳态触发器。R、C是定时元件；u_I是输入信号，加在555定时器的$\overline{TR}$（2）端；u_O是输出信号。

10.5.2　单稳态触发器的工作原理

下面参照图10.15所示波形讨论单稳态触发器的工作原理。

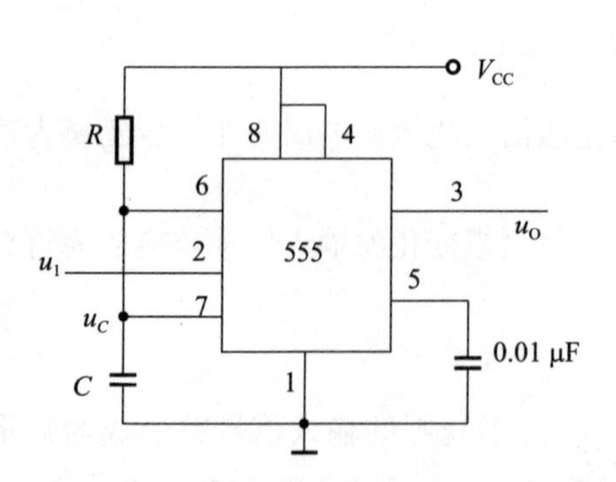

图10.14　用555定时器构成的单稳态触发器

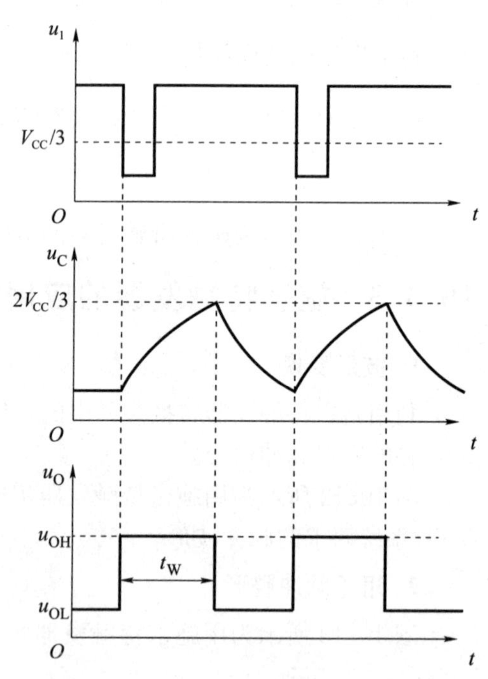

图10.15　用555定时器构成的单稳态触发器的工作波形

1. 没有触发信号时电路工作在稳态

无触发信号时，u_I为高电平时，电路工作在稳定状态，$Q=0$，$\bar{Q}=1$，u_O为低电平，T_D饱和导通。若接通电源后，$u_I=U_{IH}$，555定时器中基本RS触发器处于0状态，即$Q=0$，$\bar{Q}=1$，

$u_O=U_{OL}$，T_D饱和导通，则这种状态保持不变。

若接通电源后，$u_I=U_{IH}$，555 定时器中基本 RS 触发器处在 1 状态，即 $Q=1$，$\bar{Q}=0$，$u_O=U_{OH}$，T_D截止，则这种状态是不稳定的，经过一段时间之后，电路会自动返回稳定状态。因为 T_D截止，电源 V_{CC}会通过 R 对 C 进行充电，u_C将逐渐升高，当 $u_C=U_{IH}$上升到$\frac{2}{3}V_{CC}$时，比较器 C_1输出 0，将基本 RS 触发器复位到 0 状态，$Q=0$，$\bar{Q}=1$，$u_O=U_{OL}$，T_D饱和导通，电容 C 通过 T_D迅速放电，使 $u_C\approx 0$，即电路返回稳态。

2. u_I 下降沿触发

当 u_I 下降沿到来时，电路被触发，$u_I=u_{\overline{TR}}$由高电平跳变到低电平，比较器 C_2 的输出跳变为 0，基本 RS 触发器立刻由稳态翻转到暂稳态，即 $Q=1$，$\bar{Q}=0$，$u_O=U_{OH}$，T_D截止。

3. 暂稳态的维持时间

在暂稳态期间，电路中有一个定时电容 C 充电的渐变过程，充电回路是 $V_{CC}\to R\to C\to$地，时间常数为 $\tau_1=RC$。在电容上电压 $u_C=U_{IH}$上升到$\frac{2}{3}V_{CC}$以前，显然电路将保持暂稳状态不变。

4. 暂稳状态结束时间

C_1输出 0，立即将基本 RS 触发器复位到 0 态，即 $Q=0$，$\bar{Q}=1$，$u_O=U_{OL}$，T_D饱和导通，暂稳态结束。

5. 恢复过程

当暂稳态结束后，定时电容 C 将通过饱和导通的晶体管 T_D放电，C 放电完毕，$u_O=U_{IH}=0$，恢复过程结束。

恢复过程结束后，电路返回稳定状态，单稳态触发器又可接收新的输入信号。由工作原理分析知道，输出脉冲宽度是等于暂稳态时间的，也就是定时电容 C 的充电时间。由图 10.15 所示，$u_C(0^+)\approx 0$，$u_C(\infty)=V_{CC}$，$u_C(t_W)=\frac{2}{3}V_{CC}$，代入 RC 电路过渡过程计算公式可得

$$t_W=\tau_1\ln\frac{u_C(\infty)-u_C(0^+)}{u_C(\infty)-u_C(t_W)}=RC\ln\frac{V_{CC}-0}{V_{CC}-\frac{2}{3}V_{CC}}$$

$$=RC\ln 3=1.1RC$$

由上式可看出，单稳态触发器输出脉冲宽度 t_W仅决定于定时元件 R、C 的取值，与输入触发信号和电源电压无关，调节 R、C 即可改变 t_W。

由以上分析可看出，图 10.14 所示电路只有在输入 u_I的负脉冲宽度小于输出脉冲宽度 t_W时，才能正常工作；如输入 u_I的负脉冲宽度大于 t_W，需在$\overline{TR}$端和输入触发信号 u_I之间接入 R_dC_d 微分电路后，电路才能正常工作，如图 10.16 所示。

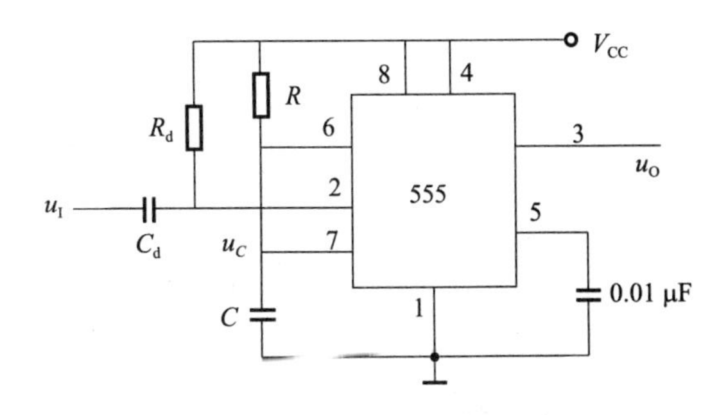

图 10.16　具有输入微分电路的单稳态触发器

10.5.3　单稳态触发器的应用

1. 延时

在图 10.17 中，u'_O 的下降沿比 u_I的下降沿滞后了时间 t_W，即延迟了时间 t_W。单稳态触发器的这种延时作用常被应用于时序控制中。

2. 定时

在图 10.17 中，单稳态触发器的输出电压 u'_O 用作与门的输入定时控制信号，当 u'_O 为高电平时，与门打开，$u_O=u_F$；当 u'_O 为低电平时，与门关闭，u_O为低电平。显然，与门打开的时间是恒定不变的，即单稳态触发器输出脉冲 u'_O 的宽度 t_W起到了定时的作用。

3. 整形

单稳态触发器能够把不规则的输入信号 u_I，整形成为幅度和宽度都相同的标准矩形脉冲 u_O。u_O的幅度取决于单稳态电路输出的高、低电平，宽度 t_W决定于暂稳态时间。图 10.18 所示为单稳态触发器用于波形整形的一个简单例子。

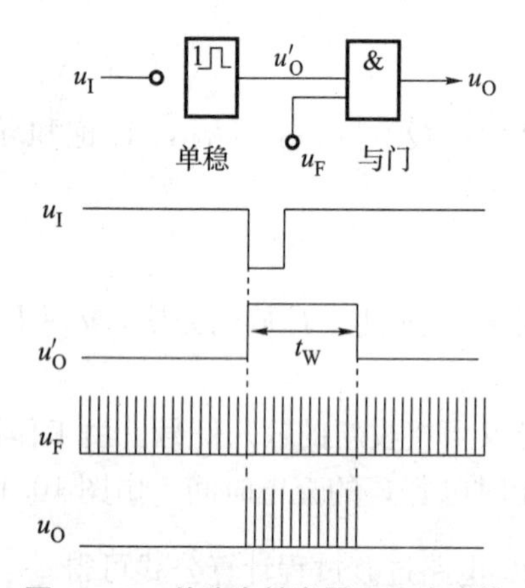

图 10.17　单稳态触发器用于脉冲的延时与定时选通

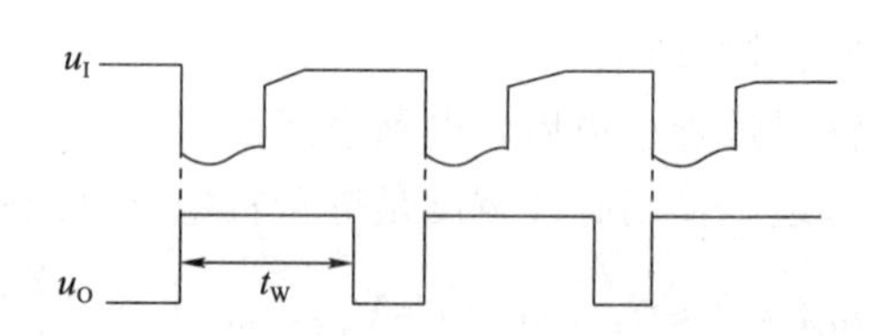

图 10.18　单稳态触发器用于波形的整形

实验　555 定时器及其应用

一、实验目的

（1）了解 555 定时器引脚的结构和工作原理；

（2）熟悉 555 定时器的典型应用；

（3）了解元件对输出信号周期及脉冲宽度的影响；

（4）加深对 EWB 的使用。

二、实验内容与步骤

1. 用 EWB 利用 555 定时器构成多谐振荡器

（1）调用 EWB 混合集成电路库（Mixed Ics）中的 555 定时器，调用仪器库（Instruments）中的示波器，按实验图 10.1 连接好电路。

（2）接通电源，打开示波器的控制面板，适当调节有关按键以较好地显示输入、输出波形。在多谐振荡器实验中，调整读数指针 1、2 使它们之间是一个整波形，查看“T_2+T_1”中的周期。

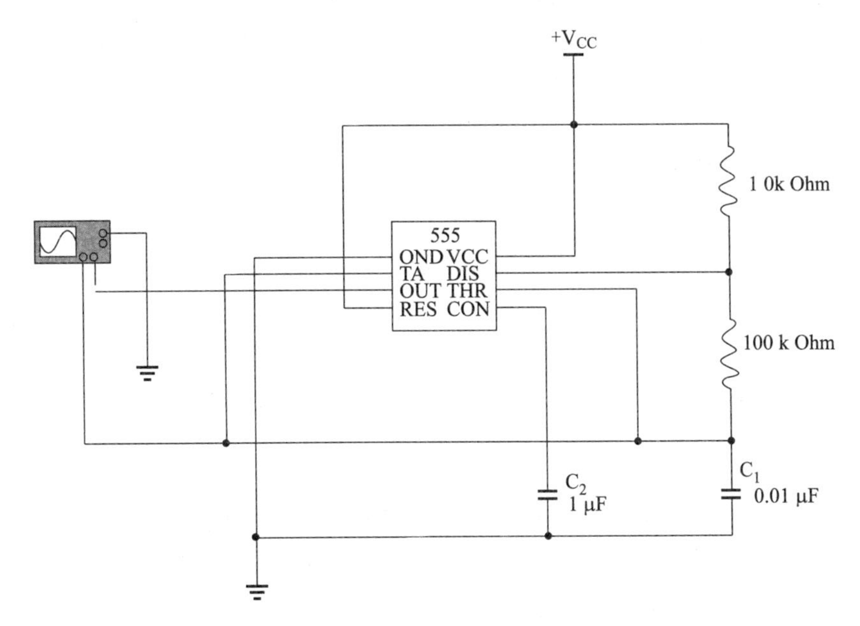

实验图 10.1　利用 555 定时器构成多谐振荡器

（3）记录波形。调节电位器 R 分别为 0%、25%、50%、100%，观察输出波形，如实验图 10.2 所示。

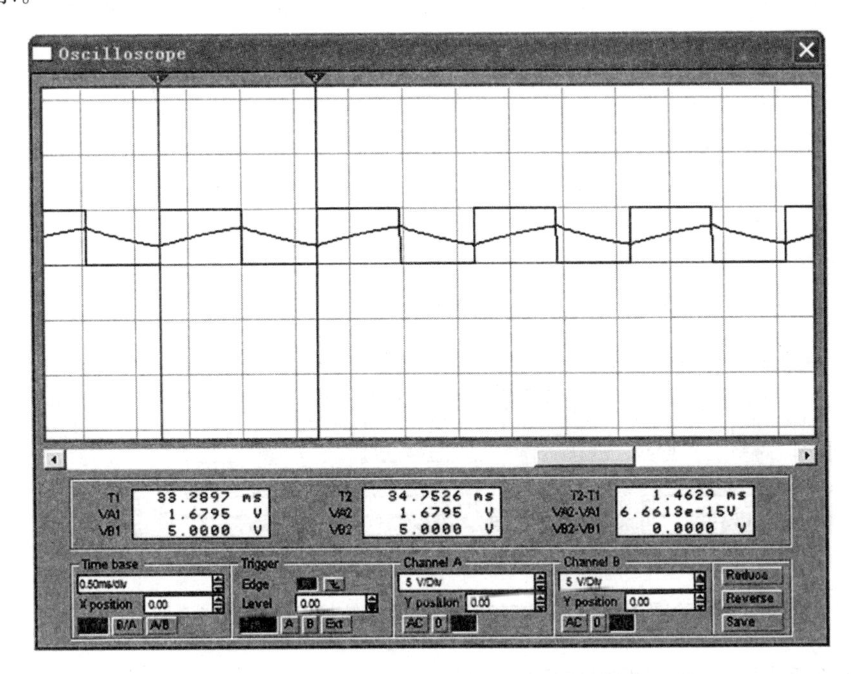

实验图 10.2　利用 555 定时器构成的多谐振荡器波形

（4）验证波形是否与理论值吻合。

理论计算：$T=0.7(R_1+R_2+R_2)C_1=0.7\times(10+100+100)\times10^3\times0.01\times10^{-6}\,\text{s}=1.47\,\text{ms}$。

2. 用 EWB 利用 555 定时器构成施密特触发器

（1）调用 EWB 混合集成电路库（Mixed Ics）中的 555 定时器，调用仪器库（Instruments）中的示波器和信号发生器，按实验图 10.3 连接好电路。

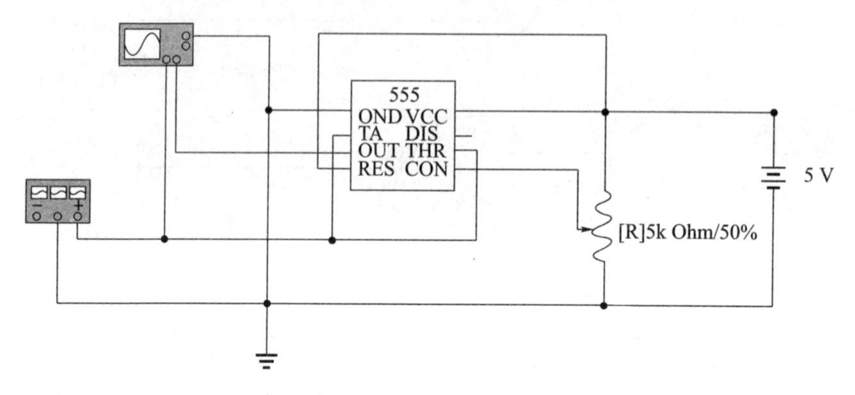

实验图 10.3　利用 555 定时器构成施密特触发器

（2）接通电源，打开示波器的控制面板，适当调节有关按键以较好地显示输入波形和输出波形。

（3）记录波形，如实验图 10.4 所示。

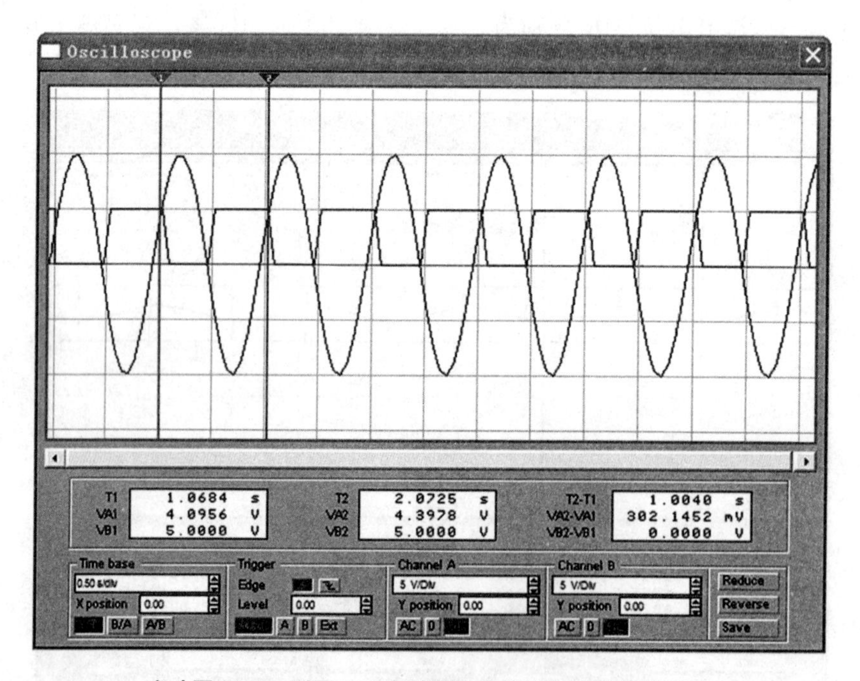

实验图 10.4　利用 555 定时器构成的施密特触发器波形

3. 用 EWB 利用 555 定时器构成门铃电路

（1）如实验图 10.5 所示，当按下按钮时，电源经过 D_3 提供给该电路，使 C_4 快速充电。

同时 D_1 有效地旁路 R_1 而产生较高音调，D_2 对 C_2 快速地充电并使 555 定时器开始工作。当松开按钮时，C_4 对电路继续供电，但是所有二极管的偏置反向，因此，R_1 不再有旁路而产生低音调，C_2 经过 R_4 放电。低音调继续发音，直到 C_2 上（555 定时器第 4 脚）的电压降低到 555 停止工作或 C_4 放电结束。只有当门铃按钮被按下时，电路才消耗电能。

（2）在 EWB 中绘制仿真电路时注意此门铃电路有两种电容：C_2、C_3、C_4 为有极性电容，C_1 为无极性电容。实验图 10.5 所示的 Buzzer 在 EWB 的 Indicators 工具箱中，相当于实际电路中的喇叭。

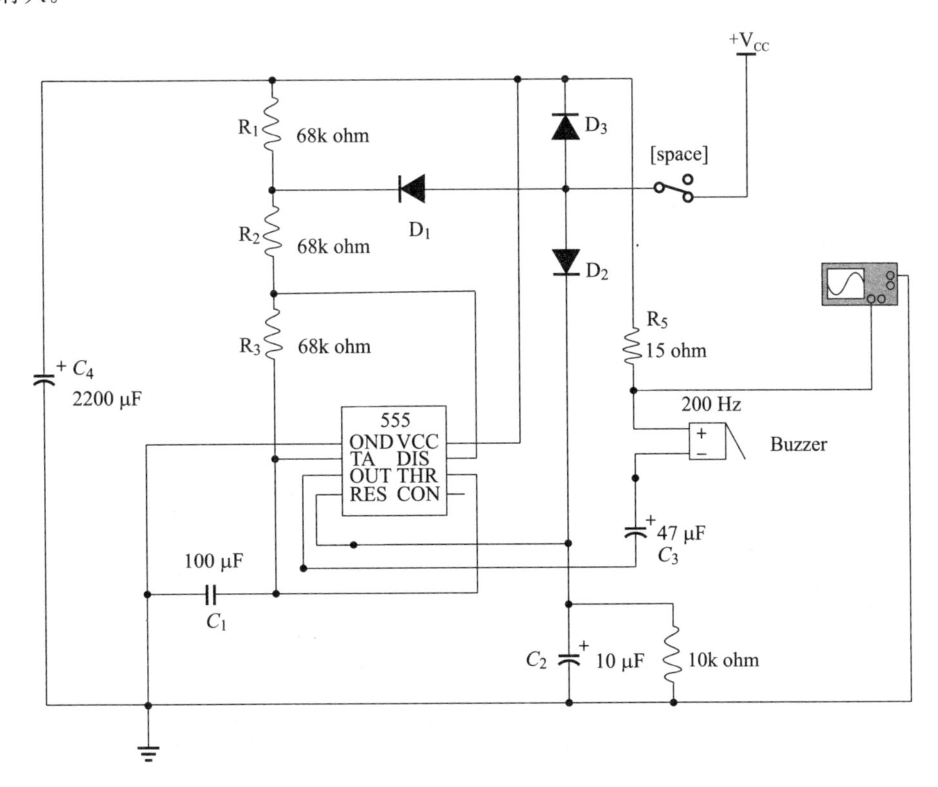

实验图 10.5　门铃 EWB 电路图

三、实验要求

（1）使用 EWB 的示波器测量实验中各电路的输出波形，分析并计算波形的周期。

（2）自行设计实验仿真教材中涉及的电路。

本章小结

1. 555 定时器是一种多用途的单片集成电路，本章首先介绍了定时器的电路组成及功能，然后重点介绍了由 555 定时器构成的多谐振荡器、施密特触发器和单稳态触发器。

2. 多谐振荡器是一种无稳态的电路。在接通电源后，它能够自动在两个暂稳态之间不停地反转，输出矩形脉冲电压。矩形脉冲的周期 T 以及高低电平持续时间的长短取决于电路的定时元件 R、C 的参数。在脉冲数字电路中，多谐振荡器常用作产生标准时间信号和频率信号的脉冲发生器。

3. 施密特触发器是一种具有回差特性的双稳态电路。其主要特点是能够对输入信号进行整形，将变化缓慢的输入信号整形成边沿陡峭的矩形脉冲。

4. 单稳态触发器有一个稳态和一个暂稳态。在外来触发信号的作用下，电路由稳态进入暂稳态，经过一段时间后，自动反转为稳定状态。时间的长短取决于电路中的定时元件 R、C 的参数。单稳态触发器主要用于脉冲定时和延迟控制。

习　题

10.1　习题图 10.1 所示为一通过可变电阻 R_P 实现占空比调节的多谐振荡器，图中 $R_P = R_{P1} + R_{P2}$，试分析电路的工作原理，求振荡频率 f 和占空比 q 的表达式。

10.2　习题图 10.2 所示为救护车扬声器发声电路，在图中给定的电路参数下，设 $V_{CC}=12$ V 时，555 定时器输出的高低电平分别为 11 V 和 0.2 V，输出电阻小于 100 Ω，试计算扬声器发声的高、低音的持续时间。

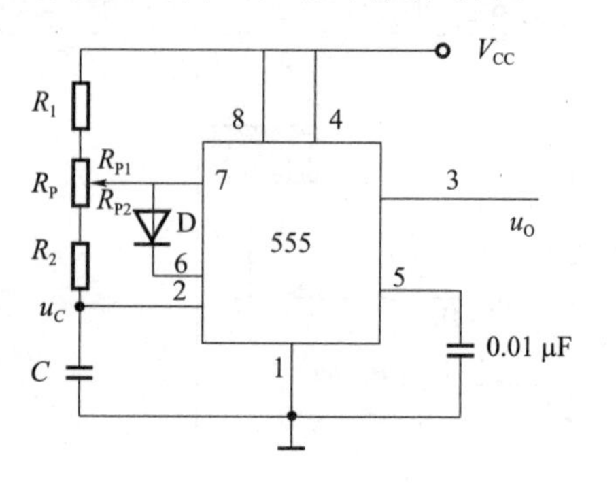

习题图 10.1　习题 10.1 图

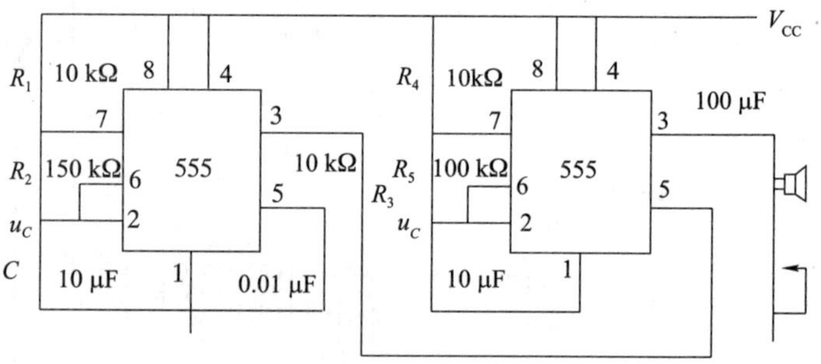

习题图 10.2　习题 10.2 图

10.3　一过压监视电路如习题图 10.3 所示，试说明当监视电压 u_X 超过一定值时，发光二极管 D 将发出闪烁的信号。（提示：当晶体管 V 饱和时，555 定时器的引脚 1 端可认为处于低电位。）

10.4　如习题图 10.4 所示，在单稳态触发器中，$V_{CC}=9$ V，$R=27$ kΩ，$C=0.05$ μF。

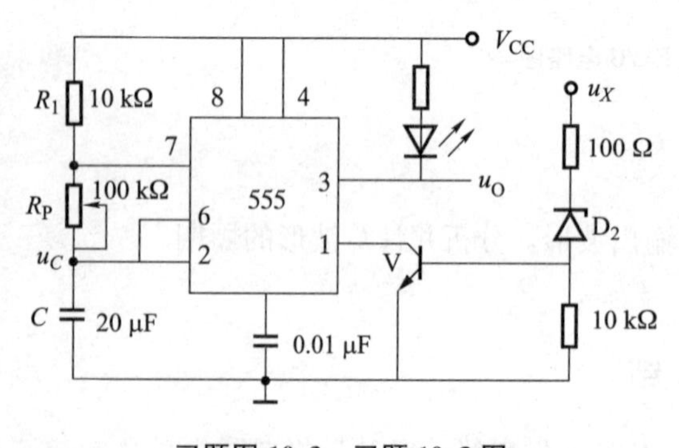

习题图 10.3　习题 10.3 图

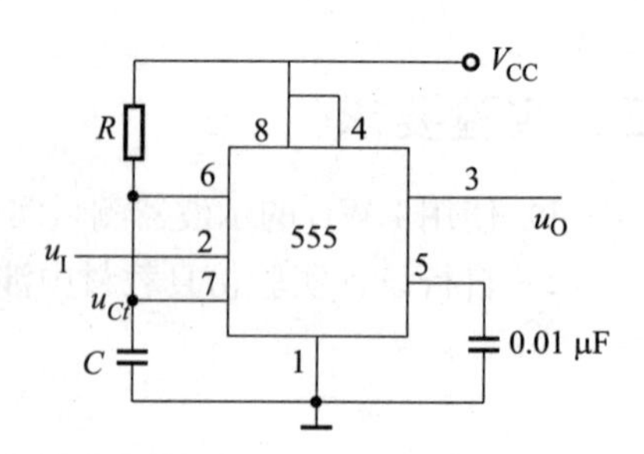

习题图 10.4　习题 10.5 图

（1）估算输出脉冲 u_O 的宽度 t_W；

（2）u_I 为负窄脉冲，其脉冲宽度 $t_W=0.5$ ms，重复周期 $T_1=5$ ms，高电平 $U_{IH}=9$ V，低电平 $U_{IL}=0$ V，试对应画出 u_C、u_O 的波形。

第 11 章

存储器与数模转换

本章要点

本章包括 D/A、A/D 转换的基本原理、典型电路及各种转换器的主要性能指标。在 D/A 转换电路中，分别介绍了权电阻网路 D/A 转换器和倒 T 形电阻网络 D/A 转换器。在 A/D 转换电路中，分别介绍了并行比较型 A/D 转换器和双积分型 A/D 转换器。

11.1　数/模和模/数转换器

自然界中，人们常见的是数值连续变化的模拟信号，如温度、气压、流量、速度等。在实际生产工作过程中，经常需要用一些数字设备和数字计算机来处理这些模拟信号，这就涉及数字信号和模拟信号之间的转换问题。例如，当计算机系统用于过程控制和信号处理时，从生产现场采集到的数据量绝大多数是连续变化的模拟信号，如温度、气压、流量、语音及图像等，它们在时间上和数值上都是连续变化的。从现场采集到的这些物理信号可以经过传感器变成电压（一般为 1～5 V）或电流（一般为 4～20 mA）表示的模拟信号，只有将这些模拟信号转换成数字信号之后才可以在计算机内部处理，完成这种转换的器件就称为模/数转换器，也称 A/D 转换器（简称 ADC）。计算处理的结果也是数字信号。还需要将计算机输出的数字信号转换成模拟信号，送入执行机构中，再对过程进行实时控制。完成数/模转换的器件称为数/模转换器，也称 D/A 转换器（简称 DAC）。图 11.1 所示一个典型的数字控制系统的结构框图。由此可见，A/D 转换器和 D/A 转换器在数字系统中占有十分重要的地位。

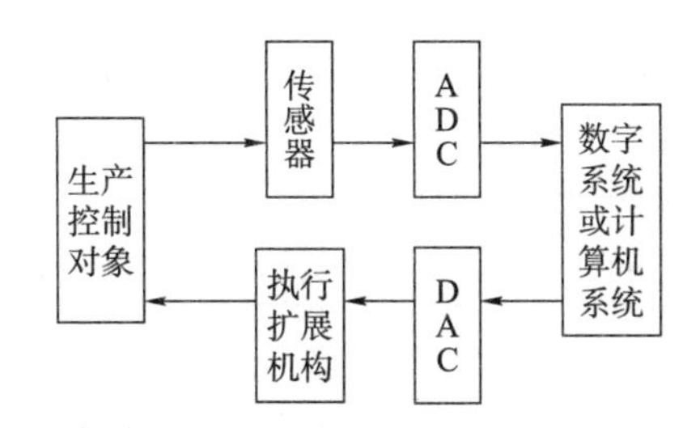

图 11.1　数字控制系统框图

在转换过程中，为确保所得结果的准确性，A/D 转换器和 D/A 转换器的转换要有足够的精度。为了能对快速变化的模拟信号进行检测或控制，转换器还必须要具有足够快的转换速度。因此，衡量 A/D 转换器和 D/A 转换器性能优劣的两个重要指标就是转换精度和转换速度。

11.2 D/A 转换器

11.2.1 D/A 转换器的基本原理

D/A 转换器负责将数字信号转换成模拟信号。D/A 转换器输入的是数字信号，输出的则是与输入的数字量成比例的模拟信号（电压或电流）。数字量是用代码按照数位组合起来表示的，属于有权码。D/A 转换器的任务是：将代表每一位的代码按照其权值的大小转换成相应的模拟量，然后将代表各位的模拟量相加，输出与该数字量成正比的模拟量。这样便实现了数字/模拟的转换，也就是 D/A 转换器的基本原理。

D/A 转换器的输入、输出关系框图如图 11.2 所示，D_0，D_1，…，D_{n-1}是输入的 n 位二进制数，u_O 是与输入二进制数成比例的输出电压。

输入为 3 位二进制数时，D/A 转换器的转换特性如图 11.3 所示，它具体而形象地反映了 D/A 转换器的基本功能。

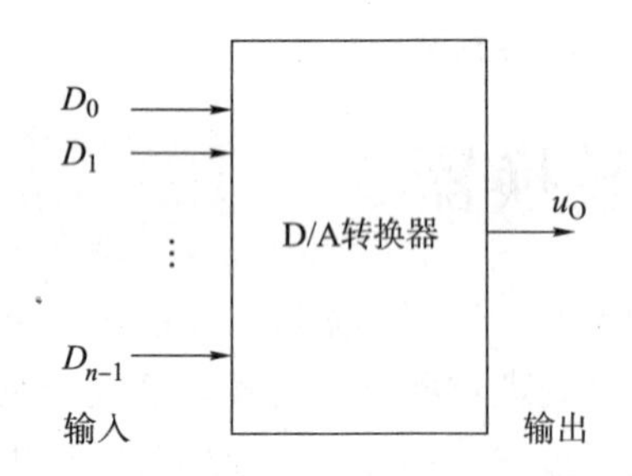

图 11.2 D/A 转换器的输入、输出关系

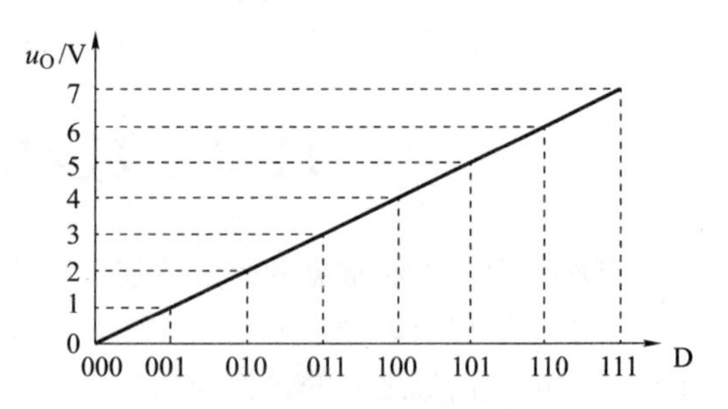

图 11.3 3 位 D/A 转换器的转换特性

D/A 转换器虽然有多种类型，但都是基于上述原理来实现的，接下来我们就介绍两种常见的 D/A 转换器——权电阻网路 D/A 转换器和倒 T 形电阻网络 D/A 转换器。

11.2.2 权电阻网路 D/A 转换器

一个多位二进制数中每一位的 1 所代表的数值大小称为这一位的权。如果一个 n 位二进制数用 $D=D_{n-1}D_{n-2}\cdots D_1D_0$ 表示，那么最高位到最低位的权将依次为 2^n-1，2^n-2，…，2^1，2^0。

4 位权电阻网络 D/A 转换器的原理图如图 11.4 所示，它由权电阻网络、4 个模拟开关和 1 个求和放大器组成。

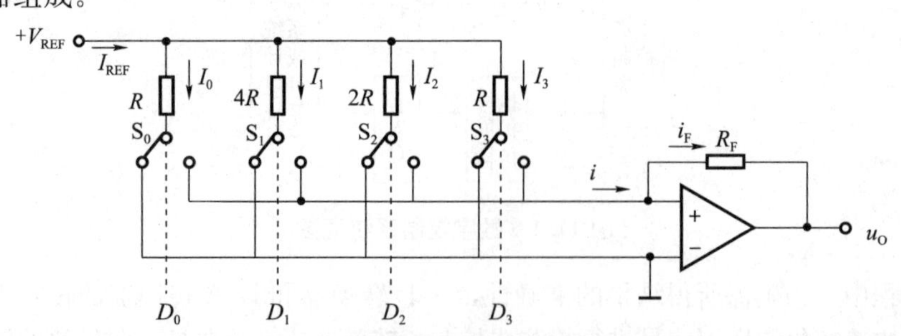

图 11.4 4 位权电阻网络 D/A 转换器

图 11.4 中 S_3、S_2、S_1 和 S_0 是 4 个电子模拟开关，它们的状态分别受输入代码 D_3，D_2、D_1 和 D_0 的取值控制。代码为 1 时，开关接到参考电压 V_{REF} 上；代码为 0 时，开关接地。故 $D_i=1$ 时，有支路电流 I_i 流向求和放大器；$D_i=0$ 时，支路电流为 0。

求和放大器是一个负反馈的运算放大器。为了简化分析计算，可以把运算放大器近似看成理想放大器，即它的开环放大倍数为无穷大，输入电流为 0（即输入电阻无穷大），输出电阻为 0。当通向输入端 U_+ 的电位高于反向输入端 U_- 的电位时，输出端对地的电压 u_O 为正；当 U_- 高于 U_+ 时，u_O 为负。

当参考电压经电阻网络加到 U_- 时，只要 U_- 稍高于 U_+，便在 u_O 产生负的输出电压。u_O 经 R_F 反馈到 U_- 端使 U_- 降低，其结果必然是使 $U_-\approx U_+=0$。

在认为运算放大器输入电流为 0 时，可以得到

$$U_O=-R_Fi_F=-R_F(I_3+I_2+I_1+I_0) \tag{11.1}$$

由于 $V_-\approx 0$，因而各个支路电流分别为

$$I_i\approx\frac{U_B-U_{EE}-U_{BE}}{R_{Ei}}$$

将它们代入式（11.1），并且取 $R_F=R/2$，此时可得

$$U_O=-\frac{V_{REF}}{2^n}\ (D_3\cdot 2^3+D_2\cdot 2^2+D_1\cdot 2^1+D_0\cdot 2^0) \tag{11.2}$$

由此可知，对于 n 位权电阻网络 D/A 转换器，当 R_F（反馈电阻）取 $R/2$ 时，输出电压的计算公式为

$$U_O=-\frac{V_{REF}}{2^n}(D_{n-1}\cdot 2^{n-1}+D_{n-2}\cdot 2^{n-2}+\cdots+D_1\cdot 2^1+D_0\cdot 2^0) \tag{11.3}$$

若 $k=\frac{V_{REF}}{2^n}$，N_B 表示括号中的 n 位二进制数，则

$$u_O=-kN_B \tag{11.4}$$

由式（11.4）可知，输出的模拟电压正比于输入的数字量 N_B，从而实现了从数字量到模拟量的转换。当 $N_B=0$ 时，$u_O=0$；当 $N_B=11\cdots11$ 时，$u_O=-\frac{2^n-1}{2^n}V_{REF}$，所以 u_O 的取值范围是 $0\sim-\frac{2^n-1}{2^n}V_{REF}$。

式（11.3）还表明，在 V_{REF} 为正电压时，输出电压 u_O 始终为负值，要想得到正的输出电压，可以将 V_{REF} 取为负值。

这个电路的优点是结构比较简单，所用的电阻元件比较少。它的缺点是各个电阻值相差较大，尤其是在输入信号的位数较多时，这个问题就会更加突出。例如，当输入信号增加到 8 位时，如果权电阻网络中最小的电阻为 10 kΩ，最大的电阻值将达到 $2^7R=1.28$ MΩ，后者是前者的 128 倍。若想在极为宽广的范围内保证每个电阻均有很高的精度是非常困难的，尤其是对集成电路的制作更加不利。

11.2.3　倒 T 形电阻网络 D/A 转换器

为了克服权电阻网路 D/A 转换器中电阻值相差太大的缺点，人们又研制出了倒 T 形电阻网络 D/A 转换器。在单片集成 D/A 转换器中，使用最多的就是倒 T 形电阻网络 D/A 转换器。

图 11.5 所示为 4 位倒 T 形电阻网络 D/A 转换器的原理图。

图 11.5 中 S_3、S_2、S_1 和 S_0 为 4 个电子模拟开关，$R-2R$ 电阻解码网络呈倒 T 形，由运算放大器 A 构成求和电路。S_i 由输入数码 D_i 控制，当 $D_i=1$ 时，S_i 接运算放大器反相输入端（虚地），I_i 流入求和电路；当 $D_i=0$ 时，S_i 将电阻 $2R$ 接地。无论电子模拟开关 S_i 处于何种位置，与 S_i 相连的 $2R$ 电阻都是等效接地（或虚地）的，这样流经 $2R$ 电阻的电流与开关位置无关，是确定值。

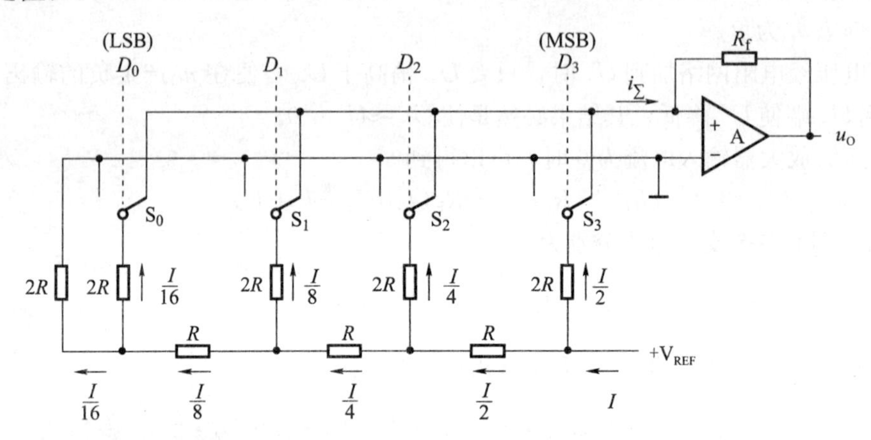

图 11.5　倒 T 形电阻网络 D/A 转换器

通过分析 $R-2R$ 电阻解码网络（图 11.6 为倒 T 形电阻网络支路的等效电路）不难发现，从每个节点向左看的二端网络等效电阻均为 R，流入每个 $2R$ 电阻的电流从高位到低位按 2 的整倍数递减。设由基准电压源提供的总电流为 $I(I=V_{REF}/R)$，则流过各开关支路（从右到左）的电流分别为 $I/2$、$I/4$、$I/8$ 和 $I/16$。于是可得总电流为

$$i_{\Sigma}=\frac{V_{REF}}{R}\left(\frac{D_0}{2^4}+\frac{D_1}{2^3}+\frac{D_2}{2^2}+\frac{D_3}{2^1}\right)=\frac{V_{REF}}{2^4\times R}\sum_{i=0}^{3}(D_i\cdot 2^i) \tag{11.5}$$

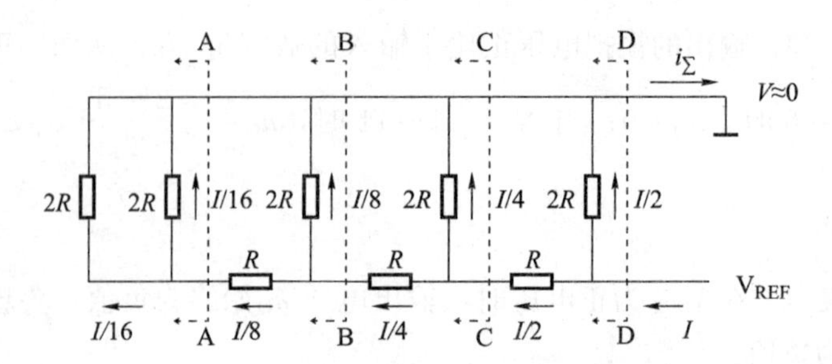

图 11.6　计算倒 T 形电阻网络支路的等效电路

输出电压为

$$u_O=-i_{\Sigma}R_f=-\frac{R_f}{R}\cdot\frac{V_{REF}}{2^4}\left[\sum_{i=0}^{3}(D_i\cdot 2^i)\right] \tag{11.6}$$

将输入数字量扩展到 n 位，可得 n 位倒 T 形电阻网络 D/A 转换器输出模拟量与输入数字量之间的一般关系式如下：

$$u_O=-\frac{R_f}{R}\cdot\frac{V_{REF}}{2^n}\left[\sum_{i=0}^{n-1}(D_i\cdot 2^i)\right]$$

设 $K=\frac{R_f}{R}\cdot\frac{V_{REF}}{2^n}$，$N_B$表示括号中的 n 位二进制数，则

$$u_O=-KN_B \tag{11.7}$$

式（11.7）说明输出的模拟电压与输入的数字量是成正比的，而且与权电阻网络 D/A 转换器输出电压的计算公式（11.4）具有相同的形式。

要使 D/A 转换器具有较高的精度，则对电路中的参数有以下要求：

（1）基准电压稳定性好。

（2）倒 T 形电阻网络中 R 和 $2R$ 电阻的比值精度要高。

（3）每个模拟开关的开关电压降要相等。为实现电流从高位到低位按 2 的整倍数递减，模拟开关的导通电阻也相应地按 2 的整倍数递增。

由于在倒 T 形电阻网络 D/A 转换器中，各支路电流直接流入运算放大器的输入端，它们之间不存在传输上的时间差。电路的这一特点不仅提高了转换速度，而且减少了动态过程中输出端可能出现的尖峰脉冲。它是目前广泛使用的 D/A 转换器中速度较快的一种。常用的 CMOS 开关倒 T 形电阻网络 D/A 转换器的集成电路有 AD7520（10 位）、DAC1210（12 位）和 AK7546（16 位高精度）等。

11.2.4 D/A 转换器的主要技术指标

1. 转换精度

D/A 转换器的转换精度通常用分辨率和转换误差来描述。

1）分辨率

分辨率指 D/A 转换器模拟输出电压可能被分离的等级数。输入数字量位数越多，输出电压可分离的等级越多，即分辨率越高。在实际应用中，往往用输入数字量的位数表示 D/A 转换器的分辨率。此外，D/A 转换器也可以用能分辨的最小输出电压（此时输入的数字代码只有最低有效位为 1，其余各位都是 0）与最大输出电压（此时输入的数字代码各有效位全为 1）之比给出。n 位 D/A 转换器的分辨率可表示为$\frac{1}{2^n-1}$，它表示 D/A 转换器在理论上可以达到的精度。

2）转换误差

转换误差的来源很多，如转换器中各元件参数值的误差、基准电源不够稳定和运算放大器的零漂的影响等。

D/A 转换器的绝对误差（或绝对精度）是指输入端加入最大数字量（全 1）时，D/A 转换器的理论值与实际值之差。该误差值应低于 $LSB/2$。

例如，一个 8 位的 D/A 转换器，对应最大数字量（FFH）的模拟理论输出值为$\frac{255}{256}V_{REF}$，$\frac{1}{2}LSB=\frac{1}{512}V_{REF}$，所以实际值不应超过$\left(\frac{255}{256}\pm\frac{1}{512}\right)V_{REF}$。

2. 转换速度

1）建立时间（t_s）

建立时间指输入数字量变化时，输出电压变化到相应稳定电压值所需的时间。一般用D/A

转换器输入的数字量 N_B 从全 0 变为全 1 时，输出电压达到规定的误差范围（$\pm LSB/2$）时所需的时间表示。D/A 转换器的建立时间较快，单片集成 D/A 转换器建立时间最短可达0.1 μs以内。

2）转换速率（SR）

转换速率指大信号工作状态下模拟电压的变化率。

3. 温度系数

温度系数指在输入不变的情况下，输出模拟电压随温度变化产生的变化量。一般用满刻度输出条件下温度每升高 1 ℃，输出电压变化的百分数作为温度系数。

11.3 A/D 转换器

11.3.1 A/D 转换的基本原理

在 A/D 转换器中，因为输入的模拟信号在时间上是连续的，而输出的数字信号是离散的，所以进行转换时必须在一系列选定的瞬间（亦即时间坐标轴上的一些规定点上）对输入的模拟信号进行采样，然后把这些采样值转换为输出的数字量。

A/D 转换的过程如图 11.7 所示。首先，对输入的模拟电压信号采样，采样结束后进入保持时间，在这段时间内将采样的电压量化为数字量，并且按照一定的编码个数给出转换结果。然后才开始下一次采样。因此，一般的 A/D 转换过程是通过采样、保持、量化和编码这四个步骤完成的。

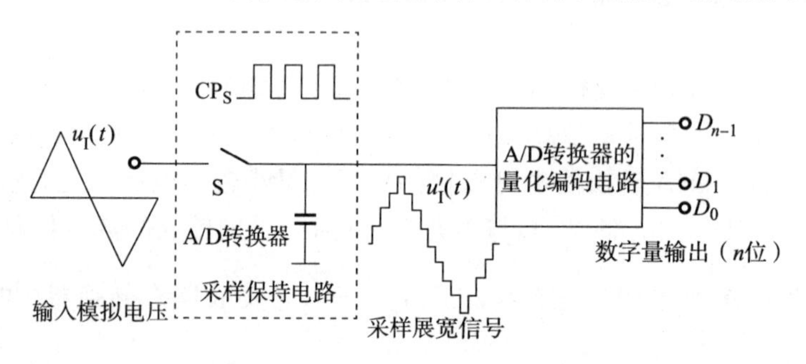

图 11.7　模拟量到数字量的转换过程

1. 采样与保持

由于输入信号是连续变化的，而转换总需要一定的时间，为使转换正常进行，每进行一次转换，需要对输入信号进行一次采样，以获得一个确定的输入，并将这个输入保持到转换结束，这个过程称为采样与保持。

如图 11.8 所示，为了正确无误地用采样信号 u_S 表示模拟信号 u_I，必须满足：

$$f_S \geqslant 2f_{Imax} \tag{11.8}$$

式中，f_S 为采样频率；f_{Imax} 为输入信号 u_I 的最高频率分量的频率。

式（11.8）就是所谓的采样定理。

在满足采样定理的条件下，可以用一个低通滤波器将信号 u_S 还原为 u_I，这个低通滤波器的电压传输系数 $|A(f)|$ 在低于 f_{Imax} 的范围内应保持不变，而在 $f_S - f_{Imax}$ 以前应迅速下降为零，如图 11.9 所示。因此，采样定理规定了 A/D 转换的频率下限。

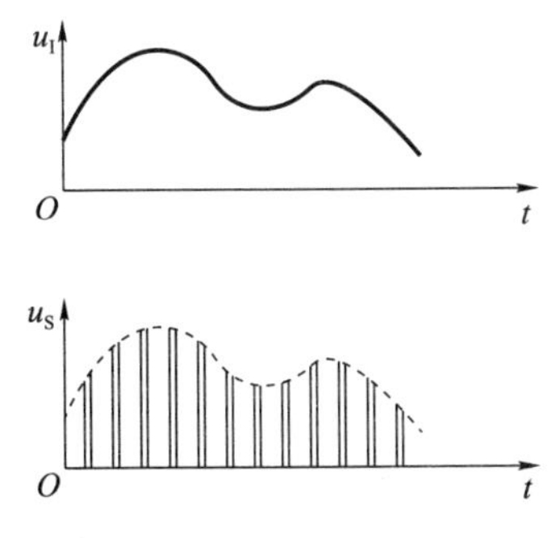

图 11.8　对输入模拟信号的采样

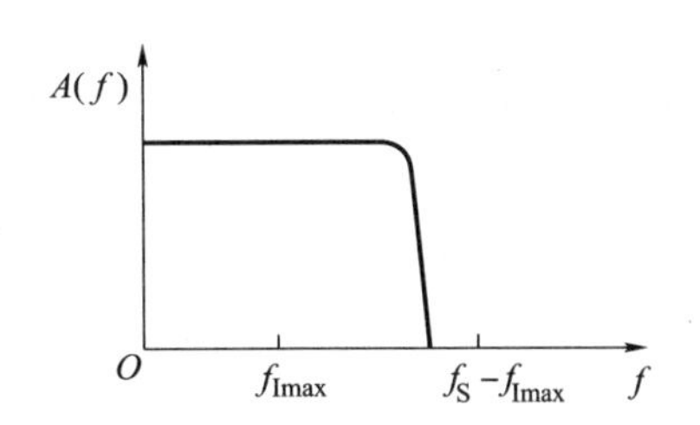

图 11.9　还原采样信号所用滤波器的频率特性

因为采样频率提高以后留给每次进行转换的时间也相应缩短了，这对转换电路也提出了更高的要求，也就是说电路必须具备更快的工作速度，所以采样的频率不能无限制地提高，通常取 $f_S=(3\sim5)f_{Imax}$就可以满足要求。

因为每次把采样电压转换为相应的数字量都需要一定的时间，所以在每次采样以后，必须把采样电压保持一段时间。可见，进行 A/D 转换时所用的输入电压，实际上是每次采样结束时的 u_I值。

2. 量化和编码

数字信号不仅在时间上是离散的，而且在数值上的变化也是离散的。这就是说，任何一个数字量的大小，都是以某个最小数量单位的整倍数来表示的。因此，在用数字量表示采样电压时，也必须把它化成这个最小数量单位的整倍数，这个转化过程就称为量化。所取的最小数量单位称为量化单位，用 Δ 表示。显然，数字信号最低有效位（LSB）中的 1 表示的数量大小，就等于 Δ。

把量化的结果用代码（可以是二进制，也可以是其他进制）表示，称为编码。编码后的这些代码（一般采用二进制代码）就是 A/D 转换的输出结果。

既然模拟电压是连续的，那么它就不一定能被 Δ 整除，因而会不可避免地带来误差，我们把这种误差称为量化误差。在把模拟信号划分为不同的量化等级时，用不同的划分方法可以得到不同的量化误差。

11.3.2　并行比较型 A/D 转换器

图 11.10 所示为 3 位并行比较型 A/D 转换器，它由电压比较器、寄存器和代码转换器三部分组成。输入为 $0\sim V_{REF}$间的模拟电压，输出为 3 位二进制数 $D_2D_1D_0$。

电压比较器中用电阻链把参考电压 V_{REF}分压，得到从$\frac{1}{15}V_{REF}$到$\frac{13}{15}V_{REF}$之间 7 个比较电平，量化单位$\Delta=\frac{2}{15}V_{REF}$。然后，把这 7 个比较电平分别接到 7 个比较器 $C_1\sim C_7$的输入端作为比较基准。同时将输入的模拟电压同时加到每个比较器的另一个输入端上，与这 7 个比较基准进行比较。

若 $u_I<\frac{1}{15}V_{REF}$，则所有比较器的输出全是低电平，CP 上升沿到来后，寄存器中所有的触发器（$Q_1\sim Q_7$）都被置成 0 状态；若$\frac{1}{15}V_{REF}\leqslant u_I\leqslant\frac{13}{15}V_{REF}$，则只有 C_{O1} 输出是高电平。

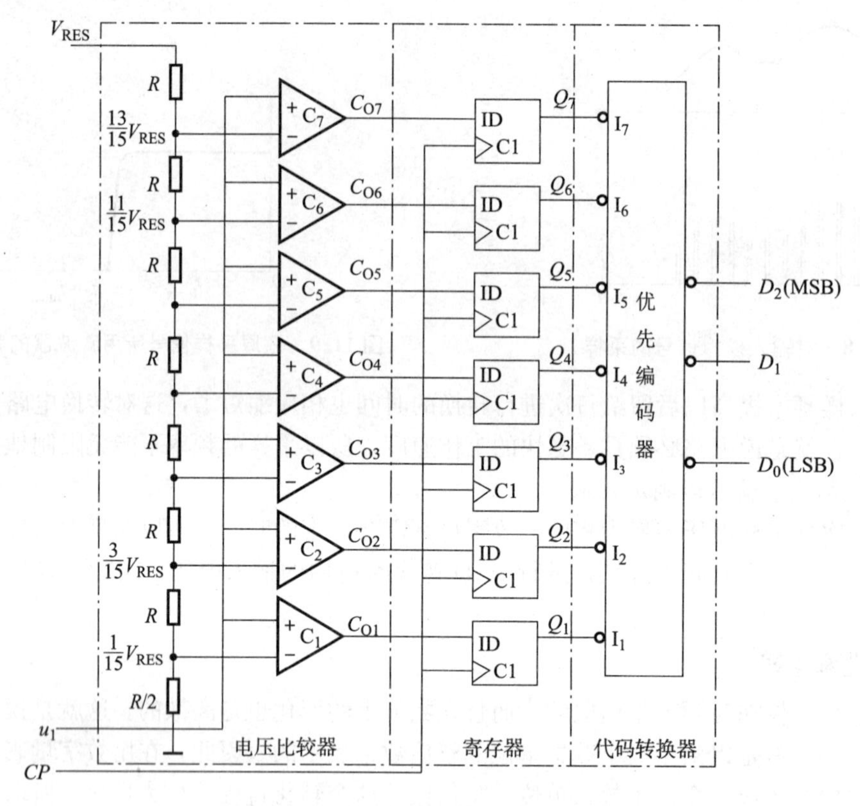

图 11.10　3 位并行比较型 A/D 转换器

上升沿到达后，Q_1被置 1，其余触发器被置为 0。以此类推，便可列出 u_I为不同电压时寄存器的状态，如表 11.1 所示。不过寄存器输出的是一组 7 位的二值代码，还不是所要求的二进制数，因此必须进行代码转换。

表 11.1　3 位并行 A/D 转换器输入与输出转换关系对照表

输入模拟电压 u_I	寄存器状态（代码转换器输入）							数字量输出（代码转换在输出）		
	Q_7	Q_6	Q_5	Q_4	Q_3	Q_2	Q_1	D_2	D_1	D_0
$\left(0\sim\frac{1}{15}\right)V_{REF}$	0	0	0	0	0	0	0	0	0	0
$\left(\frac{1}{15}\sim\frac{3}{15}\right)V_{REF}$	0	0	0	0	0	0	1	0	0	1
$\left(\frac{3}{15}\sim\frac{5}{15}\right)V_{REF}$	0	0	0	0	0	1	1	0	1	0
$\left(\frac{5}{15}\sim\frac{7}{15}\right)V_{REF}$	0	0	0	0	1	1	1	0	1	1
$\left(\frac{7}{15}\sim\frac{9}{15}\right)V_{REF}$	0	0	0	1	1	1	1	1	0	0
$\left(\frac{9}{15}\sim\frac{11}{15}\right)V_{REF}$	0	0	1	1	1	1	1	1	0	1
$\left(\frac{11}{15}\sim\frac{13}{15}\right)V_{REF}$	0	1	1	1	1	1	1	1	1	0
$\left(\frac{13}{15}\sim1\right)V_{REF}$	1	1	1	1	1	1	1	1	1	1

代码转换器是一个组合逻辑电路，根据表 11.1 可以写出代码转换电路输出与输入之间的逻辑函数表达式：

$$\begin{cases} D_2 = Q_4 \\ D_1 = Q_6 + \bar{Q}_4 Q_2 \\ D_0 = Q_7 + \bar{Q}_6 Q_5 + \bar{Q}_4 Q_3 + \bar{Q}_2 Q_1 \end{cases} \tag{11.9}$$

按照式（11.9）就可以得到图 11.10 中的代码转换电路。

并行比较型 A/D 转换器的转换精度主要取决于量化电平的划分，分得越细（亦即 Δ 取得越小），精度越高。但是分得越细，使用的比较器和触发器数目也越大，电路更加复杂。此外，转换精度还受参考电压的稳定度和分压电阻相对精度以及电压比较器灵敏度的影响。

并行比较型 A/D 转换器的优缺点：A/D 转换器的最大优点是转换速度快。如果从 *CP* 信号的上升沿算起。图 11.10 所示电路完成一次转换所需要的时间只包括一级触发器的翻转时间和三级门电路的传输延迟时间。目前，输出为 8 位的并行比较型 A/D 转换器的转换时间可以达到 50 ns 以下，这是其他类型 A/D 转换器都无法做到的。

并行比较型 A/D 转换器的又一个优点是这种电路是含有寄存器的 A/D 转换器，可以不用附加采样-保持电路，因为比较器和寄存器这两部分也兼有采样-保持功能。

并行比较型 A/D 转换器的缺点是需要用较多的电压比较器和触发器。从图 11.10 所示电路不难得知，输出为 n 位二进制代码的转换器中应当有 2^n-1 个电压比较器和 2^n-1 个触发器。电路的规模随着输出代码位数的增加而急剧增加；如果输出为 10 位二进制代码，则需要用 $2^{10}-1$，即 1 023 个比较器和 1 023 个触发器，以及 1 个规模相当庞大的代码转换电路。

11.3.3　双积分型 A/D 转换器

双积分型 A/D 转换器是一种间接 A/D 转换器。它的基本原理是，对输入模拟电压和参考电压分别进行两次积分，将输入电压平均值变换成与之成正比的时间间隔，然后利用时钟脉冲和计数器测出此时间间隔，进而得到相应的数字量输出。由于该转换电路是对输入电压的平均值进行转换，所以它具有很强的抗工频干扰能力，在数字测量中得到广泛应用。图 11.11 所示为这种转换器的原理电路，它由积分器（由集成运算放大器 A 组成）、过零比较器（C）、时钟脉冲控制门（G）和定时器/计数器（$FF_0 \sim FF_n$）等几部分组成。

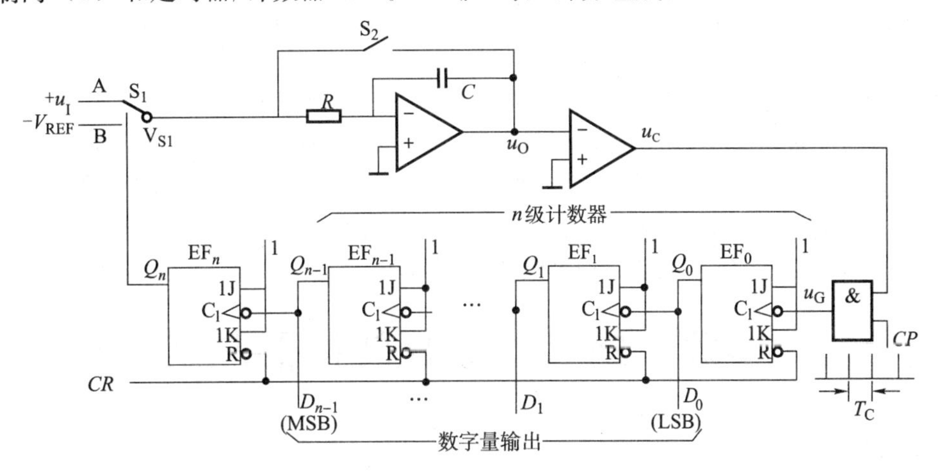

图 11.11　双积分型 A/D 转换器

积分器：积分器是转换器的核心部分，它的输入端所接开关 S_1 由定时信号 Q_n 控制。当 Q_n 为不同电平时，极性相反的输入电压 u_I 和参考电压 V_{REF} 将分别加到积分器的输入端，进行两次方向相反的积分，积分时间常数 $\tau=RC$。

过零比较器：过零比较器用来确定积分器输出电压 u_O 的过零时刻。当 $u_O\geqslant0$ 时，比较器输出 u_C 为低电平；当 $u_O<0$ 时，u_C 为高电平。比较器的输出信号接至时钟控制门（G）作为关门信号和开门信号。

计数器和定时器：它由 $n+1$ 个接成计数型的触发器 $FF_0\sim FF_n$ 串联组成。触发器 $FF_0\sim FF_{n-1}$ 组成 n 级计数器，对输入时钟脉冲 CP 计数，以便把与输入电压平均值成正比的时间间隔转变成数字信号输出。当计数到 2^n 个时钟脉冲时，$FF_0\sim FF_{n-1}$ 均回到 0 状态，而 FF_n 反转为 1 态，$Q_n=1$ 后，开关 S_1 从位置 A 转接到 B。

时钟脉冲控制门：时钟脉冲源标准周期 T_C，作为测量时间间隔的标准时间。当 $u_C=1$ 时，与门打开，时钟脉冲通过与门加到触发器 FF_0 的输入端。

11.3.4 A/D 转换器的主要技术指标

1. 转换精度

单片集成 A/D 转换器的转换精度是用分辨率和转换误差来描述的。

1）分辨率

分辨率指 A/D 转换器对输入信号的分辨能力。A/D 转换器的分辨率以输出二进制（或十进制）数的位数表示。从理论上讲，n 位输出的 A/D 转换器能区分 2^n 个不同等级的输入模拟电压，能区分输入电压的最小值为满量程输入的 $1/2^n$。在最大输入电压一定时，输出位数越多，量化单位越小，分辨率越高。例如，A/D 转换器输出为 8 位二进制数，输入信号最大值为 5 V，那么这个转换器应能区分输入信号的最小电压为 19.53 mV。

2）转换误差

转换误差指 A/D 转换器实际输出的数字量和理论上的输出数字量之间的差别，常用最低有效位的倍数表示。例如，给出相对误差不大于 $\pm LSB/2$，这就表明实际输出的数字量和理论上应得到的输出数字量之间的误差小于最低位的半个字。

2. 转换时间

转换时间指 A/D 转换器从转换控制信号到来开始，到输出端得到稳定的数字信号所经过的时间。

不同类型的转换器转换速度相差甚远。其中，并行比较型 A/D 转换器转换速度最高，8 位二进制输出的单片集成 A/D 转换器转换时间可达 50 ns 以内。逐次比较型 A/D 转换器次之，它们多数转换时间在 10～50 μs，也有达几百纳秒的。间接 A/D 转换器的速度最慢，如双积分型 A/D 转换器的转换时间大多在几十毫秒至几百毫秒之间。在实际应用中，应从系统数据总的位数、精度要求、输入模拟信号的范围及输入信号极性等方面综合考虑 A/D 转换器的选用。

实验　D/A、A/D 转换器测试

一、实验目的

（1）了解并测试 A/D、D/A 转换器性能；

（2）熟悉 D/A、A/D 转换器接线和转换的基本方法；

（3）进一步学会检查和排除一般电路故障的方法。

二、实验内容与步骤

1. 用 EWB 仿真测试 D/A 转换器

（1）调用 EWB 混合集成电路库中的 D/A（Mixed Ics 第三个），显示器件库（Indicators 第一个）中电压表和译码显示器（Indicators 第六个），按实验图 11.1 所示连接好电路图。

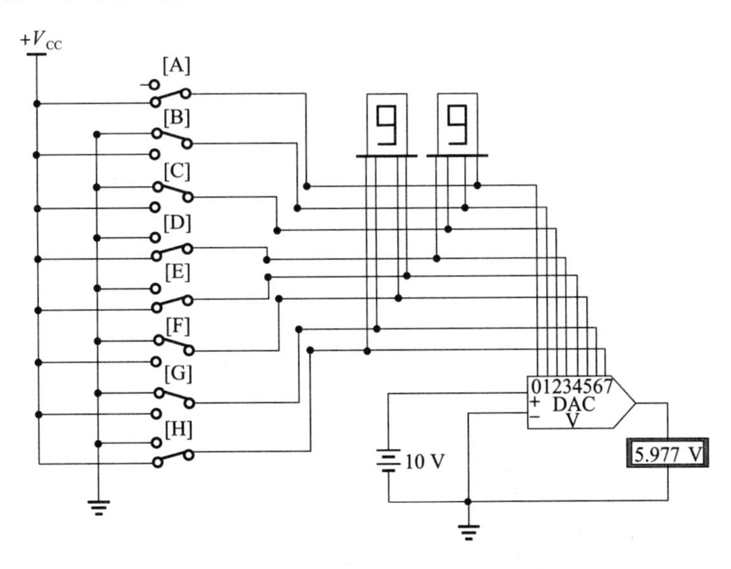

实验图 11.1　用 EWB 仿真测试 D/A 转换器

（2）$D_0 \sim D_7$：8 位二进制数码输入，通过开关 A～H 选择输入高电平（$+V_{CC}$）或低电平（地）。D/A 转换器输出电压表达式为

$$U_O = V_{REF} \times D \div 256 = 10\ \text{V} \times D \div 256$$

（3）验证电路输入二进制码所对应的十进制数并观察电压表示数的变化。例如，输入二进制码 10011001，转换成十进制数为 $D = 2^7 + 2^4 + 2^3 + 2^0 = 153$。因此 $u_O = 10\ \text{V} \times 153/256 \approx 5.977$（V）。

2. 用 EWB 仿真测试 A/D 转换器

（1）调用 EWB 混合集成电路库中 A/D（Mixed Ics 第一个），显示器件库（Indicators 第一个）中电压表和译码显示器（Indicators 第六个），按实验图 11.2 所示连接好电路图。

（2）V_{IN}：模拟电压输入端。$D_0 \sim D_7$：二进制数码输出端。V_{REF+}：上基准电压输入端。V_{REF-}：下基准电压输入端。SOC：数据转换启动端（高电平启动）。OE：三态输出控制端。ECC：转换周期结束指示端（输出正脉冲）。基准电压 $V_{REF} = 5$ V。输出模拟电压由电位器 R 提供，大小由 R 调节，由电压表显示。输入模拟电压与输出数字量的关系式：V_{IN}=(输出数字量对应的十进制数)$\times V_{REF}/256$。输出二进制数：$B_{IN} = V_{IN} \times 256/V_{REF}$，输出二进制数由带译码器的 7 段 LED 显示数码管以 2 位十六进制数形式显示。

（3）验证电路。$B_{IN} = 2\ \text{V} \times 256/5\ \text{V} = 102.4$（十进制数）。数码管显示实际值：$01100110 = 2^6 + 2^5 + 2^2 + 2^1 = 102$（十进制数）。

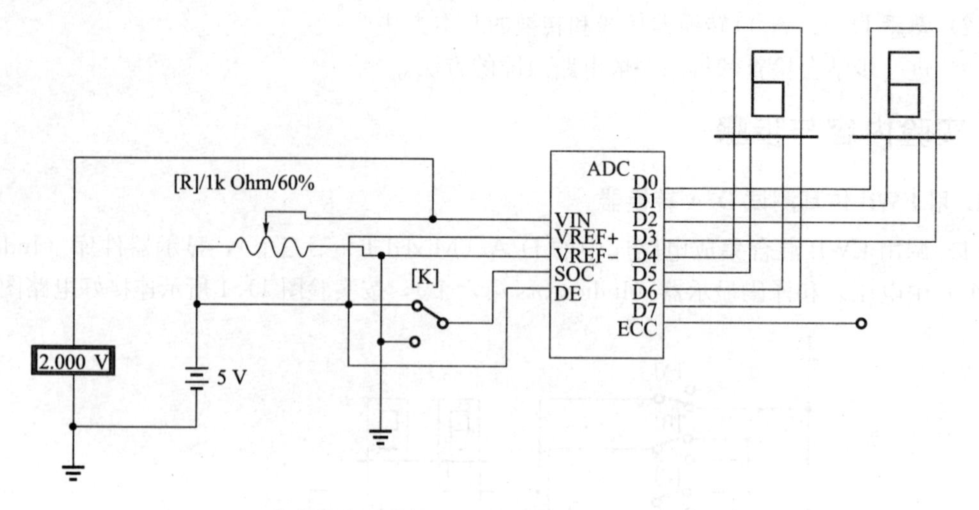

实验图 11.2 用 EWB 仿真测试 A/D 转换器

三、实验要求

（1）熟练使用 EWB 仿真软件中 A/D、D/A 集成器件。

（2）在理论上理解 A/D、D/A 的基本原理。

本章小结

D/A 是把数字量转换成与数字量成正比的模拟量的转换器，它是计算机必不可少的接口电路。A/D 是把模拟量转换成数字量的转换器，它也是计算机必不可少的接口电路。

习 题

11.1 简述 D/A 转换器的基本原理。

11.2 简述 A/D 转换的基本原理及一般步骤。

11.3 在 A/D 转换过程中，采样-保持电路的作用是什么？量化有哪两种方法？它们各自产生的量化误差是多少？应该怎样理解编码的含义？试举例说明。

11.4 D/A 转换器的主要技术指标有哪些？

11.5 A/D 转换器的主要技术指标有哪些？

参 考 文 献

[1] 康华光．电子技术基础 [M]. 第 4 版．北京：高等教育出版社，1999.

[2] 童诗白．模拟电子技术基础 [M]. 第 3 版．北京：高等教育出版社，2001.

[3] 杨现德．模拟电子技术基础 [M]. 济南：山东科学技术出版社，2007.

[4] 潘松，黄继业．EDA 技术实用教程 [M]. 北京：科学出版社，2002.

[5] 李义府．模拟电子技术基础学习要点与习题解析 [M]. 长沙：国防科技大学出版社，2004.

[6] 康华光．电子技术基础数字部分 [M]. 第 4 版．北京：高等教育出版社，2000.

[7] 阎石．数字电子技术基础 [M]. 第 4 版．北京：高等教育出版社，1998.

[8] 宋卫海，杨现德．数字电子技术 [M]. 北京：北京大学出版社，2010.

[9] 杨志忠．数字电子技术 [M]. 北京：高等教育出版社，2004.

[10] 郭建华．数字电子技术与实训教程 [M]. 北京：人民邮电出版社，2004.